Theorie der Wechselströme

Von

Dr.-Ing. Alfred Fraenckel

Dritte, erweiterte und verbesserte Auflage

Mit 292 Textabbildungen

Berlin
Verlag von Julius Springer
1930

Softcover reprint of the hardcover 3rd edition 1930

ISBN-13: 978-3-642-98672-7 e-ISBN-13: 978-3-642-99487-6

DOI: 10.1007/978-3-642-99487-6

Vorwort zur ersten Auflage.

Die Anforderungen an die Kenntnisse des Starkstromtechnikers in der Theorie der Wechselströme haben sich in den letzten Jahren erheblich gesteigert.

Nicht nur die Erkenntnis des Zusammenhangs der Vorgänge in Wechselstromkreisen, auch die graphischen und analytischen Methoden zu deren Untersuchung sind wesentlich erweitert und ausgebaut worden. Die neueren Methoden finden immer mehr Eingang in die Fachliteratur, und die Notwendigkeit, sie sich anzueignen, bietet sich allen, die die Literatur verfolgen wollen.

Ferner wird auch vom Starkstromtechniker heute eine mehr als nur gefühlsmäßige Kenntnis der nichtstationären Vorgänge im Hinblick auf Überströme und Überspannungen verlangt.

In das erweiterte Gebiet in gedrängter, aber dennoch streng wissenschaftlicher Form einzuführen, ist die Aufgabe, die das vorliegende Buch erfüllen will. Es wendet sich einerseits an den Ingenieur, andrerseits will es auch Studierenden als Leitfaden dienen.

Bei dem beabsichtigten geringen Umfang waren gewisse Einschränkungen nötig.

Als bekannt sind die elektromagnetischen Grundgesetze vorausgesetzt. Dagegen werden die für das Verständnis der Wechselstromerscheinungen erforderlichen Begriffe eingehend erläutert, um auch dem Anfänger in dem Gebiet die Einarbeitung zu erleichtern.

Die jeweils gewonnenen Ergebnisse werden auf einfache technische Probleme angewendet, und wo angängig wird auf Messungen eingegangen.

Sondergebiete, wie z. B. die Theorie der Meßinstrumente, der Lichtbogenvorgänge u. a. mußten ausgeschieden werden.

Um die mathematischen Hilfsmittel auf ein möglichst geringes Maß herabzusetzen, wurden die Ausgleichsvorgänge in Leitungen neu bearbeitet. Durch Beschränkung auf die verzerrungsfreie Leitung ist es möglich, ausschließlich die d'Alembertsche Lösung der Schwingungsgleichung zur Behandlung aller Aufgaben zu verwenden.

Bei der Durchsicht des Textes und der Korrekturen war Herr Dr.-Ing. W. O. Schumann mir in liebenswürdigster Weise behilflich; ich möchte ihm auch an dieser Stelle für seine wertvolle Unterstützung meinen besten Dank aussprechen.

Zürich, im Februar 1914.

Alfred Fraenckel.

Vorwort zur zweiten Auflage.

Die Einteilung und die Behandlung des Stoffes sind bei der zweiten Auflage unverändert geblieben.

Ergänzungen erschienen in allen Kapiteln erforderlich, es seien erwähnt die Erweiterung der Superpositionsrechnungen, der Berechnung unsymmetrischer Mehrphasensysteme, eine elementare Erläuterung der Resonanzerscheinungen bei Drosselspulen mit Eisen, die symbolische Darstellung von Ausgleichströmen.

Obwohl andere als Kreisdiagramme in der graphischen Wechselstromtheorie nur selten vorkommen, schien es doch wünschenswert, auch auf das Vorkommen von Kurven höheren Grades hinzuweisen und kurz zu zeigen, wie aus den Gleichungen eines Systems auf die Ortskurve geschlossen werden kann.

Die Berechnung von Leitungsproblemen wurde an verschiedenen Stellen ergänzt. Kurz erläutert wurde die Spannungsregelung durch Blindstrom. An die Untersuchung über die Genauigkeit des Ersatzes einer Starkstromleitung durch ein einfaches Kettenleiterglied schließt sich eine kurze Theorie des Kettenleiters, die u. a. zur Einführung in die schon umfangreiche Literatur über das freilich noch nicht vollständig geklärte Verhalten von Spulen bei hohen Frequenzen herangezogen wird.

Durch Kürzungen an anderer Stelle und etwas engeren Druck ist der Umfang des Buches nahezu gleich geblieben.

Den Herren Prof. Dr.-Ing. F. Emde, Stuttgart, und Prof. Dr.-Ing. W. O. Schumann, Jena, bin ich für ihr freundliches Interesse und ihre wertvollen Ratschläge sehr zu Dank verpflichtet.

Baden (Schweiz), im Mai 1921.

Alfred Fraenckel.

Vorwort zur dritten Auflage.

In der Einteilung des Stoffes wurde in einigen Punkten von den früheren Auflagen abgewichen. Das Verhalten zahlreicher Übertragungskreise elektrischer Energie wird durch lineare Beziehungen zwischen den primären und den sekundären Strömen und Spannungen beschrieben, die mit veränderten Koeffizienten immer wieder zu den gleichen Untersuchungsmethoden und graphischen Darstellungen führen. Daher wurden am Beispiel des Vierpols die Grundlagen für die rechnerische und graphische Behandlung des Verhaltens eines allgemeinen Übertragungskreises in Kap. VII vorangestellt, um das Verständnis für die spätere spezielle Behandlung von Fernleitungen, Transformator, Induktionsmotor, Kettenleiter usw. zu erleichtern und um Wiederholungen zu vermeiden. Zugleich wurde die allgemeine Behandlung der geometrischen Örter in die einleitenden Kapitel übernommen und ein Abschnitt über die Eigenschaften der Kreisdiagramme eingefügt. Der so gewonnene Raum wurde teils zur Vermehrung der Beispiele und Abbildungen, teils zu Erweiterungen in fast allen Teilen verwendet. Die Berechnung unsymmetrischer Mehrphasensysteme mittels symmetrischer Komponenten wurde wesentlich erweitert, ferner die Abschnitte über Stromverdrängung, über Leitungen, über Kettenleiter und über Schaltvorgänge. Neu aufgenommen wurde die Verwendung der Karten der trigonometrischen Funktionen komplexen Argumentes zur Berechnung von Fernleitungen. Einem wiederholt von älteren Lesern geäußerten Wunsch folgend, sind auch die Grundlagen der Rechnung mit komplexen Zahlen etwas eingehender erläutert worden.

Berlin, im September 1930.

Alfred Fraenckel.

Inhaltsverzeichnis.

Druckfehlerberichtigung.

S. 21 Zeile 19, Gl. (56) lies: $J\,\omega_0 L = \dfrac{J}{\omega_0 C}$ statt: $J_0\,\omega L = \dfrac{J_0}{\omega C}$.

S. 36 Zeile 2 von unten lies: $\mathfrak{B}_M$ statt: $\mathfrak{B}_m$.

S. 40 Zeile 7, Gl. (6) lies: $= \mathfrak{P}_2 + \mathfrak{J}\mathfrak{z}$ statt: $= \mathfrak{J}\mathfrak{z}$.

S. 65 Zeile 14 von unten lies: Gl. (36) statt: Gl. (35).

S. 127 Zeile 4, Gl. (46) lies: $-\cos 2kd$ statt: $-2\cos 2kd$.

S. 195 Zeile 25 lies: mit Wechselstrom statt: mit Gleichstrom.

I. Einwellige Wechselströme.

1. Allgemeines, Definitionen.

Wechselströme und Wechselspannungen sind zeitlich nach Größe und Richtungssinn veränderliche Ströme bzw. Spannungen.

Die technisch verwendeten Wechselströme sind periodisch, d. h. sie haben zu irgend zwei Zeitpunkten, die um ein festes Intervall — die Periodendauer T — voneinander entfernt liegen, gleiche Werte, wie auch sonst der Verlauf innerhalb dieser Zeit sei.

Aus Gründen, die später erläutert werden, wird ein zeitlicher Verlauf des Wechselstromes nach der einfachsten periodischen Funktion, der Sinusfunktion, angestrebt. Ein solcher Wechselstrom heißt einwelliger oder Sinusstrom; er wird dargestellt durch die Gleichung

$$i = i_m \sin(\omega t + \varphi). \tag{1}$$

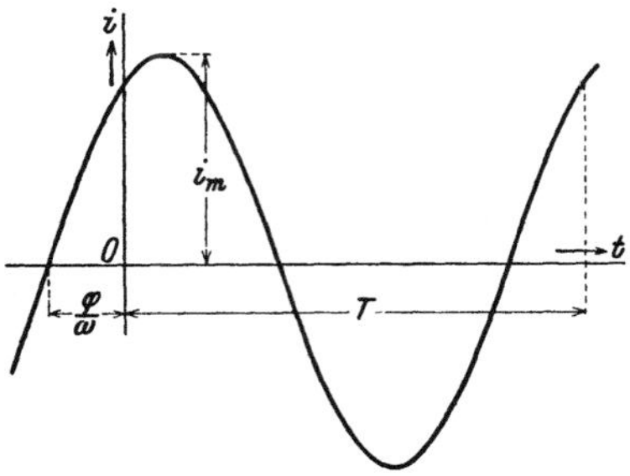

Abb. 1.

Darin ist t die Zeit, i der Augenblickswert des Stromes für die einzelnen Zeitpunkte, i_m, ω, φ sind Konstante, deren Bedeutung sich wie folgt ergibt.

Da die Sinusfunktion sich zwischen den Grenzwerten $+1$ und -1 bewegt, ist i_m der größte Augenblickswert, den der Strom in einer Periode je einmal im positiven und im negativen Sinn erreicht, und heißt die Amplitude (Abb. 1).

Die Periode der Sinusfunktion ist 2π; wächst in Gl. (1) die Zeit t um die Periodendauer T des Stromes, so wächst ωt um

$$\omega T = 2\pi. \tag{2}$$

Der reziproke Wert der Periodendauer T ist die Periodenzahl in der Sekunde oder die Frequenz f, daher

$$\omega = 2\pi f. \tag{3}$$

ω heißt die Kreisfrequenz, sie ist die Periodenzahl in 2π Sekunden.

Die Einheit der Frequenz, eine Periode in der Sekunde, nennt man ein Hertz.

Die in der Starkstromtechnik verwendeten Wechselströme haben bei Licht- und Kraftanlagen meistens eine Frequenz $f = 50$ Hertz, bei Bahnanlagen 15 oder $16^2/_3$ Hertz. Telefonströme haben höhere Frequenzen bis etwa 5000 Hertz und in der Radiotechnik werden Frequenzen von mehreren hunderttausend Hertz verwendet.

Die Konstante φ in Gl. (1) hängt von der willkürlichen Wahl der Zeitzählung ab; für $t = 0$ ist (Abb. 1)

$$i = i_m \sin \varphi$$

und die positive Halbwelle des Stromes beginnt zur Zeit

$$t = -\frac{\varphi}{\omega} = -\frac{\varphi}{2\pi} T.$$

φ heißt der Phasenwinkel. Er kann positive oder negative Werte von 0 bis $\pm\pi$ haben und dient dazu, die zeitliche Aufeinanderfolge von zwei (oder mehreren)

Strömen oder Spannungen von gleicher Frequenz zu bestimmen. Hat z. B. ein zweiter Strom die Gleichung

$$i = i_m \sin \omega t, \tag{4}$$

also den Phasenwinkel Null, so durchläuft der erste Strom nach Gl. (1) alle seine „Schwingungsphasen" um φ/ω Sekunden früher als der zweite nach Gl. (4). Der erste Strom ist gegen den zweiten in der Phase verfrüht oder um φ nach vorwärts verschoben; positive Phasenwinkel φ bedeuten eine Phasenverschiebung nach vorwärts (Voreilung, Verfrühung), negative nach rückwärts (Nacheilung, Verspätung).

2. Erzeugung einwelliger Ströme.

Wechselströme entstehen durch elektromagnetische Induktion.

Das Induktionsgesetz. Durch eine beliebige Fläche F (Abb. 2) tritt ein magnetischer Induktionsfluß

$$\Psi = \int_F \mathfrak{B}_n df. \tag{5}$$

$\mathfrak{B}_n$ ist die Normalkomponente der magnetischen Induktion auf einem Flächenelement df. Auf dem Rand der Fläche werde die Elektrizitätsmenge Eins einmal im positiven Sinn herumgeführt. Darunter ist der Umlaufsinn verstanden, der sich der positiven Flächennormalen n zuordnet wie die Drehung dem Vorschub bei einer Rechtsschraube. Dabei leisten die elektrischen Feldkräfte eine Arbeit, sie heißt elektrische Umlaufspannung p_0. Ist $\mathfrak{E}_s$ die Tangentialkomponente der elektrischen Feldstärke in Richtung des Bahnelementes ds, so ist

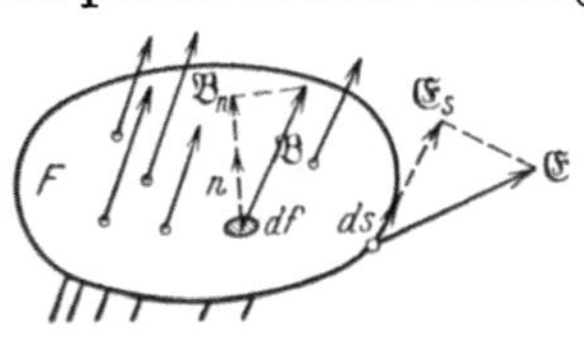

Abb. 2.

$$p_0 = \oint \mathfrak{E}_s ds. \tag{6}$$

Der Kreis am Integralzeichen bedeutet, daß der Integrationsweg über eine geschlossene Bahn zu nehmen ist.

Dann ist stets, wenn t die Zeit bezeichnet,

$$p_0 = \oint \mathfrak{E}_s ds = -\frac{d}{dt}\int_F \mathfrak{B}_n df = -\frac{d\Psi}{dt}. \tag{7}$$

Die magnetische Größe $-d\Psi/dt$, die Abnahme des von der Bahn umschlungenen Induktionsflusses in der Sekunde heißt der magnetische Schwund, und das Induktionsgesetz (7) lautet in Worten: Die elektrische Umlaufspannung ist gleich dem magnetischen Schwund.

Die Maßeinheiten sind im praktischen Maßsystem für die Umlaufspannung 1 Volt, für den Induktionsfluß 1 Voltsekunde; im elektromagnetischen CGS-System 10^{-8} Volt bzw. 1 Maxwell.

Stromkreise. Bei der Anwendung des Induktionsgesetzes auf elektrische Stromkreise bilden die Leiter des Stromkreises den Rand der betrachteten Fläche. Sind die Leiter linear, d. h. ist ihr Querschnitt klein gegen die Länge (z. B. Drähte), so kann man die Tangentialkomponente der elektrischen Feldstärke dicht an der Oberfläche eines Leiters auf das Leiterinnere beziehen.

Im homogenen Leiter bedingt die Feldstärke $\mathfrak{E}$ eine ihr gleichgerichtete Strömung von der Dichte $\mathfrak{G}$ und nach dem Ohmschen Gesetz ist

$$\mathfrak{E} = \varrho \mathfrak{G}. \tag{8}$$

ϱ ist der spez. Widerstand des Leiters. Bei linearen Leitern ist der Betrag der Stromdichte

$$g = \frac{i}{q}, \tag{9}$$

darin ist i der Gesamtstrom, q der Leiterquerschnitt. In chemisch oder thermisch heterogenen Leitern besteht eine sog. eingeprägte Feldstärke $\mathfrak{E}_e$, dort ist

$$\varrho \mathfrak{G} = \mathfrak{E} + \mathfrak{E}_e \tag{10}$$

und die Feldstärke im Leiter ist

$$\mathfrak{E} = \varrho \mathfrak{G} - \mathfrak{E}_e. \tag{11}$$

Für ein Leiterstück eines geschlossenen Stromkreises von der Länge l ist der Anteil an der Umlaufspannung

$$\int_l \mathfrak{E}_s ds = \int_l \varrho \frac{i}{q} ds - \int_l \mathfrak{E}_e ds = Ri - E_e. \tag{12}$$

Hierin ist $R = \varrho \frac{l}{q}$ der Ohmsche Widerstand des Leiterstückes, E_e die in ihm wirkende eingeprägte elektromotorische Kraft (chemischen oder thermischen Ursprungs). Für einen Stromkreis aus n linearen Leitern lautet das Induktionsgesetz

$$\sum_1^n (R_\nu i_\nu - E_\nu) = -\frac{d\Psi}{dt}. \tag{13}$$

R_ν, i_ν, E_ν bedeuten Widerstand, Strom und eingeprägte EMK des ν-ten Leiters, Ψ den gesamten von dem Leiterkreis umschlungenen Induktionsfluß.

Betrachtet man nur einen Teil eines Stromkreises, so kann man ihn dadurch zu einem geschlossenen ergänzen, daß man sich in die Lücke einen Spannungszeiger mit seinen Zuleitungsdrähten eingefügt denkt (s. Abb. 3). Dann ist die Umlaufspannung

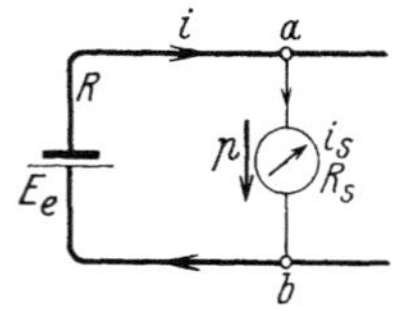

Abb. 3.

$$\oint \mathfrak{E}_s ds = iR - E_e + i_s R_s, \tag{14}$$

darin sind R und i Widerstand und Strom des Stromkreisteiles $bE_e a$, und i_s der Strom, R_s der Widerstand des Spannungszeigers. Man nennt

$$i_s R_s = p \tag{15}$$

die Klemmenspannung von Klemme a nach b. Damit erhält das Induktionsgesetz für einen Teil eines geschlossenen Kreises die Form

$$Ri + p - E_e = -\frac{d\Psi}{dt}. \tag{16}$$

Als Sonderfälle ergeben sich:

a) Der Induktionsfluß ist zeitlich unveränderlich, der magnetische Schwund ist Null, dies ist der gewöhnliche Fall bei Gleichstrom. Die Umlaufspannung ist Null, das elektrische Feld ist „wirbelfrei". Gl. (13) für einen geschlossenen Leiterkreis und Gl. (16) für einen Teil eines Leiterkreises gehen in das zweite Kirchhoffsche Gesetz über

$$\sum_1^n (i_\nu R_\nu - E_\nu) = 0 \quad (13a) \qquad Ri + p - E_e = 0 \quad (16a)$$

b) Sind die eingeprägten EMKe Null, wie meist in Wechselstromkreisen, so ist nach (16)

$$Ri + p = -\frac{d\Psi}{dt} \tag{17}$$

und für einen geschlossenen Leiterkreis

$$\sum_1^n (i_\nu R_\nu) = -\frac{d\Psi}{dt}. \tag{18}$$

Vergleicht man (13a) und (18) oder (16a) und (17), so zeigt sich, daß im Wechselstromkreis der magnetische Schwund wie eine eingeprägte EMK wirkt. Man spricht daher von einer induzierten EMK und setzt

$$-\frac{d\Psi}{dt} \equiv e. \tag{19}$$

Damit läßt sich das Induktionsgesetz als erweitertes Kirchhoffsches Gesetz auffassen, Gl. (17) lautet dann entsprechend (16a)

$$Ri + p - e = 0. \qquad (20\text{a})$$

Aber für Gl. (18) erhält man

$$\sum_1^n i_\nu R_\nu - e = 0. \qquad (20\text{b})$$

Hier läßt sich e nicht unter das Summenzeichen ziehen wie in Gl. (13a). Die induzierte EMK kann nicht ohne Willkür auf die einzelnen Teile des Umlaufs verteilt werden, man kann nicht von der EMK eines Leiters sprechen. Ferner zeigt sich: In Abb. 3 hängt die Fläche und damit der Fluß Ψ von der Wahl der Lage der Zuleitungen zum Spannungsmesser ab. Daher ist die nach Gl. (15) definierte Klemmenspannung p im Wechselstromkreis Gl. (17) nicht eindeutig, während sie im Gleichstromkreis Gl. (16a) eindeutig ist. Die Mehrdeutigkeit ist jedoch in praktischen Fällen meist geringfügig.

Bei der Berechnung des magnetischen Schwundes ist nach Gl. (5) der mit dem Leiterkreis verkettete Induktionsfluß Ψ als Flächenintegral der Normalkomponente $\mathfrak{B}_n$ der magnetischen Induktion über die vom Leiterkreis umrandete Fläche zu berechnen.

Ein geschlossener Stromkreis setzt sich aus den Leitern des Stromerzeugers, den Übertragungsleitungen und den Leitern der Verbrauchsapparate zusammen. In jedem dieser Stromkreisteile bestehen Induktionsflüsse, ihre Summe ist der gesamte umschlungene Fluß.

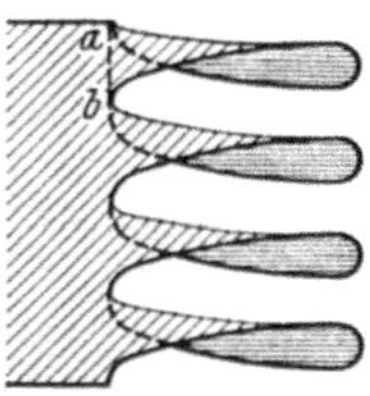

Abb. 4.

Um jeden Teil für sich betrachten zu können, hat man ihn durch eine Verbindungslinie zwischen seinen Endpunkten zu einem geschlossenen Kreis ergänzt zu denken.

Von dieser Zerlegung macht man auch Gebrauch, wenn man es mit Spulen zu tun hat, die aus einer Anzahl Windungen bestehen. Die Windungen einer Spule mit ihren Zuleitungen bilden den Rand einer Fläche (Abb. 4)[1]. Verbindet man zwei Punkte $a - b$ benachbarter Windungen auf einer Meridianebene durch die Spulenachse durch eine Gerade, so kann man den Fluß durch die Fläche, die von der Windung und der Verbindungslinie begrenzt wird, als Windungsfluß bezeichnen. Der Spulenfluß Ψ einer Spule ist die Summe der Windungsflüsse Φ_ν. Hat die Spule w Windungen, deren Flüsse $\Phi_1, \Phi_2 \ldots \Phi_w$ sind, so ist

$$\Psi = \sum_1^w \Phi_\nu. \qquad (21)$$

Umschlingen alle w Windungen denselben Fluß Φ, so ist

$$\Psi = w\Phi. \qquad (21\text{a})$$

Man bezeichnet den Spulenfluß Ψ auch als Zahl der Kraftlinienwindungen.

Arten des magnetischen Schwundes. Der Induktionsfluß durch eine Fläche kann sich ändern entweder durch eine zeitliche Änderung des magnetischen Feldes bei ruhend gedachtem Stromkreis, oder dadurch, daß bei unveränderlichem Feld die Fläche des Stromkreises sich ändert, z. B. durch Bewegung der Leiter, etwa einer Spule. Bei Verschiebung eines Stromkreises gegenüber dem Felde in einer Richtung x ist

$$-\frac{d\Psi}{dt} = -\left(\frac{\partial\Psi}{\partial t} + \frac{\partial\Psi}{\partial x}\frac{dx}{dt}\right). \qquad (22)$$

Das erste Glied rechts entspricht der zeitlichen Änderung des gegen den Leiterkreis ruhenden Flusses und heißt EMK der Ruhe, das zweite entspricht der Änderung der Lage bei zeitlich unveränderlichem Fluß und heißt EMK der Bewegung. In elektrischen Maschinen treten oft beide Arten zugleich auf.

Prinzip des Wechselstromdynamoankers (Abb. 5). Ein Drahtrechteck wird in einem homogenen magnetischen Feld $\mathfrak{B}$ um seine zur Richtung der Induktion

[1] s. Emde, F.: El. u. Maschinenb. S. 976. 1912.

senkrechte Achse mit gleichförmiger Winkelgeschwindigkeit gedreht. Die Enden dieser Windung sind an Schleifringe angeschlossen, wir denken sie uns durch einen äußeren Widerstand, z. B. einen Spannungsmesser, zu einer Schleife geschlossen.

Der als positiv gewählten Normalen N ordnet sich der durch Punkt (Pfeilspitze) und Kreuz (Pfeilgefieder) in Abb. 6 angedeutete positive Umlaufsinn rechtsschraubig zu.

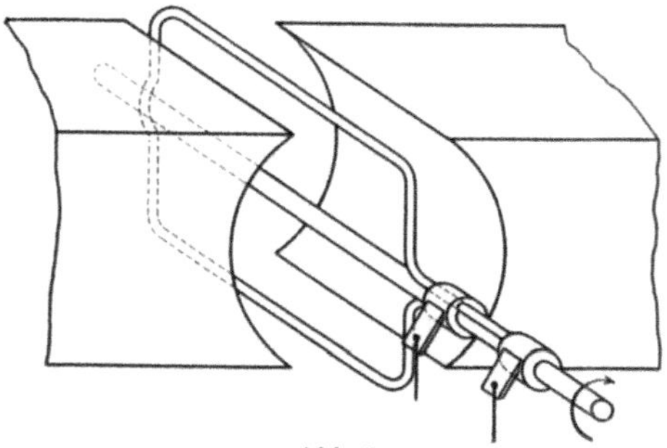

Abb. 5.

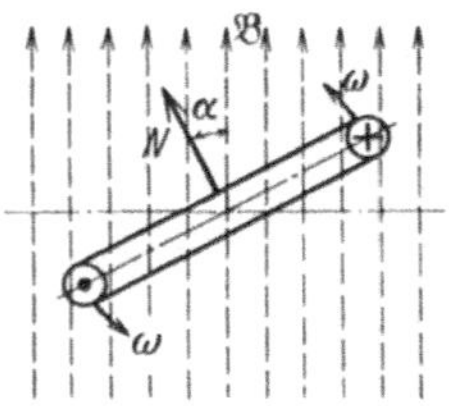

Abb. 6.

Bei der Drehung ändert sich der umschlungene Fluß von seinem Höchstwert bei $\alpha = 0$ bis auf Null bei $\alpha = 90^0$, dann tritt er im entgegengesetzten Sinn durch die Windung und erreicht den negativen Höchstwert bei $\alpha = 180^0$. Dieser halben Umdrehung von $\alpha = 0$ bis $\alpha = 180^0$ entspricht eine andauernde Abnahme des Flusses vom positiven zum negativen Höchstwert. Dabei hat die EMK die Richtung des positiven Umlaufsinns. Bei der weiteren Drehung von $\alpha = 180^0$ bis $\alpha = 360^0$ nimmt der Fluß vom negativen Höchstwert bis zum positiven Höchstwert dauernd zu, dabei ist die EMK dem positiven Umlaufsinn entgegengerichtet. Ihr Betrag entspricht der Geschwindigkeit der Flußänderung, sie ist bei gleichförmiger Drehung am größten, wenn der umschlungene Fluß Null ist; sie ist Null, wenn der Fluß seinen positiven oder negativen Höchstwert hat, hier liegen die Richtungswechsel der EMK.

Ist F die Fläche der Windung, so ist

$$\Psi = \mathfrak{B} F \cos\alpha = \Psi_m \cos\alpha .$$

$\Psi_m = \mathfrak{B} F$ ist der Höchstwert des Flusses. $\omega = \frac{d\alpha}{dt}$ sei die Winkelgeschwindigkeit. Da einer Umdrehung hier eine volle Periode entspricht, ist ω auch die Kreisfrequenz $2\pi f$. Bildete die Normale z. Z. $t = 0$ mit der Richtung der Induktion den Winkel φ, so ist $\alpha = \omega t + \varphi$ und

$$\Psi = \mathfrak{B} F \cos(\omega t + \varphi) = \Psi_m (\cos\omega t + \varphi), \quad (23)$$

$$e = -\frac{d\Psi}{dt} = \omega \Psi_m \sin(\omega t + \varphi) = 2\pi f \Psi_m \sin(\omega t + \psi). \quad (24)$$

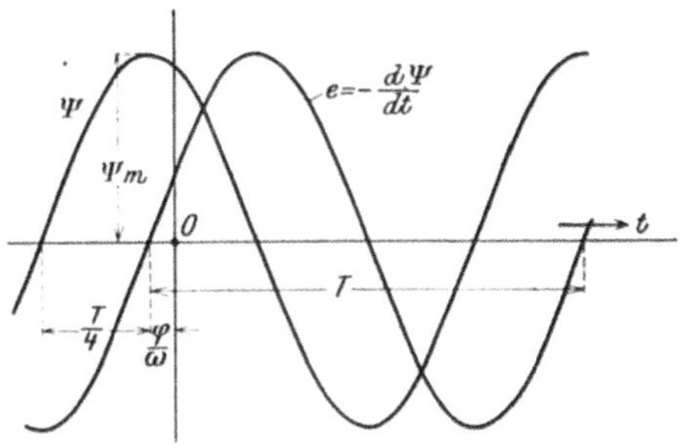

Abb. 7.

Bei gleichförmiger Drehung ändert sich der Fluß und die EMK nach einem Sinusgesetz. Der Höchstwert der EMK ist (in Volt) $2\pi f$-mal so groß wie der Höchstwert des umschlungenen Flusses (in Voltsekunden). Bei $f = 50$ Hertz und $\Psi_m = {}^1/_{100}$ Voltsek $= 10^6$ Maxwell ist $e_m = 3{,}14$ Volt. Da in Gl. (23) $\cos(\omega t + \varphi) = \sin(\omega t + \varphi + \frac{1}{2}\pi)$ ist, ist die Schwingungsphase des Flusses gegenüber der EMK um $\pi/2$ oder um die Zeit $t = \pi/2\omega = \frac{1}{4} T$, d. i. um eine Viertelperiode verfrüht, oder die EMK gegen den Fluß um ebensoviel verspätet (s. Abb. 7). Dies rührt daher, daß die EMK positiv ist, solange der Fluß abnimmt, und negativ, sobald er zunimmt.

3. Addition von einwelligen Strömen.

Die Summe von zwei Sinusschwingungen von gleicher Frequenz mit verschiedenen Amplituden und Phasenwinkeln

$$a_1 = a_{1m} \sin(\omega t + \varphi_1), \qquad a_2 = a_{2m} \sin(\omega t + \varphi_2)$$

ist eine Sinusschwingung von derselben Frequenz

$$a = a_1 + a_2 = a_m \sin(\omega t + \varphi).$$

Zur Bestimmung von a_m und φ bilde man die Summe für die zwei Zeitpunkte $\omega t = 0$ und $\omega t = \pi/2$. Es wird

$$a_m \sin\varphi = a_{1m} \sin\varphi_1 + a_{2m} \sin\varphi_2, \qquad a_m \cos\varphi = a_{1m} \cos\varphi_1 + a_{2m} \cos\varphi_2.$$

Durch Quadrieren und Addieren folgt

$$a_m^2 = a_{1m}^2 + a_{2m}^2 + 2 a_{1m} a_{2m} \cos(\varphi_1 - \varphi_2), \tag{25}$$

ferner durch Division

$$\operatorname{tg}\varphi = \frac{a_{1m} \sin\varphi_1 + a_{2m} \sin\varphi_2}{a_{1m} \cos\varphi_1 + a_{2m} \cos\varphi_2}. \tag{26}$$

Bei der Addition einer größeren Anzahl Schwingungen faßt man erst zwei zu einer Resultierenden zusammen, dann diese mit einer dritten usf.

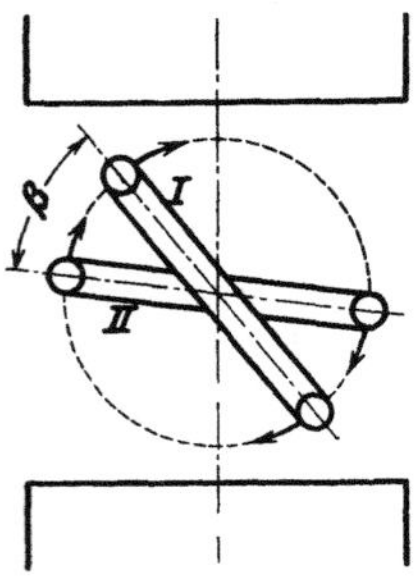

Abb. 8.

Die physikalische Anwendung dieses Satzes ergibt nun folgende beiden Fälle.

1. Vereinigen sich mehrere Leitungen, in denen einwellige Ströme gleicher Frequenz fließen, in einem Knotenpunkt, so ist der resultierende Strom wieder ein einwelliger Strom von derselben Frequenz.

2. Bei der Reihenschaltung von Stromkreisen mit einwelligen Teilspannungen gleicher Frequenz ist die resultierende Spannung einwellig von derselben Frequenz.

Beispiel: Ordnet man in der elementaren Wechselstrommaschine (Abb. 5 S. 5) zwei Spulen an, die den Winkel β miteinander bilden (s. Abb. 8), so sind die induzierten EMKe

$$e_1 = e_{1m} \sin(\omega t + \varphi_1) \qquad e_2 = e_{2m} \sin(\omega t + \varphi_2),$$

worin die Phasenvoreilung $\varphi_1 - \varphi_2 = \beta$ ist, da die erste Spule der zweiten stets um den Winkel β voreilt.

Sind die Flächen der beiden Spulen gleich groß, so ist $e_{1m} = e_{2m}$, und die resultierende Amplitude wird bei Reihenschaltung nach Gl. (25)

$$e_m^2 = 2 e_{1m}^2 (1 + \cos\beta) \qquad e_m = 2 e_{1m} \cos\tfrac{1}{2}\beta.$$

Nach Gl. (26) wird die Phase der resultierenden EMK

$$\operatorname{tg}\varphi = \frac{\sin\varphi_1 + \sin(\varphi_1 - \beta)}{\cos\varphi_1 + \cos(\varphi_1 - \beta)} = \frac{\operatorname{tg}\varphi_1 - \operatorname{tg}\frac{1}{2}\beta}{1 + \operatorname{tg}\varphi_1 \operatorname{tg}\frac{1}{2}\beta} = \operatorname{tg}(\varphi_1 - \tfrac{1}{2}\beta) \qquad \varphi = \varphi_1 - \tfrac{1}{2}\beta.$$

Die resultierende EMK ist $2\cos\frac{1}{2}\beta$-mal so groß wie die jeder Spule, sie eilt gegen die eine um $\frac{1}{2}\beta$ nach, gegen die andere ebensoviel vor.

4. Mittelwert und Effektivwert einwelliger Ströme.

Der Mittelwert der Sinuskurve über eine beliebige Anzahl ganzer Perioden ist Null, weil der Inhalt der positiven und negativen Halbwellen gleich groß ist, aber entgegengesetztes Vorzeichen hat.

Daher vermag ein Wechselstrom von hoher Frequenz in einem Gleichstrommeßinstrument, bei dem eine vom Strom durchflossene Spule im Feld eines permanenten Magneten schwingt, keinen Ausschlag des Zeigers hervorzurufen. Er erzeugt nur schnellwechselnde Impulse nach beiden Seiten, denen aber das schwingende System infolge seiner Trägheit nicht folgen kann. Aus dem gleichen Grunde kann ein Wechselstrom im allgemeinen nicht für elektrolytische Zwecke, z. B. zum Laden von Akkumulatoren, verwendet werden.

Bildet man den Mittelwert über eine Halbwelle, so erhält man verschiedene Werte, je nachdem man den Anfangspunkt wählt. Der größte Mittelwert, den man für eine Halbwelle erhält, ist gleich der Höhe des mit der Halbwelle zwischen zwei Nulldurchgängen flächengleichen Rechtecks (Abb. 9). Diesen nennt man den Mittelwert, er ist

$$M(i) = \frac{2}{\pi}\int_0^{\pi/2} i_m \sin\alpha\, d\alpha = \frac{2}{\pi} i_m = 0{,}637\, i_m\,. \tag{27}$$

Am wichtigsten ist der sog. quadratische Mittelwert, den man als Mittel der Quadrate der Augenblickswerte erhält. Die quadratische Kurve einer Sinuskurve ist

$$i^2 = i_m^2 \sin^2 \omega t = \tfrac{1}{2} i_m^2 (1 - \cos 2\omega t)\,.$$

Sie ist eine Sinuskurve von der doppelten Frequenz, ihre Ordinaten sind stets positiv und lagern sich symmetrisch um den Mittelwert $\frac{1}{2} i_m^2$ (Abb. 10). Die Wurzel aus dem Mittelwert der quadratischen Kurve bezeichnet man als quadratischen Mittelwert oder Effektivwert J. Es ist

$$J^2 = \frac{1}{T}\int_0^T i^2\, dt = \tfrac{1}{2} i_m^2\,, \qquad J = \sqrt{\frac{1}{T}\int_0^T i^2\, dt} = \frac{i_m}{\sqrt{2}} = 0{,}707\, i_m\,. \tag{28}$$

Für die Sinuskurve ist

$$\text{Effektivwert} = \frac{1}{\sqrt{2}} \cdot \text{Amplitude}\,.$$

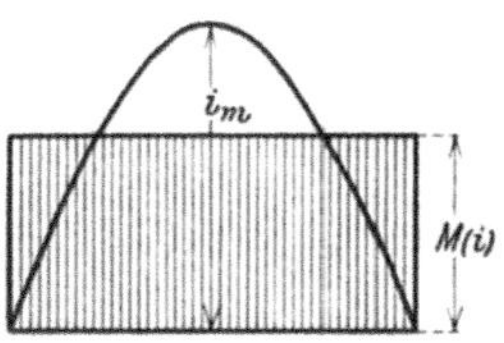

Abb. 9.

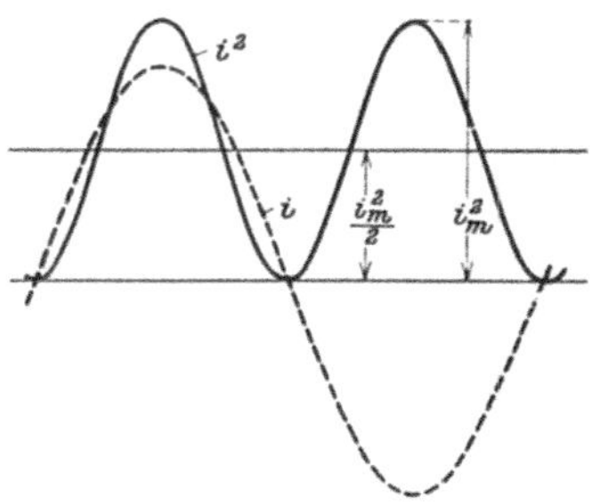

Abb. 10.

In der Technik beziehen sich Angaben über Beträge von Strömen und Spannungen stets auf die Effektivwerte, weil man sie mit den gebräuchlichen Meßinstrumenten mißt.

Ist R ein beliebiger Widerstand, so erzeugt ein Strom i in der Zeit dt nach dem Satz von Joule die Wärme

$$i^2 R\, dt\,.$$

Die mittlere erzeugte Wärme in der Sekunde ist

$$\frac{1}{T}\int_0^T i^2 R\, dt = J^2 R\,.$$

Die in Wärme umgesetzte Leistung eines Wechselstromes ist ebenso groß wie die eines Gleichstromes, dessen Betrag gleich dem Effektivwert des Wechselstromes ist. Hitzdraht-Strom- oder Spannungsmesser zeigen daher Effektivwerte an, ebenso elektrodynamische Instrumente, bei denen das Drehmoment zwischen einer festen und einer beweglichen Spule gemessen wird, die von dem zu messenden oder einem ihm proportionalen Strome durchflossen werden.

Ein Elektrometer zeigt in der sog. Doppelschaltung einen dem Effektivwert proportionalen Ausschlag.

Das Verhältnis des Effektivwertes zum Mittelwert eines Wechselstromes nennt man nach Fleming den Formfaktor. Mit den Werten nach Gl. (27) und (28) erhält man den Formfaktor der Sinuskurve

$$\xi = \frac{J}{M(i)} = \frac{\pi}{2\sqrt{2}} = 1{,}11\,. \tag{29}$$

Das Verhältnis der Amplitude zum Effektivwert nennt man den Scheitelfaktor, er ist für die Sinuskurve $\sqrt{2}$.

In dem Beispiel in Abschnitt 2 kann hiernach zunächst der Mittelwert der induzierten EMK auf folgende Weise berechnet werden. Während einer halben

Periode ändert sich der umschlungene Fluß im Maximum von $+\Psi_m$ auf $-\Psi_m$, somit um $2\,\Psi_m$. Dividiert man durch die halbe Periode, so erhält man den Mittelwert

$$M(e) = \frac{4\Psi_m}{T} = 4f\,\Psi_m.$$

Hieraus erhält man die Amplitude und den Effektivwert

$$e_m = \frac{\pi}{2} M(e) = 2\pi f\,\Psi_m \qquad E = \xi M(e) = \frac{\pi}{2\sqrt{2}} M(e) = \pi\sqrt{2} f\,\Psi_m.$$

5. Die Leistung bei einwelligen Strömen.

Eine Wechselspannung

$$p = p_m \sin\omega t$$

erzeuge in einem Stromkreis den Strom

$$i = i_m \sin(\omega t - \varphi),$$

er habe gegen die Spannung die Phasenverschiebung φ. Dann ist der Augenblickswert der Leistung

$$pi = p_m i_m \sin\omega t \sin(\omega t - \varphi) = \tfrac{1}{2} p_m i_m [\cos\varphi - \cos(2\omega t - \varphi)]. \tag{30}$$

Die Leistung schwingt nach Gl. (30), wie Abb. 11 veranschaulicht, mit der doppelten Frequenz um den Mittelwert

$$N = \frac{1}{T}\int_0^T pi\,dt = \frac{1}{2} p_m i_m \cos\varphi. \tag{31}$$

Da hierin $p_m = \sqrt{2}P$, $i_m = \sqrt{2}J$ ist, ist die mittlere Leistung auch

$$\boldsymbol{N = PJ\cos\varphi.} \tag{32}$$

Die mittlere Leistung, die z. B. von einem dynamometrischen Leistungsmesser angezeigt wird, berechnet sich als Produkt aus den Effektivwerten von Spannung und Strom und dem Cosinus der Phasenverschiebung zwischen ihnen. Wenn φ von Null verschieden ist, ist die Leistung kleiner als in einem Gleichstromkreis, dessen Strom und Spannung ebenso groß sind wie die Effektivwerte im Wechselstromkreis. Dies rührt daher, daß beim Wechselstrom die Augenblickswerte der Leistung während eines Teiles jeder Halbperiode φ/ω (s. Abb. 11) entgegengesetztes Vorzeichen haben als während des übrigen Teiles; es wird also nur während eines Teiles der Halbperiode dem Verbraucher Arbeit von der Stromquelle zugeführt, während eines anderen ein Teil davon zurückgegeben. Das Produkt der Effektivwerte $PJ = \frac{1}{2}p_m i_m$ ist beim einwelligen Wechselstrom nach Gl. (30) nur die Amplitude der über die mittlere Leistung gelagerten Leistungsschwingung von doppelter Frequenz. Im Grenzfall, $\varphi = \pm 90^0$, ist die mittlere Leistung sogar Null, d. h. Energieaufnahme und Rückgabe in aufeinander folgenden Halbperioden sind gleich groß.

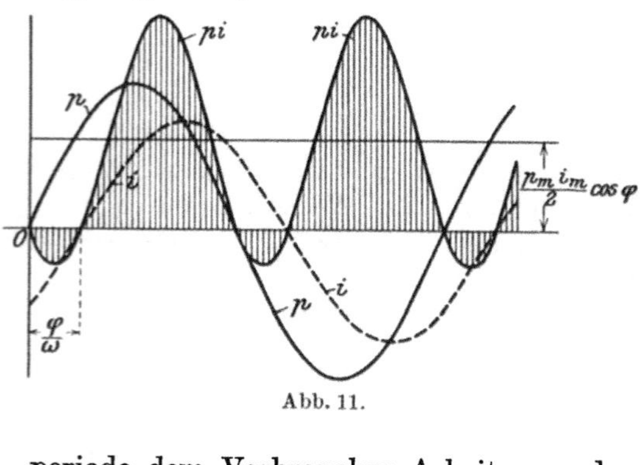

Abb. 11.

Die Phasenverschiebung zwischen Strom und Spannung wurde hier als gegebene Größe angenommen, über ihre Ursache und die mit ihr verbundenen Richtungswechsel der Leistung werden die folgenden Kapitel Aufschluß geben.

II. Selbstinduktion und Kapazität in Wechselstromkreisen.

6. Selbstinduktion in Wechselstromkreisen.

Jede elektrische Strömung erregt ein magnetisches Feld.

Das Durchflutungsgesetz. Durch eine beliebige Fläche F trete eine elektrische Strömung. $\mathfrak{G}_n$ sei die Normalkomponente der Stromdichte auf dem Flächenelement df, dann ist

$$\int_F \mathfrak{G}_n df = \Theta \tag{1}$$

die gesamte durch die Fläche tretende Strömung oder *Durchflutung*. Auf dem Rand der Fläche werde ein Einheitspol im positiven Sinne genau einmal herumgeführt. Darunter sei wieder der Umlaufsinn verstanden, der sich der als positiv gewählten Flächennormale zuordnet wie die Drehung dem Vorschub einer Rechtsschraube. Dann leisten die magnetischen Kräfte eine Arbeit, sie heißt magnetische *Umlaufspannung* V_0. Ist $\mathfrak{H}_s$ die Tangentialkomponente der magnetischen Feldstärke in Richtung des Bahnelements ds, so ist

$$V_0 = \oint \mathfrak{H}_s ds. \tag{2}$$

Dann ist stets

$$V_0 = \oint \mathfrak{H}_s ds = \int_F \mathfrak{G}_n df = \Theta, \tag{3}$$

in Worten: *Die magnetische Umlaufspannung ist gleich der Durchflutung.* Hat man es mit Leiterströmen zu tun, so berechnet sich die Durchflutung aus der algebraischen Summe der durch die Fläche tretenden Einzelströme, dann ist

$$\Theta = \sum i, \tag{4}$$

wobei die im Sinne der positiven Flächennormalen gerichteten Ströme als positiv, die entgegengerichteten als negativ zu zählen sind. Oder man ordnet der als positiv angenommenen Stromrichtung die positive Richtung der Flächennormalen zu. Abb. 12 zeigt die zusammengehörigen Richtungen von Strom und Fluß für einen Kreisstrom.

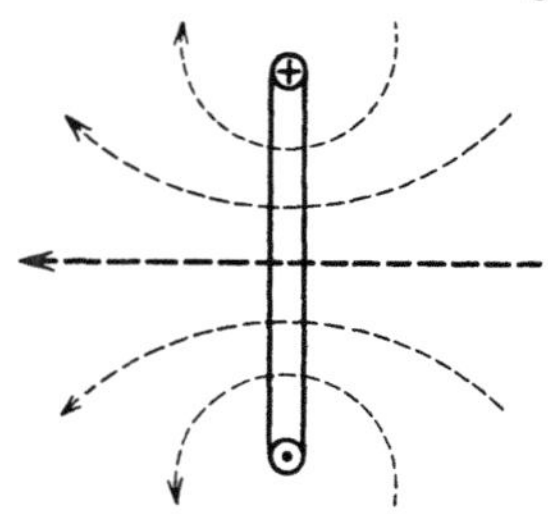

Abb. 12.

Gehören die Stromleiter einer Spule von w Windungen an, die denselben Strom führen, so gilt für einen Integrationsweg, der mit allen Windungen verkettet ist,

$$\oint \mathfrak{H}_s ds = i w. \tag{5}$$

Die Größe des magnetischen Flusses, den ein Strom erregt, ist außer von dem Strom noch von dem Stoff abhängig, in dem der Fluß erregt wird. Daher sind zur vollständigen Definition des magnetischen Feldes zwei Vektoren erforderlich, die Feldstärke $\mathfrak{H}$ und die Induktion $\mathfrak{B}$. Beide Vektoren haben die gleiche Richtung. Ihr Verhältnis heißt Permeabilität des Stoffes, und man setzt

$$\mathfrak{B} = \mu_0 \mu \mathfrak{H}. \tag{6}$$

Hierin ist μ_0 eine vom Maßsystem abhängige Konstante und heißt Permeabilität des leeren Raumes, und μ ist die relative Permeabilität des Stoffes mit Bezug auf das Vakuum.

Im praktischen Maßsystem wird $\mathfrak{H}$ in Amp/cm und $\mathfrak{B}$ in Voltsek/cm² gemessen, ferner ist

$$\mu_0 = 4\pi\, 10^{-9}\ \text{Voltsek/Ampcm} = 4\pi\, 10^{-9}\ \text{Henry/cm}. \tag{7}$$

μ ist eine Zahl, die für Eisen noch von $\mathfrak{B}$ und $\mathfrak{H}$ abhängig und > 1 ist (s. Kap. XI). Für Luft und die meisten anderen Stoffe ist $\mu = 1$.

Für die magnetische Induktion gilt das Kontinuitätsgesetz. In eine geschlossene Hüllfläche in einem magnetischen Felde treten ebensoviel Induktionslinien ein wie aus. Das Grundgesetz lautet daher $\oint \mathfrak{B}_n df = 0$. (8)

Die Induktionslinien haben keine Quellpunkte, die Induktion ist quellenfrei verteilt. Daher ist die Normalkomponente der Induktion beim Übertritt des Feldes von einem Stoff zum anderen dieselbe, während die Normalkomponenten der Feldstärke sich umgekehrt wie die Permeabilitäten verhalten. Ein magnetisches Feld kann daher durch Induktionsröhren dargestellt werden, deren Fluß konstant ist und deren Querschnitt sich beim Übertritt von einem Medium zum anderen nicht ändert. Hingegen ist der Anteil an der Umlaufspannung in den verschiedenen Stoffen von der Permeabilität abhängig.

Magnetische Energie. Im magnetischen Feld ist Energie aufgespeichert. Die Energie in der Volumeneinheit, die Energiedichte, ist nach Maxwell

$$w_m = \int_0^{\mathfrak{B}} \mathfrak{H}\, d\mathfrak{B}. \tag{9}$$

In Medien, in denen μ unabhängig von $\mathfrak{B}$ ist, ist $d\mathfrak{B} = \mu\mu_0 d\mathfrak{H}$ und

$$w_m = \frac{1}{2}\mu_0\mu\mathfrak{H}^2 = \frac{1}{2}\frac{\mathfrak{B}^2}{\mu\mu_0}. \tag{9a}$$

Induktivität. Die Energie des magnetischen Feldes eines Leiterkreises läßt sich durch den Induktionsfluß und den Strom, der ihn erzeugt, ausdrücken. Zerlegt man den Fluß in Induktionsröhren, so sind diese alle mit dem Strom verkettet, der sie erregt. Ist df der Querschnitt einer Röhre, ds ein Längenelement der Achse, so ist $\mathfrak{B}df$ der elementare Induktionsfluß $\Delta\psi$ der Röhre und $\mathfrak{H}ds$ der Anteil des Längenelementes ds an der magnetischen Umlaufspannung. Daher ist die Energie des Volumenelementes $df \cdot ds$

$$\frac{1}{2}\mathfrak{B}df\mathfrak{H}ds,$$

und für die ganze Röhre, da $\oint \mathfrak{H}ds = i$ ist,

$$\tfrac{1}{2}\mathfrak{B}df i = \tfrac{1}{2}i\Delta\psi.$$

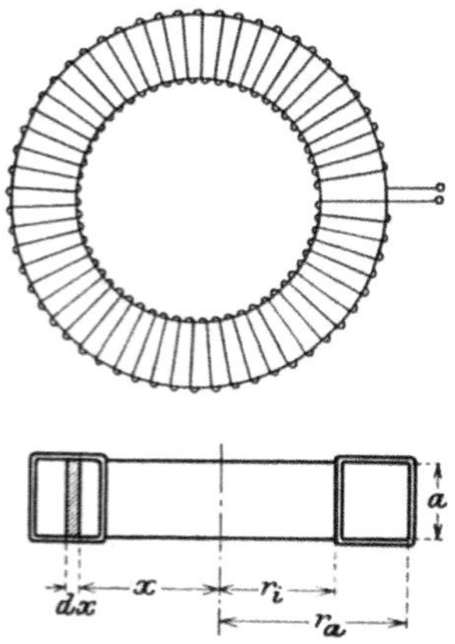

Abb. 13.

Durch Summation über alle Induktionsröhren ergibt sich die gesamte Energie des vom Strom i erregten Feldes

$$W_m = \tfrac{1}{2}i\sum\Delta\psi = \tfrac{1}{2}i\Psi. \tag{10}$$

Darin ist Ψ (s. S. 2) der gesamte mit dem Stromkreis verkettete Induktionsfluß. Da er hier vom Strom i allein herrührt, ist er ihm proportional, solange μ unabhängig von $\mathfrak{B}$ ist. Dann ist

$$\boldsymbol{\Psi = Li} \quad \textbf{(11)} \qquad \boldsymbol{W_m = \tfrac{1}{2}Li^2}, \quad \textbf{(12)}$$

L ist der Selbstinduktionskoeffizient oder die Induktivität des Leiterkreises und numerisch gleich dem umschlungenen Fluß, den der Strom 1 Amp erzeugt. Die Einheit ist

1 Voltsekunde/1 Amp = 1 Henry (H).

Der tausendste Teil davon heißt 1 Millihenry (mH).

Beispiele. 1. Eine Ringspule von rechteckigem Querschnitt (Abb. 13). Die Windungen mögen so dicht aneinanderliegen, daß der ganze Induktionsfluß im Inneren des Ringes verläuft, und jede der w Windungen den ganzen Induktionsfluß umschlingt. Aus Symmetriegründen sind dann die Kraftlinien konzentrische Kreise. Nach dem Durchflutungsgesetz ist für einen Radius x

$$\mathfrak{H}_x 2\pi x = iw \qquad \mathfrak{H}_x = \frac{iw}{2\pi x}\,\text{Amp/cm},$$

$$\Psi = \mu\mu_0 w\int_{r_i}^{r_a}\mathfrak{H}_x a\,dx = 2iw^2 10^{-9} a\mu\int_{r_i}^{r_a}\frac{dx}{x} = 2iw^2 a\mu \ln\left(\frac{r_a}{r_i}\right)10^{-9}\,\text{Voltsek.}$$

$$L = 2 w^2 a \mu \ln \frac{r_a}{r_i} 10^{-9} \text{ Henry}, \tag{13}$$

worin μ als Konstante betrachtet ist. L ist dem Quadrat der Windungszahl w proportional.

Ist z. B. $r_i = 12$, $r_a = 15$ cm, $a = 10$ cm, $w = 300$, $\mu = 1$ (unmagnetisches Medium), so wird $L = 2 \cdot 300^2 \cdot 10 \cdot \ln \frac{15}{12} \cdot 10^{-9} = 0{,}4 \cdot 10^{-3}$ H. Der Draht habe 2 mm Durchmesser. Ein Strom von 5 Amp bedingt eine Kraftlinienwindungszahl $\Psi = 2 \cdot 10^{-3}$ Voltsekunden und der Energiegehalt ist $W_m = \frac{1}{2} \cdot 5^2 \cdot 0{,}4 \cdot 10^{-3} = 5 \cdot 10^{-3}$ Joule.

2. Eine Doppelleitung aus zwei parallelen Drähten vom Radius a im Abstand D (Abb. 15). Die Leitungen seien sehr lang und an den Enden leitend miteinander verbunden, sie bilden somit eine lange rechteckige Schleife. Der umschlungene Induktionsfluß setzt sich, wenn man von den Endverbindungen absieht, zusammen aus den Flüssen, die jeder Leiter für sich erzeugt. Die Kraftlinien des Feldes eines Leiters sind infolge der Symmetrie konzentrische Kreise um die Leiterachse. Sie verlaufen teils innerhalb, teils außerhalb des Leiters. Außerhalb des Leiters sind

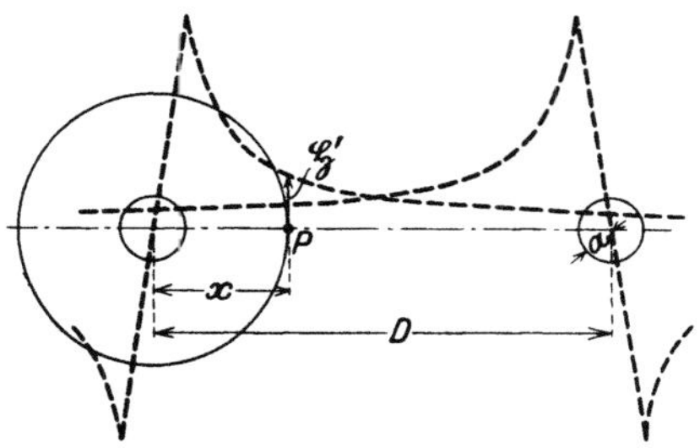

Abb. 14.

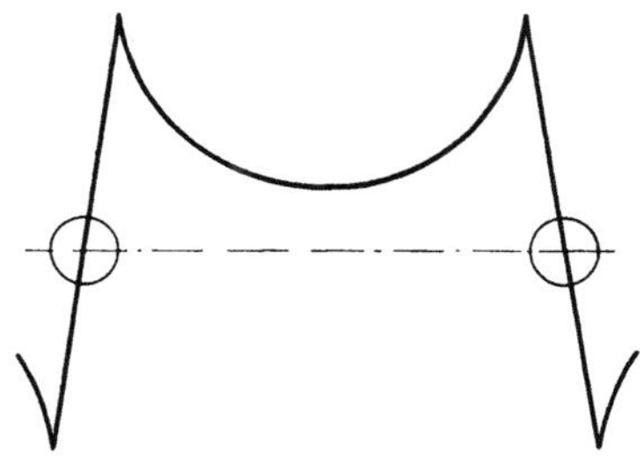

Abb. 15.

sie von allen Stromfäden des Leiters durchflutet, innerhalb nur von einem Teil. Für einen Punkt P im Abstande x von der Leiterachse ist für

$$x > a \quad \mathfrak{H}' 2\pi x = i \qquad \mathfrak{H}' = \frac{i}{2\pi x}, \qquad x < a \quad \mathfrak{H}'' 2\pi x = i \frac{x^2}{a^2} \qquad \mathfrak{H}'' = \frac{i x}{2\pi a^2}.$$

Dabei ist angenommen, daß der Strom gleichmäßig über den Querschnitt verteilt ist. Die Ordinaten der beiden gestrichelten Kurven der Abb. 14 zeigen die Feldstärken, die von den beiden Leitern herrühren. Die Zusammensetzung gibt die resultierende Feldverteilung nach Abb. 15.

Da beide Leiter gleiche Flüsse durch die Schleife senden, ist der Fluß von einer Leiteroberfläche zur anderen für die axiale Länge l und für $\mu = 1$

$$\Psi' = \mu_0 2 \int_a^D \mathfrak{H}' l \, dx = \frac{2l}{10^9} \cdot \int_a^D \frac{2i}{x} dx = 4 l i \ln \left(\frac{D}{a}\right) 10^{-9} \text{Voltsek.}$$

Im Inneren der Leiter sind die Kraftlinienwindungen für beide Leiter zusammen (für $\mu = 1$)

$$\Psi'' = 2 \mu_0 \int_0^a \mathfrak{H}'' \frac{x^2}{a^2} l \, dx = \frac{2l}{10^9} \int_0^a 2 i \frac{x^3}{a^4} dx = i l 10^{-9};$$

$$\Psi = \Psi' + \Psi'' = i l \left[4 \ln \frac{D}{a} + 1\right] 10^{-9} \text{ Voltsek.}$$

$$\boldsymbol{L = l \left[4 \ln \frac{D}{a} + 1\right] 10^{-9} \text{ Henry}.} \tag{14}$$

Beispiel. Zwei Drähte von 50 mm² Querschnitt, $a = 0{,}4$ cm, im Abstand $D = 100$ cm haben bei einer Länge von 1 km $= 10^5$ cm eine Induktivität

$$L = 10^5 \left[4 \ln \frac{100}{0{,}4} + 1\right] 10^{-9} = 2{,}31 \text{ mH}.$$

Das erste Glied in der Klammer ist 22,1, der Anteil des Feldes im Leiterinnern an der Induktivität ist nur 4,5%.

Bei ferromagnetischen Stoffen kann von einem Selbstinduktionskoeffizienten nicht gesprochen werden, weil keine Proportionalität zwischen Strom und Fluß besteht. Wie dort zu rechnen ist, wird in Kap. XI gezeigt. Hier beschränken wir uns auf die Fälle, für die L konstant ist.

Elektromotorische Kraft der Selbstinduktion. Ein Leiterkreis mit der Induktivität L und dem Ohmschen Widerstand R sei an ein Netz angeschlossen (Abb. 16).

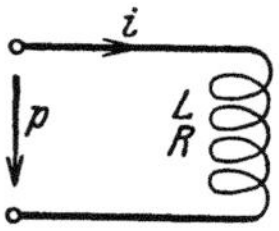

Abb. 16.

Die Pfeile geben an, in welchem Sinn Strom und Spannung (positiv gerechnet werden.) Nach dem Induktionsgesetz ist, mit $\Psi = Li$,

$$Ri - p = -\frac{d\Psi}{dt} = -\frac{Ldi}{dt}. \tag{15}$$

Den magnetischen Schwund des Eigenfeldes $-L\frac{di}{dt}$ bezeichnet man als elektromotorische Kraft der Selbstinduktion. Nimmt der Strom zu, so wächst der Induktionsfluß dem Strom rechtsschraubig zugeordnet, und da die induzierte EMK der zeitlichen Abnahme des Flusses rechtsschraubig, der Zunahme also linksschraubig zugeordnet, ist die Richtung der EMK der Selbstinduktion stets der Änderung des Stromes entgegengerichtet (Lenzsche Regel). Multipliziert man Gl. (15) mit $-idt$, so lautet die Energiegleichung

$$pidt - Ri^2dt = iLdi = d(\tfrac{1}{2}Li^2) = dW_m. \tag{16}$$

Darin ist die linke Seite der Überschuß der dem Stromkreis vom Netz in der Zeit dt zugeführten Arbeit über die Stromwärme, die rechte Seite ist die Zunahme der magnetischen Energie des Feldes.

Bei Gleichstrom wird nur im ersten Augenblick nach dem Einschalten dem magnetischen Feld Energie zugeführt, bis der Gleichstrom von Null auf seinen stationären Wert, entsprechend dem Ohmschen Gesetz $J = P/R$ angestiegen ist. Dann ist im magnetischen Feld die Energie $\frac{1}{2}J^2L$ aufgespeichert und bleibt darin unverändert bestehen, solange der Strom andauert.

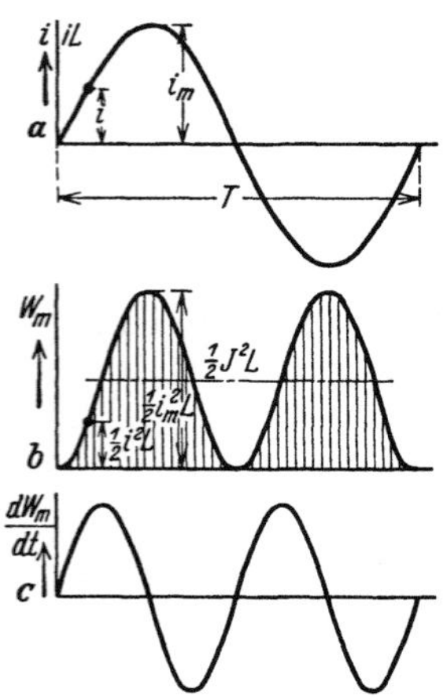

Abb. 17a, b, c.

Der Wechselstrom hingegen steigt, abgesehen vom Augenblick des Einschaltens, im ersten Viertel jeder Periode von Null bis i_m und mit ihm der Fluß, dabei wächst die Energie von Null bis $\frac{1}{2}i_m^2 L$. Im zweiten Viertel der Periode nehmen der Strom, der Fluß und die magnetische Energie wieder auf Null ab. Beim ersten Vorgang, der Ladung des Feldes, wird dem Stromkreis elektrische Leistung von der Stromquelle $\frac{dW_m}{dt} = \frac{d}{dt}(\frac{1}{2}Li^2) = iL\frac{di}{dt} = ie$ zugeführt, beim zweiten, der Entladung des Feldes, wird der gleiche Betrag wieder zurückgegeben. In der folgenden halben Periode wächst der Strom und mit ihm das Feld in entgegengesetztem Sinn. Für den Betrag der magnetischen Energie ist die Richtung des Stromes belanglos: das Spiel der Energiesammlung und Rückgabe ist in jeder halben Periode dasselbe. Abb. 17 zeigt für eine ganze Periode die Schwingungen a) des Stromes i und des von ihm erzeugten Feldes (iL); b) der magnetischen Energie $W_m = \frac{1}{2}i^2L$, und c) der bei der Ladung und Entladung des Feldes von der Stromquelle zugeführten Leistung $\frac{dW_m}{dt}$. Die magnetische Energie pulsiert mit der doppelten Frequenz des Stromes um den Mittelwert

$$\overline{W}_m = \tfrac{1}{2}[\tfrac{1}{2}i_m^2L] = \tfrac{1}{2}J^2L,$$

worin J der Effektivwert des Stromes ist. Dieser Mittelwert ist also ebenso groß wie die Energie bei Gleichstrom, dessen Betrag gleich dem Effektivwert des Wechselstromes ist. Die Ladeleistung pulsiert um den Mittelwert Null.

7. Einwelliger Strom in einem Stromkreis mit Widerstand und Selbstinduktion.

Um den Strom zu berechnen, der sich unter Einwirkung einer einwelligen Klemmenspannung einstellt, hat man Gl. (15) zu integrieren. Es werde hier zunächst das partikuläre Integral betrachtet, das den stationären Zustand beschreibt, der sich kurz nach dem Einschalten einstellt. (Das vollständige Integral wird in Kap. XIII behandelt.) Dazu gehen wir vom Strom aus und fragen, wie groß muß p sein, wenn i gegeben ist. Nach Gl. (15) wird

$$p = Ri + L\frac{di}{dt}. \tag{17}$$

Es sei $i = i_m \sin\omega t$, $Ri = Ri_m \sin\omega t$, $\frac{L di}{dt} = \omega L i_m \cos\omega t = \omega L i_m (\sin\omega t + \pi/2)$,

somit

$$p = Ri_m \sin\omega t + \omega L i_m \sin(\omega t + \pi/2) = p_m \sin(\omega t + \varphi). \tag{18}$$

Die Klemmenspannung erscheint aus zwei Komponenten zusammengesetzt: die erste hat die Amplitude Ri_m und die gleiche Phase wie der Strom, die zweite die Amplitude $\omega L i_m$ und $\frac{1}{4}$ Periode Voreilung gegen den Strom; die erste ist der Ohmsche Spannungsabfall, die zweite ist der EMK der Selbstinduktion entgegengesetzt gleich. Die Amplitude der Spannung wird somit nach Gl. (25) S. 6

$$\boldsymbol{p_m = i_m \sqrt{R^2 + \omega^2 L^2}} \tag{19}$$

und nach Gl. (26) die Voreilung der Spannung gegen den Strom

$$\boldsymbol{\operatorname{tg}\varphi = \frac{\omega L}{R}}. \tag{20}$$

Gl. (19) gilt, wenn beiderseits durch $\sqrt{2}$ dividiert wird, auch für die Effektivwerte

$$\boldsymbol{P = J\sqrt{R^2 + \omega^2 L^2}}. \tag{19a}$$

Hat eine Spule z. B. eine Induktivität $L = 10^{-2}$ H und einen Widerstand $R = 1$ Ohm, so ist für $f = 50$ Hertz $\omega L = 2\pi\, 50 \cdot 10^{-2} = 3{,}14$ Ohm und $\sqrt{R^2 + \omega^2 L^2} = \sqrt{1^2 + 3{,}14^2} = 3{,}3$ Ohm, für $J = 10$ Amp ist die Spannung 33 Volt, die Phasenverschiebung $\varphi = \operatorname{artg}\frac{\omega L}{R} = \operatorname{artg} 3{,}14 = 72{,}3^0$.

Leistung, Blindleistung, Scheinleistung. Die momentane Leistung ist nach Gl. (18)

$$pi = Ri_m^2 \sin^2\omega t + \omega L i_m^2 \sin\omega t \cos\omega t = \tfrac{1}{2} R i_m^2 (1 - \cos 2\omega t) + \tfrac{1}{2}\omega L i_m^2 \sin 2\omega t. \tag{21}$$

Der erste Teil schwingt mit der doppelten Frequenz um den Mittelwert $\frac{1}{2} R i_m^2$, er entspricht der Umsetzung von elektrischer Arbeit in Wärme im Widerstand. Der zweite Teil schwingt mit doppelter Frequenz um den Mittelwert Null und entspricht der umkehrbaren Umsetzung von elektrischer Arbeit in magnetische Feldenergie (s. S. 12). Die mittlere dem Stromkreis zugeführte Leistung ist

$$N = \frac{1}{T}\int_0^T pi\, dt = \tfrac{1}{2} R i_m^2 = RJ^2. \tag{22}$$

Die beiden Teile der momentanen Leistungsschwingung Gl. (21) entsprechen den beiden Komponenten der Klemmenspannung nach Gl. (18). Deren Effektivwerte sind $P\cos\varphi = JR$ und $P\sin\varphi = J\omega L$, wie sich durch Auflösung von $\sin(\omega t + \varphi) = \sin\omega t \cos\varphi + \cos\omega t \sin\varphi$ in Gl. (18) ergibt. Nur die mit dem Strom gleichphasige Komponente $P\cos\varphi$ gibt mit dem Strom multipliziert die Leistung

$$N = PJ\cos\varphi, \quad \text{s. S. 8}. \tag{22a}$$

Die gegen den Strom um $\frac{1}{4}$ Periode voreilende Komponente $P \sin\varphi$ ergibt keine Leistung. Doch hat dieses Produkt in Wechselstromkreisen eine große Bedeutung und man nennt

$$N_b = PJ \sin\varphi \tag{23}$$

die Blindleistung. Da $P \sin\varphi = J\omega L$ ist, wird

$$N_b = J^2 \omega L.$$

Die Energie des magnetischen Feldes schwingt nach S. 12 mit der doppelten Frequenz um den Mittelwert

$$\overline{W}_m = \tfrac{1}{2} J^2 L. \tag{24}$$

Daher ist die Bedeutung der Blindleistung für einen induktiven Stromkreis

$$N_b = 2\omega \overline{W}_m. \tag{25}$$

Die Stromquelle und alle Teile der Leitung sind für die volle Spannung zu bemessen und zu isolieren. Daher ist das Produkt PJ für die Bemessung der Generatoren (Typengröße) und der ganzen Anlage maßgebend, auch wenn nur ein Teil entsprechend dem cos der Phasenverschiebung zwischen Strom und Spannung als Leistung in anderer Energieform nutzbar gemacht wird (hier Wärme im Widerstand). Man bezeichnet PJ als Richtleistung oder Scheinleistung

$$N_s = PJ \tag{26}$$

und es ist

$$N_s = \sqrt{N^2 + N_b^2} \tag{27}$$

Entsprechend bezeichnet man die Komponenten der Spannung $P \cos\varphi$ die Wirkspannung, $P \sin\varphi$ die Blindspannung. Die Größe ωL in Gl. (19) wird als Blindwiderstand (Reaktanz) bezeichnet und $\sqrt{R^2 + \omega^2 L^2}$ als Scheinwiderstand (Impedanz). Zur Abkürzung setzt man

$$\omega L = X \tag{28}$$

$$\sqrt{R^2 + \omega^2 L^2} = z. \tag{29}$$

R ist bei Wechselströmen, besonders bei hohen Frequenzen, größer als der Ohmsche Widerstand, zum Unterschied spricht man dann von dem Wirkwiderstand.

Wirk- und Blindstrom, Leitwerte. Geht man von der Klemmenspannung aus

$$p = \sqrt{2} P \sin \omega t,$$

so wird der Strom

$$i = \sqrt{2} J \sin(\omega t - \varphi) = \sqrt{2} J (\sin\omega t \cos\varphi - \cos\omega t \sin\varphi),$$

darin ist wieder nach Gl. (19a) und (20)

$$J = \frac{P}{\sqrt{R^2 + \omega^2 L^2}} = \frac{P}{z}, \qquad \operatorname{tg}\varphi = \frac{\omega L}{R} = \frac{X}{R}.$$

Der reziproke Wert des Scheinwiderstandes z ist ein Leitwert (Einheit 1 Siemens S) und heißt Scheinleitwert (Admittanz), er wird mit y bezeichnet. Damit ist auch

$$J = Py. \tag{30}$$

Der Strom kann nun auch in zwei Komponenten zerlegt werden, die eine ist in Phase mit der Spannung, die andere um ¼ Periode dagegen phasenverschoben. Sie heißen

$J \cos\varphi = Py \cos\varphi$ der Wirkstrom

$J \sin\varphi = Py \sin\varphi$ der Blindstrom.

Dieser Zerlegung entsprechen die Bezeichnungen

$y \cos\varphi = g$ der Wirkleitwert (Konduktanz)

$y \sin\varphi = b$ der Blindleitwert (Suszeptanz)

$$y = \sqrt{b^2 + g^2}.$$

Die Leitwerte stehen mit den Widerständen in folgenden Beziehungen:

$$y = \frac{1}{z} \qquad g = \frac{R}{z^2} \qquad b = \frac{X}{z^2} \qquad z = \frac{1}{y} \qquad R = \frac{g}{y^2} \qquad X = \frac{b}{y^2} \tag{31}$$

$$\operatorname{tg}\varphi = \frac{X}{R} = \frac{b}{g} \qquad \cos\varphi = \frac{R}{z} = \frac{g}{y} \qquad \sin\varphi = \frac{X}{z} = \frac{b}{y}. \tag{32}$$

Bei Reihenschaltung rechnet man besser mit den Widerständen, bei Parallelschaltung mit den Leitwerten.

Aus zwei Widerständen oder Leitwerten können stets die übrigen vier Konstanten berechnet werden. Zur experimentellen Bestimmung ist die Messung des Stromes J, der Spannung P und der Leistung N erforderlich.

Die Leistung ist

$$N = PJ\cos\varphi = J^2 R = P^2 g,$$

daher

$$R = \frac{N}{J^2} \qquad g = \frac{N}{P^2}, \qquad z = \frac{P}{J} \qquad y = \frac{J}{P}, \qquad X = \sqrt{z^2 - R^2} \qquad b = \sqrt{y^2 - g^2};$$

ferner kann man für die Blindleistung schreiben

$$N_b = PJ\sin\varphi = P^2 b = J^2 X$$

und für die Scheinleistung

$$N_s = PJ = P^2 y = J^2 z.$$

8. Kapazität in Wechselstromkreisen.

Bei veränderlichen Strömen spielen auch die Vorgänge im elektrischen Feld in Nichtleitern eine Rolle.

Elektrisches Feld. Die Feldstärke $\mathfrak{E}$ gibt an jedem Punkt Größe und Richtung des Feldes an, sie ist als die Kraft definiert, die an der Elektrizitätsmenge 1 angreift. Die Arbeit beim Verschieben dieser Ladung von einem Punkt a nach einem Punkt b im elektrischen Feld heißt die Spannung von a nach b: $p_{ab} = \int_a^b \mathfrak{E}_s\, ds$.

Ist diese Arbeit unabhängig vom Weg, so ist die Umlaufspannung beim Verschieben von a nach b und auf einem anderen Wege zurück nach a gleich Null. Dann ist das Feld wirbelfrei. In diesem Fall kann jedem Punkt des Raumes ein skalares Potential φ zugeschrieben werden, und es ist

$$p_{ab} = \varphi_a - \varphi_b.$$

Die Feldstärke in einer Richtung s ist

$$\mathfrak{E}_s = -\frac{d\varphi}{ds}.$$

Bei der Bewegung einer Ladung senkrecht zur Richtung der Feldstärke ist die Arbeit Null, dabei ist $\varphi =$ konst. Eine Fläche, die überall senkrecht zur Richtung der Feldstärke steht, ist eine Äquipotentialfläche.

Die Quellen des elektrischen Feldes befinden sich im Ruhezustand auf der Oberfläche leitender Körper (wahre Ladung) oder an Ladungsträgern, die sich im Felde befinden (Ionen, Elektronen).

Bei gegebenen Ladungen und deren Verteilung hängt das Feld noch von dem Stoff ab, in dem es besteht, und zur vollständigen Beschreibung des Feldes sind zwei Vektoren nötig, die Feldstärke $\mathfrak{E}$ und die Verschiebung $\mathfrak{D}$. Beide haben die gleiche Richtung. Ihr Verhältnis heißt die Dielektrizitätskonstante des Stoffes und man setzt

$$\mathfrak{D} = \varepsilon_0 \varepsilon \mathfrak{E}. \tag{33}$$

Hierin ist ε_0 eine vom Maßsystem abhängige Konstante und heißt Dielektrizitätskonstante des Vakuums, ε ist die relative Dielektrizitätskonstante des Stoffes mit

Bezug auf das Vakuum. Im praktischen Maßsystem wird $\mathfrak{E}$ in Volt/cm und $\mathfrak{D}$ in Coulomb/cm² gemessen, ferner ist

$$\varepsilon_0 = \frac{1}{4\pi \cdot 9 \cdot 10^{11}} \frac{\text{Coulomb}}{\text{Volt cm}} = \frac{1}{4\pi 9 \cdot 10^{11}} \text{Farad/cm}, \tag{34}$$

ε ist eine Zahl, die für Luft angenähert 1 ist. Nach S. 9 Gl. (7) war $\mu_0 = 4\pi 10^{-9}$ Henry/cm, daher ist

$$\sqrt{\varepsilon_0 \mu_0} = \sqrt{\frac{1}{9 \cdot 10^{20}}} = \frac{1}{3 \cdot 10^{10}} \frac{\text{sek}}{\text{cm}} = \frac{1}{c},$$

worin $c = 3 \cdot 10^{10}$ cm/sek die Lichtgeschwindigkeit im leeren Raum und in Luft ist.

Zwischen der Verschiebung und den Ladungen besteht die Beziehung: Der Verschiebungsfluß durch eine geschlossene Fläche ist gleich der von der Fläche eingeschlossenen Ladung (Gaußscher Satz).

$$\oint \mathfrak{D}_n df = q. \tag{35}$$

An der Grenzfläche zweier Medien mit verschiedener Dielektrizitätskonstante, an der sich keine Ladung befindet, ist die Normalkomponente der Verschiebung in beiden Stoffen gleich groß, hingegen verhalten sich die Normalkomponenten der Feldstärke umgekehrt wie die Dielektrizitätskonstanten. Daher kann man ein elektrisches Feld durch Verschiebungsröhren darstellen, deren Fluß konstant ist und deren Querschnitt beim Übertritt von einem Medium zum anderen keine Unstetigkeit aufweist. Die Verschiebungsröhren beginnen und enden an der Oberfläche der Leiter, auf denen die Ladungen sich befinden, und nach Gl. (35) ist der Fluß jeder Röhre gleich der Ladung, die ihre Randkurve an der Leiteroberfläche abgrenzt.

Energie des elektrischen Feldes. Die Energie des elektrischen Feldes in der Volumeneinheit, die Energiedichte, ist nach Maxwell

$$w_e = \int_0^{\mathfrak{D}} \mathfrak{E}\, d\mathfrak{D}, \tag{36}$$

und wenn die Dielektrizitätskonstante unabhängig von $\mathfrak{E}$ und $\mathfrak{D}$ ist, mit $d\mathfrak{D} = \varepsilon_0 \varepsilon d\mathfrak{E}$

$$w_e = \frac{1}{2}\varepsilon_0 \varepsilon \mathfrak{E}^2 = \frac{1}{2}\frac{\mathfrak{D}^2}{\varepsilon\varepsilon_0} = \frac{1}{2}\mathfrak{E}\mathfrak{D}. \tag{36a}$$

Kapazität. Verläuft das elektrische Feld zwischen zwei voneinander isolierten Leitern, die einander genügend nahe gegenüberstehen, so daß alle Verschiebungsröhren auf der einen Oberfläche beginnen und auf der anderen enden, so kann die Energie durch die Ladungen auf den Leitern und die Spannung von einem Leiter zum andern berechnet werden. Ist df der Querschnitt einer Verschiebungsröhre, ds das Längenelement der Achse, so ist die Energie in dem Volumenelement $df \cdot ds$ nach Gl. (36)

$$\tfrac{1}{2}\mathfrak{E}\mathfrak{D}\, df\, ds.$$

Hierin ist $\mathfrak{D}\, df$ der konstante Verschiebungsfluß der Röhre und gleich der Elementarladung Δq, die von der Röhre an den Leiteroberflächen abgegrenzt wird, und $\mathfrak{E}\, ds$ der Anteil des Längenelementes ds an der Spannung p von einer Leiteroberfläche (1) zur anderen (2). Daher ergibt sich der Energiegehalt der Röhre

$$\tfrac{1}{2}\Delta q \int_1^2 \mathfrak{E}\, ds = \tfrac{1}{2}\Delta q \cdot p. \tag{37}$$

Durch Summation über alle Verschiebungsröhren wird die Energie des ganzen Feldes zwischen beiden Leitern

$$\boldsymbol{W_e = \tfrac{1}{2} p \cdot q}, \tag{38}$$

worin q die Gesamtladung beider Flächen ist. Da sie bei gegebener Leiteranordnung der Spannung von einem Leiter zum andern proportional ist, ist auch

$$\boldsymbol{q = Cp}, \tag{39}$$

$$\boldsymbol{W_e = \tfrac{1}{2} C p^2}, \tag{40}$$

C ist die Kapazität der betrachteten Leiteranordnung, sie ist numerisch gleich der Ladung für die Einheit der Spannung. Im praktischen Maßsystem ist die Einheit der Kapazität: 1 Coulomb/1 Volt = 1 Farad (F). Da dies eine sehr große Einheit ist, gebraucht man den 10^6-ten Teil davon: 1 Mikrofarad (μF).

Beispiele. 1. Ein Plattenkondensator (Abb. 18). Zwischen zwei Platten von großer Ausdehnung, die überall in sehr kleinem Abstand d voneinander entfernt sind, kann das Feld als homogen angesehen werden, die Verschiebungslinien laufen parallel und die Verschiebung ist konstant. Nur am Rande weicht der Verlauf davon ab. Vernachlässigt man die Randwirkung, was bei kleinem Abstand und großer Fläche keinen wesentlichen Fehler gibt, so ist die Spannung $p = \mathfrak{E} d$. Der Verschiebungsfluß ist $q = \mathfrak{D} F = \frac{\varepsilon \mathfrak{E}}{4\pi} \frac{F}{9 \cdot 10^{11}}$, daher die Kapazität

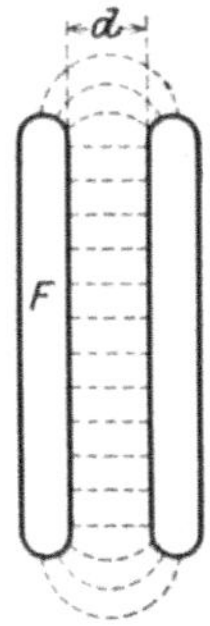

Abb. 18.

$$C = \frac{q}{p} = \frac{\varepsilon F}{4\pi d} \cdot \frac{1}{9 \cdot 10^{11}}\,\mathrm{F} = \frac{\varepsilon F}{4\pi d} \cdot \frac{1}{9 \cdot 10^{5}}\,\mu\mathrm{F}. \tag{41}$$

Um einen Plattenkondensator von 1 μF mit Glimmerplatten von ¼ mm Dicke herzustellen, ist, wenn $\varepsilon = 5$ ist, eine gesamte Fläche erforderlich

$$F = \frac{4\pi \cdot 0.025 \cdot 9 \cdot 10^5}{5} = 56\,500\ \mathrm{cm}^2.$$

Solche Kondensatoren werden aus Platten aufeinandergeschichtet, die abwechselnd mit je einem Pol verbunden sind. Für $C = 10^{-6}\,\mathrm{F} = 1\,\mu\mathrm{F}$ und $d = 0{,}025$ cm ist bei einer Spannung von 1000 Volt die Feldstärke 40000 Volt/cm, die Ladung $q = 10^{-3}$ Coulomb, die Verschiebung $\mathfrak{D} = 1{,}77 \cdot 10^{-8}$ Coulomb/cm², die Energie $\frac{1}{2}$ Joule, die Energiedichte $3{,}54 \cdot 10^{-4}$ Joule/cm³.

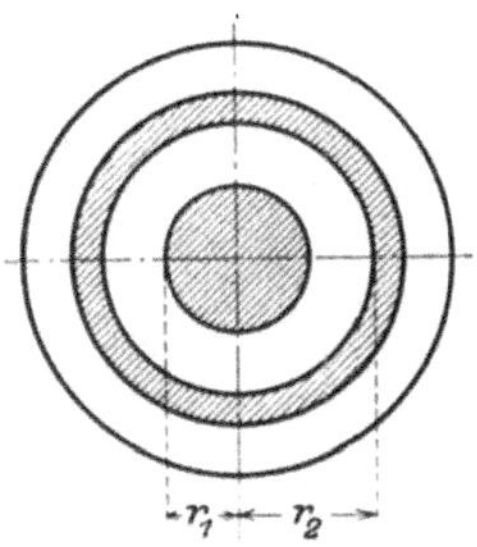

Abb. 19.

2. Ein Zylinderkondensator (konzentrisches Kabel), Abb. 19. Der Außenleiter (Mantel) sei geerdet. Da alle Verschiebungslinien, die vom inneren Leiter ausgehen, auf dem Mantel enden, ist die Ladung auf der inneren Fläche des Mantels entgegengesetzt gleich der Ladung (q) des Innenleiters. Die Verschiebungslinien stehen senkrecht auf den Leitern und sind daher radial. Durch eine Zylinderfläche vom Radius r und der Länge l tritt der Verschiebungsfluß

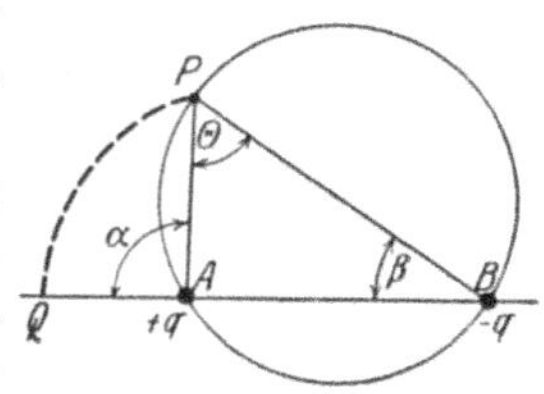

Abb. 20.

$$2\pi r l \mathfrak{D} = q, \quad \text{daher ist} \quad \mathfrak{D} = \frac{q}{2\pi r l}, \ \text{ferner}$$

$$p = \int_{r_1}^{r_2} \mathfrak{E}\, dr = \frac{1}{\varepsilon \varepsilon_0} \int_{r_1}^{r_2} \mathfrak{D}\, dr = 2 \cdot 9 \cdot 10^{11} \cdot \frac{q}{\varepsilon l} \int_{r_1}^{r_2} \frac{dr}{r} = 2 \cdot 9 \cdot 10^{11} \frac{q}{\varepsilon l} \ln \frac{r_2}{r_1},$$

$$C = \frac{q}{p} = \frac{\varepsilon l}{2 \ln \frac{r_2}{r_1}} \frac{1}{9 \cdot 10^5}\,\mu\mathrm{F}. \tag{42}$$

3. Zwei parallele exzentrische Zylinder (Doppelleitung). Hier kann das Feld von zwei Achsen abgeleitet werden, auf denen die Ladungen $+q$ und $-q$ linienhaft verteilt sind. In Abb. 20 sind A und B die Spuren der beiden Achsen. Die Verschiebungslinien verlaufen von A nach B, eine ist die Gerade $\overline{AB}$ selbst. Eine weitere, etwa durch Punkt P, ergibt sich wie folgt. Der Fluß durch eine zu den Achsen parallele Fläche, deren Spur QP ist, ist von A herrührend $q\frac{\alpha}{2\pi}$ und von B herrührend $-\frac{q\beta}{2\pi}$, insgesamt $\frac{q}{2\pi}(\alpha - \beta) = \frac{q}{2\pi}\Theta$.

Die Gleichung der Verschiebungslinien ist also Θ = konst. Sie sind Kreise über $\overline{AB}$

als Sehne. Die Äquipotentialflächen sind zylindrische Flächen, deren Erzeugende parallel zu den Feldachsen liegen, ihre Spuren in der Ebene sind Äquipotentiallinien, die auf den Kraftlinien senkrecht stehen. Ihre Gleichung ergibt sich aus dem Potential eines Punktes P. Die Ladung q der Achse A ergibt für sich in P im Abstand $\overline{AP} = r_a$ die Feldstärke

$$\mathfrak{E}' = \frac{\mathfrak{D}'}{\varepsilon\varepsilon_0} = \frac{q}{\varepsilon\varepsilon_0 2\pi r_a l},$$

die von A nach P gerichtet ist, ebenso die Ladung $-q$ der Achse B, wenn $\overline{BP} = r_b$ gesetzt wird, die Feldstärke in Richtung PB

$$\mathfrak{E}'' = \frac{\mathfrak{D}''}{\varepsilon\varepsilon_0} = -\frac{q}{\varepsilon\varepsilon_0 2\pi r_b l}.$$

Diesen Komponenten der Feldstärke entsprechen die Anteile am Potential in P

$$\varphi' = -\int \mathfrak{E}' dr = -\frac{q}{\varepsilon\varepsilon_0 2\pi l} \ln r_a + \text{konst}, \quad \varphi'' = -\int \mathfrak{E}'' dr = \frac{q}{\varepsilon\varepsilon_0 2\pi l} \ln r_b + \text{konst}.$$

Das Potential ist daher

$$\varphi = \varphi' + \varphi'' = \frac{q}{\varepsilon\varepsilon_0 2\pi l} \ln \frac{r_b}{r_a} + \text{konst}.$$

Die Gleichung der Äquipotentiallinien, $\varphi = \text{konst}$, ergibt also $r_b/r_a = \text{konst}$. Sie sind Kreise, deren Mitten auf $\overline{AB}$ liegen. Ist a ein Kreisradius (Abb. 21) und sind c_1 und c_2 die Abstände der Achsen A und B vom Mittelpunkt, so ergibt die harmonische Teilung

$$\frac{c_2 - a}{a - c_1} = \frac{c_2 + a}{c_1 + a} \quad \text{oder} \quad a^2 = c_1 c_2.$$

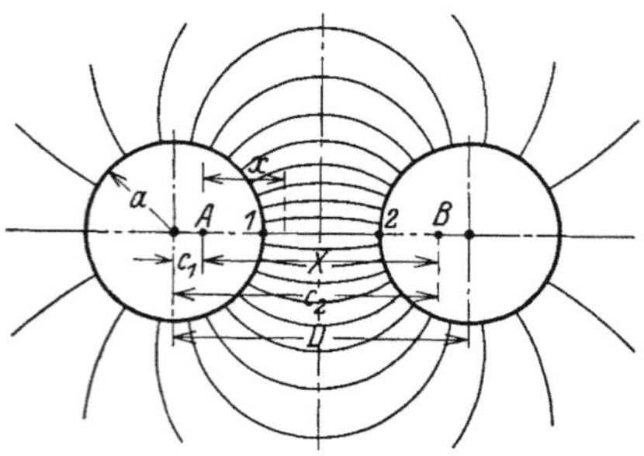

Abb. 21.

Die Äquipotentialflächen sind Kreiszylinder, die die Feldachsen umhüllen. Werden zwei solcher Zylinder metallisch verkörpert, so enden die Kraftlinien an ihren Oberflächen, auf denen nun die Ladungen q, die sie umhüllen, verteilt sind. Im Außenraum ändert sich das Feld nicht. Für zwei Zylinder von gleichem Radius a gilt dann zwischen dem Mittenabstand D und dem Abstand X der Feldachsen die Beziehung

$$X = \sqrt{D^2 - 4a^2}, \qquad c_1 = \tfrac{1}{2}(D - X), \qquad c_2 = \tfrac{1}{2}(D + X).$$

Für einen Punkt auf $\overline{AB}$ im Abstand x von A ist die Feldstärke

$$\mathfrak{E}_x = \frac{\mathfrak{D}}{\varepsilon\varepsilon_0} = \frac{2q \cdot 9 \cdot 10^{11}}{\varepsilon l} \left[\frac{1}{x} + \frac{1}{X - x}\right].$$

Das Linienintegral der Feldstärke von Punkt *1* bis Punkt *2* ist die Spannung p von einem Zylinder zum anderen

$$\int_1^2 \mathfrak{E}_x \cdot dx = p = \frac{q \cdot 9 \cdot 10^{11}}{\varepsilon l} 4 \ln \frac{X + D - 2a}{X - D + 2a}.$$

Ist D groß gegen a, d. h. $X \cong D$, so wird

$$C = \frac{q}{p} = \frac{\varepsilon l}{4 \cdot 9 \cdot 10^{11}} \frac{1}{\ln \frac{D}{a}} \text{ F}. \tag{43}$$

Die Mittelebene ist eine Äquipotentialfläche, sie halbiert die Spannung von einem Zylinder zum andern. Betrachtet man sie als leitende Ebene, so ergibt sich die Kapazität der Anordnung Zylinder gegen Ebene (Freileitung gegen Erde). Sie ist doppelt so groß wie die Kapazität der beiden Zylinder. Setzt man $h = D/2$, so wird die Kapazität eines Drahtes gegen Erde im Abstand h

$$C = \frac{\varepsilon l}{9 \cdot 10^{11} \cdot 2 \ln \frac{2h}{a}} \text{ F}. \tag{44}$$

Beispiel. Für die Doppelleitung S. 11 mit $D = 100$ cm, $a = 0{,}4$ cm, wird die Kapazität für $l = 10^5$ cm $= 1$ km und $\varepsilon = 1$ nach Gl. (43)

$$C = \frac{10^5}{9 \cdot 10^{11} \cdot 4 \ln 250} = 0{,}00505 \cdot 10^{-6}\,\text{F} = 0{,}00505\,\mu\text{F}.$$

Hingegen betrug die Induktivität $L = 2{,}31$ mH/km. Ein Strom von 100 Amp bedingt eine magnetische Energie für 1 km Länge von $\frac{1}{2} 100^2 \cdot 2{,}31 \cdot 10^{-3} = 11{,}55$ Joule. Eine Spannung von 10000 Volt bedingt eine elektrische Energie für 1 km Länge von $\frac{1}{2} 10000^2 \cdot 0{,}00505 \cdot 10^{-6} = 0{,}253$ Joule. Erst bei noch wesentlich höheren Spannungen ist also bei Freileitungen die Energie des elektrischen Feldes der des magnetischen vergleichbar.

Ladung und Entladung eines Kondensators. Ändert sich die Spannung an den Belägen eines Kondensators um dp, so ändert sich die Ladung nach Gl. (39) um

$$dq = C\,dp$$

und im Dielektrikum besteht ein Verschiebungsstrom. Da die Strömung quellenfrei ist, ist der Strom in den Zuleitungen die Fortsetzung des Verschiebungsstromes

$$i = \frac{dq}{dt} = C\frac{dp}{dt}. \tag{45}$$

Wird ein Kondensator an eine Gleichstromquelle von der Spannung P angeschlossen, so fließt in der Zuleitung nur im ersten Augenblick ein Ladestrom, bis der Kondensator in seinem Feld die Energie $W_e = \frac{1}{2} P^2 C$ aufgespeichert hat und auf seinen Belägen die Ladung $q = P \cdot C$ angesammelt ist. Dann ist der Strom auf Null gesunken und der Kondensator ist im stationären Gleichstromkreis eine Unterbrechung. Man kann ihn von der Stromquelle trennen, und er behält seine Ladung bei.

Ist der Kondensator an eine Wechselstromquelle angeschlossen, deren Spannung im ersten ¼ jeder Periode von Null auf p_m wächst, so nimmt dabei die Ladung von Null auf $q_m = p_m C$ zu, die Energie auf $\frac{1}{2} p_m^2 C$; in der folgenden ¼ Periode fällt die Spannung und mit ihr die Ladung und die Feldenergie wieder auf Null. Beim ersten Vorgang, der Ladung, ist der Ladestrom $i = C\frac{dp}{dt}$ und die zugeführte Leistung $pi = pC\frac{dp}{dt} = \frac{d}{dt}(\frac{1}{2}p^2 C) = \frac{dW_e}{dt}$. Beim zweiten Vorgang, der Entladung, nimmt der Strom die entgegengesetzte Richtung an und es wird Leistung an den Stromkreis zurückgegeben. In der folgenden Halbperiode steigt die Spannung in entgegengesetztem Sinn wie zuvor, der Ladestrom hat nunmehr die gleiche Richtung wie zuvor der Entladestrom, im Feld wird wieder Energie aufgespeichert unter Leistungsaufnahme vom Netz und in der folgenden Viertelperiode wieder zurückgegeben. Das Spiel der Ladung und Entladung in jeder Halbperiode entspricht genau dem bei der Induktivität, wenn an Stelle von $i \ldots p$, für $L \ldots C$ gesetzt wird. Die elektrische Energie schwingt mit doppelter Frequenz um den Mittelwert $\overline{W}_e = \frac{1}{2}[\frac{1}{2} p_m^2 C] = \frac{1}{2} P^2 C$, also um den Energiebetrag, der im Kondensator aufgespeichert wird, wenn er an eine Gleichspannung P angeschlossen wird. Für $p = p_m \sin \omega t$ wird $q = C p = C p_m \sin \omega t = q_m \sin \omega t$ und

$$i = \frac{dq}{dt} = C \omega p_m \sin \omega t = \omega q_m \cos \omega t. \tag{46}$$

Die Amplitude des Ladestromes ist

$$i_m = C \omega p_m = \omega q_m, \tag{46 a}$$

er ist gegen die Spannung und Ladung um ¼ Periode in der Phase verfrüht, denn der Ladestrom ist so lange positiv, wie die Spannung steigt, und negativ, wenn sie abnimmt. Die mittlere dem Kondensator zugeführte Leistung ist Null. Dabei ist ein vollkommenes Dielektrikum vorausgesetzt. Die Blindleistung ist

$$PJ = P^2 \omega C = 2\omega \overline{W}_e. \tag{47}$$

9. Stromkreis mit Selbstinduktion, Kapazität und Widerstand.

Ein Kondensator C und eine Spule mit der Induktivität L sind in Reihe an ein Netz mit der Spannung p angeschlossen, R ist der gesamte Widerstand (s. Abb. 22).

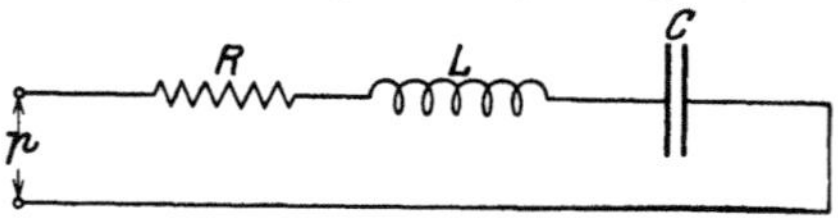

Abb. 22.

Nach dem Induktionsgesetz ist die Umlaufspannung

$$Ri + \frac{q}{C} - p = -L\frac{di}{dt} \quad \text{und} \quad i = \frac{dq}{dt}. \tag{48}$$

Wir untersuchen hier zunächst den stationären Zustand, der sich kurz nach dem Einschalten einstellt. Dazu werde ein einwelliger Strom angenommen und die Klemmenspannung p berechnet, sie ist

$$p = Ri + L\frac{di}{dt} + \frac{q}{C}, \tag{48a}$$

$$\text{für} \quad i = i_m \sin\omega t \quad \text{ist} \quad \frac{q}{C} = \int\frac{i\,dt}{C} = -\frac{i_m}{\omega C}\cos\omega t + (k).$$

Da im stationären Zustand ein einwelliger Ladestrom eine einwellige Ladung bedingt, ist die Integrationskonstante Null. Ferner ist $L\frac{di}{dt} = \omega L i_m \cos\omega t$, und

$$p = Ri_m \sin\omega t + \left(\omega L - \frac{1}{\omega C}\right) i_m \cos\omega t \tag{49}$$

$$= p_m \sin(\omega t + \varphi).$$

Die Spannung erscheint wieder aus zwei Komponenten zusammengesetzt, $Ri_m \sin\omega t$ ist der Ohmsche Spannungsabfall in Phase mit dem Strom, der Effektivwert ist die Wirkspannung

$$P\cos\varphi = JR,$$

$\left(\omega L - \frac{1}{\omega C}\right) i_m \cos\omega t$ ist gegen den Strom um ¼ Periode verfrüht, der Effektivwert ist die Blindspannung

$$P\sin\varphi = J(\omega L - 1/\omega C).$$

Der Effektivwert der Klemmenspannung ist

$$P = J\sqrt{R^2 + (\omega L - 1/\omega C)^2} \tag{50}$$

und die Phasenverschiebung zwischen Spannung und Strom

$$\operatorname{tg}\varphi = \frac{\omega L - 1/\omega C}{R}. \tag{51}$$

In der Blindspannung erscheint die Kondensatorspannung mit negativem Vorzeichen, weil sie gegen den Strom um ¼ Periode verspätet ist, während die induktive Blindspannung gegen den Strom um ¼ Periode verfrüht ist. Die Energien, die in dem magnetischen Feld der Selbstinduktion und dem elektrischen Feld der Kapazität schwingen, sind in Gegenphase. Die magnetische Energie hat ihren Höchstwert, wenn der Strom am größten ist, dann ist die Ladung des Kondensators Null. Die Energie im Kondensator ist am größten, wenn die Ladung am größten ist, d. h. beim Nulldurchgang des Stromes; dann ist aber die magnetische Energie Null. In der momentanen Leistung

$$pi = Ri_m^2 \sin^2\omega t + i_m^2\left(\omega L - \frac{1}{\omega C}\right)\sin\omega t\cos\omega t$$

erscheint daher auch nur die Differenz der zur Ladung der beiden Felder erforderlichen momentanen Leistungen. Die Felder laden sich z. T. gegenseitig, und nur der Überschuß der magnetischen über die elektrische Energie wird jeweils vom Netz aufgenommen bzw. zurückgegeben. Die mittlere Leistung ist

$$N = \frac{1}{T}\int_0^T p i = J^2 R. \tag{52}$$

Die Blindleistung ist, wenn wir die mittleren Energien

$$\frac{1}{2} J^2 L = \overline{W}_m; \qquad \frac{1}{2}\frac{Q^2}{C} = \frac{1}{2}\left(\frac{J}{\omega}\right)^2 \frac{1}{C} = \overline{W}_e \quad \text{setzen,}$$

$$N_b = 2\omega(\overline{W}_m - \overline{W}_e). \tag{53}$$

Die gegenseitige Ladung der Felder ist vollkommen, wenn

$$\omega L = \frac{1}{\omega C} \tag{54}$$

ist. In Gl. (50) verschwindet die Blindspannung und in (53) die Blindleistung; der Stromkreis verhält sich dem Netz gegenüber wie ein Ohmscher Widerstand, nach Gl. (50) wird $P = J R$ und nach Gl. (51) $\operatorname{tg}\varphi = 0$.

Diesen Fall bezeichnet man als Resonanz. Bei gegebenen Werten von L und C tritt sie bei einer bestimmten Frequenz, der Resonanzfrequenz, ein, sie ist nach (54)

$$\omega_0 = \frac{1}{\sqrt{LC}}, \qquad f_0 = \frac{1}{2\pi\sqrt{LC}}. \tag{55}$$

Hierbei können die Blindspannungen der Induktivität und der Kapazität sehr groß werden, sie sind

$$J_0 \omega L = \frac{J_0}{\omega C} = \frac{P}{R}\sqrt{\frac{L}{C}}. \tag{56}$$

Sie hängen nur von dem Verhältnis der Größe $\sqrt{L/C}$ zum Wirkwiderstand R ab. $\sqrt{L/C}$ hat die Dimension eines Widerstandes und wird als Schwingungswiderstand bezeichnet, der ganze Stromkreis ein Thomsonscher Schwingungskreis.

Beispiel: Für $R = 10$ Ohm, $L = 1$ Henry tritt Resonanz ein bei $f_0 = 50$ Hertz, für $C = \frac{1}{\omega_0^2 L} = \frac{1}{(100\pi)^2} = 1{,}015 \cdot 10^{-5}$ F. Für $J = 10$ Amp wird $P = 100$ Volt, während $J\omega_0 L = J/\omega_0 C = 10 \cdot (100\pi) = 3140$ Volt ist. Hierauf beruht die Gefahr der Resonanz in elektrischen Stromkreisen. Die Stromquelle braucht nur eine verhältnismäßig kleine Leistung abzugeben, um große Energieschwingungen hervorzurufen.

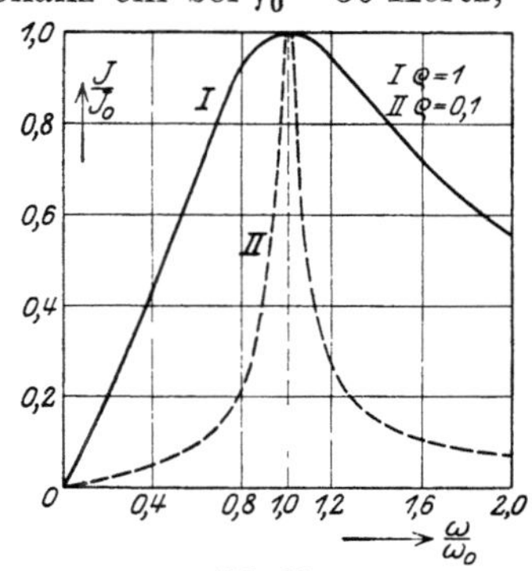

Abb. 23.

Verhalten des Schwingungskreises bei verschiedenen Frequenzen. Sei ω eine beliebige Frequenz, ω_0 die Resonanzfrequenz, das Verhältnis $\omega : \omega_0 = \delta$, ferner das Verhältnis des Wirkwiderstandes zum Schwingungswiderstand $R\sqrt{C/L} = \varrho$. Dann ist

$$\omega L = \frac{\omega}{\omega_0}\sqrt{\frac{L}{C}} = \frac{\delta}{\varrho} R, \qquad \frac{1}{\omega C} = \frac{\omega_0}{\omega}\sqrt{\frac{L}{C}} = \frac{1}{\delta\varrho} R, \qquad J = \frac{P}{R\sqrt{1 + \frac{1}{\varrho^2}\left(\delta - \frac{1}{\delta}\right)^2}}.$$

Hierin ist $P/R = J_0$ der Höchststrom im Resonanzfall, und das Verhältnis J/J_0 ist nur vom Frequenzverhältnis δ und vom Widerstandsverhältnis ϱ abhängig. In Abb. 23 ist $J : J_0$ in Abhängigkeit vom Frequenzverhältnis für zwei Werte von ϱ aufgetragen. Kurve I mit dem flachen Strommaximum gilt für großen Widerstand $\varrho = 1$, Kurve II mit dem spitzen Maximum für kleinen Widerstand $\varrho = 0{,}1$.

Je kleiner der Widerstand, um so schärfer ist die Resonanzlage ausgeprägt, um so enger der Bereich, in dem der Stromkreis einen beträchtlichen Strom hindurchläßt. Die Phasenverschiebung der Klemmenspannung gegen den Strom ist nach (51)

$$\operatorname{tg}\varphi = \frac{1}{\varrho}\left(\delta - \frac{1}{\delta}\right).$$

Für $\delta < 1$ ist φ negativ, die Spannung ist gegen den Strom verspätet, für $\delta > 1$ ist φ positiv, die Spannung ist gegen den Strom verfrüht.

Man unterscheidet hier:

$\omega L = X_i$ den induktiven Blindwiderstand,
$1/\omega C = X_c$ den kapazitiven Blindwiderstand,
$\omega L - 1/\omega C = X_i - X_c$ den resultierenden Blindwiderstand,

er wechselt sein Vorzeichen, wenn $X_c > X_i$ ist.

III. Graphische und analytische Methoden.

10. Darstellung von Wechselströmen durch Vektoren.

Die Projektionen eines mit konstanter Winkelgeschwindigkeit um einen festen Punkt rotierenden Radiusvektors auf eine feste Achse beschreiben bekanntlich die Ordinaten einer Sinuskurve.

Stellt daher die Länge $\overline{OP}$ des rotierenden Vektors Abb. 24 die Amplitude eines Wechselstromes i_m dar, und ist die Winkelgeschwindigkeit seiner Drehung gleich der Kreisfrequenz ω, so sind die Projektionen $\overline{OA}$ auf die zur Anfangslage $\overline{OX}$ senkrechte Richtung $\overline{OY}$

$$\overline{OA} = i = i_m \sin\omega t$$

die Augenblickswerte des Stromes.

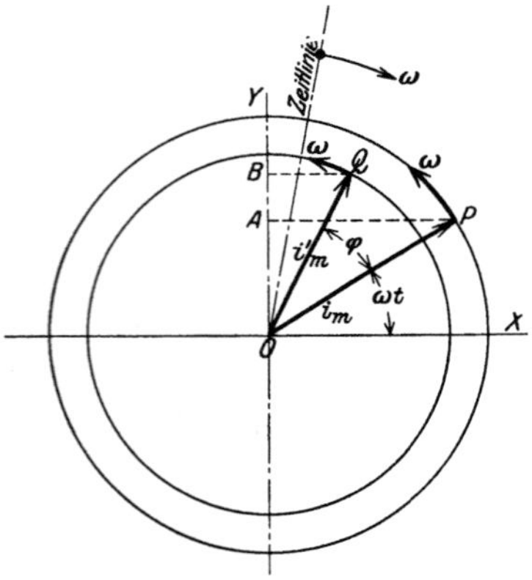

Abb. 24.

Für einen zweiten Vektor $\overline{OQ} = i'_m$, der gegen $\overline{OP}$ um einen Winkel φ im Sinne der Voreilung verschoben ist, wird ebenso

$$\overline{OB} = i' = i'_m \sin(\omega t + \varphi).$$

Die beiden Vektoren $\overline{OP}$ und $\overline{OQ}$ können also als Symbole zweier Wechselströme von gleicher Frequenz betrachtet werden, deren Amplituden i_m und i'_m sind, und die gegeneinander die Phasenverschiebung φ haben.

Anstatt die Vektoren rotieren zu lassen, kann man sie auch feststehend denken, und die Gerade, auf die sie projiziert werden, sich im umgekehrten Sinne drehen lassen; diese Gerade heißt die Zeitlinie. Der Vektor des voreilenden Stromes ist, wenn man die Drehrichtung der Vektoren zugrunde legt, im Sinne der Voreilung verschoben. Geht man von der Drehung der Zeitlinie aus, so kommt diese, wie die Abbildung zeigt, bei der Drehung zuerst in die Lage des voreilenden Vektors.

Beliebig viele Ströme und Spannungen sind also durch die Länge ihrer Vektoren und durch die Winkel, die sie bilden, in ihrer Größe und Phase gegeneinander eindeutig bestimmt. Voraussetzung ist dabei, daß die Ströme und Spannungen gleiche Frequenz haben, nur solche lassen sich in einem Diagramm zusammenstellen. Über die Frequenz selbst sagt das Diagramm nichts aus.

Praktisch ist es zweckmäßig, die Länge der Vektoren in dem gewählten Maßstab gleich den Effektivwerten zu machen, weil diese gemessen werden; beim Übergang zu den Augenblickswerten sind dann die Projektionen mit $\sqrt{2}$ zu multiplizieren.

Da es bei der geometrischen Darstellung nur auf die Länge der Vektoren ankommt und auf die Winkel, die sie miteinander bilden, kann man jeden Vektor in dem Diagramm parallel mit sich selbst verschieben.

Hiervon macht man Gebrauch bei der graphischen Addition von Strömen. Die Summe zweier Ströme

$$i_1 + i_2 = i$$

ergibt sich (s. Abb. 25) durch Parallelverschiebung des Vektors $\overline{OB}$ des Stromes i_2 parallel mit sich selbst nach $\overline{AC}$ an den Endpunkt des Vektors $\overline{OA}$ des Stromes i_1, oder, da die Reihenfolge bei der Addition gleichgültig ist, durch Verschiebung des Vektors $\overline{OA}$ des Stromes i_1 nach $\overline{BC}$ an den Endpunkt B des Vektors $\overline{OB}$ des Stromes i_2.

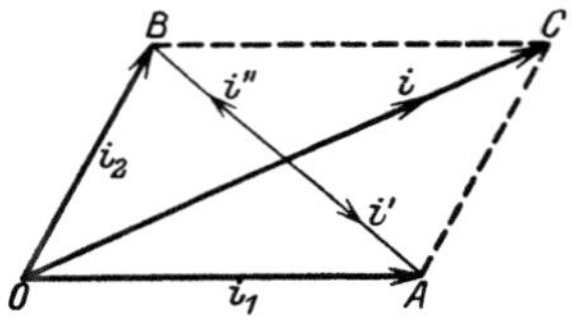

Abb. 25.

Der Vektor $\overline{OC}$ des Summenstromes i ist also die Diagonale des von den Vektoren der Teilströme gebildeten Parallelogramms.

Da die Differenz zweier Ströme

$$i_1 - i_2 = i'$$

gleich der Summe aus i_1 und dem negativ genommenen Wert von i_2 ist, ist das Parallelogramm von B aus erst bis C im Sinne von i_1 und dann bis A im negativen Sinne von i_2 zu durchlaufen, und es wird die Diagonale $\overline{BA}$ der Vektor des Differenzstromes i'.

Der Vektor des Differenzstromes

$$i_2 - i_1 = i''$$

ist analog die im Sinne $\overline{AB}$ durchlaufene Diagonale.

Differentialquotient und Zeitintegral eines Vektors. In den Spannungsgleichungen von Wechselströmen kommt der Differentialquotient des Stromes nach der Zeit und das Zeitintegral eines Wechselstromes vor. Da

$$\frac{di}{dt} = \frac{d(i_m \sin \omega t)}{dt} = \omega i_m \sin(\omega t + \pi/2)$$

ist, erhält man den Vektor, der den Differentialquotienten eines Stromes darstellt, indem man die Länge des Stromvektors im Verhältnis $\omega : 1$ vergrößert und ihn um 90^0 nach vorwärts dreht. Da ferner

$$\int i\,dt = \int i_m \sin \omega t\,dt = \frac{i_m}{\omega} \sin\left(\omega t - \frac{\pi}{2}\right)$$

ist, erhält man den Vektor des Zeitintegrals, indem man den Vektor des Stromes im Verhältnis $1 : \omega$ verkleinert und ihn um 90^0 zurückdreht.

Beispiele.

Für die Spule mit dem Widerstand R und der Induktivität L ist nach Kap. II Gl. (17)

$$p = iR + L\frac{di}{dt}.$$

An den Vektor $\overline{OA} = JR$, Abb. 26, der in die Richtung des Stromes fällt, reiht sich der um 90^0 dagegen nach vorwärts gedrehte Vektor $\overline{AB} = J\omega L$, die Summe $\overline{OB}$ ist der Vektor der Klemmenspannung P. Es folgt

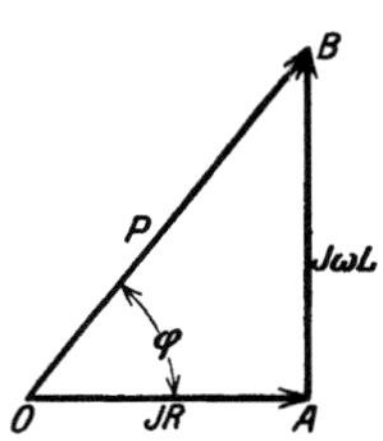

Abb. 26.

$$\operatorname{tg}\varphi = \frac{J\omega L}{JR} = \frac{\omega L}{R}.$$

Ist die Drosselspule mit einem Kondensator in Reihe geschaltet, so lautete die Spannungsgleichung

$$p = iR + L\frac{di}{dt} + \frac{1}{C}\int i\,dt.$$

In Abb. 27 reiht sich an den Vektor $\overline{OA} = JR$ in Richtung des Stromes, der um 90^0 dagegen nach vorwärts gedrehte Vektor $\overline{AB} = J\omega L$ und an diesen gegen den

Strom um 90^0 nach rückwärts gedreht der Vektor der Kondensatorspannung $\overline{BC} = J/\omega C$. $\overline{OC}$ ist der Vektor der Klemmenspannung und es ist

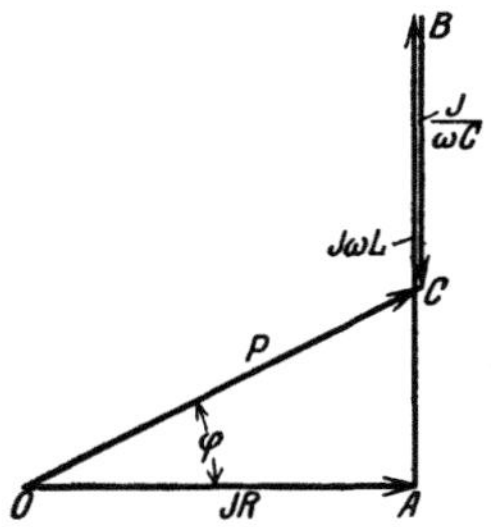

Abb. 27.

$$\operatorname{tg}\varphi = \frac{\omega L - 1/\omega C}{R}.$$

Verändert man die Größe der Kapazität, so bewegt sich der Endpunkt C des Vektors der Klemmenspannung auf der Geraden $\overline{AB}$. Wenn er in A liegt, ist die Spannung mit dem Strom in Phase, hierbei ist

$$\frac{J}{\omega C} = J\omega L.$$

Dies ist der früher, S. 21, behandelte Fall der Resonanz. Wird $\frac{J}{\omega C} > J\omega L$, so liegt C unterhalb A, dann eilt der Strom der Klemmenspannung vor.

11. Rechnung mit komplexen Zahlen.

Die rechnerische Ergänzung der graphischen Darstellung durch Vektoren ist die Rechnung mit komplexen Zahlen.

I. Grundlagen. a) Imaginäre Zahlen sind die Quadratwurzeln aus negativen Zahlen. Demgegenüber werden die positiven und negativen Zahlen als reell bezeichnet. Jede imaginäre Zahl ist das Produkt einer reellen Zahl in die imaginäre Einheit $\sqrt{-1}$. Diese wird mit j bezeichnet

$$\sqrt{-1} = j. \tag{1}$$

Dann ist

$$j^2 = -1, \qquad j^3 = -j, \qquad j^4 = 1, \qquad j^5 = j \text{ usf.}$$

b) Die Summe aus einer reellen Zahl und einer imaginären Zahl ist eine komplexe Zahl. Sie wird durch gotische Buchstaben bezeichnet, reelle Zahlen durch lateinische. Der allgemeine Ausdruck einer komplexen Zahl ist

$$\mathfrak{r} = a + jb. \tag{2}$$

Darin ist a der reelle Teil von $\mathfrak{r}$, abgekürzt $a = \mathfrak{Re}(\mathfrak{r})$,
b der imaginäre Teil von $\mathfrak{r}$ $\quad b = \mathfrak{Im}(\mathfrak{r})$.

Eine anschauliche geometrische Deutung der komplexen Zahlen gibt

c) die Gaußsche Zahlenebene. Sie ordnet der Gesamtheit aller Zahlen, reeller, imaginärer und komplexer, die Punkte einer durch ein rechtwinkliges Achsenkreuz orientierten Ebene umkehrbar eindeutig derart zu, daß der komplexen Zahl

$$\mathfrak{r} = a + jb$$

der Punkt P der Ebene (Abb. 28) entspricht, dessen Abszisse den reellen Teil a und dessen Ordinate den imaginären Teil b mißt. Den reellen Zahlen entsprechen die Punkte auf der „reellen Achse", in Abb. 28 die Abszissenachse, den imaginären Zahlen die Punkte der „imaginären Achse", in Abb. 28 die Ordinatenachse. Der Schnittpunkt O der Achsen trennt die positiven von den negativen Zahlen, ihm selbst entspricht Null.

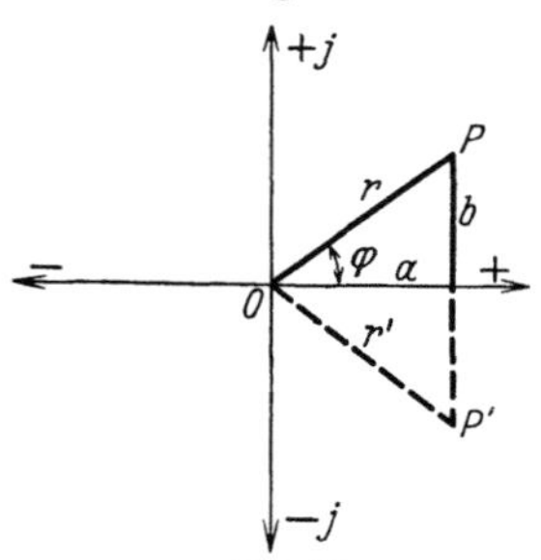

Abb. 28.

d) Konjugiert komplexe Zahlen. Einer komplexen Zahl $\mathfrak{r}' = a - jb$ entspricht ein Punkt P' (Abb. 28), der zum Punkte P spiegelbildlich in bezug auf die reelle Achse liegt. Zwei komplexe Zahlen $\mathfrak{r}, \mathfrak{r}'$, die den gleichen reellen Teil a haben, deren imaginäre Teile b gleichen Betrag, aber entgegengesetztes Vorzeichen haben, heißen konjugiert komplex. Die konjugiert komplexe Zahl zu $\mathfrak{r}$ bezeichnet man mit $\mathfrak{r}^k$.

e) Polarkoordinaten. Statt durch die rechtwinkligen Koordinaten a, b kann die Lage des Punktes P auch durch die Polarkoordinaten eindeutig bestimmt werden, nämlich durch den von O nach P gezählten Abstand r des Punktes P von O und durch den Winkel φ, den die Richtung $\overline{OP}$ mit der positiven Richtung der reellen Achse bildet.

r ist eine reelle Zahl und heißt Betrag (oder Modul), φ ist das Argument der komplexen Zahl $\mathfrak{r}$, und es ist (s. Abb. 28)

$$r = \sqrt{a^2 + b^2} \qquad (3) \qquad\qquad \operatorname{tg}\varphi = \frac{b}{a} = \frac{\mathfrak{Im}(\mathfrak{r})}{\mathfrak{Re}(\mathfrak{r})}. \qquad (4)$$

Da $r\cos\varphi = a$ und $r\sin\varphi = b$ ist, kann Gl. (2) auch geschrieben werden

$$\mathfrak{r} = r(\cos\varphi + j\sin\varphi). \qquad (5)$$

f) Eulersche Formel. In Abb. 28 gelangt man zu Punkt P, indem man von O erst um das Stück a auf der rellen Achse vorrückt, dann in Richtung der imaginären Achse um das Stück b. Diesem Vorgang entsprechen die Gl. (2) und (5). Andererseits gelangt man zu Punkt P, wenn man die Strecke von der Länge r aus der Lage $\overline{OA}$ in der positiv reellen Achse (s. Abb. 29) um den Winkel φ in die endgültige Lage $\overline{OP}$ um den Punkt O dreht. Diesem Vorgang entspricht eine weitere Beziehung.

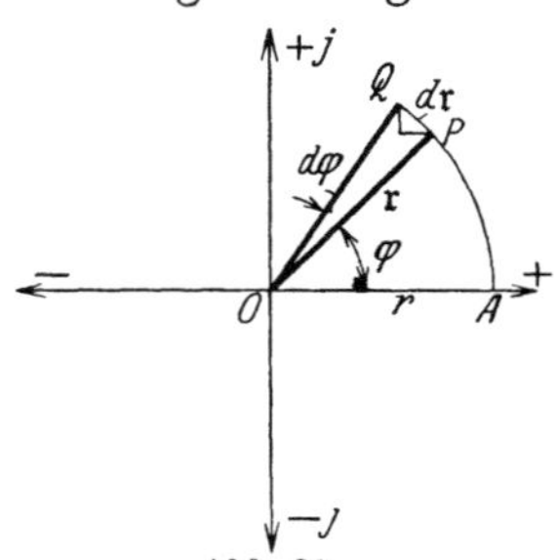

Abb. 29.

Dreht man den Strahl $\overline{OP}$ um einen unendlich kleinen Winkel $d\varphi$ in die Lage $\overline{OQ}$, so erfährt die komplexe Zahl $\mathfrak{r}$, die durch $\overline{OP}$ dargestellt wird, eine Änderung um $d\mathfrak{r}$, die der Bogen $\overline{PQ}$ darstellt. Seine Länge ist $r d\varphi$, und da er senkrecht auf $\overline{OP}$ steht, sind die rechtwinkligen Komponenten von $d\mathfrak{r}$

in Richtung der reellen Achse $\quad -r d\varphi \sin\varphi$,
in Richtung der imaginären Achse $\quad r d\varphi \cos\varphi$.

Daher ist

$$d\mathfrak{r} = r d\varphi[-\sin\varphi + j\cos\varphi]. \qquad (6)$$

Hierin geht der Klammerausdruck rechts aus dem in Gl. (5) durch Multiplikation mit j hervor, denn es war $j^2 = -1$, also ist

$$r(-\sin\varphi + j\cos\varphi) = j r(\cos\varphi + j\sin\varphi) = j\mathfrak{r}$$

und in (6)

$$d\mathfrak{r} = j\mathfrak{r}\, d\varphi \quad \text{oder} \quad \frac{d\mathfrak{r}}{\mathfrak{r}} = j\, d\varphi.$$

Das Integral dieses Ausdrucks von $\varphi = 0$ bis $\varphi = \varphi$ entspricht der Drehung der Strecke von der Länge r aus der Lage $\overline{OA}$ in Abb. 29 nach $\overline{OP}$. In der Anfangslage entspricht dem Punkt A die reelle Zahl r, in der Endlage dem Punkt P die komplexe Zahl $\mathfrak{r}$; dies sind die Integrationsgrenzen der linken Seite, also wird

$$\int_r^{\mathfrak{r}} \frac{d\mathfrak{r}}{\mathfrak{r}} = \ln\frac{\mathfrak{r}}{r} = \int_0^{\varphi} j\, d\varphi = j\varphi \quad \text{oder} \quad \boldsymbol{\mathfrak{r} = r e^{j\varphi}}, \qquad (7)$$

worin $e = 2{,}71828\ldots$ die Basis der natürlichen Logarithmen ist. Setzen wir die rechten Seiten von (5) und (7) einander gleich, so erhalten wir die Eulersche Formel

$$\boldsymbol{\cos\varphi + j\sin\varphi = e^{j\varphi}}. \qquad \textbf{(8)}$$

Gl. (7) stellt die Exponentialform einer komplexen Zahl dar, Gl. (2) die Komponentenform. Die Beziehungen zwischen beiden sind durch (8) und (5) gegeben.

g) Drehung und Streckung eines Vektors. Aus der Ableitung der Gl. (7) folgt, daß die Multiplikation mit $e^{j\varphi}$ geometrisch die Drehung eines Fahrstrahls im positiven Sinne um den Winkel φ bezeichnet. Der positive Drehsinn weist von der positiven reellen zur positiven imaginären Achse und ist in Abb. 29 der Gegenuhrzeigersinn. Für $\varphi = \pi/2$ ist

$$e^{j\pi/2} = \cos\pi/2 + j\sin\pi/2 = j.$$

Die Multiplikation mit j bedeutet also eine Drehung des Vektors um 90^0. Auf den Vektor $\mathfrak{r} = a + jb$ angewendet, ergibt sich $j\mathfrak{r} = ja - b$, der gegen $\mathfrak{r}$ im positiven Sinn um 90^0 gedreht ist. Analog bezeichnet eine Multiplikation mit $e^{-j\varphi}$ eine Drehung im negativen Sinn um φ, und die Multiplikation mit $-j$ die Drehung um 90^0 im negativen Sinn. Da ferner $j \cdot j = -1$ ist, bedeutet die Multiplikation mit j^2 die Drehung um 180^0, ebenso mit j^3 um 270^0, mit j^4 um 360^0. Allgemein kann man sagen: die Multiplikation mit einem komplexen, imaginären oder negativ reellen Faktor vom Absolutbetrag 1 bezeichnet eine Drehung einer Strecke um das Argument des Faktors; ein solcher Faktor heißt Dreher.

Die Multiplikation einer komplexen Zahl mit einer reellen Zahl, deren Betrag von 1 verschieden ist, bedeutet geometrisch die Längenänderung (Streckung) des Vektors, der die komplexe Zahl darstellt, ohne seine Richtung zu ändern, ein solcher Faktor heißt Strecker. $a\mathfrak{r}$ stellt einen Vektor dar, der a-mal so lang ist wie r und die gleiche Richtung hat. Ist a kleiner als 1, so erfährt der Vektor eine Verkürzung. Alle reellen Faktoren von 0 bis ∞ außer 1 sind Strecker.

Die Multiplikation mit einer komplexen oder imaginären Zahl, deren Betrag von 1 verschieden ist, bedeutet eine gleichzeitige Streckung um den Modul und eine Drehung um das Argument. Ein solcher Faktor heißt Drehstrecker. So geht der Vektor, der die komplexe Zahl $re^{j\varphi}$ darstellt, durch Streckung der Länge 1 im Verhältnis $r:1$ und gleichzeitige Drehung um φ aus der reellen Achse hervor.

II. Rechenregeln für komplexe Zahlen. a) Addition und Subtraktion. Zwei komplexe Zahlen werden addiert oder subtrahiert, indem man die reellen und die imaginären Teile je für sich addiert bzw. subtrahiert.

Ist $\mathfrak{r}_1 = a_1 + jb_1$ und $\mathfrak{r}_2 = a_2 + jb_2$,

so ist $$\mathfrak{r} = \mathfrak{r}_1 \pm \mathfrak{r}_2 = a + jb \quad \text{mit} \quad a = a_1 \pm a_2 \quad \text{und} \quad b = b_1 \pm b_2. \tag{9}$$

Hieraus folgt: zwei komplexe Zahlen sind nur dann einander gleich, wenn die reellen Teile untereinander und die imaginären Teile untereinander gleich sind. Die Gleichung

$$a_1 + jb_1 = a_2 + jb_2 \tag{10}$$

zerfällt in zwei weitere

$$a_1 = a_2 \quad \text{und} \quad b_1 = b_2. \tag{10a}$$

Die Gleichung in Exponentialform

$$\mathfrak{r}_1 = r_1 e^{j\varphi_1} = \mathfrak{r}_2 = \mathfrak{r}_2 e^{j\varphi_2} \tag{11}$$

zerfällt ebenso in die beiden Gleichungen

$$r_1 = r_2 \quad \text{und} \quad \varphi_1 = \varphi_2. \tag{11a}$$

Eine komplexe Zahl kann daher auch nur dann gleich Null sein, wenn sowohl der reelle Teil als auch der imaginäre Teil gleich Null sind.

b) Multiplikation. Es ist

$$\mathfrak{r}_1 = a_1 + jb_1 = r_1(\cos\varphi_1 + j\sin\varphi_1) = r_1 e^{j\varphi_1}$$
$$\mathfrak{r}_2 = a_2 + jb_2 = r_2(\cos\varphi_2 + j\sin\varphi_2) = r_2 e^{j\varphi_2},$$

durch Ausmultiplizieren wird

$$\mathfrak{r} = \mathfrak{r}_1\mathfrak{r}_2 = a_1a_2 - b_1b_2 + j(a_1b_2 + a_2b_1),$$
$$\mathfrak{r} = r_1r_2[(\cos\varphi_1\cos\varphi_2 - \sin\varphi_1\sin\varphi_2) + j(\sin\varphi_1\cos\varphi_2 + \cos\varphi_1\sin\varphi_2)]$$
$$= r_1r_2[\cos(\varphi_1 + \varphi_2) + j\sin(\varphi_1 + \varphi_2)] = r_1r_2 e^{j(\varphi_1+\varphi_2)}. \tag{12}$$

Zwei komplexe Zahlen werden multipliziert, indem man ihre absoluten Beträge multipliziert und ihre Argumente addiert.

Das Produkt zweier konjugiert komplexer Zahlen ist daher reell und gleich dem Quadrat des Betrages.

$$(a+jb)(a-jb)=a^2+b^2 \quad (13) \qquad \text{oder} \qquad \mathfrak{r}\mathfrak{r}^k=r^2. \quad (13a)$$

c) Division. Zwei komplexe Zahlen werden dividiert, indem man ihre Beträge dividiert und die Argumente subtrahiert.

In einem komplexen Bruch wird der Nenner reell gemacht, indem man Zähler und Nenner mit der dem Nenner konjugiert komplexen Zahl multipliziert.

$$\mathfrak{r}=\frac{\mathfrak{r}_1}{\mathfrak{r}_2}=\frac{a_1+jb_1}{a_2+jb_2}=\frac{(a_1+jb_1)(a_2-jb_2)}{(a_2+jb_2)(a_2-jb_2)}=\frac{(a_1a_2+b_1b_2)+j(a_2b_1-a_1b_2)}{a_2^2+b_2^2}$$

$$=\frac{r_1(\cos\varphi_1+j\sin\varphi_1)}{r_2(\cos\varphi_2+j\sin\varphi_2)}=\frac{r_1}{r_2}[\cos(\varphi_1-\varphi_2)+j\sin(\varphi_1-\varphi_2)]=\frac{r_1}{r_2}e^{j(\varphi_1-\varphi_2)}. \quad (14)$$

d) Potenzieren. Aus der Multiplikation folgt

$$\mathfrak{r}^n=(re^{j\varphi})^n=r^ne^{jn\varphi}=r^n(\cos n\varphi+j\sin n\varphi). \quad (15)$$

Eine komplexe Zahl wird zu einer Potenz erhoben, indem man den Betrag mit dem Exponenten potenziert und das Argument mit dem Exponenten multipliziert.

e) Radizieren

$$\sqrt[n]{\mathfrak{r}}=\sqrt[n]{re^{j\varphi}}=\sqrt[n]{r}\,e^{j\frac{\varphi}{n}}=\sqrt[n]{r}\left(\cos\frac{\varphi}{n}+j\sin\frac{\varphi}{n}\right). \quad (16)$$

Eine komplexe Zahl wird radiziert, indem man den Betrag radiziert und das Argument durch den Wurzelexponenten dividiert.

Einige weitere Beziehungen. Aus

$$e^{j\varphi}=\cos\varphi+j\sin\varphi, \qquad e^{-j\varphi}=\cos\varphi-j\sin\varphi$$

folgt durch Addition bzw. Subtraktion

$$\tfrac{1}{2}(e^{j\varphi}+e^{-j\varphi})=\cos\varphi, \qquad \tfrac{1}{2}(e^{j\varphi}-e^{-j\varphi})=j\sin\varphi. \quad (17)$$

III. Sinusschwingungen und komplexe Zahlen. Wenn in Gl. (7) das Argument zeitlich veränderlich ist,

$$\varphi=\omega t,$$

so stellt

$$\mathfrak{r}=re^{j\omega t}=r(\cos\omega t+j\sin\omega t) \quad (18)$$

im reellen wie im imaginären Teil eine Sinusschwingung mit der Kreisfrequenz ω dar. Der Punkt, der dieser komplexen Zahl in der Gaußschen Zahlenebene entspricht, wandert auf einem Kreis um O als Mittelpunkt mit dem Radius r mit der Winkelgeschwindigkeit ω im positiven Sinn. Die komplexe Zahl $re^{j\omega t}$ wird also durch einen rotierenden Vektor dargestellt. Analog ist

$$\mathfrak{r}'=re^{-j\omega t}=r(\cos\omega t-j\sin\omega t)$$

ein im negativen Sinn rotierender Vektor.

In Abb. 24, S. 22 wurde ein Wechselstrom

$$i=\sqrt{2}\,J\sin(\omega t+\varphi)$$

durch einen im positiven Sinn rotierenden Vektor dargestellt, der z. Z. $t=0$ mit der Anfangslage den Winkel φ bildete. Diesem Vektor entspricht die komplexe Zahl

$$\sqrt{2}\,J\,e^{j(\omega t+\varphi)}=\sqrt{2}\,J\,e^{j\omega t}e^{j\varphi}.$$

Im Vektordiagramm, Abb. 26 und 27, das eine Spannungsgleichung der Effektivwerte darstellte, wurden die Vektoren ruhend gedacht, und die Zeitlinie konnte fortgelassen werden, da es sich um Größen gleicher Frequenz handelt. Ebenso kann auch hier der Faktor $e^{j\omega t}$ fortgelassen werden, da er ohnehin auf beiden Seiten der Gleichung steht, und wir bezeichnen

$$\mathfrak{J}=Je^{j\varphi} \quad (19)$$

als das Symbol des Vektors eines Wechselstromes vom Effektivwert J und dem Phasenwinkel φ. Auf diese Vektoren wenden wir die Rechenregeln für komplexe Zahlen an.

Addition und Subtraktion. Die Summe zweier Wechselströme i_1 und i_2, die durch ihre Vektoren $\mathfrak{J}_1$ und $\mathfrak{J}_2$ dargestellt sind, ist ein Vektor

$$\mathfrak{J} = \mathfrak{J}_1 + \mathfrak{J}_2,$$

der die Diagonale des aus $\mathfrak{J}_1$ und $\mathfrak{J}_2$ gebildeten Parallelogramms darstellt.

Differentiation eines Vektors nach der Zeit und Zeitintegral. Es ist

$$\frac{d}{dt}\sqrt{2}\,J e^{j(\omega t+\varphi)} = j\omega\sqrt{2}\,J e^{j(\omega t+\varphi)} = j\omega\sqrt{2}\,J e^{j\omega t} e^{j\varphi}$$

oder, wenn beiderseits $\sqrt{2}\,e^{j\omega t}$ fortgelassen wird und $J e^{j\varphi}$ durch $\mathfrak{J}$ ersetzt wird,

$$\frac{d\mathfrak{J}}{dt} = j\omega\mathfrak{J}. \tag{20}$$

Durch Umkehrung ergibt sich

$$\int \mathfrak{J}\,dt = \frac{\mathfrak{J}}{j\omega} = -j\frac{\mathfrak{J}}{\omega}. \tag{21}$$

Die Differentiation eines Vektors $\mathfrak{J}$ nach der Zeit ergibt einen neuen Vektor, der im Verhältnis $\omega:1$ gestreckt und um 90^0 nach vorwärts gedreht ist. Das Zeitintegral eines Vektors ergibt einen Vektor, der im Verhältnis $1:\omega$ gestreckt und um 90^0 nach rückwärts gedreht ist. In der symbolischen Darstellung verschwinden also in den Gleichungen die Differentialquotienten nach der Zeit und die Zeitintegrale. So lautet z. B. die Gleichung des Ladestromes eines Kondensators, dessen Spannung P ist,

$$\mathfrak{J} = C\frac{d\mathfrak{P}}{dt} = j\omega C\mathfrak{P}. \tag{22}$$

Der Vektor $\mathfrak{J}$ entsteht aus $\mathfrak{P}$ durch Streckung im Verhältnis $\omega C:1$ und Drehung um 90^0 nach vorwärts. (Der Ladestrom ist gegen die Spannung um ¼ Periode phasenverfrüht.)

Verhältnis zweier Vektoren. Das Verhältnis einer Spannung zu einem Strom ist ein Scheinwiderstand, das Verhältnis eines Stromes zu einer Spannung ein Leitwert. Sind die Vektoren von Spannung und Strom gegeben

$$\mathfrak{P} = P e^{j\varphi_1}, \qquad \mathfrak{J} = J e^{j\varphi_2},$$

so ist

$$\frac{\mathfrak{P}}{\mathfrak{J}} = \frac{P}{J} e^{j(\varphi_1-\varphi_2)} = \frac{P}{J} e^{j\varphi} = \frac{P}{J}(\cos\varphi + j\sin\varphi), \tag{23}$$

worin $\varphi_1 - \varphi_2 = \varphi$ gesetzt ist. Dieses Verhältnis ist eine komplexe Zahl und bedeutet den Scheinwiderstand. Sein Betrag ist

$$z = P:J.$$

Sein reeller Teil ist der Wirkwiderstand $R = z\cos\varphi$, der imaginäre Teil ist der Blindwiderstand $X = z\sin\varphi$. Ebenso ist das Verhältnis

$$\frac{\mathfrak{J}}{\mathfrak{P}} = \frac{J}{P e^{j(\varphi_1-\varphi_2)}} = \frac{J}{P e^{j\varphi}} = \frac{J}{P} e^{-j\varphi} = \frac{J}{P}(\cos\varphi - j\sin\varphi) \tag{24}$$

ein Leitwert; der Betrag ist

$$y = J:P,$$

der reelle Teil ist der Wirkleitwert $g = y\cos\varphi$, der imaginäre Teil der Blindleitwert $b = y\sin\varphi$.

In der komplexen Rechnung erscheinen die Scheinwiderstände und Leitwerte als komplexe Zahlen. Sie sind Drehstrecker. Die Multiplikation des Vektors eines Stromes mit dem Scheinwiderstand z bedeutet eine Streckung im Verhältnis $z:1$ und eine Drehung um $\varphi = \operatorname{artg} X/R$. Die komplexen Ausdrücke sind für

den Scheinwiderstand $$\mathfrak{z} = (R + jX) = z e^{j\varphi}, \qquad \varphi = \operatorname{artg}\frac{X}{R}, \tag{25}$$

für den Leitwert $$\mathfrak{y} = (g - jb) = y e^{-j\varphi}, \qquad \varphi = \operatorname{artg}\frac{b}{g}. \tag{26}$$

Beispiele.

Der Vektor des Ladestromes eines Kondensators war

$$\mathfrak{J} = C\frac{d\mathfrak{P}}{dt} = j\omega C\mathfrak{P}.$$

Der Blindleitwert des Kondensators ist $\mathfrak{J}:\mathfrak{P} = j\omega C$, der Blindwiderstand $\mathfrak{P}:\mathfrak{J} = 1/j\omega C = -j/\omega C$. Für eine Spule mit der Induktivität L und dem Widerstand R ist

$$\mathfrak{P} = R\mathfrak{J} + L\frac{d\mathfrak{J}}{dt} = \mathfrak{J}(R + j\omega L).$$

Der Scheinwiderstand der Spule ist daher

$$\mathfrak{z} = (R + j\omega L).$$

Für die Reihenschaltung von Spule und Kondensator ist

$$\mathfrak{P} = R\mathfrak{J} + L\frac{d\mathfrak{J}}{dt} + \int\frac{\mathfrak{J}dt}{C} = \mathfrak{J}[R + j(\omega L - 1/\omega C)].$$

Der Scheinwiderstand dieses Stromkreises ist

$$\mathfrak{z} = R + j(\omega L - 1/\omega C).$$

Aus der komplexen Darstellung ergibt sich nach (3) und (4) der Betrag

$$z = \sqrt{R^2 + X^2} \quad \text{und} \quad \varphi = \operatorname{artg}\frac{X}{R}.$$

Produkt zweier Vektoren. Die Leistung in der symbolischen Darstellung. Eine scheinbare Ausnahme von den Rechenregeln mit komplexen Zahlen ergibt sich bei der Multiplikation zweier Vektoren. Multipliziert man eine Spannung $\mathfrak{P} = Pe^{j\varphi_1}$ und einen Strom $\mathfrak{J} = Je^{j\varphi_2}$, als komplexe Zahlen, so ist das Produkt

$$\mathfrak{P}\mathfrak{J} = PJe^{j(\varphi_1+\varphi_2)} = PJ\{\cos(\varphi_1 + \varphi_2) + j\sin(\varphi_1 + \varphi_2)\}$$

ein Ausdruck, der nichts mit der mittleren Leistung zu tun hat. Dies rührt daher, daß in den Symbolen der Faktor $e^{j\omega t}$ fortgelassen ist; das Produkt müßte also den Faktor $e^{j2\omega t}$ enthalten und stellt daher die mit doppelter Frequenz pulsierende Schwingung der momentanen Leistung dar.

In der Leistung erscheint die Differenz der Phasenwinkel von Strom und Spannung und der Faktor $e^{j\omega t}$ fällt fort. Daher erhalten wir die mittlere Leistung, wenn wir einen der Vektoren durch seinen konjugiert komplexen Vektor ersetzen.

Bezeichnen wir den konjugiert komplexen Vektor des Stromes mit $\mathfrak{J}^k = Je^{-j\varphi_2}$, so ist

$$\mathfrak{P}\mathfrak{J}^k = PJe^{j(\varphi_1-\varphi_2)} = PJ[\cos(\varphi_1 - \varphi_2) + j\sin(\varphi_1 - \varphi_2)]. \tag{27}$$

Setzen wir andererseits für den Spannungsvektor den konjugiert komplexen Vektor $\mathfrak{P}^k = Pe^{-j\varphi_1}$, so wird

$$\mathfrak{P}^k\mathfrak{J} = PJe^{-j(\varphi_1-\varphi_2)} = PJ[\cos(\varphi_1 - \varphi_2) - j\sin(\varphi_1 - \varphi_2)]. \tag{28}$$

Der reelle Teil ist die Wirkleistung, der imaginäre Teil die Blindleistung; sie erscheint je nach der Schreibweise mit verschiedenem Vorzeichen. Da die Blindleistung keinen Mittelwert hat, kommt ihr auch kein Vorzeichen zu. Die Regel zur Berechnung der Leistung aus den Vektoren von Spannung und Strom lautet also:

Der reelle Teil des Produktes aus dem Vektor der Spannung und dem konjugiert komplexen Vektor des Stromes (oder umgekehrt) ist die Wirkleistung, der imaginäre Teil ist die Blindleistung

$$N = \mathfrak{Re}(\mathfrak{P}\mathfrak{J}^k), \qquad N_b = \mathfrak{Im}(\mathfrak{P}\mathfrak{J}^k). \tag{29}$$

12. Geometrische Örter.

Der Zweck der Vektordiagramme ist nicht nur, die gegenseitige Lage von Strömen und Spannungen bei einem bestimmten Betriebszustand anschaulich zu machen, vielmehr ist ihr Hauptzweck, eine schnelle Übersicht über die Veränderungen zu bieten, die Ströme oder Spannungen bzw. die Leistung in einem Stromkreis erfahren, wenn die Betriebsbedingungen sich ändern. Zu diesem Zweck sucht man den geometrischen Ort, den der Vektor eines Stromes oder einer Spannung beschreibt, wenn die Scheinwiderstände des Stromkreises verändert werden.

Ist der Strom konstant und die Spannung veränderlich, so beschreibt der Endpunkt des Vektors der Spannung eine Kurve, das *Spannungsdiagramm*, ist umgekehrt die Spannung konstant und der Strom veränderlich, so ist der geometrische Ort des Endpunktes des Stromvektors ein *Stromdiagramm*.

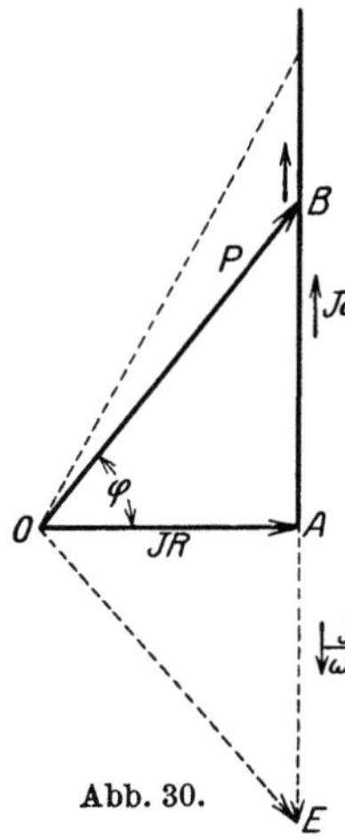

Abb. 30.

Im Spannungsdiagramm sind die Koordinaten des Spannungsvektors die Wirkspannung und die Blindspannung. Da bei gegebenem Strom die Spannungskomponenten sich wie die Widerstände (Wirk-, Blind- und Scheinwiderstand) verhalten, stellt das Spannungsdiagramm in verändertem Maßstab auch das *Diagramm der Scheinwiderstände* dar. Analog ist ein Stromdiagramm in verändertem Maßstab auch ein *Diagramm der Scheinleitwerte*.

Dies sei für einige ganz einfache Fälle zunächst erläutert.

Beispiele.

1. In einem Stromkreis mit Widerstand und Selbstinduktion sei R konstant und L veränderlich. Dieser Fall liegt z. B. vor bei einer Drosselspule mit veränderlichem Luftraume oder bei einem Elektromagneten mit beweglichem Kern. Jeder Größe des Luftraumes oder jedem Hub des Elektromagneten entspricht ein anderer Wert L, während R konstant bleibt.

a) *Ort des Spannungsvektors bei konstantem Strom.* Entsprechend der Spannungsgleichung $\mathfrak{P} = \mathfrak{J} R + j \mathfrak{J} \omega L$ liegt in Abb. 30 $\overline{OA} = JR$ in Richtung des Stromes und $\overline{AB} = J\omega L$ um 90^0 dagegen nach vorwärts gedreht, $\overline{OB} = Jz = P$ ist der Vektor der Klemmenspannung. Jedem Wert von L entspricht eine Länge $\overline{AB}$. Der Endpunkt B des Vektors der Klemmenspannung bewegt sich auf der Geraden $\overline{AB}$. Sie ist das *Spannungsdiagramm* und in anderem Maßstab das *Diagramm des Scheinwiderstandes*. Winkel AOB ist der jeweilige Phasenverschiebungswinkel zwischen Strom und Spannung.

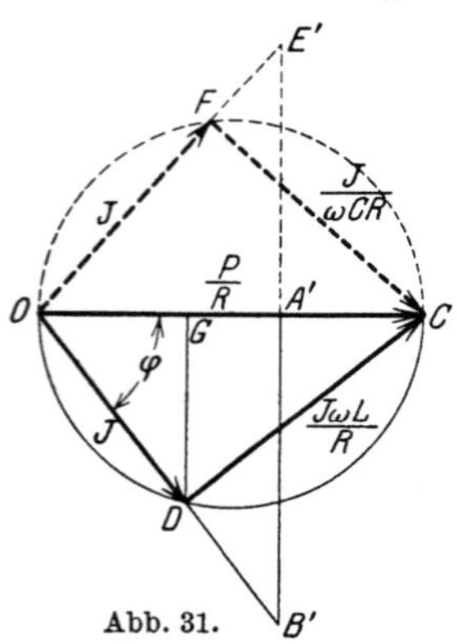

Abb. 31.

b) *Ort des Stromvektors für konstante Spannung.* Dividiert man die Spannungsgleichung durch R, so ergibt sich die Stromgleichung

$$\frac{\mathfrak{P}}{R} = \mathfrak{J} + j \mathfrak{J} \frac{\omega L}{R}.$$

Dieser Gleichung entsprechend ist in Abb. 31 $\overline{OD} = J$ und um 90^0 dagegen nach vorwärts gedreht $\overline{DC} = J\frac{\omega L}{R}$ aufgetragen, sie ergeben die konstante Summe $\overline{OC} = P/R$, die in Richtung der Spannung liegt. Da das Dreieck ODC bei D stets rechtwinklig ist, bewegt sich der Endpunkt D des Stromvektors $\overline{OD}$ auf dem Halbkreis über $\overline{OC}$ als Durchmesser. Er ist das *Stromdiagramm*. Es verhält sich

$$\overline{DC} : \overline{OD} = \omega L : R = \operatorname{tg} \varphi,$$

oder wenn $\overline{A'B'} \perp \overline{OC}$ in B' mit der Verlängerung von $\overline{OD}$ zum Schnitt gebracht wird,

$$\overline{B'A'} : \overline{OA'} = \operatorname{tg} \varphi = \omega L : R.$$

$\overline{B'A'}$ ist also ein Maß für die veränderlichen Werte von ωL. Da die Spannung konstant ist, stellen die Strecken $\overline{OC}$, $\overline{OD}$, $\overline{DC}$ die Leitwerte $\frac{1}{R}$, $\frac{J}{P} = y$, $y\frac{\omega L}{R}$ dar.

Die Projektion von $\overline{OD} = J$ auf die Richtung der Spannung ist der Wirkstrom $\overline{OG} = J\cos\varphi$, ebenso $\overline{DG} = J\sin\varphi$ der Blindstrom. Bei konstanter Spannung ist der Wirkstrom der Leistung, der Blindstrom der Blindleistung proportional. Die größte Blindleistung bei gegebenem Widerstand ergibt sich daher, wenn D senkrecht über dem Kreismittelpunkt liegt. Dann ist $\varphi = 45^0$ und $J\sin\varphi = \frac{1}{2}P/R$. Die größte Blindleistung ist gleich $\frac{1}{2}P^2/R$.

2. Ist in einem Stromkreis mit Widerstand und Kapazität der Widerstand konstant, die Kapazität veränderlich, so unterscheidet sich dieser Fall von dem vorigen dadurch, daß der Blindwiderstand $X_C = \frac{1}{\omega C}$ das negative Vorzeichen hat und der Strom der Spannung voreilt. Das Spannungsdiagramm ist der gestrichelt gezeichnete untere Teil der Geraden $\overline{AB}$ in Abb. 30, wobei $\overline{AE} = J/\omega C$ ist. Das Stromdiagramm ist der in Abb. 31 gestrichelte obere Halbkreis über $\overline{OC}$, wobei $\overline{OF} = J$ und $\overline{FC} = J/\omega C R$ ist. Auch hier ist die Blindleistung des Kondensators ein Maximum für $\varphi = 45^0$ und gleich $\frac{1}{2}P^2/R$.

3. Ist in einem Stromkreis der Blindwiderstand konstant, der Wirkwiderstand veränderlich, so ergibt sich das Spannungsdiagramm Abb. 32. Senkrecht zum Vektor des Stromes liegt der Vektor $\overline{OA} = J\omega L$ nach vorwärts gedreht und in Richtung des Stromes der veränderliche Vektor $\overline{AB} = JR$. Jedem Wert von R entspricht ein Punkt B und ein anderer Wert der Klemmenspannung $P = \overline{OB}$. $\overline{AB}$ ist das gesuchte Spannungsdiagramm.

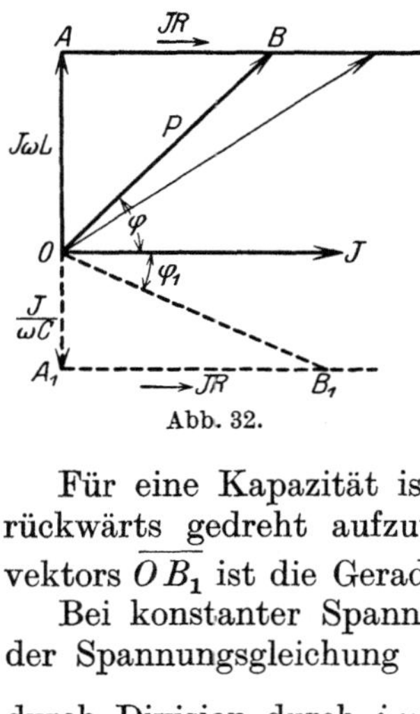

Abb. 32.

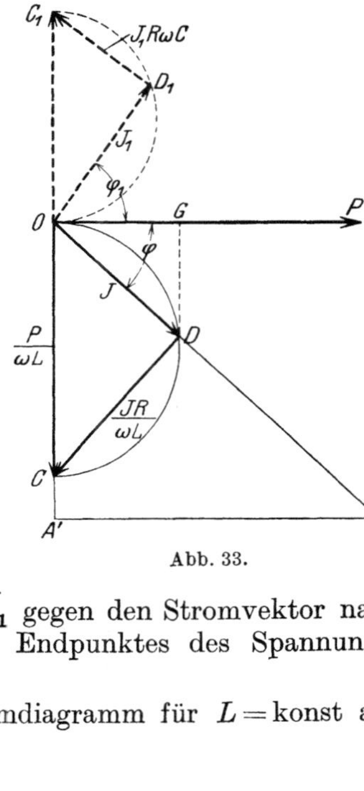

Abb. 33.

Für eine Kapazität ist der Vektor $J/\omega C = \overline{OA_1}$ gegen den Stromvektor nach rückwärts gedreht aufzutragen, und der Ort des Endpunktes des Spannungsvektors $\overline{OB_1}$ ist die Gerade $\overline{A_1B_1}$.

Bei konstanter Spannung ergibt sich das Stromdiagramm für $L = \text{konst}$ aus der Spannungsgleichung

$$\mathfrak{P} = \mathfrak{J}R + j\mathfrak{J}\omega L$$

durch Division durch $j\omega L$

$$-\frac{j\mathfrak{P}}{\omega L} = -j\mathfrak{J}\frac{R}{\omega L} + \mathfrak{J},$$

Dieser Gleichung entsprechend ist in Abb. 33 der Stromvektor $\overline{OD}$ und der gegen ihn um 90^0 zurückgedrehte Vektor $\overline{OD} = JR/\omega L$ zum konstanten Vektor $\overline{OC} = P/\omega L$ zusammengesetzt, der gegen den Spannungsvektor um 90^0 nach rückwärts gedreht ist. Der Halbkreis über $\overline{OC}$ ist das gesuchte Stromdiagramm und

$$\sphericalangle DOP = \varphi = \operatorname{arctg}\omega L/R$$

oder mit $\overline{A'B'} \perp \overline{OC}$, $\quad \omega L : R = \overline{OA'} : \overline{A'B'}$.

Für jeden Stromvektor $\overline{OD}$ wird der Widerstand R durch $\overline{A'B'}$ in demselben Maßstab gemessen, in dem $\overline{OA'}$ den Blindwiderstand ωL darstellt.

Ganz entsprechend ist für einen Stromkreis mit konstanter Kapazität und veränderlichem Widerstand das Stromdiagramm der in Abb. 33 gestrichelte Halbkreis OD_1C_1 mit dem Durchmesser $\overline{OC_1} = P\omega C$.

Die dem Stromkreis zugeführte Leistung ist $N = PJ\cos\varphi$ und bei konstanter Klemmenspannung dem Wirkstrom $J\cos\varphi$ proportional, also der Projektion $\overline{OG}$ des Stromvektors $\overline{OD}$ auf den Spannungsvektor in Abb. 31 und 33. Bei konstantem Widerstand (Abb. 31) ist das Maximum der Leistung P^2/R für $X = 0$. Bei konstantem Blindwiderstand und veränderlichem Wirkwiderstand (Abb. 33) ist sie hingegen am größten, wenn $\overline{OG}$ gleich dem Kreisradius, also

$$J\cos\varphi = \tfrac{1}{2}P/X$$

ist. Dann ist

$$N_{\max} = \tfrac{1}{2}P^2/X \quad \text{und} \quad \varphi = 45^0.$$

13. Inversion.

Wie gezeigt, stellt das Spannungsdiagramm bei konstantem Strom das Diagramm des Scheinwiderstandes $\mathfrak{z} = \mathfrak{P}:\mathfrak{J}$, das Stromdiagramm bei konstanter Spannung das Diagramm des Leitwertes $\mathfrak{y} = \mathfrak{J}:\mathfrak{P}$ dar. Der Leitwert ist der reziproke Wert des Scheinwiderstandes und die Phasenwinkel sind entgegengesetzt gleich. Es ist

$$\mathfrak{y} = ye^{-j\varphi} = \frac{1}{ze^{j\varphi}} = \frac{1}{\mathfrak{z}}.$$

In Abb. 34 sei $\overline{OA}$ ein Scheinwiderstand $\mathfrak{z}$, wobei $1\text{ cm} = u$ Ohm ist, und B das Spiegelbild von A in bezug auf die reelle Achse. Soll $\overline{OB'}$ den entsprechenden Leitwert $\mathfrak{y}$ im Maßstab $1\text{ cm} = v$ Siemens darstellen, so ist

$$u\overline{OB} = z, \qquad v\overline{OB'} = y$$

$$\overline{OB}\cdot\overline{OB'} = \frac{z\cdot y}{u\cdot v} = \frac{1}{uv} = \text{konst} = I.$$

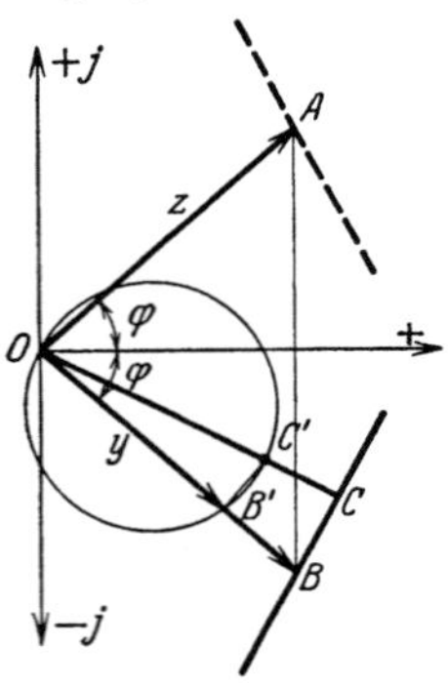

Abb. 34.

Zwei Punkte wie B, B', deren Abstände von einem festen Punkt O ein konstantes Produkt haben, heißen i n v e r s. O ist das I n v e r s i o n s z e n t r u m, das konstante Produkt ist die I n v e r s i o n s p o t e n z.

Beschreibt ein Punkt B eine Kurve, z. B. eine Gerade, so bewegt sich sein inverser Punkt B' auf der inversen Kurve. Da

$$\overline{OC}\cdot\overline{OC'} = \overline{OB}\cdot\overline{OB'},$$

folgt aus der Ähnlichkeit der rechtwinkligen Dreiecke OCB und $OB'C'$: Die inverse Kurve einer Geraden ist ein Kreis durch das Inversionszentrum und umgekehrt ist die inverse Kurve eines Kreises durch das Inversionszentrum eine Gerade, die senkrecht zum Kreisdurchmesser liegt. Der Abstand der Geraden vom Inversionszentrum ist dem Kreisdurchmesser reziprok.

Mit Hilfe dieses Satzes hätte man das Stromdiagramm in Abb. 31 auch daraus gefunden, daß die Gerade $\overline{A'B'}$ das Spiegelbild des Spannungsdiagramms in Abb. 30 ist, das dort die Gerade $\overline{AB}$ darstellt.

Allgemein findet man ein Stromdiagramm, indem man das Spiegelbild des Spannungsdiagramms in bezug auf den Anfangspunkt der Vektoren als Inversionszentrum inversiert, und analog ein Spannungsdiagramm aus einem Stromdiagramm.

Hat man mehrmals zu inversieren, so geht man vom Spiegelbild eines Diagramms aus, wenn die Zahl der vorzunehmenden Inversionen ungerade ist, und von dem Diagramm selbst, wenn sie gerade ist, weil jede Inversion ein Übergang von einem Scheinwiderstand zu einem Leitwert oder umgekehrt ist.

S a t z: Die inverse Kurve eines Kreises, der nicht durch das Inversionszentrum geht, ist wieder ein Kreis, das Inversionszentrum ist ein Ähnlichkeitspunkt für beide Kreise. Aus Abb. 35 folgt nämlich

$$\overline{OB}:\overline{OC_1} = \overline{OC}:\overline{OB_1}, \qquad \overline{OB}\cdot\overline{OB_1} = \overline{OC}\cdot\overline{OC_1} = \overline{OA}\cdot\overline{OA_1} = I.$$

Dies gilt auch, wenn das Inversionszentrum O innerhalb eines Kreises liegt, es liegt dann auch innerhalb des inversen Kreises. Der Umlaufsinn des inversen Kreises ist der umgekehrte wie bei dem Ausgangskreis.

Wählt man die Maßstäbe so, daß die beiden Kreise zusammenfallen, so ist die Inversionspotenz gleich dem Quadrat der Tangente vom Inversionszentrum an den Kreis.

Die Inversion ist zuerst von J. L. la Cour zur Darstellung von Wechselstromproblemen angewendet worden[1].

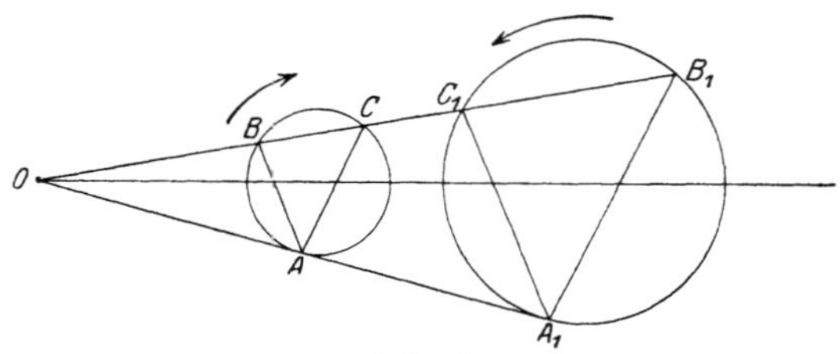

Abb. 35.

14. Vektorgleichung und geometrischer Ort.

Die Form der Gleichung zwischen den durch Vektoren dargestellten Wechselstromgrößen steht in einer einfachen Beziehung zu dem geometrischen Ort, den der Endpunkt eines Vektors bei Veränderung der Koeffizienten der Gleichung beschreibt. Dadurch ist es möglich, aus der Vektorgleichung auf den geometrischen Ort zu schließen[2].

Zu diesem Zweck stellen wir die Gleichungen einiger einfacher geometrischer Kurven in komplexer Form auf.

Gerade und Kreis. Ist $\mathfrak{A}$ ein Vektor und v ein reeller Parameter, der alle Zahlen von $-\infty$ bis $+\infty$ durchläuft, so werden durch $\mathfrak{A}v$ alle mit $\mathfrak{A}$ gleichgerichteten Vektoren dargestellt. Ihre Endpunkte liegen auf einer Geraden durch den Ursprung, ihre Gleichung lautet daher

$$\mathfrak{B} = \mathfrak{A}v. \tag{30}$$

Addiert man zu den Vektoren $\mathfrak{A}v$ einen konstanten Vektor $\mathfrak{B}$, der eine andere Richtung hat als $\mathfrak{A}$, so ergeben sich neue Vektoren, deren Endpunkte eine zur ersten parallele Gerade beschreiben, die nicht durch den Ursprung geht.

$$\mathfrak{B} = \mathfrak{A}v + \mathfrak{B} \tag{31}$$

ist die Gleichung der Geraden in allgemeiner Lage. Haben $\mathfrak{A}$ und $\mathfrak{B}$ gleiche Richtung, so ist ihr Verhältnis reell. Es gibt daher einen Wert v_0, für den die Beträge $A v_0 + B = 0$ ergeben. Dann hat die Gerade die Gleichung $\mathfrak{B} = \mathfrak{A}(v - v_0)$, sie geht auch durch den Nullpunkt, hat aber eine andere Punktverteilung als (30).

Durch Inversion der Geraden in allgemeiner Lage erhält man einen Kreis durch den Ursprung. Seine Gleichung ergibt sich daher durch den reziproken Ausdruck von (31)

$$\mathfrak{B} = \frac{\mathfrak{C}}{\mathfrak{A}v + \mathfrak{B}}. \tag{32}$$

Macht man den Nenner reell, indem man mit dem konjugiert komplexen Ausdruck $\mathfrak{A}^k v + \mathfrak{B}^k$ multipliziert, so ist der Nenner in v quadratisch, während der Zähler erster Ordnung in v wird. Nur in dem Fall, daß $\mathfrak{A}$ und $\mathfrak{B}$ gleiche Richtung haben, wobei der gemeinsame Faktor $e^{j\alpha}$ als Konstante herausgezogen werden kann, ist der Nenner in reeller Form vom ersten Grade in v. Dann stellt die Gleichung eine Gerade als Inverse der Geraden $\mathfrak{B} = \mathfrak{A}(v - v_0)$ dar, die auch durch den Nullpunkt geht. Kreis und Gerade unterscheiden sich also durch die Potenz, in der v in der reellen Form des Nenners vorkommt.

Verschiebt man den Kreis durch den Ursprung (32) um einen konstanten Vektor $\mathfrak{D}$, so erhält man die Gleichung für den Kreis in allgemeiner Lage

$$\mathfrak{B} = \mathfrak{D} + \frac{\mathfrak{C}}{\mathfrak{A}v + \mathfrak{B}} = \frac{\mathfrak{M}v + \mathfrak{N}}{\mathfrak{A}v + \mathfrak{B}}, \tag{33}$$

[1] Arnold: Wechselstromtechnik Bd. I. Berlin: Julius Springer.

[2] Siehe O. Bloch: Die Ortskurven der graphischen Wechselstromtechnik. Zürich 1917, und W. Michael, Diss. Zürich 1919.

wo $\mathfrak{M} = \mathfrak{A}\mathfrak{D}$ und $\mathfrak{N} = \mathfrak{B}\mathfrak{D} + \mathfrak{C}$ gesetzt ist. Hier werden, wenn der Nenner reell gemacht wird, Zähler und Nenner vom zweiten Grade in v.

Die Form der Gl. (33) zeigt, daß bei der Inversion die Kurve unverändert bleibt, die inverse Kurve ist wieder ein Kreis in allgemeiner Lage.

Kegelschnitte. Die Gleichung zweiten Grades

$$\mathfrak{V} = \mathfrak{A} + \mathfrak{B}v + \mathfrak{C}v^2 \tag{34}$$

ergibt, wenn $\mathfrak{A}$, $\mathfrak{B}$, $\mathfrak{C}$ verschiedene Richtung haben, wie Abb. 36 zeigt, eine Parabel.

Ist $\mathfrak{B} = 0$, so ist $\mathfrak{V}' = \mathfrak{A} + \mathfrak{C}v^2$ eine Gerade mit quadratischer Punktverteilung, denn setzt man $v^2 = u$, so ist die Gleichung in u linear. Man hat also bei Beurteilung der Ordnung zu unterscheiden, ob die Punktverteilung linear, quadratisch usf. ist. Haben in (34) $\mathfrak{B}$ und $\mathfrak{C}$ gleiche Richtung, so gibt es außer $v = 0$ noch einen Wert v_0, für den $Bv_0 + Cv_0^2 = 0$ ist, nämlich $B = -Cv_0$. Dann geht die Gleichung über in $\mathfrak{A} + \mathfrak{C}(v^2 - vv_0)$, das ist eine Gerade in Richtung von $\mathfrak{C}$ mit quadratischer Punktverteilung, bei der aber jedem Punkt zwei Werte von v entsprechen.

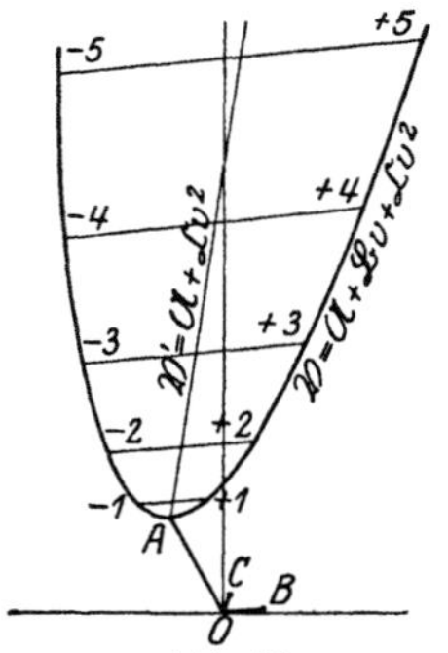

Abb. 36.

Die Gleichung mit reellem Nenner zweiten Grades

$$\mathfrak{V} = \frac{\mathfrak{A} + \mathfrak{B}v}{C + Dv + Ev^2} \tag{35}$$

stellt eine Kurve dar, die für $v = \infty$ durch den Ursprung geht. Setzt man den Nenner gleich Null, so wird $\mathfrak{V} = \infty$. Diesem entsprechen im allgemeinen zwei Werte $v_{1,2}$. Je nachdem $\sqrt{D^2 - 4CE} \gtreqless 0$ ist, sind die beiden Werte reell und verschieden, reell und gleich oder konjugiert komplex.

a) Sind v_1 und v_2 gleich, $v_1 = v_2 = w$, so erhält man durch Partialbruchzerlegung die Form

$$\mathfrak{V} = \frac{\mathfrak{F}}{(v-w)^2} + \frac{\mathfrak{G}}{(v-w)} = \mathfrak{F}u^2 + \mathfrak{G}u,$$

wobei $u = 1 : (v - w)$ gesetzt ist. Nach (34) ist dies eine Parabel durch den Ursprung.

b) Sind v_1 und v_2 reell und verschieden, so kann man (35) zerlegen in

$$\mathfrak{V} = \frac{\mathfrak{F}}{(v - v_1)} + \frac{\mathfrak{G}}{v - v_2} = \mathfrak{F}u + \mathfrak{G}r.$$

Die Kurve hat für zwei verschiedene Werte von v einen unendlich fernen Punkt, sie ist eine Hyperbel, deren einer Ast durch den Ursprung geht.

c) Sind v_1 und v_2 konjugiert komplex, so ergibt sich für keinen reellen Wert von v mehr ein Punkt im Unendlichen, die Kurve ist eine Ellipse durch den Ursprung. Gl. (35) stellt somit die Gleichung eines Kegelschnitts durch den Ursprung dar. Durch Verschieben um einen konstanten Vektor $\mathfrak{T}$ kommt die Kurve in beliebige Lage, die Gleichung ist dann, wenn die Summe auf gemeinsamen Nenner gebracht wird,

$$\mathfrak{V} = \frac{\mathfrak{A}' + \mathfrak{B}'v + \mathfrak{C}'v^2}{C + Dv + Ev^2}. \tag{36}$$

Kurven höherer Ordnung. Nach einem bekannten Satz[1] ist die inverse Kurve eines Kegelschnitts in bezug auf einen Punkt der Peripherie eine zirkulare Kurve dritter Ordnung, deren Singulärpunkt im Inversionszentrum liegt. Ihre Gleichung ist daher der reziproke Ausdruck von Gl. (36). Addiert man wieder einen konstanten Vektor, so liegt der singuläre Punkt in beliebiger Lage. Die Gleichung der zirkularen Kurve dritter Ordnung in allgemeiner Lage ist

$$\mathfrak{V} = \frac{\mathfrak{A}' + \mathfrak{B}'v + \mathfrak{C}'v^2}{\mathfrak{D} + \mathfrak{E}v}. \tag{37}$$

Diese Gleichung ist, wenn Zähler und Nenner mit dem konjugiert komplexen Wert

[1] Siehe z. B. Beutel: Algebraische Kurven. Sammlung Göschen.

des Nenners multipliziert wird, um den Nenner reell zu machen, im Zähler vom dritten Grade in v.

Ist in Gl. (37) der Zähler reell, so liegt, wie erwähnt, der singuläre Punkt im Ursprung. Es gibt zwei Werte $v_{1,2}$, für die $\mathfrak{B}=0$ wird. Sind diese Werte gleich, so ergibt sich ein reeller Doppelpunkt, sind sie reell und verschieden, so bestimmen sie einen Umkehrpunkt, sind sie konjugiert komplex, so ergibt sich ein isolierter Doppelpunkt.

Man erhält Gl. (37) auch, wenn man die Gleichung einer Geraden zu der eines Kreises addiert.

$$\mathfrak{B}=\mathfrak{A}+\mathfrak{B}v+\frac{\mathfrak{C}+\mathfrak{G}v}{\mathfrak{D}+\mathfrak{E}v}=\frac{\mathfrak{A}'+\mathfrak{B}'v+\mathfrak{C}'v^2}{\mathfrak{D}+\mathfrak{E}v},$$

worin $\mathfrak{A}'=\mathfrak{A}\mathfrak{D}+\mathfrak{C}$, $\mathfrak{B}'=(\mathfrak{B}\mathfrak{D}+\mathfrak{A}\mathfrak{E}+\mathfrak{G})$, $\mathfrak{C}'=\mathfrak{E}\mathfrak{B}$ gesetzt ist.

Die Kurve kann danach konstruiert werden, indem man entsprechende Vektoren nach dem Kreis zu denen nach der Geraden addiert. Für große Werte v sind die Vektoren nach dem Kreis klein gegen die nach der Geraden, diese ist die Asymptote der Kurve.

Die inverse Kurve der Gl. (37) geht für $v=\infty$ durch den Ursprung. Macht man den Nenner reell, so ist er von der vierten Potenz in v und die Gleichung stellt eine bizirkulare Kurve vierter Ordnung dar. Durch Verschieben erhält man die Gleichung für die allgemeine Lage in der Form

$$\mathfrak{B}=\frac{\mathfrak{A}+\mathfrak{B}v+\mathfrak{C}v^2}{\mathfrak{D}+\mathfrak{E}v+\mathfrak{F}v^2}. \tag{38}$$

Durch sukzessive Addition einer Geraden und Inversion erhält man jeweils eine Kurve nächsthöherer Ordnung.

Allgemein ergibt sich die Ordnung der Kurve wie folgt. Hat die Gleichung die Form

$$\mathfrak{B}=\frac{\mathfrak{A}+\mathfrak{B}v+\mathfrak{C}v^2+\cdots+\mathfrak{M}v^m}{\mathfrak{D}+\mathfrak{E}v+\mathfrak{F}v^2+\cdots+\mathfrak{N}v^n}, \tag{39}$$

so kann man die Zähler und Nennersummen, für die zur Abkürzung $\mathfrak{P}(v^m)$ und $\mathfrak{Q}(v^n)$ gesetzt werde, in den reellen und den imaginären Teil zerlegen:

$$\mathfrak{B}=\frac{P_1(v^m)+jP_2(v^m)}{Q_1(v^n)+jQ_2(v^n)}. \tag{40}$$

Macht man den Nenner reell, so erhält man

$$\mathfrak{B}=\frac{(P_1Q_1+P_2Q_2)(v^{m+n})+j(P_2Q_1-P_1Q_2)v^{(m+n)}}{Q_1^2(v^{2n})+Q_2^2(v^{2n})}=\Phi(v)+j\Psi(v), \tag{40a}$$

Φ und Ψ stellen die Koordinaten der Ortskurve des Vektors $\mathfrak{B}$ dar und sind rationale gebrochene Funktionen von v. Der Grad der Funktion bestimmt die Ordnung der Kurve, sie ist $(m+n)$, wenn $m\geqq n$ ist, und $2n$, wenn $m<n$ ist. Ein Sonderfall ergibt sich, wenn der Nenner in (39) reell ist. Dabei sind entweder die $\mathfrak{D}$, $\mathfrak{E}$, $\mathfrak{F}$,... alle reell, oder sie haben gleiches Argument φ. In diesem Fall kann man den gemeinsamen Faktor $e^{j\varphi}$ herausziehen. Die Form mit reellem Nenner

$$\mathfrak{B}=\frac{\mathfrak{A}+\mathfrak{B}v+\mathfrak{C}v^2+\cdots+\mathfrak{M}v^m}{D-Ev+Fv^2+\cdots+Nv^n} \tag{41}$$

ist nun vom Grade m oder n, je nachdem $m\geqq n$ oder $m<n$ ist.

Da man den Nenner stets reell machen und Gl. (39) in die Form (41) überführen kann, gilt allgemein:

Erscheint der Nenner in reeller Form, so gibt die größere der Zahlen m und n die Ordnung der Kurve an. Ist $m<n$, so geht die Kurve für $v=\infty$ durch den Ursprung. Man kann dann nach Addition eines konstanten Vektors, d. h. durch Verschieben der Kurve, wie mehrmals gezeigt, die Vektorsumme auf gemeinsamen Nenner bringen, wobei der Grad des Zählers mindestens gleich dem des Nenners wird, d. h. $m\geqq n$. Dann gilt: Eine Gleichung m-ten Grades mit reellem Nenner stellt eine Ortskurve m-ter Ordnung dar.

15. Eigenschaften der Kreisdiagramme.

Kreisdiagramme kommen bei Wechselstromaufgaben häufig vor.

Mittelpunktsabstand und Radius. Die Gleichung des Kreises ist nach Gl. (33) von der Form:

$$\mathfrak{B} = \frac{\mathfrak{A} + \mathfrak{B} v}{\mathfrak{C} + \mathfrak{D} v}. \tag{42}$$

Zunächst interessiert die Lage des Kreises, die durch seinen Mittelpunktsabstand und seinen Radius gegeben ist. Die Berechnung ergibt sich am einfachsten nach den Sätzen der konformen Abbildung[1].

Wenn $\mathfrak{B}$ eine Funktion von v ist, und jedem Wert von v ein Punkt einer „v“-Ebene zugeordnet wird, und jedem Wert von $\mathfrak{B}$ ein Punkt einer $\mathfrak{B}$-Ebene, so ist die Kurve, die die Punkte in der $\mathfrak{B}$-Ebene beschreiben, die Abbildung der Kurve der zugehörigen Werte v in der v-Ebene. Eine solche, durch eine analytische Funktion vermittelte Abbildung ist in den kleinsten Teilen ähnlich, sie heißt daher eine konforme Abbildung. Eine konforme Abbildung haben wir in der Inversion kennengelernt, sie ist eine Abbildung nach reziproken Radien. In der konformen Abbildung entspricht ein Kreis wieder einem Kreis, wobei ein Kreis in eine Gerade übergehen kann.

Inverse Punkte in bezug auf den Kreis in einer Ebene gehen wieder in inverse Punkte in bezug auf den Bildkreis in der anderen Ebene über.

In Gl. (42) ist v reell und beschreibt also alle Punkte der reellen Achse. Der Kreis, der in der $\mathfrak{B}$-Ebene durch Gl. (42) dargestellt wird, ist die konforme Abbildung der reellen Achse der v-Ebene. Zwei inverse Punkte in bezug auf den Kreis in der $\mathfrak{B}$-Ebene sind der Kreismittelpunkt und der unendlich ferne Punkt der Ebene. Diese beiden Punkte müssen daher die Bildpunkte zweier inverser Punkte in bezug auf den Kreis der v-Ebene sein. Da dieser Kreis in unserem Falle eine Gerade, die reelle Achse, ist, sind die inversen Punkte Spiegelbilder in bezug auf die reelle Achse und als solche konjugiert komplex. Daher müssen auch in der $\mathfrak{B}$-Ebene der Kreismittelpunkt und der unendlich ferne Punkt Bilder zweier konjugiert komplexer Punkte der v-Ebene sein. Nun wird $\mathfrak{B}$ unendlich, wenn in (42) der Nenner Null ist. $\mathfrak{B} = \infty$ ist der Bildpunkt zu

$$v_\infty = -\frac{\mathfrak{C}}{\mathfrak{D}}$$

und der Kreismittelpunkt ist der Bildpunkt zum konjugierten Wert

$$v_M = -\frac{\mathfrak{C}^k}{\mathfrak{D}^k}.$$

Setzt man diesen Wert in (42) ein, so wird der Vektor nach dem Kreismittelpunkt

$$\mathfrak{B}_M = \frac{\mathfrak{A}\mathfrak{D}^k - \mathfrak{B}\mathfrak{C}^k}{\mathfrak{C}\mathfrak{D}^k - \mathfrak{D}\mathfrak{C}^k}. \tag{43}$$

Im Nenner steht die Differenz zweier konjugiert komplexer Größen, der Nenner ist daher rein imaginär. Die Division durch eine imaginäre Zahl bedeutet eine Drehung um 90^0. Die Richtung des Mittelpunktstrahles ist also senkrecht zu der des Zählers.

Wenn wir in Gl. (42) $v = 0$ setzen, erhalten wir einen besonderen Kreispunkt

$$\mathfrak{B}_0 = \frac{\mathfrak{A}}{\mathfrak{C}}.$$

Der Radius ist der Betrag der Differenz der Vektoren $\mathfrak{B}_m$ und $\mathfrak{B}_0$

$$R = |\mathfrak{B}_M - \mathfrak{B}_0| = \left|\frac{\mathfrak{C}^k(\mathfrak{A}\mathfrak{D} - \mathfrak{B}\mathfrak{C})}{\mathfrak{C}(\mathfrak{C}\mathfrak{D}^k - \mathfrak{D}\mathfrak{C}^k)}\right|. \tag{44}$$

---

[1] Siehe Schumann: Arch. Elektrot. Bd. 11, S. 140. 1922. Pflieger-Haertel: Arch. Elektrot. Bd. 12, S. 486. 1923.

Leistungen und Verluste im Kreisdiagramm. Ist die Ortskurve eines Stromes ein Kreis, so lassen sich an ihm in einfacher Weise Leistungen und Verluste mittels gerader Linien darstellen.

Der Kreis (Abb. 37) habe die Mittelpunktskoordinaten x_0, y_0 und den Radius ϱ. Ein Vektor vom Betrage $A = \overline{OP}$, dessen Endpunkt auf dem Kreis liegt, hat die Koordinaten x, y, dann ist

$$(x - x_0)^2 + (y - y_0)^2 = \varrho^2,$$

$$A^2 = x^2 + y^2 = \varrho^2 - x_0^2 - y_0^2 + 2(x x_0 + y y_0).$$

Hierin ist

$$x_0^2 + y_0^2 - \varrho^2 = t^2$$

das Quadrat der Tangente $t = \overline{OT}$ vom Ursprung an den Kreis und

$$A^2 = 2\left[x x_0 + y y_0 - \frac{t^2}{2}\right]. \tag{45}$$

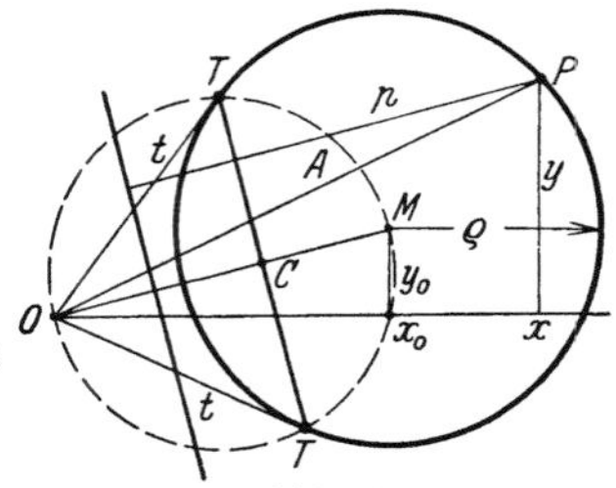

Abb. 37.

Nun ist $x x_0 + y y_0 - t^2 = 0$ die Gleichung der Polaren, ihr Abstand von O ist

$$\overline{OC} = \frac{t^2}{\sqrt{x_0^2 + y_0^2}}.$$

Setzt man in (45) den Klammerausdruck gleich Null, so ist

$$x x_0 + y y_0 - \frac{t^2}{2} = 0 \tag{45a}$$

die Gleichung einer Geraden, die parallel zur Polaren liegt und deren Abstand vom Ursprung halbiert. Diese Gerade werde kurz als Halbpolare bezeichnet. Für Punkte, die nicht auf dieser Geraden liegen, ist der Klammerausdruck der senkrechte Abstand von der Geraden multipliziert mit $\sqrt{x_0^2 + y_0^2}$. Bezeichnet man ihn mit p, so ist nach (45)

$$A^2 = 2p\sqrt{x_0^2 + y_0}. \tag{46}$$

Die senkrechten Abstände der Kreispunkte von der Geraden sind also den Quadraten der Vektoren proportional.

Stellen die Vektoren Ströme J dar, so ist der Leistungsverlust in einem Widerstand R in entsprechendem Maßstab den senkrechten Abständen der Kreispunkte von der Halbpolaren proportional

$$J^2 R = 2pR\sqrt{x_0^2 + y_0^2}.$$

Sind die Vektoren Spannungen, so kann analog die Leistung in einem konstanten Leitwert g durch den Abstand von der Halbpolaren gemessen werden, die auch als „Verlustlinie" bezeichnet wird.

Leistung. Der Kreis sei ein Stromdiagramm bei konstanter Spannung. Legt man die Richtung der Spannung in die Ordinatenachse, so sind die Ordinaten y der Kreispunkte die Wirkströme J_w. Die zugeführte Leistung ist $N = P J_w = P y$. Die Abszissenachse hat die Gleichung $y = 0$. Da die senkrechten Abstände der Kreispunkte von ihr der Leistung proportional sind, kann man sie als Leistungslinie bezeichnen. Tritt in einem vor den Stromkreis geschalteten Widerstand ein Verlust $J^2 R$ auf, so ist die dem übrigen Stromkreis zugeführte Leistung, die Nutzleistung

$$N_1 = N - J^2 R = R\left[\frac{P}{R} y - (x^2 + y^2)\right] \tag{47}$$

und nach Gl. (45) $x^2 + y^2 = 2\left[x x_0 + y y_0 - \frac{t^2}{2}\right]$

$$N_1 = 2R\left[y\left(\frac{P}{2R} - y_0\right) - x x_0 + \frac{t^2}{2}\right]. \tag{48}$$

Nun ist

$$y\left(\frac{P}{2R} - y_0\right) - x x_0 + \frac{t^2}{2} = 0 \tag{49}$$

die Gleichung einer Geraden. Für Punkte, die nicht auf dieser Geraden liegen, ist der Klammerausdruck in (48) der senkrechte Abstand von der Geraden multipliziert mit

$$\sqrt{x_0^2 + \left(\frac{P}{2R} - y_0\right)^2}.$$

Dieser Ausdruck wird dargestellt durch den Abstand des Kreismittelpunktes M von einem Punkt Q in der Ordinatenachse mit der Ordinate $P/2R$ (s. Abb. 38). Die Gerade $N_1 - N_1$ steht senkrecht auf $\overline{QM}$. Wir nennen diese Gerade die Linie der Nutzleistung. Ihre Schnittpunkte mit dem Diagrammkreis bestimmen solche Kreispunkte, für die die Nutzleistung Null ist. Nach Gl. (46) ist $N_1 = 0$, wenn

$$\frac{P}{R} y - (x^2 + y^2) = 0$$

ist. Dies ist aber die Gleichung eines Kreises durch den Ursprung mit dem Radius $P/2R$, dessen Mittelpunkt in der Ordinatenachse liegt. Der Mittelpunkt ist also der schon gefundene Punkt Q. Damit ist die Lage der Linie der Nutzleistung gefunden. Sie schneidet die Abszissenachse in demselben Punkt wie die Halbpolare; $x = \frac{t^2}{2x_0}$, s. Gl. (45a) und (49). Für diesen Punkt ist $N = 0$, $J^2R = 0$ und $N_1 = 0$.

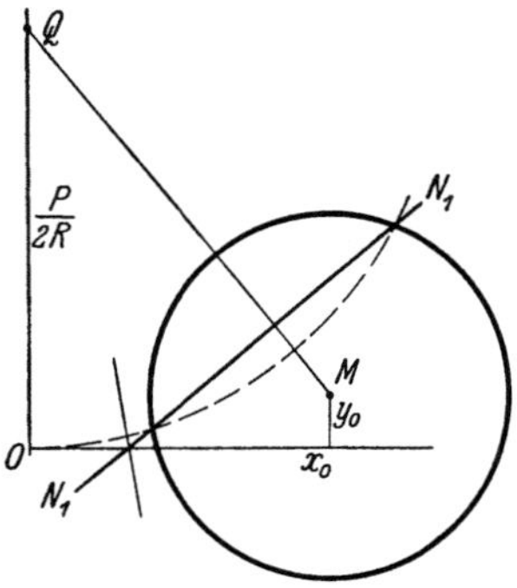

Abb. 38.

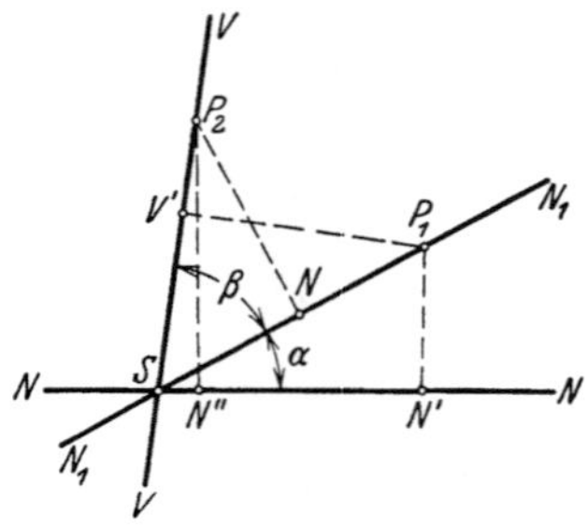

Abb. 39.

Wirkungsgrad. Das Verhältnis der Nutzleistung N_1 zur Gesamtleistung $N = N_1 + J^2R$ ist der Wirkungsgrad. Nun werden die drei Leistungen N, N_1 und J^2R durch die Abstände eines Kreispunktes von drei Geraden in verschiedenen Maßstäben gemessen. Zwischen diesen besteht jedoch eine einfache Beziehung.

In Abb. 39 sind mit $N - N$, $N_1 - N_1$ und $V - V$ die drei Geraden bezeichnet, die sich im Punkte S schneiden. Für einen Punkt P_1 der Geraden $N_1 - N_1$ ist die Nutzleistung Null, also die Gesamtleistung gleich dem Verlust. Sind die Konstanten, mit denen die Abstände von den Geraden zu multiplizieren sind, c_N, c_{N_1}, c_V, so ist für P_1:

$$c_N \overline{P_1 N'} = c_V \overline{P_1 V'} \quad \text{oder} \quad \frac{c_V}{c_N} = \frac{\overline{P_1 N'}}{\overline{P_1 V'}} = \frac{\sin\alpha}{\sin\beta}.$$

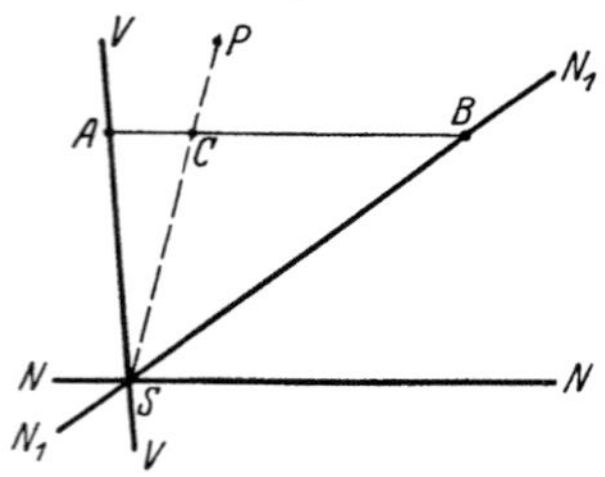

Abb. 40.

Ebenso würde für einen Punkt P_2 der Verlustlinie als Ort aller Punkte, bei denen der Verlust Null ist, die Nutzleistung gleich der Gesamtleistung

$$\frac{c_{N_1}}{c_N} = \frac{\overline{P_2 N''}}{\overline{P_2 N}} = \frac{\sin(\beta+\alpha)}{\sin\beta}, \quad \text{mithin} \quad c_V : c_N : c_{N_1} = \sin\alpha : \sin\beta : \sin(\alpha+\beta).$$

Die Konstanten zweier Leistungslinien verhalten sich umgekehrt wie die Sinus der Winkel, die sie mit der dritten bilden, für die beide Leistungen gleich sind.

Daraus folgt: Mißt man zwei Leistungen durch die Abstände eines Punktes von den beiden Leistungslinien in Richtung der dritten, so erscheinen sie in gleichem Maßstab.

So teilt in Abb. 40 ein Strahl $\overline{PS}$ eine Parallele $\overline{AB}$ zur Linie $N - N$ der Gesamtleistung zwischen $V - V$ und $N_1 - N_1$ in die Abschnitte $\overline{AC}$ und $\overline{CB}$, die sich wie der Verlust zur Nutzleistung verhalten. Daher ist auch das Verhältnis $\overline{CB} : \overline{AB}$ der Wirkungsgrad.

IV. Reihenschaltung von Stromkreisen.

16. Grundgesetz für die Reihenschaltung von Stromkreisteilen.

Setzt sich ein Stromkreis aus mehreren in Reihe geschalteten Teilen zusammen, deren Widerstände, Induktivitäten, Kapazitäten der Reihe nach $R_1\, R_2\, R_3 \ldots$, $L_1\, L_2\, L_3 \ldots$, $C_1\, C_2\, C_3 \ldots$, oder deren Blind- und Scheinwiderstände $X_1\, X_2\, X_3 \ldots$, bzw. $z_1\, z_2\, z_3$ gegeben sind, so ist der Vektor der resultierenden Klemmenspannung P die geometrische Summe der Vektoren der Teilspannungen $P_1\, P_2\, P_3 \ldots$. Diese Summation wird durch den Linienzug $O P_1\, P_2\, P$ in Abb. 41 dargestellt. Es ist

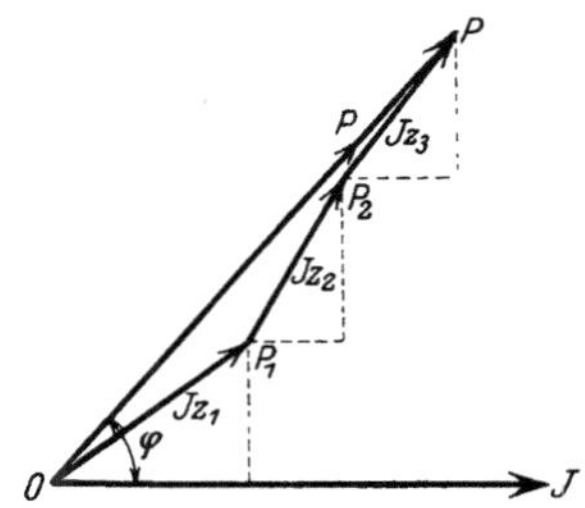

Abb. 41.

$$\mathfrak{P}_1 = \mathfrak{J}(R_1 + jX_1) = \mathfrak{J}\mathfrak{z}_1,$$
$$\mathfrak{P}_2 = \mathfrak{J}(R_2 + jX_2) = \mathfrak{J}\mathfrak{z}_2,$$
$$\mathfrak{P}_3 = \mathfrak{J}(R_3 + jX_3) = \mathfrak{J}\mathfrak{z}_3,$$
$$\cdots\cdots\cdots\cdots\cdots\cdots$$

$$\mathfrak{P} = \mathfrak{P}_1 + \mathfrak{P}_2 + \mathfrak{P}_3 + \cdots = \mathfrak{J}[R_1 + R_2 + R_3 + \cdots j(X_1 + X_2 + X_3 + \cdots)]$$
$$= \mathfrak{J}(\mathfrak{z}_1 + \mathfrak{z}_2 + \mathfrak{z}_3) = \mathfrak{J}\mathfrak{z}.$$

Der resultierende Scheinwiderstand wird durch vektorielle Addition der einzelnen Scheinwiderstände erhalten.

$$\mathfrak{z} = \sum(\mathfrak{z}_\nu) = \mathfrak{z}_1 + \mathfrak{z}_2 + \mathfrak{z}_3 + \cdots = R + jX. \tag{1}$$

$$R = \sum(R_\nu) = R_1 + R_2 + R_3 + \cdots \tag{2}$$

$$X = \sum(X_\nu) = X_1 + X_2 + X_3 + \cdots \tag{3}$$

Der resultierende Phasenverschiebungswinkel ist

$$\varphi = \operatorname{artg}\frac{X}{R} = \operatorname{artg}\frac{\sum(X_\nu)}{\sum(R_\nu)}. \tag{4}$$

Abb. 41 stellt auch die graphische Addition der Scheinwiderstände dar.

17. Leistungsmessung mit drei Spannungszeigern.

Ist ein Verbraucher mit einem Ohmschen Widerstand R in Reihe geschaltet (Abb. 42), so setzen sich im Vektordiagramm (Abb. 43) der Ohmsche Spannungsabfall JR und die Spannung P_2 an den Klemmen des Verbrauchers unter dem Winkel φ_2 zusammen, den der Vektor des Stromes mit P_2 bildet. Die resultierende Klemmenspannung ist

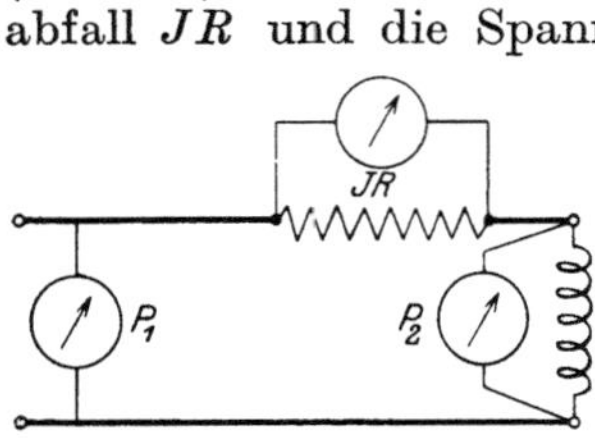

Abb. 42.

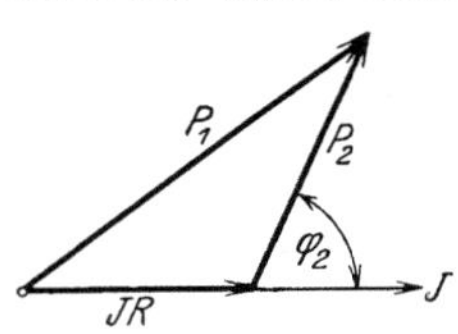

Abb. 43.

$$P_1^2 = P_2^2 + (JR)^2 + 2P_2(JR)\cos\varphi_2.$$

Hierin ist $P_2 J \cos\varphi_2$ die dem Verbraucher zugeführte Leistung

$$N_2 = P_2 J \cos\varphi_2 = \frac{P_1^2 - P_2^2 - (JR)^2}{2R}. \tag{5}$$

Durch Messung der drei Spannungen P_1, P_2, JR kann somit die Leistung berechnet werden, wenn R bekannt ist. Diese Leistungsmessung ist von Swinburne, Ayrton und Sumpner angegeben. Wenn die Spannungen P_1 und P_2 sich genügend unterscheiden sollen, damit Ungenauigkeiten der Messung das Ergebnis nicht beeinträchtigen, muß JR verhältnismäßig groß, etwa gleich P_2 sein. Dann ist der Leistungsverlust im Vorschaltwiderstand $1/\cos\varphi_2$-mal so groß wie die zu messende Leistung. Dies ist ein Nachteil des Verfahrens, außerdem gilt es nur für einwellige Ströme. Darum wird es nur noch selten verwendet.

18. Der Spannungsabfall in einer Leitung.

Ein Verbraucher ist an eine Leitung angeschlossen (Abb. 44). Am Leitungsanfang ist die Spannung der Stromquelle P_1, am Leitungsende die Verbrauchsspannung P_2. Wir nehmen eine Niederspannungsleitung an, deren Ladestrom zu vernachlässigen ist. L ist die Induktivität der Leiterschleife, R ihr Ohmscher Widerstand, J der Strom, dann ist

$$\mathfrak{P}_1 = \mathfrak{P}_2 + \mathfrak{J}(R + j\omega L) = \mathfrak{J}\mathfrak{z}. \qquad (6)$$

Die Leitung verhält sich wie ein vor den Verbraucher geschalteter induktiver Scheinwiderstand $\mathfrak{z} = R + j\omega L$. Abb. 45 zeigt das der Gl. (6) entsprechende Vektordiagramm, der Spannungsabfall Jz hat die Komponenten: JR in Phase mit J ist der Ohmsche Spannungsabfall, $JX = J\omega L$ um 90^0 nach vorwärts gedreht ist der induktive Spannungsabfall. Jz ist daher gegen J um den Winkel φ_k nach vorwärts gedreht, der eine der Leitung eigentümliche Konstante ist

$$\varphi_k = \operatorname{arctg}\frac{\omega L}{R}.$$

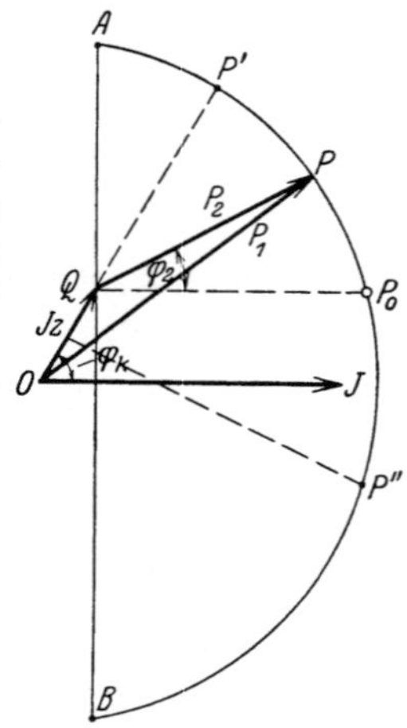

Abb. 46.

Ist φ_2 die Phasenverschiebung zwischen P_2 und J, die von der Art der Belastung abhängt, so bilden die Spannungsvektoren P_2 und Jz den Winkel $(\varphi_k - \varphi_2)$. Sofern dieser von Null verschieden ist, ist die arithmetische Differenz $(P_1 - P_2)$ kleiner als Jz.

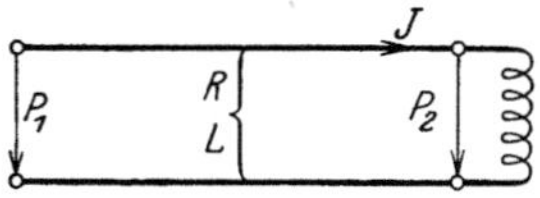

Abb. 44.

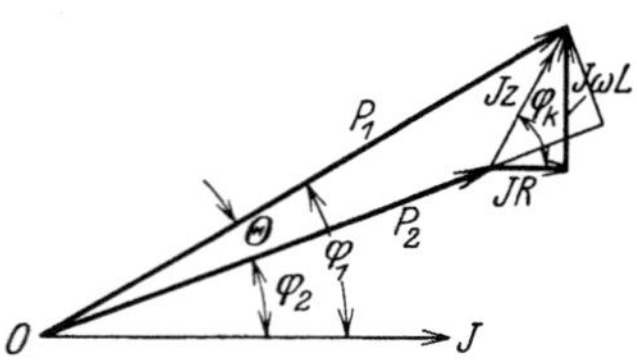

Abb. 45.

Einfluß der Phasenverschiebung auf den Spannungsabfall. Abb. 46 zeigt, wie sich bei konstanter Primärspannung $P_1 = \overline{OP}$ und konstantem Strom J, wobei $Jz = \text{konst} = \overline{OQ}$ ist, die Verbrauchsspannung $\overline{QP} = P_2$ ändert, wenn die Phasenverschiebung der Belastung φ_2 alle möglichen Werte von $+90^0$ bis -90^0 annimmt. φ_2 ist der Winkel, den der Vektor $\overline{QP}$ mit der Parallelen $\overline{QP_0}$ zum Stromvektor bildet. Punkt P_0 selbst entspricht $\varphi_2 = 0$ oder induktionsfreier Belastung. Die Punkte auf dem oberen Kreisbogen $P_0PP'A$ entsprechen Voreilung von P_2 gegen J, dabei wird neben Wirkleistung induktive Blindleistung abgegeben. Der untere Bogen $P_0P''B$ entspricht Voreilung von J gegen P_2, also neben der Wirkleistung kapazitiver Blindleistung. In den Grenzlagen $\overline{QA}$ und $\overline{QB}$ ist $\varphi_2 = \pm 90^0$, sie entsprechen reiner induktiver bzw. reiner kapazitiver Blindlast.

Bei konstantem Strom wird die Verbrauchsspannung um so kleiner, je mehr der Strom gegen P_2 verspätet ist, und um so größer, je mehr er verfrüht ist. Für P'' senkrecht über der Mitte von $\overline{OQ}$ ist $P_2 = P_1$, dabei ist J gegen P_2 verfrüht um

$$\varphi_2'' = \frac{\pi}{2} - \varphi_k + \operatorname{artg}\frac{1}{2}\frac{Jz}{P_1}.$$

Die Verbrauchsspannung P_2 ist gegen die Primärspannung P_1 verspätet, solange $\varphi_2 \leqq \varphi_k$ bei induktiver Belastung ist.

Berechnung des Spannungsabfalls. Zerlegt man in Gl. (6) den Strom in den Wirkstrom $J_w = J\cos\varphi_2$ und den Blindstrom $J_b = J\sin\varphi_2$, so ist

$$\mathfrak{J} = J(\cos\varphi_2 \mp j\sin\varphi_2) = J_w \mp jJ_b. \qquad (7)$$

Darin ist $-jJ_b$ ein gegen P_2 verspäteter, induktiver Blindstrom, jJ_b ein kapazitiver Blindstrom. Für P_2 als Bezugsvektor wird

$$\mathfrak{P}_1 = P_2 + (J_w \mp jJ_b)(R + j\omega L) = P_2 + (J_w R \pm J_b\omega L) + j(J_w\omega L \mp J_b R). \qquad (8)$$

Wie Abb. 47 und die Gl. (8) zeigen, hängt der Spannungsabfall hauptsächlich von dem ersten mit P_2 gleichphasigen Glied ab

$$\Delta p' = J_w R \pm J_b \omega L, \tag{9}$$

d. i. der Ohmsche Spannungsabfall des Wirkstromes und der induktive des Blindstromes. Die Phasenlage der beiden Spannungsvektoren hingegen ist hauptsächlich von dem zweiten Glied abhängig

$$\Delta p'' = J_w \omega L \mp J_b R. \tag{10}$$

Der Vektor P_1 ist gegen P_2 verfrüht um

$$\Theta = \operatorname{arctg} \frac{J_w \omega L \mp J_b R}{P_2 + J_w R \pm J_b \omega L}. \tag{11}$$

Wenn $\Delta p' = 0$ ist, sind die Spannungen P_1 und P_2 annähernd gleich groß, dazu muß nach (9)

$$J_b = J_w \frac{R}{\omega L} \tag{12}$$

und zwar ein voreilender (kapazitiver) Blindstrom sein. Wird J_b noch größer, so ist $\Delta p'$ negativ, dann ist $P_2 > P_1$. Für reine Wirklast ist

$$\mathfrak{P}_{1(\varphi_2 = 0)} = P_2 + JR + jJ\omega L. \tag{13}$$

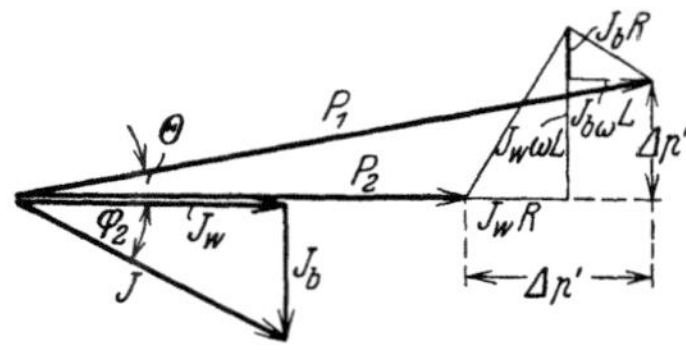

Abb. 47.

Graphische Ermittlung der prozentualen Spannungsänderung. Als prozentuale Spannungsänderung von den sekundären zu den primären Klemmen bezeichnen wir

$$\varepsilon\,\% = \frac{P_1 - P_2}{P_2}\,100 = \left(\frac{P_1}{P_2} - 1\right) 100\,\% \tag{14}$$

Aus (8) wird für die Beträge, mit $X = \omega L$,

$$\frac{P_1}{P_2} = \sqrt{\left(1 + \frac{J_w R \pm J_b X}{P_2}\right)^2 + \left(\frac{J_w X \mp J_b R}{P_2}\right)^2} = \sqrt{(1 \pm \alpha)^2 + \beta^2}$$

$$\varepsilon = \frac{P_1}{P_2} - 1 = \sqrt{(1 \pm \alpha)^2 + \beta^2} - 1.$$

Durch Reihenentwicklung wird

$$\varepsilon = \pm \frac{2\alpha + \alpha^2 + \beta^2}{2} - \frac{4\alpha^2 \pm 4\alpha(\alpha^2 + \beta^2) + (\alpha^2 + \beta^2)^2}{8} + \cdots$$

$$= \pm \alpha + \frac{\beta^2}{2} + \frac{\alpha(\alpha^2 + \beta^2)}{2} - \cdots.$$

Hierin ist das dritte Glied schon meist vernachlässigbar klein, daher

$$\varepsilon = \pm \alpha + \frac{\beta^2}{2}.$$

Drückt man α und β in % aus:

$$\alpha = \frac{J_w R \pm J_b X}{P_2}\,100\,\%, \qquad \beta = \frac{J_w X \mp J_b R}{P_2}\,100\,\%,$$

so wird

$$\boldsymbol{\varepsilon\,\% = \pm \alpha + \frac{\beta^2}{200}}. \tag{15}$$

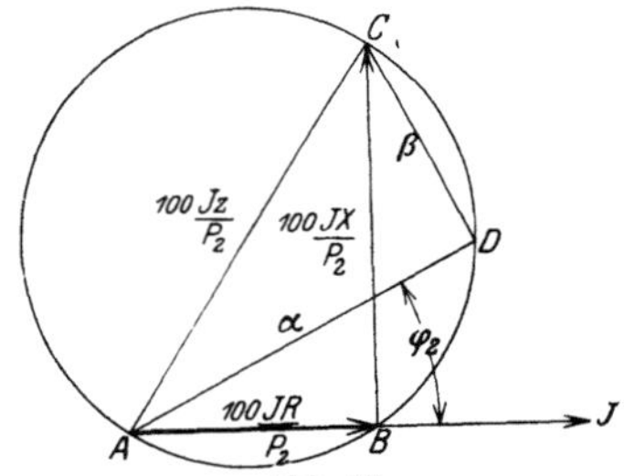

Abb. 48.

Dabei werden α und β nach Abb. 48 graphisch ermittelt. Es ist

$$\overline{AB} = \frac{JR}{P_2}\,100; \qquad \overline{BC} = \frac{J\omega L}{P_2}\,100, \qquad \overline{AC} = \frac{Jz}{P_2}\,100.$$

Trägt man φ_2 gegen die Richtung des Stromes auf und bestimmt D auf dem Kreis über $\overline{AC}$ als Durchmesser, so ist $\overline{AD}$ die Richtung von P_2. Daher ist $\overline{AD} = \alpha$ und $\overline{DC} = \beta$ in % von P_2.

Berechnung von Strom und Spannung bei gegebenem Verbrauch. Grenzbelastung. Praktisch liegt oft die Aufgabe vor, daß zu gegebener Spannung der Zentrale P_1

die von dem Verbraucher beanspruchte Leistung N und die Blindleistung N_b gegeben sind. Dann sind P_2 und J unbekannt, nur ihr Produkt ist durch die Scheinleistung der Belastung $N_s = \sqrt{N^2 + N_b^2}$ und ihre Phasenverschiebung $\varphi_2 = \operatorname{artg} N_b/N$ gegeben. Eliminiert man daher erst eine Größe, z. B. den Strom, mittels der Beziehungen

$$J_w = N/P_2, \qquad J_b = N_b/P_2, \qquad J = N_s/P_2, \tag{16}$$

dann kann man Gl. (8) für die Beträge schreiben

$$P_1^2 = \left[P_2 + \frac{NR + N_b X}{P_2}\right]^2 + \left[\frac{NX - N_b R}{P_2}\right]^2$$

oder nach P_2 aufgelöst

$$P_2 = \sqrt{\tfrac{1}{2}P_1^2 - (NR + N_b X) \underset{(-)}{\overset{+}{}} \sqrt{[\tfrac{1}{2}P_1^2 - (NR + N_b X)]^2 - N_s^2 z^2}}\,. \tag{17}$$

Der Strom ist dann aus Gl. (16) bestimmt. In Gl. (17) ist vor der Hauptwurzel das Vorzeichen fortgelassen, weil nur positive Werte von P_2 in Frage kommen. Aber auch vor der zweiten Wurzel kommt nur das positive Vorzeichen in Betracht. Grundsätzlich kann eine Belastung bei gegebener Primärspannung in zweierlei Weise übertragen werden, entsprechend dem $+$-Zeichen vor der zweiten Wurzel mit großer sekundärer Spannung und kleinem Strom, oder mit kleiner sekundärer Spannung ($-$-Zeichen) und großem Strom. Der erste Fall ergibt die kleineren Übertragungsverluste ($J^2 R$) und ist daher wirtschaftlicher. Es ist aber nicht jede beliebige Belastung übertragbar, weil in Gl. (17) die zweite Wurzel imaginär werden kann. Daher ergibt sich die Grenzbelastung $N_{s(g)}$, wenn die zweite Wurzel Null ist.

$$\tfrac{1}{2}P_1^2 - (NR + N_b X) = N_{s(g)} z. \tag{18}$$

Dividiert man beide Seiten durch z, so ist $P_1/z = J_k$ der Kurzschlußstrom der Leitung bei kurzgeschlossenen Verbrauchsklemmen; ferner ist

$$R/z = \cos\varphi_k, \qquad X/z = \sin\varphi_k, \qquad N = N_s \cos\varphi_2, \qquad N_b = N_s \sin\varphi_2,$$

daher

$$\tfrac{1}{2}P_1 J_k - N_{s(g)}(\cos\varphi_k \cos\varphi_2 + \sin\varphi_k \sin\varphi_2) = N_{s(g)}$$

oder die Grenzscheinleistung

$$N_{s(g)} = \frac{1}{2}\,\frac{P_1 J_k}{1 + \cos(\varphi_k - \varphi_2)} \tag{19}$$

und die Grenzleistung

$$N_{(g)} = \frac{1}{2}\,\frac{P_1 J_k \cos\varphi_2}{1 + \cos(\varphi_k - \varphi_2)}\,. \tag{20}$$

Bei der Grenzbelastung fällt in Gl. (17) die zweite Wurzel fort und es bleibt nach (18)

$$P_2^2 = N_{s(g)} z = P_2 J z$$

oder

$$\boldsymbol{P_2 = J z.} \tag{21}$$

Bei der Grenzbelastung ist die Verbrauchsspannung gleich dem Spannungsabfall in der Leitung. Zu jedem Wert φ_2 gibt es eine Grenzbelastung. Das Maximum der Leistung erhält man für

$$\frac{dN_{(g)}}{d\varphi_2} = 0, \quad \text{d. h.} \quad \sin\varphi_2 = -\sin\varphi_k$$

$$\varphi_2 = -\varphi_k. \tag{22}$$

Bei der größten übertragbaren Leistung muß die Phasenverschiebung kapazitiv und ebenso groß wie φ_k sein. Dann ist in (20)

$$1 + \cos(\varphi_k - \varphi_2) = 1 + \cos 2\varphi_k = 2\cos^2\varphi_k$$

$$N_{\max} = \frac{1}{4}\,\frac{P_1 J_k}{\cos\varphi_k} = \frac{1}{4}\,\frac{P_1^2}{z\cos\varphi_k} = \frac{1}{4}\,\frac{P_1^2}{R} \tag{23}$$

oder mit (21) und (22)

$$P_2 J \cos\varphi_{2(N=\max)} = J^2 z \cos\varphi_k = J^2 R, \qquad P_2 J \sin\varphi_{2(N=\max)} = -J^2 z \sin\varphi_k = -J^2 \omega L$$

$$P = \frac{P_1}{2\cos\varphi_k}, \qquad J = \frac{J_k}{2\cos\varphi_k}\,.$$

Die größte übertragbare Leistung ist wie bei Gleichstrom gleich dem dabei auftretenden Verlust im Widerstand der Leitung, die Stromquelle muß die doppelte Leistung abgeben, der Wirkungsgrad ist nur 50%.

Die kapazitive Blindleistung am Ort des Verbrauchs muß dabei ebenso groß sein wie die in der Leitung verbrauchte induktive Blindleistung, sie ist $\omega L/R$-mal so groß wie die Leistung. Daher wählt man bei Starkstromanlagen die Belastung weit kleiner als die größtmögliche.

19. Arbeitsdiagramme einer Leitung.

Die in Gl. (17) gegebene Berechnung wird, wenn viele Belastungsarten untersucht werden sollen, zweckmäßig graphisch durchgeführt.

Stromdiagramm. Aus der Spannungsgleichung (6)

$$\mathfrak{P}_1 = \mathfrak{P}_2 + \mathfrak{J}\mathfrak{z}$$

wird durch Division durch $\mathfrak{z}$ die Stromgleichung

$$\mathfrak{J}_k = \frac{\mathfrak{P}_1}{\mathfrak{z}} = \frac{\mathfrak{P}_2}{\mathfrak{z}} + \mathfrak{J}, \tag{24}$$

die ein Stromdreieck (Abb. 49) darstellt. Darin ist $\overline{OP} = J$ ein beliebiger Strom, $\overline{OP_k} = J_k = P_1/z$ ist der Kurzschlußstrom, der gegen die Richtung der Primärspannung P_1 um φ_k zurückgedreht ist, die dritte Seite ist $\overline{PP_k} = P_2/z$. Wie im Spannungsdiagramm Abb. 45 Jz und P_2 den $\sphericalangle(\varphi_k - \varphi_2)$ bilden, ist auch hier P_2/z gegen J um den gleichen Winkel zurückgedreht.

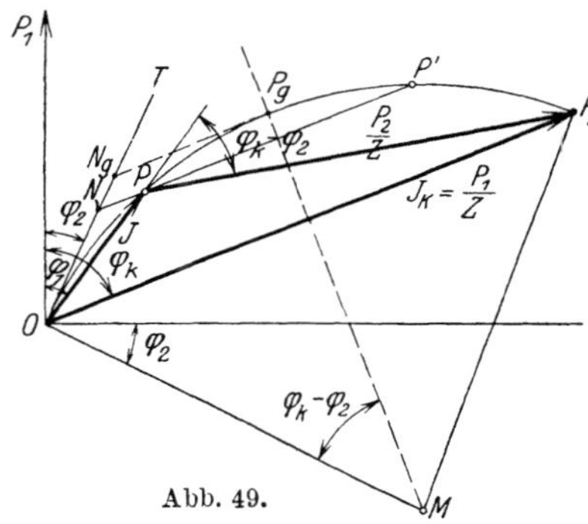

Abb. 49.

a) Ort für φ_2 = konst. Für alle Belastungen, für die φ_2 gleich groß ist, müssen die Vektoren $\overline{OP}$ und $\overline{PP_k}$ den gleichen Winkel $(\varphi_k - \varphi_2)$ bilden, daher ist der Ort des Punktes P für φ_2 = konst. ein Kreis über $\overline{OP_k}$ als Sehne mit dem Zentriwinkel $\sphericalangle OMP_k = 2(\varphi_k - \varphi_2)$.[1]

Der Radius $\overline{OM}$ schließt mit der Abszissenachse den $\sphericalangle\varphi_2$ ein, und zwar ist er nach rückwärts gedreht, wenn die Belastung induktiv, nach vorwärts, wenn sie kapazitiv ist. Der Radius ist im Strommaßstab $\dfrac{J_k}{2\sin(\varphi_k - \varphi_2)}$. Punkt P kann sich auf dem Kreis von O bis P_k bewegen, in O ist $J = 0$, $P_2 = P_1$, die Leitung ist unbelastet, in P_k ist $P_2 = 0$ und $J = J_k$, die Leitung ist kurzgeschlossen. Dem Schnittpunkt P_g des Kreises mit dem Mittellot in $\overline{OP_k}$ entspricht

$$Jz = P_2,$$

d. h. nach Gl. (21) die Grenzleistung.

Da die Primärspannung in Richtung der Ordinatenachse liegt, ist die Ordinate des Punktes P der Wirkstrom $J\cos\varphi_1$, die Abszisse der Blindstrom $J\sin\varphi_1$ mit Bezug auf P_1, oder da P_1 konstant ist, ist in anderem Maßstab die Ordinate die Wirkleistung, die Abszisse die Blindleistung der Zentrale.

Scheinleistung und Leistung des Verbrauchers. Die Kreistangente $\overline{OT}$ bildet mit der Ordinatenachse den Winkel φ_2. Sie schneidet eine Parallele $\overline{PP'}$ zu $\overline{OP_k}$ in N, und es folgt aus der Ähnlichkeit der Dreiecke PON und OP_kP

$$\overline{ON} : \overline{OP} = \overline{PP_k} : \overline{OP_k}, \qquad \overline{ON} = \frac{J}{J_k} \cdot \frac{P_2}{z} = \frac{JP_2}{P_1} = \frac{N_s}{P_1}.$$

[1] Setzt man $\mathfrak{P}_2 = \mathfrak{J}\,\mathfrak{z}_2\,v$, worin $\mathfrak{z}_2$ ein konstanter Scheinwiderstand und v ein reeller Parameter ist, so ist die Kreisgleichung $\mathfrak{J} = \dfrac{\mathfrak{P}_1}{\mathfrak{z} + \mathfrak{z}_2 v}$, d. i. nach Kap. III Gl. (32) ein Kreis durch den Ursprung.

Also stellt $\overline{ON}$ die Scheinleistung des Verbrauchers im gleichen Maßstab dar, wie $\overline{OP}$ die Scheinleistung der Zentrale; die Ordinate von $\overline{ON}$ ist die Wirkleistung, die Abszisse die Blindleistung des Verbrauchers.

Dem zweiten Punkt P', in dem $\overline{NP}//\overline{OP_k}$ den Kreis schneidet, entspricht ein zweiter Strom $J' = \overline{OP'}$ mit der gleichen Leistung des Verbrauchers $\overline{ON}$ wie bei Punkt P; es ist dies der zweite S. 42 erwähnte mögliche Betriebszustand mit kleiner Spannung und großem Strom, der als unwirtschaftlich nicht in Betracht kommt. Zweckmäßig verwendet man die Grundlinie des Diagramms $\overline{OP_k}$ als Bezugsgröße für Ströme, Spannungen und Leistungen. $\overline{OP}$ stellt dann das Stromverhältnis $J:J_k$, $\overline{PP_k}$ das Spannungsverhältnis $P_2:P_1$ und $\overline{ON}$ das Scheinleistungsverhältnis $N_s:P_1J_k$ dar. Darin ist P_1J_k die Kurzschlußscheinleistung der Leitung.

b) Grenzleistungsparabel. Der Punkt P_g für die Grenzleistung liegt auf dem Mittellot in $\overline{OP_k}$. Hierbei ist $\overline{ON_g} = \overline{N_gP_g}$, wobei $\overline{N_gP_g}//\overline{OP_k}$ ist. Der Winkel, den $\overline{ON_g}$ mit der Ordinatenachse bildet, ist φ_2. Bewegt sich P_g auf dem Mittellot in $\overline{OP_k}$, so beschreibt N_g eine Parabel um O als Brennpunkt mit der Achse $\overline{OP_k}$ (Abb. 50). Dieses Diagramm zeigt, welche Scheinleistungen übertragbar sind und heißt daher Grenzleistungsparabel[1]. Punkt A entspricht der größten übertragbaren reinen Wirkleistung. Punkt N_m der größten Leistung überhaupt, wobei (s. S. 42) $\varphi_2 = -\varphi_k$ ist. Punkt B entspricht reiner Blindleistung, der darunter liegende, gestrichelte Teil der Parabel würde Wirkleistungsabgabe an den sekundären Klemmen bei gleichzeitiger Aufnahme von Blindleistung entsprechen.

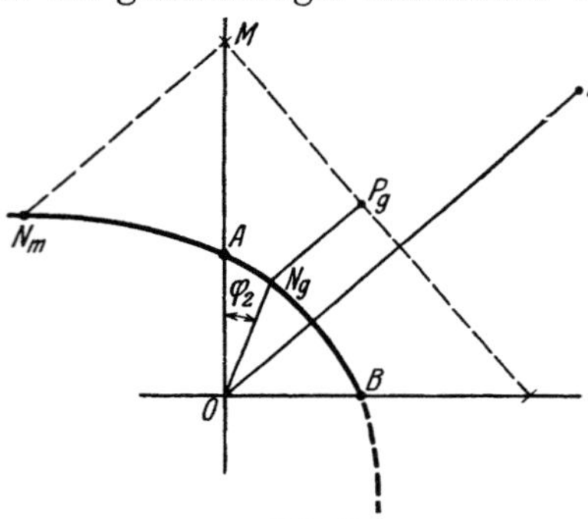

Abb. 50.

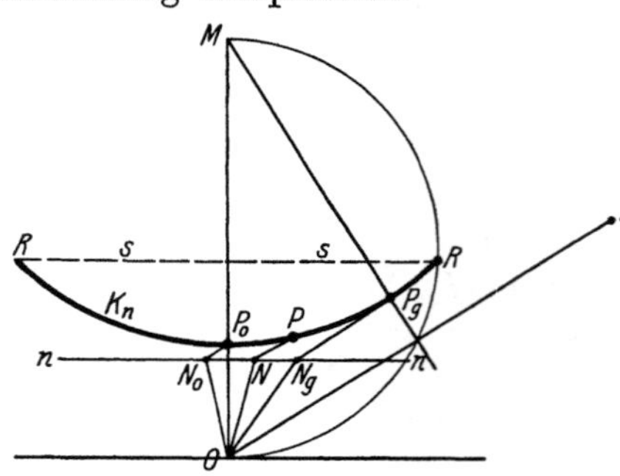

Abb. 51.

c) Arbeitsdiagramm für konstante Leistung und veränderliche Blindleistung. Bei konstanter Leistung bewegt sich der Endpunkt N des Vektors der Scheinleistung des Verbrauchers auf einer Parallelen zur Abszissenachse $n-n$ in Abb. 51. Da die Ordinate von Punkt P die Wirkleistung der Zentrale darstellt, ist die Ordinatendifferenz der Vektoren $\overline{OP}$ und $\overline{ON}$ der Leistungsverlust in der Leitung J^2R. Nach Kap. III Abschn. 15 ist der Ort für P ein Kreis, dessen Halbpolare $n-n$ ist. Setzt man

$$P_1J_w - N = J^2R = (J_w^2 + J_b^2)R$$

oder

$$J_w^2 + J_b^2 - \frac{P_1}{R}\left(J_w - \frac{N}{P_1}\right) = 0\,,$$

so ist dies, da J_w und J_b im Strommaßstab die Koordinaten des Stromvektors $\overline{OP}$ sind, eine Kreisgleichung für den Punkt P. Der Kreismittelpunkt liegt auf der Ordinatenachse, weil nur die Ordinate J_w in der ersten Potenz vorkommt. Die Mittelpunktsordinate ist

$$\overline{OM} = \frac{P_1}{2R} = \frac{J_k}{2\cos\varphi_k}\,.$$

[1] Siehe Ossanna: El. u. Maschinenb. 1926, H. 7, S. 113.

Der Mittelpunkt M ist daher der Schnittpunkt der Ordinatenachse mit dem Mittellot auf $\overline{OP_k}$. Der Radius ist

$$\varrho^2 = \left(\frac{J_k'}{2\cos\varphi_k}\right)^2 - \frac{N}{R} = \frac{J_k}{2\cos\varphi_k}\left[\frac{J_k}{2\cos\varphi_k} - \frac{2N}{P_1}\right].$$

Hierin ist $2N/P_1$ der doppelte Abstand der Geraden $n-n$ von der Abszissenachse. Eine Parallele $s-s$ zu $n-n$ mit der doppelten Ordinate ist die Polare, sie schneidet einen Kreis über $\overline{OM}$ in Punkt R. $\overline{MR}$ ist der Radius des Ortskreises K_n für Punkt P. Da ferner P stets auf einer Parallelen $\overline{NP}$ zu $\overline{OP_k}$ liegt, sind die den Punkten N der Geraden $n-n$ zugeordneten Kreispunkte P bestimmt.

Zu jeder Leistung des Verbrauchers gehört ein Kreis als Ort des Stromvektors. Der Radius ist um so kleiner, je größer N ist, für die größte Leistung schrumpft der Kreis in Punkt M zusammen.

Die Grenzscheinleistung bei der durch die Gerade $n-n$ gegebenen Leistung wird durch die Punkte N_g und P_g bezeichnet.

Die kleinste primäre Leistung ergibt sich für den Punkt P_0 in der Ordinatenachse; ihm entspricht ein Wirkstrom in der Zentrale und der kleinste Verlust in der Leitung J^2R. Dabei ist, wie der Vektor $\overline{ON_0}$ zeigt, die Belastung kapazitiv, um den Blindverbrauch $J^2\omega L$ der Leitung zu kompensieren. Dieses Ergebnis kann auch wie folgt abgeleitet werden. Bei gegebener Spannung der Zentrale ist deren Leistung $P_1 J\cos\varphi_1$ und der Verlust J^2R, das Verhältnis des Verlustes zur Nutzleistung

$$v = \frac{J^2R}{P_1 J\cos\varphi_1 - J^2R}$$

ist am kleinsten, wenn $\cos\varphi_1 = 1$ ist. Geht man hingegen von einer konstanten sekundären Spannung P_2 aus, so ist das Verhältnis

$$v = \frac{J^2R}{P_2 J\cos\varphi_2}$$

am kleinsten, wenn $\cos\varphi_2 = 1$ ist. Man erhält also die kleinsten Verluste, wenn an dem Ort, wo die Spannung konstant gehalten wird, Strom und Spannung phasengleich sind.

Ganz entsprechend kann ein Kreisdiagramm für konstante Blindleistung abgeleitet werden, es hat aber weniger praktische Bedeutung.

V. Parallelschaltung von Stromkreisen.

20. Grundgesetz für die Parallelschaltung von Stromkreisen.

Sind mehrere Stromkreise parallel geschaltet, so haben alle die gleiche Spannung. Jeder Zweigstrom ergibt sich durch Division der Klemmenspannung durch den Scheinwiderstand des Zweiges, und der Gesamtstrom ist die geometrische Summe der Zweigströme. Es ist

$$\mathfrak{J}_1 = \frac{\mathfrak{P}}{\mathfrak{z}_1} = \mathfrak{P}\mathfrak{y}_1 = \mathfrak{P}(g_1 + jb_1)$$

$$\mathfrak{J}_2 = \frac{\mathfrak{P}}{\mathfrak{z}_2} = \mathfrak{P}\mathfrak{y}_2 = \mathfrak{P}(g_2 + jb_2)$$

$$\mathfrak{J}_3 = \frac{\mathfrak{P}}{\mathfrak{z}_3} = \mathfrak{P}\mathfrak{y}_3 = \mathfrak{P}(g_3 + jb_3)$$

. . . .

$$\begin{aligned}\mathfrak{J} = \mathfrak{J}_1 + \mathfrak{J}_2 + \mathfrak{J}_3 + \cdots &= \mathfrak{P}\left(\frac{1}{\mathfrak{z}_1} + \frac{1}{\mathfrak{z}_2} + \frac{1}{\mathfrak{z}_3} + \cdots\right) = \mathfrak{P}\frac{1}{\mathfrak{z}} \\ &= \mathfrak{P}(\mathfrak{y}_1 + \mathfrak{y}_2 + \mathfrak{y}_3 + \cdots) = \mathfrak{P}\mathfrak{y} \\ &= \mathfrak{P}[g_1 + g_2 + g_3 + \cdots + j(b_1 + b_2 + b_3 + \cdots)].\end{aligned}$$

Der resultierende Scheinwiderstand der Parallelschaltung ist

$$\frac{1}{\mathfrak{z}} = \sum\left(\frac{1}{\mathfrak{z}_\nu}\right) = \frac{1}{\mathfrak{z}_1} + \frac{1}{\mathfrak{z}_2} + \frac{1}{\mathfrak{z}_3} + \cdots, \tag{1}$$

der resultierende Scheinleitwert

$$\mathfrak{y} = \sum(\mathfrak{y}_\nu) = \mathfrak{y}_1 + \mathfrak{y}_2 + \mathfrak{y}_3 + \cdots = g + jb, \tag{2}$$

worin

$$g = g_1 + g_2 + g_3 + \cdots = \sum(g_\nu), \tag{3}$$

$$b = b_1 + b_2 + b_3 + \cdots = \sum(b_\nu). \tag{4}$$

Die Phasenverschiebung des resultierenden Stromes ist

$$\operatorname{tg}\varphi = \frac{b}{g} = \frac{\sum(b_\nu)}{\sum(g_\nu)}. \tag{5}$$

Man addiert die Wirkströme und die Blindströme bzw. die ihnen entsprechenden Wirk- und Blindleitwerte und setzt sie geometrisch zu dem resultierenden Strom bzw. zu dem resultierenden Scheinleitwert zusammen.

21. Der resultierende Scheinwiderstand von zwei parallelgeschalteten Zweigen.

Nach Gl. (1) ist

$$\frac{1}{\mathfrak{z}} = \frac{1}{\mathfrak{z}_1} + \frac{1}{\mathfrak{z}_2}$$

oder

$$\mathfrak{z} = \frac{\mathfrak{z}_1 \mathfrak{z}_2}{\mathfrak{z}_1 + \mathfrak{z}_2} \tag{6}$$

Durch Division durch $\mathfrak{z}_1$ wird

$$\frac{\mathfrak{z}}{\mathfrak{z}_1} = \frac{\mathfrak{z}_2}{\mathfrak{z}_1 + \mathfrak{z}_2}. \tag{7}$$

Nach dieser Gleichung verhält sich der resultierende Scheinwiderstand $\mathfrak{z}$ der Parallelschaltung zu dem eines Zweiges, wie der des anderen zur Summe. Die Gleichung gilt vektoriell. Setzt man $\mathfrak{z}_1 + \mathfrak{z}_2 = \mathfrak{z}'$ und die Phasenwinkel φ, φ_1, φ_2, φ', so ist auch

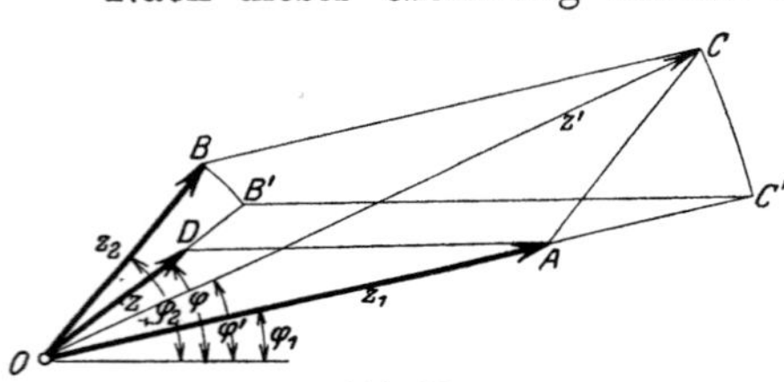

Abb. 52.

$$\frac{z e^{j\varphi}}{z_1 e^{j\varphi_1}} = \frac{z_2 e^{j\varphi_2}}{z' e^{j\varphi'}}. \tag{7a}$$

Diese Gleichung zerfällt in die beiden

$$z : z_1 = z_2 : z', \qquad \varphi - \varphi_1 = \varphi_2 - \varphi' \tag{8}$$

und bedeutet graphisch, daß das aus z und z_1 gebildete Dreieck dem aus z_2 und z' ähnlich sein soll. In Abb. 52 sind $\overline{OA} = z_1$ und $\overline{OB} = z_2$ gegen die Abszissenachse um ihre Phasenwinkel φ_1 und φ_2 gedreht aufgetragen. $\overline{OC}$ ist die Summe z'. Nun ist zunächst $\triangle OB'C'$ gleich dem $\triangle OBC$ gemacht und durch A die Parallele $\overline{AD}$ zu $\overline{B'C'}$ gezogen, so daß $ODA \sim OBC$ wird. Dann ist $\overline{OD}$ nach Größe und Phase der resultierende Scheinwiderstand z.

Eine andere Konstruktion, bei der die Summe $\mathfrak{z}_1 + \mathfrak{z}_2$ nicht ermittelt zu werden braucht, ergibt sich wie folgt. Aus Gl. (7) erhält man, indem man im Nenner die Differenz von Nenner und Zähler setzt:

$$\frac{\mathfrak{z}}{\mathfrak{z}_1 - \mathfrak{z}} = \frac{\mathfrak{z}_2}{\mathfrak{z}_1}. \tag{7a}$$

Darin ist $\mathfrak{z}_1 - \mathfrak{z}$ die dritte Seite $\overline{DA}$ des Dreiecks ODA. Sollen die beiden Abstände des Punktes D von O und A das konstante Verhältnis $z_2 : z_1$ haben und den $\measuredangle\, \varphi_2 - \varphi_1$ bilden, so muß D auf einem Kreis über $\overline{OA}$ als Sehne liegen, dessen Durchmesser $\overline{OE}$ senkrecht auf $\overline{OB} = z_2$ steht (Abb. 53). Vertauscht man in Gl. (7a) $\mathfrak{z}_1$ und $\mathfrak{z}_2$, so ergibt sich als Ort für Punkt D ein zweiter Kreis über $\overline{OB}$ als Sehne, dessen Durchmesser $\overline{OF} \perp \overline{OA}$ ist. Der Schnittpunkt beider Kreise ist der Endpunkt D des gesuchten Vektors $\mathfrak{z}$.

Da die beiden Dreiecke ODF und ODE bei D rechtwinklig sind, braucht man die Kreise nicht zu zeichnen, sondern man bestimmt die Punkte E und F, indem man jeweils das Lot auf dem Endpunkt des einen Vektors, mit dem Lot auf dem andern Vektor im Anfangspunkt zum Schnitt bringt. $\overline{OD}$ ist dann das Lot auf die Verbindungslinie $\overline{EF}$.

Ein Sonderfall ergibt sich, wenn die beiden Vektoren senkrecht aufeinander stehen, z. B. bei der Parallelschaltung eines Ohmschen Widerstandes mit einem verlustlosen Kondensator oder einer verlustfreien Drosselspule. Dann sind die Vektoren selbst die Kreisdurchmesser und $\overline{OD}$ steht senkrecht auf der Verbindungslinie $\overline{AB}$ (Abb. 54).

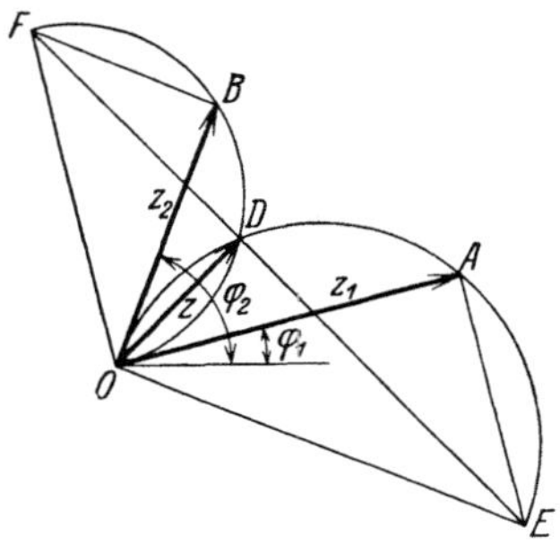

Abb. 53.

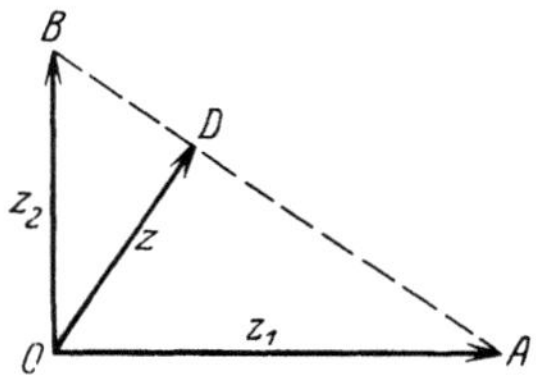

Abb. 54.

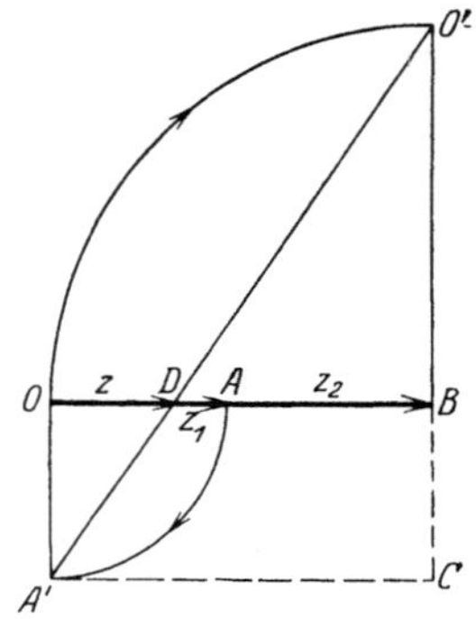

Abb. 55.

Diese Konstruktionen versagen, wenn die parallelgeschalteten Scheinwiderstände gleiche oder entgegengesetzt gleiche Phasenwinkel haben. Die Vektoren liegen dann in einer Geraden, wie z. B. für zwei Ohmsche Widerstände, oder für eine Kapazität und eine verlustfreie Induktivität. Dann ergibt sich eine einfache Konstruktion dadurch, daß man den einen Vektor um den gemeinsamen Anfangspunkt, den anderen um seinen Endpunkt um 90^0 im gleichen Sinne dreht und die Verbindungslinie der Endpunkte der gedrehten Vektoren mit der Richtung der ursprünglichen Vektoren zum Schnitt bringt. In Abb. 55 sind $\overline{OA} = \mathfrak{z}_1$ und $\overline{OB} = \mathfrak{z}_2$ gleichgerichtet.

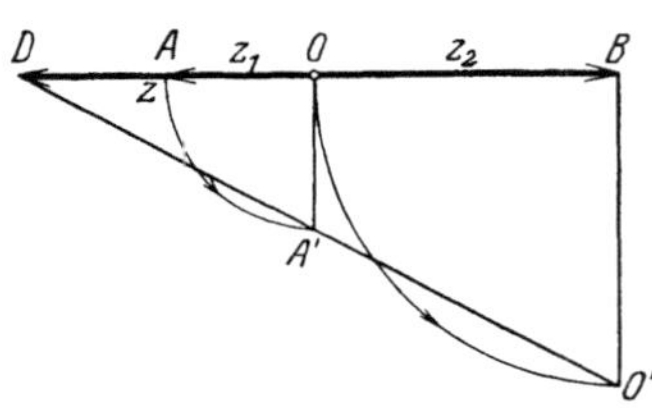

Abb. 56.

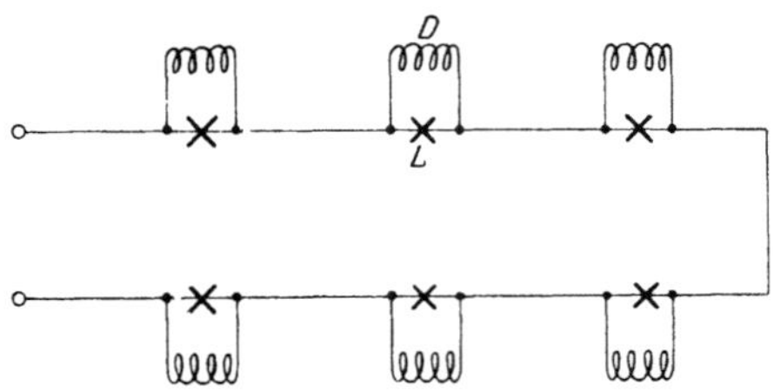

Abb. 57.

$\overline{OA}$ ist um O und $\overline{OB}$ um B um 90^0 im Uhrzeigersinn nach $\overline{OA'}$ bzw. $\overline{BO'}$ gedreht, und $\overline{A'O'}$ mit $\overline{OB}$ in D zum Schnitt gebracht. Nun ist

$$\overline{OD} : \overline{OA'} = \overline{CA'} : \overline{CO'},$$

darin ist

$$\overline{OA'} = -j\mathfrak{z}_1, \qquad \overline{CA'} = -\mathfrak{z}_2, \qquad \overline{CO'} = +j(\mathfrak{z}_1 + \mathfrak{z}_2).$$

Daher

$$\overline{OD} = \frac{\mathfrak{z}_1 \mathfrak{z}_2}{\mathfrak{z}_1 + \mathfrak{z}_2} = \mathfrak{z}.$$

Die analoge Konstruktion für entgegengerichtete Vektoren ist in Abb. 56 gezeigt.

Beispiel: Bei der Reihenschaltung von Glühlampen, die früher häufig verwendet wurde, schaltete man jeder Lampe eine Drosselspule parallel, um beim Versagen einer Lampe die Unterbrechung des ganzen Stromkreises zu verhindern (Abb. 57). Es soll untersucht werden, wie beim Erlöschen einzelner Lampen der Strom und die Helligkeit der übrigen Lampen bei konstanter Klemmenspannung sich ändert. Sei R_1 der Widerstand einer Lampe, $\mathfrak{z}_2 = (R_2 + jX_2)$ der Scheinwiderstand der Drosselspule, wobei R_2 viel kleiner als X_2 ist. Der Scheinwiderstand einer Gruppe sei z und J der Gesamtstrom; die Spannung einer Gruppe ist

$$P' = Jz$$

und der Lampenstrom

$$J_1 = P'/R_1 = Jz/R_1 .$$

Er ist stets dem Gesamtstrom proportional, man braucht daher nur den Gesamtstrom zu untersuchen. Die Aufgabe werde graphisch mittels der Inversion gelöst. In Abb. 58 ist $\overline{OA} = R_1$, $\overline{OB}$ das Spiegelbild von z_2 und $\overline{OC}$ das des resultierenden Scheinwiderstandes z. Ist n die Zahl der Gruppen, so ist im n-fachen Maßstab $\overline{OC} = nz$ der Scheinwiderstand, wenn alle Lampen brennen, und $\overline{OB} = nz_2$, wenn alle erloschen sind.

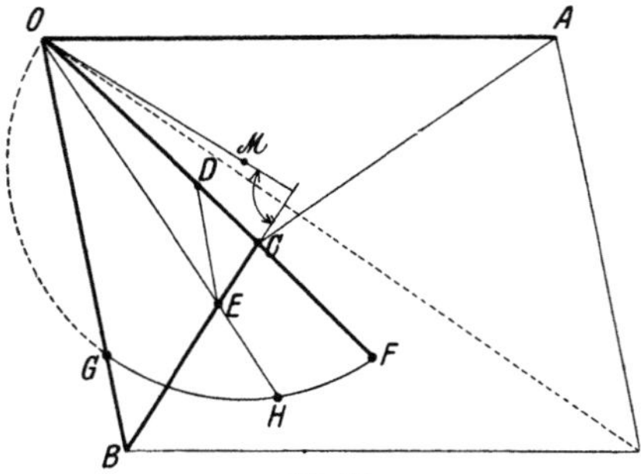

Abb. 58.

Sind m Lampen erloschen, so sind $(n-m)$ Gruppen mit dem Scheinwiderstand z mit m Drosselspulen z_2 in Reihe geschaltet. Teilt man $\overline{OC}$ im Verhältnis $\overline{DC} : \overline{OC} = m : n$ und zieht eine Parallele $\overline{DE}$ zu $\overline{OB}$, so ist $\overline{OD} = (n-m)z$, $\overline{DE} = m/n$. $\overline{OB} = mz_2$ und $\overline{OE}$ der resultierende Scheinwiderstand. Der Endpunkt E bewegt sich auf der Geraden $\overline{CB}$, und als Ort für den Stromvektor ergibt sich der zur $\overline{CB}$ inverse Kreis durch O, dessen Mittelpunkt M auf dem Lot von O auf $\overline{CB}$ liegt. Die Grenzströme sind $\overline{OF}$, wenn alle Lampen brennen, $\overline{OG}$, wenn alle erloschen sind. Die Stromänderung kann bei konstanter Spannung groß werden, sofern nicht R_1 groß gegen $\mathfrak{z}_2$, d. h. der Strom der Drosselspulen groß gegen den Lampenstrom ist. Daher ist es zweckmäßiger, nicht auf konstante Spannung, sondern auf konstanten Strom zu regeln. Die Gerade $\overline{CB}$ zeigt hierfür die Änderung der Spannung.

22. Die Aufteilung des Stromes auf parallelgeschaltete induktive Zweige.

Verzweigt sich ein Strom in zwei parallelgeschaltete induktive Scheinwiderstände

$$\mathfrak{z}_1 = R_1 + j\omega L_1 \quad \text{und} \quad \mathfrak{z}_2 = R_2 + j\omega L_2 ,$$

so gilt für die Teilströme

$$\mathfrak{J}_1 \mathfrak{z}_1 = \mathfrak{J}_2 \mathfrak{z}_2 . \tag{9}$$

Ihre Beträge verhalten sich umgekehrt wie die Scheinwiderstände. Sie sind im allgemeinen untereinander und gegen den unverzweigten Strom phasenverschoben, wenn das Verhältnis $\omega L/R = \operatorname{tg}\varphi$ in beiden Zweigen verschieden ist. Der Strom, in dessen Zweig $\operatorname{tg}\varphi$ größer ist als im andern, ist gegen den unverzweigten Strom verspätet, der andere verfrüht; die arithmetische Summe der Teilströme ist größer als der Gesamtstrom und es entstehen erhöhte Verluste, worauf bei der Parallelschaltung z. B. von Leitungen zu achten ist. Abb. 59 stellt die Aufteilung eines Stromes in zwei Zweige dar, die gleiche Ohmsche Widerstände, aber ungleiche Induktivitäten haben, was sich in den sehr verschiedenen Phasenverschiebungen φ_1 und φ_2 gegen die gemeinsame Spannung zeigt. Dadurch ist der verspätete Strom J_2 viel kleiner als der verfrühte, während bei gleichen Ohmschen Widerständen die kleinsten Verluste auftreten, wenn jeder Teilstrom die Hälfte des Gesamtstromes ist.

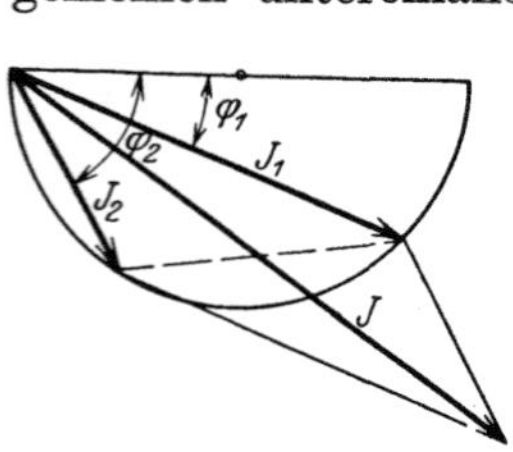

Abb. 59.

Allgemein entspricht den kleinsten Verlusten die Stromaufteilung

$$J_1' = J\frac{R_2}{R_1 + R_2}, \qquad J_2' = J\frac{R_1}{R_1 + R_2}, \tag{10}$$

hier ist aber

$$\mathfrak{J}_1 = \mathfrak{J}\frac{\mathfrak{z}_2}{\mathfrak{z}_1 + \mathfrak{z}_2}, \qquad \mathfrak{J}_2 = \mathfrak{J}\frac{\mathfrak{z}_1}{\mathfrak{z}_1 + \mathfrak{z}_2}. \tag{11}$$

Setzen wir

$$\mathfrak{z}_1 = R_1(1 + j\,\mathrm{tg}\,\varphi_1), \qquad \mathfrak{z}_2 = R_2(1 + j\,\mathrm{tg}\,\varphi_2), \qquad (\mathfrak{z}_1 + \mathfrak{z}_2) = (R_1 + R_2)(1 + j\,\mathrm{tg}\,\varphi')$$

so werden die relativen Verluste in den beiden Zweigen mit Bezug auf die Verteilung für kleinste Gesamtverluste:

$$n_{v1} = \frac{J_1^2}{J_1'^2} = \frac{1 + \mathrm{tg}^2\varphi_2}{1 + \mathrm{tg}^2\varphi'}, \qquad n_{v2} = \frac{J_2^2}{J_2'^2} = \frac{1 + \mathrm{tg}^2\varphi_1}{1 + \mathrm{tg}^2\varphi'}, \tag{12}$$

und der relative Gesamtverlust

$$n_v = n_{v1}\frac{R_2}{R_1 + R_2} + n_{v2}\frac{R_1}{R_1 + R_2}. \tag{13}$$

Beispiel: Wollte man etwa ein Kabel durch eine parallelgeschaltete Freileitung entlasten, so zeigt sich, daß dies trotz erheblichen Kupferaufwandes nur in geringem Maße möglich ist, weil die Induktivität des Kabels etwa 5mal so klein ist wie die der Freileitung. Dabei mögen wieder Niederspannungsleitungen betrachtet werden, deren Ladeströme zu vernachlässigen sind. Beide Leitungen seien gleich lang und haben gleichen Querschnitt, also gleichen Widerstand. Dann ist bei $f = 50$ Hertz

für die Freileitung etwa: $\omega L_1 : R_1 = 2 : 1 = \mathrm{tg}\,\varphi_1$,

für das Kabel: $\omega L_2 : R_2 = 0{,}4 : 1 = \mathrm{tg}\,\varphi_2$,

und $\omega(L_1 + L_2) : (R_1 + R_2) = 1{,}2 : 1 = \mathrm{tg}\,\varphi'$

und es werden die relativen Verluste

$$n_{v1} = \frac{1 + 0{,}4^2}{1 + 1{,}2^2} = 0{,}476, \qquad n_{v2} = \frac{1 + 2^2}{1 + 1{,}2^2} = 2{,}05, \qquad n_v = \tfrac{1}{2}(0{,}476 + 2{,}05) = 1{,}264.$$

Das Kabel hat also mehr als die doppelten Verluste, die Freileitung weniger als die Hälfte gegenüber günstigster Stromverteilung, insgesamt ist die Erhöhung der Verluste etwa 27%. Um gleiche Ströme zu erhalten, schaltet man dem Kabel eine Drosselspule vor.

Bei Parallelschaltung von Stromkreisteilen ist also stets darauf zu achten, daß das Verhältnis der Induktivität zum Widerstand oder die sog. Zeitkonstante (siehe Kap. XIII) für alle Teile gleich groß ist.

23. Stromresonanz.

Ein Kondensator und eine Drosselspule sind parallelgeschaltet (Abb. 60). Die Scheinwiderstände der beiden Zweige sind:

$$\mathfrak{z}_i = R_i + j\omega L, \qquad \mathfrak{z}_c = R_c - \frac{j}{\omega C}.$$

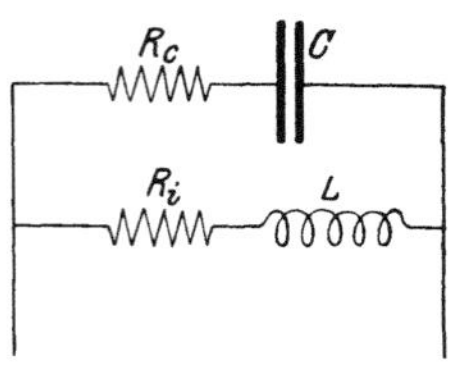

Abb. 60.

Der Scheinwiderstand der Parallelschaltung ist nach Gl. (6)

$$\mathfrak{z}_p = \frac{R_i R_c + \dfrac{L}{C} + j\left(\omega L R_c - \dfrac{R_i}{\omega C}\right)}{R_i + R_c + j\left(\omega L - \dfrac{1}{\omega C}\right)}.$$

Macht man den Nenner reell, so erhält man den Wirk- und den Blindwiderstand der Parallelschaltung

$$R_p = \frac{R_c[R_i^2 + (\omega L)^2] + R_i\left[R_c^2 + \left(\dfrac{1}{\omega C}\right)^2\right]}{(R_i + R_c)^2 + \left(\omega L - \dfrac{1}{\omega C}\right)^2}, \tag{14}$$

$$X_p = \frac{\dfrac{1}{\omega C}\left[\dfrac{L}{C} - R_i^2\right] - \omega L\left[\dfrac{L}{C} - R_c^2\right]}{(R_i + R_c)^2 + \left(\omega L - \dfrac{1}{\omega C}\right)^2}. \tag{15}$$

Wird $X_p = 0$, so verhält sich der Stromkreis wie ein Ohmscher Widerstand. X_p wird zunächst Null, wenn $\omega = 0$ oder ∞ ist. Ein Gleichstrom ($\omega = 0$) fließt nur durch die Drosselspule, der Gesamtwiderstand ist R_i. Ein Strom von sehr hoher Frequenz ($\omega = \infty$) fließt nur durch den Kondensator, der Gesamtwiderstand ist R_c. X_p wird ferner Null für

$$\omega = \frac{1}{\sqrt{LC}} \sqrt{\frac{L/C - R_i^2}{L/C - R_c^2}}. \tag{16}$$

a) Sind die Widerstände gleich, $R_i = R_c = R$, aber verschieden von $\sqrt{L/C}$, so ist

$$\omega_0 = \frac{1}{\sqrt{LC}}. \tag{17}$$

Bei dieser Frequenz ist

$$\omega_0 L = \frac{1}{\omega_0 C} = \sqrt{\frac{L}{C}}.$$

Die Blindströme sind entgegengesetzt gleich und heben sich nach außen hin auf, der Gesamtstrom ist die Summe der beiden gleich großen Wirkströme. Der Blindstrom jedes Zweiges verhält sich zum Wirkstrom wie $\sqrt{L/C} : R$. Während die Reihenschaltung von Drosselspule und Kondensator (s. S. 20) bei kleinen Verlusten bei der Resonanzfrequenz nahezu einen Kurzschluß bedeutet, ist die Parallelschaltung fast eine Unterbrechung des Stromkreises. Nach Gl. (14) wird für die Resonanzfrequenz

$$R_p = \frac{1}{2}\left(R + \frac{1}{R}\frac{L}{C}\right).$$

Die Parallelschaltung bietet Strömen von verschiedenen Frequenzen sehr stark veränderliche Scheinwiderstände, die wir wieder durch das Frequenzverhältnis und das Widerstandsverhältnis darstellen. Hierzu setzen wir

$$\omega_0 = \frac{1}{\sqrt{LC}} \qquad \frac{\omega}{\omega_0} = \delta, \qquad R\sqrt{\frac{C}{L}} = \varrho,$$

$$(R + j\omega L) = R\left(1 + j\frac{\delta}{\varrho}\right), \qquad \left(R - \frac{j}{\omega C}\right) = R\left(1 - \frac{j}{\delta\varrho}\right).$$

Es wird

$$\mathfrak{z}_p = R\,\frac{(1+\varrho^2) + j\varrho\left(\delta - \frac{1}{\delta}\right)}{2\varrho^2 + j\varrho\left(\delta - \frac{1}{\delta}\right)}$$

und der Betrag

$$z_p = R\sqrt{\frac{(1+\varrho^2)^2 + \varrho^2\left(\delta - \frac{1}{\delta}\right)^2}{4\varrho^4 + \varrho^2\left(\delta - \frac{1}{\delta}\right)^2}}.$$

Für $\omega = \omega_0$, $\delta = 1$ wird der Wirkwiderstand bei Resonanz

$$R_0 = R\frac{1+\varrho^2}{2\varrho^2} \tag{18}$$

und endlich

$$\frac{z_p}{R_0} = \frac{2\varrho}{1+\varrho^2}\sqrt{\frac{(1+\varrho^2)^2 + \varrho^2\left(\delta - \frac{1}{\delta}\right)^2}{4\varrho^2 + \left(\delta - \frac{1}{\delta}\right)^2}}. \tag{19}$$

Bei kleinen Verlusten ergibt sich ein sehr ähnlicher Verlauf $z_p = f(\omega)$ wie für die Leitwerte bei der Spannungsresonanz mit scharf ausgeprägtem Maximum. Bei größeren Widerständen ist das Verhalten verschieden; die Kurve läuft für ω Null und unendlich nicht nach Null, sondern nach R. Wird $\varrho = 1$, d. h. $R = \sqrt{L/C}$, so erhält man in Gl. (16) den unbestimmten Wert $\frac{0}{0}$. Nach Gl. (18) u. (19) wird $z_p = R_0 = R$. Der Stromkreis verhält sich bei allen Frequenzen wie ein konstanter Ohmscher Widerstand.

Wird endlich $\varrho > 1$, so ist in Gl. (16) die zweite Wurzel wieder gleich 1, bei der Frequenz ω_0 hat man aber nicht ein Widerstandsmaximum sondern ein Minimum.

Abb. 61 zeigt $\frac{z_p}{R_0}$ als Funktion von $\frac{\omega}{\omega_0}$ für $\varrho = 0{,}1$, 0,5, 1 und 2.

b) Sind die Widerstände ungleich aber klein gegen $\sqrt{L/C}$, so ist das Verhalten ähnlich dem bei gleichen Widerständen. Ist ein Widerstand größer als $\sqrt{L/C}$, der andere kleiner, so ist in Gl. (16) die zweite Wurzel imaginär, dann gibt es keine Frequenz mehr, bei der die Blindströme sich aufheben.

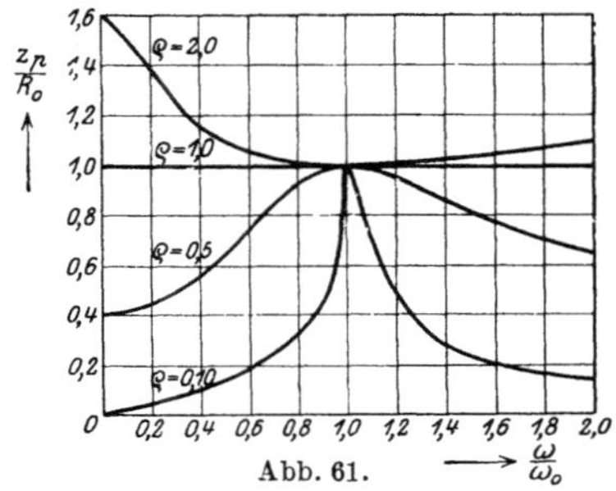

Abb. 61.

24. Leistungsmessung mit drei Stromzeigern.

Entsprechend der Leistungsmessung mit drei Spannungszeigern hat Fleming eine solche mit drei Stromzeigern angegeben. Zu dem Stromkreis, der bei der Spannung P den Strom J_1 mit einer Phasenverschiebung φ aufnimmt, schaltet man seinen Ohmschen Widerstand parallel (Abb. 62). Der Strom im Widerstand ist $J_2 = P/R$ und gegen J_1 um φ in der Phase verschoben. Der Gesamtstrom ist

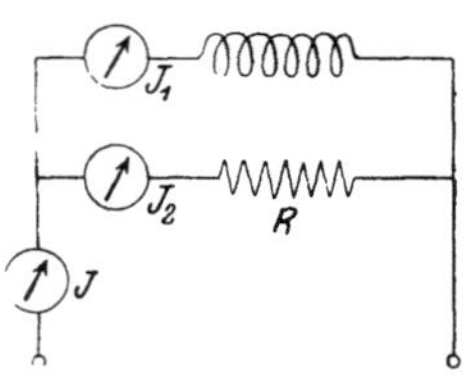

Abb. 62.

$$J^2 = J_1^2 + J_2^2 + 2J_1J_2\cos\varphi .$$

Die Leistung im ersten Stromkreis ist

$$N = PJ_1\cos\varphi = J_1J_2R\cos\varphi$$

oder

$$N = \tfrac{1}{2}(J^2 - J_1^2 - J_2^2)R . \qquad (20)$$

Die Leistungsmessung ist hiermit auf die Messung der drei Ströme zurückgeführt. Sie hat die gleichen Nachteile wie die mit drei Spannungszeigern.

25. Korrektionsformeln für Leistungsmesser.

Die gebräuchlichen Leistungsmesser beruhen auf dem elektrodynamischen Prinzip. Sie haben eine feste vom Hauptstrom i des zu messenden Stromkreises durchflossene „Stromspule", in deren magnetischem Feld eine drehbare Spule schwingt, die den Zeiger trägt und parallel zu dem zu untersuchenden Stromkreis geschaltet ist. Der Nebenschlußstrom i_n hängt von der Spannung ab, und das mittlere Drehmoment ist proportional dem Mittelwert $M(i\,i_n)$. Der Ausschlag α ist dem Drehmoment proportional. Ist C die Konstante des Instruments, so ist $C\alpha = M(i\,i_n)$.

Der Hauptstrom sei um φ gegen die Spannung phasenverschoben, der Nebenschlußstrom um $\varphi_n = \operatorname{arctg}\frac{\omega L_n}{R_n}$. L_n ist die Induktivität, R_n der Widerstand des Spannungskreises. Dann ist

$$C\alpha = M(i\,i_n) = J\,J_n\cos(\varphi - \varphi_n) = \frac{JP}{\sqrt{R_n^2 + (\omega L_n)^2}}\cos(\varphi - \varphi_n) = \frac{JP}{R_n}\cos(\varphi - \varphi_n)\cos\varphi_n .$$

Die Leistung ist

$$N = PJ\cos\varphi .$$

Daher wird

$$N = C\alpha R_n \frac{\cos\varphi}{\cos(\varphi - \varphi_n)\cos\varphi_n} = C\alpha R_n \frac{1 + \operatorname{tg}^2\varphi_n}{1 + \operatorname{tg}\varphi\operatorname{tg}\varphi_n} . \qquad (21)$$

Damit der Ausschlag der Leistung genau proportional ist, muß $\operatorname{tg}\varphi_n$ verschwindend klein sein, dies wird durch große Vorschaltwiderstände R_n erreicht.

Die gemessene Leistung bedarf einer weiteren Korrektur, je nachdem die Spannungsspule an die Klemmen der Belastung oder an die Klemmen der Stromquelle geschaltet ist (s. Abb. 63a und b).

Wird die dem Stromverbraucher zugeführte Leistung gemessen, so ist bei der Schaltung Abb. 63a von der gemessenen Leistung der Verlust in der Spannungsspule P^2/R_n zu subtrahieren, und bei Abb. 63b der Verlust in der Stromspule $J^2 R_s$.

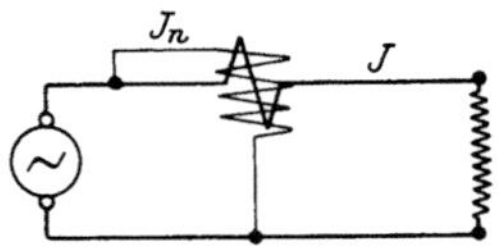

Abb. 63a.

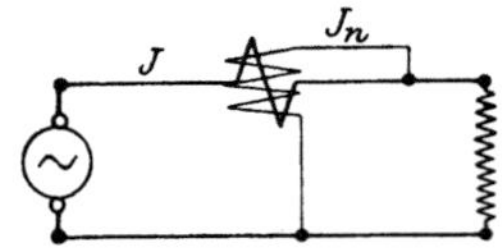

Abb. 63b.

Wird die Leistung des Generators gemessen, so sind die Beträge zu addieren.

Die Genauigkeit erfordert, daß die Schaltung gewählt wird, bei der die Korrektur am kleinsten ist.

Bei großer Spannung und kleinem Strom ist die Korrektur für die Stromspule meist kleiner und Schaltung Abb. 63b zu wählen, bei kleiner Spannung und großem Strom ist die Korrektur für die Spannungsspule meist kleiner, dann ist die Schaltung Abb. 63a vorzuziehen.

VI. Zusammengesetzte Stromkreise.

Unter zusammengesetzten Stromkreisen sollen solche verstanden sein, die teils durch Reihenschaltung und teils durch Parallelschaltung entstehen. An einigen Beispielen soll die graphische und die rechnerische Behandlung weiter geübt werden.

26. Zwei parallelgeschaltete Stromzweige in Reihe mit einem dritten.

Für den Stromkreis (Abb. 64), der zwei parallelgeschaltete Scheinwiderstände z_1, z_2 in Reihe mit einem dritten z_0 enthält, soll untersucht werden, unter welchen Bedingungen der Strom der Größe nach unverändert bleibt, wenn ein Zweig (z_1) unterbrochen wird. In der S. 47 besprochenen Parallelschaltung von Lampe und

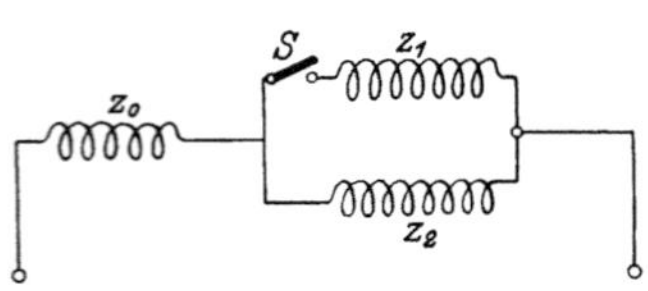

Abb. 64.

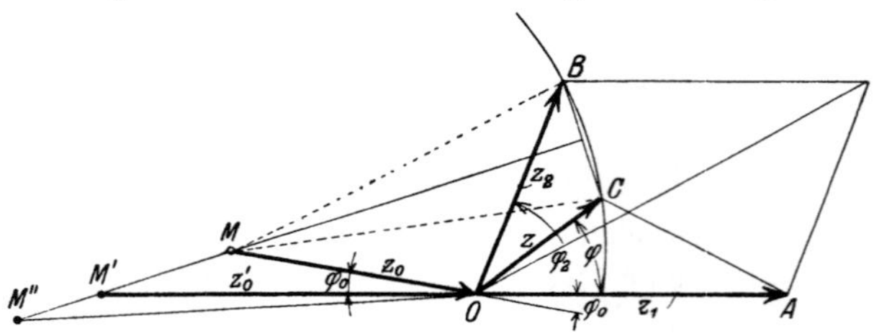

Abb. 65.

Drosselspule würde z_0 den Leitungswiderstand darstellen, z_1 die Lampe, z_2 die Drosselspule.

Im Diagramm (Abb. 65) liegt z_1 als Ohmscher Widerstand $\overline{OA}$ in der Abszissenachse und $z_2 = \overline{OB}$ um φ_2 dagegen nach vorwärts gedreht. $\overline{OC} = z$ ist der Scheinwiderstand der Parallelschaltung. Damit die geometrische Summe von z_0 und z_2 ebenso groß wie die von z_0 und z ist, muß der Anfangspunkt M des Vektors $\overline{MO} = z_0$ auf dem Mittellot auf $\overline{BC}$ liegen, dann ist $\overline{MB} = \overline{MC}$. Von den vielen möglichen Werten von z_0 haben alle, deren Anfangspunkt M oberhalb der Abszissenachse liegt, einen negativen Phasenwinkel, sie haben Widerstand und Kapazität, $\overline{M'O}$ in der Abszissenachse ist ein Ohmscher Widerstand, und alle, deren Anfangspunkt wie M'' unterhalb der Abszissenachse liegt, haben einen positiven Phasenwinkel, also Widerstand und Selbstinduktion.

Setzt man $\mathfrak{z}_1 = R_1$, und vernachlässigt die Verluste der Drosselspule und die Induktivität der Leitung, d. h. $\mathfrak{z}_2 = j X_2$ und $\mathfrak{z}_0 = R_0$, so ist der resultierende Scheinwiderstand

$$R_0 + \frac{j R_1 X_2}{R_1 + j X_2}$$

und für $R_1 = \infty$:

$$R_0 + jX_2.$$

Sollen die Beträge gleich sein, so muß

$$\frac{(R_0 R_1)^2 + X_2^2 (R_0 + R_1)^2}{R_1^2 + X_2^2} = R_0^2 + X_2^2$$

sein, oder nach Ausmultiplikation

$$X_2 = \sqrt{2 R_0 R_1}.$$

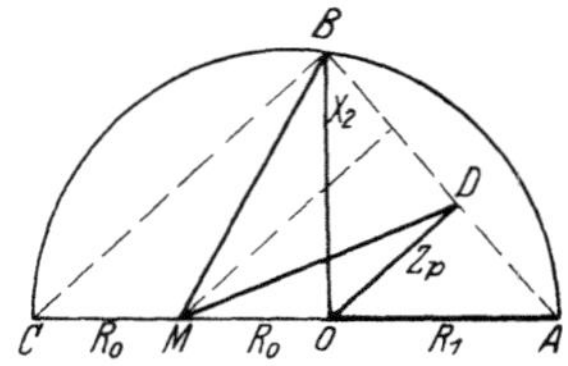

Abb. 66.

Graphisch bedeutet dies: Trägt man in Abb. 66 $\overline{OA} = R_1$ und $\overline{OC} = 2\,R_0$ auf, so schneidet ein Kreis über $\overline{AC}$ als Durchmesser die Ordinatenachse in B und es ist $\overline{OB} = X_2$. Der Beweis folgt daraus, daß $\overline{OD}$ der resultierende Scheinwiderstand der Parallelschaltung von R_1 und X_2 ist und M auf dem Mittellot auf $\overline{BD}$ liegt.

27. Die Wheatstonesche Brücke für Wechselstrom.

Die Scheinwiderstände der vier Brückenzweige in Abb. 67 seien z_1, z_2, z_3, z_4, ihre Phasenwinkel φ_1, φ_2, φ_3, φ_4. Damit das Galvanometer nicht ausschlägt, muß die Spannung von Punkt C nach D Null sein, d. h. es muß die Spannung von Punkt A nach C nach Größe und Phase gleich der von A nach D, und ebenso die Spannung von C nach B gleich der von D nach B sein. Dann ist aber auch $J_1 = J_3$ und $J_2 = J_4$. In dem Vektordiagramm (Abb. 68) ist $\overline{AB}$ der Vektor der Klemmenspannung, sie besteht aus den beiden Teilspannungen

$$\overline{AC} = J_1 z_1 = J_2 z_2, \qquad \overline{CB} = J_3 z_3 = J_4 z_4,$$

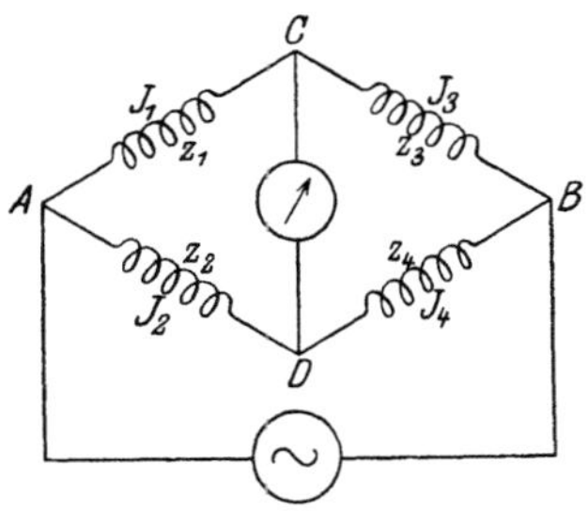

Abb. 67.

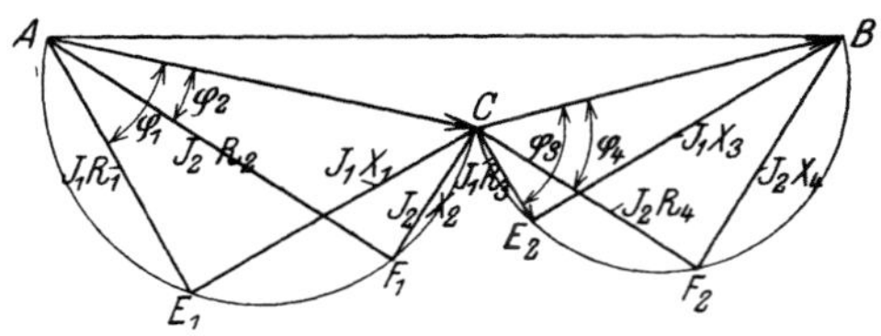

Abb. 68.

über denen die Spannungsdreiecke gezeichnet sind. Durch Division der Spannungsgleichungen wird unter Berücksichtigung der Stromgleichungen

$$z_1 : z_3 = z_2 : z_4. \tag{1}$$

Die Phasenwinkel der Ströme unterscheiden sich um

$$E_1 A F_1 = E_2 A F_2$$

oder

$$\varphi_1 - \varphi_2 = \varphi_3 - \varphi_4. \tag{2}$$

Die Bedingungen kann man auch schreiben

$$z_1 z_4 = z_2 z_3, \quad \text{(1a)} \qquad \varphi_1 + \varphi_4 = \varphi_2 + \varphi_3. \quad \text{(2a)}$$

Es müssen die Produkte der Beträge gegenüberliegender Scheinwiderstände und die Summen ihrer Phasenwinkel gleich groß sein.

Liegen an einem Knotenpunkt zwei Ohmsche Widerstände, z. B. $\varphi_1 = \varphi_2 = 0$, so müssen die Phasenwinkel der beiden andern Zweige gleich sein $\varphi_3 = \varphi_4$. Liegen hingegen in gegenüberliegenden Zweigen Ohmsche Widerstände, so sind die Phasenwinkel der beiden anderen auch gleich, sie haben aber entgegengesetztes Vorzeichen; ist in einem Zweig eine Drosselspule, so muß im andern ein Kondensator liegen.

Es ergibt sich also die Möglichkeit, Induktivitäten unter sich und eine Kapazität mit einer Induktivität zu vergleichen.

Vergleich von Induktivitäten. In den Zweigen 1 und 2 liegen die Widerstände R_1 und R_2, in 3 und 4

$$z_3 = \sqrt{R_3^2 + (\omega L_3)^2} = R_3 \sqrt{1 + \mathrm{tg}^2 \varphi_3}, \qquad z_4 = \sqrt{R_4^2 + (\omega L_4)^2} = R_4 \sqrt{1 + \mathrm{tg}^2 \varphi_4}.$$

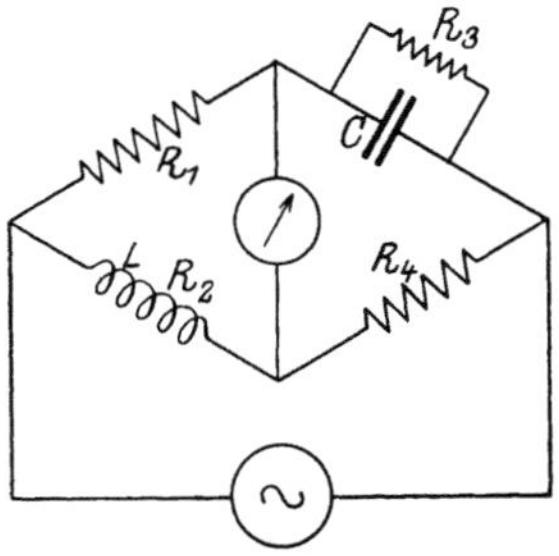

Abb. 69.

Da nun $\varphi_3 = \varphi_4$ sein soll, wird nach Gl. (1a)

$$R_1 R_4 = R_2 R_3, \tag{3}$$

ferner

$$\frac{\omega L_3}{R_3} = \frac{\omega L_4}{R_4}$$

oder

$$\frac{L_3}{L_4} = \frac{R_3}{R_4} = \frac{R_1}{R_2}. \tag{4}$$

Gl. (3) wird bei der Abgleichung mit Gleichstrom erfüllt, bei der Abgleichung mit Wechselstrom wird dann die zweite Bedingung erfüllt. Diese gilt unabhängig von der Periodenzahl.

Vergleich von Induktivität und Kapazität. Hierbei liegen in den gegenüberliegenden Zweigen 1 und 4 (Abb. 69) die Ohmschen Widerstände R_1 und R_4, in 2 der Widerstand R_2 und die Induktivität L, in 3 die Kapazität C und parallel dazu der Widerstand R_3.

Der Leitwert des Zweiges 3 ist

$$y_3 = \sqrt{\left(\frac{1}{R_3}\right)^2 + (\omega C)^2} \quad \text{und} \quad \mathrm{tg}\,\varphi_3 = -\omega C R_3.$$

Der entsprechende Scheinwiderstand ist

$$z_3 = \frac{1}{y_3} = \frac{R_3}{\sqrt{1 + (\omega C R_3)^2}} = \frac{R_3}{\sqrt{1 + \mathrm{tg}^2 \varphi_3}},$$

ferner

$$z_2 = \sqrt{R_2^2 + (\omega L_2)^2} = R_2 \sqrt{1 + \mathrm{tg}^2 \varphi_2}.$$

Aus Gl. (1a) wird daher

$$R_1 R_4 = R_2 R_3 \sqrt{\frac{1 + \mathrm{tg}^2 \varphi_2}{1 + \mathrm{tg}^2 \varphi_3}}$$

oder, da dem absoluten Wert nach $\varphi_2 = \varphi_3$ sein soll,

$$R_1 R_4 = R_2 R_3. \tag{5}$$

Da $\mathrm{tg}\,\varphi_2 = -\mathrm{tg}\,\varphi_3$, wird ferner

$$\frac{\omega L}{R_2} = \omega C R_3$$

oder

$$\frac{L}{C} = R_2 R_3 = R_1 R_4. \tag{6}$$

Nach Abgleichung der Widerstände mit Gleichstrom wird erst der Gl. (5) genügt, die Abgleichung mit Wechselstrom ergibt dann die Erfüllung der Beziehung (6). Diese ist auch wieder von der Periodenzahl unabhängig.

28. Die Scheringsche Brücke.

Für die Messung der Verluste von Kondensatoren bei Hochspannung sind Leistungsmesser zu ungenau, weil die Verluste nur Hundertstel von der Ladeblindleistung oder weniger betragen. Die Phasenverschiebung zwischen Strom und Spannung weicht von 90^0 nur um einen sehr kleinen Winkel, den Verlustwinkel δ ab, der u. U. nach Bogensekunden zählt und nicht größer ist, als der sog. Winkelfehler bei Strom- und Spannungswandlern, die bei der Verwendung eines Leistungsmessers für Hochspannung erforderlich sind. Bei der von Schering[1] angegebenen Brücke (Abb. 70) ist C_1 der zu prüfende Kondensator, dessen Verluste durch einen Reihenwiderstand R_1 dargestellt sind, C_2 ist ein verlustfreier Luftkondensator von bekannter Kapazität, R_3 und R_4 sind kapazitäts- und induktionsfreie Widerstände, C_4 ein veränderlicher geeichter Kondensator.

[1] Z. Instrumentenk. 1920. Semm: Arch. Elektrot. Bd. 9, S. 30. 1920.

In der Brückengleichung

$$\frac{\mathfrak{z}_1}{\mathfrak{z}_2} = \frac{\mathfrak{z}_3}{\mathfrak{z}_4}$$

ist $\mathfrak{z}_1 = R_1 - \frac{j}{\omega C_1}, \quad \mathfrak{z}_3 = R_3, \quad \frac{1}{\mathfrak{z}_2} = j\omega C_2, \quad \frac{1}{\mathfrak{z}_4} = \frac{1}{R_4} + j\omega C_4,$

daher

$$\left(R_1 - \frac{j}{\omega C_1}\right) j\omega C_2 = R_3\left(\frac{1}{R_4} + j\omega C_4\right). \tag{7}$$

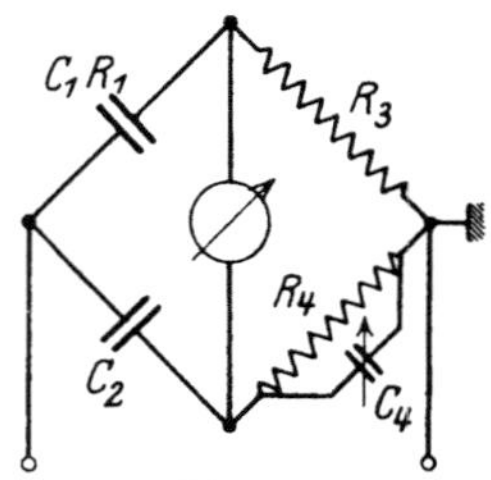

Abb. 70.

Setzt man die reellen und die imaginären Teile der beiden Seiten gleich, so wird

$$\frac{C_2}{C_1} = \frac{R_3}{R_4} \quad \text{und} \quad R_1 C_2 = R_3 C_4 \tag{8}$$

oder

$$C_1 = C_2 \frac{R_4}{R_3} \quad \text{und} \quad R_1 = R_3 \frac{C_4}{C_2}. \tag{8a}$$

Der Verlustwinkel des Kondensators ist

$$\delta = \operatorname{arctg} R_1 \omega C_1 = \operatorname{arctg} R_4 \omega C_4 \tag{8b}$$

und der Verlust $P_1 J_1 \cos\varphi_1 = P_1 J_1 \sin\delta$.

Da die Spannung am Widerstand R_3 sehr klein gegen die des Kondensators C_1 und fast um 90^0 dagegen phasenverschoben ist, kann man für P_1 die Brückenspannung P setzen und den Ladestrom $J_1 = P\omega C_1$. Für kleine Winkel ist $\sin\delta \simeq \operatorname{tg}\delta = R_4 \omega C_4$ und

$$N_1 = P^2 \omega^2 C_1 C_4 R_4 = P^2 \omega^2 C_2 C_4 \frac{R_4^2}{R_3}. \tag{9}$$

Hier wurde der Verlust im Kondensator in der Rechnung durch einen Reihenwiderstand R_1 berücksichtigt. Das gleiche Ergebnis erhält man für einen Parallelwiderstand R_p. Welche Größe man wählt, hängt davon ab, ob man in der Leistung $P_1 J_1 \cos\varphi_1$ den Leistungsfaktor zur Spannung und $P_1 \cos\varphi_1 / J_1$ als Reihenwiderstand rechnet, oder zum Strom und $\frac{J\cos\varphi}{P} = g = \frac{1}{R_p}$ als Leitwert. Mit dem Parallelwiderstand wird $\operatorname{tg}\delta = \frac{1}{R_p \omega C_1}$ daher ist $R_1 R_p (\omega C_1)^2 = 1$.

29. Erzeugung von 90° Phasenverschiebung zwischen Strom und Spannung.

Für Meßzwecke (Zähler) ist es oft nötig, eine Phasenverschiebung von genau 90^0 zwischen dem Strom einer Zählerspule und der Spannung zu erzeugen. Da eine Drosselspule stets einen gewissen Ohmschen Widerstand hat, ist der Strom gegen die Spannung an der Spule um weniger als 90^0 phasenverschoben, es sind daher besondere Schaltungen erforderlich, von denen einige hier beschrieben werden sollen[1].

Schaltung von Hummel (Abb. 71). Parallel zur Zählerspule mit dem Scheinwiderstand z_0 liegt ein Ohmscher Widerstand R_1 und in Reihe mit beiden eine Drosselspule z_2. Der Strom J_0 der Zählerspule soll gegen die resultierende Spannung P um genau 90^0 verspätet sein.

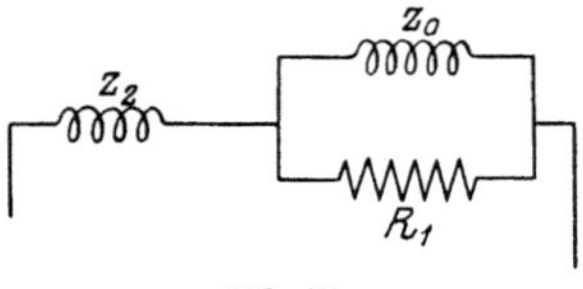

Abb. 71.

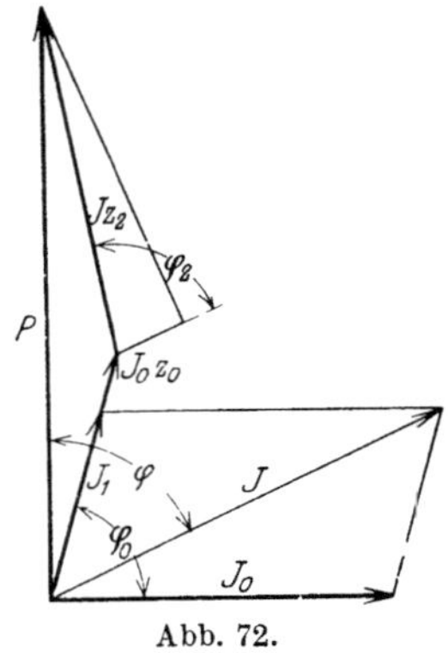

Abb. 72.

Das Vektordiagramm Abb. 72 zeigt die Zusammensetzung der Ströme J_0 und J_1 zum resultierenden Strom J und die Zusammensetzung der Spannungen $J_0 z_0$ an der Zählerspule und $J z_2$ der

[1] Eine ausführliche Zusammenstellung s. Waltz: ETZ 1905, S. 230.

vorgeschalteten Drosselspule zur Klemmenspannung P. Es ist

$$\mathfrak{J}_1 = \mathfrak{J}_0 \frac{\mathfrak{z}_0}{R_1}, \qquad \mathfrak{J} = \mathfrak{J}_0 + \mathfrak{J}_1 = \mathfrak{J}_0 \frac{R_1 + \mathfrak{z}_0}{R_1},$$

$$\mathfrak{P} = \mathfrak{J}_0 \mathfrak{z}_0 + \mathfrak{J}\mathfrak{z}_2 = \mathfrak{J}_0\left(\mathfrak{z}_0 + \frac{R_1 + \mathfrak{z}_0}{R_1}\mathfrak{z}_2\right) = \mathfrak{J}_0 \mathfrak{z}.$$

Damit $\mathfrak{J}_0$ gegen $\mathfrak{P}$ um 90^0 phasenverschoben ist, muß in dem Verhältnis $\mathfrak{P} : \mathfrak{J}_0 = \mathfrak{z}$ der reelle Teil verschwinden. Es ist

$$\mathfrak{z} = R_0 + jX_0 + \frac{(R_1 + R_0 + jX_0)(R_2 + jX_2)}{R_1}$$

$$= \frac{R_1(R_0 + R_2) + R_0 R_2 - X_0 X_2 + j[(R_1 + R_0)X_2 + X_0(R_1 + R_2)]}{R_1}.$$

Der reelle Teil verschwindet, wenn

$$R_1 = \frac{X_0 X_2 - R_0 R_2}{R_0 + R_2}. \tag{10}$$

Dieser Wert ergibt den resultierenden Blindwiderstand

$$X = \frac{X_0 z_2^2 + X_2 z_0^2}{X_0 X_2 - R_0 R_2}. \tag{11}$$

Schaltung von Görges (Abb. 73). Hier liegen zwei Zählerspulen, deren Scheinwiderstand z_0 sei, in zwei gegenüberliegenden Zweigen einer Brücke, in den beiden anderen Zweigen gleichgroße Ohmsche Widerstände R_1. Die Punkte C und D der Brücke sind durch den Ohmschen Widerstand R_2 verbunden, und vor die Brücke ist eine Drosselspule z_3 geschaltet.

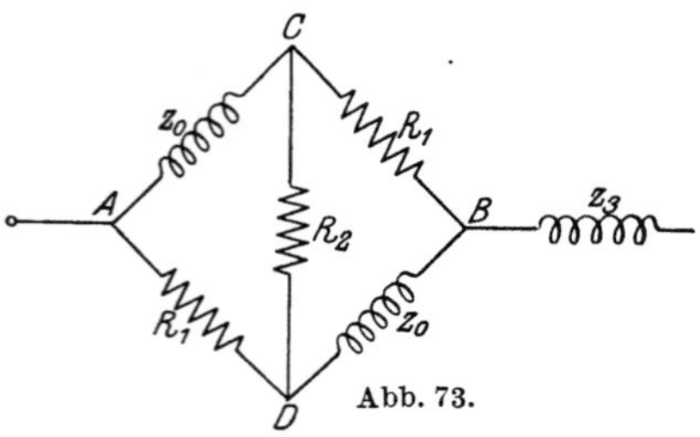

Abb. 73.

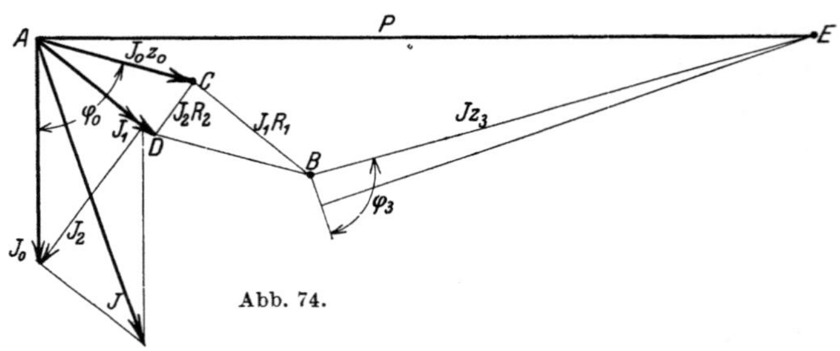

Abb. 74.

Aus der Symmetrie folgt, daß die Ströme und Spannungen der beiden Spulen z_0 unter sich und ebenso die der beiden Widerstände R_1 unter sich gleichgroß und in Phase sind. In dem Diagramm Abb. 74 bilden also die Spannungen der vier Brückenzweige ein Parallelogramm $ACBD$, in dem $\overline{AC} = \overline{DB} = J_0 z_0$ ist und gegen J_0 um $\varphi_0 = \operatorname{arctg} \frac{\omega L_0}{R_0}$ voreilt, während $\overline{AD} = \overline{CB} = J_1 R_1$ in Phase mit J_1 ist. $\overline{DC}$ ist die Spannung zwischen den Punkten D und C der Brücke und gleich $J_2 R_2$ in Phase mit dem Strom J_2, der sich als geometrische Differenz von J_1 und J_0 ergibt. Die Spannung an der ganzen Brücke ist die Summe aus $J_0 z_0$ und $J_1 R_1$ und gleich $\overline{AB}$, und der gesamte Strom J die geometrische Summe aus J_0 und J_1. An $\overline{AB}$ reiht sich nun die Spannung Jz_3 der Drosselspule, so daß die Klemmenspannung $P = \overline{AE}$ dem Strom J_0 um 90^0 voreilt.

30. Die Schaltungen von Boucherot.

Von Boucherot wurden einige Schaltungen angegeben, die unter dem Namen „Kondensator-Transformatoren" bekannt sind und zur Transformierung einer konstanten Spannung in einen konstanten Strom dienen. Hiermit soll in Anlagen mit in Reihe geschalteten Bogen- oder Glühlampen die Unabhängigkeit des Stromes von der Zahl der in Reihe geschalteten Lampen erreicht werden.

1. Bei der Schaltung Abb. 75 ist parallel zum Lampenstromkreis mit dem Scheinwiderstand z_0 ein Kondensator und vor beide eine Drosselspule geschaltet. Ist J_1 der Ladestrom des Kondensators, so ist

$$-j\frac{\mathfrak{J}_1}{\omega C}=\mathfrak{J}_0\mathfrak{z}_0 \quad \text{oder} \quad \mathfrak{J}_1=j\mathfrak{J}_0\mathfrak{z}_0\omega C, \qquad \mathfrak{J}=\mathfrak{J}_0+\mathfrak{J}_1=\mathfrak{J}_0(1+j\omega C\mathfrak{z}_0).$$

Die Klemmenspannung ist

$$\mathfrak{P}=\mathfrak{J}_0\mathfrak{z}_0+j\mathfrak{J}\omega L=\mathfrak{J}_0[\mathfrak{z}_0+j\omega L(1+j\omega C\mathfrak{z}_0)]=\mathfrak{J}_0[\mathfrak{z}_0(1-\omega^2LC)+j\omega L].$$

Macht man

$$\omega L=\frac{1}{\omega C},$$

so wird J_0 unabhängig von z_0

$$\mathfrak{J}_0=-j\frac{\mathfrak{P}}{\omega L}=-j\mathfrak{P}\omega C.$$

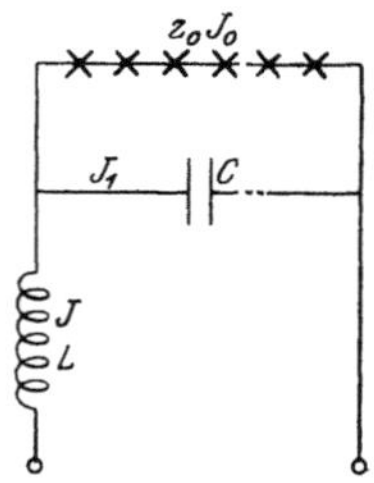

Abb. 75.

Diese Beziehung gilt offenbar nur, wenn der Kondensatorstromkreis und die Drosselspule verlustfrei sind.

Der Gesamtstrom ist

$$\mathfrak{J}=\mathfrak{J}_0+\mathfrak{J}_1=\mathfrak{J}_0(1+j\omega C\mathfrak{z}_0)=-j\mathfrak{P}\omega C[1+j\omega C\mathfrak{z}_0]$$
$$=\mathfrak{P}[(\omega C)^2\mathfrak{z}_0-j\omega C]=\mathfrak{P}\left[\frac{\mathfrak{z}_0}{(\omega L)^2}-\frac{j}{\omega L}\right].$$

Ist der Belastungskreis unterbrochen, d. h. $z_0=\infty$, so wird $J=\infty$, bei sekundärem Kurzschluß $z_0=0$ wird $J=P/\omega L$. Ein solcher Stromkreis darf also nie unterbrochen werden.

Eine analoge Schaltung entsteht durch Vertauschung von Kondensator und Drosselspule in Abb. 75.

2. Bei der Brückenschaltung Abb. 76 sind die in der Brücke einander gegenüberliegenden Ströme der Kondensatoren und die der Drosselspulen unter sich gleich. Es ist

$$\mathfrak{J}_1+\mathfrak{J}_0=\mathfrak{J}_2, \qquad \mathfrak{P}=j\mathfrak{J}_2\omega L-j\frac{\mathfrak{J}_1}{\omega C}.$$

Eliminiert man $\mathfrak{J}_1$, so wird

$$\mathfrak{P}=j\mathfrak{J}_2\left(\omega L-\frac{1}{\omega C}\right)+j\frac{\mathfrak{J}_0}{\omega C},$$

und mit $\omega L=1/\omega C$ ist

$$\mathfrak{J}_0=-j\mathfrak{P}\omega C=-j\frac{\mathfrak{P}}{\omega L}$$

wieder unabhängig von z_0.

Der Gesamtstrom ist $\mathfrak{J}=\mathfrak{J}_1+\mathfrak{J}_2$.

Für eine der Maschen ACD oder CBD ist

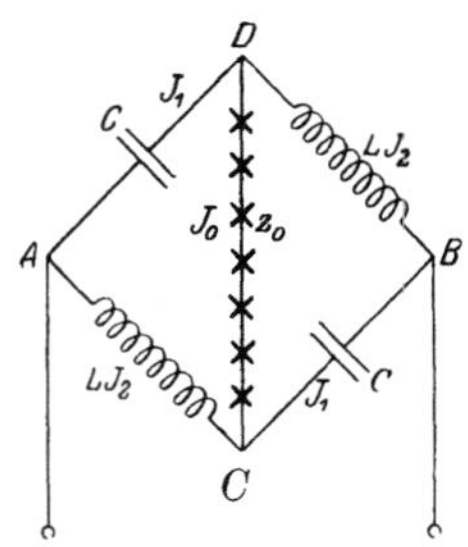

Abb. 76.

$$j\mathfrak{J}_2\omega L+\mathfrak{J}_0\mathfrak{z}_0=-j\frac{\mathfrak{J}_1}{\omega C}=-j\mathfrak{J}_1\omega L,$$

$$(\mathfrak{J}_1+\mathfrak{J}_2)j\omega L=-\mathfrak{J}_0\mathfrak{z}_0=j\frac{\mathfrak{P}}{\omega L}\mathfrak{z}_0,$$

$$\mathfrak{J}=(\mathfrak{J}_1+\mathfrak{J}_2)=\frac{\mathfrak{P}}{(\omega L)^2}\mathfrak{z}_0.$$

Auch hier wird der Gesamtstrom bei offenen sekundären Klemmen ($z_0=\infty$) unendlich groß, bei kurzgeschlossenen sekundären Klemmen ($z_0=0$) gleich Null.

Der praktischen Verwertbarkeit dieser Schaltungen für Starkströme steht die hohe Scheinleistung der Drosselspulen und Kondensatoren entgegen. So wird für die erste Schaltung das Verhältnis der Scheinleistung des Kondensators zu der des Verbrauchstromkreises

$$\frac{P_0^2\omega C}{J_0^2z_0}=\frac{(J_0z_0)^2\omega C}{J_0^2z_0}=z_0\omega C,$$

für die Drosselspule

$$\frac{J^2 \omega L}{J_0^2 z_0} = \frac{\omega L}{z_0} + \frac{z_0}{\omega L} - 2 \sin \varphi_0 .$$

Das letzte Verhältnis wird ein Minimum für $\omega L = z_0$, und ist für $\varphi_0 = 0$ gleich 2, die Scheinleistung der Drosselspule wird zweimal so groß wie die der Belastung, die des Kondensators ebenso groß, zusammen gibt dies die dreifache Scheinleistung. Berechnet man die kleinste Summe, so erhält man für die Drosselspule

$$1{,}5 \sqrt{2} = 2{,}121 , \quad \text{für den Kondensator } \tfrac{1}{2}\sqrt{2} = 0{,}707 ,$$

zusammen die 2,828fache Scheinleistung.

31. Spannungsregelung einer Leitung durch Blindstrom.

Oft wird verlangt, daß die Spannung am Ende einer Leitung unabhängig von der Belastung konstant gehalten werde, wenn die Spannung am Leitungsanfang konstant ist. Hierzu verwendet man einen leerlaufenden Synchronmotor, der am Leitungsende angeschlossen ist. Er hat die Eigenschaft, je nach der Erregung seiner Pole einen voreilenden oder nacheilenden Blindstrom aufzunehmen, dessen Größe durch die Erregung einstellbar ist, die Einstellung kann selbsttätig erfolgen. Der Wirkstrom, den er zur Deckung seiner Leerlaufverluste aufnimmt, kann, weil klein, im folgenden außer Betracht bleiben (oder zum Belastungsstrom der Leitung gerechnet werden).

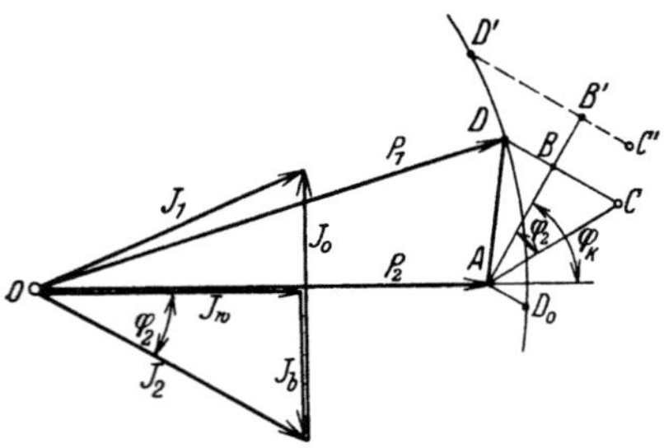

Abb. 77.

Sind P_2 und $\mathfrak{J}_2 = (J_w - j J_b)$ Spannung und Strom der Belastung, $\mathfrak{J}_0 = j J_0$ der zusätzliche voreilende Blindstrom, so ist $\mathfrak{J}_1 = \mathfrak{J}_2 + \mathfrak{J}_0$ der Leitungsstrom und die Zentralenspannung

$$\mathfrak{P}_1 = P_2 + [J_w - j(J_b - J_0)](R + j\omega L) . \qquad (12)$$

Dieser Gleichung entspricht das Vektordiagramm Abb. 77 mit $\overline{OA} = P_2$, $\overline{OD} = P_1$, $\overline{AB} = J_w z$, $\overline{BC} = J_b z$, $\overline{CD} = J_0 z$. Das Spannungsabfalldreieck ACD ist dem Stromdreieck mit den Seiten $J_2 J_0 J_1$ ähnlich und um $\varphi_k = \operatorname{arctg} \omega L / R$ dagegen nach vorwärts gedreht. Sollen P_1 und P_2 bei Veränderung von J_2 und φ_2 konstant bleiben, so bewegt sich der Endpunkt D des Vektors von P_1 auf einem Kreis um O. Ist der Wirkstrom z. B. gestiegen, so daß sein Spannungsabfall von $\overline{AB}$ auf $\overline{AB'}$ gewachsen ist, während der Blindstrom der Belastung sich im gleichen Maßstab von $\overline{BC}$ auf $\overline{B'C'}$ geändert hat, so stellt der Abstand $\overline{C'D'}$ vom Kreis ein Maß für den zusätzlichen Blindstrom dar. $\overline{CD} \,//\, \overline{C'D'}$ bildet mit der Richtung von P_2 den Winkel $(90^0 - \varphi_k)$. Tangiert eine Parallele zu $\overline{CD}$ den Ortskreis für P_1, so ergibt sich eine Grenzbelastung für das konstante Spannungsverhältnis. In diesem Fall liegt P_1 parallel zu $\overline{AB}$, d. h. es muß sein

$$P_2 \cos \varphi_k + J_w z \leqq P_1$$

oder

$$\frac{P_1}{P_2} > \frac{J_w z}{P_2} + \cos \varphi_k . \qquad (13)$$

Der zur Regelung erforderliche Blindstrom berechnet sich durch Auflösung von Gl. (12) oder aus Abb. 77

$$J_0 = \frac{P_2}{z} \sin \varphi_k + J_b - \sqrt{\left(\frac{P_1}{z}\right)^2 - \left(\frac{P_2}{z} \cos \varphi_k + J_w\right)^2} . \qquad (14)$$

Die Grenzbelastung ist hierin enthalten, wenn die Wurzel Null wird. Bei unbelastetem Netz müßte der zusätzliche Blindstrom negativ sein, ihm entspricht in Abb. 77 der Kreispunkt D_0.

Im allgemeinen können synchrone Blindstrommaschinen weniger nacheilenden Blindstrom aufnehmen als voreilenden, weil sie dabei mit geschwächtem Feld laufen und der Betrieb labil werden kann. Da die Spannungsregelung im wesentlichen von $J_0 \omega L$ abhängt, wird die Blindstrommaschine um so kleiner, je größer die Induktivität der Leitung ist, und es ist mitunter zweckmäßig, sie durch eine Drosselspule zu erhöhen.

VII. Allgemeine Übertragungskreise.

In Kap. IV Abschn. 18 u. 19 wurden die Eigenschaften des einfachsten Übertragungskreises, den es gibt, abgeleitet, einer Leitung mit Widerstand und Selbstinduktion, die den Energieverbraucher mit dem Energieerzeuger verbindet. Wir erweitern jetzt die Betrachtung auf kompliziertere Übertragungskreise.

32. Wechselbeziehung der Koeffizienten in einem Netz mit konstanten Scheinwiderständen.

Das Netz (Abb. 78) besitzt $n+1$ Knotenpunkte $K_0, K_1, K_2, \ldots, K_n$. Zwischen je zwei benachbarten Knotenpunkten K_μ und K_ν liegende Scheinwiderstandsgruppen werden zu resultierenden Scheinwiderständen $\mathfrak{z}_{\mu\nu}$ zusammengefaßt. Den Knotenpunkten werden die Ströme $\mathfrak{J}_0, \mathfrak{J}_1, \mathfrak{J}_2, \ldots, \mathfrak{J}_n$ zugeführt. Da die Summe aller Ströme gleich Null sein muß, ist

$$\mathfrak{J}_0 = -(\mathfrak{J}_1 + \mathfrak{J}_2 + \cdots + \mathfrak{J}_n),$$

was so gedeutet werden kann, daß alle den Punkten K_1 bis K_n zugeführten Ströme durch K_0 wieder abgeleitet werden. K_0 ist der Nullpunkt des Netzes. Darum sollen die Spannungen von den einzelnen Knotenpunkten K_1 bis K_n nach dem Nullpunkt K_0 gezählt und mit $\mathfrak{P}_1, \mathfrak{P}_2, \ldots, \mathfrak{P}_n$ bezeichnet werden.

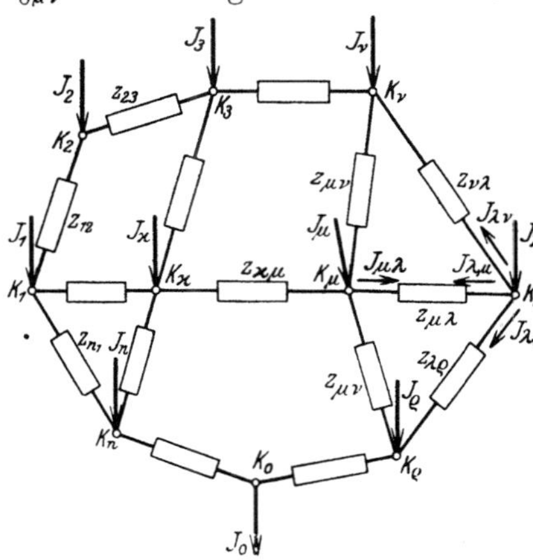

Abb. 78.

Führt man nur einem Knotenpunkt Strom zu, so ist sowohl die Spannung dieses Knotenpunktes als auch die aller anderen diesem Strome proportional, weil die Scheinwiderstände konstant sind. Fließen allen Knotenpunkten gleichzeitig Ströme zu, so sind die n Spannungen $\mathfrak{P}_\nu$ lineare Funktionen aller n Ströme.

$$\left.\begin{aligned}
\mathfrak{P}_1 &= \mathfrak{r}_{11}\mathfrak{J}_1 + \mathfrak{r}_{12}\mathfrak{J}_2 + \cdots + \mathfrak{r}_{1n}\mathfrak{J}_n,\\
\mathfrak{P}_2 &= \mathfrak{r}_{21}\mathfrak{J}_1 + \mathfrak{r}_{22}\mathfrak{J}_2 + \cdots + \mathfrak{r}_{2n}\mathfrak{J}_n,\\
&\cdots\cdots\cdots\cdots\\
\mathfrak{P}_\nu &= \mathfrak{r}_{\nu 1}\mathfrak{J}_1 + \mathfrak{r}_{\nu 2}\mathfrak{J}_2 + \cdots + \mathfrak{r}_{\nu n}\mathfrak{J}_n,\\
&\cdots\cdots\cdots\cdots\\
\mathfrak{P}_n &= \mathfrak{r}_{n1}\mathfrak{J}_1 + \mathfrak{r}_{n2}\mathfrak{J}_2 + \cdots + \mathfrak{r}_{nn}\mathfrak{J}_n.
\end{aligned}\right\} \tag{1}$$

Die n^2 Koeffizienten $\mathfrak{r}_{\mu\nu}$ sind komplexe Widerstände, die sich je nach dem Aufbau des Netzes aus den Scheinwiderständen $\mathfrak{z}_{\mu\nu}$ zusammensetzen. Zwischen den Koeffizienten besteht eine wichtige Beziehung, die im folgenden abgeleitet werden soll[1].

Multipliziert man jede Knotenpunktsspannung mit dem zugehörigen Strom, so ist die Summe

$$\sum_1^n \mathfrak{P}_\nu \mathfrak{J}_\nu = \mathfrak{P}_1\mathfrak{J}_1 + \mathfrak{P}_2\mathfrak{J}_2 + \cdots + \mathfrak{P}_n\mathfrak{J}_n. \tag{2}$$

[1] Siehe H. Grünholz: Theorie der Wechselstromübertragung. Berlin: Julius Springer 1928.

Hierin ist jeder Knotenpunktsstrom die Summe der von dem Knotenpunkt ausgehenden Netzströme. Liegen z. B. dem Punkt K_λ die Knotenpunkte K_μ, K_ν, K_ϱ benachbart, so ist

$$\mathfrak{J}_\lambda = \mathfrak{J}_{\lambda\mu} + \mathfrak{J}_{\lambda\nu} + \mathfrak{J}_{\lambda\varrho}.$$

Diese Netzströme fließen in den Scheinwiderständen $\mathfrak{z}_{\lambda\mu}$, $\mathfrak{z}_{\lambda\nu}$, $\mathfrak{z}_{\lambda\varrho}$. Führt man die Substitution durch, so erscheint jeder Netzstrom zweimal, weil $\mathfrak{J}_{\lambda\mu} = -\mathfrak{J}_{\mu\lambda}$ ist. Für die benachbarten Punkte K_λ, K_μ wird daher

$$\mathfrak{P}_\lambda \mathfrak{J}_\lambda = \mathfrak{P}_\lambda (\mathfrak{J}_{\lambda\mu} + \mathfrak{J}_{\lambda\nu} + \mathfrak{J}_{\lambda\varrho}), \qquad \mathfrak{P}_\mu \mathfrak{J}_\mu = \mathfrak{P}_\mu (\mathfrak{J}_{\mu\lambda} + \mathfrak{J}_{\mu n} + \cdots).$$

Faßt man die Glieder mit dem Strom $\mathfrak{J}_{\lambda\mu} = -\mathfrak{J}_{\mu\lambda}$ zusammen zu $(\mathfrak{P}_\lambda - \mathfrak{P}_\mu)\mathfrak{J}_{\lambda\mu}$, wobei

$$(\mathfrak{P}_\lambda - \mathfrak{P}_\mu) = \mathfrak{P}_{\lambda\mu} = \mathfrak{J}_{\lambda\mu}\mathfrak{z}_{\lambda\mu}$$

die Spannung von K_λ nach K_μ ist, so wird die Summe (2)

$$\sum_1^n \mathfrak{P}_\nu \mathfrak{J}_\nu = \sum \mathfrak{z}_{\lambda\mu} \mathfrak{J}_{\lambda\mu}^2, \tag{3}$$

wobei die Summe rechts über alle Scheinwiderstände zu erstrecken ist, die zwei Knotenpunkte verbinden.

Betrachtet man nun zwei verschiedene Betriebszustände. Bei dem ersten seien die Ströme $\mathfrak{J}'_\nu$, die Spannungen $\mathfrak{P}'_\nu$, bei dem zweiten $\mathfrak{J}''_\nu$ und $\mathfrak{P}''_\nu$. Die Produktsummen werden aus den Strömen des einen Zustandes mit den Spannungen des anderen gebildet. Die eine Summe ist

$$\sum_1^n \mathfrak{P}'_\nu \mathfrak{J}''_\nu = \mathfrak{P}'_1 \mathfrak{J}''_1 + \mathfrak{P}'_2 \mathfrak{J}''_2 + \cdots + \mathfrak{P}'_n \mathfrak{J}''_n.$$

Darin erhält man durch Einsetzen der Netzströme

$$(\mathfrak{P}'_\lambda - \mathfrak{P}'_\mu)\mathfrak{J}''_{\lambda\mu} = \mathfrak{P}'_{\lambda\mu}\mathfrak{J}''_{\lambda\mu} = \mathfrak{z}_{\lambda\mu}\mathfrak{J}'_{\lambda\mu}\mathfrak{J}''_{\lambda\mu}$$

und die Summe wird

$$\sum_1^n \mathfrak{P}'_\nu \mathfrak{J}''_\nu = \sum \mathfrak{z}_{\lambda\mu}\mathfrak{J}'_{\lambda\mu}\mathfrak{J}''_{\lambda\mu}.$$

Aus der rechten Seite folgt, daß man die Akzente $'$ und $''$ miteinander vertauschen kann, und es ergibt sich

$$\sum_1^n \mathfrak{P}'_\nu \mathfrak{J}''_\nu = \sum_1^n \mathfrak{P}''_\nu \mathfrak{J}'_\nu. \tag{4}$$

Die Bedeutung dieser Beziehung ist folgende. Wird im ersten Fall nur dem Knotenpunkt K_λ der Strom $\mathfrak{J}'_\lambda = \mathfrak{J}_\lambda$ zugeführt, während alle anderen Ströme Null sind, im zweiten Fall nur dem Knotenpunkt K_μ der Strom $\mathfrak{J}''_\mu = \mathfrak{J}_\mu$, so ist

$$\mathfrak{P}'_\mu \mathfrak{J}_\mu = \mathfrak{P}''_\lambda \mathfrak{J}_\lambda. \tag{5}$$

Ist $\mathfrak{J}_\lambda = \mathfrak{J}_\mu$, so ist auch $\mathfrak{P}'_\mu = \mathfrak{P}''_\lambda$.

Ein dem Knotenpunkt K_λ zugeführter Strom verursacht im Knotenpunkt K_μ die gleiche Spannung, wie ein gleich großer, dem Knotenpunkt K_μ zugeführter Strom im Punkt K_λ.

In Gl. (1) ergeben die beiden Fälle, wenn nur $\mathfrak{J}_\lambda$, bzw. nur $\mathfrak{J}_\mu$ fließt.

$$\mathfrak{P}'_\mu = \mathfrak{J}_\lambda \mathfrak{r}_{\mu\lambda}, \qquad \mathfrak{P}''_\lambda = \mathfrak{J}_\mu \mathfrak{r}_{\lambda\mu} \tag{6}$$

und nach (5)

$$\mathfrak{r}_{\mu\lambda}\mathfrak{J}_\lambda\mathfrak{J}_\mu = \mathfrak{r}_{\lambda\mu}\mathfrak{J}_\mu\mathfrak{J}_\lambda$$

oder

$$\boldsymbol{\mathfrak{r}_{\mu\lambda} = \mathfrak{r}_{\lambda\mu}}. \tag{7}$$

Mit Ausnahme der Koeffizienten $\mathfrak{r}_{\nu\nu}$ sind also je zwei Koeffizienten in Gl. (1) einander gleich.

33. Die Gleichungen und Konstanten des Vierpols.

Als Vierpol werde ein Leitungsnetz bezeichnet, bei dem wie in Abb. 79 zwei Punkten $I - I'$ Energie zugeführt und zwei anderen $II - II'$ Energie entnommen wird. Dazwischen liegen beliebige konstante Scheinwiderstände. Wir bezeichnen

$I - I'$ als Primärklemmen, $II - II'$ als Sekundärklemmen, und zählen die primäre Spannung $\mathfrak{P}_1$ von I nach I', die sekundäre Spannung $\mathfrak{P}_2$ von II nach II'. Die Spannungen sind nach (1) dem zugeführten Strom $\mathfrak{J}_1$ und dem austretenden Strom $-\mathfrak{J}_2$ proportional.

Grundgleichungen. Es ist

$$\mathfrak{P}_1 = \mathfrak{r}_{11}\mathfrak{J}_1 - \mathfrak{r}_{12}\mathfrak{J}_2, \qquad \mathfrak{P}_2 = \mathfrak{r}_{21}\mathfrak{J}_1 - \mathfrak{r}_{22}\mathfrak{J}_2, \tag{8}$$

darin ist nach (7)

$$\mathfrak{r}_{12} = \mathfrak{r}_{21}. \tag{7a}$$

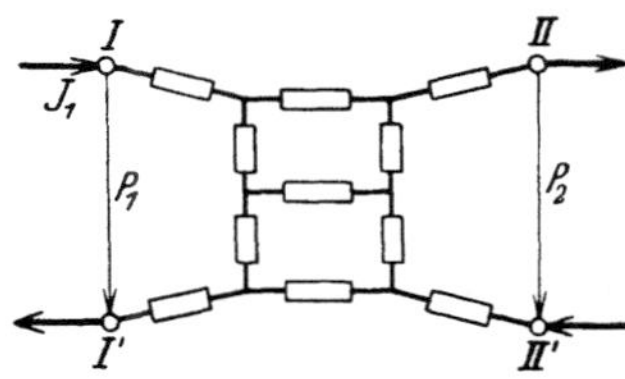

Abb. 79.

Löst man die Gleichungen nach $\mathfrak{P}_1$ und $\mathfrak{J}_1$ auf, so wird

$$\mathfrak{P}_1 = \frac{\mathfrak{r}_{11}}{\mathfrak{r}_{12}}\mathfrak{P}_2 + \frac{\mathfrak{r}_{11}\mathfrak{r}_{22} - \mathfrak{r}_{12}^2}{\mathfrak{r}_{12}}\mathfrak{J}_2, \quad \mathfrak{J}_1 = \frac{1}{\mathfrak{r}_{12}}\mathfrak{P}_2 + \frac{\mathfrak{r}_{22}}{\mathfrak{r}_{12}}\mathfrak{J}_2. \tag{9}$$

Zur Abkürzung setzen wir

$$\frac{\mathfrak{r}_{11}}{\mathfrak{r}_{12}} = \mathfrak{E}_0, \qquad \frac{\mathfrak{r}_{11}\mathfrak{r}_{22} - \mathfrak{r}_{12}^2}{\mathfrak{r}_{12}} = \mathfrak{A}, \qquad \frac{1}{\mathfrak{r}_{12}} = \mathfrak{B}, \qquad \frac{\mathfrak{r}_{22}}{\mathfrak{r}_{12}} = \mathfrak{E}_k, \tag{10}$$

dann lauten die Gl. (9)

$$\mathfrak{P}_1 = \mathfrak{E}_0\mathfrak{P}_2 + \mathfrak{A}\mathfrak{J}_2, \qquad \mathfrak{J}_1 = \mathfrak{B}\mathfrak{P}_2 + \mathfrak{E}_k\mathfrak{J}_2. \tag{11}$$

Dabei ist

$$\mathfrak{E}_0\mathfrak{E}_k = \frac{\mathfrak{r}_{11}\mathfrak{r}_{22}}{\mathfrak{r}_{12}^2}, \qquad \mathfrak{A}\mathfrak{B} = \frac{\mathfrak{r}_{11}\mathfrak{r}_{22} - \mathfrak{r}_{12}^2}{\mathfrak{r}_{12}^2},$$

daher ist die Determinante der Gleichungen (11)

$$\Delta = \mathfrak{E}_0\mathfrak{E}_k - \mathfrak{A}\mathfrak{B} = 1. \tag{12}$$

Gl. (11) und (12) sind die Grundgleichungen des Vierpols, die bei allen Übertragungskreisen wiederkehren, bei denen lineare Beziehungen zwischen Strömen und Spannungen bestehen.

Häufig schreibt man in Gl. (12) die rechte Seite -1. Dies rührt daher, daß wir hier den austretenden Strom $\mathfrak{J}_2$ mit negativem Vorzeichen eingeführt haben; setzt man ihn mit positivem Vorzeichen, so ergibt sich in (12) rechts -1. In unserer Darstellung ist $\mathfrak{J}_2$ mit positivem Vorzeichen der dem Verbraucher zugeführte Strom.

Bedeutung der vier Konstanten. Die Bedeutung der Konstanten $\mathfrak{A}$, $\mathfrak{B}$, $\mathfrak{E}_0$, $\mathfrak{E}_k$ ergibt sich durch Betrachtung der folgenden beiden Betriebszustände:

1. Es sei $\mathfrak{J}_2 = 0$, an die sekundären Klemmen ist kein Verbraucher angeschlossen, aber es bestehe dort die Spannung $\mathfrak{P}_2$. Diesen Zustand bezeichnet man als den Leerlauf. Hierbei erhält man an den primären Klemmen die Leerlaufspannung $\mathfrak{P}_{10}$ und den Leerlaufstrom $\mathfrak{J}_{10}$ nach Gl. (11)

$$\mathfrak{P}_{10} = \mathfrak{P}_2\mathfrak{E}_0, \qquad \mathfrak{J}_{10} = \mathfrak{P}_2\mathfrak{B}, \tag{11a}$$

$\mathfrak{E}_0$ bedeutet also das Spannungsverhältnis bei Leerlauf. Das Verhältnis $\mathfrak{J}_{10} : \mathfrak{P}_{10}$ ist der Leitwert bei Leerlauf

$$\frac{\mathfrak{J}_{10}}{\mathfrak{P}_{10}} = \mathfrak{y}_0 = \frac{\mathfrak{B}}{\mathfrak{E}_0}. \tag{13}$$

2. Es sei $\mathfrak{P}_2 = 0$. Dies ist der Fall, wenn die sekundären Klemmen widerstandslos miteinander verbunden sind. Diesen Zustand bezeichnet man als Kurzschluß. An den primären Klemmen werde dabei die Spannung so gewählt, daß über die Kurzschlußverbindung der sekundären Klemmen ein Strom $\mathfrak{J}_2$ fließt. Dann ist nach Gl. (11) Spannung und Strom an den primären Klemmen bei Kurzschluß

$$\mathfrak{P}_{1k} = \mathfrak{A}\mathfrak{J}_2, \qquad \mathfrak{J}_{1k} = \mathfrak{E}_k\mathfrak{J}_2, \tag{11b}$$

$\mathfrak{E}_k$ bedeutet also das Stromverhältnis bei Kurzschluß. Das Verhältnis $\mathfrak{P}_{1k} : \mathfrak{J}_{1k}$ ist der Scheinwiderstand bei Kurzschluß

$$\frac{\mathfrak{P}_{1k}}{\mathfrak{J}_{1k}} = \mathfrak{z}_k = \frac{\mathfrak{A}}{\mathfrak{E}_k}. \tag{14}$$

Nun zeigt sich, daß der Betriebszustand (11) infolge der linearen Beziehungen durch Superposition der Zustände bei Leerlauf (11a) und bei Kurzschluß (11b) erhalten wird. Mit den Konstanten nach (13) und (14) wird daher für (11) und (12)

$$\left.\begin{aligned} \mathfrak{P}_1 &= \mathfrak{P}_{10} + \mathfrak{P}_{1k} = \mathfrak{C}_0 \mathfrak{P}_2 + \mathfrak{C}_k \mathfrak{z}_k \mathfrak{J}_2 \\ \mathfrak{J}_1 &= \mathfrak{J}_{10} + \mathfrak{J}_{1k} = \mathfrak{C}_0 \mathfrak{y}_0 \mathfrak{P}_2 + \mathfrak{C}_k \mathfrak{J}_2 \end{aligned}\right\} \qquad (15)$$

$$\Delta = \mathfrak{C}_0 \mathfrak{C}_k (1 - \mathfrak{y}_0 \mathfrak{z}_k) = 1 . \qquad (16)$$

34. Ermittlung der Konstanten durch Messung.

An einem gegebenen Übertragungskreis können die vier Konstanten $\mathfrak{y}_0$ $\mathfrak{z}_k$, $\mathfrak{C}_0$, $\mathfrak{C}_k$, die im allgemeinen komplex sind, durch Messung ermittelt werden.

Um $\mathfrak{y}_0$ und $\mathfrak{z}_k$ zu ermitteln, ist es nötig, bei Leerlauf und bei Kurzschluß Strom, Spannung und Leistung zu messen. Dann ist für die Beträge und die Phasenwinkel

$$\left.\begin{aligned} y_0 &= \frac{J_{10}}{P_{10}}, \qquad \cos\varphi_0 = \frac{N_{10}}{P_{10} J_{10}}, \\ z_k &= \frac{P_{1k}}{J_{1k}}, \qquad \cos\varphi_k = \frac{N_{1k}}{P_{1k} J_{1k}}, \end{aligned}\right\} \qquad (17)$$

$\mathfrak{C}_0$ und $\mathfrak{C}_k$ können im allgemeinen nicht in so einfacher Weise gemessen werden. Aus Gl. (16) ergibt sich zunächst eine Beziehung für das Produkt der Beträge und die Summe der Argumente. Wir setzen

$$\mathfrak{C}_0 = C_0 e^{j\gamma_0}, \qquad \mathfrak{C}_k = C_k e^{j\gamma_k}. \qquad (18)$$

Nach (16) ist

$$\mathfrak{C}_0 \mathfrak{C}_k = \frac{1}{1 - \mathfrak{y}_0 \mathfrak{z}_k}.$$

Multipliziert man Zähler und Nenner mit dem Kurzschlußstrom $\mathfrak{J}_k = \mathfrak{P}_1 : \mathfrak{z}_k$, so ist auch

$$\mathfrak{C}_0 \mathfrak{C}_k = C_0 C_k e^{j(\gamma_0 + \gamma_k)} = \frac{\dfrac{\mathfrak{P}_1}{\mathfrak{z}_k}}{\dfrac{\mathfrak{P}_1}{\mathfrak{z}_k} - \mathfrak{P}_1 \mathfrak{y}_0} = \frac{\mathfrak{J}_k}{\mathfrak{J}_k - \mathfrak{J}_0}. \qquad (19)$$

$\mathfrak{J}_0$ ist der Leerlaufstrom bei der Spannung $\mathfrak{P}_1$. Trägt man $\mathfrak{J}_k$ und $\mathfrak{J}_0$ unter ihren Phasenwinkeln φ_k und φ_0 gegen die Richtung von $\mathfrak{P}_1$ auf (Abb. 80), so ist $\mathfrak{J}_k - \mathfrak{J}_0$ die Verbindungslinie der Endpunkte der beiden Stromvektoren, und das Produkt $\mathfrak{C}_0 \mathfrak{C}_k$ ist das Verhältnis des Vektors des Kurzschlußstromes zur Differenz der Vektoren des Kurzschlußstromes und des Leerlaufstromes. Daher wird das Produkt der Beträge

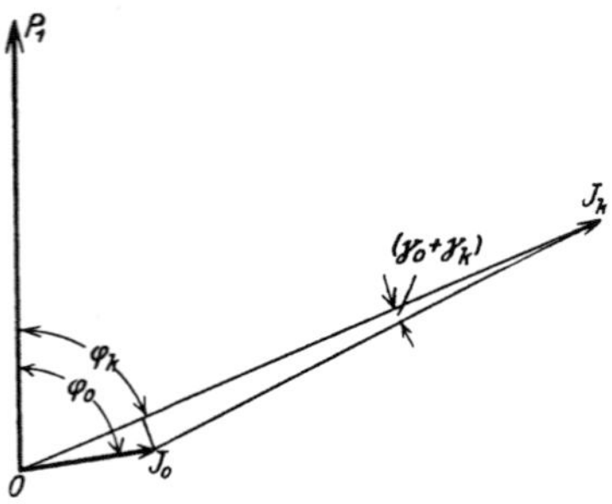

Abb. 80.

$$C_0 C_k = \frac{J_k}{\sqrt{J\ \ + J_0^2 - 2 J_k J_0 \cos(\varphi_k \pm \varphi_0)}}. \qquad (20)$$

und

$$\operatorname{tg}(\gamma_0 + \gamma_k) = \frac{J_0 \sin(\varphi_k \pm \varphi_0)}{J_k + J_0 \cos(\varphi_k \pm \varphi_0)}. \qquad (21)$$

Da $y_0 e^{j\varphi_0} = \mathfrak{J}_0 : \mathfrak{P}_1$ ist, gilt für φ_0 das $+$-Zeichen bei kapazitivem Leerlaufstrom und das $-$-Zeichen bei induktivem. Der Kurzschlußstrom ist meist induktiv und φ_k in $z_k e^{j\varphi_k} = \mathfrak{P}_1 : \mathfrak{J}_k$ positiv. Ist bei induktivem Leerlaufstrom, wie in Abb. 80, $\varphi_0 > \varphi_k$, so ist in Gl. 21 $(\gamma_0 + \gamma_k)$ negativ und angenähert

$$C_0 C_k \cong \frac{J_k}{J_k - J_0 \cos(\varphi_k - \varphi_0)}. \qquad (20\text{a})$$

Um die Größen $C_0 C_k$ zu trennen, vertauscht man primäre und sekundäre Klemmen, d. h. man schließt die sekundären Klemmen an die Stromquelle. Dann erhält man für (8) und (9) die Gleichungen

$$\mathfrak{P}_2 = \mathfrak{r}_{22} \mathfrak{J}_2 - \mathfrak{r}_{12} \mathfrak{J}_1, \qquad \mathfrak{P}_1 = \mathfrak{r}_{12} \mathfrak{J}_2 - \mathfrak{r}_{11} \mathfrak{J}_1$$

und hieraus

$$\left.\begin{aligned}\mathfrak{P}_2 &= \frac{\mathfrak{r}_{22}}{\mathfrak{r}_{12}}\mathfrak{P}_1 + \frac{\mathfrak{r}_{11}\mathfrak{r}_{22} - \mathfrak{r}_{12}^2}{\mathfrak{r}_{12}}\mathfrak{J}_1 &&= \mathfrak{E}_0'\,\mathfrak{P}_1 + \mathfrak{A}\,\mathfrak{J}_1,\\ \mathfrak{J}_2 &= \frac{1}{\mathfrak{r}_{12}}\mathfrak{P}_1 + \frac{\mathfrak{r}_{11}}{\mathfrak{r}_{12}}\mathfrak{J}_1 &&= \mathfrak{B}\,\mathfrak{P}_1 + \mathfrak{E}_k'\,\mathfrak{J}_1.\end{aligned}\right\} \qquad (22)$$

Die Konstanten $\mathfrak{A}$ und $\mathfrak{B}$ sind dieselben wie in Gl. (10), aber $\mathfrak{E}_0'$ und $\mathfrak{E}_k'$ sind vertauscht. Es ist

$$\mathfrak{E}_0' = \mathfrak{E}_k, \qquad \mathfrak{E}_k' = \mathfrak{E}_0. \qquad (23)$$

Daher ist der sekundäre Leitwert bei offenen Primärklemmen ($J_1 = 0$)

$$\frac{\mathfrak{J}_{20}}{\mathfrak{P}_{20}} = \mathfrak{y}_0' = \frac{\mathfrak{B}}{\mathfrak{E}_0'} = \mathfrak{y}_0\frac{\mathfrak{E}_0}{\mathfrak{E}_0'} = \mathfrak{y}_0\frac{\mathfrak{E}_0}{\mathfrak{E}_k} \qquad (24)$$

und der sekundäre Scheinwiderstand bei Kurzschluß ($P_1 = 0$) der Primärklemmen

$$\mathfrak{z}_k' = \frac{\mathfrak{P}_{2k}}{\mathfrak{J}_{2k}} = \frac{\mathfrak{A}}{\mathfrak{E}_k'} = \mathfrak{z}_k\frac{\mathfrak{E}_k}{\mathfrak{E}_k'} = \mathfrak{z}_k\frac{\mathfrak{E}_k}{\mathfrak{E}_0}. \qquad (25)$$

Für die Beträge gilt also

$$y_0' = y_0\frac{C_0}{C_k}, \qquad z_k' = z_k\frac{C_k}{C_0}$$

und für die Phasenwinkel

$$\varphi_0' = \varphi_0 + (\gamma_0 - \gamma_k), \qquad \varphi_k' = \varphi_k + (\gamma_k - \gamma_0).$$

Man erhält also zweimal das Verhältnis der Beträge und die Differenz der Phasenwinkel, durch die zusammen mit dem zuerst ermittelten Produkt bzw. der Summe der Winkel die Größen einzeln bestimmt sind. Zur Ermittlung der vier Konstanten sind drei Messungen erforderlich, die vierte kann zur Kontrolle dienen.

Sonderfall: Ist das Spannungsverhältnis bei Leerlauf gleich dem Stromverhältnis bei Kurzschluß

$$\mathfrak{E}_0 = \mathfrak{E}_k = \mathfrak{E}_0' = \mathfrak{E}_k' = \mathfrak{E},$$

so haben die Gleichungen (22) und (11) die gleichen Konstanten. Das bedeutet, daß der Stromkreis sich beim Energiedurchgang in beiden Richtungen gleich verhält. Dann nennt man den Stromkreis richtungssymmetrisch.

35. Ersatzschaltung eines Übertragungskreises.

Ist das Schaltbild eines Übertragungskreises gegeben, so können die Konstanten aus den Scheinwiderständen berechnet werden. Für die verschiedenen Elemente der Übertragung, für die die Gleichungen des Vierpols gelten, Fernleitungen, Transformatoren, Induktionsmotoren usw. wird die Bedeutung der Konstanten in Kap. X, XI, XII gezeigt. Hier soll die Berechnung der Konstanten an dem einfachsten Vierpol Abb. 81 gezeigt werden, der zwei Scheinwiderstände $\mathfrak{z}_1\,\mathfrak{z}_2$ in Reihe mit dem Belastungsstrom und einen parallelgeschalteten Leitwert $\mathfrak{y}_a$ enthält. Diese Schaltung wird als Ersatzschaltung eines Übertragungskreises bezeichnet, weil er den für ihn charakteristischen Leerlaufstrom besitzt, der durch $\mathfrak{y}_a$ bedingt ist und der bei der Leitung mit Widerstand und Selbstinduktion fehlt.

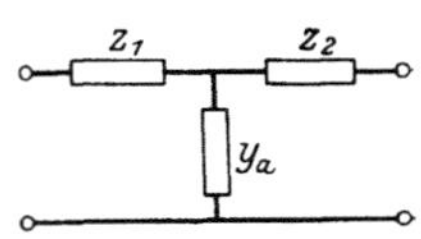

Abb. 81.

Für diesen Stromkreis ist

$$\left.\begin{aligned}\mathfrak{J}_1 &= \mathfrak{J}_2 + (\mathfrak{P}_2 + \mathfrak{J}_2\mathfrak{z}_2)\,\mathfrak{y}_a = \mathfrak{P}_2\mathfrak{y}_a + \mathfrak{J}_2(1 + \mathfrak{z}_2\mathfrak{y}_a),\\ \mathfrak{P}_1 &= \mathfrak{P}_2 + \mathfrak{J}_2\mathfrak{z}_2 + \mathfrak{J}_1\mathfrak{z}_1 \quad = \mathfrak{P}_2(1 + \mathfrak{y}_a\mathfrak{z}_1) + \mathfrak{J}_2[\mathfrak{z}_2 + \mathfrak{z}_1(1 + \mathfrak{y}_a\mathfrak{z}_2)].\end{aligned}\right\} \qquad (26)$$

Hierin sind die vier Konstanten

$$\left.\begin{aligned}\mathfrak{E}_0 &= \mathfrak{P}_{10}:\mathfrak{P}_2 = 1 + \mathfrak{y}_a\mathfrak{z}_1, &\qquad \mathfrak{E}_k &= \mathfrak{J}_{1k}:\mathfrak{J}_2 = 1 + \mathfrak{y}_a\mathfrak{z}_2,\\ \mathfrak{y}_0 &= \mathfrak{J}_{10}:\mathfrak{P}_{10} = \mathfrak{y}_a/\mathfrak{E}_0, &\qquad \mathfrak{z}_k &= \mathfrak{P}_{1k}:\mathfrak{J}_{1k} = \mathfrak{z}_1 + \mathfrak{z}_2/\mathfrak{E}_k.\end{aligned}\right\} \qquad (27)$$

Dieser Stromkreis ist richtungssymmetrisch, wenn $\mathfrak{z}_1 = \mathfrak{z}_2$ ist.

36. Berechnung der Stromverteilung.

Wird an einen Übertragungskreis eine Belastung angeschlossen, so werden bei gegebener Primärspannung P_1 die sekundäre Spannung P_2 und die Ströme aus dem Scheinwiderstand der Belastung und den Konstanten des Stromkreises wie folgt berechnet.

Strom und Spannung sekundär. Der Scheinwiderstand der Belastung sei $\mathfrak{z}_b$; setzt man in Gl. (15) $\mathfrak{P}_2 = \mathfrak{J}_2 \mathfrak{z}_b$, so ist

$$\frac{\mathfrak{P}_1}{\mathfrak{E}_0} = \mathfrak{J}_2\left(\mathfrak{z}_b + \mathfrak{z}_k \frac{\mathfrak{E}_k}{\mathfrak{E}_c}\right). \qquad (28)$$

Hierin steht links die sekundäre Leerlaufspannung $\mathfrak{P}_{20}$, rechts ist nach Gl. (25) $\mathfrak{z}_k \frac{\mathfrak{E}_k}{\mathfrak{E}_0} = \mathfrak{z}_k'$ der Scheinwiderstand bei Kurzschluß der primären Klemmen, daher ist

$$\mathfrak{J}_2 = \frac{\mathfrak{P}_{20}}{\mathfrak{z}_b + \mathfrak{z}_k'}. \qquad (28\,\mathrm{a})$$

Der Belastungsstrom berechnet sich so, als ob die sekundäre Leerlaufspannung auf die Reihenschaltung von $\mathfrak{z}_b$ mit dem an den primären Klemmen kurzgeschlossenen Übertragungskreis wirkt. Die Spannung verhält sich zu der bei Leerlauf wie

$$\frac{\mathfrak{P}_2}{\mathfrak{P}_{20}} = \frac{\mathfrak{z}_b}{\mathfrak{z}_b + \mathfrak{z}_k'}. \qquad (29)$$

Primärstrom. Setzt man aus der ersten Gl. (15)

$$\mathfrak{P}_2 \mathfrak{E}_0 = \mathfrak{P}_1 - \mathfrak{J}_2 \mathfrak{z}_k \mathfrak{E}_k$$

in die zweite ein, so ist unter Berücksichtigung von Gl. (16)

$$\mathfrak{J}_1 = \mathfrak{P}_1 \mathfrak{y}_0 + \mathfrak{J}_2 \mathfrak{E}_k (1 - \mathfrak{y}_0 \mathfrak{z}_k) = \mathfrak{P}_1 \mathfrak{y}_0 + \frac{\mathfrak{J}_2}{\mathfrak{E}_0}. \qquad (30)$$

Der primäre Strom setzt sich aus dem Leerlaufstrom $\mathfrak{J}_0 = \mathfrak{P}_1 \mathfrak{y}_0$ und dem durch das Spannungsverhältnis bei Leerlauf $\mathfrak{E}_0$ dividierten Belastungsstrom $\mathfrak{J}_2$ zusammen.

Primäre Leistung. Vor der Belastungsänderung war die primäre Leistung, die Leerlaufleistung,

$$N_{10} = \mathfrak{R}_e[\mathfrak{P}_1 \mathfrak{J}_{10}^{\mathfrak{k}}] = \mathfrak{R}_e[\mathfrak{P}_1 \mathfrak{P}_1^{\mathfrak{k}} \mathfrak{y}_0^{\mathfrak{k}}] = P_1^2 y_0 \cos\varphi_0 .$$

Der Belastungszuwachs ist

$$N_1 - N_{10} = \mathfrak{R}_e\left[\mathfrak{P}_1 \frac{\mathfrak{J}_2^{\mathfrak{k}}}{\mathfrak{E}_0^{\mathfrak{k}}}\right].$$

Da $\mathfrak{P}_1 = \mathfrak{P}_{20} \mathfrak{E}_0$ ist, wird

$$N_1 - N_{10} = \mathfrak{R}_e\left[\mathfrak{P}_{20} \mathfrak{J}_2^{\mathfrak{k}} \frac{\mathfrak{E}_0}{\mathfrak{E}_0^{\mathfrak{k}}}\right]. \qquad (31)$$

Hierin ist (s. Gl. 18)

$$\mathfrak{E}_0 = C_0 e^{j\gamma_0}, \qquad \mathfrak{E}_0^{\mathfrak{k}} = C_0 e^{-j\gamma_0}, \qquad \frac{\mathfrak{E}_0}{\mathfrak{E}_0^{\mathfrak{k}}} = \cos 2\gamma_0 + j \sin 2\gamma_0 .$$

Ist $\mathfrak{E}_0$ reell, $\gamma_0 = 0$, so ist $\mathfrak{E}_0/\mathfrak{E}_0^{\mathfrak{k}} = 1$, und die primäre Leistungszunahme berechnet sich aus der sekundären Leerlaufspannung und dem sekundären Belastungsstrom. Sonst ist

$$N_1 - N_{10} = \mathfrak{R}_e[\mathfrak{P}_{20} \mathfrak{J}_2^{\mathfrak{k}}] \cos 2\gamma_0 - \mathfrak{J}_m[\mathfrak{P}_{20} \mathfrak{J}_2^{\mathfrak{k}}] \sin 2\gamma_0 .$$

37. Beispiel. Berechnung einer Brückenschaltung.

Die abgeleiteten Beziehungen können dazu verwendet werden, kompliziertere Schaltungen zu berechnen. Als Beispiel diene die Brückenschaltung Abb. 82. Sind die fünf Scheinwiderstände z_1 bis z_5 untereinander verschieden, so sind zur Berechnung der fünf Ströme fünf Gleichungen erforderlich, etwa zwei Maschen- und drei Knotenpunktsgleichungen. Die Berechnung vereinfacht sich, wenn man die Brücke als Vierpol auffaßt, bei dem $A-B$ die primären Klemmen mit der Spannung P sind und $C-D$ die sekundären Klemmen. Dann ist die Querverbindung mit dem Scheinwiderstand $\mathfrak{z}_5$ ein an die sekundären Klemmen angeschlossener Belastungswiderstand. Die Pfeile deuten an, in welchem Sinn die Ströme positiv gezählt werden. Es ergeben sich nun die leicht zu berechnenden Schaltungen.

1. Die Querverbindung $C-D$ ist unterbrochen, die Leerlaufspannung an den Klemmen CD ist

$$\mathfrak{P}_{50} = \mathfrak{P}\left[\frac{\mathfrak{z}_3}{\mathfrak{z}_3+\mathfrak{z}_4} - \frac{\mathfrak{z}_1}{\mathfrak{z}_1+\mathfrak{z}_2}\right]. \tag{32}$$

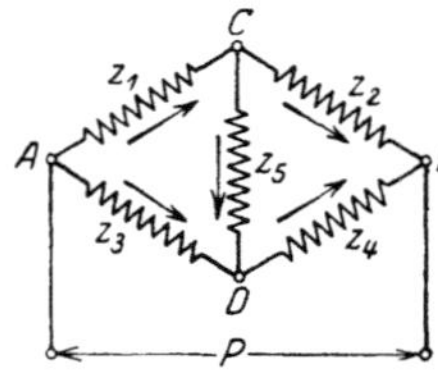

Abb. 82.

2. Die Klemmen $A-B$ sind kurzgeschlossen, an den Klemmen $C-D$ ist der Scheinwiderstand

$$\mathfrak{z}_k' = \frac{\mathfrak{z}_1\mathfrak{z}_2}{\mathfrak{z}_1+\mathfrak{z}_2} + \frac{\mathfrak{z}_3\mathfrak{z}_4}{\mathfrak{z}_3+\mathfrak{z}_4}. \tag{33}$$

Dann ist

$$\mathfrak{J}_5 = \frac{\mathfrak{P}_{50}}{\mathfrak{z}_5+\mathfrak{z}_k'}. \tag{34}$$

Die Teilströme $\mathfrak{J}_1$ bis $\mathfrak{J}_4$ und der Gesamtstrom $\mathfrak{J}$ berechnen sich dann durch Superposition der in beiden Fällen fließenden Ströme.

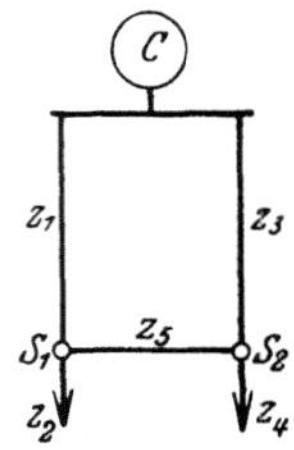

Abb. 83.

$$\mathfrak{J}_1 = \frac{\mathfrak{P}}{\mathfrak{z}_1+\mathfrak{z}_2} + \mathfrak{J}_5\frac{\mathfrak{z}_2}{\mathfrak{z}_1+\mathfrak{z}_2}, \qquad \mathfrak{J}_2 = \frac{\mathfrak{P}}{\mathfrak{z}_1+\mathfrak{z}_2} - \mathfrak{J}_5\frac{\mathfrak{z}_1}{\mathfrak{z}_1+\mathfrak{z}_2},$$

$$\mathfrak{J}_3 = \frac{\mathfrak{P}}{\mathfrak{z}_3+\mathfrak{z}_4} - \mathfrak{J}_5\frac{\mathfrak{z}_4}{\mathfrak{z}_3+\mathfrak{z}_4}, \qquad \mathfrak{J}_4 = \frac{\mathfrak{P}}{\mathfrak{z}_3+\mathfrak{z}_4} + \mathfrak{J}_5\frac{\mathfrak{z}_3}{\mathfrak{z}_3+\mathfrak{z}_4}.$$

$$\mathfrak{J} = \mathfrak{J}_1+\mathfrak{J}_3 = \mathfrak{J}_2+\mathfrak{J}_4 = \mathfrak{P}\left[\frac{1}{\mathfrak{z}_1-\mathfrak{z}_2} + \frac{1}{\mathfrak{z}_3+\mathfrak{z}_4}\right] + \mathfrak{J}_5\left[\frac{\mathfrak{z}_3}{\mathfrak{z}_3+\mathfrak{z}_4} - \frac{\mathfrak{z}_1}{\mathfrak{z}_1+\mathfrak{z}_2}\right]$$

$$= \mathfrak{J}_0 + \mathfrak{J}_5\frac{\mathfrak{P}_{50}}{\mathfrak{P}}. \tag{35}$$

Diese Rechnung findet z. B. Anwendung bei der Leitungsanlage Abb. 83. Eine Zentrale C speist zwei Speisepunkte S_1 und S_2 über zwei Speiseleitungen mit den Scheinwiderständen z_1 und z_3. Die Belastungen der Speisepunkte sind z_2 und z_4, die Speisepunkte selbst sind durch eine Ausgleichsleitung mit dem Scheinwiderstand z_5 verbunden. Um den Strom in der Ausgleichsleitung zu berechnen, verfährt man wie für die Brücke gezeigt, man berechnet zunächst die Spannung bei unterbrochener Ausgleichsleitung und läßt diese Spannung auf die Summe $\mathfrak{z}_5+\mathfrak{z}_k'$ wirken.

38. Spannungsänderung, Grenzbelastung, größte Leistung.

Nach der ersten Gl. (15) ist

$$\frac{\mathfrak{P}_1}{\mathfrak{C}_0} = \mathfrak{P}_2 + \mathfrak{J}_2\mathfrak{z}_k\frac{\mathfrak{C}_k}{\mathfrak{C}_0} \qquad \text{oder} \qquad \mathfrak{P}_{20} = \mathfrak{P}_2 + \mathfrak{J}_2\mathfrak{z}_k' \tag{36}$$

worin $\mathfrak{P}_{20}$ die Leerlaufspannung an den sekundären Klemmen ist und $\mathfrak{z}_k'$ nach Gl. (25) der sekundäre Scheinwiderstand bei Kurzschluß der primären Klemmen. Für einen symmetrischen Stromkreis ist $\mathfrak{z}_k' = \mathfrak{z}_k$. Gl. (35) zeigt, daß die Spannungsänderung für einen Belastungsstrom $\mathfrak{J}_2$ genau ebenso zu berechnen ist, wie in Kap. IV S. 41. für die einfache Leitung mit Widerstand und Selbstinduktion gezeigt ist, wenn man sie anstatt auf die Primärspannung $\mathfrak{P}_1$ auf die ihr proportionale sekundäre Leerlaufspannung $\mathfrak{P}_{20}$ bezieht und für $\mathfrak{z}$ den Scheinwiderstand bei Kurzschluß $\mathfrak{z}_k'$ einsetzt.

Auch die Berechnung bei gegebenem Verbrauch der Belastung ist mit diesen Änderungen dieselbe, sowie die daraus gezogenen Schlußfolgerungen über die Möglichkeit, eine Belastung in zweierlei Art mit großer Spannung und kleinem Strom oder umgekehrt zu übertragen.

Für die Grenzbelastung bei gegebener Primärspannung gilt hier entsprechend Kap. IV Gl. (21)

$$P_2 = J_2 z_k' \quad (37) \qquad \text{oder} \qquad z_2 = z_k', \quad (37\text{a})$$

der Scheinwiderstand der Belastung ist seinem Betrag nach gleich dem sekundären Scheinwiderstand bei Kurzschluß. Da die Vektoren $\mathfrak{P}_2$ und $\mathfrak{J}_2\mathfrak{z}_k'$ den Winkel

$\alpha = (\varphi_k' - \varphi_2)$ bilden und die Summe P_{20} haben, wird die Grenzleistung

$$N_{2(g)} = \frac{P_{20}^2 \cos\varphi_2}{4 z_k' \cos^2 \frac{1}{2}(\varphi_k' - \varphi_2)} = \frac{P_{20}^2 \cos\varphi_2}{2 z_k' [1 + \cos(\varphi_k' - \varphi_2)]}. \tag{38}$$

Um die Grenzleistung durch die primären Größen auszudrücken setzen wir $P_1 = C_0 P_{20}$ und $z_k' = z_k C_k / C_0$, $\varphi_k' = \varphi_k + \gamma_k - \gamma_0$ und nach Gl. (20) bzw. (20a) S. 62

$$C_0 C_k = \frac{J_k}{J_k - J_0 \cos(\varphi_k - \varphi_0)},$$

worin $J_k z_k = P_1$ ist, dann wird

$$N_{2(g)} = \frac{1}{2} P_1 \frac{J_k - J_0 \cos(\varphi_k - \varphi_0) \cos\varphi_2}{1 + \cos(\varphi_k - \varphi_2 + \gamma_k - \gamma_0)}. \tag{39}$$

Die größte übertragbare Leistung ergibt sich durch Differentiation nach φ_2 für

$$\varphi_2 = -(\varphi_k + \gamma_k - \gamma_0) = -\varphi_k'. \tag{40}$$

Bei der größten Leistung ist nach Gl. (37) und (40) der Scheinwiderstand der Belastung konjugiert komplex dem sekundären Scheinwiderstand bei Kurzschluß. Dann ist in Gl. (38) $\frac{1}{2}(\varphi_k' - \varphi_2) = \varphi_k'$ und

$$N_{2\max} = \frac{P_{20}^2}{4 z_k' \cos\varphi_k'} = \frac{P_{20}^2}{4 r_k'}, \tag{41}$$

worin $r_k' = z_k' \cos\varphi_k'$ der Wirkwiderstand bei Kurzschluß ist. Auch dieses Ergebnis ist dem bei der einfachen Leitung ganz analog.

39. Wirkungsgrad.

Ein Unterschied besteht gegenüber der einfachen Leitung beim Verhältnis der Leistungen. Bei der Leitung treten Verluste nur im Widerstand der Leitung auf, die dem Quadrat des Belastungsstromes proportional sind, während beim allgemeinen Übertragungskreis, unabhängig vom Belastungsstrom, also auch bei Leerlauf, an den primären Klemmen eine Leistung aufzuwenden ist.

Die gesamte primäre Leistung berechnet sich aus den Gl. (15) als reeller Teil des Produktes aus dem Vektor $\mathfrak{P}_1$ und dem zu $\mathfrak{J}_1$ konjugiert komplexen Vektor. Gibt man dem Belastungsstrom J_2 die Phase Null, so ist

$$\mathfrak{P}_2 = J_2 z_2 e^{j\varphi_2}, \qquad N_2 = J_2^2 z_2 \cos\varphi_2$$

und in Gl. (15)

$$\left.\begin{aligned} \mathfrak{P}_1 &= C_0 J_2 z_2 e^{j(\varphi_2 + \gamma_0)} + C_k J_2 z_k e^{j(\varphi_k + \gamma_k)}, \\ \mathfrak{J}_1 &= C_k J_2 e^{j\gamma_k} \qquad\qquad + C_0 J_2 z_2 y_0 e^{j(\varphi_2 + \varphi_0 + \gamma_0)}. \end{aligned}\right\} \tag{42}$$

Hiermit wird

$$\begin{aligned} N_1 = J_2^2 [z_2 C_0 C_k \{\cos(\varphi_2 + \gamma_0 - \gamma_k) + z_k y_0 \cos(\varphi_2 + \varphi_0 - \varphi_k + \gamma_0 - \gamma_k)\} \\ + z_2^2 C_0^2 y_0 \cos\varphi_0 + C_k^2 z_k \cos\varphi_k] = J^2 N \end{aligned}$$

und der Wirkungsgrad

$$\eta = \frac{N_2}{N_1} = \frac{J_2^2 z_2 \cos\varphi_2}{J_2^2 N} = \frac{z_2 \cos\varphi_2}{N}. \tag{43}$$

Der Wirkungsgrad ist von z_2 und φ_2 abhängig. Der größte Wirkungsgrad ergibt sich für

$$\frac{d\eta}{dz_2} = 0 \quad \text{und} \quad \frac{d\eta}{d\varphi_2} = 0.$$

Die erste Bedingung für veränderliches z_2 ergibt

$$z_2 = \frac{C_k}{C_0} \sqrt{\frac{z_k \cos\varphi_k}{y_0 \cos\varphi_0}} = \frac{C_k}{C_0} \sqrt{\frac{r_k}{g_0}}, \tag{44}$$

worin $r_k = z_k \cos\varphi_k$ und $g_0 = y_0 \cos\varphi_0$ gesetzt ist.

Diese Bedingung hat folgende Bedeutung. Es ist

$$z_2 = P_2 : J_2, \qquad P_2 C_0 = P_{10}, \qquad J_2 C_2 = J_{1k},$$

durch Einsetzen in Gl. (44) und Quadrieren wird

$$P_{10}^2 g_0 = J_{1k}^2 r_k. \tag{45}$$

Links stehen die Leerlaufverluste, wenn an den offenen sekundären Klemmen die Spannung P_2 besteht, rechts die Kurzschlußverluste, wenn über die kurzgeschlossenen sekundären Klemmen der Strom J_2 fließt. Die Gleichheit dieser Verluste bedingt das Verhältnis von P_2 zu J_2, bei dem der Wirkungsgrad ein relatives Maximum hat.

Während bei der einfachen Leitung von den beiden möglichen Arten, eine bestimmte Leistung zu übertragen, stets die mit kleinem Strom und großer Spannung die kleineren Verluste hat, braucht dies beim allgemeinen Übertragungskreis nicht der Fall zu sein, sondern die kleineren Gesamtverluste hängen von dem Verhältnis der dem Strom entsprechenden Kurzschlußverluste zu den von der Spannung abhängenden Leerlaufverlusten ab.

Setzt man den Wert von z_2 nach Gl. (44) ein, so ist der größte Wirkungsgrad

$$\eta = \frac{\cos\varphi_2}{C_0 C_k[\cos\varphi_2 + z_k y_0 \cos(\varphi_2 + \varphi_0 - \varphi_k)] + 2\sqrt{r_k g_0}}, \tag{46}$$

wobei wie bei einem symmetrischen Stromkreis $\gamma_0 - \gamma_k = 0$ gesetzt wurde. Durch Differentiation nach φ_2 ergibt sich als Bedingung für das absolute Maximum des Wirkungsgrades

$$\sin\varphi_2 = \frac{1}{2}\,\frac{y_0 z_k \sin(\varphi_0 - \varphi_k)}{\sqrt{r_k g_0}} = \frac{1}{2}\left[y_0 \sin\varphi_0 \sqrt{\frac{r_k}{g_0}} - z_k \sin\varphi_k \sqrt{\frac{g_0}{r_k}}\right]. \tag{47}$$

Setzt man nach Gl. (45) $\sqrt{\frac{r_k}{g_0}} = \frac{P_{10}}{J_{1k}}$ ein, so ist

$$P_{10} J_{1k} \sin\varphi_2 = \tfrac{1}{2}[P_{10}^2 y_0 \sin\varphi_0 - J_{1k}^2 z_k \sin\varphi_k]. \tag{47a}$$

Hierin ist φ_0 entsprechend $\mathfrak{y}_0 = y_0 e^{j\varphi_0}$ positiv, wenn der Leerlaufstrom kapazitiv ist, und negativ, wenn er induktiv ist, während φ_k bei induktivem Kurzschlußstrom, der meist vorkommt, positiv ist. Daher soll nach Gl. (47a) für den besten Wirkungsgrad, die Blindleistung, die sich aus der Primärspannung bei Leerlauf und dem Primärstrom bei Kurzschluß für die betreffende Phasenverschiebung φ_2 ergibt, bei induktivem Leerlaufstrom kapazitiv und gleich der halben Summe der Blindleistungen bei Leerlauf und bei Kurzschluß sein, bei kapazitivem Leerlaufstrom die halbe Differenz dieser Größen. Der größte Wirkungsgrad wird mit Gl. (47) in (46).

$$\eta_{\max} = \frac{1}{C_0 C_k\left(1 + y_0 z_k \cos(\varphi_0 - \varphi_k) + 2\cos\varphi_2 \sqrt{r_k g_0}\right)}. \tag{48}$$

Besonders einfach lautet die Bedingung für einen symmetrischen Stromkreis ($\mathfrak{C}_0 = \mathfrak{C}_k$). Für diesen ist nach Gl. (15) allgemein das Verhältnis der primären Spannung zum primären Strom

$$\frac{\mathfrak{P}_1}{\mathfrak{J}_1} = \frac{z_2 e^{j\varphi_2} + z_k e^{j\varphi_k}}{1 + y_0 e^{j\varphi_0} z_2 e^{j\varphi_2}}.$$

Nach Gl. (44) und (47) ist beim größten Wirkungsgrad

$$z_k e^{j\varphi_k} = z_k(\cos\varphi_k + j\sin\varphi_k) = z_2^2 y_0(\cos\varphi_0 + j\sin\varphi_0) - 2jz_2\sin\varphi_2$$
$$= z_2^2 y_0 e^{j\varphi_0} - z_2(e^{j\varphi_2} - e^{-j\varphi_2}),$$

und hiermit

$$\frac{\mathfrak{P}_1}{\mathfrak{J}_1} = z_2 e^{-j\varphi_2}\frac{(1 + y_0 e^{j\varphi_0} z_2 e^{j\varphi_2})}{1 + y_0 e^{j\varphi_0} z_2 e^{j\varphi_2}} = z_2 e^{-j\varphi_2}. \tag{49}$$

Bei dem größten Wirkungsgrad stehen Strom und Spannung an den Primärklemmen im gleichen Verhältnis wie an den sekundären Klemmen, aber die Phasenverschiebungen sind entgegengesetzt gleich. Der Scheinwiderstand an den primären Klemmen ist dem an den sekundären Klemmen konjugiert komplex.

40. Arbeitsdiagramme.

1. Stromdiagramm. Setzt man in Gl. (15) $\mathfrak{P}_2 = \mathfrak{J}_2\mathfrak{z}_2$ und dividiert die zweite Gleichung durch die erste, so ist

$$\mathfrak{J}_1 = \mathfrak{P}_1 \frac{\mathfrak{C}_0 \mathfrak{y}_0 \mathfrak{z}_2 + \mathfrak{C}_k}{\mathfrak{C}_0 \mathfrak{z}_2 + \mathfrak{C}_k \mathfrak{z}_k} \tag{50}$$

die Gleichung des primären Stromes. Verändert sich $\mathfrak{z}_2$, so beschreibt der Vektor von J_1 eine Kurve, das Stromdiagramm.

In dem besondern Fall, daß $\mathfrak{z}_2$ sich durch das Produkt aus einem konstanten Scheinwiderstand $\mathfrak{z}$ und einem reellen Parameter v darstellen läßt,

$$\mathfrak{z}_2 = \mathfrak{z} v = z e^{j\varphi_2} v \tag{51}$$

ergibt sich nach Kap. III S. 33 eine Kreisgleichung. Die Bedingung (51) ist nur dann erfüllt, wenn bei veränderlicher Belastung die **Phasenverschiebung** φ_2 konstant ist.

Zwei Punkte des Kreises sind sofort bekannt.

Für $v = \infty$ ist $\mathfrak{J}_1 = \mathfrak{P}_1 \mathfrak{y}_0 = \mathfrak{J}_0$ der Leerlaufstrom,

für $v = 0$ ist $\mathfrak{J}_1 = \frac{\mathfrak{P}_1}{\mathfrak{z}_k} = \mathfrak{J}_k$ der Kurzschlußstrom.

Diese beiden Ströme sind in Abb. 82 durch $\overline{OP_0}$ und $\overline{OP_k}$ dargestellt. Subtrahieren wir $\mathfrak{J}_0$ von $\mathfrak{J}_1$, so ist

$$\mathfrak{J}_1 - \mathfrak{P}_1 \mathfrak{y}_0 = \mathfrak{P}_1 \frac{\mathfrak{C}_k (1 - \mathfrak{y}_0 \mathfrak{z}_k)}{\mathfrak{C}_0 \mathfrak{z}_2 + \mathfrak{C}_k \mathfrak{z}_k} = \frac{\mathfrak{P}_1}{\mathfrak{C}_0 (\mathfrak{C}_0 \mathfrak{z} v + \mathfrak{C}_k \mathfrak{z}_k)} \tag{52}$$

die Gleichung des Kreises in bezug auf den Punkt P_0 auf seiner Peripherie als Ursprung. Dem Kreismittelpunkt entspricht nach Kap. III, S. 36 der Wert

$$v_M = -\frac{\mathfrak{C}_k^* \mathfrak{z}_k^*}{\mathfrak{C}_0^* \mathfrak{z}^*},$$

und der Kreisradius wird als Vektor von P_0 nach dem Mittelpunkt

$$\mathfrak{P}_1 \frac{\mathfrak{C}_0^* \mathfrak{z}^*}{\mathfrak{C}_0 (\mathfrak{C}_k \mathfrak{z}_k \mathfrak{C}_0^* \mathfrak{z}^* - \mathfrak{C}_k^* \mathfrak{z}_k^* \mathfrak{C}_0 \mathfrak{z})} = \frac{\mathfrak{P}_1}{j} \frac{e^{-j(\varphi_2 + 2\gamma_0)}}{2 C_0 C_k z_k \sin(\varphi_k - \varphi_2 + \gamma_k - \gamma_0)}.$$

Der Betrag ist

$$\overline{P_0 M} = R = \frac{1}{2} \frac{P_1}{C_0 C_k z_k \sin(\varphi_k - \varphi_2 + \gamma_k - \gamma_0)} \tag{53}$$

und der Winkel, den der Radius mit der zu P_1 senkrechten Richtung, also der Abszissenachse bildet, ist

$$\beta = -(\varphi_2 + 2\gamma_0). \tag{54}$$

Hierin ist φ_2 positiv bei induktiver Belastung und negativ bei kapazitiver Belastung einzusetzen. γ_0 ist von den Konstanten des Stromkreises abhängig und bei induktivem Leerlaufstrom meist negativ, bei kapazitivem positiv. In Abb. 84 ist

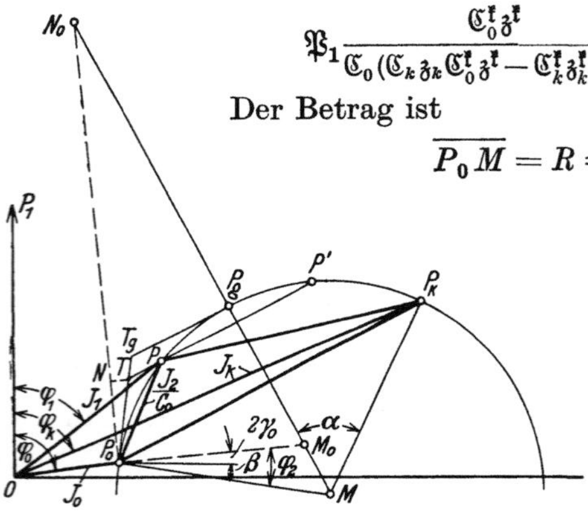

Abb. 84.

J_0 induktiv und γ_0 negativ. Daher ist der Radius $\overline{P_0 M_0}$ für induktionsfreie Belastung gegen die Abszissenachse um $-(-2\gamma_0) = +2\gamma_0$ nach vorwärts gedreht. Alle Kreismittelpunkte für die möglichen Werte φ_2 liegen auf der Mittelsenkrechten auf $\overline{P_0 P_k}$ als gemeinsamer Sehne aller Kreise, und der Radius ist für induktive Belastung gegen $\overline{P_0 M_0}$ um φ_2 nach rückwärts, für kapazitive nach vorwärts gedreht.

Während die Vektoren von O nach den Kreispunkten P die Primärströme J_1 darstellen, sind die Vektoren von P_0 nach dem Kreis nach Gl. (30)

$$\overline{P_0 P} = \mathfrak{J}_1 - \mathfrak{J}_0 = \frac{\mathfrak{J}_2}{\mathfrak{C}_0} \tag{55}$$

dem Belastungsstrom proportional. Ferner ist nach Gl. (52) für $v = 0$

$$\overline{P_0 P_k} = \mathfrak{J}_k - \mathfrak{J}_0 = \frac{\mathfrak{P}_1}{\mathfrak{C}_0 \mathfrak{C}_k \mathfrak{z}_k}, \tag{56}$$

der Betrag ist nach Gl. (20)

$$\overline{P_0 P_k} = \sqrt{J_k^2 + J_0^2 - 2 J_k J_0 \cos(\varphi_k \pm \varphi_0)} \cong J_k - J_0 \cos(\varphi_k - \varphi_0),$$

daher kann für den Radius nach Gl. (53) auch gesetzt werden

$$R = \frac{\sqrt{J_k^2 + J_0^2 - 2 J_k J_0 \cos(\varphi_k \pm \varphi_0)}}{2 \sin(\varphi_k - \varphi_2 + \gamma_k - \gamma_0)}, \tag{57}$$

worin

$$\alpha = \varphi_k - \varphi_2 + \gamma_k - \gamma_0$$

der halbe Zentriwinkel ist. Ferner verhält sich

$$\frac{\overline{P_0 P}}{\overline{P_0 P_k}} = \frac{\mathfrak{J}_2 \mathfrak{C}_k}{\mathfrak{J}_k} = \frac{\mathfrak{J}_2}{\mathfrak{J}_{2k}}, \tag{58}$$

worin $\mathfrak{J}_{2k}$ der sekundäre Strom bei Kurzschluß ist. Endlich ist unter Berücksichtigung von Gl. (15)

$$\frac{\overline{P P_k}}{\overline{P_0 P_k}} = \frac{\mathfrak{P}_1 - \mathfrak{J}_2 \mathfrak{C}_k \mathfrak{z}_k}{\mathfrak{P}_1} = \frac{\mathfrak{P}_2 \mathfrak{C}_0}{\mathfrak{P}_1} = \frac{\mathfrak{P}_2}{\mathfrak{P}_{20}} \tag{59}$$

das Verhältnis der sekundären Spannung $\mathfrak{P}_2$ bei Belastung zu der bei Leerlauf $\mathfrak{P}_{20}$.

Leistungen: Die primäre Leistung und Blindleistung sind durch Ordinate und Abszisse der Kreispunkte P dargestellt.

Die Kreistangente in P_0 bildet mit der Ordinatenachse den gleichen Winkel wie der Radius mit der Abszissenachse. Eine Parallele durch P zu $\overline{P_0 P_k}$ schneidet die Tangente in T, und es ist

$$\Delta P_0 T P \sim \Delta P_k P P_0,$$

daher ist unter Berücksichtigung von (55) und (59)

$$\overline{P_0 T} = \overline{P_0 P} \cdot \frac{\overline{P P_k}}{\overline{P_0 P_k}} = J_2 \frac{P_2}{P_1} = \frac{N_{2s}}{P_1}. \tag{60}$$

$\overline{P_0 T}$ stellt also die sekundäre Scheinleistung im gleichen Maßstab dar wie $\overline{OP}$ die primäre.

Diese Beziehung ist ganz analog der für die einfache Leitung Kap. IV, S. 43. Nur ist, um hier die sekundäre Scheinleistung in die Wirk- und die Blindleistung zu zerlegen, ein Lot $\overline{P_0 N_0}$ auf dem Radius $\overline{P_0 M_0}$ (für $\varphi_2 = 0$) zu errichten; es bildet mit $\overline{P_0 T}$ den Winkel φ_2. Daher ist $\overline{P_0 N}$ die sekundäre Wirkleistung und $\overline{NT}$ die Blindleistung. Wir haben also hier für die sekundären Leistungen ein anderes Koordinatensystem als für die primären, es hat die Ordinate $\overline{P_0 N_0}$ und die Abszisse $\overline{P_0 M_0}$.

Für das Kreisdiagramm bei konstanter Phasenverschiebung der Belastung braucht man dieses Koordinatensystem nicht, denn dabei kann man das Verhältnis der Leistungen nach Kap. III, S. 38 darstellen. Da aber diese Art der Belastung nur in einigen besonderen Fällen vorkommt und in Kap. X und XI Beispiele dafür gegeben werden, sollen hier die Fälle beliebig veränderlicher Belastung behandelt werden.

Um diese zu übersehen, braucht man zusammenfassend die Vektoren $\overline{OP_0}$ und $\overline{OP_k}$ und die Schnittpunkte M_0 und N_0 des Mittellotes in $\overline{P_0 P_k}$ mit $\overline{P_0 M_0}$ bzw. $\overline{P_0 N_0}$, die aufeinander senkrecht stehen und gegen die Koordinatenachsen um $-2\gamma_0$ gedreht sind.

Da $\overline{P_0 T}$ die Scheinleistung ist, hat der zweite Schnittpunkt P' der Parallelen zu $\overline{P_0 P_k}$ wieder die gleiche Leistung und Blindleistung wie Punkt P, jedoch bei kleiner Spannung und großem Strom. P_g ist der Punkt für die Grenzleistung, bei der $\overline{P_0 T_g} = \overline{T_g P_g}$ ist.

2. Die Grenzleistungsparabel ist wie bei der einfachen Leitung der Ort aller Punkte T_g für die verschiedenen Phasenverschiebungen φ_2 und hat hier $\overline{P_0 P_k}$ als Achse und P_0 als Brennpunkt, sie braucht daher nicht besonders dargestellt zu werden.

3. Der Ort für konstante sekundäre Leistung ist für die Endpunkte T des sekundären Scheinleistungsvektors eine Parallele zu $\overline{P_0 M_0}$ und für die Punkte P ein Kreis mit N_0 als Mittelpunkt, dessen Radius ganz analog wie in Kap. IV S. 44 durch den Schnittpunkt von $\overline{M_0 N_0}$ mit einer Parallelen zu $\overline{P_0 M_0}$ im Abstand der doppelten Leistung gefunden wird. Auch dies bietet nichts grundsätzlich Neues.

4. Ort für den größten Wirkungsgrad. Als erste Bedingung für den größten Wirkungsgrad war S. 66 gefunden, daß der Scheinwiderstand der Belastung den Wert hat

$$\frac{P_2}{J_2} = z_2 = \frac{C_k}{C_0}\sqrt{\frac{z_k \cos\varphi_k}{y_0 \cos\varphi_0}}. \tag{44}$$

Nun ist für einen beliebigen Punkt P $\overline{P P_k}$ proportional P_2 und $\overline{P P_0}$ proportional J_2. Der Ort der Punkte P, deren Abstände von den festen Punkten P_0 und P_k im gleichen Verhältnis stehen, sind Kreise, deren Mitten auf $\overline{P_0 P_k}$ liegen und die, je nachdem $\overline{P_0 P} \lesseqgtr \overline{P P_k}$ ist, P_0 oder P_k umhüllen. Das Verhältnis der Beträge ist nach (58) und (59)

$$\frac{\overline{P P_k}}{\overline{P_0 P_k}} = \frac{P_2 C_0}{J_2 C_k z_k}.$$

Setzt man den Wert aus (44) ein, so soll

$$\frac{\overline{P P_k}}{\overline{P_0 P}} = \sqrt{\frac{\cos\varphi_k}{y_0 z_k \cos\varphi_0}} = \sqrt{\frac{J_k \cos\varphi_k}{J_0 \cos\varphi_0}}. \tag{61}$$

$J_k \cos\varphi_k$ und $J_0 \cos\varphi_0$ sind die Wirkströme bei Kurzschluß und bei Leerlauf, und da deren Verhältnis > 1 ist, soll $\overline{P P_k} > \overline{P_0 P}$ sein, der Kreis umhüllt P_0. Ist daher allgemein k das Verhältnis der beiden Vektoren und (s. Abb. 85) c der Abstand des Kreismittelpunktes von P_0, ϱ der Radius, so folgt aus der harmonischen Teilung

$$c = \frac{\overline{P_0 P_k}}{k^2 - 1}, \qquad \varrho = k c,$$

Mit dem Wert für k nach Gl. (61) ist

$$c = \overline{P_0 P_k} \frac{J_0 \cos\varphi_0}{J_k \cos\varphi_k - J_0 \cos\varphi_0}.$$

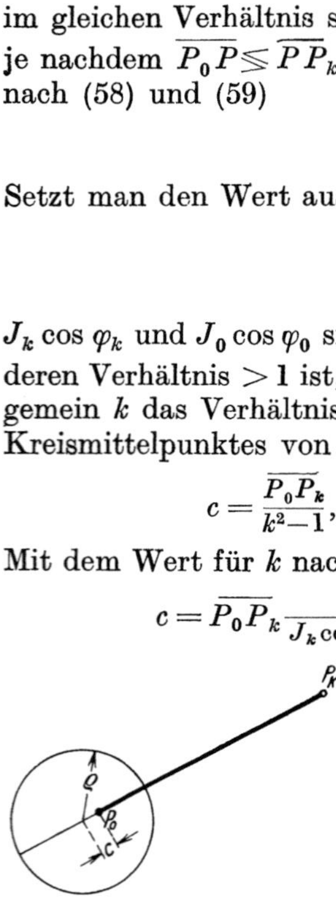

Abb. 85.

Da $J_0 \cos\varphi_0$ die Ordinate von P_0 ist und $(J_k \cos\varphi_k - J_0 \cos\varphi_0)$ die Projektion von $\overline{P_0 P_k}$ auf die Ordinatenachse, ist der Kreismittelpunkt der Schnittpunkt S von $\overline{P_0 P_k}$ mit der Abszissenachse (Abb. 86). Dann ist der Kreisradius

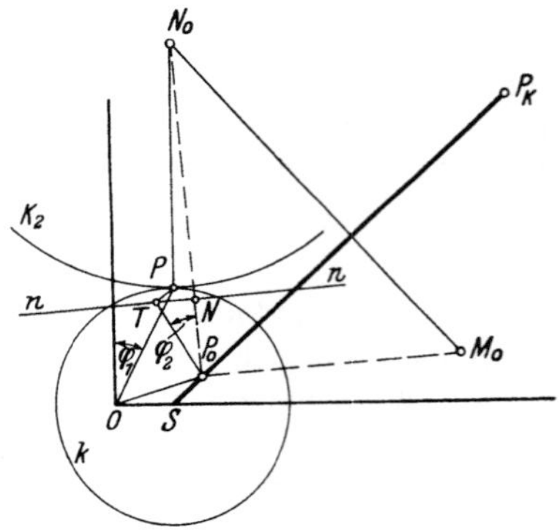

Abb. 86.

$$\varrho = k c = \overline{P_0 P_k} \frac{\sqrt{J_k \cos\varphi_k J_0 \cos\varphi_0}}{J_k \cos\varphi_k - J_0 \cos\varphi_0}.$$

Dieser Kreis ist in Abb. 86 mit k bezeichnet. Er ist der Ort des Endpunktes des primären Stromvektors $\overline{O P}$ für alle Belastungen, bei denen der Scheinwiderstand z_2 den Wert nach Gl. (44) hat, wobei die Phasenverschiebung φ_2 noch einen beliebigen Wert haben kann. Dem absoluten Maximum des Wirkungsgrades entspricht ein besonderer Wert φ_2, der wie folgt gefunden wird.

Zu einer konstanten sekundären Leistung N_2 ist der Ort des Punktes P ein Kreis K_2 um Punkt N_0; die primäre Leistung ist dabei am kleinsten, wenn die Ordinate von P am kleinsten ist. P liegt also auf einer Parallelen zur Ordinatenachse durch Punkt N_0 (s. Abb. 86). Durch $\overline{N_0 P}$ ist also der Kreis K_2 für $N_2 = \text{konst}$ bestimmt.

Nun liegen die Endpunkte T und N von $\overline{P_0 T}$ und $\overline{P_0 N}$, welche die sekundäre Scheinleistung und die Leistung darstellen, auf der Halbpolaren von P_0 in bezug auf den Kreis K_2 und T auf der Parallelen durch P zu $\overline{P_0 P_k}$. Hiermit ist die sekundäre Leistung und φ_2 bestimmt. Wie ersichtlich, ist die sekundäre Belastung kapazitiv und die primäre Leistung induktiv. Das Diagramm ist für einen symmetrischen Kreis gezeichnet, denn es ist $\sphericalangle P N_0 P_0 = 2\gamma_0$ gleich $\sphericalangle O P_k P_0 = \gamma_k + \gamma_0$, also $\gamma_0 = \gamma_k$ gemacht. Daher ist auch $\varphi_2 = -\varphi_1$ und das Verhältnis $\overline{O P_k} : \overline{O P} = P_1/z_k : J_1$ ist gleich dem Verhältnis $\overline{P P_k} : \overline{P_0 P} = P_2/C_k z_k : J_2/C_0$, d. h. da $C_0 = C_k$ ist, ist der Scheinwiderstand an den primären Klemmen dem Betrag nach gleich dem an den sekundären Klemmen, wie für den größten Wirkungsgrad S. 67 abgeleitet wurde.

VIII. Mehrwellige Ströme.

41. Darstellung durch Fouriersche Reihen.

Die in der Technik verwendeten Wechselströme weichen im allgemeinen mehr oder weniger von der Sinusform ab. Wir erweitern daher unsere Betrachtung auf periodische Ströme, deren zeitlicher Verlauf eine beliebige Kurvenform hat.

Die rechnerische Behandlung solcher Ströme beruht auf der Reihenentwicklung nach Fourier.

Danach kann eine beliebige einfach periodische Funktion dargestellt werden durch eine Reihe von Sinusfunktionen, deren Periodenzahlen sich wie ganze Zahlen verhalten; die Zahl der Glieder der Reihe kann endlich oder unendlich groß sein.

Dies bedeutet, daß man sich einen beliebigen periodischen Strom zusammengesetzt denken kann aus einer sinusförmigen Grundwelle von derselben Frequenz wie der periodische Strom, und einer endlichen oder unendlichen Zahl von darüber gelagerten sinusförmigen Oberwellen, deren Frequenzen 2, 3, 4, ... mal so groß sind wie die der Grundwelle.

Aus diesem Grunde nennt man Wechselströme von beliebiger Kurvenform mehrwellige Wechselströme.

Die Gleichung einer Oberwelle ist

$$i_\varkappa = i_{\varkappa m} \sin(\varkappa \omega t + \psi_\varkappa). \tag{1}$$

Hierin ist $\varkappa$ eine beliebige ganze Zahl, ω die Kreisfrequenz der Grundwelle, $\varkappa\omega$ die Kreisfrequenz der betrachteten Oberwelle von der Ordnung $\varkappa$, $i_{\varkappa m}$ ihre Amplitude und $\psi_\varkappa$ ihr Phasenwinkel.

Die Gleichung der aus unendlich vielen Wellen zusammengesetzten periodischen Stromwelle ist daher

$$i = \sum_{\varkappa=0}^{\varkappa=\infty} i_\varkappa = \sum_{\varkappa=0}^{\varkappa=\infty} i_{\varkappa m} \sin(\varkappa \omega t + \psi_\varkappa), \tag{2}$$

worin für $\varkappa$ der Reihe nach alle ganzen Zahlen von 0 bis ∞ einzusetzen sind. Dies ist die allgemeinste Form einer Fourierschen Reihe.

Entwickelt man in Gl. (1)

$$i_{\varkappa m} \sin(\varkappa \omega t + \psi_\varkappa) = i_{\varkappa m} \cos\psi_\varkappa \sin\varkappa\omega t + i_{\varkappa m} \sin\psi_\varkappa \cos\varkappa\omega t$$

und setzt

$$i_{\varkappa m} \cos\psi_\varkappa = a_\varkappa, \qquad i_{\varkappa m} \sin\psi_\varkappa = b_\varkappa, \tag{3}$$

so wird

$$i_\varkappa = a_\varkappa \sin\varkappa\omega t + b_\varkappa \cos\varkappa\omega t. \tag{1a}$$

Hier ist jede Oberwelle in zwei um eine Viertelperiode gegeneinander phasenverschobene Wellen von gleicher Frequenz mit den Amplituden $a_\varkappa$ und $b_\varkappa$ zerlegt. Es ist

$$i_{\varkappa m} = \sqrt{a_\varkappa^2 + b_\varkappa^2}, \qquad \operatorname{tg}\psi_\varkappa = \frac{b_\varkappa}{b_\varkappa}. \tag{4}$$

Für $\varkappa = 0$ ergibt Gl. (1a)

$$i_0 = b_0,$$

also einen Gleichstrom, alle anderen Werte von $\varkappa$ ergeben dagegen Wechselströme.

Hiermit kann die Gleichung eines beliebig periodischen Stromes geschrieben werden

$$i = \sum_{\varkappa=1}^{\varkappa=\infty} a_\varkappa \sin \varkappa \omega t + b_0 + \sum_{\varkappa=1}^{\varkappa=\infty} b_\varkappa \cos \varkappa \omega t. \tag{2a}$$

Ein mehrwelliger Strom kann also aus einem Gleichstrom und einer Reihe von Sinusströmen verschiedener Frequenzen zusammengesetzt sein.

Die Möglichkeit des Vorhandenseins eines Gleichstromes führt uns dazu, von den periodischen Strömen noch die reinen Wechselströme zu unterscheiden.

Bei einem einwelligen Strom ist nach Kap. I der Mittelwert während einer ganzen Periode gleich Null, d. h. es wird in einer halben Periode durch den Leiter eine ebenso große Elektrizitätsmenge in der einen Richtung bewegt wie während der folgenden Halbperiode in der anderen Richtung. Da alle Oberwellen wieder Sinusform haben, gilt dies auch für sie.

Für einen periodischen Strom, der aus einer Grundwelle und einer Anzahl Oberwellen besteht, ist daher das Integral

$$q = \int_0^T i\,dt$$

für eine ganze Periode gleich Null. Die von der Stromkurve mit der Abszissenachse gebildeten positiven und negativen Flächenstücke sind gleichgroß (Abb. 88 bis 92). Der Strom ist ein reiner Wechselstrom.

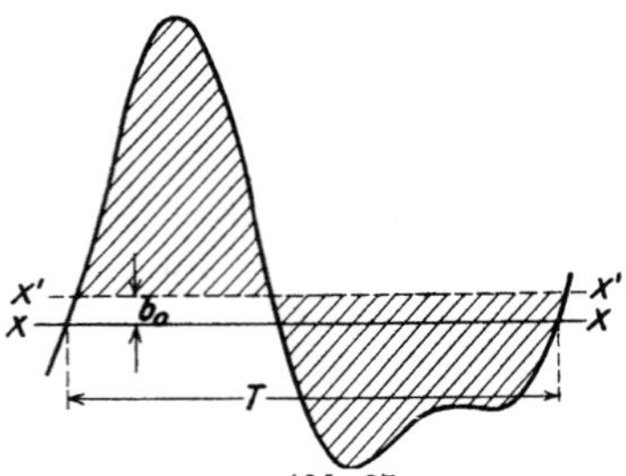

Abb. 87.

Ist hingegen ein Gleichstromglied vorhanden, so sind die positiven und negativen Flächenstücke ungleich wie in Abb. 87, der Gleichstrom ist b_0 in Gl. (2b), und das Zeitintegral des Stromes über eine Periode ist $q_0 = b_0 T$. Verschiebt man die Abszissenachse $x - x$ in die Lage $x' - x'$, in der sie mit der Stromkurve gleiche positive und negative Flächenstücke bildet, so ist der Abstand der neuen Achse von der alten gleich b_0.

Das Fehlen dieses Gliedes kennzeichnet den reinen Wechselstrom.

Durch Induktion in rotierenden Maschinen und Transformatoren werden reine Wechselströme erzeugt. Denn der Induktionsfluß Ψ durch eine Spule ist eine periodische Funktion der Zeit und zur Zeit $(t + T)$ ebenso groß wie zur Zeit t.

$$\text{Da} \quad e = -\frac{d\Psi}{dt}, \quad \text{ist} \quad -\int_0^T e\,dt = \Psi_{(T)} - \Psi_{(0)} = 0\,.$$

42. Ermittlung der Amplituden der Fourierschen Reihe.

Es sei eine periodische Funktion

$$y = f(x)$$

gegeben, deren Wellenlänge auf der Abszissenachse 2π sei. Bezeichnet $\varkappa$ die besondere Welle, deren Koeffizienten bestimmt werden sollen, und λ die beliebigen Werte von $\varkappa$, so berechnet man den Mittelwert des Produktes der Ordinaten y mit dem zugehörigen $\sin \varkappa x$ für eine Periode

$$\frac{1}{2\pi}\int_0^{2\pi} y \sin \varkappa x\,dx\,.$$

Da

$$y = \sum_{\lambda=1}^{\lambda=\infty} a_\lambda \sin \lambda x + b_0 + \sum_{1=\lambda}^{\lambda=\infty} b_\lambda \cos \lambda x$$

ist, erhält man eine Reihe von Produkten von den drei Formen

$$1.\ \frac{1}{2\pi}\int_0^{2\pi} a_\lambda \sin\varkappa x \sin\lambda x + b_0, \qquad 2.\ \frac{1}{2\pi}\int_0^{2\pi} b_0 \sin\varkappa x\,dx \qquad 3.\ \frac{1}{2\pi}\int_0^{2\pi} b_\lambda \cos\lambda x \sin\varkappa x\,dx.$$

Von diesen Integralen werden alle Null bis auf jenes der ersten Form, bei dem $\lambda = \varkappa$ ist. Dieses ist

$$\frac{1}{2\pi}\int_0^{2\pi} a_\varkappa \sin^2\varkappa x\,dx = \frac{a_\varkappa}{2}.$$

Daher ist

$$a_\varkappa = \frac{1}{\pi}\int_0^{2\pi} y \sin\varkappa x\,dx. \tag{5}$$

Multipliziert man zweitens alle Ordinaten y mit $\cos\varkappa x$ und bildet den Mittelwert über eine Periode, so wird ganz analog

$$b_\varkappa = \frac{1}{\pi}\int_0^{2\pi} y \cos\varkappa x\,dx. \tag{6}$$

Endlich ist der Mittelwert der Ordinaten einer Periode

$$b_0 = \frac{1}{2\pi}\int_0^{2\pi} y\,dx. \tag{7}$$

43. Besondere Kurvenformen.

1. Bei den meisten in der Technik vorkommenden Wechselströmen ist die negative Halbwelle das Spiegelbild der positiven Halbwelle in bezug auf die Abzissenachse (s. Abb. 88). Dann ist

$$y_{(x+\pi)} = -y_x. \tag{8}$$

Das Glied b_0 fällt fort, und nach Gl. (2a) ist

$$y_x = \sum a_\varkappa \sin\varkappa x + \sum b_\varkappa \cos\varkappa x,$$

$$y_{(x+\pi)} = \sum a_\varkappa \sin\varkappa(x+\pi) + \sum b_\varkappa \cos\varkappa(x+\pi).$$

Da

$$\sin\varkappa(x+\pi) = (-1)^\varkappa \sin\varkappa x,$$

$$\cos\varkappa(x+\pi) = (-1)^\varkappa \cos\varkappa x$$

ist, wird Gl. (8) nur erfüllt, wenn $\varkappa$ ungerade ist.

Sind die positive und die negative Halbwelle einer periodischen Kurve Spiegelbilder in bezug auf die Abszissenachse, so enthält sie nur ungeradzahlige Oberwellen.

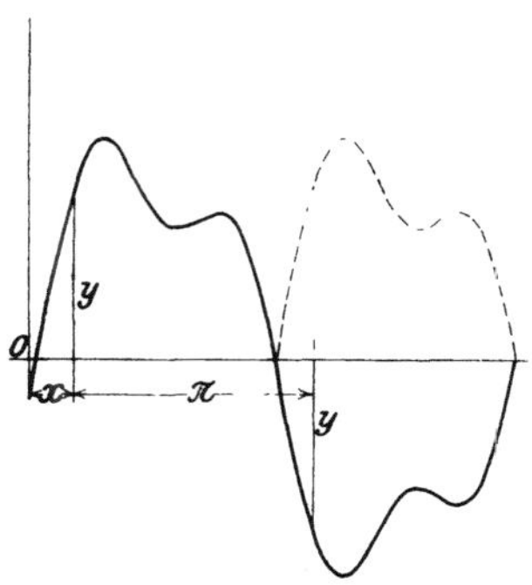

Abb. 88.

In den Integralen Gl. (5) und (6) ist

$$y_{(x+\pi)} \sin\varkappa(x+\pi) = y_x \sin\varkappa x, \qquad y_{(x+\pi)} \cos\varkappa(x+\pi) = y_x \cos\varkappa x.$$

Die positiven und negativen Halbwellen liefern denselben Beitrag zum Integral, man braucht es nur über eine halbe Periode zu erstrecken und erhält

$$a_\varkappa = \frac{2}{\pi}\int_0^{\pi} y \sin\varkappa x\,dx, \tag{5a}$$

$$b_\varkappa = \frac{2}{\pi}\int_0^{\pi} y \cos\varkappa x\,dx. \tag{6a}$$

2. Ist eine Kurve in bezug auf den Ursprung symmetrisch (s. Abb. 89), so ist

$$y_{(-x)} = -y_x \quad \text{und} \quad y_{(2\pi-x)} = -y_x. \tag{9}$$

Da

$$y_{(2\pi-x)} = \sum a_\varkappa \sin\varkappa(2\pi - x) + \sum b_\varkappa \cos\varkappa(2\pi - x)$$

und

$$\sin\varkappa(2\pi - x) = \sin(2\pi\varkappa - \varkappa x) = -\sin\varkappa x,$$

$$\cos\varkappa(2\pi - x) = \cos(2\pi\varkappa - \varkappa x) = +\cos\varkappa x,$$

folgt, daß die Bedingung (9) nur von den **Sinusgliedern** erfüllt wird, alle Kosinusglieder fallen fort.

3. Ist bei einer Kurve einerseits die negative Halbwelle das Spiegelbild der positiven in bezug auf die Abszissenachse und ist sie andrerseits in bezug auf den Ursprung symmetrisch (s. Abb. 90), so enthält sie nach vorstehendem nur **ungerade Sinusglieder**. Hier ist

$$y_{(\pi - x)} = y_x .$$

Für ungerade Werte von $\varkappa$, die hier nur in Frage kommen, ist

$$\sin\varkappa(\pi - x) = \sin\varkappa x , \quad \text{und daher} \quad y_{(\pi - x)} \sin\varkappa(\pi - x) = y_x \sin\varkappa x .$$

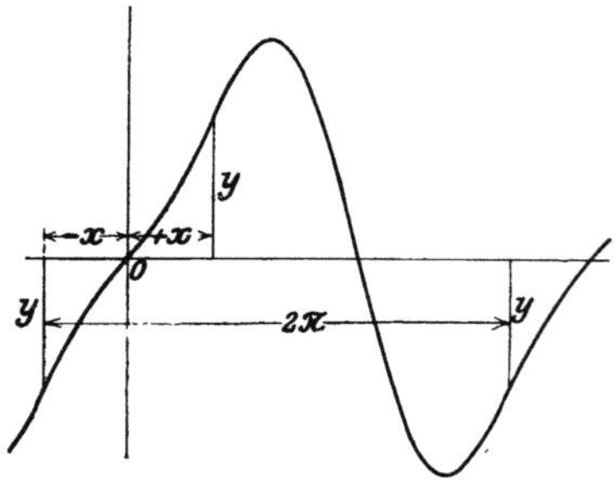

Abb. 89.

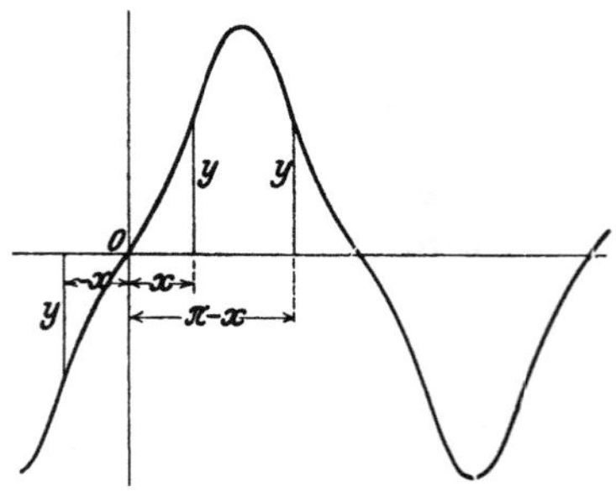

Abb. 90.

Hieraus folgt, daß das Integral Gl. (5a) in den beiden Hälften der Halbwelle von 0 bis $\pi/2$ und von $\pi/2$ bis π den gleichen Wert hat. Man braucht also nur von 0 bis $\pi/2$ zu integrieren und erhält

$$a_\varkappa = \frac{4}{\pi} \int_0^{\pi/2} y \sin\varkappa x \, dx . \tag{5b}$$

Beispiele.

1. Die rechteckige Stromkurve (Abb. 91), die durch Kommutierung eines Gleichstromes erhalten wird, entspricht dem dritten der soeben besprochenen Fälle. Sie hat daher nur ungerade Sinusglieder. Nach Gl. (5b) wird, da die Ordinate y den konstanten Wert J hat,

$$a_\varkappa = \frac{4}{\pi} \int_0^{\pi/2} J \sin\varkappa x \, dx = - \frac{4}{\pi} \frac{J}{\varkappa} \cos\varkappa x \Big|_{x=0}^{x=\pi/2} = \frac{4}{\pi} \frac{J}{\varkappa} .$$

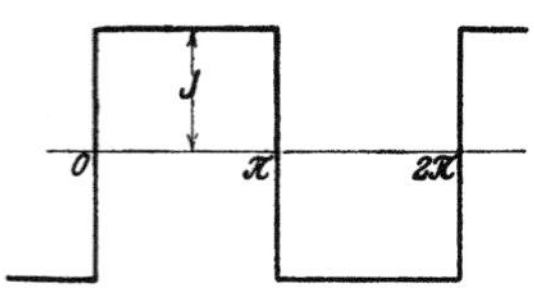

Abb. 91.

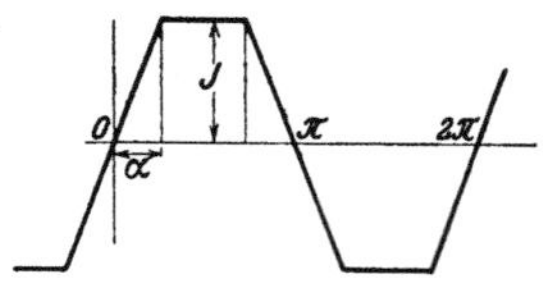

Abb. 92.

Die Gleichung der rechteckigen Stromkurve ist daher

$$y = 4J/\pi [\sin x + \tfrac{1}{3} \sin 3x + \tfrac{1}{5} \sin 5x + \cdots] . \tag{10}$$

2. Das Trapez (Abb. 92) ist von Wichtigkeit für die Feldform von Wechselstrommaschinen. Auch hier ist Gl. (5b) verwendbar. Es ist

$$y = J \frac{x}{\alpha} \quad \text{von} \quad x = 0 \quad \text{bis} \quad x = \alpha . \qquad y = J \quad \text{von} \quad x = \alpha \quad \text{bis} \quad x = \tfrac{1}{2}\pi .$$

$$a_\varkappa = \frac{4}{\pi} \int_0^{\pi/2} y \sin\varkappa x \, dx = \frac{4}{\pi} J \left(\frac{1}{\alpha} \int_0^{\alpha} x \sin\varkappa x \, dx + \int_{\alpha}^{\pi/2} \sin\varkappa x \, dx \right) .$$

Das erste Integral ist

$$\frac{1}{\alpha} \int_0^{\alpha} x \sin\varkappa x \, dx = \frac{1}{\alpha} \left[\frac{\sin\varkappa x}{\varkappa^2} - \frac{x \cos\varkappa x}{\varkappa} \right]_{x=0}^{x=\alpha} = \frac{\sin\varkappa\alpha}{\alpha\varkappa^2} - \frac{\cos\varkappa\alpha}{\varkappa} ,$$

das zweite Integral ist

$$\int_{\alpha}^{\pi/2} \sin \varkappa x\, dx = \frac{\cos \varkappa \alpha}{\varkappa} \quad \text{und} \quad a_\varkappa = \frac{4}{\pi}\frac{J}{\alpha \varkappa^2} \sin \varkappa \alpha .$$

Die Gleichung der Trapezkurve ist daher

$$y = \frac{4}{\pi}\frac{J}{\alpha}[\sin\alpha \sin x + \tfrac{1}{9}\sin 3\alpha \sin 3x + \tfrac{1}{25}\sin 5\alpha \sin 5x + \cdots]. \tag{11}$$

Besondere Fälle des Trapezes. a) Für das Dreieck ist $\alpha = \pi/2$ und $\sin \varkappa\alpha = \pm 1$, wobei das +- oder —-Zeichen gilt, je nachdem $\varkappa = 4n \pm 1$ ist, und n eine ganze Zahl oder Null ist. Daher ist

$$y = \frac{8}{\pi^2} J[\sin x - \tfrac{1}{9}\sin 3x + \tfrac{1}{25}\sin 5x - \cdots]. \tag{12}$$

b) Für das Rechteck ist $\alpha = 0$. Der Grenzwert $\frac{\sin \varkappa a}{\varkappa \alpha}$ nähert sich für $\alpha = 0$ dem Wert 1, daher erhält man wieder Gl. (10).

c) Ist $\varkappa\alpha = \pi$ oder ein Vielfaches von π, so ist $\sin \varkappa\alpha = 0$. Die Oberwelle der Ordnung $\varkappa = \pi/\alpha$ und ihre Vielfachen fallen fort. So fällt die größte Oberwelle des Trapezes, die dritte, für $\alpha = \pi/3$ fort, dann nähert sich das Trapez am meisten der Sinusform. Es bleiben nur noch Oberwellen der Ordnung $\varkappa = (6n \pm 1)$, und hierfür ist

$$\sin \varkappa\alpha = \sin(6n \pm 1)\pi/3 = \pm \tfrac{1}{2}\sqrt{3}.$$

Für das Trapez mit $\alpha = \pi/3$ gilt die Gleichung

$$y = \frac{6\sqrt{3}}{\pi^2} J[\sin x - \tfrac{1}{25}\sin 5x + \tfrac{1}{49}\sin 7x \cdots]. \tag{13}$$

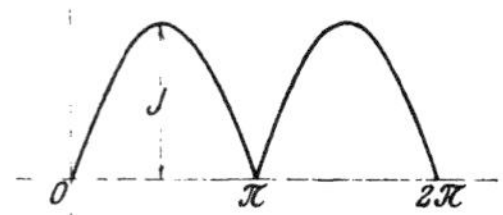

Abb. 93.

Um diese Trapezform zu erzielen, die sich der Sinusform stark nähert, wird bei vielen Wechselstrommaschinen nur $\frac{2}{3}$ des Polbogens bewickelt.

3. Die Kurve des kommutierten Sinusstromes (Abb. 93). Hier ist $y_{(-x)} = (y_{+x})$, es sind nur die Kosinusglieder enthalten, außerdem ein Gleichstrom. Es ist

$$\begin{aligned} y &= J\sin x \quad \text{von} \quad x = 0 \quad \text{bis} \quad x = \pi \\ y &= -J\sin x \quad ,, \quad x = \pi \quad ,, \quad x = 2\pi \end{aligned}$$

und nach (6)

$$\begin{aligned} b_\varkappa &= \frac{J}{\pi}\left[\int_0^{\pi} \sin x \cos \varkappa x\, dx - \int_{\pi}^{2\pi} \sin x \cos \varkappa x\, dx\right] \\ &= \frac{J}{2\pi}\left\{\int_0^{\pi}[\sin(\varkappa+1)x - \sin(\varkappa-1)x]dx - \int_{\pi}^{2\pi}[\sin(\varkappa+1)x - \sin(\varkappa-1)x]dx\right\} \\ &= \frac{J}{\pi}\left[\frac{1-(-1)^{(\varkappa+1)}}{\varkappa+1} - \frac{1-(-1)^{(\varkappa-1)}}{\varkappa-1}\right]. \end{aligned}$$

Dieser Ausdruck ist Null, wenn $\varkappa$ ungerade ist, ist $\varkappa$ gerade, so ist

$$b_\varkappa = \frac{2J}{\pi}\left[\frac{1}{\varkappa+1} - \frac{1}{\varkappa-1}\right] = -\frac{4J}{\pi(\varkappa^2-1)}.$$

Der Mittelwert ist

$$b_0 = \frac{J}{\pi}\int_0^{\pi} \sin \varkappa x\, dx = \frac{2J}{\pi}.$$

Daher ist die Gleichung des kommutierten Sinusstromes

$$y = \frac{2J}{\pi}\left[1 - \frac{2\cos 2x}{1\cdot 3} - \frac{2\cos 4x}{3\cdot 5} - \frac{2\cos 6x}{5\cdot 7} - \cdots\right]. \tag{14}$$

44. Arithmetische Analyse.

Die technisch vorkommenden Wechselstromkurven lassen sich nicht in so einfacher Weise in ihre Teilwellen zerlegen, wie die behandelten Beispiele. Um eine mehrwellige Stromkurve zu analysieren, verwendet man ein angenähertes Verfahren, bei dem man die Integration ersetzt durch eine Summation einer endlichen Zahl von Ordinaten, die in einem endlichen Abstand voneinander liegen.

Die dadurch erhaltene Annäherung an die wirkliche Fouriersche Reihe wird im allgemeinen um so größer, je mehr Ordinaten verwendet werden. Da die Verwendung einer großen Anzahl von Punkten aber sehr umständlich ist, beschränkt man sich auf kleinere Zahlen, und es soll zuerst untersucht werden, in welcher Weise die Zahl der Ordinaten das Verhältnis der aus der Rechnung erhaltenen Amplituden zu den wirklichen bestimmt. Dies läßt sich leicht ermitteln, wenn man, wie es gewöhnlich der Fall ist, die Ordinaten in gleichem Abstand voneinander wählt[1].

Teilt man vom Koordinatenanfangspunkt an die ganze Periode (2π) in n gleiche Teile, zu denen die Ordinaten $y_1, y_2, \ldots, y_n$ im Abstande $2\pi/n$ gehören, wobei die Ordinate y_ν zur Abszisse $x = \nu\, 2\pi/n$ gehört, so treten an die Stelle der Integrale Gl. (5) und (6)

$$a_\varkappa = \frac{1}{\pi}\int_0^{2\pi} y \sin\varkappa x\, dx\,, \qquad b_\varkappa = \frac{1}{\pi}\int_0^{2\pi} y \cos\varkappa x\, dx$$

zwei Summen von je n Gliedern, deren jedes aus dem Produkt der Ordinate y und dem zugehörigen $\sin\varkappa x$ bzw. $\cos\varkappa x$ besteht; dem Abstande dx entspricht die Strecke $2\pi/n$. Die Grenzen sind $x = 2\pi/n$ und $x = 2\pi$. Bezeichnen wir die mit n Teilpunkten ermittelten Koeffizienten mit $a_{\varkappa(n)}$ bzw. $b_{\varkappa(n)}$, zum Unterschied von den Koeffizienten $a_\varkappa$ und $b_\varkappa$ der wirklichen Reihe, so ist

$$a_{\varkappa(n)} = \frac{2}{n}\sum_{x=\frac{2\pi}{n}}^{x=2\pi} y \sin\varkappa x \qquad (15) \qquad\qquad b_{\varkappa(n)} = \frac{2}{n}\sum_{x=\frac{2\pi}{n}}^{x=2\pi} y \cos\varkappa x\,. \qquad (16)$$

Bezeichnet nun wieder $\varkappa$ die Oberwelle, deren Amplitude gesucht ist, λ die beliebigen Werte $\varkappa$, so ist die Gleichung der Kurve, Gl. (2a), wenn von b_0 abgesehen wird,

$$y = \sum_1^\infty a_\lambda \sin\lambda x + \sum_1^\infty b_\lambda \cos\lambda x\,. \qquad (17)$$

Setzt man diesen Wert von y in Gl. (15) und (16) ein, so erhält man für jeden Wert von λ in jeder der beiden Gleichungen zwei Reihen von je n Gliedern, die in Gl. (15) Produkte der Form enthalten

$$\sin\lambda x \sin\varkappa x\,, \quad \cos\lambda x \sin\varkappa x \quad \text{und in Gl. (16)} \quad \sin\lambda x \cos\varkappa x\,, \quad \cos\lambda x \cos\varkappa x\,. \qquad (18)$$

Diese können der Reihe nach ersetzt werden durch

$$\tfrac{1}{2}\cos(\lambda-\varkappa)x - \tfrac{1}{2}\cos(\lambda+\varkappa)x\,, \qquad -\tfrac{1}{2}\sin(\lambda-\varkappa)x + \tfrac{1}{2}\sin(\lambda+\varkappa)x$$

und

$$\tfrac{1}{2}\sin(\lambda-\varkappa)x + \tfrac{1}{2}\sin(\lambda+\varkappa)x\,, \qquad \tfrac{1}{2}\cos(\lambda+\varkappa)x + \tfrac{1}{2}\cos(\lambda+\varkappa)x\,.$$

Für jeden Wert von λ enthält nun jede der Gl. (15) und (16) vier Reihen von je n Gliedern der zuletztgenannten Formen. Diese Glieder stellen n Ordinaten einer Sinuskurve dar, die in gleichem Abstand voneinander auf $(\lambda \pm \varkappa)$ ganze Sinuswellen verteilt liegen. Ihre Summe ist für die Sinusfunktion stets Null, für die Kosinusfunktionen wird sie im allgemeinen Null, außer bei gewissen Werten von $(\lambda \pm \varkappa)$. Ist nämlich $(\lambda \pm \varkappa) = 0$, so wird

$$\cos(\lambda \pm \varkappa)x = \cos 0 = 1\,.$$

Ist ferner $(\lambda \pm \varkappa)$ ein Vielfaches (z) der Teilungszahl n, so ist, da $x = \nu 2\pi/n$,

$$\cos(\lambda \pm \varkappa)x = \cos z n \nu\, 2\pi/n = \cos \nu z 2\pi\,.$$

---

[1] Siehe A. Schleiermacher: ETZ 1910, H. 49.

Da ν und z ganze Zahlen sind, hat jedes Glied den Wert 1. Für $(\lambda \pm \varkappa) = 0, n, 2n, 3n$ usf. wird jedes Glied 1, und die mit $\frac{1}{2}$ multiplizierte Summe der n Glieder ist $n/2$. Hiermit sind die Amplituden $a_{\varkappa(n)}$ und $b_{\varkappa(n)}$ in Gl. (15) und (16)

$$a_{\varkappa(n)} = \frac{2}{n} \sum y \sin \varkappa x = a_\varkappa - a_{n-\varkappa} + a_{n+\varkappa} - a_{2n-\varkappa} + a_{2n+\varkappa} - \cdots, \quad (19)$$

$$b_{\varkappa(n)} = \frac{2}{n} \sum y \cos \varkappa x = b_\varkappa + b_{n-\varkappa} + b_{n+\varkappa} + b_{2n-\varkappa} + b_{2n+\varkappa} + \cdots. \quad (20)$$

Jede bei der Analyse erhaltene Amplitude enthält Oberwellen, deren Ordnung von der Anzahl der Teilpunkte abhängt.

Bestimmt man z. B. die Grundwelle mit $n = 18$ Teilpunkten, so sind in dem Resultat auch noch die 17. und 19., die 35. und 37. usf. Oberwelle enthalten. Bei der Bestimmung der 7. Oberwelle sind auch die 11. und 25. usw. enthalten.

Bei symmetrischen Kurven, die nach S. 73 nur ungerade Oberwellen enthalten, genügt die Summation über eine Halbwelle. Ist jetzt n die Zahl der Teilpunkte der Halbwelle, so ist

$$a_{\varkappa(n)} = \frac{2}{n} \sum_{\pi/n}^{\pi} y \sin \varkappa x, \qquad b_\varkappa = \frac{2}{n} \sum_{\pi/n}^{\pi} y \cos \varkappa x. \quad (21)$$

Jede Summe hat n Glieder. Für y ist wieder der Wert Gl. (17) einzusetzen. $(\lambda \pm \varkappa)$ sind jetzt stets gerade Zahlen. Die Sinusreihen fallen wieder fort. Die Kosinusreihen haben jetzt abgesehen vom Vorzeichen die Form

$$\frac{1}{2}\left[\cos(\lambda \mp \varkappa)\frac{\pi}{n} + \cdots + \cos(\lambda \mp \varkappa)\pi\right].$$

Diese Reihe ist Null, außer wenn

$$\tfrac{1}{2}(\lambda \mp \varkappa) = 0, n, 2n, 3n \ldots$$

ist. In diesen Fällen ist die Summe wieder $n/2$, und es ist nun

$$a_{\varkappa(n)} = a_\varkappa - a_{2n-\varkappa} + a_{2n+\varkappa} - a_{4n-\varkappa} + a_{4n+\varkappa} - \cdots + \cdots, \quad (19a)$$

$$b_{\varkappa(n)} = b_\varkappa + b_{2n-\varkappa} + b_{2n+\varkappa} + b_{4n-\varkappa} + b_{4n+\varkappa} + \cdots + \cdots. \quad (20a)$$

Ausführung der Analyse. Wir betrachten den für die Technik wichtigsten Fall, daß nur ungerade Harmonische vorkommen. n sei wieder die Zahl der Teilpunkte der Halbwelle. In den Summen nach Gl. (21)

$$a_\varkappa = \frac{2}{n} \sum_{\pi/n}^{\pi} y \sin \varkappa x, \qquad b_\varkappa = \frac{2}{n} \sum_{\pi/n}^{\pi} y \cos \varkappa x$$

lassen sich nach Runge[1] je zwei Glieder zusammenfassen, die in gleichem Abstand von der Mitte der Halbwelle ($x = \pi/2$) liegen. Sie haben die Abszissen $x = \nu\pi/n$ und $(n - \nu)\pi/n$, die Summe der Abszissen ist also gleich der Halbwelle. Nun ist

$$\sin \varkappa(n - \nu)\pi/n = \sin \varkappa(\pi - \nu\pi/n) = \sin \varkappa \nu \pi/n$$

$$\cos \varkappa(n - \nu)\pi/n = \cos \varkappa(\pi - \nu\pi/n) = -\cos \varkappa \nu \pi/n$$

Die Ordinaten solcher Punkte sind also mit dem gleichen Sinus und mit dem entgegengesetzt gleichen Kosinus zu multiplizieren.

Bei der Multiplikation mit $\sin \varkappa x$ hat man daher die Summe, bei der Multiplikation mit $\cos \varkappa x$ die Differenz der beiden Ordinaten zu nehmen.

Man faltet zweckmäßig die Reihe der Ordinaten so, daß die mit demselben Faktor zu multiplizierenden Ordinaten übereinanderstehen, wie im nachstehenden Schema für $n = 12$ Teilpunkte und $\pi/n = 15^0$ angegeben ist. Man beachte, daß die Summe der Indizes übereinanderstehender Ordinaten n (hier 12) ist. Das mittlere und das n^{te} Glied bleiben für sich. Dann bildet man die Summen s und die Diffe-

[1] ETZ 1905, S. 247.

renzen d

		y_1	y_2	y_3	y_4	y_5	y_6
	y_{12}	y_{11}	y_{10}	y_9	y_8	y_7	
Summen:		s_1	s_2	s_3	s_4	s_5	s_6
Differenzen:	d_6	d_5	d_4	d_3	d_2	d_1	

Hierin ist

$$s_1 = y_1 + y_{11}, \qquad d_1 = y_5 - y_7$$

$$\cdots\cdots\cdots\cdots\cdots\cdots$$

$$s_6 = y_6, \qquad d_6 = -y_{12}.$$

Es wird nun

$$a_\varkappa = \tfrac{1}{6}[s_1 \sin 15\varkappa + s_2 \sin 30\varkappa + \cdots + s_5 \sin 75\varkappa + s_6 \sin 90\varkappa],$$

$$b_\varkappa = \tfrac{1}{6}[d_6 + d_5 \cos 15\varkappa + d_4 \cos 30\varkappa + \cdots + d_1 \cos 75\varkappa].$$

Da die ungeraden Vielfachen der hier vorkommenden Winkel bis auf das Vorzeichen stets wieder dieselben Winkelfunktionen ergeben, hat man somit nur fünf Faktoren und den Faktor 1. Bei gewissen Oberwellen, nämlich wenn $\varkappa$ durch 3 teilbar ist, kommen nur die Faktoren 0,7071 und 1 vor.

In der nachstehenden Tabelle sind in der ersten Vertikalreihe die Winkelfunktionen angegeben, in den folgenden die mit ihnen zu multiplizierenden Ordinatensummen unter Berücksichtigung des Vorzeichens, und zwar beziehen sich die 6 Vertikalreihen der Reihe nach auf die Amplituden a_1 bis a_{11}. Man multipliziert also nacheinander die in einer Vertikalreihe stehenden Summen s mit den neben ihnen stehenden Faktoren, die Summe dieser Produkte ist dann das Sechsfache der Amplitude $a_\varkappa$. Zur Ermittlung der Amplituden $b_\varkappa$ sind in dem Schema an Stelle der Summen s die Differenzen d zu setzen, wobei sich das Vorzeichen von $b_\varkappa$ wie dort angegeben ergibt.

0,2588	s_1		s_5	s_5		s_1
0,5000	s_2		s_2	$-s_2$		$-s_2$
0,7071	s_3	$s_1+s_3-s_5$	$-s_3$	$-s_3$	$s_1+s_3-s_5$	s_3
0,8660	s_4		$-s_4$	s_4		$-s_4$
0,9659	s_5		s_1	s_1		s_5
1,0000	s_6	s_2-s_6	s_6	$-s_6$	$-(s_2-s_6)$	$-s_6$
	$6a_1$ $6b_1$	$6a_3$ $-6b_3$	$6a_5$ $6b_5$	$6a_7$ $-6b_7$	$6a_9$ $6b_9$	$6a_{11}$ $-6b_{11}$

Eine weitere Vereinfachung des Rechenverfahrens hat Schleiermacher[1] angegeben. Sie beruht darauf, daß in den berechneten Amplituden $a_\varkappa$ und $b_\varkappa$ je nach der Zahl der Teilpunkte n nach Gl. (19a) und (20a) auch die Amplituden von Wellen höherer Ordnung enthalten sind. Nimmt man wieder 12 Teilpunkte für die Halbwelle an, so hat man für den Koeffizienten a_1 der Grundwelle zunächst den Wert $a_{1(12)}$ für 12 Teilpunkte, gleichzeitig aber auch die Werte $a_{1(6)}$, $a_{1(4)}$, $a_{1(3)}$, $a_{1(2)}$ für 6, 4, 3, 2 Teilpunkte durch Fortlassen der Zwischenpunkte. Sollen z. B. wieder die ersten 6 Koeffizienten a_1 bis a_{11} und b_1 bis b_{11} bestimmt werden, wobei die Oberwellen von der 13. an vernachlässigt werden, so erhält man für die verschiedenen Einteilungen nach Gl. (19a)

$$a_{1(12)} = a_1[-a_{23} + a_{25} - \cdots$$

$$a_{1(6)} = a_1 - a_{11}[+a_{13} - \cdots$$

$$a_{1(4)} = a_1 - a_7 + a_9[-a_{15} + \cdots$$

$$a_{1(3)} = a_1 - a_5 + a_7 - a_{11}[+a_{13} - \cdots$$

$$a_{1(2)} = a_1 - a_3 + a_5 - a_7 + a_9 - a_{11}[+a_{13} \cdots$$

und

$$a_{3(12)} = a_3[-a_{21} + a_{27} - \cdots,$$

wobei die Oberwellen hinter den eckigen Klammern vernachlässigt werden.

[1] ETZ 1910, H. 49.

Bildet man nun:

$$a_{1(12)} - a_{1(6)} = e_6 = a_{11}$$
$$a_{1(12)} - a_{1(4)} = e_4 = a_7 - a_9$$
$$a_{1(12)} - a_{1(3)} = e_3 = a_5 - a_7 + a_{11}$$
$$a_{1(12)} - a_{1(2)} = e_2 = a_3 - a_5 + a_7 - a_9 + a_{11}\,,$$

so erhält man:

$$a_1 = a_{1(12)} \qquad a_7 = a_5 - e_3 + e_6\,,$$
$$a_3 = a_{3(12)} \qquad a_9 = a_7 - e_4$$
$$a_5 = a_3 - e_2 + e_4 + e_6 \qquad a_{11} = e_6\,.$$

Für die Koeffizienten $b_\varkappa$ hat man analog:

$$b_{1(12)} - b_{1(6)} = f_6 = -b_{11}$$
$$b_{1(12)} - b_{1(4)} = f_4 = -(b_7 + b_9)$$
$$b_{1(12)} - b_{1(3)} = f_3 = -(b_5 + b_7 + b_{11})$$
$$b_{1(12)} - b_{1(2)} = f_2 = -(b_3 + b_5 + b_7 + b_9 + b_{11})\,,$$

worin $b_{1(2)}$ die Ordinate für den Anfangspunkt der Teilung mit 2 Teilpunkten ist. Hieraus wird dann

$$b_1 = b_{1(12)} \qquad b_7 = -b_5 - f_3 + f_6$$
$$b_3 = b_{3(12)} \qquad b_9 = -b_7 - f_4$$
$$b_5 = -b_3 - f_2 + f_4 + f_6 \qquad b_{11} = -f_6\,.$$

Für die Berechnung der Koeffizienten $a_{1(12)}$ bis $a_{1(2)}$ und $a_{3(12)}$ verwendet man die nachstehende Tabelle, in der s_1 bis s_6 wieder die aus der Zusammenfaltung der Reihe gewonnenen Summen sind. Für die entsprechenden Koeffizienten $b_{\varkappa(n)}$ sind dann wieder unter Berücksichtigung des Vorzeichens an Stelle der Summen s die Differenzen d zu setzen, außer bei 3 Teilpunkten, wo die Differenzen besonders angegeben sind.

0,2588	s_1					
0,5000	s_2	s_2		d_2		
0,7071	s_3		s_3			$s_1 + s_3 - s_5$
0,8660	s_4	s_4		s_4		
0,9659	s_5					
1,0000	s_6	s_6	s_6	d_6	s_6	$s_2 - s_6$
	$6a_{1(12)}$ $6b_{1(12)}$	$3a_{1(6)}$ $3b_{1(6)}$	$2a_{1(4)}$ $2b_{1(4)}$	$1{,}5a_{1(3)}$ $1{,}5b_{1(3)}$	$a_{1(2)}$ $b_{1(2)}$	$6a_{3(12)}$ $-6b_{3(12)}$

Dieses Verfahren hat den Vorzug, daß, wo es zunächst nur auf die Grundwelle ankommt, mit einer gröberen Teilung, z. B. $n = 6$ begonnen werden kann. Hierbei erhält man für die Grundwelle schon je vier Werte $a_{1(2)}$, $a_{1(3)}$, $a_{1(4)}$, $a_{1(6)}$ und entsprechend die $b_{1(n)}$. Aus diesen Werten läßt sich schon beurteilen, ob noch höhere Harmonische vorkommen und dann zu deren Ermittlung die Zwischenpunkte für $n = 12$ hinzunehmen. Auch lassen sich leicht durch weitere Zwischenpunkte noch höhere Harmonische ermitteln.

45. Graphische Verfahren.

Das Verfahren von Fischer-Hinnen[1] beruht darauf, daß, wie schon S. 76 gezeigt, p Ordinaten, die in gleichem Abstand auf w ganzen Sinuswellen verteilt sind, die Summe Null ergeben, wenn $w:p$ keine ganze Zahl ist. Abb. 94 zeigt z. B. $w = 3$ ganze Wellen und $p = 5$ Ordinaten.

Ist dagegen $w:p$ eine ganze Zahl, so sind alle Ordinaten gleichgroß, ihre Summe ist p-mal so groß wie die Anfangsordinate. Teilt man auf einer gegebenen Kurve

[1] ETZ 1901, S. 396.

eine ganze Periode $\overline{OO'}$ ab (Abb. 95), so entspricht der Anfangsordinate in O $x=0$, sie enthält nach Gl. (17) alle Amplituden $b_\varkappa$

$$y_{(1)} = b_1 + b_3 + b_5 + \cdots.$$

Teilt man die Periode $\overline{OO'}$ in drei Teile und addiert die drei Ordinaten, so enthält die Summe nach vorstehendem nur die Amplituden $b_\varkappa$ der Oberwellen, deren Ordnung $\varkappa$ durch 3 teilbar ist. Für jede Oberwelle enthält die Summe den dreifachen Betrag der Anfangsordinate. Die Ordinatensumme ist daher

$$\sum y_{(3)} = 3(b_3 + b_9 + b_{15} + \cdots) + \cdots.$$

Ebenso sind für 5, 7, ... Teile die Ordinatensummen

$$\sum y_{(5)} = 5(b_5 + b_{15} + \cdots),$$
$$\sum y_{(7)} = 7(b_7 + \cdots),$$
$$\sum y_{(9)} = 9(b_9 + \cdots).$$

Hiermit lassen sich alle $b_\varkappa$ berechnen.

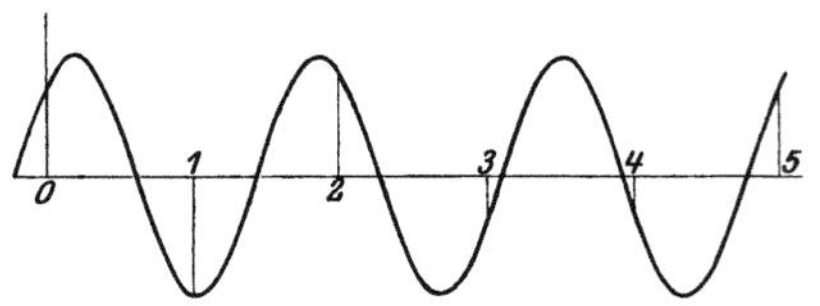

Abb. 94.

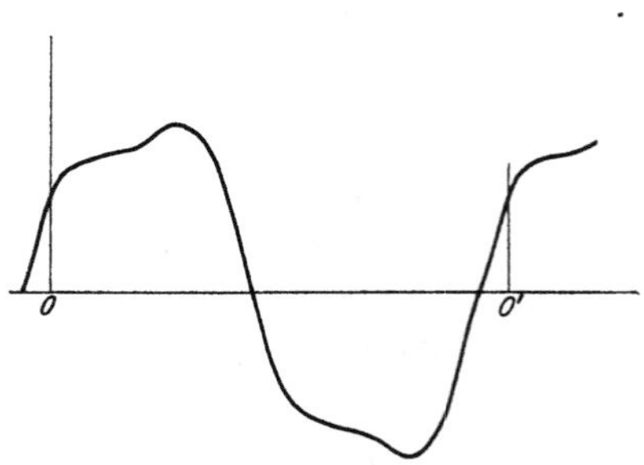

Abb. 95.

Verschiebt man den Anfangspunkt um eine Viertelwelle, so enthält die neue Anfangsordinate für $x = \pi/2$ alle Amplituden der Sinusglieder, die mit $\sin \varkappa\pi/2$ für

$\varkappa = 4n + 1$ positiv, und für $\varkappa = 4n - 1$ negativ sind.

Daher ist

$$y'_{(1)} = a_1 - a_3 + a_5 - a_7 + \cdots.$$

Teilt man vom neuen Anfangspunkt die Welle wieder in 3, 5, 7, 9 Teile, so sind die Ordinatensummen

$$\sum y'_{(3)} = 3(-a_3 + a_9 - a_{15} + \cdots)$$
$$\sum y'_{(5)} = 5(a_5 - a_{15} \cdots)$$
$$\sum y'_{(7)} = 7(-a_7 + \cdots - \cdots)$$
$$\sum y'_{(9)} = 9(a_9 - \cdots).$$

Die Grundwelle erhält man bei diesem Verfahren am ungenauesten, da sie erst nach Ermittlung der Oberwellen als Rest in $y_{(1)}$ bzw. $y'_{(1)}$ übrigbleibt.

Ein rein zeichnerisches Verfahren ist von R. Rothe[1] angegeben. Es beruht darauf, daß man die aufeinanderfolgenden Ordinaten der in n Teile geteilten Periode unter den Winkeln $\varkappa 2\pi/n$ aneinanderreiht. Man verwendet dazu zweckmäßig eine auf Pauspapier gezeichnete Windrose mit n Strahlen im Abstand $2\pi/n$. Die Summe der geometrisch addierten Ordinaten ergibt mit $2/n$ multipliziert die resultierende Amplitude $i_{\varkappa m}$. Der Beweis folgt aus der Entwicklung der Summen in Gl. (15) und (16)

$$a_\varkappa = \frac{2}{n}\left[y_1 \sin\varkappa\left(\frac{2\pi}{n}\right) + y_2 \sin\varkappa 2\left(\frac{2\pi}{n}\right) + \cdots + y_n \sin\varkappa 2\pi\right],$$

$$b_\varkappa = \frac{2}{n}\left[y_1 \cos\varkappa\left(\frac{2\pi}{n}\right) + y_2 \cos\varkappa 2\left(\frac{2\pi}{n}\right) + \cdots + y_n \cos\varkappa 2\pi\right].$$

Drückt man die geometrische Addition der Sinus- und Kosinus-Glieder symbolisch aus und multipliziert die erste Gleichung mit j und addiert sie zur zweiten, so wird

$$i_{\varkappa m} = b_\varkappa + j a_\varkappa = \frac{2}{n}\left(y_1 e^{j\varkappa\left(\frac{2\pi}{n}\right)} + y\, e^{j\varkappa 2\left(\frac{2\pi}{n}\right)} + \cdots + y_n e^{j\varkappa 2\pi}\right).$$

[1] ETZ 1920, S. 1000.

Bei symmetrischen Kurven läßt sich das Verfahren sinngemäß für die Ordinaten einer Halbwelle anwenden, indem man sie unter den Winkeln $\varkappa\pi/n$ aneinanderreiht, worin n die Anzahl Teilpunkte der Halbwelle ist.

Weitere graphische Methoden s. Houston u. Kennelly: ETZ 1898, S. 714; Varreka: ETZ 1907, S. 482; Pichelmeyer u. Schrutka: ETZ 1912, S. 129; v. Sanden: Arch. Elektrot. Bd. 1, S. 42. 1912; Slaby: Arch. Elektrot. Bd. 2, S. 19 u. ETZ 1919, S. 535. Über experimentelle Aufnahme von Kurven s. Orlich: Aufnahme und Analyse von Wechselstromkurven. Braunschweig 1906. Über einen mechanischen Analysator nach Chubb s. Hartenheim: ETZ 1917, S. 48.

46. Effektivwert und Leistung mehrwelliger Ströme.

Es seien zwei mehrwellige Wechselströme gegeben:

$$i = \sum(a_\varkappa \sin\varkappa\omega t + b_\varkappa \cos\varkappa\omega t) = \sum i_{\varkappa m} \sin(\varkappa\omega t + \psi_\varkappa),$$
$$i' = \sum(a'_\varkappa \sin\varkappa\omega t + b'_\varkappa \cos\varkappa\omega t) = \sum i'_{\varkappa m} \sin(\varkappa\omega t + \psi'_\varkappa).$$

Es soll der Mittelwert ihres Produktes $\frac{1}{T}\int_0^T i\,i'\,dt$ berechnet werden. Für zwei Sinusfunktionen von verschiedener Frequenz ist der Mittelwert des Produktes gleich Null, ebenso für das Produkt einer Sinus- und einer Kosinusfunktion von gleicher Frequenz. In dem Produkt ii' braucht man daher nur Faktoren zu berücksichtigen, die sich aus zwei Sinus- oder zwei Kosinusgliedern von gleicher Frequenz zusammensetzen, für die $\varkappa$ denselben Wert hat. Daher ist

$$\frac{1}{T}\int_0^T i\,i'\,dt = \sum \tfrac{1}{2}(a_\varkappa a'_\varkappa + b_\varkappa b'_\varkappa) = \sum \tfrac{1}{2}\, i_{\varkappa m} i'_{\varkappa m} \cos(\psi_\varkappa - \psi'_\varkappa). \tag{22}$$

Sind die beiden Ströme i und i' identisch, so erhält man das Quadrat des Effektivwertes (J)

$$J^2 = \frac{1}{T}\int_0^T i^2\,dt = \sum \tfrac{1}{2}(a_\varkappa^2 + b_\varkappa^2) = \sum \tfrac{1}{2} i_{\varkappa m}^2.$$

Hierin ist

$$\tfrac{1}{2} i_{\varkappa m}^2 = J_\varkappa^2$$

das Quadrat des Effektivwertes der Oberwelle von der Periodenzahl $\varkappa\omega$. Daher ist der Effektivwert des mehrwelligen Stromes

$$J = \sqrt{\sum J_\varkappa^2} = \sqrt{J_1^2 + J_3^2 + J_5^2 + \cdots}. \tag{23}$$

Er ist gleich der Wurzel aus der Summe der Quadrate der Effektivwerte der einzelnen Harmonischen.

Ersetzt man in Gl. (22) i' durch eine Spannung p, so erhält man die **Leistung**:

$$N = \frac{1}{T}\int_0^T p\,i\,dt = \sum \tfrac{1}{2} p_{\varkappa m} i_{\varkappa m} \cos(\psi_\varkappa - \psi'_\varkappa). \tag{24}$$

Hierin ist

$$\tfrac{1}{2} p_{\varkappa m} i_{\varkappa m} = P_\varkappa J_\varkappa$$

das Produkt der Effektivwerte der $\varkappa$-ten Strom- und Spannungswelle und $\cos(\psi_\varkappa - \psi'_\varkappa) = \cos\varphi_\varkappa$ der Kosinus ihrer Phasenverschiebung. Die mittlere Leistung ist

$$N = \sum P_\varkappa J_\varkappa \cos\varphi_\varkappa = P_1 J_1 \cos\varphi_1 + P_3 J_3 \cos\varphi_3 + P_5 J_5 \cos\varphi_5 + \cdots. \tag{25}$$

Die Leistung ist die Summe der Leistungen der einzelnen Harmonischen. Oberwellen von verschiedener Periodenzahl sind voneinander in bezug auf die mittlere Leistung vollständig unabhängig. Aus Gl. (23) ergibt sich die Stromwärme in einem Ohmschen Widerstand R

$$J^2 R = R(J_1^2 + J_3^2 + J_5^2 + \cdots).$$

Jede Oberwelle erzeugt eine von den übrigen unabhängige Stromwärme.

In dem Produkt $\sum \frac{1}{2} p_{\varkappa m} i_{\varkappa m} \cos(\psi_\varkappa - \psi'_\varkappa)$ kommen die Effektivwerte der resultierenden Strom- und Spannungswelle nicht vor. Man setzt trotzdem analog wie bei einwelligen Wechselströmen

$$N = P J \cos\varphi$$

und nennt $\cos\varphi$ den Leistungsfaktor. Im Gegensatz zu einwelligen Strömen ist er hier von den Effektivwerten von Strom und Spannung abhängig (s. a. S. 88).

47. Formfaktor und Scheitelfaktor mehrwelliger Ströme.

Die Effektivwerte haben praktisch die größte Bedeutung, weil sie mit den technischen Meßinstrumenten gemessen werden. Über die Kurvenform sagen sie nichts aus.

Für die Eisenverluste (s. Kap. XI) ist der Höchstwert des Flusses innerhalb der Periode maßgebend, für die elektrische Beanspruchung der Isolation der Höchstwert der Spannung.

Der Höchstwert des Flusses ergibt sich nach Kap. I S. 8 aus dem Effektivwert der Spannung und dem Formfaktor.

Der Formfaktor ist nach S. 7 das Verhältnis des Effektivwertes zum Mittelwert. Für die Sinuskurve war

$$\xi = \frac{\pi}{2\sqrt{2}} = 1{,}11.$$

Zum Vergleich berechnen wir ihn für zwei Beispiele:

1. Das Rechteck. Hier ist $J = i_m$, $M(i) = i_m$, $\xi = 1$.

2. Das Dreieck mit der Höhe i_m. Die Ordinaten i^2 bilden zwei Parabeln mit dem Mittelwert $\frac{1}{3} i_m^2$. Daher ist

$$J = \frac{1}{\sqrt{3}} i_m, \qquad M(i) = \tfrac{1}{2} i_m, \qquad \xi = \frac{2}{\sqrt{3}} = 1{,}15.$$

Ist eine Kurve flacher als die Sinuslinie (Rechteck), so ist der Formfaktor kleiner als 1,11, ist sie spitzer (Dreieck), so ist er größer.

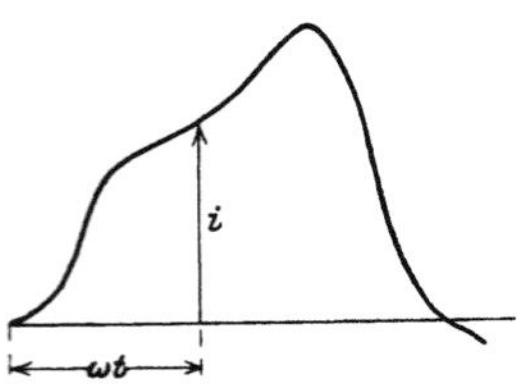

Abb. 96a.

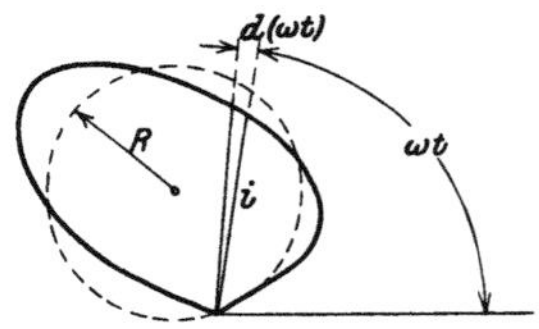

Abb. 96b.

Graphisch kann der Effektivwert nach Fleming wie folgt ermittelt werden. Die in rechtwinkligen Koordinaten (Abb. 96a) gegebene Kurve wird in Polarkoordinaten aufgetragen (Abb. 96b). Der Flächeninhalt der Polarkurve ist

$$F = \int_0^{\pi/2} \frac{i^2}{2} d(\omega t) = \frac{\pi}{T} \int_0^{T/2} i^2 dt = \frac{\pi}{2} J^2 = 4\pi R^2,$$

R ist der Radius des flächengleichen Kreises. Daher ist

$$J = \sqrt{2} R.$$

Für eine Sinuslinie ist die Polarkurve ein Kreis.

Der Scheitelfaktor ist nach S. 7 das Verhältnis der Amplitude zum Effektivwert. Er ist um so größer, je spitzer die Kurve ist. Für das Rechteck ist $\sigma = 1$, für die Sinuskurve $\sigma = \sqrt{2} = 1{,}414$, für das Dreieck $\sigma = \sqrt{3} = 1{,}73$.

48. Die Summe von zwei mehrwelligen Strömen.

Die Summe von zwei Sinusströmen ist wieder ein Sinusstrom. Die Summe von zwei mehrwelligen Strömen hat dagegen im allgemeinen eine andere Kurvenform als jeder Teilstrom. So ist die Summe von zwei gleichgroßen gegeneinander verschobenen Trapezen nach Abb. 97 ein Doppeltrapez. Die Oberwellen addieren sich unter anderen Phasenwinkeln als die Grundwellen.

Ist bei gleichgroßen Strömen die Verschiebung der Grundwellen φ, so ist sie für die $\varkappa$-ten Oberwellen $\varkappa\varphi$, die Amplitudensummen sind

$$i'_{1m} = i_{1m}\sqrt{2(1+\cos\varphi)}\,, \qquad i'_{\varkappa m} = i_{\varkappa m}\sqrt{2(1+\cos\varkappa\varphi)}\,.$$

Ist $\varkappa\varphi = \pi$ oder ein ungerades Vielfaches von π, so heben sich die beiden Oberwellen heraus. Für $\varphi = 60^0$ ist die Summe der Grundwellen $i'_{1m} = i_{1m}\sqrt{3}$, dagegen fallen die Oberwellen heraus, deren Ordnungszahl $\varkappa = 3$ oder ein ungerades Vielfaches von 3 ist. Ist hingegen $\varkappa\varphi = 2\pi$, so ergeben die Oberwellen die doppelte Amplitude. Für $\varphi = 120^0$ ist die Summe der Grundwellen $i'_{1m} = i_1$, die Summe der Oberwellen $\varkappa = 3$, $i'_{3m} = 2i_{3m}$. Diese Oberwelle und ihre Vielfachen erscheinen im Summenstrom stärker ausgeprägt als in den Teilströmen.

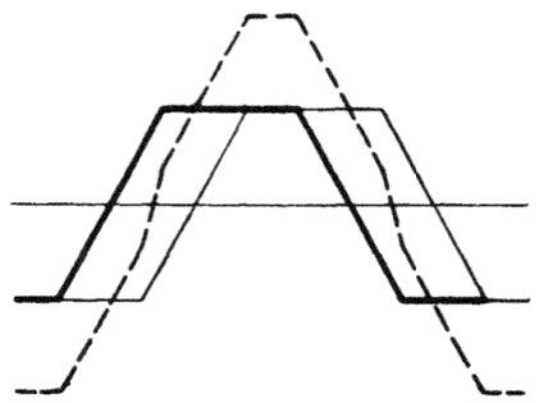

Abb. 97.

Das Verhältnis von Oberwelle zu Grundwelle ist beim Summenstrom ebenso groß wie bei den gleichen Teilströmen, wenn $\varphi = \frac{2z\pi}{\varkappa \pm 1}$ ist, worin z eine ganze Zahl ist. Dann ist $\cos\varkappa\varphi = \cos(2z\pi \pm \varphi) = \cos\varphi$. Zwei Ströme von gleicher Kurvenform geben im allgemeinen nur dann einen ähnlichen Strom, wenn $\varphi = 0$ ist.

49. Stromverzerrung durch Selbstinduktion und Kapazität.

Der Ladestrom eines Kondensators bei einer Spannung

$$p = \sum (a_\varkappa \sin\varkappa\omega t + b_\varkappa \cos\varkappa\omega t)$$

ist

$$i = C\frac{dp}{dt} = \omega C \sum (\varkappa a_\varkappa \cos\varkappa\omega t - \varkappa b_\varkappa \sin\varkappa\omega t)\,.$$

Die Oberwellen des Stromes sind um so stärker ausgeprägt als die der Spannung, je höher ihre Frequenz ist. Abb. 98 zeigt die Oszillogramme von Strom und Spannung eines Kondensators.

Der Strom einer Drosselspule von der Induktivität L wird hingegen, wenn der Ohmsche Widerstand vernachlässigt werden kann,

$$i = \frac{1}{L}\int p\,dt = \frac{1}{\omega L}\sum\left(-\frac{a_\varkappa}{\varkappa}\cos\varkappa\omega t + \frac{b_\varkappa}{\varkappa}\sin\varkappa\omega t\right).$$

Hier sind die Oberwellen des Stromes um so stärker gedämpft, je höher ihre Frequenz ist, der Strom nähert sich der Sinusform mehr als die Spannung.

Das Oszillogramm Abb. 99 zeigt den Strom einer Drosselspule bei derselben Spannung wie Abb. 98 für den Kondensator.

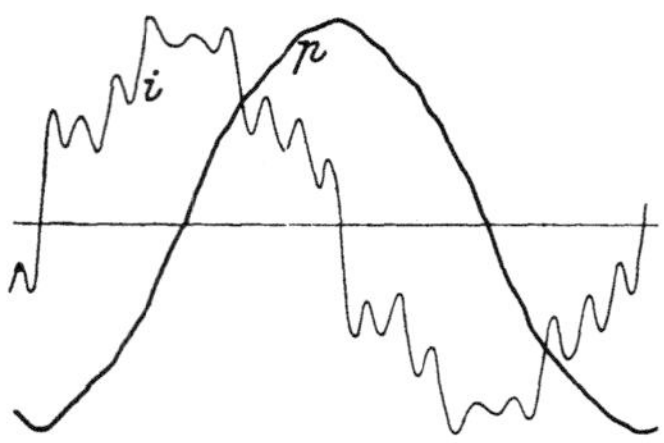

Abb. 98.

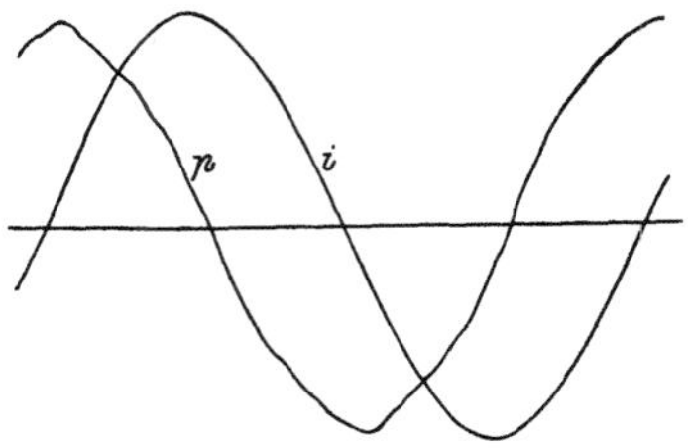

Abb. 99.

Beispiele:

Der Ladestrom eines Kondensators bei dreieckiger Spannung. In der ersten halben Periode wächst p von $-p_m$ bis $+p_m$, in der zweiten fällt p von $+p_m$ auf $-p_m$. Dann ist

$$i = \pm C\frac{dp}{dt} = \pm C\frac{4p_m}{T} = \pm C\frac{2}{\pi}\omega p_m\,.$$

Der Strom hat in beiden Halbperioden den gleichen konstanten Wert mit entgegengesetztem Vorzeichen, er hat rechteckige Kurvenform und springt beim Übergang von $+i$ auf $-i$.

Der Strom einer Drosselspule mit sehr kleinem Widerstand ist bei dreieckiger Spannung die aus Parabelbögen zusammengesetzte Integralkurve des Dreiecks (Abb. 100), die sich der Sinusform erheblich mehr nähert als die Spannungskurve.

Ein Schwingungskreis bei verzerrter Spannung. Ein Schwingungskreis mit Spule und Kondensator in Reihe bietet Strömen verschiedener Frequenzen nach Kap. II S. 21 sehr ungleiche Scheinwiderstände. Bei mehrwelliger Spannung ist das Verhältnis der Spannungsamplitude zur Stromamplitude für die Oberwelle der Ordnung $\varkappa$

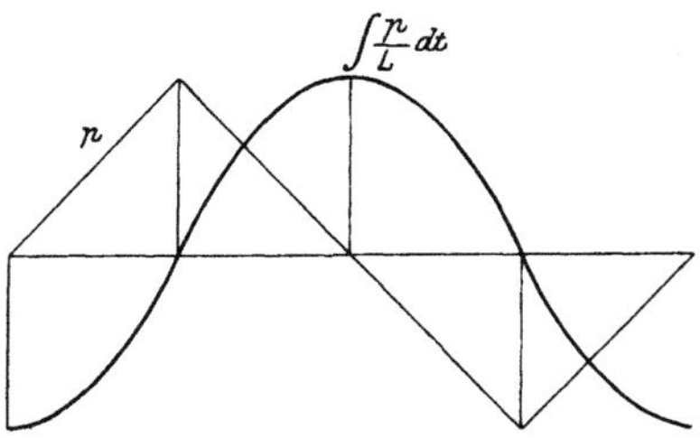

Abb. 100.

$$z_\varkappa = \sqrt{R^2 + (\varkappa \omega L - 1/\varkappa \omega C)^2} \tag{26}$$

und die Phasenverschiebung

$$\operatorname{tg} \varphi_\varkappa = \frac{\varkappa \omega L - 1/\varkappa \omega C}{R}, \tag{27}$$

wenn R, L, C unabhängig vom Strom und von der Frequenz sind.

Da der resultierende Blindwiderstand stark frequenzabhängig ist, sind die Stromoberwellen teils stärker, teils schwächer ausgeprägt. Eine Stromoberwelle der Ordnung $\varkappa$ hat ihr Maximum für $\varkappa\omega = 1/\sqrt{LC}$. Bei mehrwelliger Spannung gibt es daher so viele Resonanzmöglichkeiten wie Spannungswellen vorkommen.

Beispiel. Für $R = 10$ Ohm, $C = 5\,\mu$F, $L = 0{,}225$ H ist

$$\varkappa f = \frac{1}{2\pi\sqrt{LC}} = \frac{10^3}{2\pi\sqrt{5 \cdot 0{,}225}} = 150\,.$$

Es besteht also Resonanz für die Grundwelle, $\varkappa = 1$, bei $f = 150$ Hz, für die dritte Oberwelle bei $f = 50$ Hz, für die fünfte bei $f = 30$ Hz usf. Ist die Spannung rechteckig und die Amplitude $p_m = 100$ Volt, so sind die Effektivwerte nach Gl. (10) $P_\varkappa = 4 p_m/\varkappa\pi\sqrt{2}$, $P_1 = 90$ Volt, $P_3 = 30$ Volt, $P_5 = 18$ Volt usf. Bei $f = 50$ Hz besteht Resonanz für die dritte Oberwelle, die effektiven Ströme sind $J_1 = 0{,}159$ Amp, $J_3 = 3{,}0$ Amp, $J_5 = 0{,}079$ Amp usf. Die Grundwelle ist nur 5,3% von der dritten Oberwelle, die höheren Oberwellen sind noch wesentlich kleiner. Der Effektivwert des resultierenden Stromes weicht nur unwesentlich von dem der dritten Oberwelle ab.

Durch Veränderung von L und C bei konstanter Grundfrequenz kann Resonanz für die verschiedenen Oberwellen hergestellt werden, man kann sie experimentell trennen. Ein darauf beruhendes Verfahren ist von Armagnat[1] angegeben.

Resonanzstromkreise werden mitunter zur Unterdrückung störender Oberschwingungen in niederfrequenten Stromkreisen verwendet, z. B. der Nutenoberschwingungen von Wechselstrommaschinen, die infolge ihrer Höhe für Telephonleitungen störend sind, oder zur Unterdrückung der Oberwellen im Gleichstrom eines Gleichrichters.

Der an die verzerrte Spannung angeschlossene Schwingungskreis läßt fast nur den Strom durchtreten, auf dessen Frequenz er abgestimmt ist. Damit er für die betreffende Oberwelle einen möglichst vollkommenen Kurzschluß bildet, muß sein Ohmscher Widerstand so klein wie möglich sein.

Für Messungen folgt aus der Verschiedenheit der Kurvenformen von Strom und Spannung, daß das Verhältnis der Effektivwerte beim Kondensator und der Drosselspule kein direktes Maß für die Kapazität bzw. die Induktivität ist.

Für den Kondensator ist mit

$$P = \sqrt{\Sigma P_\varkappa^2}, \qquad J = \omega C \sqrt{\Sigma (\varkappa P_k)^2}$$

$$\frac{J}{P} = \omega C \sqrt{\frac{\Sigma (\varkappa P_\varkappa)^2}{\Sigma P_k^2}}.$$

[1] Journal de physique 1902.

Der Ausdruck kann von ωC erheblich abweichen. Nach S. 83 war der Ladestrom bei dreieckiger Spannung rechteckig. Hier ist

$$P = \frac{p_m}{\sqrt{3}}, \qquad J = i_m = \frac{2}{\pi}\omega C p_m, \qquad \frac{J}{P} = \frac{2\sqrt{3}}{\pi}\omega C = 1{,}10\,\omega C.$$

Bei einer Induktivität (mit kleinem Widerstand) ist

$$J = \frac{1}{\omega L}\sqrt{\sum\left(\frac{P_\varkappa}{\varkappa}\right)^2}, \qquad \frac{P}{J} = \omega L\sqrt{\frac{\Sigma P_k^2}{\Sigma (P_\varkappa/\varkappa)^2}}.$$

Dieser Ausdruck weicht im allgemeinen weniger von ωL ab. Für die dreieckige Spannung war nach S. 84 die Stromkurve aus Parabelbögen zusammengesetzt. Hier erhält man

$$J = i_m\sqrt{\frac{8}{15}} = \frac{p_m}{\omega L}\frac{\pi}{2}\sqrt{\frac{2}{15}}, \qquad P = \frac{p_m}{\sqrt{3}}, \qquad \frac{P}{J} = \omega L\frac{2}{\pi}\sqrt{\frac{15}{6}} = 1{,}006\,\omega L.$$

Die Selbstinduktion kann daher wesentlich genauer gemessen werden. Um eine Kapazität durch Strom- und Spannungsmessung zu bestimmen, schaltet man sie mit einer veränderlichen Induktivität in Reihe und stellt auf Resonanz für die Grundwelle ein. Dann ist $\omega C = 1/\omega L$, worin ωL durch Strom und Spannung hinreichend genau ermittelt wird.

50. Leistungsfaktor und Scheinleistung bei mehrwelligen Strömen.

Wie bei einwelligen Strömen bezeichnet man das Produkt der Effektivwerte von Spannung und Strom, das für die Bemessung der Anlage maßgebend ist, als Richt- oder Scheinleistung, $N_s = PJ$. Hierin ist

$$P = \sqrt{\Sigma P_\varkappa^2}. \qquad J = \sqrt{\Sigma J_\varkappa^2}. \tag{28}$$

Zerlegt man jede Stromwelle $J_\varkappa$ in die Komponenten $J_\varkappa \cos\varphi_\varkappa$ in Phase und $J_\varkappa \sin\varphi_\varkappa$ in Quadratur mit der Spannung von gleicher Ordnung $\varkappa$, so zerfällt die Produktensumme in die folgenden drei Summenglieder

$$\Sigma P_\varkappa^2 J_\varkappa^2 = N_s^2 = (\Sigma P_\varkappa J_\varkappa \cos\varphi_\varkappa)^2 + (\Sigma P_\varkappa J_\varkappa \sin\varphi_\varkappa)^2 + \Sigma(P_\varkappa^2 J_\lambda^2 + P_\lambda^2 J_\varkappa^2 - 2P_\varkappa P_\lambda J_\varkappa J_\lambda \cos(\varphi_\varkappa - \varphi_\lambda)]. \tag{29}$$

Das erste Glied ist das Quadrat der Leistung

$$N = \Sigma P_\varkappa J_\varkappa \cos\varphi_\varkappa. \tag{30}$$

Sie ist nach Gl. (25) die Summe der Leistungen der Teilwellen.

Das zweite Glied enthält die Summe der Blindleistungen der Teilwellen, die von der Ladung elektrischer und magnetischer Felder herrührt. Wir nennen es Blindleistungssumme und setzen

$$N_b = \Sigma P_\varkappa J_\varkappa \sin\varphi_\varkappa. \tag{31}$$

Das dritte Glied, das die Produkte von Strömen und Spannungen ungleicher Frequenzen $(\varkappa, \lambda)$ enthält, hat wie das zweite in jedem Teilgliede den Mittelwert Null, weil das Produkt von zwei Sinuswellen verschiedener Frequenzen über mehrere Halbwellen Null ist. Es hat aber einen ganz anderen Sinn als die Blindleistung. Nach dem Vorschlag von C. Budeanu[1] bezeichnen wir es als Verzerrungsleistung N_v

$$N_v = \sqrt{\Sigma[P_\varkappa^2 J_\lambda^2 + P_\lambda^2 J_\varkappa^2 - 2P_\varkappa P_\lambda J_\varkappa J_\lambda \cos(\varphi_\varkappa - \varphi_\lambda)]}. \tag{32}$$

Damit wird die Scheinleistung

$$N_s = \sqrt{N^2 + N_b^2 + N_v^2} \tag{29a}$$

und der Leistungsfaktor als Verhältnis der Leistung zur Scheinleistung

$$k_w = \frac{N}{PJ} = \frac{N}{N_s} = \frac{N}{\sqrt{N^2 + N_b^2 + N_i^2}}. \tag{33}$$

---

[1] Puissances réactives et fictives. Bukarest 1927. ETZ 1928, H. 3.

Aus Gl. (33) folgt, daß bei mehrwelligen Strömen der Leistungsfaktor auch bei reinem Wirkverbrauch, d. h. $N_b = 0$, kleiner als 1 sein kann, wenn infolge der Verzerrung der Strom- und Spannungswellen N_v von Null verschieden ist.

Nach Gl. (32) verschwindet N_v, wenn die beiden Bedingungen erfüllt sind

$$\varphi_\varkappa = \varphi_\lambda = \cdots \qquad (34) \qquad\qquad P_\varkappa : J_\varkappa = P_\lambda : J_\lambda \cdots \qquad (35)$$

Es muß also bei allen Teilwellen die Phasenverschiebung zwischen Spannung und Strom und das Verhältnis von Spannung zu Strom gleich groß sein.

Die zweite Bedingung $P_\varkappa = k \cdot J_\varkappa$ ist aber nur für einen Ohmschen Widerstand erfüllt, d. h. für $\varphi_\varkappa = 0$. Dann ist die resultierende Stromwelle der Spannungswelle proportional und $N_v = 0$.

Nun gibt es zahlreiche Wirkverbraucher, bei denen diese Bedingung nicht erfüllt ist. Beispiele sind alle mit Lichtbögen arbeitenden Einrichtungen, wie Bogenlampen, Öfen, Schweißapparate, Gleichrichter, weil beim Lichtbogen keine Proportionalität zwischen Spannung und Strom besteht. Abb. 101 zeigt den Strom eines Lichtbogens, dem ein Ohmscher Widerstand vorgeschaltet ist, bei einwelliger Spannung. Hier ist die Scheinleistung

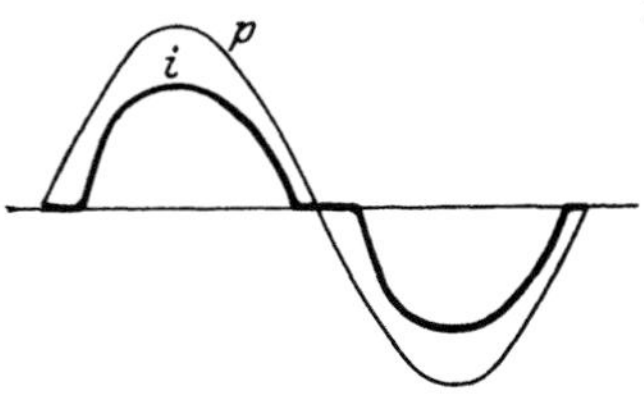

Abb. 101.

$$N_s = PJ = P\sqrt{J_1^2 + J_2^2 + J_3^2 + \cdots} = P\sqrt{\sum J_\varkappa^2}.$$

Die Leistung ist

$$N = PJ_1 \quad \text{und} \quad N_v = P\sqrt{J_2^2 + J_3^2 + \cdots},$$

daher der Leistungsfaktor

$$k_w = \frac{PJ_1}{PJ} = \frac{J_1}{J} < 1,$$

obwohl keine Blindleistung vorkommt.

Andere verzerrende Verbraucher sind alle Einrichtungen, deren magnetische Felder in Eisen verlaufen, wegen der gekrümmten Magnetisierungskurve des Eisens (s. Kap. XI).

Aber auch bei konstanten Induktivitäten oder Kapazitäten ist bei mehrwelliger Spannung N_v von Null verschieden.

Bei einer verlustfreien Drosselspule oder einem verlustfreien Kondensator besteht zwischen N_v und N_b eine einfache Beziehung, denn es ist $\varphi_\varkappa = \varphi_\lambda = \pm \pi/2$. Daher ist nach Gl. (32)

$$N_v = \sqrt{\sum [P_\varkappa J_\lambda - P_\lambda J_\varkappa]^2}. \qquad (32\text{a})$$

Dabei ist für Spule bzw. Kondensator

$$\frac{P_\varkappa}{\varkappa J_\varkappa} = \frac{P_\lambda}{\lambda J_\lambda} = \omega L, \qquad \frac{J_\varkappa}{\varkappa P_\varkappa} = \frac{J_\lambda}{\lambda P_\lambda} = \omega C$$

und die Blindleistungen der Teilwellen

$$P_\varkappa J_\varkappa = N_{b\varkappa}, \qquad P_\lambda J_\lambda = N_{b\lambda}.$$

Hiermit wird in (32a)

$$N_v = \sqrt{\sum \left(\sqrt{\frac{\varkappa}{\lambda}} - \sqrt{\frac{\lambda}{\varkappa}}\right)^2 N_{b\varkappa} N_{b\lambda}}. \qquad (32\text{b})$$

Während die Blindleistungen von Kondensator und Spule entgegengesetztes Vorzeichen haben, ist dies für N_v nach (32a) oder (32b) nicht der Fall. Bei Parallelschaltung von Spule und Kondensator können sich jeweils nur die Blindleistungen einer Teilwelle aufheben, zur Summe der übrigen addieren sich quadratisch die Verzerrungsleistungen.

In der Blindleistungssumme Gl. (31) entspricht jedem Gliede ein Anteil $\overline{W}_\varkappa$ an der mittleren Feldenergie. Es ist

$$P_\varkappa J_\varkappa \sin\varphi_\varkappa = N_{b\varkappa} = 2\varkappa\omega \overline{W}_\varkappa$$

und

$$N_b = \sum N_{b\varkappa} = \sum 2\varkappa\omega \overline{W}_\varkappa.$$

Die gesamte mittlere Feldenergie ist $\overline{W} = \sum \overline{W}_\varkappa$. Bei einwelliger Schwingung bedingt sie die Blindleistung $2\omega\overline{W}$, die stets kleiner ist als die Blindleistungssumme der mehrwelligen Schwingung.

Die Leistung der Stromwärme in einem Widerstand kann nach Gl. (29a) geschrieben werden

$$J^2 R = \left(\frac{N_s}{P}\right)^2 R = \frac{R}{P^2}(N^2 + N_b^2 + N_v^2). \tag{36}$$

Daraus folgt, daß bei der Übertragung einer Leistung N mit einer Spannung P aus zwei Gründen in allen Widerständen die kleinsten Verluste auftreten, wenn Strom und Spannung einwellig sind. Denn erstens fällt N_v fort, und zweitens ist N_b, wie gezeigt, bei gleicher Feldenergie bei einwelligen Schwingungen am kleinsten.

Darum strebt man bei der Verteilung elektrischer Leistung stets sinusförmige Spannungen und Ströme an.

Die meßtechnische Zerlegung der Scheinleistung in die drei Komponenten mittels dynamometrischer Leistungsmesser ist in dem praktisch wichtigen Fall möglich, daß die Spannung einwellig und nur der Strom verzerrt ist. Dann ergibt die Spannung nur mit der Grundwelle des Stromes Leistung und Blindleistung.

Die Blindleistung wird mittels einer Kunstschaltung (s. S. 55) bestimmt, bei der der Spannungsspule des Leistungsmessers ein gegen die einwellige Spannung um ¼ Periode phasenverschobener Strom zugeführt wird. Sind daher P, J, N und $N_b = P J_1 \sin\varphi_1$ gemessen, so bleibt als Rest

$$N_v = \sqrt{N_s^2 - N^2 - N_b^2}.$$

Die Blindleistung ist somit nur bei einwelligen Schwingungen eindeutig definiert und meßbar. Die Blindleistungssumme (31) und die Verzerrungsleistung (32) sind Rechnungsgrößen, die dazu dienen, die verschiedenen Ursachen der Ungleichheit von Leistung und Scheinleistung zu trennen; sie können bei parallel oder in Reihe geschalteten Stromkreisteilen je für sich addiert werden, um die resultierende Scheinleistung zu berechnen (s. Budeanu, l. c.). Eine Definition, die zu einer direkten Messung dieser Größen führt, gibt es jedoch nicht.

Hingegen gibt es, wie F. Emde (ETZ 1930, S. 533) gezeigt hat, eine der Blindleistung verwandte Größe, die sich auf mehrwellige Schwingungen anwenden läßt. Das Verhältnis der Momentanwerte von Strom und Spannung ist nur bei einem Ohmschen Widerstand konstant, sonst zeitlich veränderlich. Bildet man den Ausdruck

$$M = \frac{1}{2} p^2 \frac{d}{dt}\left(\frac{i}{p}\right) = -\frac{1}{2} i^2 \frac{d}{dt}\left(\frac{p}{i}\right) = \frac{1}{2}\left[p\frac{di}{dt} - i\frac{dp}{dt}\right],$$

so ist bei einwelligen Schwingungen, $p = \sqrt{2}\, P \sin\omega t$, $i = \sqrt{2}\, J \sin(\omega t - \varphi)$,

$$M = \omega P J \sin\varphi = \omega N_b \tag{37}$$

unabhängig von der Zeit. Da M nur beim Ohmschen Widerstand verschwindet, bezeichnet Emde M als „Entohmung". Bei mehrwelligen Schwingungen ist M nicht konstant, sondern schwingt um einen Mittelwert

$$\overline{M} = \sum \varkappa \omega P_\varkappa J_\varkappa \sin\varphi_\varkappa = \omega \sum \varkappa N_{b\varkappa}. \tag{37a}$$

Da dp/dt durch den Strom eines Kondensators gemessen wird, und di/dt durch die Spannung einer Drosselspule mit sehr kleinem Widerstand, können in der Definitionsgleichung für M die Mittelwerte der Produkte $\overline{p\,di/dt}$ und $\overline{i\,dp/dt}$ durch je einen Leistungszeiger gemessen werden. Der Mittelwert $\overline{M}$ ist also meßbar. Entohmungen induktiver und kapazitiver Stromkreise haben entgegengesetztes Vorzeichen; sie können unter Berücksichtigung des Vorzeichens addiert werden. Nennt man nach Emde analog wie bei einwelligen Schwingungen das Verhältnis $\overline{M}/\omega$ die Blindleistung der mehrwelligen Schwingung, so enthält diese Größe $\sum \varkappa N_{b\varkappa}$ die Blindleistungen der Teilwellen nach Maßgabe ihrer Ordnungszahl vervielfacht. Eine Beziehung zwischen der so definierten Blindleistung, der Leistung und der Scheinleistung besteht nicht.

51. Graphische Darstellung von mehrwelligen Strömen.

Will man das Vektordiagramm auch für mehrwellige Ströme anwenden, so ist dies nur mit mehr oder weniger Genauigkeit möglich. Stellt man die Effektivwerte von Strom und Spannung durch Vektoren dar, so geschieht dies unter der Voraussetzung, daß sie durch einwellige Größen von gleichem Effektivwert ersetzt werden. Diese Ersatzgrößen bezeichnet man als äquivalente Sinusspannung bzw. äquivalenten Sinusstrom. Damit die Leistung richtig dargestellt wird, sind die Vektoren von Strom und Spannung unter einem Winkel φ aufzutragen, so daß

$$N = PJ\cos\varphi = \sum P_\varkappa J_\varkappa \cos\varphi_\varkappa$$

ist. Dann ist nach Gl. (29a)

$$PJ\sin\varphi = \sqrt{(PJ)^2 - (PJ\cos\varphi)^2} = \sqrt{N_s^2 - N^2} = \sqrt{N_b^2 + N_v^2},$$

worin nach (31) $N_b = \sum P_\varkappa J_\varkappa \sin\varphi$ ist. Da die beiden Anteile N_b und N_v entsprechend ihrer verschiedenen Zusammensetzung bei der Reihenschaltung oder der Parallelschaltung von Stromkreisen sich nach ganz verschiedenen Gesetzen addieren, ist die graphische Addition von Strömen und Spannungen im Diagramm nur in wenigen Sonderfällen richtig.

Wir beschränken uns auf den praktisch wichtigsten Fall, bei dem die Spannung einwellig und nur der Strom verzerrt ist. Die Grundwelle des Stromes zerlegen wir in den Wirkstrom $J_1\cos\varphi_1$ und den Blindstrom $J_1\sin\varphi_1$ und bezeichnen die Summe der höheren Harmonischen mit $\sqrt{\sum J_h^2}$. Den Effektivwert des Stromes $J = \sqrt{J_1^2 + \sum J_h^2}$ trägt man im Diagramm gegen die Spannung unter einem Winkel φ auf, so daß $N = PJ\cos\varphi = PJ_1\cos\varphi_1$ ist. Der Wirkstrom ist also $J\cos\varphi = J_1\cos\varphi_1$, hingegen ist im Diagramm der Blindstrom

$$J\sin\varphi = \sqrt{J_1^2\sin^2\varphi_1 + \sum J_h^2} = kJ_1\sin\varphi_1 .$$

Darin ist

$$k = \sqrt{1 + \frac{\sum J_h^2}{J_1^2\sin^2\varphi_1}} > 1 . \tag{38}$$

Sind nun zwei Ströme J', J'' im Diagramm zu addieren, so gilt für die Wirkströme

$$J_1'\cos\varphi_1' + J_1''\cos\varphi_1'' = J_1\cos\varphi_1 , \tag{39}$$

worin J_1 die Grundwelle des resultierenden Stromes ist. Der Strom selbst ist

$$J = \sqrt{J_1^2\cos^2\varphi_1 + k^2 J_1^2\sin^2\varphi_1} .$$

Im Diagramm ist hingegen der Blindstrom

$$k' J_1'\sin\varphi_1' + k'' J_1''\sin\varphi_1'' .$$

Dieser wird somit gleich $kJ_1\sin\varphi_1$, wenn $k' = k'' = k$ ist. Dies ist nach (38) der Fall, wenn die Summe der Oberwellen zum Blindstrom in beiden Stromkreisen im gleichen Verhältnis steht. Außerdem müssen φ' und φ'' das gleiche Vorzeichen haben.

Bei induktiven Stromkreisen ist k im allgemeinen wenig von 1 verschieden, denn selbst für $\sqrt{\sum J_h^2} = 0{,}3\,J_1\sin\varphi_1$ ist $k = 1{,}044$, dann ist die graphische Addition sehr angenähert richtig. Bei den stark verzerrten Strömen von Gleichrichtern ergibt hingegen die graphische Addition kein richtiges Bild.

IX. Mehrphasenströme.

52. Mehrphasensysteme.

Auf dem Anker einer zweipoligen Maschine seien eine Anzahl voneinander isolierter Spulen auf den Umfang verteilt angeordnet (Abb. 102). Die Spannungen der drei Spulen haben die gleiche Frequenz, sie sind gegeneinander phasenverschoben und bei sinusförmigem Verlauf dargestellt durch

$$p_1 = p_{1m}\sin\omega t , \qquad p_2 = p_{2m}\sin(\omega t - \alpha_{12}) , \qquad p_3 = p_{3m}\sin(\omega t - \alpha_{13}) .$$

Dabei ist angenommen, daß Spule *1* z. Z. $t=0$ den ganzen Fluß umschlingt, α_{12} und α_{13} sind die Winkel, um die die Spulen *2* und *3* gegen *1* zurückliegen.

Schließt man jede Spule durch einen Belastungswiderstand, so erhält man Ströme gleicher Frequenz, die nach Größe und Phase von den Spannungen und den Scheinwiderständen abhängen. Ein solches System, bei dem eine Anzahl gegeneinander phasenverschobener Spannungen Wechselströme von gleicher Frequenz erzeugt, nennt man allgemein ein Mehrphasensystem. Die einzelnen Stromzweige bezeichnet man als Phasen oder besser Stränge des Mehrphasensystems.

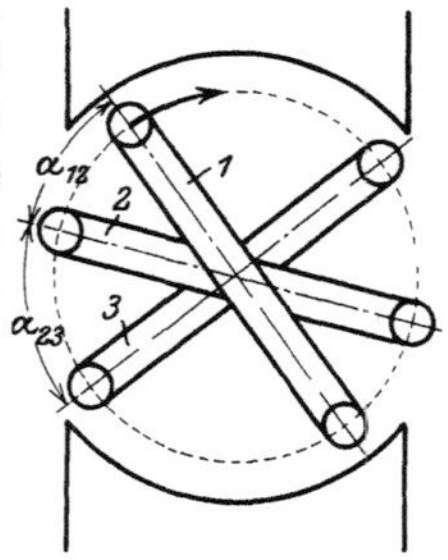

Abb. 102.

Nach der Art des Aufbaus unterscheidet man
1. symmetrische und unsymmetrische Systeme,
2. verkettete und unverkettete Systeme,
3. balancierte und unbalancierte Systeme.

53. Symmetrische Mehrphasensysteme.

Ein Mehrphasensystem heißt symmetrisch, wenn alle Spannungen gleich groß sind und jede der vorhergehenden um den gleichen Phasenwinkel folgt. Ist n die „Phasenzahl", so ist die Phasenverschiebung zwischen aufeinanderfolgenden Spannungen $1/n$tel der Periode. Die n Spannungen eines symmetrischen „n Phasensystems" sind

$$\left.\begin{aligned} p_1 &= p_m \sin\omega t \\ p_2 &= p_m \sin\left(\omega t - \frac{2\pi}{n}\right) \\ p_3 &= p_m \sin\left(\omega t - 2\cdot\frac{2\pi}{n}\right) \\ &\cdots\cdots\cdots\cdots \\ p_n &= p_m \sin\left(\omega t - (n-1)\frac{2\pi}{n}\right) \end{aligned}\right\} . \qquad (1)$$

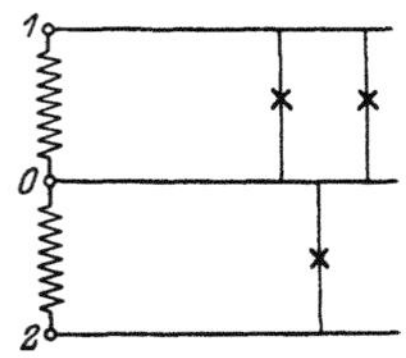

Abb. 103.

Beispiele.

$n=1$ ergibt nur eine Spannung, d. h. das Einphasensystem mit einer Hin- und einer Rückleitung.

$n=2$ ergibt zwei um 180° phasenverschobene, also gleichphasige, aber einander entgegengerichtete Spannungen, d. h. das Einphasendreileitersystem (Abb. 103), bei dem die Spannungen vom Mittelpunkt O nach den Enden der Spulen *1, 2* gezählt werden. Bei gleicher Belastung der beiden Zweige fließt im Mittelleiter kein Strom, er heißt daher auch Nulleiter.

$n=3$ ergibt drei um 120° gegeneinander phasenverschobene Spannungen, das sog. Dreiphasensystem. Da $n=2$ noch gleichphasige Spannungen ergibt, ist das Dreiphasensystem das symmetrische Mehrphasensystem mit kleinster Phasenzahl.

$n=4$ ergibt vier um 90° gegeneinander phasenverschobene Spannungen, das Vierphasensystem. Je zwei dieser Spannungen sind wieder unter sich um 180° phasenverschoben. Schaltet man die Spulen so, daß die Spannungen gleich gerichtet sind, so erhält man zwei Systeme, deren Spannungen um 90° gegeneinander phasenverschoben sind, also ein Zweiphasensystem, das aber unsymmetrisch ist (s. S. 99).

54. Verkettete Mehrphasensysteme.

Arbeitet jeder Strang für sich auf einen Belastungsstromkreis, so sind zur Fortleitung der n Ströme $2\,n$ Leiter erforderlich. Durch elektrische Verkettung kann die Zahl der Leiter bei symmetrischen Systemen auf n, bei unsymmetrischen auf $n+1$ beschränkt werden.

Die wichtigsten Verkettungsarten sind die Sternschaltungen und die Ringschaltungen. Auch Kombinationen beider kommen vor.

1. Die Sternschaltung. Die Anfänge aller Spulen sind an einen gemeinsamen Knotenpunkt, den Sternpunkt, angeschlossen, die Enden bilden die Klemmen für die Fortleitung der n Ströme.

Abb. 104 zeigt ein unsymmetrisches Vierphasensystem. Der Winkel α, um den die Spulen gegeneinander verschoben gezeichnet sind, deutet die Phasenverschiebung der Spannungen an. Die Belastung wird durch vier Scheinwiderstände ebenfalls in Sternschaltung gebildet. Die Sternpunkte O und O' sind durch einen fünften Leiter verbunden. An jedem Sternpunkt ist die Summe aller zusammenfließenden Ströme in jedem Augenblick gleich Null. Daher ist der Strom im Leiter $O-O'$

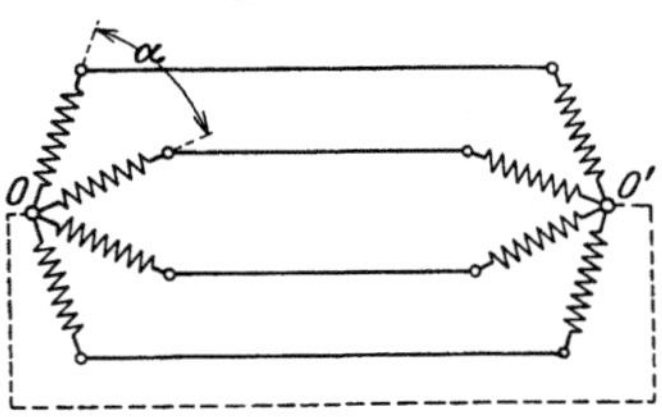

Abb. 104.

$$i_0 = -(i_1 + i_2 + i_3 + i_4)\,,$$

er ist entgegengesetzt gleich der Summe der Belastungsströme.

Für gleich große einwellige Ströme, die sich bei gleich großen Spannungen und Belastungswiderständen einstellen, gilt das Vektordiagramm Abb. 105. $\overline{OA}$ ist die geometrische Summe der 4 Ströme J_1 bis J_4 und der Strom J_0 ist die im Sinne $\overline{AO}$ durchlaufene Schlußlinie des Strompolygons, wenn alle Ströme vom Stromerzeuger zum Verbraucher positiv gezählt werden.

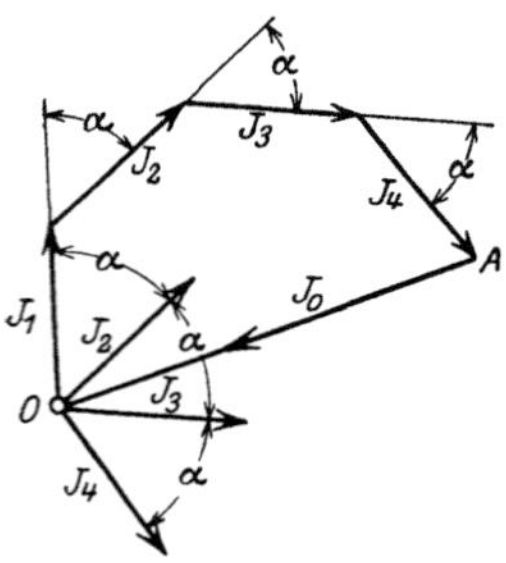

Abb. 105.

Ist das System symmetrisch und symmetrisch belastet, so sind je zwei Ströme um $2\pi/n$ gegeneinander phasenverschoben und alle gleich groß. Die Summe der Ströme ist Null, das Polygon der Ströme schließt sich, wie Abb. 106 für $n=5$ zeigt. Die Verbindungsleitung der Sternpunkte ist stromlos und kann fortfallen. Man nennt sie daher auch den Nulleiter.

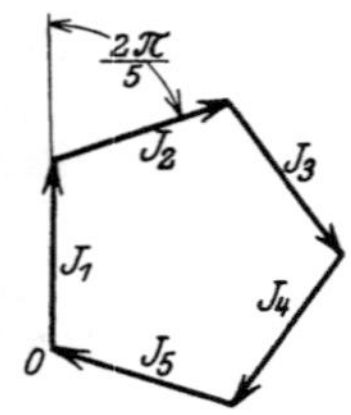

Abb. 106.

Beim symmetrischen n-Phasensystem in Sternschaltung sind somit n Leiter erforderlich, beim unsymmetrischen noch der Nulleiter.

Phasenspannung und Linienspannung. Die Spannung vom Sternpunkt nach dem Ende einer Spule ist die Phasenspannung. Bei einem symmetrischen System sind alle Phasenspannungen gleich groß, der Sternpunkt ist der Spannungsmittelpunkt des Systems. Die Spannung von einem Spulenende zum benachbarten ist die Linienspannung oder die verkettete Spannung, sie ist die Differenz benachbarter Phasenspannungen.

Nach Gl. (1) ist für die x-te und die $(x+1)$-te Phase

$$p_x = p_m \sin\left[\omega t - (x-1)\frac{2\pi}{n}\right], \qquad p_{(x+1)} = p_m \sin\left[\omega t - x\frac{2\pi}{n}\right],$$

daher ist die Linienspannung

$$p_l = p_x - p_{(x+1)} = 2\,p_m \sin\frac{\pi}{n}\cos\left[\omega t - (2x-1)\frac{\pi}{n}\right].$$

Die Effektivwerte der Linienspannung P_l und der Phasenspannung P stehen daher in der Beziehung

$$\boldsymbol{P_l = 2\,P \sin\frac{\pi}{n}}. \tag{2}$$

Im Vektordiagramm Abb. 107 sind $\overline{OP_1}$ bis $\overline{OP_5}$ die Phasenspannungen eines symmetrischen Fünfphasensystems. $P_{1,2}$ bis $P_{5,1}$ sind die Linienspannungen. $P_{1,2}$ ist die geometrische Differenz von P_1 und P_2 usw.

Während die Summe der Phasenspannungen nur bei symmetrischen einwelligen Spannungen notwendig Null ist, ist die Summe der Linienspannungen unabhängig von der Symmetrie und der Kurvenform stets Null. Denn es ist

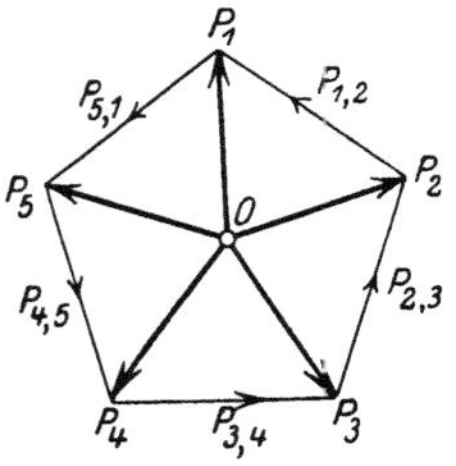

Abb. 107.

$$p_{12} = p_1 - p_2 \,,$$
$$p_{23} = p_2 - p_3 \,,$$
$$\vdots$$
$$p_{n1} = p_n - p_1 \,.$$

Durch Addition wird die Summe der Linienspannung identisch Null.

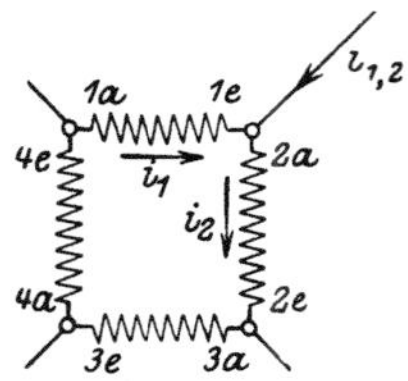

Abb. 108.

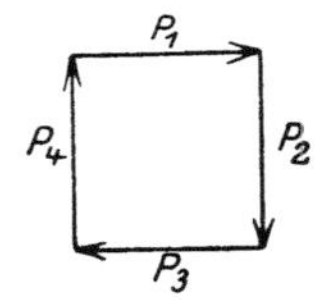

Abb. 109.

2. Die Ringschaltung. Sie entsteht dadurch, daß das Ende einer Spule mit dem Anfang der folgenden verbunden wird, wie Abb. 108 für $n=4$ zeigt. Sind die Phasenspannungen einwellig, so ist die Summe bei einem symmetrischen System wieder Null, im Vektordiagramm (Abb. 109) bilden die Effektivwerte ein geschlossenes Polygon. In dem geschlossenen Ring fließt daher zunächst kein Strom, sondern erst, wenn an die von den Knotenpunkten ausgehenden Leiter Belastungen angeschlossen werden.

Hier ist die Spannung von einem Leiter zum nächsten die Linienspannung gleich der Phasenspannung.

Dagegen sind die Linienströme i_l von den Strömen im Ring, den Phasenströmen, zu unterscheiden.

An jedem Knotenpunkt ist in jedem Augenblick die Summe der Ströme gleich Null. Für den Knotenpunkt der Stränge *1* und *2* in Abb. 108 ist

$$i_{1,2} + i_1 - i_2 = 0 \,, \qquad i_{1,2} = i_2 - i_1 \,.$$

Bei symmetrischen einwelligen Strömen ist

$$i_{(x+1)} = i_m \sin\left[\omega t - x\frac{2\pi}{n}\right], \qquad i_x = i_m \sin\left[\omega t - (x-1)\frac{2\pi}{n}\right],$$

$$i_l = i_{(x+1)} - i_x = -\, i_m 2 \sin\frac{\pi}{n} \cos\left[\omega t - (2x-1)\frac{2\pi}{n}\right];$$

daher gilt für die Effektivwerte bei symmetrischer Belastung

$$\boldsymbol{J_l = 2 J \sin\frac{\pi}{n}} \,. \tag{3}$$

Unabhängig von der Kurvenform und von der Belastung ist in jedem Augenblick die Summe aller Linienströme gleich Null.

55. Balancierte und unbalancierte Mehrphasensysteme.

Die Leistung eines Mehrphasensystems ist gleich der Summe der Leistungen der einzelnen Phasen. Die Leistung eines Wechselstromes pulsiert nach Kap. I S. 8 mit der doppelten Frequenz um den Mittelwert

$$PJ\cos\varphi \,,$$

der Momentanwert ist

$$PJ[\cos\varphi - \cos(2\omega t - \varphi)] = N\left[1 - \frac{\cos(2\omega t - \varphi)}{\cos\varphi}\right].$$

Bei einem symmetrischen und symmetrisch belasteten Mehrphasensystem sei für die x-te Phase

$$p_x = \sqrt{2} P \sin\left[\omega t - (x-1)\frac{2\pi}{n}\right], \qquad i_x = \sqrt{2} J \sin\left[\omega t - (x-1)\frac{2\pi}{n} - \varphi\right],$$

$$p_x i_x = PJ\left\{\cos\varphi - \cos\left[2\omega t - 2(x-1)\frac{2\pi}{n} - \varphi\right]\right\}.$$

Bildet man die Summe aller $p_x i_x$ von $x=1$ bis $x=n$, so wird

$$\sum_{x=1}^{x=n} \cos\left[2\omega t - 2(x-1)\frac{2\pi}{n} - \varphi\right] = 0$$

und

$$\sum_1^n p_x i_x = n P J \cos\varphi. \tag{4}$$

Die momentane Leistung eines gleichmäßig belasteten symmetrischen Mehrphasensystems ist konstant gleich dem n-fachen Mittelwert der Lesitung einer Phase.

Je nachdem bei einem Mehrphasensystem die momentane Leistung konstant ist oder nicht, nennt man es ein balanciertes oder ein unbalanciertes System. Symmetrische Systeme sind, wie gezeigt, balanciert, wenn sie gleichmäßig belastet sind; bei ungleichmäßiger Belastung pulsiert die Leistung, das System ist dann unbalanciert. Auch unsymmetrische Systeme können bei gleichmäßiger Belastung balanciert sein, z. B. das Zweiphasen-Dreileitersystem (s. S. 99).

Entsprechend der konstanten Leistung eines balancierten Mehrphasensystems kann bei einem Motor, der mit einem solchen Stromsystem betrieben wird, eine konstante Zugkraft erhalten werden. Bei einem Motor, der mit Einphasenstrom gespeist wird, pulsiert dagegen die Zugkraft ebenso wie die Leistung mit der doppelten Frequenz des Stromes.

Die praktisch wichtigsten Mehrphasensysteme sind das Dreiphasensystem und das Zweiphasen-Dreileitersystem, die nur drei Leitungen benötigen. Sie sollen im folgenden näher besprochen werden.

56. Das Dreiphasensystem.

Das Dreiphasensystem hat drei um 120^0 gegeneinander phasenverschobene Spannungen, die in Sternschaltung oder Ringschaltung verkettet werden.

Bei der Sternschaltung Abb. 110 ist die Linienspannung nach Gl. (2)

$$P_l = 2P\sin\frac{\pi}{3} = \sqrt{3}P. \tag{5}$$

Der Linienstrom ist gleich dem Phasenstrom

$$J_l = J.$$

Bei gleicher Belastung der drei Phasen ist die Leistung

$$N = 3PJ\cos\varphi = \sqrt{3}P_l J_l \cos\varphi. \tag{6}$$

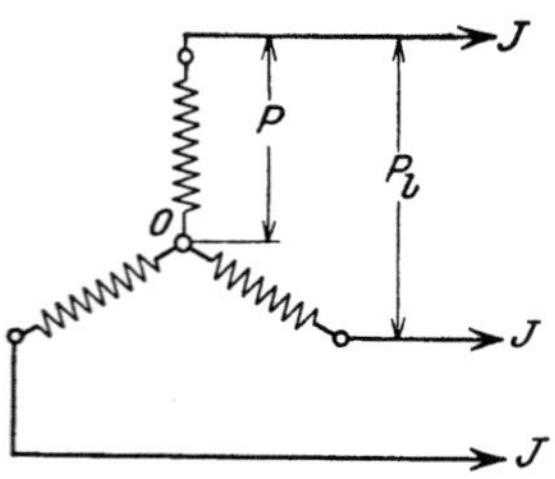

Abb. 110.

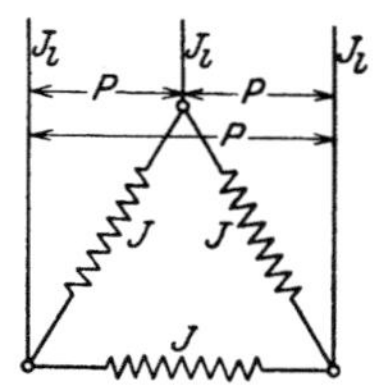

Abb. 111.

In der Ringschaltung (Dreieckschaltung) Abb. 111 ist

$$P_l = P \tag{7}$$

bei gleichmäßiger Belastung nach Gl. (3)

$$J_l = 2J\sin\frac{\pi}{3} = \sqrt{3}J, \quad (8) \qquad N = 3PJ\cos\varphi = \sqrt{3}P_l J_l \cos\varphi. \quad (9)$$

57. Berechnung einer Sternschaltung.

Bei symmetrischer Belastung einer symmetrischen Sternschaltung kann jeder Strang wie ein Einphasensystem behandelt werden. Bei Sternschaltung von Generator und Verbraucher nach Abb. 112 ist in jedem Strang derselbe Scheinwiderstand $z = \sqrt{R^2 + X^2}$, und jeder Strom ist $J = P/z$. Die Leistung je Phase ist

$$PJ\cos\varphi = P^2 \frac{R}{R^2 + X^2}.$$

z ist die Reihenschaltung aus den Scheinwiderständen der Belastung und der Leitung. Im Vektordiagramm Abb. 113 sind P_1, P_2, P_3 die drei Phasenspannungen, $P_{1,2}$, $P_{2,3}$, $P_{3,1}$ die Linienspannungen am Generator. Die drei Ströme J_1, J_2, J_3 haben alle die gleiche Phasenverschiebung φ gegen ihre Phasenspannungen und sind gleich groß. Subtrahiert man von den Spannungen P_1, P_2, P_3 den Spannungsabfall Jz_l, so zeigen die Vektoren $\overline{OP'_1}$, $\overline{OP'_2}$, $\overline{OP'_3}$ die drei Phasenspannungen der Belastung, und das Dreieck P'_1, P'_2, P'_3 die Linienspannungen an den Klemmen der Belastung.

Bei vollständiger Symmetrie bleibt das Spannungsdreieck gleichseitig, die Linienspannungen der Belastung sind gegen die des Generators im gleichen Verhältnis verkleinert und um den gleichen Winkel gedreht wie die Phasenspannungen. Der Spannungsabfall kann für einen Strang der Sternschaltung berechnet werden wie für ein Einphasensystem in Kap. IV gezeigt wurde. Wie der Scheinwiderstand der Leitung dabei zu berechnen ist, wird in Kap. X gezeigt.

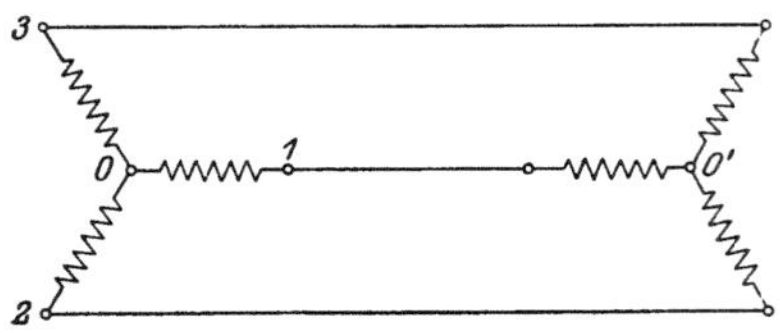

Abb. 112.

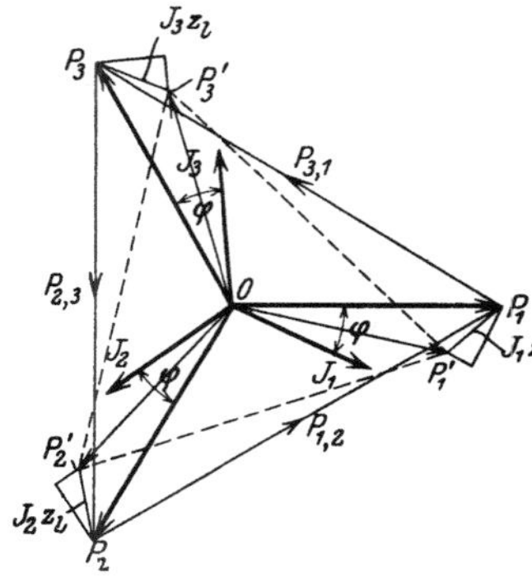

Abb. 113.

Ist die Belastung unsymmetrisch, so wird das Spannungsdreieck verzerrt. Nehmen wir z. B. an, zwei Stränge seien gleich belastet, der dritte aber sei unterbrochen ($z = \infty$), Abb. 114. Die beiden Belastungswiderstände sind jetzt in Reihe an die Linienspannung angeschlossen, in beiden fließt derselbe Strom wie bei einem Einphasensystem. Er ist aber jetzt nur noch $P_l/2z$, während er zuvor P/z war, und da $P_l = \sqrt{3}P$, ist er jetzt nur $\frac{1}{2}\sqrt{3} = 0{,}866$ von dem früheren Wert. Abb. 115 zeigt das Spannungsdiagramm. Die Linienspannung $P_{12} = \overline{P_2P_1}$ teilt sich zu gleichen Teilen $\overline{P_0P_2} = \overline{P_0P_1}$ auf die beiden in Reihe geschalteten Scheinwiderstände.

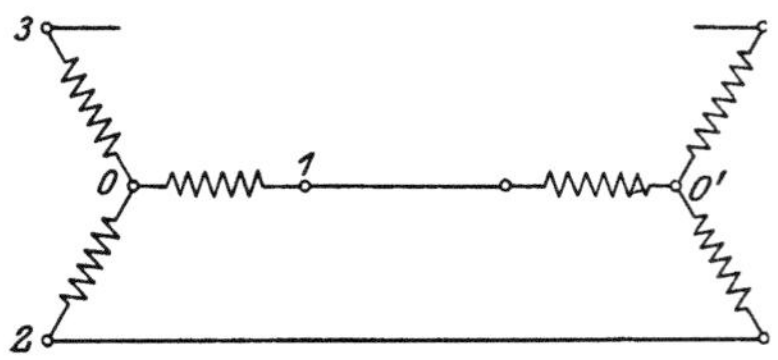

Abb. 114.

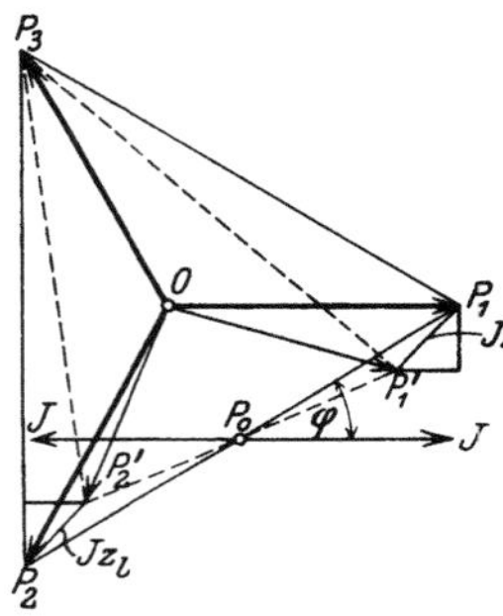

Abb. 115.

Zwischen dem Sternpunkt des Generators und dem der Belastung besteht die Spannung $\overline{OP_0}$, und zwischen den Enden der unterbrochenen Leitung besteht die Spannung $\overline{P_3P_0}$, die größer ist als die Phasenspannung $\overline{OP_3}$ des Generators. Der Strom ist gegen die Linienspannung $P_{12} = \overline{P_2P_1}$ um φ verzögert; subtrahiert man den Spannungsabfall Jz_l in den beiden stromführenden Leitungen, so erhält man die Linienspannung $\overline{P'_2P'_1}$ und das Spannungsdreieck $P'_1\,P'_2\,P_3$ an den Klemmen der Belastung, das nun nicht mehr gleichseitig ist. Was hier für vollständige Unterbrechung eines Stranges gezeigt wurde, gilt analog, wenn eine Belastung wesentlich schwächer ist, als die beiden anderen: an dem am schwächsten belasteten Strang tritt eine Erhöhung der Spannung auf, an den anderen eine Verkleinerung.

Infolge dieser gegenseitigen Beeinflussung der Ströme ist es im allgemeinen nicht möglich, Glühlampen in Stern zu schalten, weil beim Abschalten einzelner Lampen die Spannungen sich an den übrigen stark ändern. Wenn sie in Stern geschaltet werden, ist ein Nulleiter erforderlich.

Berechnung der Ströme bei unsymmetrischer Belastung. Die drei symmetrischen Spannungen des Generators seien gegeben (s. Abb. 116). Wie gezeigt, besteht bei unsymmetrischer Belastung der Zweige zwischen dem Sternpunkt des Generators und dem der Belastung eine Spannung; ist ein Nulleiter vorhanden, so führt er Strom und es besteht in ihm ein Spannungsabfall.

Die noch unbekannte Spannung sei P_0 und in Abb. 116 durch $\overline{OP_0}$ dargestellt. Auf den Scheinwiderstand jedes Stranges vom Nullpunkt des Generators über eine Leitung und den Belastungswiderstand bis zum Nullpunkt des Belastungswiderstandes wirkt die Differenz seiner Phasenspannung und der Spannung P_0; diese drei Spannungen werden durch $\overline{P_0P_1}$, $\overline{P_0P_2}$, $\overline{P_0P_3}$ dargestellt. Sind z_1, z_2, z_3, z_0 die Scheinwiderstände der drei Stränge und des Nulleiters, so ist

$$\mathfrak{P}_1 - \mathfrak{P}_0 = \mathfrak{J}_1\mathfrak{z}_1, \qquad \mathfrak{P}_2 - \mathfrak{P}_0 = \mathfrak{J}_2\mathfrak{z}_2, \qquad \mathfrak{P}_3 - \mathfrak{P}_0 = \mathfrak{J}_3\mathfrak{z}_3, \qquad 0 - \mathfrak{P}_0 = \mathfrak{J}_0\mathfrak{z}_0. \tag{10}$$

Führt man die Leitwerte y ein, so ist auch

$$\mathfrak{J}_1 = (\mathfrak{P}_1 - \mathfrak{P}_0)\mathfrak{y}_1, \quad \mathfrak{J}_2 = (\mathfrak{P}_2 - \mathfrak{P}_0)\mathfrak{y}_2, \quad \mathfrak{J}_3 = (\mathfrak{P}_3 - \mathfrak{P}_0)\mathfrak{y}_3, \quad \mathfrak{J}_0 = -\mathfrak{P}_0\mathfrak{y}_0. \tag{10a}$$

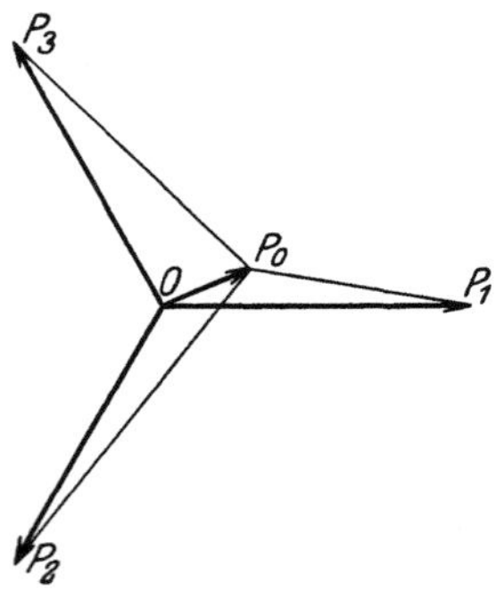

Abb. 116.

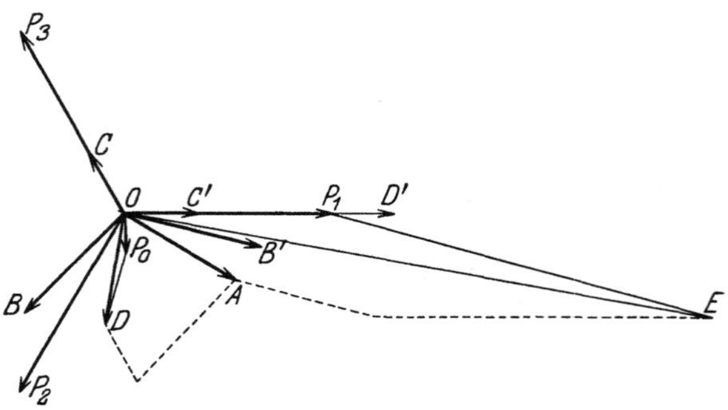

Abb. 117.

Da die Summe aller vier Ströme gleich Null ist, wird

$$\mathfrak{P}_0(\mathfrak{y}_1 + \mathfrak{y}_2 + \mathfrak{y}_3 + \mathfrak{y}_4) = \mathfrak{P}_1\mathfrak{y}_1 + \mathfrak{P}_2\mathfrak{y}_2 + \mathfrak{P}_3\mathfrak{y}_3$$

und hieraus

$$\mathfrak{P}_0 = \frac{\Sigma\,\mathfrak{P}_x\mathfrak{y}_x}{\Sigma(\mathfrak{y}_x + \mathfrak{y}_0)}. \tag{11}$$

Mit diesem Wert erhält man aus Gl. (10a) die vier Ströme. Ist kein Nulleiter vorhanden, so ist $\mathfrak{y}_0 = 0$.

Graphische Ermittlung. 1. Verfahren. Aus Gl. (11) folgt durch Division durch $\mathfrak{P}_1$

$$\frac{\mathfrak{P}_0}{\mathfrak{P}_1} = \frac{\Sigma\,\mathfrak{P}_x\mathfrak{y}_x}{\mathfrak{P}_1(\Sigma\,\mathfrak{y}_x + \mathfrak{y}_0)}. \tag{12}$$

In Abb. 117 ist für $\mathfrak{y}_0 = 0$ aufgetragen

$$\overline{OA} = \mathfrak{P}_1\mathfrak{y}_1, \qquad \overline{OB} = \mathfrak{P}_2\mathfrak{y}_2, \qquad \overline{OC} = \mathfrak{P}_3\mathfrak{y}_3, \qquad \overline{OD} = \Sigma\,\mathfrak{P}_x\mathfrak{y}_x,$$

ferner

$$\overline{OA} = \mathfrak{P}_1\mathfrak{y}_1, \qquad \overline{OB'} = \mathfrak{P}_1\mathfrak{y}_2, \qquad \overline{OC'} = \mathfrak{P}_1\mathfrak{y}_3, \qquad \overline{OD'} = \mathfrak{P}_1\mathfrak{y}_0,$$

die Summe ist

$$\overline{OE} = \mathfrak{P}_1(\Sigma\,\mathfrak{y}_x + \mathfrak{y}_0).$$

Nach Gl. (12) ist $\mathfrak{P}_0 : \mathfrak{P}_1 = \overline{OD} : \overline{OE}$, daher ist, wenn $\triangle OP_0D \sim \triangle OP_1E$ gemacht wird, $\overline{OP_0}$ gleich P_0 nach Größe und Phase.

2. Verfahren. a) Es ist kein Nulleiter vorhanden. Ist ein Strang, z. B. *3*, unterbrochen, so sind z_1 und z_2 in Reihe an die Linienspannung $P_{1,2}$ angeschlossen. Die Spannung verteilt sich auf die beiden Zweige im Verhältnis der Scheinwiderstände oder umgekehrt wie die Leitwerte. Macht man in Abb. 118a und b

$$\overline{P_2P_0'} : \overline{P_0'P_1} = \mathfrak{z}_2 : \mathfrak{z}_1 = \mathfrak{y}_1 : \mathfrak{y}_2 = \overline{OA} : \overline{AB},$$

so ist $\overline{OP_0'}$ die Spannung vom Sternpunkt der Belastung nach dem des Generators, und nach (11) für $\mathfrak{y}_0 = 0$ und $\mathfrak{y}_3 = 0$

$$\mathfrak{P}'_{(0)} = \frac{\mathfrak{P}_1\mathfrak{y}_1 + \mathfrak{P}_2\mathfrak{y}_2}{\mathfrak{y}_1 + \mathfrak{y}_2}.$$

Die Spannung vom Sternpunkt der Belastung nach der Klemme der unterbrochenen Leitung ist

$$\overline{P_3 P_0'} = \mathfrak{P}_3 - \mathfrak{P}_0' = \frac{\mathfrak{P}_3(\mathfrak{y}_1 + \mathfrak{y}_2) - (\mathfrak{P}_1 \mathfrak{y}_1 + \mathfrak{P}_2 \mathfrak{y}_2)}{\mathfrak{y}_1 + \mathfrak{y}_2}. \quad (13)$$

Ist der Zweig *3* nicht unterbrochen, so wird ebenso

$$\mathfrak{P}_3 - \mathfrak{P}_0 = \frac{\mathfrak{P}_3(\mathfrak{y}_1 + \mathfrak{y}_2) - (\mathfrak{P}_1 \mathfrak{y}_1 + \mathfrak{P}_2 \mathfrak{y}_2)}{\mathfrak{y}_1 + \mathfrak{y}_2 + \mathfrak{y}_3}. \quad (13\text{a})$$

Durch Division der Gl. (13) und (13a) wird

$$\frac{\mathfrak{P}_3 - \mathfrak{P}_0}{\mathfrak{P}_3 - \mathfrak{P}_0'} = \frac{\mathfrak{y}_1 + \mathfrak{y}_2}{\mathfrak{y}_1 + \mathfrak{y}_2 + \mathfrak{y}_3}. \quad (14)$$

Man trägt in Abb. 118a $\overline{P_3 P_0}$ so auf, daß

$$\overline{P_3 P_0} : \overline{P_3 P_0'} = (\mathfrak{y}_1 + \mathfrak{y}_2) : (\mathfrak{y}_1 + \mathfrak{y}_2 + \mathfrak{y}_3) = \overline{OB} : \overline{OC}$$

ist, dann ist $\overline{O P_0}$ die gesuchte Spannung des Sternpunktes.

Haben y_1 und y_2 den gleichen Phasenwinkel, so liegt Punkt P_0' auf $\overline{P_1 P_2}$; hat auch y_3 denselben Phasenwinkel, so liegt P_0 auf $\overline{P_3 P_0'}$.

b) Ist ein Nulleiter vorhanden, so setzt man das Verfahren wie folgt fort. Aus (11) folgt, daß die Sternpunktsspannungen mit und ohne Nulleiter sich verhalten wie

$$\frac{\mathfrak{P}_{0(n)}}{\mathfrak{P}_0} = \frac{\Sigma(\mathfrak{y}_x)}{(\Sigma \mathfrak{y}_x + \mathfrak{y}_0)}.$$

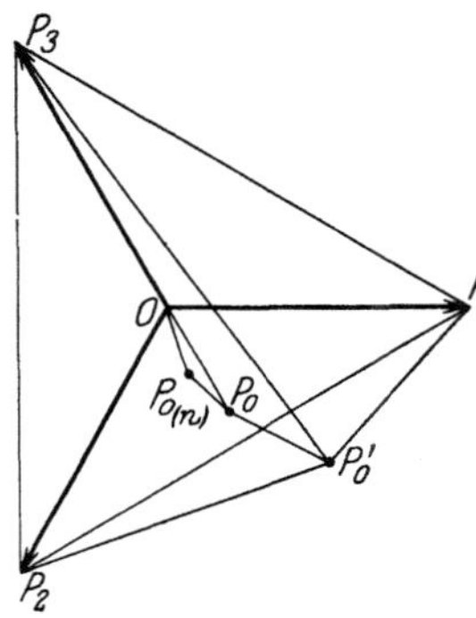

Abb. 118a.

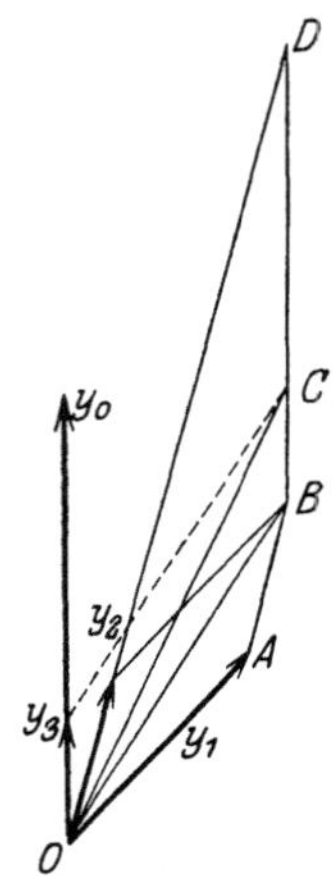

Abb. 118b.

Man trägt daher $\overline{O P_{0(n)}}$ so auf, daß

$$\overline{OP_{0(n)}} : \overline{OP_0} = (\mathfrak{y}_1 + \mathfrak{y}_2 + \mathfrak{y}_3) : (\mathfrak{y}_0 + \mathfrak{y}_1 + \mathfrak{y}_2 + \mathfrak{y}_3) = \overline{OC} : \overline{OD},$$

ist, dann ist $\overline{O P_{0(n)}}$ die gesuchte Spannung des Sternpunktes.

Berechnung bei unsymmetrischen Linienspannungen. Oft liegt die Aufgabe vor, zu gegebenen unsymmetrischen Linienspannungen die Stromverteilung bei Sternschaltung der Belastung zu berechnen. Dabei ist die Bezugnahme auf den Sternpunkt des Generators nicht mehr möglich.

Da, wie S. 91 gezeigt, die Linienspannungen stets die Summe Null haben, bilden ihre Vektoren bei einwelligen Spannungen ein Dreieck, das bei Unsymmetrie ungleichseitig ist.

a) Sind die Belastungen gleich, und sind die drei Spannungen nach dem Sternpunkt der Belastungswiderstände $\mathfrak{P}_1$, $\mathfrak{P}_2$, $\mathfrak{P}_3$, so ist, da die Summe der drei Ströme Null ist,

$$\frac{\mathfrak{P}_1}{\mathfrak{z}} + \frac{\mathfrak{P}_2}{\mathfrak{z}} + \frac{\mathfrak{P}_3}{\mathfrak{z}} = 0, \qquad \mathfrak{P}_1 + \mathfrak{P}_2 + \mathfrak{P}_3 = 0.$$

Hieraus folgt, daß bei gleich großen Belastungswiderständen der Sternpunkt der Belastung im Schwerpunkt des Dreiecks der Linienspannungen liegt (s. Abb. 119).

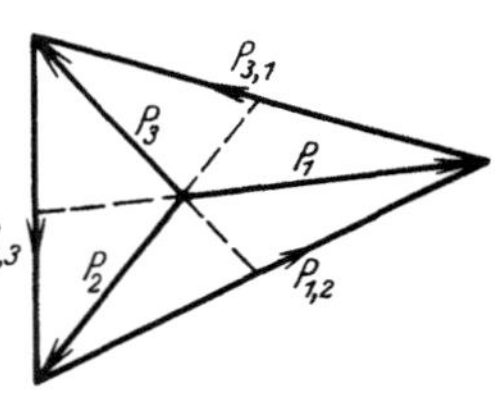

Abb. 119.

Es ist

$$\mathfrak{P}_1 = \mathfrak{P}_{12} + \mathfrak{P}_2, \qquad \mathfrak{P}_1 = -\mathfrak{P}_{31} + \mathfrak{P}_3, \qquad \mathfrak{P}_1 = \mathfrak{P}_1,$$

woraus durch Addition folgt

$$\mathfrak{P}_1 = \tfrac{1}{3}(\mathfrak{P}_{12} - \mathfrak{P}_{31}), \text{ und ebenso } \mathfrak{P}_2 = \tfrac{1}{3}(\mathfrak{P}_{23} - \mathfrak{P}_{12}), \quad \mathfrak{P}_3 = \tfrac{1}{3}(\mathfrak{P}_{31} - \mathfrak{P}_{23}). \quad (15)$$

Durch die $\mathfrak{P}$ und $\mathfrak{z}$ sind die Ströme bestimmt.

b) Sind die Belastungswiderstände ungleich, so liegt der Sternpunkt der Belastung O in Abb. 120 nicht mehr im Schwerpunkt des Spannungsdreiecks O', sondern vom Sternpunkt des unsymmetrisch belasteten Systems nach dem des symmetrisch belasteten besteht eine Spannung $P_0 = \overline{O'O}$. Sind jetzt $P_1\ P_2\ P_3$ die gesuchten Spannungen des unsymmetrischen belasteten Systems, $P_1'\ P_2'\ P_3'$ die bei symmetrischer Belastung, so ist

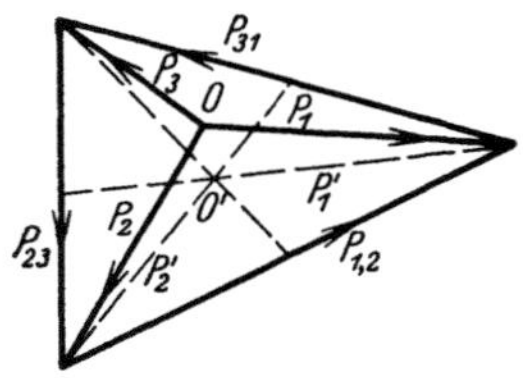

Abb. 120.

$$\mathfrak{P}_1 = (\mathfrak{P}_1' - \mathfrak{P}_0)\,, \qquad \mathfrak{P}_2 = (\mathfrak{P}_2' - \mathfrak{P}_0)\,, \qquad \mathfrak{P}_3 = (\mathfrak{P}_3' - \mathfrak{P}_0)\,.$$

Multipliziert man jede Gleichung mit dem zugehörigen Leitwert $\mathfrak{y}$ und addiert, so ist die Summe der drei Ströme Null und

$$\mathfrak{P}_0(\mathfrak{y}_1 + \mathfrak{y}_2 + \mathfrak{y}_3) = \mathfrak{P}_1'\mathfrak{y}_1 + \mathfrak{P}_2'\mathfrak{y}_2 + \mathfrak{P}_3'\mathfrak{y}_3\,,$$

$$\mathfrak{P}_0 = \frac{\mathfrak{P}_1'\mathfrak{y}_1 + \mathfrak{P}_2'\mathfrak{y}_2 + \mathfrak{P}_3'\mathfrak{y}_3}{\mathfrak{y}_1 + \mathfrak{y}_2 + \mathfrak{y}_3}\,. \tag{16}$$

Die Rechnung ist hiermit auf die gleiche Ermittlung wie in Gl. (11) zurückgeführt, nur ist hier der Bezugspunkt nicht der Sternpunkt des Generators, sondern der Schwerpunkt des gegebenen Dreiecks der Linienspannungen.

Beispiele.

1. Anzeige der Phasenfolge eines Dreiphasensystems. In zwei Seiten einer Sternschaltung Abb. 121 ist je eine Glühlampe mit Vorschaltwiderstand, der gesamte Widerstand sei R, in der dritten ein Kondensator C. Hier ist

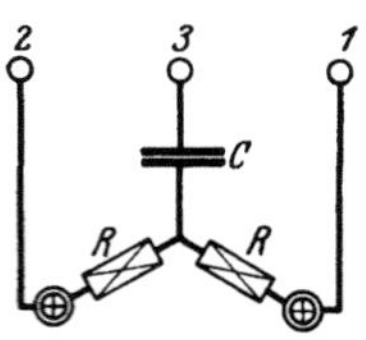

Abb. 121.

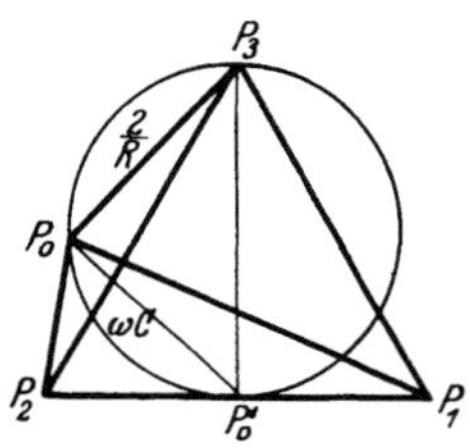

Abb. 122.

$$\mathfrak{y}_1 = \mathfrak{y}_2 = 1/R\,, \qquad \mathfrak{y}_3 = j\omega C\,.$$

Wir benutzen das 2. graphische Verfahren S. 94. Ist die Zuleitung zum Kondensator unterbrochen, so ist $\mathfrak{P}_3 - \mathfrak{P}_0'$ in Gl. (13) durch $\overline{P_0'P_3}$ im Spannungsdreieck Abb. 122 dargestellt, jede Lampe erhält die halbe Linienspannung P_{12}. Bei eingeschaltetem Kondensator wird nun nach Gl. (14)

$$\frac{\mathfrak{P}_3 - \mathfrak{P}_0}{\mathfrak{P}_3 - \mathfrak{P}_0'} = \frac{2/R}{2/R + j\omega C}\,.$$

Trägt man an $\overline{P_0'P_3}$ ein rechtwinkliges Dreieck $\overline{P_3 P_0' P_0}$ an, dessen Katheten sich verhalten wie

$$\overline{P_0P_3} : \overline{P_0'P_0} = 2/R : \omega C\,,$$

so ist P_0 der gesuchte Endpunkt des Vektors der Sternpunktsspannung. $\overline{P_0P_1}$, $\overline{P_0P_2}$ sind die beiden Lampenspannungen $\overline{P_0P_3}$ die Spannung am Kondensator. Je nach den Werten von R und C liegt P_0 auf einem Halbkreis über $\overline{P_3P_0'}$ als Durchmesser. Von den beiden Lampen leuchtet also die auf, deren Spannung gegen die des Kondensators verspätet ist. Wählt man statt des Kondensators eine Drosselspule, so liegt P_0 auf dem Halbkreis rechts von $\overline{P_0'P_3}$.

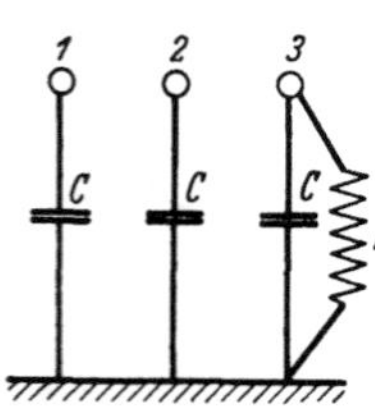

Abb. 123.

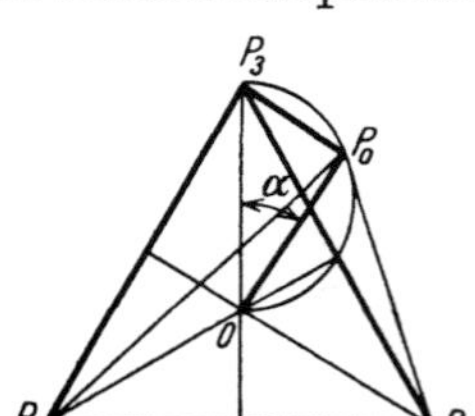

Abb. 124.

2. Der Erdschlußstrom einer Hochspannungsleitung. Im Ersatzbild Abb. 123 stellen die drei Kondensatoren C die Kapazitäten der drei Leitungen gegen Erde dar. In einer Leitung besteht infolge mangelhafter Isolation ein Erdschluß über einen Erdschlußwiderstand R. Der Sternpunkt des Systems ist die Erde, die als unendlich gut leitend vorausgesetzt sei. Ist $R = \infty$, so ist $\mathfrak{y}_1 = \mathfrak{y}_2 = \mathfrak{y}_3 = j\omega C$ und $\mathfrak{P}_0 = 0$. Der Spannungsmittelpunkt des Systems ist der Schwerpunkt O des Dreiecks der Linienspannungen Abb. 124, und $\overline{OP_1}$, $\overline{OP_2}$, $\overline{OP_3}$ sind die Spannungen von den drei Leitungen nach

Erde bei erdschlußfreiem Betrieb. Ist R endlich, so ist nach Gl. (16)

$$\mathfrak{P}_0 = \frac{(\mathfrak{P}_1' + \mathfrak{P}_2' + \mathfrak{P}_3')j\omega C + \mathfrak{P}_3'/R}{1/R + 3j\omega C} = \frac{\mathfrak{P}_3'}{1 + j3R\omega C}.$$

Da $\mathfrak{P}_3'$ durch $\overline{OP_3}$ dargestellt wird, liegt P_0 als Endpunkt von $\overline{OP_0} = \mathfrak{P}_0$ auf einem Kreis über $\overline{OP_3}$ als Durchmesser, wobei

$$\operatorname{tg}\alpha = \frac{\overline{P_0P_3}}{\overline{OP_0}} = \frac{3\omega C}{1/R} = 3R\omega C$$

ist. $\overline{P_0P_1}$, $\overline{P_0P_2}$, $\overline{P_0P_3}$ sind jetzt die Spannungen der drei Leiter gegen Erde. Für $R = \infty$ liegt P_0 in O, jede Leitung steht unter Phasenspannung gegen Erde, für $R = 0$, bei widerstandslosen Erdschluß liegt P_0 in P_3, die erdschlußfreien Leitungen stehen unter Linienspannung gegen Erde. Der Strom im Erdschlußwiderstand ist

$$\mathfrak{J}_R = \frac{\mathfrak{P}_3' - \mathfrak{P}_0}{R} = \mathfrak{P}_3' \frac{j3\omega C}{1 + j3R\omega C}.$$

Für $R = 0$ wird

$$\mathfrak{J}_{R(R=0)} = \mathfrak{J}_e = j\,\mathfrak{P}_3' 3\omega C.$$

J_e heißt der Erdschlußstrom der Leitung. Er ist dreimal so groß wie der Ladestrom der erdgeschlossenen Leitung im erdschlußfreien Betrieb. Bei diesem ist die Summe der drei Ladeströme entsprechend der Summe der drei Spannungen gegen Erde Null. Beim widerstandsfreien Erdschluß stehen die Leitungen *1*, *2* unter Linienspannung gegen Erde, ihre Ladeströme sind $j(\mathfrak{P}_1' - \mathfrak{P}_3')\omega C$ und $j(\mathfrak{P}_2' - \mathfrak{P}_3')\omega C$. Da $\mathfrak{P}_1' + \mathfrak{P}_2' + \mathfrak{P}_3' = 0$ ist, ist die Summe der beiden Ladeströme

$$-j\,\mathfrak{P}_3' 3\omega C = -\mathfrak{J}_e$$

gleich dem Strom, der durch den Erdschluß fließt.

Sind die drei Kapazitäten der drei Leitungen gegen Erde nicht alle gleichgroß, wie bisher angenommen, so ist auch im erdschlußfreien Betrieb die Spannung jedes Leiters gegen Erde nicht mehr die Phasenspannung. Ist z. B. $\mathfrak{y}_1 = \mathfrak{y}_2 = j\omega C$, $\mathfrak{y}_3 = j\omega(C \pm c)$, so ist für $R = 0$

$$\mathfrak{P}_0 = \pm\,\mathfrak{P}_3 \frac{j\omega c}{j\omega(3C \pm c)} = \pm\,\mathfrak{P}_3 \frac{c}{3C \pm c}.$$

P_0 liegt also auf $\overline{OP_3}$ in Abb. 124.

58. Dreieckschaltung. Beziehung der Phasenströme zu den Linienströmen.

Bei der Dreieckschaltung sind die Phasenströme aus den Linienspannungen, die auch die Phasenspannungen des Dreiecks sind, und den Leitwerten der Belastung gegeben. Bei symmetrischer Belastung ist jeder Linienstrom $\sqrt{3}$-mal so groß wie jeder Dreieckstrom und die Belastung überträgt sich vollkommen symmetrisch auf die drei Stränge des Generators, gleichviel ob er in Stern oder in Dreieck geschaltet ist. Für unsymmetrische Belastung soll jetzt an Hand des Vektordiagramms gezeigt werden, wie sich die Belastung auf die drei Stränge des in Stern geschalteten Generators verteilt. Dabei seien die Spannungen symmetrisch und von dem Spannungsabfall werde abgesehen. In Abb. 125 ist P_1, P_2, P_3 das gleichseitige Dreieck der Linienspannungen P_a, P_b, P_c; $\overline{OP_1}$, $\overline{OP_2}$, $\overline{OP_3}$ sind die Phasenspannungen des in Stern geschalteten Generators. Die Dreieckströme sind J_a, J_b, J_c und unter den

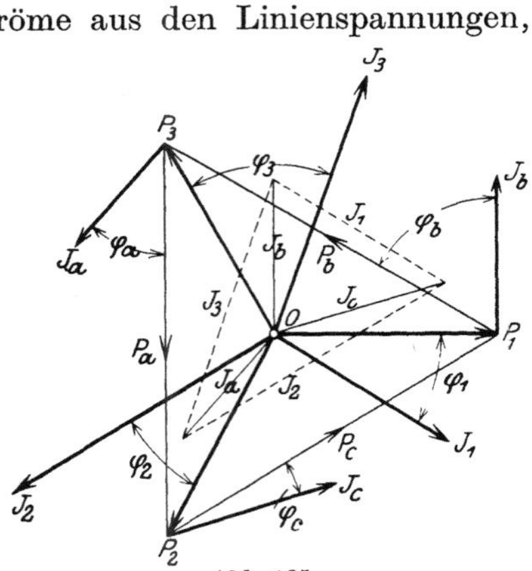

Abb. 125.

Winkeln $\varphi_a\ \varphi_b\ \varphi_c$ gegenüber Spannungen aufgetragen. Verschiebt man die Vektoren nach O, so sind die Seiten des Stromdreiecks die Linienströme $J_1\ J_2\ J_3$, die gegen die Phasenspannungen des Generators um $\varphi_1\ \varphi_2\ \varphi_3$ phasenverschoben sind. Zerlegt man jeden Linienstrom in seinen Wirkstrom und seinen Blindstrom, so ergeben sich folgende Beziehungen:

$$\left.\begin{aligned} J_1\cos\varphi_1 &= J_c\cos(\varphi_c - 30^0) + J_b\cos(\varphi_b + 30^0)\\ J_1\sin\varphi_1 &= J_c\sin(\varphi_c - 30^0) + J_b\sin(\varphi_b + 30^0)\end{aligned}\right\},$$

$$\left.\begin{aligned} J_2\cos\varphi_2 &= J_a\cos(\varphi_a - 30^0) + J_c\cos(\varphi_c + 30^0)\\ J_2\sin\varphi_2 &= J_a\sin(\varphi_a - 30^0) + J_c\sin(\varphi_c + 30^0)\end{aligned}\right\},$$

$$\left.\begin{aligned} J_3\cos\varphi_3 &= J_b\cos(\varphi_b - 30^0) + J_a\cos(\varphi_a + 30^0)\\ J_3\sin\varphi_3 &= J_b\sin(\varphi_b - 30^0) + J_a\sin(\varphi_a + 30^0)\end{aligned}\right\}.$$

Ändert sich der Strom in einer Seite des Dreiecks, so ändern sich nur die Linienströme an den beiden benachbarten Eckpunkten, aber nicht der des gegenüberliegenden Eckpunktes.

Sind etwa zwei Seiten gleich stark und induktionsfrei belastet, die dritte unbelastet, also $J_a = 0$, $J_b = J_c = J$, $\varphi_b = \varphi_c = 0$, so wird

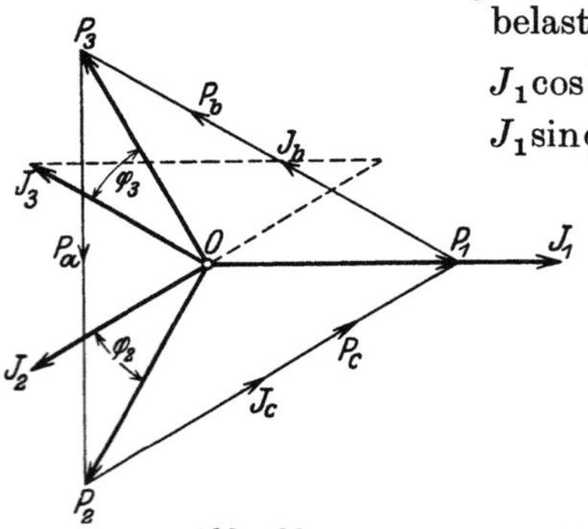

Abb. 126.

$$\left.\begin{aligned} J_1\cos\varphi_1 &= J\cos(-30^0) + J\cos 30^0 = J\sqrt{3}\\ J_1\sin\varphi_1 &= J\sin(-30^0) + J\sin 30^0 = 0\end{aligned}\right\} J_1 = J\sqrt{3},$$

$$\left.\begin{aligned} J_2\cos\varphi_2 &= J\cos 30^0 = \frac{J\sqrt{3}}{2}\\ J_2\sin\varphi_2 &= J\sin 30^0 = \frac{J}{2}\end{aligned}\right\} J_2 = J,$$

$$\left.\begin{aligned} J_3\cos\varphi_3 &= J\cos(-30^0) = \frac{J\sqrt{3}}{2}\\ J_3\sin\varphi_3 &= J\sin(-30^0) = \frac{-J}{2}\end{aligned}\right\} J_2 = J.$$

Es ist also J_1 in Phase mit P_1, dagegen ist J_2 gegen P_2 um 30^0 verzögert, während J_3 gegen P_3 um 30^0 voreilt (s. Abb. 126). Die in jeder der beiden belasteten Phasen verbrauchte Leistung ist $J P_l = \sqrt{3} P J$, insgesamt also $2\sqrt{3} P J$. Hiervon führt J_1 die Hälfte, die übrigen Ströme je ein Viertel zu.

59. Transfigurierung eines Dreiecks in einen Stern.

Sind in die Zuleitungen zum Dreieck Widerstände geschaltet, so ist die Berechnung der Stromverteilung bei unsymmetrischer Belastung unübersichtlich, weil die Spannungen noch unbekannt sind.

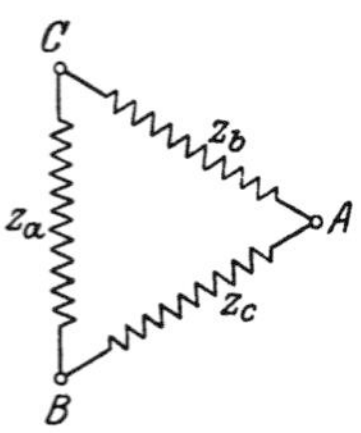

Abb. 127a.

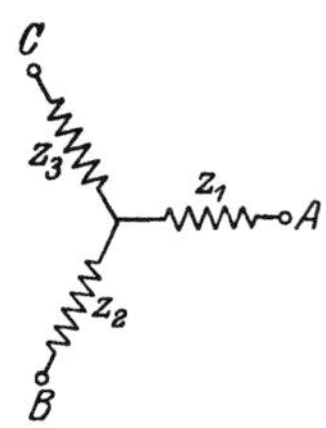

Abb. 127b.

Wie A. E. Kennelly[1] gezeigt hat, kann jede Dreieckschaltung durch eine in bezug auf den äußeren Stromkreis äquivalente Dreieckschaltung ersetzt werden. Durch diese Transfigurierung wird die Berechnung auf die einer Sternschaltung zurückgeführt.

Die Scheinwiderstände $z_a\ z_b\ z_c$ des Dreiecks Abb. 127a seien gegeben und $z_1\ z_2\ z_3$ für den äquivalenten Stern Abb. 127b gesucht. Damit die beiden Schaltungen gleichwertig sind, muß der resultierende Scheinwiderstand zwischen je zwei Klemmen bei beiden Schaltungen gleich groß sein. Zwischen den Klemmen $A\,B$ liegen beim Stern z_1 und z_2 in Reihe, beim Dreieck dagegen z_c parallel zu der

[1] El World 1899, S. 268.

Reihenschaltung von z_a und z_b, daher ist

$$\mathfrak{z}_1 + \mathfrak{z}_2 = \frac{\mathfrak{z}_c(\mathfrak{z}_a + \mathfrak{z}_b)}{\mathfrak{z}_a + \mathfrak{z}_b + \mathfrak{z}_c}, \quad \text{ebenso} \quad \mathfrak{z}_2 + \mathfrak{z}_3 = \frac{\mathfrak{z}_a(\mathfrak{z}_b + \mathfrak{z}_c)}{\mathfrak{z}_a + \mathfrak{z}_b + \mathfrak{z}_c}, \quad \mathfrak{z}_3 + \mathfrak{z}_1 = \frac{\mathfrak{z}_b(\mathfrak{z}_c + \mathfrak{z}_a)}{\mathfrak{z}_a + \mathfrak{z}_b + \mathfrak{z}_c}.$$

Addiert man jeweils zwei dieser Gleichungen und subtrahiert davon die dritte, so erhält man

$$\mathfrak{z}_1 = \frac{\mathfrak{z}_b \mathfrak{z}_c}{\mathfrak{z}_a + \mathfrak{z}_b + \mathfrak{z}_c}, \quad \mathfrak{z}_2 = \frac{\mathfrak{z}_c \mathfrak{z}_a}{\mathfrak{z}_a + \mathfrak{z}_b + \mathfrak{z}_c}, \quad \mathfrak{z}_3 = \frac{\mathfrak{z}_a \mathfrak{z}_b}{\mathfrak{z}_a + \mathfrak{z}_b + \mathfrak{z}_c}. \tag{17}$$

Sind die Scheinwiderstände des Dreiecks unter sich gleich

$$\mathfrak{z}_a = \mathfrak{z}_b = \mathfrak{z}_c = \mathfrak{z},$$

so sind auch die des Sterns gleich groß und je $\frac{1}{3}\,\mathfrak{z}$.

Man kann die Transfigurierung auch graphisch ausführen. Stellen in Abb. 128 die Vektoren $\overline{OA}$, $\overline{OB}$, $\overline{OC}$ der Reihe nach $\mathfrak{z}_a$, $\mathfrak{z}_b$, $\mathfrak{z}_c$ nach Größe und Phase dar, und ist $\overline{OD}$ ihre Summe, so macht man

$$\triangle OIC \sim \triangle OBD,$$

daher

$$\overline{OI} = \frac{\overline{OC} \cdot \overline{OB}}{\overline{OD}} = \frac{\mathfrak{z}_c \mathfrak{z}_b}{\mathfrak{z}_a + \mathfrak{z}_b + \mathfrak{z}_c} = \mathfrak{z}_1,$$

und analog für die anderen Scheinwiderstände.

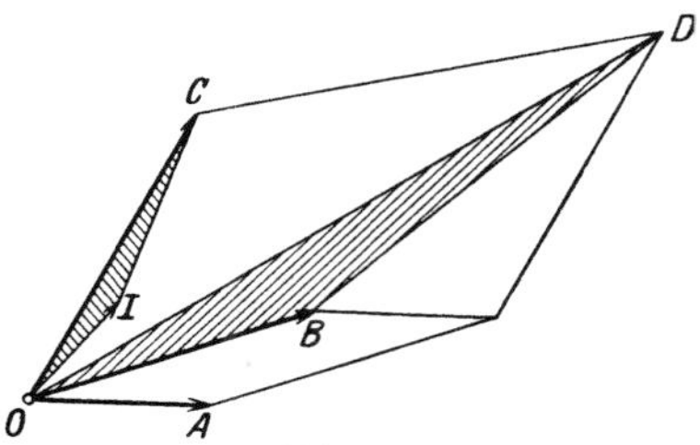

Abb. 128.

Umgekehrt kann eine Sternschaltung in eine Dreieckschaltung transfiguriert werden; man verwendet hierbei zweckmäßig die Leitwerte. Die Äquivalenz der Schaltungen gilt unabhängig von den Spannungen, die an ihnen bestehen. Ist z. B. die Spannung zwischen den beiden Klemmen A und B (Abb. 127a, b) gleich Null, so können diese Punkte widerstandslos verbunden werden. Man hat dann beim Dreieck zwischen diesen beiden Klemmen und der dritten eine Parallelschaltung von y_a und y_b, beim Stern eine Reihenschaltung von y_3 mit den beiden parallelgeschalteten y_1 und y_2. Es wird

$$\mathfrak{y}_a + \mathfrak{y}_b = \frac{1}{\frac{1}{\mathfrak{y}_3} + \frac{1}{\mathfrak{y}_1 + \mathfrak{y}_2}} = \frac{\mathfrak{y}_3(\mathfrak{y}_1 + \mathfrak{y}_2)}{\mathfrak{y}_1 + \mathfrak{y}_2 + \mathfrak{y}_3},$$

analog

$$\mathfrak{y}_b + \mathfrak{y}_c = \frac{\mathfrak{y}_1(\mathfrak{y}_2 + \mathfrak{y}_3)}{\mathfrak{y}_1 + \mathfrak{y}_2 + \mathfrak{y}_3}, \qquad \mathfrak{y}_c + \mathfrak{y}_a = \frac{\mathfrak{y}_2(\mathfrak{y}_3 + \mathfrak{y}_1)}{\mathfrak{y}_1 + \mathfrak{y}_2 + \mathfrak{y}_3},$$

und indem man wieder zwei Gleichungen addiert und davon die dritte subtrahiert,

$$\mathfrak{y}_a = \frac{\mathfrak{y}_2 \mathfrak{y}_3}{\mathfrak{y}_1 + \mathfrak{y}_2 + \mathfrak{y}_3}, \quad \mathfrak{y}_b = \frac{\mathfrak{y}_3 \mathfrak{y}_1}{\mathfrak{y}_1 + \mathfrak{y}_2 + \mathfrak{y}_3}, \quad \mathfrak{y}_c = \frac{\mathfrak{y}_1 \mathfrak{y}_2}{\mathfrak{y}_1 + \mathfrak{y}_2 + \mathfrak{y}_3}. \tag{17a}$$

Diese Rechnung findet z. B. dann Anwendung, wenn mehrere unsymmetrische Sternschaltungen parallelgeschaltet sind, deren neutrale Punkte nicht verbunden sind und der Spannungsabfall für beide zu berücksichtigen ist. Zwischen den neutralen Punkten besteht eine Spannung, es können daher die Scheinwiderstände entsprechender Stromkreise nicht parallelgeschaltet werden.

Man transfiguriert dann erst jede Sternschaltung in ein Dreieck, die entsprechenden Seiten der Dreiecke sind parallelgeschaltet. Das aus der Parallelschaltung resultierende Dreieck kann wieder in eine Sternschaltung transfiguriert werden, womit die den parallelgeschalteten Sternschaltungen äquivalente Sternschaltung gefunden ist.

60. Das Zweiphasen-Dreileitersystem.

Dieses heute nur noch selten verwendete System (Abb. 129) hat zwei um 90^0 gegeneinander phasenverschobene Spannungen und einen Nullleiter, es ist also ein unsymmetrisches System.

Die Belastung ist zwischen je einen Außenleiter und den Nulleiter geschaltet.

Bei gleichmäßiger Belastung ist die Summe der momentanen Leistungen beider Phasen konstant, das System ist balanciert. Die Leistung ist

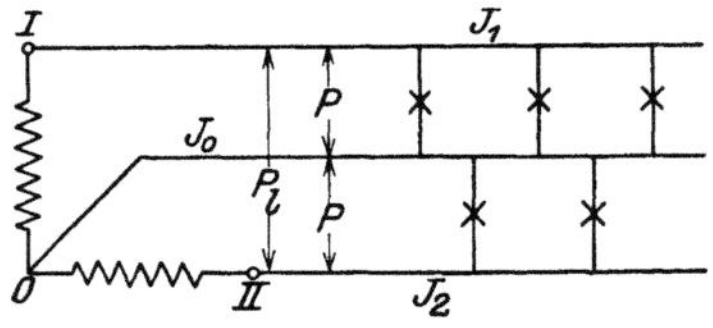

Abb. 129.

$$N = 2PJ\cos\varphi.$$

Die Linienspannung ist

$$P_l = P\sqrt{2},$$

der Strom des Nulleiters

$$J_0 = J\sqrt{2}.$$

Ist der Spannungsabfall im Nulleiter vernachlässigbar klein, so bleiben bei gleicher Belastung der Phasen die Spannungen an den Klemmen der Belastung gleich groß und um 90^0 gegeneinander phasenverschoben. Besteht dagegen im Nulleiter ein Spannungsabfall, der gleich $\overline{OP_0}$ in Abb. 130 ist, so sind die Spannungen an der Belastung $\overline{P_0P_1'}$ und $\overline{P_0P_2'}$ auch bei gleichen Strömen verschieden und nicht mehr um 90^0 phasenverschoben.

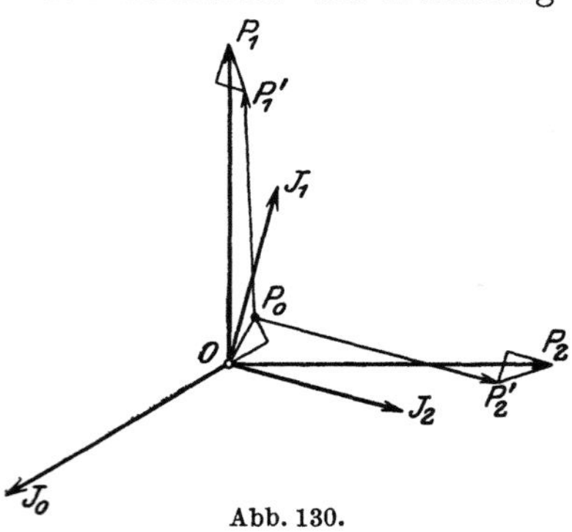

Abb. 130.

Die Berechnung ergibt sich genau wie auf S. 94 für 3 Phasen. Sind y_1, y_2, y_0 die Leitwerte, gerechnet vom neutralen Punkt des Generators bis zu dem der Belastung, so erhält man

$$\left.\begin{aligned} \mathfrak{P}_0 &= \frac{\mathfrak{P}_1\mathfrak{y}_1 + \mathfrak{P}_2\mathfrak{y}_2}{\mathfrak{y}_1 + \mathfrak{y}_2 + \mathfrak{y}_0}, \qquad & \mathfrak{J}_1 &= (\mathfrak{P}_1 - \mathfrak{P}_0)\,\mathfrak{y}_1, \\ \mathfrak{J}_2 &= (\mathfrak{P}_2 - \mathfrak{P}_0)\,\mathfrak{y}_2, & \mathfrak{J}_0 &= -\mathfrak{P}_0\mathfrak{y}_0. \end{aligned}\right\} \quad (18)$$

Die graphischen Lösungen sind den für die Sternschaltung gezeigten S. 94 genau entsprechend.

61. Mehrwellige Ströme in Mehrphasensystemen.

Die Phasenspannungen eines symmetrischen Mehrphasensystems haben alle dieselbe Kurvenform, da die Wicklungsstränge einer Mehrphasenmaschine alle die gleichen elektrischen und magnetischen Eigenschaften haben. Die Oberschwingungen kommen in den Phasenspannungen in gleicher Größe und Lage gegenüber der Grundwelle vor.

Der Phasenwinkel der Grundwellen überträgt sich auf die Oberwellen nach Maßgabe ihrer Ordnungszahlen, d. h. die Oberwellen der Ordnung $\varkappa$ sind um $\varkappa\frac{2\pi}{n}$ ihrer Wellenlänge gegeneinander phasenverschoben. Dabei ergeben sich folgende Besonderheiten.

1. Ist $\varkappa : n$ eine ganze Zahl, so ist die Phasenverschiebung dieser Oberwellen ein Vielfaches von 2π, d. h. sie sind gleichgerichtet.

2. Ist $\varkappa = xn - 1$, worin x eine ganze Zahl ist, so ist die Phasenverschiebung dieser Oberwellen in zwei aufeinanderfolgenden Spannungen

$$\varkappa\frac{2\pi}{n} = x2\pi - \frac{2\pi}{n}.$$

Die Oberwellen bilden ein Mehrphasensystem mit vertauschter Reihenfolge der Phasen.

3. Ist endlich $\varkappa = xn + 1$, so ist

$$\varkappa\frac{2\pi}{n} = x2\pi + \frac{2\pi}{n}.$$

Die Reihenfolge der Phasen ist dieselbe wie bei den Grundwellen. Beim Dreiphasensystem sind nach 1. alle Oberwellen gleichgerichtet für die $\varkappa$ durch drei teilbar ist also

$$\varkappa = 3, 9, 15 \ldots,$$

nach 2. sind die Oberwellen mit verkehrter Phasenfolge

$$\varkappa = 5, 11, 17 \ldots$$

und nach 3. die Oberwellen mit gleicher Folge wie bei den Grundwellen

$$\varkappa = 7, 13, 19 \ldots .$$

Da bei der Sternschaltung die Linienspannung die Differenz von zwei Phasenspannungen ist, fallen in der verketteten Spannung die gleichphasigen Oberwellen fort. Beim Dreiphasensystem ist die dritte Oberwelle und ihre Vielfachen in der verketteten Spannung des in Stern geschalteten Generators nicht vorhanden. Die übrigen Mehrphasensysteme bildenden Oberwellen sind vorhanden und in der Linienspannung $\sqrt{3}$ mal so groß wie in der Phasenspannung.

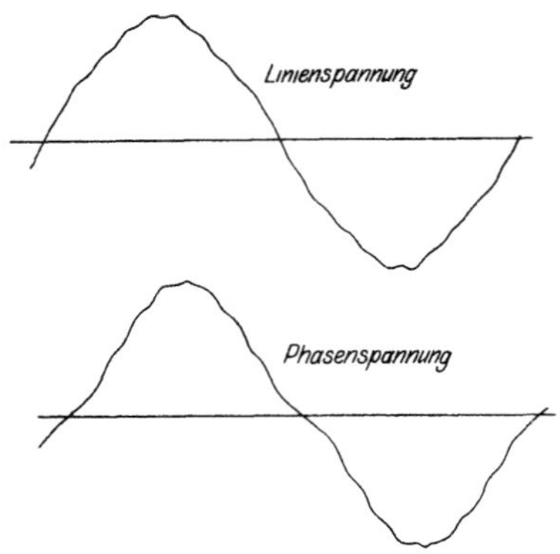

Abb. 131.

Die verkettete Spannung eines Generators in Sternschaltung hat daher eine andere Kurvenform als die Phasenspannung (s. Abb. 131).

Die Effektivwerte verhalten sich wie

$$\frac{P_l}{P} = \sqrt{3}\,\frac{\sqrt{P_1^2 + P_5^2 + P_7^2 + \cdots}}{\sqrt{P_1^2 + P_3^2 + P_5^2 + P_7^2}}\,.$$

Sind Oberwellen der Ordnung $\varkappa = 3, 9, \ldots$ in der Phasenspannung vorhanden, so ist dieses Verhältnis kleiner als $\sqrt{3}$.

Da die dritten Oberwellen stets gleichgerichtet sind, können sie bei einem Generator mit Sternschaltung ohne Nulleiter nicht zur Wirkung kommen, da sie in der Linienspannung fortfallen. Sind die Stromverbraucher ebenfalls in Stern geschaltet, so besteht zwischen dem Nullpunkt des Generators und dem der Belastung auch bei vollständiger Symmetrie eine Spannung von dreifacher Periodenzahl, und deren Vielfachen, die gleich der Summe der in den 3 Phasen gleichgerichteten Wellen ist.

Ist der neutrale Punkt des Generators geerdet, der der Belastung nicht, so besteht zwischen diesem und Erde die Spannung der dritten Oberwellen, die bei Hochspannungsgeneratoren groß werden kann, so daß die Berührung des Nullpunktes gefährlich wird. Man erdet mitunter auch den Nullpunkt der Transformatoren. In den Erdleitern oder in einem Nulleiter fließt stets ein Strom von dreifacher usw. Periodenzahl, der Nulleiter ist auch bei gleicher Belastung der Phasen nicht mehr stromlos.

Bei Dreieckschaltung des Generators addieren sich die dritten Oberwellen der Spannung zu einer Resultierenden von dreifacher Amplitude und ergeben einen Ausgleichstrom, der fast unabhängig von der Belastung ist. Die Wicklung führt auch ohne äußere Belastung Strom. Öffnet man das Dreieck, so kann die Spannung der Oberwellen für sich gemessen werden.

Die inneren Ströme von dreifacher Periodenzahl bedingen Verluste und Erwärmung der Wicklung, man schaltet daher Dreiphasengeneratoren selten in Dreieck.

62. Messung der Leistung von Mehrphasenströmen.

Bei gleichbelasteten Zweigen eines symmetrischen Mehrphasensystems braucht nur die Leistung eines Zweiges gemessen zu werden; die Gesamtleistung ist n mal so groß.

Bei einer Sternschaltung (Abb. 132) mißt die Stromspule des Leistungsmessers den Strom einer Zuleitung, die Spannungsspule die Spannung von dieser nach dem

Nullpunkt. Bei einer Ringschaltung könnte entsprechend ein Ringstrom und die zugehörige Phasenspannung gemessen werden. Oder man verwendet einen künstlichen Nullpunkt nach Abb. 133, wobei die Widerstände so abgeglichen sind, daß der Widerstand der Spannungsspule mit ihrem Vorschaltwiderstand ebenso groß ist wie die Widerstände der anderen Zweige.

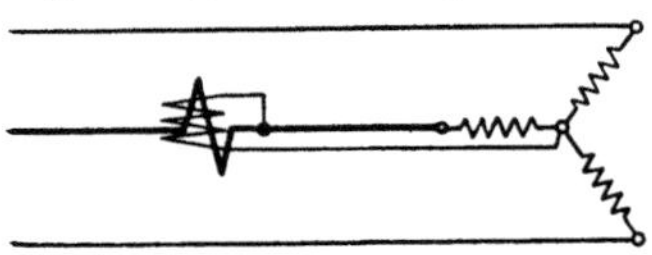

Abb. 132.

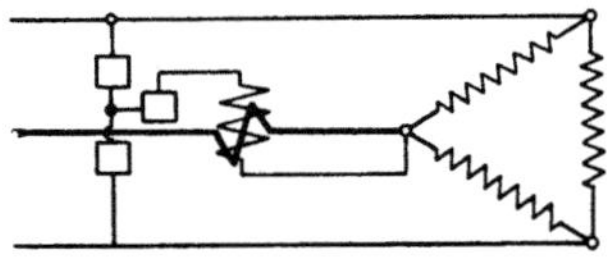

Abb. 133.

Bei ungleicher Belastung sind mehr Leistungsmesser erforderlich.

Sind allgemein m Leiter vorhanden, so kann man den m-ten Leiter als gemeinsame Rückleitung der übrigen $(m-1)$ Leiter auffassen. Dann sind $(m-1)$ Leistungsmesser erforderlich, deren Stromspulen die $(m-1)$ Ströme, und deren Spannungsspulen die Spannungen von je einem der $(m-1)$ Leiter nach dem m-ten Leiter messen.

Für das Dreiphasensystem ohne Nulleiter ist diese Schaltung mit zwei Leistungsmessern nach Abb. 134 von Aron und von Behn-Eschenburg angegeben. Hier ist

$$\sum pi = p_1 i_1 + p_2 i_2 + p_3 i_3, \qquad i_1 + i_2 + i_3 = 0,$$

$$\sum pi = (p_1 - p_3) i_1 + (p_2 - p_3) i_2. \tag{19}$$

Die Gleichung gilt für die Momentanwerte unabhängig von der Kurvenform. Für einwellige Ströme und symmetrische Spannungen gilt das Vektordiagramm Abb. 135, die beiden gemessenen Leistungen sind

$$N_1 = P_{13} J_1 \cos(\varphi_1 - 30^0), \qquad N_2 = P_{23} J_2 \cos(\varphi_2 + 30^0).$$

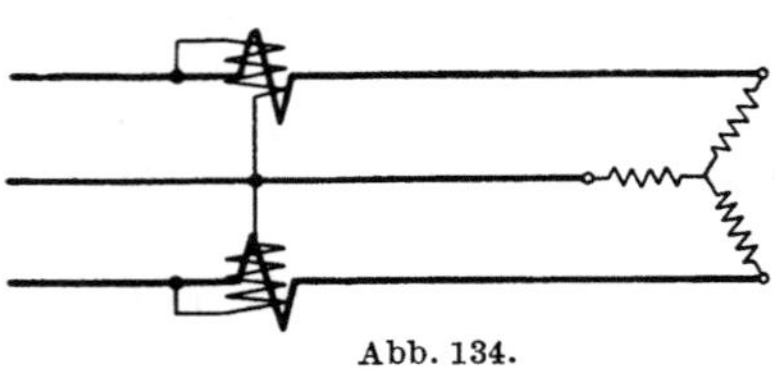

Abb. 134.

Ist $\varphi_2 = 60^0$, so schlägt der zweite Leistungsmesser nicht aus, der Ausschlag kehrt sich um, wenn $\varphi_2 > 60^0$ ist.

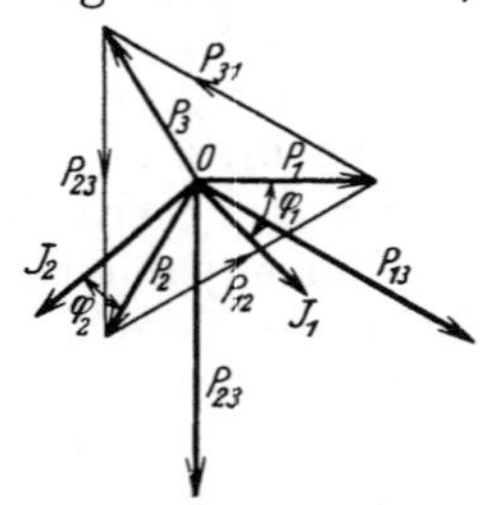

Abb. 135.

Bei gleicher Belastung aller Zweige ist

$$N_1 + N_2 = 3PJ\cos\varphi, \qquad N_1 - N_2 = \sqrt{3}\,PJ\,2\sin\varphi\sin 30^0 = \sqrt{3}\,PJ\sin\varphi,$$

daher

$$\operatorname{tg}\varphi = \sqrt{3}\,\frac{N_1 - N_2}{N_1 + N_2}. \tag{20}$$

Bei gleicher Belastung kann die Phasenverschiebung nach Gl. (20) direkt aus dem Verhältnis der Ausschläge der Leistungsmesser berechnet werden.

Die Differenz der Ausschläge ist bei symmetrischer Belastung der Blindleistung proportional. Bei ungleicher Belastung und einwelligen Spannungen kann die Blindleistung auch mit zwei Leistungszeigern gemessen werden. Dabei müssen die Ströme der Spannungsspulen um 90^0 gegen die bei der Leistungsmessung phasenverschoben sein, entweder mittels einer Kunstschaltung, oder bei symmetrischem Spannungsdreieck, durch Kombination von 2 Spannungen. So ist (s. Abb. 135) die resultierende Spannung aus $-P_{23}$ und P_{12} senkrecht auf P_{13} und ebenso die Resultierende aus P_{12} und $-P_{31}$ senkrecht auf P_{23}.

Dreiphasensystem mit Nulleiter[1]. Hier sind drei Leistungsmesser erforderlich. Es ist

$$\sum pi = p_1 i_1 + p_2 i_2 + p_3 i_3 + p_0 i_0 \quad \text{und} \quad i_1 + i_2 + i_3 + i_0 = 0.$$

Setzt man i_0 aus der zweiten Gleichung in die erste ein, so erhält man

$$\sum pi = (p_1 - p_0) i_1 + (p_2 - p_0) i_2 + (p_3 - p_0) i_3. \tag{21}$$

---

[1] Siehe Orlich: ETZ 1907, S. 71.

Darin sind $(p_1 - p_0)$ usw. die Spannungen von den Außenleitern nach dem Nulleiter, setzt man sie abgekürzt p_{10}, p_{20}, p_{30}, so ist

$$\sum pi = p_{10} i_1 + p_{20} i_2 + p_{30} i_3 . \tag{21a}$$

Die meisten Zählerkonstruktionen verwenden die Linienspannungen

$$p_a = p_{20} - p_{30}, \qquad p_b = p_{30} - p_{10}, \qquad p_c = p_{10} - p_{20} . \tag{22}$$

Die Summe $p_{10} + p_{20} + p_{30}$ ist nicht nur bei unsymmetrischer Belastung von Null verschieden, sondern auch infolge der Oberwellen von dreifacher Frequenz; bezeichnet man sie $\sum p$, so ist

$$p_{10} = \tfrac{1}{3}(p_c - p_b + \sum p), \qquad p_{20} = \tfrac{1}{3}(p_a - p_c + \sum p), \qquad p_{30} = \tfrac{1}{3}(p_b - p_a + \sum p) . \tag{23}$$

Setzt man in (21a) $i_1 = -(i_2 + i_3 + i_0)$, so ist

$$\sum pi = (p_{20} - p_{10}) i_2 + (p_{30} - p_{10}) i_3 - p_{10} i_0$$

und mit (23)

$$\sum pi = p_b i_3 - p_c i_2 - p_{10} i_0 . \tag{24}$$

Diese Gleichung, aus der durch zyklische Vertauschung zwei weitere analoge folgen, bietet noch keine Vorteile gegenüber der Messung nach Gl. (21), weil drei Systeme erforderlich sind, bei denen je eine Spannungsspule und eine Stromspule zusammenwirken.

Die Zahl der Systeme läßt sich auf 2 reduzieren, wenn bei jedem mehrere Spannungsspulen oder auch mehrere Stromspulen zusammenwirken. Dies ergibt die folgenden Möglichkeiten.

Mit p_{10} aus (23) wird (24)

$$\sum pi = p_b (i_3 + \tfrac{1}{3} i_0) - p_c (i_2 + \tfrac{1}{3} i_0) - \tfrac{1}{3} i_0 \sum p . \tag{25}$$

Addiert und subtrahiert man hierzu $p_c i_3$, so ist

$$\sum pi = (p_b - p_c)(i_3 + \tfrac{1}{3} i_0) + p_c (i_3 - i_2) - \tfrac{1}{3} i_0 \sum p . \tag{26}$$

Addiert man zu Gl. (24) die durch zyklische Vertauschung erhaltene

$$\sum pi = p_c i_1 - p_a i_3 - p_{20} i_0$$

und setzt für p_{10} und p_{20} die Werte aus Gl. (23) ein, so ergibt sich

$$2 \sum pi = (p_b - p_a)(i_3 - \tfrac{1}{3} i_0) + p_c (i_1 - i_2) - \tfrac{2}{3} i_0 \sum p . \tag{27}$$

Setzt man ferner die Werte aus Gl. (23) in Gl. (21a) ein, so wird

$$3 \sum pi = i_1 (p_c - p_b) - i_2 (p_a - p_c) + i_3 (p_b - p_a) - i_0 \sum p ,$$

oder nach Addition und Subtraktion von $i_3 p_c$

$$3 \sum pi = (i_1 - i_3)(p_c - p_b) + (i_2 - i_3)(p_a - p_c) - i_0 \sum p . \tag{28}$$

Die Gl. (25) bis (28) stellen, wenn man von dem Glied mit $\sum p$ absieht, Meßanordnungen mit 2 Systemen dar, bei denen je 1 oder 2 Spannungsspulen mit 2 Stromspulen zusammenwirken.

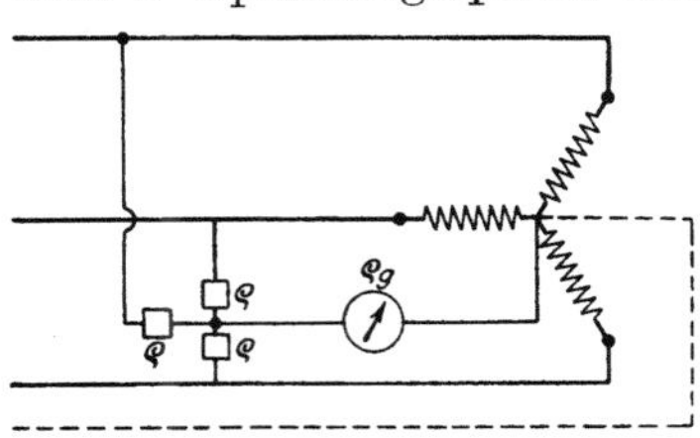

Abb. 136.

Das Glied mit $\sum p$ gibt den Fehler an. Man kann $\sum p$ messen, wenn man (nach Abb. 136) durch drei gleiche Widerstände ϱ zwischen den Außenleitern einen künstlichen Nullpunkt herstellt und ihn durch einen Spannungsmesser vom Widerstand ϱ_g mit dem Nullpunkt der Belastung verbindet.

Sind j_1, j_2, j_3 die Ströme in den 3 Widerständen, j der Strom im Spannungsmesser, so ist

$$p_{10} = j_1 \varrho + j \varrho_g , \qquad p_{20} = j_2 \varrho + j \varrho_g , \qquad p_{30} = j_3 \varrho + j \varrho_g ,$$

daher

$$\sum p = (\varrho + 3 \varrho_g) j .$$

Der Ausschlag des Spannungsmessers ist daher mit $\frac{\varrho + 3\varrho_g}{\varrho_g}$ zu multiplizieren, um die Spannung $\sum p$ zu erhalten.

Schaltet man in gleicher Weise die Spannungsspule eines Leistungsmessers, dessen Stromspule von i_0 durchflossen ist, so kann das Fehlerglied in Gl. (25) bis (28) gemessen werden.

63. Allgemeine Berechnung unsymmetrischer Mehrphasensysteme.

1. Die symmetrischen Komponenten eines Dreiphasensystems. In Abb. 137 stellen die drei Vektoren $\overline{OA'} = \mathfrak{V}'_a$, $\overline{OB'} = \mathfrak{V}'_b$, $\overline{OC'} = \mathfrak{V}'_c$ ein symmetrisches Dreiphasensystem dar, sie können Spannungen oder Ströme oder Flüsse bedeuten. Ferner sind $\overline{OA''} = \mathfrak{V}''_a$, $\overline{OB''} = \mathfrak{V}''_b$, $\overline{OC''} = \mathfrak{V}''_c$ drei weitere Vektoren, die ebenfalls ein symmetrisches Dreiphasensystem darstellen. Es unterscheidet sich vom ersten, abgesehen von der Länge der Vektoren, dadurch, daß die zeitliche Phasenfolge vertauscht ist. Durch Addition entsprechender Vektoren beider Systeme

$$\mathfrak{V}'_a + \mathfrak{V}''_a = \mathfrak{U}_a = \overline{OA}\,, \qquad \mathfrak{V}'_b + \mathfrak{V}''_b = \mathfrak{U}_b = \overline{OB}\,, \qquad \mathfrak{V}'_c + \mathfrak{V}''_c = \mathfrak{U}_c = \overline{OC}$$

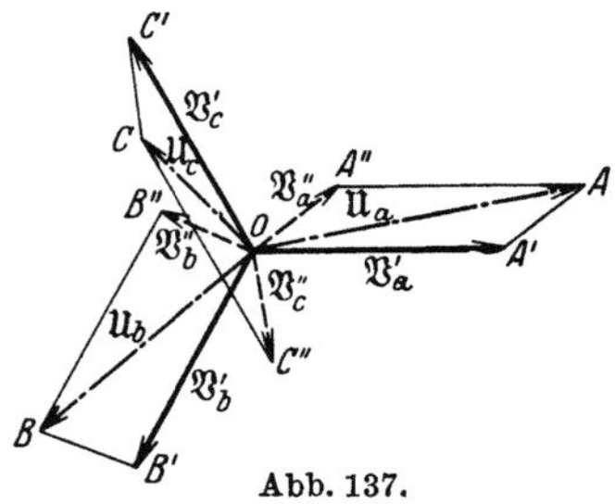

Abb. 137.

werden die drei neuen Vektoren $\mathfrak{U}_a$, $\mathfrak{U}_b$, $\mathfrak{U}_c$ erhalten, die ein unsymmetrisches System ergeben, dessen Phasenfolge dieselbe wie beim größeren der beiden symmetrischen Systeme ist.

Da in jedem der beiden symmetrischen Systeme die Summe der drei Vektoren Null ist,

$$\mathfrak{V}'_a + \mathfrak{V}'_b + \mathfrak{V}'_c = 0\,, \qquad \mathfrak{V}''_a + \mathfrak{V}''_b + \mathfrak{V}'_c = 0\,,$$

folgt durch Addition für das unsymmetrische System

$$\mathfrak{U}_a + \mathfrak{U}_b + \mathfrak{U}_c = 0\,. \tag{29}$$

Ein unsymmetrisches Dreiphasensystem, dessen Vektoren die Summe Null ergeben, läßt sich also umgekehrt zerlegen in zwei symmetrische Systeme von ungleicher Größe mit entgegengesetzter Phasenfolge; das größere hat die gleiche Phasenfolge wie das unsymmetrische System.

Ist die Summe der drei Vektoren nicht Null, so ist eine weitere Zerlegung möglich. In Abb. 138 sind die drei Vektoren $\overline{OA} = \mathfrak{U}_a$, $\overline{OB} = \mathfrak{U}_b$, $\overline{OC} = \mathfrak{U}_c$, deren Summe Null ist, nochmals aufgetragen. O ist der Schwerpunkt des Dreiecks ABC. Addiert man einen vierten Vektor $\overline{PO} = \mathfrak{V}_0$, so erhält man die drei neuen Vektoren von P nach den Ecken ABC des Dreiecks $\mathfrak{V}_a\,\mathfrak{V}_b\,\mathfrak{V}_c$, deren Summe nicht Null ist und die somit den allgemeinsten Fall eines unsymmetrischen Dreiphasensystems darstellen. Da

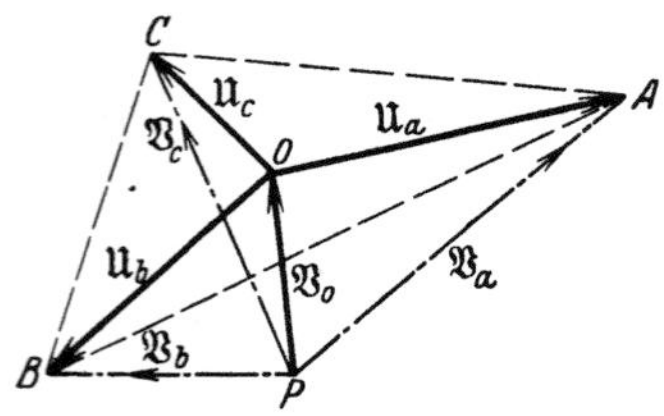

Abb. 138.

$$\mathfrak{V}_a = \mathfrak{V}_0 + \mathfrak{U}_a\,, \qquad \mathfrak{V}_b = \mathfrak{V}_0 + \mathfrak{U}_b\,, \qquad \mathfrak{V}_c = \mathfrak{V}_0 + \mathfrak{U}_c$$

ist, ist die Summe mit Rücksicht auf Gl. (29)

$$\mathfrak{V}_a + \mathfrak{V}_b + \mathfrak{V}_c = 3\,\mathfrak{V}_0\,. \tag{30}$$

Sind drei Vektoren gegeben, deren Summe nicht Null ist, so lassen sie sich in drei symmetrische Komponenten zerlegen.

Die erste Komponente ist in allen drei Vektoren gleichgroß und gleichphasig, sie ist ein Drittel der (geometrischen) Summe der drei Vektoren.

Die zweite und dritte Komponente bilden je ein symmetrisches Dreiphasensystem, das größere hat die gleiche Phasenfolge wie die gegebenen drei Vektoren, das kleinere die entgegengesetzte.

Wir nennen die erste Komponente die Nullkomponente, weil die Phasenfolge Null ist, die beiden anderen die gleichläufige und die gegenläufige Komponente. Das Verhältnis der gegenläufigen zur gleichläufigen Komponente ist ein Maß für die Unsymmetrie.

Die gleiche Ableitung gilt allgemein für ein n-Phasensystem, wenn man von zwei symmetrischen Systemen mit je n Vektoren ausgeht; sie ist hier an dem Beispiel des Dreiphasensystems abgeleitet, weil es für die Technik am wichtigsten ist.

Die Zerlegung hat folgende Bedeutung. Vektoren mit der Summe Null sind z. B. die Linienspannungen oder die Linienströme eines Systems ohne Nulleiter. Vektoren, deren Summe im allgemeinen nicht Null ist, sind die Spannungen gegen Erde oder gegen den Nulleiter, ferner die Ströme eines Systems mit Nulleiter oder mit geerdetem Nullpunkt. Sind z. B. $\mathfrak{P}_1$, $\mathfrak{P}_2$, $\mathfrak{P}_3$ die drei Spannungen gegen Erde, so ist nach (30)

$$\mathfrak{P}_0 = \tfrac{1}{3}(\mathfrak{P}_1 + \mathfrak{P}_2 + \mathfrak{P}_3)$$

die Nullkomponente der drei Spannungsvektoren und bedeutet die mittlere Spannung des Systems gegen Erde, oder, wenn der Nullpunkt über irgend einen Widerstand geerdet ist, die Nullpunktsspannung des Systems. Die restlichen Spannungen $(\mathfrak{P}_1 - \mathfrak{P}_0)$, $(\mathfrak{P}_2 - \mathfrak{P}_0)$, $(\mathfrak{P}_3 - \mathfrak{P}_0)$, deren Summe Null ist, können auch unsymmetrisch sein; sie sind die Systemspannungen. Ebenso ist in einem System mit Nulleiter oder geerdetem Nullpunkt die Nullkomponente der Stromvektoren

$$\mathfrak{J}_0 = \tfrac{1}{3}(\mathfrak{J}_1 + \mathfrak{J}_2 + \mathfrak{J}_3)$$

der Anteil jeden Leiters an dem, dem Nullpunkt zufließenden Strom, dem Nullpunktstrom. Die restlichen Ströme $(\mathfrak{J}_1 - \mathfrak{J}_0)$, $(\mathfrak{J}_2 - \mathfrak{J}_0)$, $(\mathfrak{J}_3 - \mathfrak{J}_0)$, deren Summe Null ist, sind die Systemströme.

Die Gesetze, nach denen die gleichgerichteten Nullpunktsgrößen in Maschinen, Transformatoren und Leitungen übertragen werden, sind vollkommen verschieden von denen, die für die Systemgrößen gelten. In Leitungen bedingen z. B. die Spannungen gegen Erde andere elektrische Felder als die Spannungen von einem Leiter zum anderen, und entsprechendes gilt für die magnetischen Felder der Ströme.

In Maschinen hängt von der Phasenfolge der Ströme, wie in Kap. XI gezeigt wird, der Umlaufsinn des Drehfeldes ab, und die Wirkungen der beiden Komponenten mit entgegengesetzter Phasenfolge sind daher grundsätzlich voneinander verschieden.

Die Gesetze für symmetrische Ströme und Spannungen sind durch Rechnung und Versuch stets eindeutig festzustellen, während für beliebig unsymmetrische Größen keine Gesetzmäßigkeiten bestehen.

Beim symmetrischen System sind die Vorgänge in allen Phasen dieselben, man braucht daher nur eine Phase zu betrachten. Am Ende der Rechnung setzt man die drei symmetrischen Komponenten zu den resultierenden Vektoren zusammen.

Sind die drei symmetrischen Komponenten für eine Phase a gegeben $\mathfrak{V}_0$, $\mathfrak{V}_a'$, $\mathfrak{V}_a''$, so ist die Nullkomponente $\mathfrak{V}_0$ für die beiden anderen dieselbe. Die gleichläufige Komponente ist in Phase b gegen $\mathfrak{V}_a'$ um 120^0 zurückgedreht, in Phase c um 120^0 nach vorwärts, sie werden durch Multiplikation mit $e^{\mp j2\pi/3}$ erhalten. Bei den gegenläufigen Komponenten sind die Vorzeichen $\pm$ zu vertauschen.

Zur Abkürzung setzt man für den Dreher $e^{j2\pi/3}$ das Zeichen a,

$$e^{j2\pi/3} = a = -\frac{1}{2} + j\frac{\sqrt{3}}{2}. \tag{31}$$

Die Drehung um 120^0 nach rückwärts ist gleichbedeutend mit der zweimaligen Drehung um 120^0 nach vorwärts, daher

$$e^{-j2\pi/3} = a^2 = -\frac{1}{2} - j\frac{\sqrt{3}}{2}. \tag{32}$$

Dann sind die resultierenden Vektoren der drei Phasen, ausgedrückt durch die Komponenten einer Phase,

$$\mathfrak{V}_a = \mathfrak{V}_0 + \mathfrak{V}_a' + \mathfrak{V}_a'', \quad \mathfrak{V}_b = \mathfrak{V}_0 + a^2\mathfrak{V}_a' + a\mathfrak{V}_a'', \quad \mathfrak{V}_c = \mathfrak{V}_0 + a\mathfrak{V}_a' + a^2\mathfrak{V}_a''. \tag{33}$$

Dabei ist

$$1 + a + a^2 = 0. \tag{34}$$

Bei einem n-Phasensystem erhält man statt der drei Faktoren 1, a, a^2, entsprechend der Drehung um $2\pi/n$ n Koeffizienten

$$1 = e^{j0}, \qquad a_n = e^{j2\pi/n}, \qquad a_n^2 = e^{j2\cdot 2\pi/n}, \qquad \ldots, \qquad a_n^{n-1} = e^{j(n-1)2\pi/n},$$

deren Summe Null ist. Sie sind die n Wurzeln des Ausdrucks $\sqrt[n]{1}$.

Diese abgekürzte Schreibweise ist eine Erweiterung der Rechnung mit komplexen Zahlen. Die dort vorkommenden vier Koeffizienten 1, j, -1, $-j$ sind die vier Wurzeln aus $\sqrt[4]{1}$.

Die Rechnung mit symmetrischen Komponenten ist zuerst eingehend von C. G. le Fortescue[1] begründet und eingeführt worden. Sie gilt nur für einwellige Schwingungen.

2. Zerlegung eines unsymmetrischen Dreiphasensystems in die symmetrischen Komponenten. Sind drei Vektoren $\mathfrak{B}_a$, $\mathfrak{B}_b$, $\mathfrak{B}_c$ gegeben, so ist, wie gezeigt, die Nullkomponente $\mathfrak{B}_0$ der dritte Teil der Summe der drei Vektoren. Daher braucht nur noch gezeigt zu werden, wie bei Vektoren, deren Summe Null ist, die gleichläufige und die gegenläufige Komponente erhalten wird.

Nach (33) ist für $\mathfrak{B}_0 = 0$

$$\mathfrak{B}_a = \mathfrak{B}_a' + \mathfrak{B}_a'', \qquad \mathfrak{B}_b = a^2\mathfrak{B}_a' + a\mathfrak{B}_a'', \qquad \mathfrak{B}_c = a\mathfrak{B}_a' + a^2\mathfrak{B}_a''. \tag{35}$$

Multipliziert man die zweite Gleichung mit a, die dritte mit a^2 und addiert sie zur ersten, so folgt, weil $a^3 = 1$ ist,

$$\mathfrak{B}_a + a\mathfrak{B}_b + a^2\mathfrak{B}_c = 3\mathfrak{B}_a'. \tag{36}$$

Die Komponente $\mathfrak{B}_a''$ fällt fort, weil $1 + a^2 + a^4 = 0$ ist. Multipliziert man ebenso die zweite Gleichung mit a^2, die dritte mit a und addiert, so ist

$$\mathfrak{B}_a + a^2\mathfrak{B}_b + a\mathfrak{B}_c = 3\mathfrak{B}_a''. \tag{37}$$

Graphische Zerlegung. 1. Verfahren. In Abb. 139 stellt das Dreieck ABC die aneinander gereihten gegebenen Vektoren dar. Nach Gl. (36) wird $\mathfrak{B}_a'$ erhalten, wenn zu $\mathfrak{B}_a = \overline{CB}$, der um 120° gegen $\mathfrak{B}_b = \overline{AC}$ nach vorwärts gedrehte Vektor $a\mathfrak{B}_b = \overline{DC}$ und der um 120° gegen $\mathfrak{B}_c = \overline{BA}$ nach rückwärts gedrehte Vektor $a^2\mathfrak{B}_c = \overline{BE}$ addiert wird. Dann ist $\overline{DE} = 3\mathfrak{B}_a'$. Ebenso wird nach Gl. (37) $\mathfrak{B}_a''$ erhalten, indem zu $\mathfrak{B}_a = \overline{CB}$ der gegen $\mathfrak{B}_b = \overline{AC}$ um 120° nach rückwärts gedrehte Vektor $\overline{FC} = a^2\mathfrak{B}_b$ und der gegen $\mathfrak{B}_c = \overline{BA}$ um 120° nach vorwärts gedrehte Vektor $a\mathfrak{B}_c = \overline{BG}$ addiert wird, dann ist $\overline{FG} = 3\mathfrak{B}_a''$.

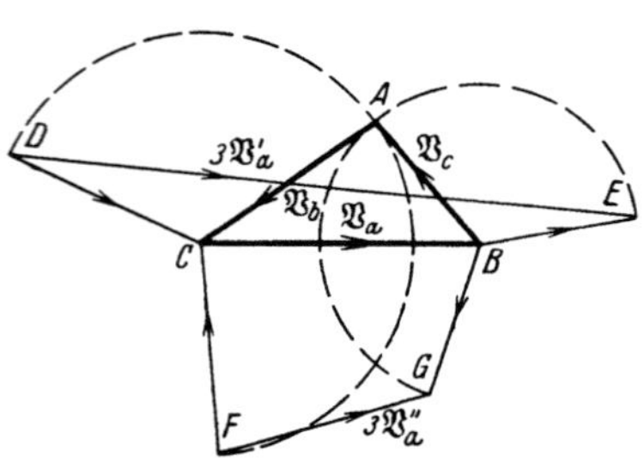

Abb. 139.

2. Verfahren. Aus Gl. (36) erhält man durch Einsetzen der Werte für a und a^2 nach (31) und (32)

$$\mathfrak{B}_a' = \frac{1}{3}\mathfrak{B}_a + \frac{1}{3}\mathfrak{B}_b\left[-\frac{1}{2} + j\frac{\sqrt{3}}{2}\right] + \frac{1}{3}\mathfrak{B}_c\left[-\frac{1}{2} - j\frac{\sqrt{3}}{2}\right] = \frac{1}{2}\mathfrak{B}_a + j\frac{1}{2\sqrt{3}}(\mathfrak{B}_b - \mathfrak{B}_c), \tag{36a}$$

weil $\mathfrak{B}_a + \mathfrak{B}_b + \mathfrak{B}_c = 0$ ist. Ebenso wird nach Gl. (37)

$$\mathfrak{B}_a'' = \frac{1}{2}\mathfrak{B}_a - j\frac{1}{2\sqrt{3}}(\mathfrak{B}_b - \mathfrak{B}_c). \tag{37a}$$

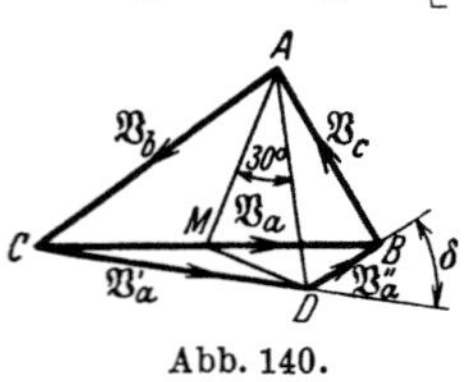

Abb. 140.

In Abb. 140 ist M der Mittelpunkt von $\overline{CB} = \mathfrak{B}_a$, daher

$$\overline{CM} = \overline{MB} = \tfrac{1}{2}\mathfrak{B}_a, \qquad \overline{AM} = \tfrac{1}{2}(\mathfrak{B}_b - \mathfrak{B}_c).$$

[1] J. Am. Inst. El. Eng. 1918, S. 1027.

In dem rechtwinkligen Dreieck AMD ist $\sphericalangle MAD = 30^0$, $\overline{MD} = \overline{AM}\,\mathrm{tg}\,30^0 = \frac{1}{\sqrt{3}}\overline{AM}$ und um 90^0 gegen $\overline{AM}$ nach vorwärts gedreht. Daher stellt $\overline{MD}$ den Vektor

$$j\frac{1}{2\sqrt{3}}(\mathfrak{V}_b - \mathfrak{V}_c)$$

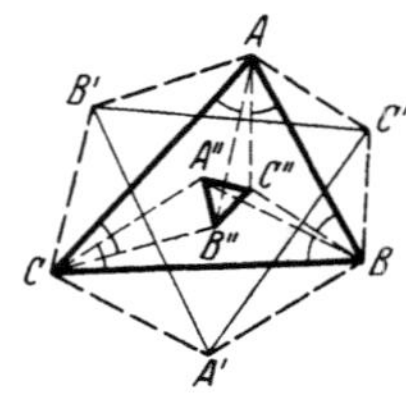

Abb. 141.

dar, und es ist nach Gl. (36a) und (37a) $\overline{CD} = \mathfrak{V}'_a$ und $\overline{DB} = \mathfrak{V}''_a$. Hier kann auch der Winkel δ, den $\mathfrak{V}'_a$ und $\mathfrak{V}''_a$ bilden, abgelesen werden.

3. Verfahren. Trägt man (Abb. 141) an die drei Eckpunkte des Vektorendreiecks ABC an jede Seite nach außen und nach innen den Winkel 30^0 an, so bestimmen die Schnittpunkte $A'B'C'$ der sechs freien Schenkel außerhalb des Vektorendreiecks das Dreieck der gleichläufigen Komponenten, die Schnittpunkte $A''B''C''$ innerhalb das Dreieck der gegenläufigen Komponenten. Der Beweis ist ohne weiteres aus der Abbildung abzulesen.

3. Rechnerische Ermittlung der Komponenten. Zwischen den Beträgen V_a, V_b, V_c, der Vektoren des unsymmetrischen Systems, und den Beträgen V', V'', der beiden symmetrischen Systeme bestehen zwei einfache Beziehungen, mittels derer aus den ersten die zweiten berechnet werden können.

Ist δ der Winkel zwischen V' und V'', so ist für die Beträge nach (35)

$$\left.\begin{aligned} V_a^2 &= V'^2 + V''^2 + 2V'V''\cos\delta \\ V_b^2 &= V'^2 + V''^2 + 2V'V''\cos(120^0 - \delta) \\ V_c^2 &= V'^2 + V''^2 + 2V'V''\cos(120^0 + \delta)\,. \end{aligned}\right\} \tag{35a}$$

Durch Addition folgt

$$V'^2 + V''^2 = \tfrac{1}{3}(V_a^2 + V_b^2 + V_c^2)\,. \tag{38}$$

Die Summe der Quadrate der symmetrischen Vektoren ist der Mittelwert der Quadrate der unsymmetrischen Vektoren.

Die zweite Beziehung ergibt sich aus dem Inhalt des Dreiecks V_a, V_b, V_c. Er ist $\frac{1}{2}V_a V_b \sin(V_a V_b)$ und kann aus den Vektoren berechnet werden als imaginärer Teil des Produktes aus einem Vektor und dem konjugiert komplexen des anderen. Setzt man

$$\mathfrak{V}_a = V' + V'' e^{j\delta}, \qquad \mathfrak{V}_b^{\mathfrak{k}} = V' e^{j2\pi/3} + V'' e^{-j(2\pi/3 - \delta)},$$

so ist

$$F = \frac{1}{2}\mathfrak{Im}(\mathfrak{V}_a \mathfrak{V}_b^{\mathfrak{k}}) = \frac{1}{2}\left[V'^2 \sin\frac{2\pi}{3} + V''^2 \sin\left(-\frac{2\pi}{3}\right)\right],$$

$$F = \frac{\sqrt{3}}{4}(V'^2 - V''^2)\,. \tag{39}$$

Der Flächeninhalt des unsymmetrischen Dreiecks ist die Differenz der Inhalte der gleichseitigen Dreiecke der symmetrischen Vektoren.

Aus den Seiten V_a, V_b, V_c berechnet sich der Flächeninhalt F des Dreiecks, wenn der halbe Umfang mit S bezeichnet wird,

$$S = \tfrac{1}{2}(V_a + V_b + V_c)\,,$$

$$F = \sqrt{S(S - V_a)(S - V_b)(S - V_c)}\,. \tag{40}$$

Führt man zur Abkürzung die Seite des flächengleichen gleichseitigen Dreiecks V_g ein

$$V_g^2 = \frac{4}{\sqrt{3}}F = \frac{4}{\sqrt{3}}\sqrt{S(S - V_a)(S - V_b)(S - V_c)}\,, \tag{40a}$$

so wird nach (39)

$$V'^2 - V''^2 = V_g^2 \tag{39a}$$

und mit (38)

$$\left.\begin{aligned} V'^2 &= \frac{1}{2}\left[\frac{V_a^2 + V_b^2 + V_c^2}{3} + V_g^2\right] \\ V''^2 &= \frac{1}{2}\left[\frac{V_a^2 + V_b^2 + V_c^2}{3} - V_g^2\right]. \end{aligned}\right\} \tag{41}$$ [1]

[1] A. E. Kennelly: J. Am. Inst. El. Eng. 1927, S. 240.

Endlich ergibt sich durch Auflösung der Gl. (35a)

$$\delta = \operatorname{arctg} \sqrt{3}\, \frac{V_c^2 - V_b^2}{2\,V_a^2 - (V_b^2 + V_c^2)}\,. \tag{42}$$

Der Unsymmetriegrad ist

$$\varepsilon = \frac{V''}{V'}\,. \tag{43}$$

Ist das System symmetrisch, so ist $V'' = 0$. V_g wird mit der Seite des gegebenen gleichseitigen Dreiecks identisch.

Der Grenzfall der Unsymmetrie ist $\varepsilon = 1$, d. h. $V' = V''$, oder nach (41) $V_g = 0$. Das flächengleiche Dreieck verschwindet, V_a, V_b, V_c fallen in die gleiche Richtung. Man erhält also das Einphasensystem als Summe von zwei gleichgroßen Dreiphasensystemen mit entgegengesetzter Phasenfolge.

Für den Betrieb von Motoren ist die Unsymmetrie der Spannungen schädlich, daher soll nach den Normen des VDE die Unsymmetrie der Spannungen nicht mehr als 5% betragen.

Bei geringen Unsymmetriegraden kann man folgende Rechnung verwenden. Der Mittelwert der Beträge sei

$$V = \tfrac{1}{3}(V_a + V_b + V_c) \tag{44}$$

und

$$V_a = V + v_a\,, \qquad V_b = V + v_b\,, \qquad V_c = V + v_c\,. \tag{45}$$

Dabei ist die Summe der drei Abweichungen vom Mittelwert Null

$$v_a + v_b + v_c = 0\,. \tag{46}$$

Hiermit läßt sich der Mittelwert der Quadrate schreiben

$$\tfrac{1}{3}(V_a^2 + V_b^2 + V_c^2) = V^2 + \tfrac{1}{3}(v_a^2 + v_b^2 + v_c^2) \tag{38a}$$

und die Seite des flächengleichen Dreiecks nach (40a)

$$V_g^2 = V^2 \sqrt{\left(1 - \frac{2\,v_a}{V}\right)\left(1 - \frac{2\,v_b}{V}\right)\left(1 - \frac{2\,v_c}{V}\right)} = V^2 \sqrt{1 + \frac{4\,(v_a v_b + v_b v_c + v_c v_a)}{V^2}} \tag{40b}$$

Betragen die Abweichungen vom Mittelwert nur einige Hundertstel, so ist sehr angenähert durch Reihenentwicklung der Wurzel

$$V_g^2 \cong V^2 + 2\,(v_a v_b + v_b v_c + v_c v_a)\,.$$

Durch Quadrieren von (46) wird

$$2\,(v_a v_b + v_b v_c + v_c v_a) = -\,(v_a^2 + v_b^2 + v_c^2)$$

und

$$V_g^2 \cong V^2 - (v_a^2 + v_b^2 + v_c^2)\,. \tag{40c}$$

Setzt man (38a) und (40c) in (41) und (43) ein, so wird

$$\varepsilon \cong \sqrt{\frac{\frac{4}{3}(v_a^2 + v_b^2 + v_c^2)}{2\,V^2 - \frac{2}{3}(v_a^2 + v_c^2)}}$$

oder

$$\varepsilon \cong \sqrt{\frac{2}{3}\,\frac{v_a^2 + v_b^2 + v_c^2}{V^2}} \tag{47}$$ [1]

Für $\varepsilon = 0{,}05$ soll also die Bedingung erfüllt sein

$$v_a^2 + v_b^2 + v_c^2 \leqq 0{,}00375\; V^2\,.$$

Jede unsymmetrische Belastung bedeutet eine unvollkommene Ausnutzung der elektrischen Anlagen. Wie S. 92 gezeigt ist, kennzeichnet sich ein unbalanciertes System dadurch, daß die momentane Leistung pulsiert. Wir zeigen daher im folgenden, wie die Leistung aus den symmetrischen Komponenten zu berechnen ist.

Die Leistung des unsymmetrischen Dreiphasensystems. Sind $\mathfrak{P}_1, \mathfrak{P}_2, \mathfrak{P}_3$ die Spannungen von den drei Leitungen nach dem Nulleiter, $\mathfrak{J}_1, \mathfrak{J}_2, \mathfrak{J}_3$ die Linienströme, so ist die Leistung die Summe der reellen Teile der drei Produkte aus einer Spannung und dem konjugiert komplexen Vektor des zugehörigen Stromes

$$N = \Re e[\mathfrak{P}_1 \mathfrak{J}_1^{\mathfrak{k}} + \mathfrak{P}_2 \mathfrak{J}_2^{\mathfrak{k}} + \mathfrak{P}_3 \mathfrak{J}_3^{\mathfrak{k}}]\,. \tag{48}$$

[1] Rasch: ETZ 1925, S. 1446.

Der imaginäre Teil der Produktsumme ist die Blindleistung. Zerlegt man die Spannungen und Ströme nach (33) in ihre symmetrischen Komponenten und berücksichtigt, daß für die konjugierten Ströme a und a^2 zu vertauschen sind, so erhält man

$$\begin{aligned} \mathfrak{P}_1 &= \mathfrak{P}_0 + \mathfrak{P}' + \mathfrak{P}'' & \mathfrak{J}_1^{\mathfrak{k}} &= \mathfrak{J}_0^{\mathfrak{k}} + \mathfrak{J}'^{\mathfrak{k}} + \mathfrak{J}''^{\mathfrak{k}} \\ \mathfrak{P}_2 &= \mathfrak{P}_0 + a^2\mathfrak{P}' + a\,\mathfrak{P}'' & \mathfrak{J}_2^{\mathfrak{k}} &= \mathfrak{J}_0^{\mathfrak{k}} + a\,\mathfrak{J}'^{\mathfrak{k}} + a^2\mathfrak{J}''^{\mathfrak{k}} \\ \mathfrak{P}_3 &= \mathfrak{P}_0 + a\,\mathfrak{P}' + a^2\mathfrak{P}'' & \mathfrak{J}_3^{\mathfrak{k}} &= \mathfrak{J}_0^{\mathfrak{k}} + a^2\mathfrak{J}'^{\mathfrak{k}} + a\,\mathfrak{J}''^{\mathfrak{k}}. \end{aligned}$$

Bei der Produktbildung fallen, da $1+a+a^2=0$ ist, alle Glieder mit ungleichartigen Komponenten heraus und es ist

$$N = \mathfrak{Re}[3\,\mathfrak{P}_0\mathfrak{J}_0^{\mathfrak{k}} + 3\,\mathfrak{P}'\mathfrak{J}'^{\mathfrak{k}} + 3\,\mathfrak{P}''\mathfrak{J}''^{\mathfrak{k}}] \tag{49}$$

und analog die Blindleistung als imaginärer Teil.

Durch die Zerlegung in die symmetrischen Komponenten kann die Leistung wie für drei symmetrische Systeme berechnet werden. Der erste Teil

$$N_0 = 3P_0J_0\cos\varphi_0 \tag{50}$$

ist die Nullpunktsleistung, sie ist eine einphasige Leistung, weil der Nulleiterstrom $3J_0$ sich zu gleichen Teilen auf die drei Leiter verteilt.

Die Systemleistung setzt sich aus den beiden Teilen

$$N' = 3P'J'\cos\varphi', \qquad N'' = 3P''J''\cos\varphi'' \tag{51}$$

der beiden gegenläufigen Systeme zusammen, die Blindleistungen sind

$$N_b' = 3P'J'\sin\varphi', \qquad N_b'' = 3P''J''\sin\varphi''. \tag{52}$$

Man kann nun, wie beim Einphasensystem oder beim symmetrischen Dreiphasensystem, die quadratische Summe der resultierenden Wirkleistung und der resultierenden Blindleistung als Scheinleistung bezeichnen. Für die Systemleistung ergibt sich aus (51) und (52)

$$N_s = \sqrt{N^2 + N_b^2} = 3\sqrt{P'^2J'^2 + P''^2J''^2 + 2P'J'P''J''\cos(\varphi' - \varphi'')}. \tag{53}$$

Da hier die Scheinleistungen zweier symmetrischer Systeme addiert sind, deren momentane Leistungen konstant sind, kann dieser Ausdruck noch keine Auskunft geben, inwieweit das System unbalanciert ist. Hierzu ist es nötig, die momentanen Leistungen zu berücksichtigen. Dabei sei von der Nullpunktsleistung abgesehen, die als einphasige Leistung stets mit der Amplitude P_0J_0 pulsiert. Es soll also ein System ohne Nulleiter zugrunde gelegt werden. Dabei ist

$$\begin{aligned} p_1 &= p_1' + p_1'' = \sqrt{2}\,[P'\sin\omega t + P''\sin(\omega t - \delta)], \\ p_2 &= p_2' + p_2'' = \sqrt{2}\,[P'\sin(\omega t - 120^\circ) + P''\sin(\omega t + 120^\circ - \delta)], \\ p_3 &= p_3' + p_3'' = \sqrt{2}\,[P'\sin(\omega t + 120^\circ) + P''\sin(\omega t - 120^\circ - \delta)], \\ i_1 &= i_1' + i_1'' = \sqrt{2}\,[J'\sin(\omega t - \varphi') + J''\sin(\omega t - \delta - \varphi'')], \\ i_2 &= i_2' + i_2'' = \sqrt{2}\,[J'\sin(\omega t - 120^\circ - \varphi') + J''\sin(\omega t + 120^\circ - \delta - \varphi'')], \\ i_3 &= i_3' + i_3'' = \sqrt{2}\,[J'\sin(\omega t + 120^\circ - \varphi') + J''\sin(\omega t + 120^\circ - \delta - \varphi'')]. \end{aligned}$$

Die Leistung ist

$$\begin{aligned} p_1i_1 + p_2i_2 + p_3i_3 &= 3P'J'\cos\varphi' + 3P''J''\cos\varphi'' \\ &\quad - 3P'J''\cos[2\omega t - (\delta + \varphi'')] - 3P''J'\cos[2\omega t - (\delta + \varphi')]. \end{aligned}$$

Über die mittlere Leistung lagern sich zwei Schwingungen von doppelter Frequenz, deren Amplituden die Produkte der nicht homologen Ströme und Spannungen sind. Die Phasenverschiebung der beiden Schwingungen ist $\varphi' - \varphi''$, daher ist die resultierende Amplitude, kurz die „pulsierende Leistung",

$$N_p = 3\sqrt{(P'J'')^2 + (P''J')^2 + 2P'J'P''J''\cos(\varphi' - \varphi'')}. \tag{54}$$

Nun besteht zwischen den Gl. (53) und (54) die Beziehung:

$$N_s^2 - N_p^2 = 3(P'^2 - P''^2)\,3(J'^2 - J''^2). \tag{55}$$

Darin ist nach Gl. (41) die Differenz der Quadrate der gleichläufigen und der gegenläufigen Komponente das Quadrat der Seite des flächengleichen Dreiecks. Wird die Linienspannung $P_l = \sqrt{3}\,P$ eingeführt, so ist

$$\sqrt{N_s^2 - N_p^2} = \sqrt{3}\,P_{gl}\,J_g = N_{sg}, \tag{56}$$

worin P_{gl} die Seite des mit dem Dreieck der Linienspannungen flächengleichen gleichseitigen Dreiecks und ebenso J_g für die Ströme ist. Das Produkt dieser Größen ist der balancierte Teil der Scheinleistung N_{sg}, dessen Momentanwerte konstant sind. Er ist im Grenzfall der Unsymmetrie, d. h. bei einphasiger Belastung mit $J' = J''$ nach (55) Null, dann ist $N_s = N_p$. Daher ist es zweckmäßig, das Verhältnis

$$\varepsilon_N = \frac{N_p}{N_s} = \sqrt{1 - \frac{N_{sg}^2}{N_s^2}} = \sqrt{1 - \frac{3 P_{gl}^2 J_g^2}{N^2 + N_b^2}} \tag{57}$$

als Maß für die Unbalancierung des Systems zu bezeichnen. Darin sind P_{gl} und J_g aus den drei Spannungen und den drei Strömen nach Gl. (40a) bekannt. Die resultierende Leistung wird mit zwei Leistungsmessern nach S. 102 gemessen. Bei einwelligen Spannungen und Strömen, für die die Zerlegung nur gilt, kann auch die resultierende Blindleistung mit zwei Leistungsmessern in gleicher Schaltung gemessen werden, wenn mittels einer Kunstschaltung den Spannungsspulen je ein um 90^0 gegen die zu messende Spannung phasenverschobener Strom zugeführt wird. Daher sind alle Größen in Gl. (57) durch Messung zu bestimmen. Ohne gleichzeitige Angabe über die Leistungsschwingung, gibt die nach Gl. (53) definierte Scheinleistung bei einem unsymmetrisch belasteten System noch kein Maß für die Belastung der Zentrale.

Im praktisch wichtigen Fall, daß die Spannungen symmetrisch und nur die Ströme unsymmetrisch sind, ist $P'' = 0$, $P_{gl} = P_l$, $J_g = \sqrt{J'^2 - J''^2}$ und $N_s = \sqrt{3}\,P_l J'$, daher ist

$$\varepsilon_N = \frac{J''}{J'} = \varepsilon_i,$$

worin ε_i (s. Gl. (43)) der Unsymmetriegrad der Ströme ist.

X. Stromkreise mit gegenseitiger Induktion.

64. Gegenseitige Induktion zweier Stromkreise.

Liegen zwei geschlossene Stromkreise einander benachbart, wie Abb. 142 für zwei einfache Leiterschleifen zeigt, so ist der Induktionsfluß des einen auch teilweise mit dem anderen verkettet. Die Änderung des Stromes eines Kreises bedingt Induktionswirkungen nicht nur in ihm selbst, sondern auch im benachbarten Stromkreis. Diese Erscheinung wird als gegenseitige Induktion bezeichnet.

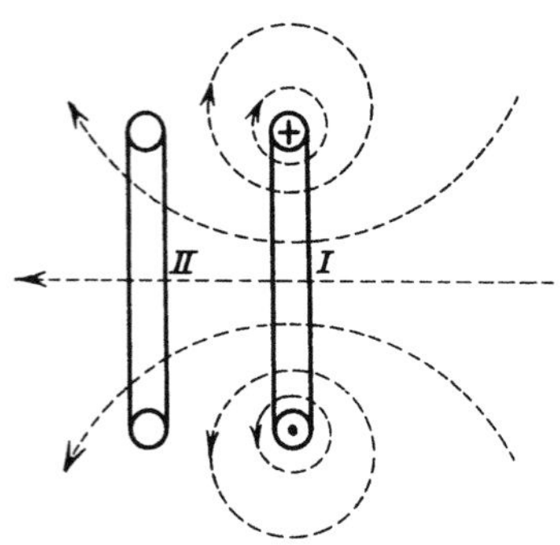

Abb. 142.

Führen beide Kreise Strom, so stellt sich ein Feld ein, das aus der Summenwirkung beider Ströme resultiert.

Die magnetische Energie des Feldes zweier Stromkreise. Die Energie des magnetischen Feldes ist nach Gl. (9a) S. 10

$$W_m = \tfrac{1}{2}\int \mu_0 \mu \mathfrak{H}^2 dv. \tag{1}$$

In einem beliebigen Punkt seien die von den Strömen i_1 und i_2 der beiden Kreise herrührenden Feldstärken $\mathfrak{H}_1$ und $\mathfrak{H}_2$. Sie haben im allgemeinen verschiedene Richtung und mögen einen Winkel α miteinander bilden. Dann ist die resultierende Feldstärke

$$\mathfrak{H}^2 = \mathfrak{H}_1^2 + \mathfrak{H}_2^2 + 2\,\mathfrak{H}_1\mathfrak{H}_2\cos\alpha.$$

Mit diesem Wert zerfällt die Energie nach Gl. (3) in drei Teile

$$W_{m_1} = \tfrac{1}{2}\int \mu\mu_0 \mathfrak{H}_1^2 dv \text{ ist nur von } i_1,$$

$$W_{m_2} = \tfrac{1}{2}\int \mu\mu_0 \mathfrak{H}_2^2 dv \text{ ist nur von } i_2,$$

$$W_{m_{1,2}} = \int \mu\mu_0 \mathfrak{H}_1 \mathfrak{H}_2 \cos\alpha\, dv \text{ ist von } i_1 \text{ und } i_2 \text{ abhängig.}$$

Nach S. 10 ist

$$W_{m_1} = \tfrac{1}{2} L_1 i_1^2, \qquad W_{m_2} = \tfrac{1}{2} L_2 i_2^2,$$

worin L_1 und L_2 die Induktivitäten der beiden Stromkreise sind. Den dritten Teil kann man wie folgt deuten. Die vom Strom i_1 erregten Induktionsröhren sind zum Teil mit i_2 verkettet. Für eine solche Röhre ist der konstante Fluß

$$\mu_0 \mu \mathfrak{H}_1 df = \mathfrak{B}_1 df.$$

Der Anteil einer solchen Röhre an dem Ausdruck $W_{m1,2}$ ist

$$\delta W_{m_{1,2}} = \mathfrak{B}_1 df \oint \mathfrak{H}_2 \cos\alpha\, ds.$$

Hierin ist nach dem Durchflutungsgesetz

$$\oint \mathfrak{H}_2 \cos\alpha\, ds = i_2,$$

wenn die Röhre i_2 umschlingt, und

$$\delta W_{m_{1,2}} = \mathfrak{B}_1 df\, i_2.$$

Erstreckt man die Summe über alle Röhren, die mit i_2 verkettet sind, so ist

$$W_{m_{1,2}} = i_2 \int \mathfrak{B}_1 df = i_2 \Psi_{12}.$$

Ψ_{12} ist der Fluß, den i_1 durch die Fläche des Stromkreises 2 sendet.

Man setzt

$$\Psi_{1,2} = i_1 M_{12}, \quad (2) \qquad W_{m_{1,2}} = i_1 i_2 M_{12}. \quad (3)$$

Geht man vom Strom i_2 aus, so ist der Fluß, den i_2 durch den Stromkreis 1 sendet,

$$\Psi_{21} = i_2 M_{2,1}, \quad (2\text{a}) \qquad W_{m_{1,2}} = i_1 i_2 M_{2,1}. \quad (3\text{a})$$

Da die Energie in beiden Fällen dieselbe ist, wird

$$M_{12} = M_{21} = M. \quad (4)$$

M heißt Koeffizient der gegenseitigen Induktion oder Gegeninduktivität der beiden Stromkreise. $W_{m1,2}$ ist die wechselseitige magnetische Energie. Die gesamte magnetische Energie zweier stromführender Kreise ist danach

$$W_m = \tfrac{1}{2} i_1^2 L_1 + i_1 i_2 M + i_2^2 L_2. \quad (5)$$

Sie ist die Summe der Eigenenergien $\frac{1}{2} i_1^2 L_1$ und $\frac{1}{2} i_2^2 L_2$ und der wechselseitigen Energie $i_1 i_2 M$.

M hat dieselbe Dimension wie L und wird in Henry gemessen.

M ist auch nur als Konstante zu betrachten, wenn die Permeabilität des Mediums unabhängig von der Induktion ist.

EMK der gegenseitigen Induktion. Ändern sich die Ströme i_1 und i_2, so ändert sich die magnetische Feldenergie. Sieht man von einer Veränderung der gegenseitigen Lage der Stromkreise ab, so ist M konstant. Die Änderung der Energie entsteht dann durch Zuführung oder Abgabe von elektrischer Leistung in beiden Stromkreisen. Nimmt die Energie in der Zeit dt und W_m zu, so wird den Stromkreisen die Leistung zugeführt

$$\frac{dW_m}{dt} = i_1\left(L_1 \frac{di_1}{dt} + M \frac{di_2}{dt}\right) + i_2\left(M \frac{di_2}{dt} + L_2 \frac{di_2}{dt}\right).$$

In jedem Stromkreis ist die Leistung das Produkt aus dem Strom und einer Spannung, die dem resultierenden magnetischen Schwund entgegengesetzt gleich ist. Zur EMK der Selbstinduktion $-L\,di/dt$ tritt in jedem Stromkreis die EMK der gegenseitigen Induktion $-M\,di/dt$, die jeweils von der Änderung des Stromes im anderen Stromkreis herrührt. Für einwellige Ströme ist der Effektivwert $J\omega M$.

Beispiel: Zwei parallele Doppelleitungen (Abb. 143), z. B. eine Kraftleitung $A-B$ und eine Telephonleitung $C-D$.

Der Strom 1 Amp im Leiter A erregt im Punkt P der Ebene durch $C-D$ die Feldstärke

$$\mathfrak{H} = \frac{1}{2\pi\varrho},$$

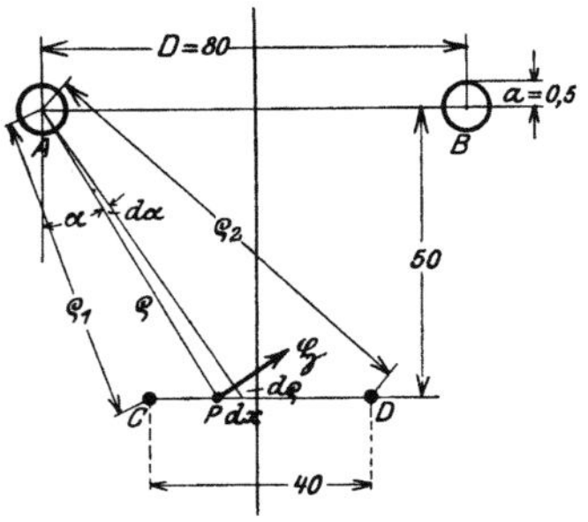

Abb. 143.

die Normalkomponente auf der Ebene durch $C-D$ ist

$$\mathfrak{H}\sin\alpha = \frac{\sin\alpha}{2\pi\varrho}.$$

Durch ein Flächenelement von der Länge 1 cm und der Breite dx tritt der Fluß

$$d\Psi = \mu_0 \mathfrak{H}\sin\alpha\, dx = 2\frac{\sin\alpha}{\varrho}dx \cdot 10^{-9} = 2\frac{d\varrho}{\varrho}10^{-9}.$$

Der Fluß durch die Längeneinheit von C bis D ist

$$\Psi = \int_{\varrho_1}^{\varrho_2} d\Psi = 2\ln\left(\frac{\varrho_2}{\varrho_1}\right)10^{-9},$$

und da B denselben Fluß durch die Fläche schickt, ist für die Länge l cm

$$M = 4l\ln\left(\frac{\varrho_2}{\varrho_1}\right)10^{-9}\,\text{Henry}. \tag{6}$$

Mit den in Abb. 143 eingeschriebenen Maßen wird

$$\varrho_2 = 78, \qquad \varrho_1 = 54, \qquad M = 4l\ln\tfrac{78}{54}10^{-9} = 1{,}47 \cdot l \cdot 10^{-9}\,\text{H}.$$

Dagegen ist die Induktivität der Doppelleitung AB (s. Gl. 14, S. 11).

$$L = 4l(\ln\tfrac{80}{0{,}5} - \tfrac{1}{4})10^{-9} = 21{,}3 \cdot l \cdot 10^{-9}\,\text{H}.$$

L ist hier etwa 15mal so groß wie M. Laufen die Leitungen auf 10 km $= 10^6$ cm parallel, so induziert ein Strom von 100 Amp und 50 Hz, der in der Hauptleitung fließt, in der Telephonleitung

$$J\omega M = 100 \cdot 314 \cdot 1{,}47 \cdot 10^{-3} = 46\,\text{Volt}.$$

Zur Vermeidung der dadurch verursachten Störungen werden die Leitungen verdrillt.

65. Streuung.

Im allgemeinen ist jedes der beiden Systeme nur teilweise mit dem Fluß des andern Systems verkettet. Man nennt dies Streuung.

Streukoeffizient. Daher ist bei gleichen Kraftlinienwindungen eines Stromkreises die magnetische Energie stets größer, wenn der Fluß von beiden Strömen erregt ist, als wenn der betrachtete Stromkreis allein Strom führt.

Allgemein sind die Kraftlinienwindungen der beiden Stromkreise

$$\Psi_1 = J_1 L_1 + J_2 M, \qquad \Psi_2 = J_2 L_2 + J_1 M \tag{7}$$

und die Energie nach Gl. (5)

$$W_m = \tfrac{1}{2}J_1^2 L_1 + J_1 J_2 M + \tfrac{1}{2}J_2^2 L_2 = \tfrac{1}{2}(J_1\Psi_1 + J_2\Psi_2). \tag{5a}$$

Im System 1 erhält man, wenn es allein Strom führt, die gleichen Kraftlinienwindungen wie bei Erregung durch beide nach Gl. (7), wenn sein Strom

$$J_1' = \Psi_1/L_1 = J_1 + J_2 M/L_1$$

ist. Die magnetische Energie ist nun

$$W_m' = \tfrac{1}{2}J_1'^2 L_1 = \tfrac{1}{2}J_1^2 L_1 + J_1 J_2 M + \tfrac{1}{2}J_2^2\frac{M^2}{L_1}.$$

Die Energie bei Erregung durch beide Stromkreise nach (5a) ist daher größer um

$$W_m - W_m' = \tfrac{1}{2}J_2^2 L_2\left(1 - \frac{M^2}{L_1 L_2}\right). \tag{8}$$

Dieser Betrag rührt her von dem Flußanteil des Stromes J_2, der nicht mit System 1 verkettet ist.

Wird ebenso System 2 allein erregt, so daß seine Kraftlinienwindungen gleich Ψ_2 nach Gl. (7) sind, so muß $J_2' = \Psi_2/L_2 = J_2 + J_1 M/L_2$ sein.

Die Energie ist

$$W_m'' = \tfrac{1}{2} J_2'^2 L_2 = \tfrac{1}{2} J_2^2 L_2 + J_1 J_2 M + \tfrac{1}{2} J_1^2 \frac{M^2}{L_2}.$$

Sie ist kleiner als W_m nach Gl. (5a) um den Betrag

$$W_m - W_m'' = \tfrac{1}{2} J_1^2 L_1 \left(1 - \frac{M^2}{L_1 L_2}\right). \tag{8a}$$

Er entspricht dem Flußanteil des Stromes J_1, der nicht mit dem System 2 verkettet ist. Daher ist ein Maß für die Streuung nach Gl. (8) und (8a) der Faktor

$$1 - \frac{M^2}{L_1 L_2} = \sigma > 0. \tag{9}$$

Er heißt Streukoeffizient. Da $\sigma > 0$ ist, ist stets

$$M^2 < L_1 L_2. \tag{9a}$$

Je kleiner die Streuung, um so enger ist die induktive Kopplung. Als Kopplungsfaktor bezeichnet man

$$k = \frac{M}{\sqrt{L_1 L_2}} = \sqrt{1 - \sigma} < 1. \tag{9b}$$

Streuinduktivitäten. Um bei der Energieübertragung durch gegenseitige Induktion in Maschinen u. a. Apparaten eine enge Kopplung zu erzielen, werden die Spulen auf Eisenkerne gewickelt. Bei magnetischen Medien sind L und M nicht konstant, weil die Permeabilität von der Induktion abhängt (s. Kap. XI). Daher ist der Fluß keine lineare Funktion des Stromes und die Zusammensetzung der Spulenflüsse nach Gl. (7) aus zwei den Strömen proportionalen Komponenten ist nicht mehr zulässig. Vielmehr besteht ein resultierender Fluß im Eisenkern, der von beiden Systemen erregt ist. Er vermittelt die Energieübertragung von einem Stromkreis zum anderen und heißt Hauptfluß, während die einseitig verketteten Flüsse nichts zur Energieübertragung beitragen und Streuflüsse heißen. Sie wirken wie in die Stromkreise geschaltete Drosselspulen, und es ist daher nötig, ihre Größe durch Rechnung oder Versuch zu ermitteln.

Nun ist aber die Abgrenzung der einseitig verketteten Flüsse von dem mit beiden Systemen verketteten, auch wenn man von der veränderlichen Permeabilität ganz absieht, also zwei Spulen in Luft voraussetzt, nur dann eindeutig, d. h. unabhängig von den momentanen Strömen, wenn nur eines der beiden Systeme Strom führt, beim doppelt erregten Feld ist sie von dem momentanen Stromverhältnis abhängig. Diese Unbestimmtheit zeigt sich darin, daß für die Zerlegung in die drei Größen, Hauptfluß und zwei Streuflüsse, die beiden Gl. (7) nicht hinreichend sind, und es ist nötig, eine zweckmäßige weitere Verfügung zu treffen.

Der Hauptfluß ist von den Strömen beider Stromkreise durchflutet, die Durchflutung ist $J_1 w_1 + J_2 w_2$. Man kann daher festsetzen[1], daß nur Streuflüsse bestehen, wenn

$$J_1 w_1 + J_2 w_2 = 0$$

gemacht wird. Dann sind die Streuflußverkettungen nach Gl. (7)

$$\Psi_{1S} = J_1\left(L_1 - \frac{w_1}{w_2} M\right) = J_1 S_1; \qquad \Psi_{2S} = J_2\left(L_2 - \frac{w_2}{w_1} M\right) = J_2 S_2. \tag{10}$$

S_1 und S_2 nennt man die Streuinduktivitäten. Je nach der Anordnung der Spulen gibt es Kraftlinien, die mit allen Windungen eines Systems und nur mit einem Teil der Windungen des anderen verkettet sind. Sie bleiben für

[1] Nach Rogowski: ETZ 1908; Arch. Elektrot. Bd. 3, S. 129. 1914.

$J_1 w_1 + J_2 w_2 = 0$ teilweise bestehen und rechnen daher auch zu den Streuflüssen. Man bezeichnet sie als doppelt verkettete Streuflüsse im Gegensatz zu den nur mit je einem System verketteten. Daher kann auch eine der beiden Streuinduktivitäten $S_1 S_2$ Null oder negativ werden.

Erregt man nämlich nur ein System, z. B. 1, so sind die mittleren Windungsflüsse $J_1 L_1/w_1$ und $J_1 M/w_2$.

Bei Anordnungen nach Abb. 142 S. 110 ist ohne weiteres ersichtlich, daß der mittlere Windungsfluß des erregenden Systems größer ist als der des induzierten. Dann ist

$$L_1/w_1 > M/w_2 \quad \text{und} \quad L_2/w_2 > M/w_1$$

und S_1 und S_2 sind beide positiv.

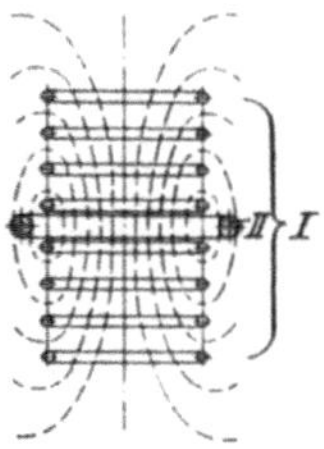

Abb. 144.

Bei einer Anordnung nach Abb. 144 zeigt der Kraftlinienverlauf für den Strom der Spule I, daß der mittlere Windungsfluß der induzierten Spule II größer ist, als der der erregenden Spule I, daß somit $L_1/w_1 < M/w_2$ ist und S_1 negativ wird. In diesem Fall ist aber $L_2/w_2 \gg M/w_1$, weil nach (9) $M^2 < L_1 L_2$ ist.

Man kann der ungleichartigen Anordnung durch die Festsetzung Rechnung tragen, daß die Streuinduktivitäten S_1, S_2 den Induktivitäten L_1, L_2 proportional sein sollen. Sie sind dann stets positiv. Setzt man $S_1 = cL_1$ und $S_2 = cL_2$, dann ist die Bedingung, daß nur Streuflüsse vorhanden sind, daß

$$J_1 L_1 + J_2 M = J_1 S_1 = J_1 c L_1 \quad \text{und} \quad J_2 L_2 + J_1 M = J_2 S_2 = J_2 c L_2$$

ist. Daraus erhält man $c = 1 - \frac{M}{\sqrt{L_1 L_2}} = 1 - k$, und der Hauptfluß verschwindet, wenn

$$-J_2 : J_1 = \sqrt{L_1} : \sqrt{L_2}$$

ist. Diese Festsetzung setzt somit gleiche Anteile an der gesamten magnetischen Energie voraus. Dabei kann aber ein Teil der mit allen Windungen beider Systeme verketteten Kraftlinien zu den Streuflüssen zählen, denn diese verschwinden nur, wenn

$$-J_2 : J_1 = w_1 : w_2$$

ist. Dies würde bei der zweiten Zerlegung nur zutreffen, wenn $L_1 : L_2 = w_1^2 : w_2^2$ ist. Nur in diesem Fall decken sich beide Definitionen.

Nach Hopkinson bezeichnet man auch als Streukoeffizienten

$$v_1 = \frac{L_1}{M}\frac{w_2}{w_1}, \qquad v_2 = \frac{L_2}{M}\frac{w_1}{w_2}, \qquad v_1 v_2 = \frac{1}{1-\sigma}. \tag{11}$$

66. Der Lufttransformator.

Ein Transformator dient zur Umsetzung von elektrischer Energie von einer Spannung in eine andere. Er besitzt zwei Spulen, die sich gegenseitig induzieren und die ruhend zueinander angeordnet sind. Bei den niederen Frequenzen der Starkstromtechnik werden die Spulen zur Erzielung starker magnetischer Felder auf Eisenkerne gewickelt. In der Hochfrequenztechnik verwendet man häufig Transformatoren ohne magnetischen Kern. In diesem Fall sind L und M konstant. Wir beginnen mit dem Lufttransformator.

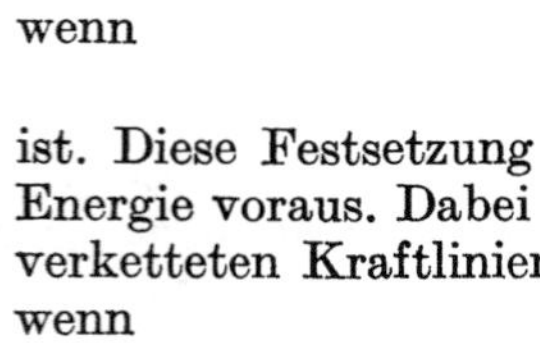

Abb. 145.

In dem Schema Abb. 145 sind die beiden Spulen mit I und II bezeichnet. Die eine, I, ist an eine Stromquelle angeschlossen und heißt die Primärspule, die andere, II, ist über einen Belastungswiderstand irgendwelcher Art geschlossen. Wir ordnen die Ströme i_1 und i_2 einem durch beide Spulen tretenden Fluß Φ rechtsschraubig zu und rechnen die Ströme $i_1 i_2$ und Klemmenspannungen $p_1 p_2$ in der in Abb. 145 durch Pfeile angedeuteten Richtung positiv. Sind $R_1 R_2$

die Widerstände, $L_1 L_2$ die Induktivitäten der beiden Spulen, M deren Wechselinduktivität, so ist nach dem Induktionsgesetz

$$\left.\begin{aligned} R_1 i_1 - p_1 &= -\frac{d\Psi_1}{dt} = -\frac{d}{dt}(L_1 i_1 + M i_2), \\ R_2 i_2 + p_2 &= -\frac{d\Psi_2}{dt} = -\frac{d}{dt}(L_2 i_2 + M i_1). \end{aligned}\right\} \quad (12)$$

Bei konstanten Werten von L, M, R und bei einwelligen Strömen und Spannungen lauten die Gleichungen für die Effektivwerte mit $j\omega$ für d/dt:

$$\left.\begin{aligned} \mathfrak{P}_1 &= (R_1 + j\omega L_1)\mathfrak{J}_1 + j\omega M \mathfrak{J}_2, \\ 0 &= \mathfrak{P}_2 + (R_2 + j\omega L_2)\mathfrak{J}_2 + j\omega M \mathfrak{J}_1. \end{aligned}\right\} \quad (13)$$

Hierin ist das Verhältnis von $\mathfrak{P}_2$ zu $\mathfrak{J}_2$ durch den Belastungswiderstand gegeben. Zu jedem Belastungszustand an den sekundären Klemmen, der durch $\mathfrak{P}_2$, $\mathfrak{J}_2$ gegeben ist, gehören bestimmte Werte von $\mathfrak{P}_1$, $\mathfrak{J}_1$. Der Zusammenhang werde zunächst am Vektordiagramm erläutert. Dabei verwendet man zweckmäßig für die sekundären Größen einen anderen Maßstab als für die primären. Die von ein und demselben Strom bedingten primären und sekundären Spannungen, z. B. $J_1 \omega M$ und $J_1 \omega L_1$ verhalten sich nach S. 114 wie

$$M : L_1 = w_2 : w_1 v_1,$$

also abgesehen vom Streufaktor v_1 wie die Windungszahlen, die sehr verschieden sein können, weil der Zweck des Transformators ja ist, die Spannung umzuformen. Um die sekundären Spannungen direkt mit den primären vergleichen zu können, denkt man sich die sekundären mit dem Windungsverhältnis $w_1 : w_2$ multipliziert, d. h. auf die primäre Windungszahl bezogen. Damit die Leistung unverändert bleibt, wird J_2 mit dem reziproken Verhältnis $w_2 : w_1$ multipliziert; R_2 und ωL_2 (und auch der Scheinwiderstand der Belastung), die das Verhältnis einer Spannung zum Strom ausdrücken, sind mit $(w_1/w_2)^2$ zu multiplizieren, dagegen ωM als Verhältnis einer sekundären Spannung zum primären Strom oder einer primären Spannung zum sekundären Strom mit $w_1 : w_2$.

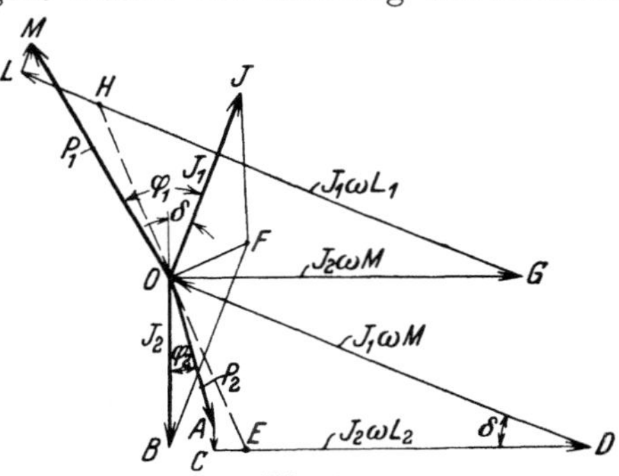

Abb. 146.

Durch diese Reduktion ändert sich an den Erscheinungen nichts; das Vektordiagramm wird so dargestellt, als ob der Transformator das Windungsverhältnis 1 hätte.

In Abb. 146 sei für einen beliebigen Belastungszustand $\overline{OA} = P_2$ und $\overline{OB} = J_2$, die Phasenverschiebung ist φ_2. Ferner ist $\overline{AC} = J_2 R_2$ und $\overline{CD} = J_2 \omega L_2$, dann ist die Schlußlinie $\overline{DO}$ nach Gl. (13) $\overline{DO} = J_1 \omega M$.

Der Vektor von J_1 ist also senkrecht auf $\overline{DO}$. Um seine Größe zu erhalten, bestimmen wir auf $\overline{CD}$ Punkt E so, daß

$$\overline{CD} : \overline{ED} = J_2 \omega L_2 : J_2 \omega M = L_2 : M = v_2$$

ist. Dann ist

$$\overline{ED} : \overline{DO} = J_2 \omega M : J_1 \omega M = J_2 : J_1.$$

Macht man also $\overline{BF} \perp \overline{DO}$ und $\overline{OF} \perp \overline{EO}$, so ist $\triangle FOB \sim \triangle OED$ und $\overline{BF} : \overline{OB} = \overline{DO} : \overline{ED} = J_1 : J_2$. $J_1 = \overline{BF} = \overline{OJ}$ ist also gegen J_2 um $180^0 - CDO = 180^0 - \delta$ nach vorwärts verschoben. Verschiebt man $\triangle EDO$ parallel nach OGH und bestimmt auf der Verlängerung von $\overline{GH}$ Punkt L so, daß

$$\overline{GL} : \overline{HG} = L_1 : M = v_1$$

ist, so ist $\overline{GL} = J_1 L_1$, und wenn $\overline{LM} = J_1 R_1$ gemacht wird, ist nach Gl. (13) $\overline{OM} = P_1$. Die Ströme J_1 und J_2 und die Spannungen P_1 und P_2 sind in der in Abb. 145 zugrunde gelegten Richtung im wesentlichen in Gegenphase. Die primäre Wicklung ist Verbraucher, die sekundäre Erzeuger von elektrischer Arbeit, die Übertragung erfolgt durch die gegenseitige Induktion. Die beiden Wicklungen gemeinsame (fiktive) Spannungskomponente $\overline{OH} = \overline{EO}$, die senkrecht auf $\overline{OF}$ steht, stellt den Vektor

$$j(\mathfrak{J}_1 + \mathfrak{J}_2)\omega M$$

dar und bedeutet nach der Definition Gl. (10) (für $w_1 = w_2$) die EMK des Hauptflusses, während $\overline{HL}$ bzw. $\overline{CE}$ die Vektoren

$$j\mathfrak{J}_1\omega(L_1 - M) = j\mathfrak{J}_1\omega S_1 \quad \text{bzw.} \quad j\mathfrak{J}_2\omega(L_2 - M) = j\mathfrak{J}_2\omega S_2,$$

d. h. nach der Definition Gl. (10) die EMKe der Streuflüsse sind.

Dieser Zerlegung entspricht die Schreibweise der Gl. (13)

$$\left.\begin{aligned} \mathfrak{P}_1 &= \mathfrak{J}_1\left[R_1 + j\omega\left(L_1 - \frac{w_1}{w_2}M\right)\right] + j\omega\left(\mathfrak{J}_1 + \mathfrak{J}_2\frac{w_2}{w_1}\right)M\frac{w_1}{w_2}, \\ 0 &= \mathfrak{P}_2 + \mathfrak{J}_2\left[R_2 + j\omega\left(L_2 - \frac{w_2}{w_1}M\right)\right] + j\omega\left(\mathfrak{J}_2 + \mathfrak{J}_1\frac{w_1}{w_2}\right)M\frac{w_2}{w_1}, \end{aligned}\right\} \quad (14)$$

in der die letzten Glieder die EMKe des resultierenden Hauptflusses sind. Diese Zerlegung hat folgenden Sinn. Aus Abb. 146 ist ersichtlich, daß die Projektionen von J_1 und J_2 auf $\overline{EO} = \overline{OH}$ gleichgroß sind. Das Produkt dieser EMK mit den Strömen der beiden Stromkreise ergibt die gleiche Leistung, es ist die vom primären auf den sekundären Stromkreis übertragene Leistung. Daher läßt man auch gewöhnlich die beiden gleichgroßen Dreiecke EDO und OGH ganz fort und zeichnet das Diagramm nach Abb. 147, in dem die EMKe des gemeinsamen Flusses mit E_1 und E_2 bezeichnet sind und $(\mathfrak{J}_1 + \mathfrak{J}_2) = \mathfrak{J}_0$ als Magnetisierungsstrom des resultierenden Hauptflusses. Dann ergibt sich die folgende

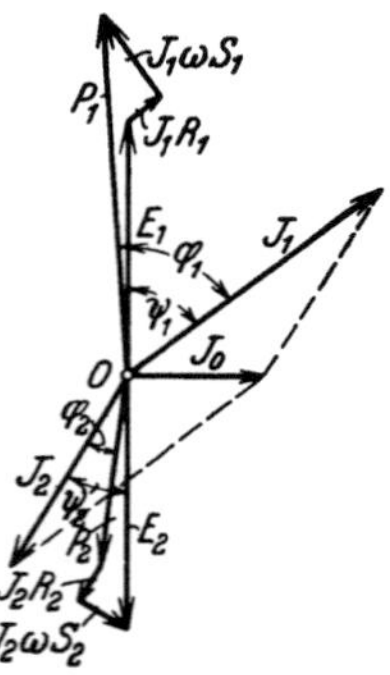

Abb. 147.

Energiebilanz des Transformators. Von den sekundären Klemmen wird die Wirkleistung $N_2 = P_2 J_2 \cos\varphi_2$ und die Blindleistung $N_{b2} = P_2 J_2 \sin\varphi_2$ dem sekundären Verbraucher zugeführt. In der Sekundärwicklung tritt ein Eigenverbrauch an Wirkleistung $N_{v2} = J_2^2 R_2$ und an Blindleistung $N_{s2} = J_2^2\omega S_2$ durch das sekundäre Streufeld auf. Die gesamte in der Sekundärwicklung erzeugte Wirkleistung ist

$$N_m = N_2 + N_{v2} = E_2 J_2 \cos\psi_2$$

und die Blindleistung

$$N_{bm} = N_{b2} + N_{s2} = E_2 J_2 \sin\psi_2.$$

Diese Beträge werden durch das Hauptfeld übertragen. Für die primäre Wicklung gilt $E_1 J_1 \cos\psi_1 = E_2 J_2 \cos\psi_2 = N_m$, für die Blindleistung hingegen

$$E_1 J_1 \sin\psi = E_2 J_2 \sin\psi_2 + E_1 J_0 = N_{bm} + N_{b0}$$

$N_{b0} = E_1 J_0$ ist die Erregerblindleistung des Hauptflusses. In der primären Wicklung tritt der Eigenverbrauch

$$N_{v1} = J_1^2 R_1 \quad \text{und} \quad N_{s1} = J_1^2\omega S_1$$

auf, und die primäre Wicklung entnimmt dem Netz die Wirkleistung

$$\begin{aligned} P_1 J_1 \cos\varphi_1 = N_1 = N_{v1} + N_m &= J_1^2 R_1 + E_1 J_1 \sin\psi_1 \\ &= J_1^2 R_1 + J_2^2 R_2 + P_2 J_2 \cos\varphi_2 \end{aligned}$$

und die Blindleistung

$$P_1 J_1 \sin\varphi_1 = N_{s1} + E_1 J_1 \sin\varphi_1 = J_1^2\omega S_1 + J_2^2\omega S_2 + E_1 J_0 + P_2 J_2 \sin\varphi_2.$$

Die ersten drei Glieder sind Eigenverbrauch, das letzte die Abgabe an die Belastung.

Die S. 113 erwähnte Vieldeutigkeit bei der Aufteilung in Haupt- und Streuflüsse äußert sich im Diagramm derart, daß je nach der Aufteilung die Gerade $\overline{EH}$ in Abb. 146 ihre Lage ändert und sich um O dreht. Unabhängig davon bleibt die Energiebilanz bestehen, nur ändert sich die Aufteilung des Eigenverbrauchs an Blindleistung auf den Hauptfluß und die Streuflüsse. Hiervon macht man sich unabhängig, wenn man auf die direkt meßbaren Größen zurückgreift.

Der Transformator als Vierpol. Da nach Gl. (13) zwischen den primären und sekundären Strömen und Spannungen lineare Beziehungen bestehen, ist der Transformator ein zwischen Stromquelle und Verbraucher geschalteter Übertragungskreis mit induktiver Verkettung, für den die in Kap. VII für den Vierpol abgeleiteten Beziehungen gelten. Die vier Konstanten haben hier folgende Bedeutung:

1. Das Spannungsverhältnis bei Leerlauf ist nach Gl. (13) für $J_2 = 0$

$$\mathfrak{C}_0 = \mathfrak{P}_{10} : \mathfrak{P}_2 = -\frac{L_1}{M}\left(1 - j\frac{R_1}{\omega L_1}\right). \tag{15}$$

2. Der primäre Leitwert bei Leerlauf ist

$$\mathfrak{y}_0 = \mathfrak{J}_{10} : \mathfrak{P}_1 = \frac{1}{R_1 + j\omega L_1}. \tag{16}$$

3. Das Stromverhältnis bei Kurzschluß ($P_2 = 0$)

$$\mathfrak{C}_k = \mathfrak{J}_{1k} : \mathfrak{J}_2 = -\frac{L_2}{M}\left(1 - j\frac{R_2}{\omega L_2}\right). \tag{17}$$

4. Der Scheinwiderstand bei Kurzschluß

$$\mathfrak{z}_k = \mathfrak{P}_{1k} : J_{1k} = (R_1 + j\omega L_1) - j\omega\frac{M^2}{L_2(1 - jR_2/\omega L_2)} = R_1 + \frac{R_2\frac{L_1}{L_2} + j\omega L_1\sigma}{1 - jR_2/\omega L_2}$$

oder angenähert

$$\mathfrak{z}_k \simeq R_1 + R_2\frac{L_1}{L_2} + j\omega L_1\sigma. \tag{18}$$

Dabei gilt, wie man sich durch Einsetzen überzeugt,

$$\mathfrak{C}_0\mathfrak{C}_k(1 - \mathfrak{y}_0\mathfrak{z}_k) = 1. \tag{19}$$

Die Beträge von $\mathfrak{C}_0$ und $\mathfrak{C}_k$ nach Gl. (15) und (17) sind bei ungleichen Windungszahlen verschieden, sie werden von gleicher Größenordnung, wenn man $\mathfrak{C}_k$ mit $L_1 : L_2$ multipliziert. Mit diesem Verhältnis ist auch R_2 in Gl. (18) auf primär bezogen. Dann folgt aus Gl. (15) und (17), daß der Transformator ein richtungssymmetrischer Übertragungskreis ist, wenn $R_1 : L_1 = R_2 : L_2$ ist. Dies ist der Fall, wenn bei gleichartiger Wicklungsanordnung der Kupferaufwand in beiden Spulen der gleiche ist.

Die Streuung ergibt sich aus der Leerlaufmessung und der Kurzschlußmessung. Bei Leerlauf ist der Blindwiderstand $X_0 = \omega L_1$, bei Kurzschluß nach (18) $X_k = \omega L_1 \sigma$, daher ist $\sigma = X_k : X_0$.

Das in den Gl. (15) und (17) vorkommende negative Vorzeichen rührt von der in Abb. 145 zugrunde gelegten positiven Richtung her.

67. Der Resonanztransformator[1].

Ein Resonanztransformator ist ein Transformator, an dessen sekundäre Wicklung Kondensatoren angeschlossen sind. Er wird in der Funkentelegraphie zur Transformierung von Wechselströmen in solche von hoher Spannung verwendet.

An die Kondensatoren ist ein Schwingungskreis angeschlossen, der eine Funkenstrecke enthält; sobald die Kondensatorspannung die Funkenstrecke überschlägt, entladet sich der Kondensator in den Schwingungskreis mit einer Frequenz, die von den Konstanten des Kreises abhängt. Beim Überschlagen der Funkenstrecke ist der Kondensator fast kurzgeschlossen, und die sekundäre Klemmen-

[1] Siehe Seibt: ETZ 1904, S. 276. Benischke: ETZ 1907, S. 25. Béthenod: Jb. drahtl. Telegr. u. Teleph. 1907, S. 534.

spannung des Transformators geht auf einen kleinen Wert zurück. Sobald der Funke erlischt, steigt sie wieder auf den früheren Wert, die Resonanzspannung. Diese kann durch passende Wahl der Verhältnisse ein Vielfaches der Leerlaufspannung des Transformators sein, und es wird durch die besondere Art der Erzeugung dieser hohen Spannung bezweckt, daß beim Überschlag des Funkens die Lichtbogenbildung an der Funkenstrecke vermieden wird.

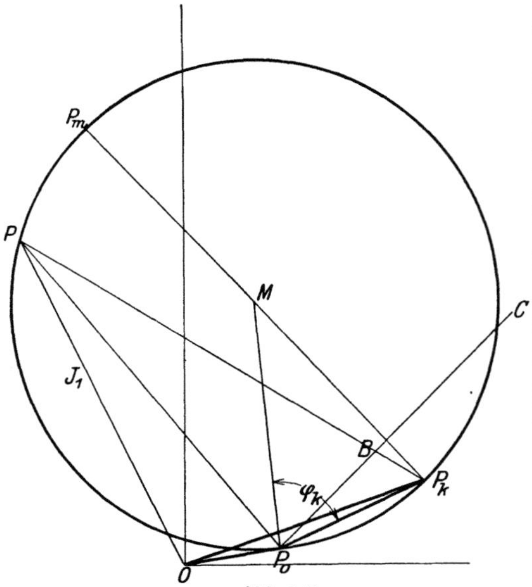

Abb. 148.

Das Arbeitsdiagramm des Transformators mit Kondensatorbelastung zeigt die Strom- und Spannungsverhältnisse. Läßt man die Kapazität variieren, so ist $\varphi_2 = -90^0$, und nach Kap. VII S. 68 ist das Stromdiagramm bei konstanter primärer Spannung ein Kreis.

Leerlaufstrom und Kurzschlußstrom seien gegeben. Nimmt man den Transformator als richtungssymmetrisch an, so wird nach Kap. VII Gl. (53) der Radius für $\varphi_2 = -90^0$

$$R = \frac{1}{2} \frac{P_1}{C_0 C_k z_k \cos\varphi_k},$$

wobei $P_1/C_0 C_k z_k = \overline{P_0 P_k}$ in Abb. 148 ist. Es ist also $\sphericalangle P_k P_0 M = \varphi_k$. Für einen beliebigen Kreispunkt P ist $\overline{OP}$ der primäre Strom J_1, wenn der Vektor der primären Spannung in der Ordinatenachse liegt. $\overline{P_0 P}$ stellt J_2/C_0 dar, und $\overline{PP_k}$ die sekundäre Spannung $P_2 = J_2/\omega C$ im gleichen Maßstab wie $\overline{P_0 P_k}$ die Spannung bei Leerlauf. Jedem Kreispunkt entspricht eine andere Belastungskapazität. Da

$$\overline{PP_k} = \frac{P_2}{C_k z_k}, \qquad \overline{P_0 P} = \frac{J_2}{C_0} \quad \text{ist, wird} \quad \overline{P_0 P} : \overline{PP_k} = \frac{J_2}{P_2} \cdot \frac{C_k}{C_0} z_k = \omega C \cdot z_k',$$

worin $z_k' = z_k C_k / C_0$ der sekundäre Kurzschlußwiderstand ist. Auf einer Geraden $\overline{P_0 C}$ senkrecht zum Radius $\overline{P_k M}$ schneidet $\overline{P_k P}$ die Strecke $\overline{P_0 B}$ ab, die sich wegen der Ähnlichkeit der Dreiecke $P_0 P P_k$ und $B P_0 P_k$ zu $\overline{P_0 P_k}$ verhält, wie $\overline{P_0 P} : \overline{PP_k}$. Daher stellt $\overline{P_0 B}$ den Leitwert ωC im gleichen Maßstab dar wie $P_0 P_k$ den Leitwert $1 : z_k'$.

Wächst C von Null an, so nimmt der primäre Strom erst ab und ist am kleinsten in der Richtung $\overline{OM}$, er kommt dann in Phasengleichheit mit der Klemmenspannung und dann in Voreilung. Die sekundäre Spannung $\overline{PP_k}$ wächst, wenn C größer wird, von der Leerlaufspannung $\overline{P_k P_0}$ anfangend, und erreicht ihren größten Wert in P_m auf dem Durchmesser $\overline{P_k P_m}$. Hier besteht Resonanz, und es ist

$$P_{2\max} : P_{20} = 1 : \cos\varphi_k.$$

Je kleiner $\cos\varphi_k$, d. h. je kleiner die Widerstände des Transformators sind, um so größer wird die Spannung gegenüber der Leerlaufspannung. Wären die Widerstände Null, so wäre die Spannungserhöhung wie beim einfachen Schwingungskreis unendlich groß. Aus dem Verhältnis $\overline{P_0 P_m} : \overline{P_m P_k}$ erhält man

$$\omega C_{(P_{2\max})} z_k' = \sin\varphi_k.$$

Sieht man von den Verlusten ab, so ist $\sin\varphi_k = 1$ und z_k' die Induktivität bei Kurzschluß $\sigma\omega L_2$. Die Resonanzbedingung sagt also, daß die Kapazität des

Kondensators in Resonanz steht mit der gesamten Streuinduktivität des Transformators.

Der sekundäre Strom bei Resonanz $\overline{P_0 P_m}$ ist wesentlich größer als der bei Kurzschluß $\overline{P_0 P_k}$; es ist

$$J_{2(P_{2\max})} = \frac{J_{2k}}{\operatorname{tg}\varphi_k}.$$

Durch die große Streuung und den kleinen Kurzschlußstrom wird erreicht, daß bei überbrückter Funkenstrecke kein starker Strom aus dem Transformator nachfließen kann.

Der größte Sekundärstrom ergibt sich, wenn P auf dem Durchmesser durch P_0 liegt; die größte Ladeenergie des Kondensators, die proportional dem Produkt $J_2 P_2$, also der Höhe des Dreiecks $P_0 P P_k$ ist, wenn P senkrecht über der Mitte von $\overline{P_0 P_k}$ liegt. Hierbei ist $1/\omega C = z_k$.

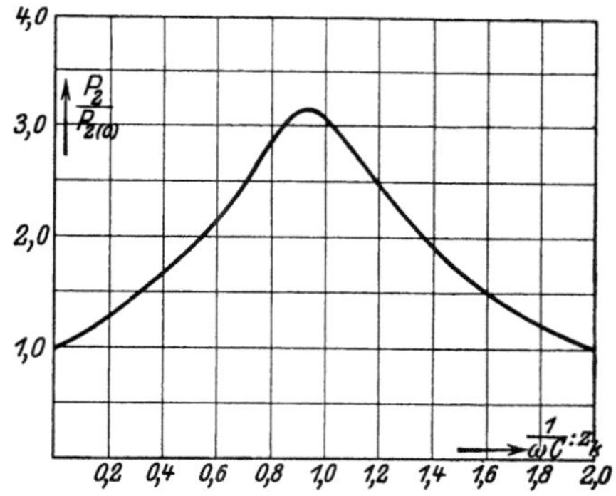

Abb. 149.

In Abb. 149 ist das Verhältnis der sekundären Spannung P_2 zur Leerlaufspannung P_{20} als Funktion von $1/\omega C : z_k$ aufgetragen.

68. Stromkreise mit induktiv verketteten Systemen.

Induktiv verkettete Stromkreise können gleichzeitig elektrisch leitend verbunden sein, sei es, daß sie in Reihe oder parallel zueinander geschaltet sind, oder daß sie einer Stromverzweigung oder den Zweigen eines verketteten Mehrphasensystems angehören. Hierfür seien einige Beispiele untersucht.

1. Reihenschaltung. Führen zwei Spulen denselben Strom, so kann die Schaltung entweder so getroffen sein, daß der Strom in beiden Spulen sich einem durch beide tretenden Fluß gleichsinnig (rechtsschraubig) zuordnet, oder so, daß er in der einen Spule dem gemeinsamen Fluß rechtsschraubig, in der anderen linksschraubig zugeordnet ist. Die erste bezeichnet man als gleichsinnige Schaltung, die zweite als Gegenschaltung der Spulen; man erhält die eine aus der anderen durch Umkehrung der Stromrichtung in einer der beiden Spulen. In der gleichsinnigen Schaltung ist die resultierende Induktivität

$$L' = L_1 + L_2 + 2M.$$

in der Gegenschaltung

$$L'' = L_1 + L_2 - 2M.$$

Danach ist

$$M = \tfrac{1}{4}(L' - L'').$$

Man kann also die Messung der Wechselinduktivität zweier Spulen durch zwei Induktivitätsmessungen bei Gegenschaltung und bei gleichsinniger Schaltung ausführen.

In der Rechnung erscheint, je nach der Schaltung, M mit positivem oder negativem Vorzeichen.

2. Parallelschaltung. Beide Zweige haben gleiche Spannung

$$\mathfrak{P} = \mathfrak{J}_1(R_1 + j\omega L_1) + j\mathfrak{J}_2\omega M, \qquad \mathfrak{P} = \mathfrak{J}_2(R_2 + j\omega L_2) + j\mathfrak{J}_1\omega M. \tag{20}$$

Das Verhältnis der Ströme ist

$$\frac{\mathfrak{J}_1}{\mathfrak{J}_2} = \frac{R_2 + j\omega(L_2 - M)}{R_1 + j\omega(L_1 - M)}. \tag{21}$$

Der resultierende Scheinwiderstand der Parallelschaltung ist

$$\mathfrak{z}_p = \frac{(R_1 + j\omega L_1)(R_2 + j\omega L_2) + \omega^2 M^2}{(R_1 + R_2) + j\omega(L_1 + L_2 - 2M)}. \tag{22}$$

a) Die Zweige sind gleich

$$R_1 = R_2 = R, \qquad L_1 = L_2 = L.$$

Dann sind die Zweigströme unter sich gleich, $J_1 = J_2$ und je die Hälfte des Gesamtstromes. Jeder Zweig verhält sich so, als ob er den Widerstand R und die Induktivität $(L \pm M)$ hätte, der resultierende Scheinwiderstand ist

$$\tfrac{1}{2}[R + j\omega(L \pm M)]\,. \tag{23}$$

Dabei ist das +- oder —-Zeichen vor M zu setzen, je nachdem sich die Zweigströme einem gemeinsamen Fluß gleichsinnig oder gegensinnig zuordnen. Im ersten Fall ist der Scheinwiderstand groß, die Felder addieren sich, im zweiten Fall heben sich die Felder bis auf Streufelder auf, der Scheinwiderstand ist klein.

b) Bei ungleichen Zweigen verteilt sich der Gesamtstrom zu ungleichen Teilen. Kann man die Widerstände vernachlässigen $R_1 = R_2 \simeq 0$, so wird

$$\frac{J_1}{J_2} = \frac{L_2 - M}{L_1 - M}\,.$$

c) Sind die Widerstände nicht zu vernachlässigen, so sind die Zweigströme unter sich und gegen den Gesamtstrom phasenverschoben, und es entstehen zusätzliche Verluste, wie in Kap. V § 22 bei parallelen induktiven Stromkreisen mit ungleichen Zeitkonstanten.

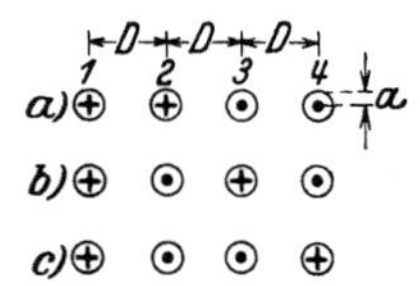

Abb. 150.

Beispiel. Zwei parallelgeschaltete Doppelleitungen (Abbildung 150). Die drei möglichen Parallelschaltungen

a) Leiter *1* mit *2* und Leiter *3* mit *4* parallelgeschaltet
b) Leiter *1* mit *3* und Leiter *2* mit *4* parallelgeschaltet
c) Leiter *1* mit *4* und Leiter *2* mit *3* parallelgeschaltet

sind in der Abbildung durch Punkte und Kreuze angedeutet. Bei den Schaltungen *a* und *b* folgt aus der gleichen Lage zum Felde, daß die beiden inneren Leiter unter sich und die beiden äußeren unter sich den gleichen Strom führen, so daß eine innere und eine äußere Schleife aus Hin- und Rückleiter entstehen, deren Ströme sich bei der Schaltung *a* dem gemeinsamen Fluß gleichsinnig, bei Schaltung *b* gegensinnig zuordnen. Bei Schaltung *c* hingegen sind die beiden Schleifen in bezug auf das Feld symmetrisch und alle vier Leiter führen gleichen Strom.

Für gleichen Abstand D der Leiter und die Zahlenwerte $D = 50$ cm, $a = 0{,}7$ cm (Seile von 120 mm²) werden nun bei $f = 50$ Hertz die Induktivitäten und die Gegeninduktivität je km der äußeren und inneren Schleife bei Schaltung *a* und *b*

$$\omega L_a = \omega\left(4\ln\frac{3D}{a} + 1\right)10^{-4} = 314\cdot\left(4\ln\frac{150}{0{,}7} + 1\right)10^{-4} = 0{,}703\,\text{Ohm/km},$$

$$\omega L_i = \omega\left(4\ln\frac{D}{a} + 1\right)10^{-4} = 314\left(4\ln\frac{50}{0{,}7} + 1\right)10^{-4} = 0{,}566\,\text{Ohm/km},$$

$$\omega M = \omega\cdot 4\ln 2\cdot 10^{-4} = 314\cdot 4\ln 2\cdot 10^{-4} = 0{,}087\,\text{Ohm/km}\,.$$

Der Widerstand jeder Schleife ist je km $R = 0{,}333$ Ohm/km. Hiermit wird das Verhältnis der Ströme nach Gl. (21) und der resultierende Scheinwiderstand nach Gl. (22) für Schaltung *a*:

$$\frac{\mathfrak{J}_i}{\mathfrak{J}_a} = 1{,}2\,e^{j\,6{,}3^\circ}, \qquad \mathfrak{z}_P = (0{,}169 + j\,0{,}358)\,10^{-4}\ \text{Ohm/km},$$

für Schaltung *b*:

$$\frac{\mathfrak{J}_i}{\mathfrak{J}_a} = 1{,}17\,e^{j\,4.2^\circ}, \qquad \mathfrak{z}_P = (0{,}168 + j\,0{,}271)\,10^{-4}\ \text{Ohm/km},$$

und für Schaltung *c* ist $\qquad \mathfrak{z}_P = (0{,}166 + j\,0{,}292)\,10^{-4}\ \text{Ohm/km}.$

Bei Schaltung *a* ist der Strom der inneren Schleife 20% größer als bei der äußeren, bei Schaltung *b* 17%. Der gesamte Widerstand ist jedoch nicht erheblich vergrößert, weil die Widerstände verhältnismäßig groß sind. Ungünstiger wird die ungleiche Stromverteilung bei noch kleineren Widerständen wie z. B. bei Sammelschienen. Dabei kommt auch noch die ungleiche Stromverteilung im Leiterquerschnitt hinzu (S. 124), von der hier für Seile abgesehen ist. Größer sind die Unterschiede beim induktiven Spannungsabfall. Hier ist Schaltung a am ungünstigsten, Schaltung b am günstigen. Bei Spulen von Transformatoren, die auf Eisenkerne gewickelt sind, ist das Verhältnis $L:R$ viel größer als bei Luftleitungen und M oft wenig von L verschieden. Dann ist besonders darauf zu achten, daß parallelzuschaltende Spulen genau gleiche Zeitkonstante haben.

3. Stromverzweigungen. Ein Beispiel ist die Brücke zur Messung der gegenseitigen Induktion (Abb. 151). Das Galvanometer ist stromlos, wenn

$$\mathfrak{J}_2 = \mathfrak{J}_1 \quad \text{und} \quad \mathfrak{J}_4 = \mathfrak{J}_3$$

ist. Die Spulen seien gegengeschaltet. Dann muß erfüllt sein

$$(j\omega L_1 + R_1)\mathfrak{J}_1 - j\omega M(\mathfrak{J}_1 + \mathfrak{J}_3) = \mathfrak{J}_3 R_3$$

und

$$\mathfrak{J}_1 R_2 = \mathfrak{J}_3 R_4 .$$

Die erste Bedingung zerfällt in die beiden Teile

$$\mathfrak{J}_1 R_1 = \mathfrak{J}_3 R_3 \quad \text{und} \quad j\omega L_1 \mathfrak{J}_1 = j\omega M(\mathfrak{J}_1 + \mathfrak{J}_3).$$

Daher ist

$$R_1 : R_2 = R_3 : R_4 , \qquad \mathfrak{J}_3 : \mathfrak{J}_1 = R_1 : R_3 = R_2 : R_4 ,$$

$$\frac{M}{L_1} = \frac{\mathfrak{J}_1}{\mathfrak{J}_1 + \mathfrak{J}_3} = \frac{R_3}{R_1 + R_3} = \frac{R_4}{R_2 + R_4} .$$

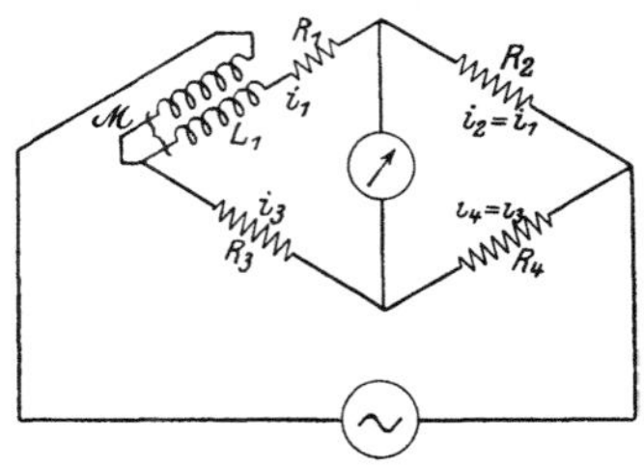

Abb. 151.

69. Gegenseitige Induktion mehrphasiger Stromkreise.

Für magnetisch miteinander verkettete Zweige eines Dreiphasensystems mit den Strömen $i_1\, i_2\, i_3$ und den Spannungen $p_1\, p_2\, p_3$ gelten die Gleichungen

$$\left.\begin{aligned} p_1 &= R_1 i_1 + L_1 \frac{di_1}{dt} + M_{21}\frac{di_2}{dt} + M_{31}\frac{di_3}{dt} \\ p_2 &= R_2 i_2 + L_2 \frac{di_2}{dt} + M_{32}\frac{di_3}{dt} + M_{12}\frac{di_1}{dt} \\ p_3 &= R_3 i_3 + L_3 \frac{di_3}{dt} + M_{13}\frac{di_1}{dt} + M_{23}\frac{di_2}{dt} \end{aligned}\right\} \tag{24}$$

Hierin ist nach § 64 Gl. (4) stets

$$M_{12} = M_{21}, \quad M_{23} = M_{32}, \quad M_{31} = M_{13}.$$

a) Symmetrisch angeordnete Systeme. Ist

$$R_1 = R_2 = R_3 = R, \qquad L_1 = L_2 = L_3 = L, \qquad M_{12} = M_{23} = M_{31} = M$$

und

$$i_1 + i_2 + i_3 = 0, \tag{25}$$

so wird aus Gl. (24)

$$p_1 = R i_1 + (L - M)\frac{di_1}{dt}, \quad p_2 = R i_2 + (L - M)\frac{di_2}{dt}, \quad p_3 = R i_3 + (L - M)\frac{di_3}{dt}. \tag{26}$$

Die drei Stromkreise verhalten sich so, als ob jeder allein vorhanden wäre und eine Induktivität $(L - M)$ hätte. Der resultierende magnetische Fluß jedes Stromkreises ist mit dessen Strom phasengleich. Die Gleichungen gelten für die Momentanwerte unabhängig von der Kurvenform des Stromes.

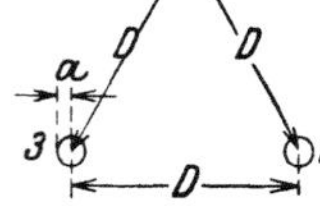

Abb. 152.

Beispiel. Bei einer symmetrischen Dreiphasenleitung sind die drei Leiter in einem gleichseitigen Dreieck angeordnet (Abb. 152). Zählt man als vierten, wegen Gl. (25) stromlosen Leiter die Erde hinzu, so sind drei Schleifen vorhanden, die aus je einem Draht und Erde gebildet werden, und deren Induktivitäten $L_1\, L_2\, L_3$, deren Gegeniduktivitäten M_{12}, M_{23}, M_{31} sind. Bei großem Abstand von Erde sind die drei L unter sich und die drei M unter sich gleich groß. Dann bedeutet in der ersten der drei Gl. (26)

$$L - M = L_1 - M_{12} = L_1 - M_{13}$$

den Fluß, den 1 Amp in Leitung *1* durch die Schleife *1—2* oder *1—3* sendet, also die Hälfte der Induktivität dieser Schleife. Man kann daher bei einer symmetrisch angeordneten Dreiphasenleitung ohne Nulleiter mit einer resultierenden Induktivität einer Phase rechnen, die gleich der Hälfte der Induktivität der von zwei Leitern gebildeten Schleife ist. Sie beträgt nach § 6 Gl. (14)

$$(L-M)=\tfrac{1}{2}L_{12}=\tfrac{1}{2}L_{23}=\tfrac{1}{2}L_{31}=l\cdot\left(2\ln\frac{D}{a}+0{,}5\right)10^{-9}\,\mathrm{H}. \tag{27}$$

Die Spannungen $p_1\, p_2\, p_3$ in Gl. (26) bedeuten hier die Änderungen der Phasenspannungen vom Leitungsanfang bis zum Ende. Die Beziehung gilt unabhängig davon, ob die Ströme symmetrisch sind, und unabhängig von der Kurvenform.

Ist ein Nulleiter vorhanden, so ist nach Kap. IX S. 105 der Nulleiterstrom die Summe der drei gleichgroßen und gleichphasigen Nullkomponenten der drei Leiterströme. Für diese gelten die Induktivitäten und Gegeninduktivitäten der Schleifen, die von den einzelnen Leitern und dem Nulleiter gebildet werden.

b) Bei **unsymmetrisch angeordneten** Systemen sind die L und M im allgemeinen untereinander verschieden. Dann ist der Fluß jedes Zweiges nicht mehr mit seinem Strom phasengleich und der resultierende magnetische Schwund nicht gegen den Strom um 90° phasenverschoben.

Beispiel. Bei der Dreiphasenleitung mit drei Leitern in einer Ebene (Abb. 153) sind die drei Leiterschleifen ungleich groß. Dann werden sich auch bei symmetrischen Spannungen und gleich großen Belastungswiderständen unsymmetrische Ströme einstellen. Es werde die Stromverteilung bei einwelligen Spannungen untersucht, wenn das Dreieck der Linienspannungen am Leitungsanfang symmetrisch ist und die Leitungen am Ende kurzgeschlossen sind. Dazu verwenden wir die Zerlegung in symmetrische Komponenten nach Kap. IX.

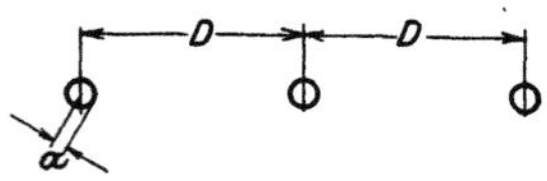

Abb. 153.

Der Kurzschlußpunkt ist bei Unsymmetrie nicht der Schwerpunkt des Spannungsdreiecks, die drei Spannungen in Gl. (24) setzen sich zusammen aus einer Nullkomponente $\mathfrak{P}_0$ und den symmetrischen Phasenspannungen des Generators $\mathfrak{P}$, $a^2\mathfrak{P}$ und $a\mathfrak{P}$. In den Strömen kommt keine Nullkomponente vor, weil kein Nulleiter vorhanden ist, sondern nur die beiden symmetrischen Komponenten mit entgegengesetzter Phasenfolge. Die Ströme seien

$$\mathfrak{J}_1=\mathfrak{J}'+\mathfrak{J}'',\quad \mathfrak{J}_2=a^2\mathfrak{J}'+a\mathfrak{J}'',\quad \mathfrak{J}_3=a\mathfrak{J}'+a^2\mathfrak{J}''. \tag{28}$$

Hiermit lauten die Gl. (24) für die Effektivwerte

$$\left.\begin{aligned}\mathfrak{P}+\mathfrak{P}_0&=\mathfrak{J}'[R_1+j\omega(L_1+aM_{31}+a^2M_{21})]+\mathfrak{J}''[R_1+j\omega(L_1+aM_{21}+a^2M_{31})]\\ a^2\mathfrak{P}+\mathfrak{P}_0&=a^2\mathfrak{J}'[R_2+j\omega(L_2+aM_{12}+a^2M_{31})]+a\,\mathfrak{J}''[R_2+j\omega(L_2+aM_{32}+a^2M_{12})]\\ a\,\mathfrak{P}+\mathfrak{P}_0&=a\mathfrak{J}'[R_3+j\omega(L_3+aM_{23}+a^2M_{13})]+a^2\mathfrak{J}''[R_3+j\omega(L_3+aM_{13}+a^2M_{23})]\end{aligned}\right\}\tag{29}$$

aus denen $\mathfrak{J}'$, $\mathfrak{J}''$ und $\mathfrak{P}_0$ zu berechnen sind. Wir berechnen zunächst den Unsymmetriegrad $\mathfrak{J}'':\mathfrak{J}'$. Hierzu multipliziert man die zweite Gleichung mit a^2, die dritte mit a und addiert sie zur ersten. Dann ist die Summe der linken Seiten Null.

Bei der Zusammenfassung der L und M der rechten Seiten setzt man z. B. im ersten Glied der ersten Gleichung

$$L_1=-aL_1-a^2L_1$$

da $1+a+a^2=0$ ist. Dann ist

$$L_1+aM_{31}+a^2M_{21}=-a(L_1-M_{31})-a^2(L_1-M_{21})=-\tfrac{1}{2}aL_{13}-\tfrac{1}{2}a^2L_{12}$$

worin L_{13} und L_{12} die Induktivitäten der Schleifen *1—3* und *1—2* sind. Damit wird

$$\mathfrak{J}'\,[(R_1+aR_2+a^2R_3)-j\omega\,(L_{23}+aL_{13}+a^2L_{12})]$$
$$+\mathfrak{J}''[(R_1+R_2+R_3)+j\omega\tfrac{1}{2}(L_{12}+L_{23}+L_{31})]=0$$

oder für gleiche Widerstände $R_1 = R_2 = R_3 = R$:

$$\mathfrak{J}'' = j\omega\mathfrak{J}'\frac{L_{23} + aL_{13} + a^2L_{12}}{3R + j\omega\frac{1}{2}(L_{12} + L_{23} + L_{31})}. \tag{30}$$

Für das Beispiel Abb. 153 mit drei Leitern in einer Ebene ist, wenn *2* den inneren Leiter bedeutet, $L_{12} = L_{23}$, und der Zähler in (30) ist

$$a(L_{13} - L_{12}) = (-\tfrac{1}{2} + j\tfrac{1}{2}\sqrt{3})(L_{13} - L_{12}).$$

Es ist:

$$L_{13} = \left(4\ln\frac{2D}{a} + 1\right)10^{-4}\,\text{H/km}, \qquad L_{12} = L_{23} = \left(4\ln\frac{D}{a} + 1\right)10^{-4}\,\text{H/km}$$

und

$$\frac{\mathfrak{J}''}{\mathfrak{J}'} = -\frac{2\omega(\sqrt{3} + j)\ln 2\cdot 10^{-4}}{3R/l + j\omega(6\ln D/a + 2\ln 2 + 1{,}5)10^{-4}}. \tag{31}$$

Z. B. ist für drei Kupferseile von 120 mm² mit dem Radius $a = 0{,}7$ cm im Abstand $D = 100$ cm und $R/l = 0{,}15$ Ohm/km der Unsymmetriegrad bei kurzgeschlossener Leitung

$$\varepsilon_k = J'' : J' = 0{,}079,$$

also rund 8%.

Bei Belastung mit gleich großen Widerständen fallen diese, wie die gleich großen Leitungswiderstände im Zähler von Gl. (30) heraus, während im Nenner deren Summe steht. Dann ist der Unsymmetriegrad kleiner als bei kurzgeschlossener Leitung.

Multipliziert man die zweite der Gl. (29) mit a, die dritte mit a^2 und addiert sie zur ersten, so ist

$$\mathfrak{P} = \tfrac{1}{3}\mathfrak{J}'[R_1 + R_2 + R_3 + j\omega\tfrac{1}{2}(L_{12} + L_{23} + L_{31})] + \tfrac{1}{3}\mathfrak{J}''[R_1 + a^2R_2 + aR_3 + j\omega(L_{23} + a^2L_{13} + aL_{11})]. \tag{32}$$

Mit dem Wert von $\mathfrak{J}''$ nach Gl. (30) wird das zweite Glied der rechten Seite für gleiche Widerstände

$$\tfrac{1}{3}\mathfrak{J}'\omega^2\frac{L_{13}(L_{13} - L_{23}) + L_{23}(L_{23} - L_{12}) + L_{12}(L_{12} - L_{13})}{3R + j\omega(L_{12} + L_{23} + L_{31})}.$$

Im besonderen Fall der Abb. 153 mit $L_{12} = L_{23}$ und mit den Zahlenwerten des Beispiels ist im ersten Glied von Gl. (32)

$$R + j\omega\tfrac{1}{6}(L_{12} + L_{23} + L_{31}) = 0{,}15 + j0{,}341\ \text{Ohm/km},$$

während der Anteil des zweiten Gliedes nur

$$0{,}0009 - j0{,}00205\ \text{Ohm/km}$$

beträgt. Man rechnet also hinreichend genau, wenn man nur das erste Glied berücksichtigt und mit der mittleren Induktivität der drei Schleifen rechnet.

Addiert man endlich alle drei Gleichungen, so ist für gleiche Widerstände

$$\mathfrak{P}_0 = \mathfrak{J}'j\omega\tfrac{1}{2}(L_{23} + a^2L_{13} + aL_{12}) + \mathfrak{J}''j\omega\tfrac{1}{2}(L_{23} + aL_{13} + a^2L_{12}). \tag{33}$$

Mit dem Wert für $\mathfrak{J}''$ nach Gl. (30) und für den besonderen Fall der Abb. 153 ($L_{12} = L_{23}$) ist

$$\mathfrak{P}_0 = -\mathfrak{J}'j\omega\tfrac{1}{6}(1 + j\sqrt{3})(L_{13} - L_{12})\left[1 + \frac{j\omega(L_{13} - L_{12})}{3R + j\omega\frac{1}{2}(L_{12} + L_{23} + L_{31})}\right].$$

Für das Zahlenbeispiel ist

$$\mathfrak{P}_0 : \mathfrak{J}' = (0{,}0274 - j\,0{,}0148)\ \text{Ohm/km}.$$

Vergleicht man diesen Ausdruck mit der mittleren Impedanz pro km $0{,}15 + j\,0{,}341$, so verhalten sich die Beträge wie 0,0312 : 0,372, d. h. die Nullpunktsspannung beträgt 8,4% der Phasenspannung. Bei symmetrischer Belastung mit konstanten Scheinwiderständen wird, wie gezeigt, $\mathfrak{J}''$ kleiner als im Kurzschluß, dann ist auch $\mathfrak{P}_0$ kleiner. Besteht die Belastung aber nicht aus konstanten Scheinwiderständen, sondern aus Maschinen, bei denen eine kleine Unsymmetrie der Spannung erheblich größere Stromunsymmetrien hervorruft, oder aus Lichtbogenöfen, bei denen infolge der abfallenden Charakteristik der Strom bei abnehmender Spannung steigt, so ist die Unsymmetrie unzulässig und die Leitungen müssen verdrillt werden.

70. Die Stromverteilung in massiven Leitern.

Ein Gleichstrom verteilt sich im allgemeinen gleichmäßig über den Leiterquerschnitt. Anders ist es bei Wechselstrom. Der Leiter gehört einem Stromsystem an, dessen magnetisches Wechselfeld auch den Leiter selbst durchsetzt.

Zwischen zwei parallel verlaufenden Stromfäden eines Leiters tritt ein Wechselfluß und der magnetische Schwund durch die von den beiden Stromfäden begrenzte Fläche bewirkt, daß sie nach Größe und Phase verschiedene Ströme führen. Die Stromdichte ist daher bei Wechselstrom im allgemeinen über den Leiterquerschnitt nach Größe und Phase verschieden verteilt. Diese Erscheinung bezeichnet man als Stromverdrängung oder Skineffekt (Hautwirkung), weil die Verdrängung nach dem Rande des Leiters hin erfolgt. Stets ist damit eine Erhöhung der Stromwärme gegenüber gleichmäßiger Verteilung verbunden.

Ist g die momentane Stromdichte in einem Querschnittselement dq, so ist der gesamte Strom durch den Leiterquerschnitt q

$$i = \int_q g\, dq$$

und die momentane in Wärme umgesetzte Leistung für die Länge 1 und den Querschnitt dq

$$\varrho g^2 dq,$$

worin ϱ der spez. Widerstand des Leiters ist.

Ist G die effektive Stromdichte, so ist für den ganzen Querschnitt

$$N = \varrho \int_q G^2 dq .$$

Bei gleichmäßiger Stromverteilung ist die effektive Stromdichte

$$G_0 = \frac{J}{q}$$

und die Stromwärme für die Längeneinheit

$$N_0 = \varrho G_0^2 q .$$

Daher ist

$$\frac{N}{N_0} = \frac{1}{q} \int_q \frac{G^2 dq}{G_0^2} . \tag{34}$$

Setzt man die Stromwärme in beiden Fällen gleich $J^2 R$, so sind bei gleichem effektiven Gesamtstrom J verschiedene Widerstände einzusetzen. Der Wechselstromwiderstand R verhält sich zu dem mit Gleichstrom gemessenen Widerstand R_0 wie

$$k_r = \frac{R}{R_0} = \frac{1}{q} \int_q \frac{G^2 dq}{G_0^2} . \tag{34a}$$

k_r bezeichnet man als Widerstandsverhältnis. Die Rechnung ist nur für einfache Fälle durchführbar.

Beispiele.

1. Eine ebene Kupferplatte, deren Fläche groß gegen ihre Dicke ist, sei von geraden parallelen Stromfäden durchflossen. Das zugehörige magnetische Feld hat überall dieselbe Richtung senkrecht zur Richtung der Stromfäden. Im Außenraum sei das Feld auf der einen Seite homogen, auf der anderen Null. Dieser Fall liegt angenähert vor bei parallelen Sammelschienen oder bei Transformatoren, die mit rechteckigen Kupferschienen bewickelt sind.

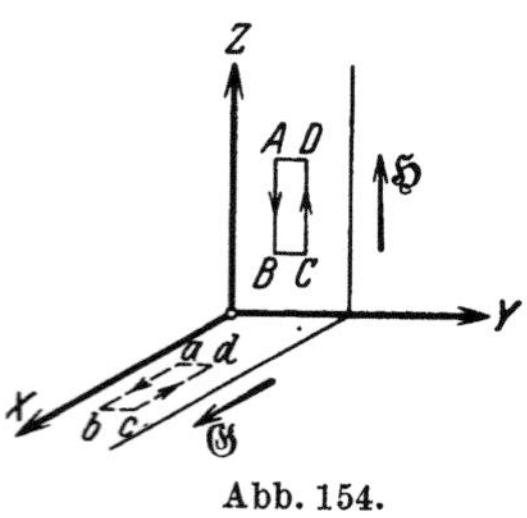

Abb. 154.

In einem rechtwinkligen Koordinatensystem (Abb. 154) liege die Plattenfläche, an der das magnetische Feld Null ist, in der XZ-Ebene, die Richtung der Stromdichte sei die positive X-Achse, die Richtung der magnetischen Feldstärke die Z-Achse.

Für ein schmales Rechteck mit den Seiten $\overline{AB} = \overline{CD} = 1$, $\overline{AD} = \overline{BC} = dy$, setzen wir die magnetische Umlaufspannung gleich der Durchflutung. Da $\mathfrak{H}$ in Richtung der Z-Achse sich nicht ändert, sind die Anteile der Seiten $\overline{BC}$ und $\overline{DA}$ entgegengesetzt gleich.

$$-\mathfrak{H} + \left(\mathfrak{H} + \frac{\partial \mathfrak{H}}{\partial y} dy\right) = \mathfrak{G} \cdot 1 \cdot dy$$

$$\frac{\partial \mathfrak{H}}{dy} = \mathfrak{G}. \tag{35}$$

Für ein entsprechendes Rechteck $abcd$ der XY-Ebene mit den Seiten 1 und dy setzen wir die elektrische Umlaufspannung gleich dem magnetischen Schwund. Im Leiter ist die elektrische Feldstärke $\mathfrak{E} = \varrho\mathfrak{G}$. Da $\mathfrak{E}$ und $\mathfrak{G}$ in Richtung der X-Achse sich nicht ändern, liefern die kurzen Seiten entgegengesetzt gleiche Anteile und für einen unmagnetischen Leiter ($\mu = 1$) ist

$$\mathfrak{E} - \left(\mathfrak{E} + \frac{\partial \mathfrak{E}}{\partial y} dy\right) = -\mu_0 \frac{\partial(\mathfrak{H}\, dy)}{\partial t},$$

$$\frac{\partial \mathfrak{E}}{\partial y} = \varrho \frac{\partial \mathfrak{G}}{\partial y} = \mu_0 \frac{\partial \mathfrak{H}}{\partial t}. \tag{36}$$

Für einwellige Schwingungen seien $\mathfrak{H}$ und $\mathfrak{G}$ die Effektivwerte, dann ist nach (36) mit $j\omega$ für $\partial/\partial t$

$$j\omega\mu_0\mathfrak{H} = \varrho \frac{\partial \mathfrak{G}}{\partial y}. \tag{36a}$$

Differentiiert man nochmals nach y und setzt Gl. (35) ein, so ist

$$\frac{\partial^2 \mathfrak{G}}{\partial y^2} = j\frac{\mu_0\omega}{\varrho}\mathfrak{G} \tag{37}$$

und ebenso

$$\frac{\partial^2 \mathfrak{H}}{\partial y^2} = j\frac{\mu_0\omega}{\varrho}\mathfrak{H}. \tag{38}$$

Mit der Abkürzung $\mu_0\omega/2\varrho = k^2$ wird Gl. (38)

$$\frac{\partial^2 \mathfrak{H}}{\partial y^2} = j2k^2\mathfrak{H}. \tag{38a}$$

Eine Lösung ist

$$\mathfrak{H} = \mathfrak{A}e^{-\alpha y},$$

dann ist

$$\frac{\partial \mathfrak{H}}{\partial y} = -\alpha\mathfrak{H}, \qquad \frac{\partial^2 \mathfrak{H}}{\partial y} = \alpha^2\mathfrak{H}$$

und nach Gl. (38a)

$$\alpha^2 = j2k^2, \qquad \alpha = \pm k(1+j) \tag{39}$$

und die allgemeine Lösung von Gl. (38a) besteht aus zwei Teilen

$$\mathfrak{H} = \mathfrak{A}_1 e^{k(1+j)y} + \mathfrak{A}_2 e^{-k(1+j)y}. \tag{40}$$

Da für $y = 0$ $\mathfrak{H} = 0$ sein sollte, wird

$$\mathfrak{A}_1 = -\mathfrak{A}_2 = \mathfrak{A},$$

$$\mathfrak{H} = \mathfrak{A}[e^{k(1+j)y} - e^{-jk(1+j)y}]. \tag{41}$$

Hierin ist $\mathfrak{A} = \sqrt{2}A\,e^{j\omega t}$ der Effektivwert einer Feldstärke, die mit der Kreisfrequenz ω pulsiert und

$$\mathfrak{A}e^{\pm k(1+j)y} = \sqrt{2}A\,e^{j(\omega t \pm ky)}e^{\pm ky}.$$

Läßt man zunächst den Faktor $e^{\pm ky}$ fort, so ist $\sqrt{2}A\,e^{j(\omega t \pm ky)}$ der Ausdruck für eine zeitlich und räumlich nach einer Sinusschwingung veränderliche Feldstärke

$$\sqrt{2}A\sin(\omega t \pm ky).$$

Sie ergibt in einem Augenblick (t = konst) eine sinusförmige räumliche Verteilung der Feldstärke in Richtung der y-Achse, und an einer bestimmten Stelle (y = konst) eine zeitlich sinusförmig pulsierende Feldstärke. Die Wellenlänge der räumlichen Verteilung entspricht einem Winkel $ky = 2\pi$; die räumliche Wellenlänge ist

$$\lambda = \frac{2\pi}{k}. \tag{42}$$

k bezeichnet man als W i n k e l m a ß.

Nach einer Zeit dt sind die Werte der Funktion an einer um dy entfernten Stelle

$$\sqrt{2}A\sin[\omega(t+dt)\pm k(y+dy)]\,.$$

Diese Werte sind den früheren gleich, wenn

$$\omega dt \pm k dy = 0$$

ist. Dies bedeutet, daß die ganze Welle mit der konstanten Geschwindigkeit

$$\mp v = \mp\frac{dy}{dt} = \frac{\omega}{k} = f\lambda = \frac{\lambda}{T} \tag{43}$$

in Richtung der y-Achse fortschreitet, wobei das Vorzeichen der positiven bzw. der negativen y-Achse entspricht. Danach stellt sich die Feldstärke über die Plattendicke nach Gl. (41) durch zwei sinusförmige räumliche Wellen dar, von denen die eine in Richtung der negativen, die andere in Richtung der positiven y-Achse mit gleichförmiger Geschwindigkeit wandert. Da die Energiedichte nach der Annahme für $y = d$ am größten und für $y = 0$ Null ist, und die Energie von dem Ort der höheren Dichte zu dem der kleineren eindringt, kann man die in negativer y-Richtung wandernde Welle als die einfallende, die andere als die reflektierte bezeichnen. Die Faktoren $e^{\pm ky}$, die wir noch nicht berücksichtigt haben, bedeuten, daß die Wellen nicht konstante Amplitude haben, sondern daß sie beim Fortschreiten in der $-y$- oder der $+y$-Richtung nach einem Exponentialgesetz gedämpft werden. k ist der räumliche Dämpfungsfaktor, er ist hier gleich dem Winkelmaß. Dies bedeutet, daß die Wellen nach einer Wellenlänge auf den Betrag

$$e^{-2\pi} = \frac{1}{525}$$

gedämpft sind. Die Wellenlänge ist nach (42)

$$\lambda = \frac{2\pi}{k} = 2\pi\sqrt{\frac{2\varrho}{\mu_0\omega}}\,.$$

Für Kupfer ist etwa $\varrho = 1{,}8\cdot 10^{-6}$ Ohm cm, ferner ist $\mu_0 = 4\pi\cdot 10^{-9}$ und für $f = 50$ Hertz

$$\lambda = \sqrt{\frac{\varrho}{f\cdot 10^{-9}}} = \sqrt{\frac{1{,}8\cdot 10^{-6}}{50\cdot 10^{-9}}} = 6\,\text{cm}.$$

Die Fortpflanzungsgeschwindigkeit nach Gl. (43) ist 3 m/sek.

Die Wellen können als praktisch erloschen betrachtet werden, wenn sie auf 5% abgedämpft sind, d. i. für

$$e^{-ky} = 0{,}05, \qquad y = \frac{1}{k}\ln 20 \cong \frac{3}{k}\,.$$

Mit den Werten für Kupfer bei 50 Hertz ist $k = 1{,}05$, nach kaum 3 cm oder $\frac{1}{2}$ Wellenlänge sind die Wellen praktisch erloschen.

Aus Gl. (35) ergibt sich nach (41)

$$\mathfrak{G} = \frac{\partial\mathfrak{H}}{\partial y} = \mathfrak{A}k(1+j)\left[e^{k(1+j)y} + e^{-k(1+j)y}\right]. \tag{44}$$

Die Stromdichte setzt sich auch aus zwei Wellen zusammen.

Ihr räumlicher Mittelwert über den Querschnitt ist

$$\frac{1}{d}\int_0^d \mathfrak{G}\,dy = \frac{\mathfrak{A}}{d}\left[e^{k(1+j)d} - e^{-k(1+j)d}\right]. \tag{45}$$

Hierin kann die rechte Seite auf die Form $a + jb$ gebracht werden. Das Quadrat des Effektivwertes erhält man durch Multiplikation mit dem konjugiert komplexen Vektor, den man erhält indem man $+j$ durch $-j$ ersetzt. Es wird

$$G_0^2 = \frac{A^2}{d^2}\left(e^{k(1+j)d} - e^{-k(1+j)d}\right)\left(e^{k(1-j)d} - e^{-k(1-jd)}\right)$$

$$= \frac{A^2}{d^2}\left(e^{2kd} + e^{-2kd} - e^{2jkd} - e^{-2jkd}\right).$$

Hierin ist A der Betrag von $\mathfrak{A}$ und

$$e^{2kd} + e^{-2kd} = 2\,\mathfrak{Cof}\,2kd, \qquad e^{j2kd} + e^{-j2kd} = 2\cos 2kd,$$

daher

$$G_0^2 = \frac{2A^2}{d^2}(\mathfrak{Cof}\,2kd - 2\cos 2kd). \tag{46}$$

Im Zähler von Gl. (34) steht der räumliche Mittelwert der Quadrate der effektiven Stromdichten. Nun ist nach (44)

$$G^2 = A^2k^2(1+j)(1-j)\left[e^{k(1+j)y} + e^{-k(1+j)y}\right]\left[e^{-k(1-j)y} + e^{-k(1-j)y}\right].$$

Durch ähnliche Umformung wie oben wird

$$G^2 = 4A^2k^2(\mathfrak{Cof}\,2ky + \cos 2ky).$$

Der räumliche Mittelwert hiervon ist

$$\frac{1}{d}\int_0^d G^2\,dy = \frac{4A^2k^2}{2kd}(\mathfrak{Sin}\,2kd + \sin 2kd) \tag{47}$$

und endlich

$$k_r = \frac{R}{R_0} = \frac{1}{d}\int_0^d \frac{G^2\,dy}{G_0^2} = kd\,\frac{\mathfrak{Sin}\,2kd + \sin 2kd}{\mathfrak{Cof}\,2kd - \cos 2kd}. \tag{48}$$

Für kleine Werte von $2kd$ kann man die Hyperbel- und Kreisfunktionen in Reihen entwickeln und erhält die Näherungsformel

$$k_r = 1 + \frac{(2kd)^4}{180}.$$

Mit den Werten $\varrho = 1{,}8\cdot 10^{-6}$ Ohm cm für Kupfer, $\mu_0 = 4\pi\cdot 10^{-9}$, $f = 50$ Hertz ist

$$2kd = 2d\sqrt{\frac{\mu_0\omega}{2\varrho}} = 2d\sqrt{\frac{4\pi\cdot 2\pi\cdot 50\cdot 10^{-3}}{2\cdot 1{,}8}} \cong 2{,}1\,d,$$

$$k_r = 1 + 0{,}11\,d^4.$$

Für eine Kupferplatte von 1 cm ist die Widerstandserhöhung 11%. Für eine Platte von 2 cm ist jedoch $k_r = 2$. Bei großen Werten von $2kd$ werden $\mathfrak{Sin}$ und $\mathfrak{Cof}$ einander gleich und groß gegen die Kreisfunktionen, dann ist

$$k_r = kd = d\sqrt{\frac{2\pi\omega}{\varrho\,10^9}} = 2\pi d\sqrt{\frac{f}{\varrho}10^{-9}}.$$ [1]

2. Stromverdrängung in Nuten[2]. In einer offenen Nut eines Dynamoankers liegen n rechteckige Leiter übereinander (Abb. 155). Sie haben die Höhe h und die Breite a, b ist die Nutweite, alle Leiter führen den gleichen Strom J.

Die magnetischen Kraftlinien stehen senkrecht auf den Nutwandungen und seien als parallele Gerade angenommen. Ihre Richtung sei die der Y-Achse, die Richtung der Stromdichte die Z-Achse, die Nuthöhe die der X-Achse.

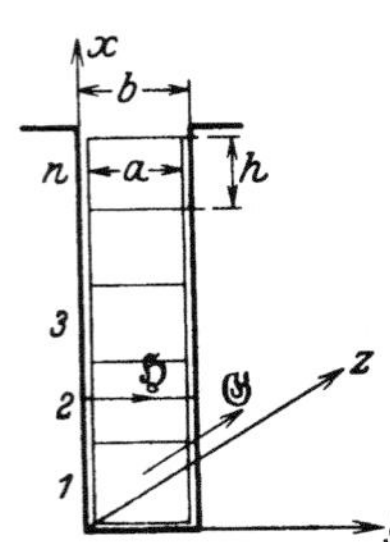

Abb. 155.

Dann ist in analoger Ableitung wie oben

$$b\,\frac{\partial\mathfrak{H}}{\partial x} = a\,\mathfrak{G} \quad \text{und} \quad \frac{\partial\mathfrak{E}}{\partial x} = \varrho\,\frac{\partial\mathfrak{G}}{\partial x} = \mu_0\,\frac{\partial\mathfrak{H}}{\partial t} = j\omega\mu_0\mathfrak{H}.$$

Daraus ergeben sich wieder die zwei Grundgleichungen

$$\frac{\partial^2\mathfrak{H}}{\partial x^2} = 2k^2j\,\mathfrak{H}, \qquad \frac{\partial^2\mathfrak{G}}{\partial x} = 2k^2j\,\mathfrak{G} \tag{49}$$

mit

$$k^2 = \frac{a}{b}\,\frac{\mu_0\omega}{2\varrho}. \tag{50}$$

[1] Über Stromverdrängung bei zwei parallelen Platten s. Cohn: Das elektromagnetische Feld; bei parallelgeschalteten Platten Schumann: El. u. Maschinenb. 1913, H. 30/31.

[2] Field, A. B.: Trans. Am. Inst. El. Eng. 1905, S. 659. Emde, F.: El. u. Maschinenb. 1908, S. 703; 1922, S. 301.

k^2 unterscheidet sich von dem früheren Wert nur durch den Faktor a/b, der im allgemeinen nicht viel von 1 abweicht.

Die Lösung ist wieder mit

$$\alpha = \pm k(1 + j)\,,$$

$$\mathfrak{H} = \mathfrak{A}_1 e^{\alpha x} + \mathfrak{A}_2 e^{-\alpha x}, \qquad (51) \qquad \mathfrak{G} = \frac{b}{a}\frac{\partial \mathfrak{H}}{\partial x} = \frac{b}{a}\alpha[\mathfrak{A}_1 e^{\alpha x} - \mathfrak{A}_2 e^{-\alpha x}]\,. \qquad (52)$$

Um die Integrationskonstanten zu ermitteln, betrachten wir den p^{ten} Leiter. An seiner Unterkante sei $x = 0$, dort rührt die Durchflutung von den darunter liegenden $(p-1)$ Strömen her, deren Summe sei J_1; an seiner Oberkante ist $x = h$, dort ist die Durchflutung $J_1 + J$, wenn J der Strom des betrachteten Leiters ist. Also ist nach (51)

$$b\,\mathfrak{H}_{(x=0)} = b(\mathfrak{A}_1 + \mathfrak{A}_2) = J_1\,, \qquad b\,\mathfrak{H}_{(x=h)} = b(\mathfrak{A}_1 e^{\alpha h} + \mathfrak{A}_2 e^{-\alpha h}) = J_1 + J\,,$$

$$\mathfrak{A}_1 = \frac{1}{b}\,\frac{J_1 + J - J_1 e^{-\alpha h}}{e^{\alpha h} - e^{-\alpha h}}\,, \qquad \mathfrak{A}_2 = -\frac{1}{b}\,\frac{J_1 + J - J_1 e^{\alpha h}}{e^{\alpha h} - e^{-\alpha h}}$$

und damit in (51) und (52)

$$\mathfrak{H} = \frac{1}{b}\cdot\frac{(J_1 + J)(e^{\alpha x} - e^{-\alpha x}) + J_1(e^{\alpha(h-x)} - e^{-\alpha(h-x)})}{e^{\alpha h} - e^{-\alpha h}}\,, \qquad (53)$$

$$\mathfrak{G} = \frac{\alpha}{a}\cdot\frac{(J_1 + J)(e^{\alpha x} + e^{-\alpha x}) - J_1(e^{\alpha(h-x)} + e^{-\alpha(h-x)})}{e^{\alpha h} - e^{-\alpha h}}\,. \qquad (54)$$

Anstatt, wie im früheren Beispiel, die Widerstandserhöhung nach Gl. (34) zu berechnen, soll hier ein andrer Weg gezeigt werden, der auch gleichzeitig über die Veränderung der magnetischen Energie des Nutenfeldes gegenüber der bei gleichmäßiger Stromverteilung Aufschluß gibt.

Wie S. 126 gezeigt, stellen die Gl. (51) und (52) für die Verteilung der Feldstärke und der Stromdichte zwei fortschreitende Wellen dar, von denen die erste, die einfallende, in Richtung der negativen X-Achse, von der Nutöffnung nach dem Nutengrund schreitet, die zweite, die reflektierte, in entgegengesetzter Richtung. Dieser Vorstellung entsprechend tritt die Energie nach Maxwell aus dem Dielektrikum (hier der Nutöffnung) in den Leiter. Nach dem Satz von Poynting ist der Energiestrom durch einen Vektor $\mathfrak{S}$ dargestellt; er ist

$$\mathfrak{S} = \mathfrak{E}\,\mathfrak{H}\sin(\mathfrak{E}\,\mathfrak{H}) \qquad (55)$$

und seine Richtung ist senkrecht zu $\mathfrak{E}$ und $\mathfrak{H}$ in dem Sinn, der sich der Drehung aus der Richtung $\mathfrak{E}$ in die Richtung $\mathfrak{H}$ rechtsschraubig zuordnet. In unserem Beispiel ist (s. Abb. 155) die Richtung von $\mathfrak{E}$ die positive Z-Achse, die von $\mathfrak{H}$ die positive Y-Achse, $\mathfrak{E}$ und $\mathfrak{H}$ stehen senkrecht aufeinander und sin $(\mathfrak{E}\mathfrak{H})$ ist 1. Der Drehung von der positiven Z-Achse in die positive Y-Achse ordnet sich die negative X-Achse rechtsschraubig zu, dies ist die Richtung des Energiestromes.

Da wir $\mathfrak{E}$ in Volt/cm, $\mathfrak{H}$ in Amp/cm messen, ergibt sich $\mathfrak{S}$ in Watt/cm^2. Berechnet man nun $\mathfrak{S}$ für die obere und die untere Kante des Leiters, so ist die Differenz die im Leiter verbrauchte Leistung. Dabei ist zu berücksichtigen, daß in unserer Rechnung $\mathfrak{E}$ bzw. $\varrho\mathfrak{G}$ und $\mathfrak{H}$ die Effektivwerte einwelliger Größen und daher komplexe Zahlen sind. Daher ist $\varrho\mathfrak{G}$ mit dem zu $\mathfrak{H}$ konjugiert komplexen Vektor $\mathfrak{H}^k$ zu multiplizieren. Dann ist der reelle Teil des Produktes die Wirkleistung, der imaginäre Teil die Blindleistung.

Nach Gl. (54) ist für $x = h$ bzw. $x = 0$

$$\mathfrak{E}_{(x=h)} = \varrho\,\mathfrak{G}_{(x=h)} = \frac{\varrho\,\alpha}{a}\,\frac{(J_1 + J)(e^{\alpha h} + e^{-\alpha h}) - 2J_1}{e^{\alpha h} - e^{-\alpha h}} = \frac{\varrho\,\alpha}{a}\,\frac{(J_1 + J)\operatorname{Cof}\alpha h - J_1}{\operatorname{Sin}\alpha h}\,,$$

$$\mathfrak{E}_{(x=0)} = \varrho\,\mathfrak{G}_{(x=0)} = \frac{\varrho\,\alpha}{a}\,\frac{2(J_1 + J) - J_1(e^{\alpha h} + e^{-\alpha h})}{e^{\alpha h} - e^{-\alpha h}} = \frac{\varrho\,\alpha}{a}\,\frac{(J_1 + J) - J_1\operatorname{Cof}\alpha h}{\operatorname{Sin}\alpha h}\,,$$

$$b\,\mathfrak{H}^k{}_{(x=h)} = J_1 + J\,, \qquad b\,\mathfrak{H}^k{}_{(x=0)} = J_1\,.$$

Die Differenz der Produkte $\varrho\mathfrak{E}b\mathfrak{H}^t$ für $x=h$ und $x=0$ ist die Scheinleistung für 1 cm Nutlänge

$$n_s = \frac{\varrho\alpha}{a}\,\frac{J^2\mathfrak{Cof}\,\alpha h + J_1(J_1+J)2(\mathfrak{Cof}\,\alpha h - 1)}{\mathfrak{Sin}\,\alpha h} = n + j n_b. \tag{56}$$

Hierin ist bei Reihenschaltung für den p^{ten} Leiter $J_1=(p-1)J$ und

$$J_1(J_1+J) = p\cdot(p-1)J^2.$$

Es war
$$\alpha = k(1+j).$$

Wir setzen zur Abkürzung

$$kh = x = h\sqrt{\frac{a}{b}\,\frac{2\pi\omega}{\varrho\cdot 10^9}} \tag{57}$$

und

$$n_s = \frac{\varrho J^2}{ah}\{[\varphi(x)+j\varphi'(x)] + p(p-1)[\psi(x)+j\psi'(x)]\}. \tag{58}$$

Darin ist

$$\varphi(x)+j\varphi'(x) = x(1+j)\frac{\mathfrak{Cof}\,x(1+j)}{\mathfrak{Sin}\,x(1+j)}, \tag{59}$$

$$\psi(x)+j\psi'(x) = x(1+j)\frac{2(\mathfrak{Cof}\,x(1+j)-1)}{\mathfrak{Sin}\,x(1+j)} = 2x(1+j)\frac{\mathfrak{Sin}\,\frac{1}{2}x(1+j)}{\mathfrak{Cof}\,\frac{1}{2}x(1+j)}. \tag{60}$$

Um den imaginären Teil vom reellen zu trennen, multipliziert man Zähler und Nenner mit der konjugiert komplexen Zahl des Nenners. Es wird

$$\frac{\mathfrak{Cof}\,x(1+j)}{\mathfrak{Sin}\,x(1+j)}\cdot\frac{2\,\mathfrak{Sin}\,x(1-j)}{2\,\mathfrak{Sin}\,x(1-j)} = \frac{\mathfrak{Sin}\,2x - j\sin 2x}{\mathfrak{Cof}\,2x-\cos 2x},$$

$$\frac{\mathfrak{Sin}\,\frac{1}{2}x(1+j)}{\mathfrak{Cof}\,\frac{1}{2}x(1+j)}\cdot\frac{2\,\mathfrak{Cof}\,\frac{1}{2}x(1-j)}{2\,\mathfrak{Cof}\,\frac{1}{2}x(1-j)} = \frac{\mathfrak{Sin}\,x + j\sin x}{\mathfrak{Cof}\,x+\cos x}$$

und damit in (59) und (60)

$$\varphi(x) = x\frac{\mathfrak{Sin}\,2x+\sin 2x}{\mathfrak{Cof}\,2x-\cos 2x},\qquad \psi(x) = 2x\frac{\mathfrak{Sin}\,x-\sin x}{\mathfrak{Cof}\,x+\cos x}, \tag{61}$$

$$\varphi'(x) = x\frac{\mathfrak{Sin}\,2x-\sin 2x}{\mathfrak{Cof}\,2x-\cos 2x},\qquad \psi'(x) = 2x\frac{\mathfrak{Sin}\,x+\sin x}{\mathfrak{Cof}\,x+\cos x}. \tag{62}$$

Da in Gl. (58) $\varrho J^2/ah$ die Stromwärme in 1 cm Leiterlänge bei gleichmäßiger Stromverteilung ist, ist die Widerstandserhöhung im p^{ten} Leiter

$$k_r = \varphi(x) + p(p-1)\,\psi(x). \tag{63}$$

Das erste Glied rührt von dem Strom im Leiter allein her, es ist für alle Leiter gleich, das zweite rührt auch von dem darunter liegenden her und wird am größten für den obersten Leiter ($p=n$). Der Mittelwert für alle Leiter ist die Widerstandserhöhung für die ganze Nut. Da

$$\frac{1}{n}\sum_{p=1}^{p=n} p(p-1) = \frac{1}{n}\cdot[2+3.2+\cdots+n(n-1)] = \tfrac{1}{3}(n^2-1),$$

ist für die ganze Nut

$$K_r = \varphi(x) + \frac{n^2-1}{3}\psi(x). \tag{64}$$

Um die Blindleistung mit der bei gleichmäßiger Stromverteilung zu vergleichen, berechnen wir zunächst für diese die magnetische Energie für 1 cm Stablänge. Im p^{ten} Stab ist im Abstand x von der Unterkante

$$b\mathfrak{H} = J(p-1+x/h),$$

daher

$$\tfrac{1}{2}\mu_0\int_0^h \mathfrak{H}^2 dx = \tfrac{1}{2}\mu_0 J^2\frac{h}{b}[\tfrac{1}{3}+p(p-1)].$$

Für alle n Leiter ist die Energie für 1 cm Länge

$$w_{m0} = \frac{1}{2}\mu_0(Jn)^2\frac{nh}{3b}$$

und die Blindleistung

$$n_{b0} = 2\,\omega\, w_{m0} = \mu_0\,\omega\,(J n)^2 \frac{n\,h}{3\,b}.$$

Nach Gl. (58) wird die Blindleistung für alle n Leiter

$$n_b = \frac{J^2 \varrho}{h\,a}\, n \left[\varphi'(x) + \frac{n^2-1}{3}\,\psi'(x)\right].$$

Daher ist das Verhältnis $n_b : n_{b0}$

$$k_b = \frac{3}{2\,n^2 x^2}\left[\varphi'(x) + \frac{n^2-1}{3}\,\psi'(x)\right] = \frac{1}{n^2}\lambda(x) + \frac{n^2-1}{n^2}\mu(x), \tag{65}$$

worin nach (62) gesetzt ist

$$\lambda(x) = \frac{3}{2\,x^2}\varphi'(x) = \frac{3}{2\,x}\,\frac{\mathfrak{Sin}\,2x - \sin 2x}{\mathfrak{Cof}\,2x - \cos 2x}, \qquad \mu(x) = \frac{1}{2\,x^2}\psi'(x) = \frac{1}{x}\,\frac{\mathfrak{Sin}\,x + \sin x}{\mathfrak{Cof}\,x + \cos x}. \tag{65a}$$

In Abb. 156 und 157 sind die vier zur Berechnung von k_r und k_b erforderlichen Größen $\varphi(x)$, $\psi(x)$, $\lambda(x)$, $\mu(x)$ als Funktionen von x aufgetragen.

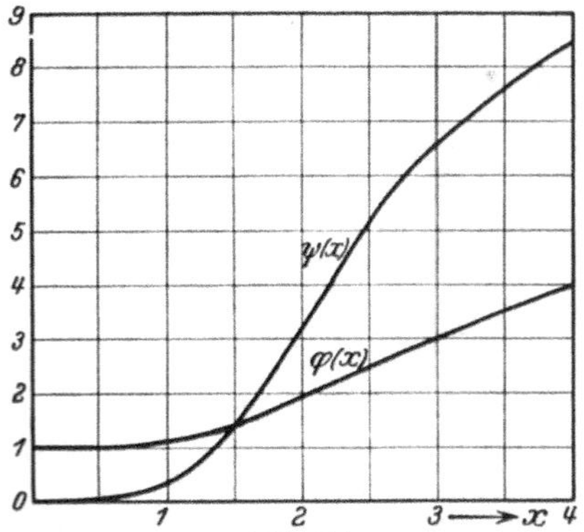

Abb. 156.

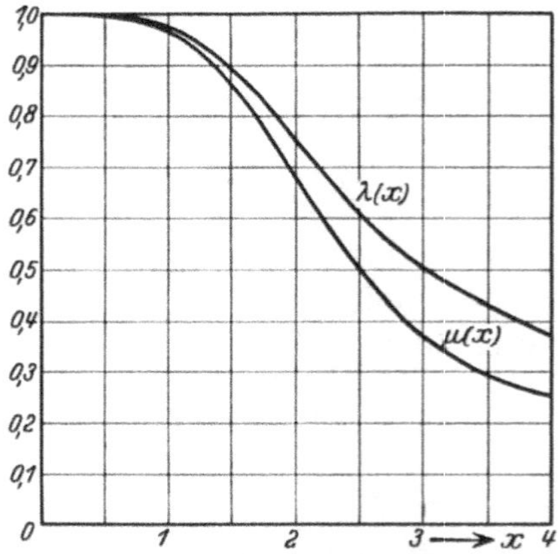

Abb. 157.

Für $f = 50$ Hertz und für warmes Kupfer, $\varrho \simeq 2 \cdot 10^{-6}$, ist, wenn b und a wenig voneinander verschieden sind, angenähert $x = h$.

In Abb. 158 sind die nach Gl. (53) und (54) berechneten Effektivwerte der Feldstärke und der Stromdichte für zwei übereinanderliegende Stäbe mit $x = 2$ aufgetragen. Diese Stabhöhe ist also bei $f = 50$ Hertz 2 cm. Die punktierten Geraden stellen zum Vergleich, die Verteilung bei gleichmäßiger Stromdichte dar.

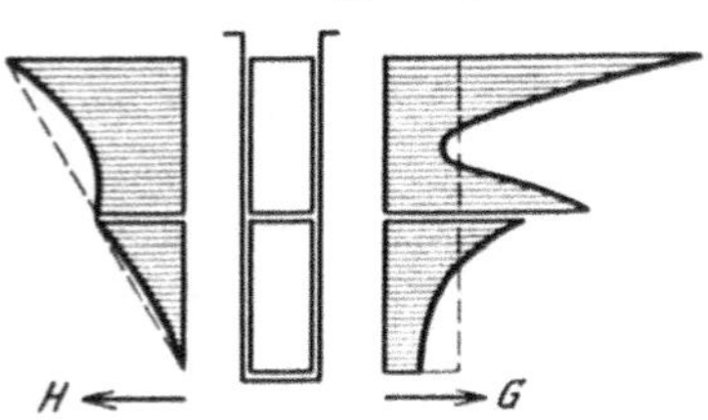

Abb. 158.

Je größer die Leiterhöhe ist, um so kleiner ist der Ohmsche Widerstand, um so größer aber die Stromverdrängung, daher gibt es zu jeder Zahl n übereinanderliegender Leiter eine kritische Kupferhöhe, die das Minimum der Verluste in der Nut darstellt. Nach Rogowski[1] ist

$$x_0 = \sqrt[4]{\frac{3}{n^2 - 0{,}2}},$$

d. h. bei $f = 50$ und $n = 2$ $h \simeq 0{,}95$ cm.

Starke Leiter müssen daher unterteilt und die Teilleiter so verdrillt sein, daß von den parallelgeschalteten Leitern gleiche Teile in den verschiedenen Höhenlagen in der Nut liegen.

---

[1] Arch. Elektrot. Bd. 2, S. 108. Weitere Arbeiten über Stromverdrängung in Nuten Richter: Arch. Elektrot. Bd. 3, S. 175; Bd. 4, S. 1; Bd. 5, S. 1. Bei Kommutatormaschinen Dreyfuß: Arch. Elektrot. Bd. 3, S. 273; Bd. 4, S. 42.

Eine allseitige Stromverdrängung tritt in einem runden Leiter auf, der von dem Rückleiter weit entfernt ist. Hier hat die eindringende Welle zylindrische Form, und die Rechnung, die zuerst von W. Thomson[1] durchgeführt ist, ergibt Besselsche Funktionen. Angenähert ist, wenn d der Durchmesser ist,

$$k_r = 1 + \frac{1}{3}\left(\frac{kd}{4}\right)^4 = 1 + \frac{\pi^4}{48}\,\frac{f^2 d^4}{\varrho^2 \cdot 10^{18}}\,.$$

Für Kupfer $\varrho = 1{,}8 \cdot 10^{-6}$ ist

$$k_r = 1 + 0{,}70\left(\frac{f d^2}{1000}\right)^2, \tag{66}$$

für $d = \sqrt{2}$ cm und $f = 50$ Hertz ist $k_r = 1{,}007$.

Bei hohen Frequenzen ist

$$k_r = k\frac{d}{4} = \frac{\pi d}{2}\sqrt{\frac{f}{\varrho \cdot 10^9}}\,.$$

Liegen Hin- und Rückleiter nahe beieinander wie bei verseilten Kabeln, so beeinflussen sie sich gegenseitig, die größte Stromdichte tritt an den einander zugewandten Teilen auf[2].

XI. Wechselstromkreise mit Eisen.

71. Der Erregerstrom.

1. Magnetisierung mit Gleichstrom. Bei Maschinen und allen technischen Apparaten verläuft der magnetische Induktionsfluß der Hauptsache nach in Eisen. Die erste Aufgabe ist, zu einem gegebenen Fluß den Erregerstrom zu berechnen, wenn die Abmessungen des magnetischen Kreises gegeben sind. Dabei ist die Magnetisierungskurve $\mathfrak{B} = f(\mathfrak{H})$ zugrunde zu legen, die z. B. Abb. 159 für Dynamoblech zeigt.

Die Feldstärke $\mathfrak{H}$ ist in Amp/cm aufgetragen, die Induktion in der CGS-Einheit, 1 Gauß $= 10^{-8}$ Voltsek/cm^2.

Der genaue Verlauf der Induktionslinien im Eisen ist nur in wenigen Fällen bekannt.

Beim gleichmäßig bewickeltn Eisenring (Abb. 160) sind die Induktionslinien konzentrische Kreise und $\mathfrak{H}_x = Jw/2\pi x$ Amp/cm. Trägt man zu jedem Radius x die zu $\mathfrak{H}_x$ gehörige Induktion $\mathfrak{B}_x$ aus der Magnetisierungskurve auf, so erhält man die Verteilung der Induktion über die Ringbreite b und den Fluß $\Phi = \int\limits_{D-b/2}^{D+b/2} h\,\mathfrak{B}_x dx$ für den angenommenen Strom.

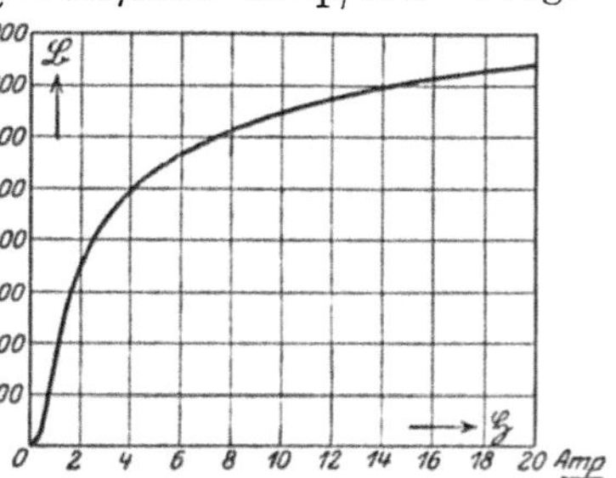

Abb. 159.

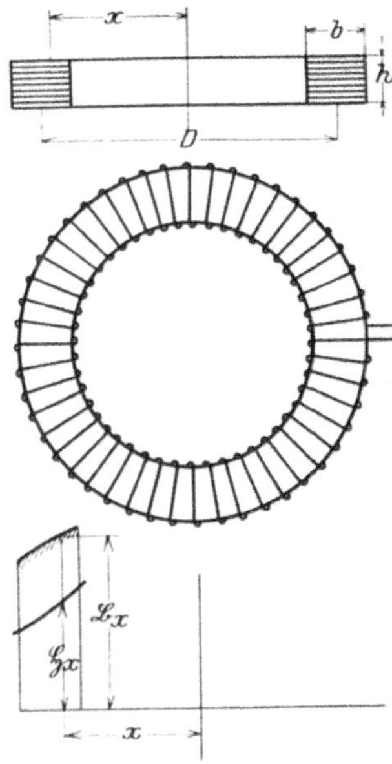

Abb. 160.

Ist b klein gegen D, so kann man mit einer mittleren Induktion $\mathfrak{B}$ rechnen. Für den Eisenquerschnitt Q ist der Fluß $\Phi = \mathfrak{B} Q$. Mit der zu $\mathfrak{B}$ nach der Magnetisierungskurve gehörigen Feldstärke $\mathfrak{H}$ erhält man die magnetische Umlaufspannung für den mittleren Kraftlinienweg $V_0 = \pi D \mathfrak{H}$ und die Durchflutung $Jw = V_0$.

[1] Electr. Bd. 25, S. 510. 1899; ETZ 1890, S. 661. Stefan: Wiedem. Ann. Bd. 41, S. 400.

[2] Mie, G.: Wiedem. Ann. 1900, S. 201. Über Stromverdrängung bei Spulen und Rollen s. Sommerfeld: Ann. Physik 1904 u. 1907; bei Litzen Rogowski: Arch. Elektrot. Bd. 3, S. 264; Bd. 4, S. 66; Bd. 6, S. 304; Bd. 8, S. 269.

Nach diesem angenäherten Verfahren berechnet man magnetische Kreise gewöhnlich. Besitzt der Kreis verschiedene Teile mit ungleichen Querschnitten, Abb. 161, so ermittelt man zu dem Fluß Φ die mittleren Induktionen der einzelnen Teile:

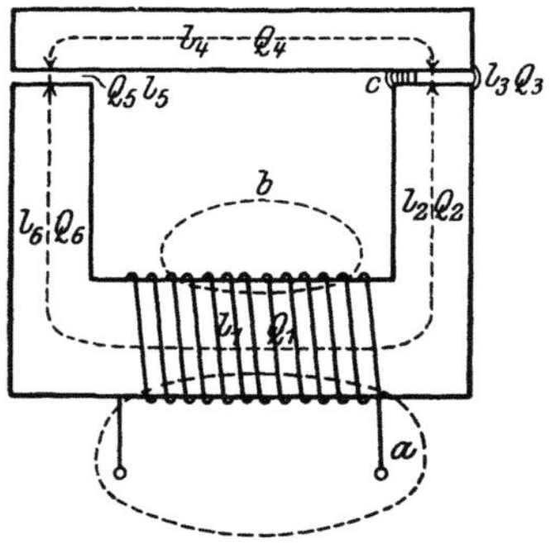

Abb. 161.

$$\mathfrak{B}_1 = \frac{\Phi_1}{Q_1}, \qquad \mathfrak{B}_2 = \frac{\Phi_2}{Q_2} \quad \text{usf.},$$

berechnet die magnetische Spannung für jeden Teil für die mittlere Länge

$$V_1 = \mathfrak{H}_1 l_1, \qquad V_2 = \mathfrak{H}_2 l_2 \quad \text{usf.}$$

Die Summe ergibt die Umlaufspannung

$$V_0 = V_1 + V_2 + \cdots + V_n,$$

womit die Durchflutung Jw gefunden ist.

Bei einem Luftraum verbreitert sich der Induktionsfluß wie bei c in Abb. 161. Dies wirkt als Vergrößerung des Querschnitts. Dort wo die Erregerspulen liegen, schließt sich, wie bei a und b, ein geringer Teil des Flusses um die Spulen, ohne den ganzen magnetischen Kreis zu durchlaufen. Dieser Streufluß bewirkt eine Erhöhung des Flusses im Kern innerhalb der Erregerspulen gegenüber den übrigen Teilen.

Zur Aufnahme der Magnetisierungskurve verwendet man für Eisenstäbe ein Schlußloch, für Bleche einen Ring nach Abb. 160 oder meist den Epsteinschen Apparat (s. S. 139), der aus Blechpaketen zu einem viereckigen Rahmen zusammengesetzt ist. Die Induktion wird mittels einer Prüfspule ballistisch oder mit Wechselstrom gemessen. Aus dem Erregerstrom und der Windungszahl berechnet man die mittlere Umlaufspannung und die mittlere Feldstärke. Dabei sind für Stoßfugen Korrekturen anzubringen. Zur Messung von Teilspannungen des magnetischen Kreises dient der magnetische Spannungsmesser von Rogowski[1].

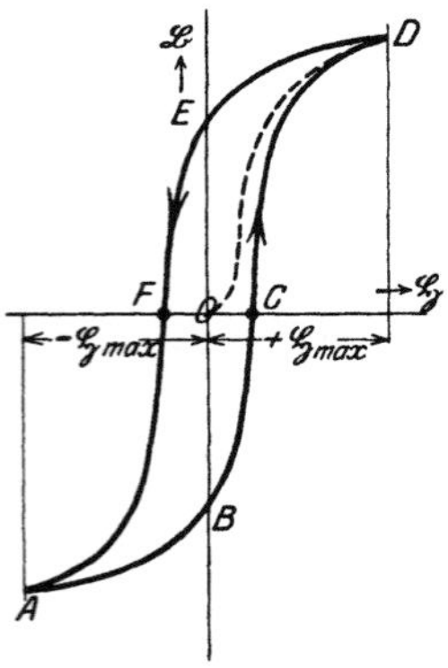

Abb. 162.

2. Zyklische Magnetisierung. Bei Wechselstrom wird das Eisen in jeder Periode von einem Höchstwert $\mathfrak{H}_{max}$, $\mathfrak{B}_{max}$ nach dem gleichen Höchstwert in entgegengesetztem Sinn und wieder zurück ummagnetisiert. Diesen Vorgang nennt man zyklische Ummagnetisierung. Infolge der Remanenz entsprechen jedem zwischen den Grenzen liegenden Wert von $\mathfrak{H}$ zwei verschiedene Werte $\mathfrak{B}$, je nachdem man in aufsteigendem oder in absteigendem Sinn magnetisiert.

Den Zusammenhang zwischen $\mathfrak{B}$ und $\mathfrak{H}$ bei zyklischer Magnetisierung zeigt die Hysterisisschleife (Abb. 162). Bei steigender Magnetisierung von $-\mathfrak{H}_{max}$ bis $+\mathfrak{H}_{max}$ wird sie längs $ABCD$, bei absteigender längs $DEFA$ durchlaufen. Zu $\mathfrak{H} = 0$ gehört die Induktion $\overline{OE} = \overline{OB}$, dies ist die remanente Induktion oder Remanenz. Um $\mathfrak{B} = 0$ zu erhalten, ist eine Feldstärke $\overline{OC} = \overline{OF}$, die Koerzitivkraft, erforderlich. Die Induktion ist daher keine eindeutige Funktion von $\mathfrak{H}$, sondern sie hängt von der Remanenz ab, die bei der vorhergehenden Magnetisierung zurückgeblieben ist.

Die Magnetisierungskurve (Abb. 159), die für $\mathfrak{H} = 0$ bei $\mathfrak{B} = 0$ beginnt, wird nur nach vollständiger Entmagnetisierung des Eisens erhalten und heißt Neukurve. Jedem Wert $\mathfrak{H}_{max}$ entspricht eine andere Hysteresisschleife, die Spitzen aller Hysteresisschleifen liegen auf der Neukurve.

3. Hysteresisarbeit. Einer Änderung der Induktion um $d\mathfrak{B}$ entspricht nach Maxwell eine Zunahme der magnetischen Energie in der Volumeneinheit um $\mathfrak{H}\,d\mathfrak{B}$.

[1] Arch. Elektrot. Bd. 1, H. 4.

Bei Medien mit konstanter Permeabilität ergibt sich hieraus der früher verwendete Ausdruck für den Energiegehalt des Feldes S. 10.

Bei Eisen ist nach der Magnetisierungskurve die Energiezunahme für die Volumeneinheit, wenn die Feldstärke von $\mathfrak{H}_1$ bis $\mathfrak{H}_2$, die Induktion von $\mathfrak{B}_1$ bis $\mathfrak{B}_2$ wächst,

$$\int_{\mathfrak{H}_1}^{\mathfrak{H}_2} \mathfrak{H}\, d\mathfrak{B}$$

gleich der Fläche $A_1\mathfrak{B}_1\mathfrak{B}_2A_2$ in Abb. 163. Geht die Induktion von $\mathfrak{B}_2$ auf $\mathfrak{B}_1$ zurück, so verläuft die Magnetisierung längs der Hysteresisschleife bis $\mathfrak{B}_1'$, der die Feldstärke $\mathfrak{H}_3$ entspricht. Die zurückgegebene Energie für die Volumeneinheit ist gleich der Fläche $A_1\mathfrak{B}_1'\mathfrak{B}_2A_2$, also um das schraffierte Stück kleiner als die zugeführte Energie. Dieser Teil bleibt zurück, er ist im Eisen in Wärme umgewandelt. Bei zyklischer Magnetisierung ist daher die in Wärme umgewandelte Energie bei jedem Zyklus gleich der von der Hysteresisschleife begrenzten Fläche.

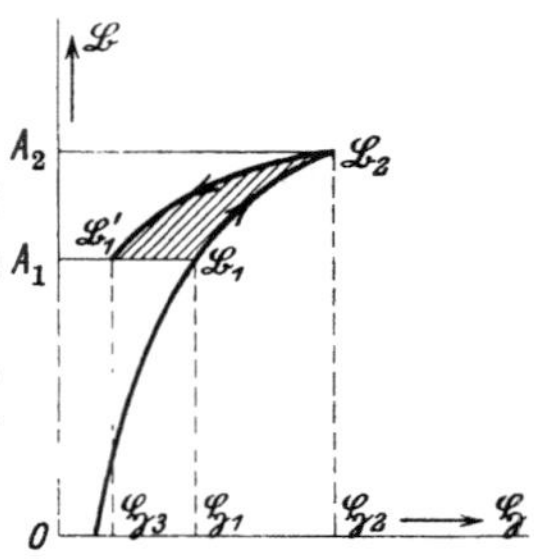

Abb. 163.

$$a_h = \oint \mathfrak{H}\, d\mathfrak{B} \text{ Joule/cm}^3 \tag{1}$$

ist die Hysteresisarbeit für einen Zyklus und 1 cm³, wenn $\mathfrak{H}$ in Amp/cm, $\mathfrak{B}$ in Voltsek/cm² gemessen sind.

4. Magnetisierung mit Wechselstrom. Wird die Ringspule (Abb. 160) an eine Wechselspannung angeschlossen, so wird das Eisen zyklisch ummagnetisiert. Der Spulenfluß ist sehr angenähert $\Psi = w\Phi$ und

$$p = iR + w\frac{d\Phi}{dt},$$

wobei die Funktion $i = f(\Phi)$ die Hysteresisschleife darstellt.

Die Kurvenform des Stromes bei einwelliger Spannung erhält man sehr angenähert, wenn man iR vernachlässigt, das meist sehr klein ist. Dann ist für $p = p_m \sin\omega t$

$$\Phi = \int\frac{p\,dt}{w} = -\frac{p_m}{\omega w}\cos\omega t = -\Phi_m\cos\omega t.$$

$\Phi_m = p_m/\omega w$ ist die Amplitude des einwelligen Flusses. Trägt man zu jedem Wert von Φ aus der Hysteresisschleife den Strom i auf (Abb. 164), so erhält man die spitze Kurvenform des Stromes, die zur Amplitude des Flusses nicht symmetrisch liegt, und deren Nulldurchgänge infolge der Remanenz nicht mit denen des Flusses zusammenfallen.

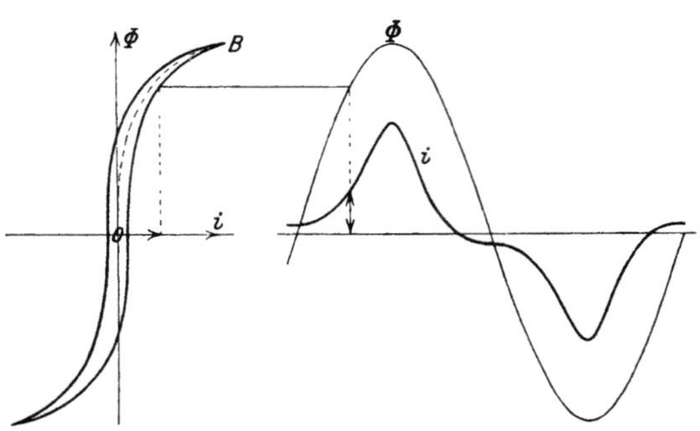

Abb. 164.

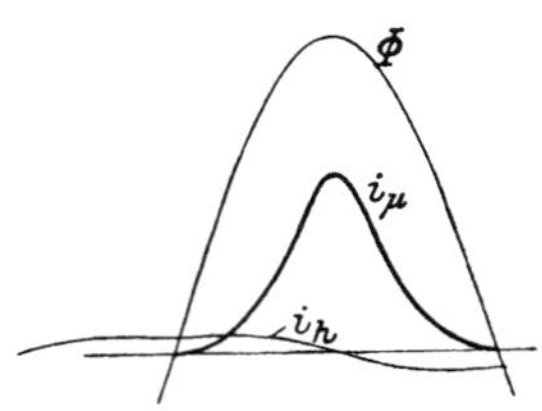

Abb. 165.

Für die mittlere punktierte Kurve $\overline{OB}$ in Abb. 164 erhält man die symmetrische Stromkurve i_μ in Abb. 165, die mit dem Fluß in Phase ist, die Hysteresis bedingt die um ¼ Periode dagegen voreilende Kurve i_h, die mit i_μ zusammen die Stromkurve i in Abb. 164 ergibt.

Der Magnetisierungsstrom kann in zwei Komponenten zerlegt werden, i_μ ist in Phase mit dem Fluß, i_h in Phase mit der Spannung. Das Produkt aus der Spannung und i_h stellt den Leistungsverlust durch die Hysteresis dar. Bei f Ummagnetisierungen in der Sekunde ist er für die Volumeneinheit

$$f a_h = f \oint \mathfrak{H} \, d\mathfrak{B} \text{ Watt/cm}^3, \qquad (2)$$

Ist iR nicht zu vernachlässigen, so ist bei sinusförmiger Klemmenspannung $w\frac{d\Phi}{dt}$ nicht mehr sinusförmig, weil iR die gleiche spitze Kurve hat wie der Strom. Dann wird auch die EMK spitzer als die Sinuskerne und einen größeren Formfaktor haben. Für eine effektive EMK E berechnet sich die Amplitude des Flusses aus

$$E = 4 f w \xi \Phi_m .$$

Bei gleicher effektiver EMK ist bei größerem Formfaktor Φ_m und i kleiner als bei einwelliger EMK.

Schaltet man vor die Spule einen Ohmschen Widerstand, so zeigt sich, daß bei gleicher effektiver Spannung an der Spule der Magnetisierungsstrom kleiner geworden ist. Bei sehr hohen Sättigungen, wie sie bei Transformatoren besonders für kleine Periodenzahlen (15) verwendet werden, zeigt sich diese Erscheinung schon bei kleinen Vorschaltwiderständen, z. B. Strom- und Leistungsmessern.

5. Wirbelströme. Bei der Ummagnetisierung mit Wechselstrom werden im Eisenkern (Abb. 160) Ströme induziert, deren Bahnen im Eisenquerschnitt ähnlich verlaufen, wie die Bahn des Erregerstromes am Rande des Querschnitts. Diese Wirbelströme erhitzen das Eisen. Um sie klein zu halten, wird der Eisenkern aus Blechen zusammengesetzt, die durch dünnes Papier oder einen Lackbezug voneinander isoliert sind.

Für Maschinen und Transformatoren werden Bleche von 0,5 bis 0,3 mm Dicke verwendet. Auch bei so feiner Unterteilung werden die Wirbelströme nicht vollständig unterdrückt. Sie wirken auf den Erregerstrom zurück wie der sekundäre Strom eines Transformators auf den primären und vergrößern ihn.

Nach Versuchen von Gumlich und Rose[1] ist ein Unterschied zwischen der Magnetisierung mit Gleichstrom und der mit Wechselstrom bei Periodenzahlen von 15 bis 50, nur bei Induktionen bis 12000 bis 15000 nachweisbar. Er zeigt sich darin, daß bei gleicher Feldstärke die Induktion bei Wechselstrom etwas kleiner ist als bei Gleichstrom.

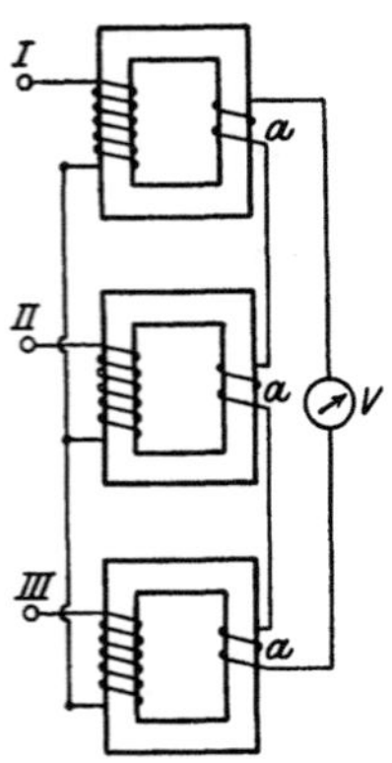

Abb. 166.

Die Unterschiede sind aber sehr klein und verschwinden bei höheren Induktionen ganz. Bei hohen Periodenzahlen ist dagegen die Rückwirkung der Wirbelströme stärker.

6. Magnetierung bei Mehrphasenströmen. Die spitze Kurve des Magnetisierungsstromes nach Abb. 164 und 165 enthält eine sehr große dritte Oberwelle. Die Kurve i_μ in Abb. 165 hat die Gleichung

$$i = 100 \sin x - 40 \sin 3x + 10{,}1 \sin 5x - 3{,}46 \sin 7x + \cdots .$$

Die Amplitude der dritten Oberwelle ist also 40% von der Grundwelle, bei höheren Induktionen kann sie noch größer werden.

Schaltet man die Erregerspulen von drei magnetischen Kreisen in Sternschaltung an ein Dreiphasennetz (s. Abb. 166), so kann nach Kap. IX die dritte Oberwelle des Stromes nicht fließen. Die drei Flüsse sind nicht sinusförmig, sie enthalten eine starke Oberwelle von dreifacher Frequenz nebst Oberwellen, die auch in der Spannung jeder Spule auftritt. In den verketteten Spannungen heben sich die Oberwellen von dreifacher Frequenz wieder heraus.

[1] ETZ 1905, S. 503.

Da sie in den drei Phasenspannungen gleichphasig sind, werden sie in drei sekundären Spulen *a* in Abb. 167, die in Reihe geschaltet sind, addiert und getrennt erhalten, denn die drei Grundwellen geben als Summe Null.

Da sich die Effektivwerte der Oberwellen quadratisch addieren, werden die Effektivwerte der Grundwellen der Phasenspannung und des Flusses nur wenig kleiner als die Effektivwerte der resultierenden Wellen. Der Fortfall der von der dritten Oberwelle herrührenden Spitze des Magnetisierungsstromes bedingt, daß die Grundwelle des flacheren Stromes sowie die anderen Oberwellen, 5te usf., entsprechend größer werden, der Effektivwert des Magnetisierungsstromes ist bei gleicher Induktion größer, wenn man die drei Kerne in Sternschaltung mit Dreiphasenstrom erregt, als wenn man jeden für sich mit Einphasenstrom erregt.

Die Oszillogramme (Abb. 167) zeigen den spitzen einphasigen und den flachen dreiphasigen Erregerstrom, die an ein und demselben Induktionsmotor aufgenommen wurden, der eine bei Anschluß aller drei Stränge an ein Dreiphasennetz, der andere bei Unterbrechung eines Stranges, so daß die beiden anderen in Reihe mit Einphasenstrom erregt waren. In beiden Fällen wurde die gleiche Induktion hergestellt; der Effektivwert des dreiphasigen Erregerstromes war aber 30% größer als der des einphasigen.

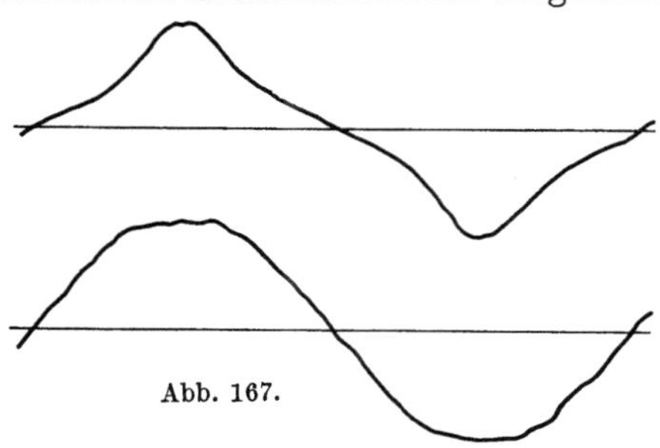

Abb. 167.

Bei den dreiphasigen Maschinen und Transformatoren sind die drei Flüsse nicht getrennt wie in Abb. 166, sondern, wie Abb. 168 für einen Dreiphasentransformator zeigt, durch gemeinsame Joche J—J verkettet. Die Flüsse von dreifacher Frequenz sind gleichphasig und in jedem Augenblick in den drei Kernen gleichgerichtet. Sie können sich daher nicht durch die Joche schließen, sondern sie treten aus den Kernen aus und schließen sich teils durch die Luft, teils durch benachbarte Eisenteile des Gehäuses und rufen hier und besonders dort, wo sie quer zur Unterteilung aus den Kernen austreten, zusätzliche Wirbelstromwärme hervor. Ist die primäre oder die sekundäre Wicklung in Dreieck geschaltet, so fließt in dem Dreieck der Strom von dreifacher Frequenz als Ringstrom und die Flüsse sind einwellig.

7. Berechnung des effektiven Erregerstromes. Für praktische Zwecke ist die Kenntnis des effektiven Erregerstromes am wichtigsten. Seine Berechnung ist jedoch unsicher, weil die Kurvenform mit der Induktion stark veränderlich ist. Aus den Oszillogrammen Abb. 167 erkennt man, daß bei einphasiger und bei dreiphasiger Erregung grundsätzlich verschieden verfahren werden muß.

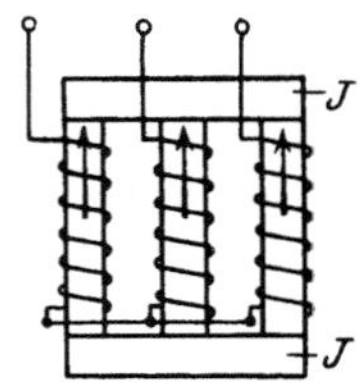

Abb. 168.

Bei einphasiger Erregung verwendet man am besten eine dynamische Magnetisierungskurve für die Effektivwerte von Induktion und Feldstärke, die an einem Probering nach Abb. 160 bei einwelliger Spannung gemessen werden.

Der dreiphasige Magnetisierungsstrom nähert sich bei nicht allzu hohen Induktionen viel mehr der Sinusform. Man geht dann besser von der Amplitude der Induktion aus und rechnet mit einer mit Gleichstrom aufgenommenen Magnetisierungskurve. Den Effektivwert des Stromes erhält man durch Division mit dem Scheitelfaktor der Sinuskurve, d. h. mit $\sqrt{2}$.

Aus dem großen Einfluß, den die Form der Spannungskurve bei hohen Sättigungen auf den Magnetisierungsstrom hat, erkennt man, daß selten eine gute Übereinstimmung zwischen berechnetem und gemessenem Strom zu erwarten ist, ein Umstand, der häufig den Stoßfugen in den Blechen zugeschrieben wird, deren Wirkung aber gegen die hier erörterten Einflüsse meist verschwindet.

72. Verluste im Eisen.

1. Berechnung der Hysteresiswärme. Die Leistung, die durch Hysteresis in Wärme umgesetzt wird, ist nach Gl. (2) $f \cdot a_h$, worin a_h die Hysteresisarbeit für einen Zyklus und 1 cm² proportional dem Inhalt der Hystereseschleife ist.

Nach einem empirischen Gesetz von Steinmetz ist der Hysteresisverlust proportional der 1,6ten Potenz der maximalen Induktion

$$N_h = \eta \cdot f \cdot B_m^{1,6} V. \tag{3}$$

Setzt man das Volumen V in dm³ ein, die Induktion B in 10^{-8} Voltsek/cm² (Gauß), so wird

$$N_h = \sigma_h \left(\frac{f}{100}\right)\left(\frac{B}{1000}\right)^{1,6} V \text{ Watt}. \tag{4}$$

Der Hysteresiskoefizient σ_h beträgt für Dynamoblech $\sigma_h = 0{,}6$ bis 0,95.

2. Stromwärme der Wirbelströme. a) Bei den niederen Frequenzen der Starkstromtechnik und bei den gewöhnlich verwendeten Blechstärken bis zu 0,5 mm ist die Rückwirkung der Wirbelströme auf das Feld gering, und die Stromwärme kann wie folgt angenähert berechnet werden.

Die Induktion habe die Richtung der Blechebene (Abb. 169) senkrecht zum Blechquerschnitt und über die Blechdicke Δ denselben Betrag. Die Stromfäden verlaufen im wesentlichen parallel zur Blechebene, symmetrisch zur Mittelebene. Durch ein Rechteck in der Querschnittsebene mit den Seiten *1* und $2x$ tritt ein maximaler Induktionsfluß $2x B_m$, worin B_m die Amplitude der Induktionsschwankung ist.

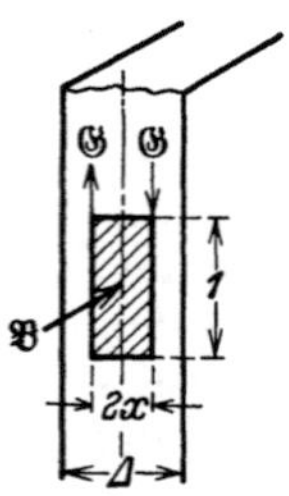

Abb. 169.

Der Effektivwert des magnetischen Schwundes ist

$$4 f \xi B_m 2x,$$

worin ξ den Formfaktor bezeichnet. Die Umlaufspannung um das Rechteck ist $2G\varrho$, wenn die kurzen Seiten $2x$ vernachlässigt werden. Daher ist

$$G = \frac{4 f \xi B_m}{\varrho} x,$$

die Stromdichte nimmt linear von der Mitte nach dem Rande zu. Die Stromwärme in einem Streifen von der Breite dx und 1 cm Blechtiefe ist

$$G^2 \varrho\, dx = \frac{(4 f \xi B_m)^2}{\varrho} x^2 dx.$$

Integriert man von $-\frac{1}{2}\Delta$ bis $+\frac{1}{2}\Delta$ und dividiert durch Δ, so ist die Leistung in 1 cm³

$$N_w = \frac{4}{3\varrho}(f \xi B_m \Delta)^2. \tag{5}$$

Die Wirbelstromwärme ist also von den Quadraten der Blechstärke, der Induktion des Formfaktors und der Frequenz abhängig. Gewöhnlich bezieht man die Verluste auf einwellige Schwankung wofür $\xi = 1{,}11$ ist. Setzt man Δ in mm, das Volumen in dm³, B in Gauß, so ist

$$N_w = \sigma_w \left(\Delta \frac{f}{100} \cdot \frac{B_m}{1000}\right)^2 V \text{ Watt}, \tag{6}$$

worin

$$\sigma_w = \frac{4}{3} \frac{(1{,}11)^2}{\varrho} \cdot 10^{-5}$$

ist. Für Schmiedeeisen ist $\varrho \simeq 10^{-5}$ Ohmcm und

$$\sigma_w \simeq 1{,}64.$$

Bei den siliziumhaltigen (2 bis 4%) sog. legierten Blechen ist etwa $\varrho = 5 \cdot 10^{-5}$ Ohm/cm. σ_w ist hierfür etwa fünfmal so klein. Auch die Hysteresiswärme ist bei legierten Blechen etwas kleiner als bei gewöhnlichen Blechen. Die Permeabilität der legierten Bleche ist bei niederen Induktionen bis etwa 12000 Gauß etwas größer, bei höheren etwas kleiner als bei gewöhnlichen Blechen.

b) Bei höheren Frequenzen oder bei stärkeren Blechen bedingen die Wirbelströme eine Verdrängung der Induktionslinien an den Rand des Bleches, eine Erscheinung, die der Stromverdrängung in massiven Leitern (s. Kap. X § 70) analog ist und die zuerst von J. J. Thomson[1] untersucht ist. In dem Koordinatensystem (Abb. 170) liegen $\mathfrak{B}$ und $\mathfrak{H}$ in Richtung der Y-Achse, $\mathfrak{E}$ und $\mathfrak{G}$ in Richtung der Z-Achse. Für die Effektivwerte einwelliger Schwingungen ist analog wie S. 125

$$\frac{\partial \mathfrak{H}}{\partial x} = \mathfrak{G}, \qquad \frac{\partial \mathfrak{G}}{\partial x} = \varrho \frac{\partial \mathfrak{E}}{\partial x} = j\omega\mu\mu_0 \mathfrak{H} = j\omega\mathfrak{B}$$

und daraus
$$\frac{\partial^2 \mathfrak{H}}{\partial x^2} 2jk^2\mathfrak{H}, \qquad \frac{\partial^2 \mathfrak{G}}{\partial x^2} = 2jk^2\mathfrak{G} \tag{7}$$

mit
$$k^2 = \frac{\mu\mu_0\omega}{2\varrho}. \tag{8}$$

Diese Gleichungen unterscheiden sich von Gl. (37) u. (38) in § 70 nur durch die Permeabilität μ des Eisens, die in der Rechnung als Konstante erscheint. Die Lösung ist

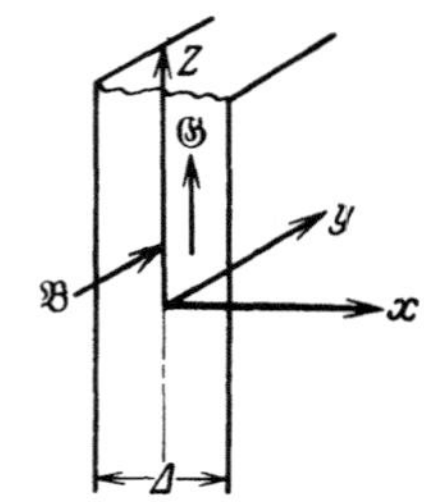

Abb. 170.

$$\mathfrak{H} = \mathfrak{A}_1 e^{\alpha x} + \mathfrak{A}_2 e^{-\alpha x},$$

wo
$$\alpha = \pm\sqrt{2jk^2} = \pm k(1+j) \tag{9}$$

ist. An den Blechrändern $x = \pm\frac{1}{2}\Delta$ seien

$$\mathfrak{H} = \mathfrak{H}_0, \qquad \mathfrak{B} = \mathfrak{B}_0 = \mu\mu_0\mathfrak{H}_0.$$

Randfeldstärke und Randinduktion gegeben. Dann ist

$$\mathfrak{A}_1 = \mathfrak{A}_2 = \frac{\mathfrak{H}_0}{e^{\frac{1}{2}\alpha\Delta} + e^{-\frac{1}{2}\alpha\Delta}}.$$

Von beiden Seiten dringen gleich große elektromagnetische Wellen in das Blech ein. Hiermit ist

$$\mathfrak{H} = \mathfrak{H}_0 \frac{e^{\alpha x} + e^{-\alpha x}}{e^{\frac{1}{2}\alpha\Delta} + e^{-\frac{1}{2}\alpha\Delta}}, \tag{10}$$

$$\mathfrak{G} = \frac{\partial\mathfrak{H}}{\partial x} = \alpha\mathfrak{H}_0 \frac{e^{\alpha x} - e^{-\alpha x}}{e^{\frac{1}{2}\alpha\Delta} + e^{-\frac{1}{2}\alpha\Delta}} \tag{11}$$

Setzt man in (10) $\alpha = k(1+j)$ ein und multipliziert Zähler und Nenner mit den konjugiert komplexen Ausdrücken, so wird der Betrag der Induktion im Abstand x vom Blechrand im Verhältnis zur Randinduktion

$$\frac{B}{B_0} = \sqrt{\frac{\mathfrak{Cof}\,2kx + \cos 2kx}{\mathfrak{Cof}\,k\Delta + \cos k\Delta}}. \tag{12}$$

Nach § 70 Gl. (42) ist k der Wellenlänge λ umgekehrt proportional.

$$k\Delta = 2\pi\frac{\Delta}{\lambda}$$

ist das Verhältnis der Blechdicke zur Wellenlänge in Teilen von 2π. Die kleinste Induktion ist in der Blechmitte ($x = 0$)

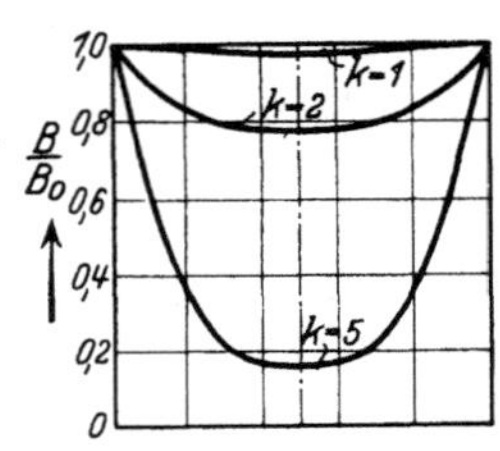

Abb. 171.

$$\frac{B_{(x=0)}}{B_0} = \sqrt{\frac{2}{\mathfrak{Cof}\,k\Delta + \cos k\Delta}} \tag{13}$$

und ist für $k\Delta = 1 \quad 2 \quad 5$

$B/B_0 = 0{,}983 \quad 0{,}774 \quad 0{,}164.$

Für diese Zahlen ist die Verteilung der Induktion in Abb. 171 aufgetragen. Die mittlere räumliche Induktion ist nach Gl. (12)

$$\frac{M(B)}{B_0} = \frac{\sqrt{2}}{k}\sqrt{\frac{\mathfrak{Cof}\,k\Delta - \cos k\Delta}{\mathfrak{Cof}\,k\Delta + \cos k\Delta}}. \tag{14}$$

Die effektive Stromdichte wird nach Gl. (11)

$$G^2 = 2k^2\left(\frac{B_0}{\mu\mu_0}\right)^2 \frac{\mathfrak{Cof}\,2kx - \cos 2kx}{\mathfrak{Cof}\,k\Delta + \cos k\Delta}$$

[1] Electr. Bd. 28, S. 599. 1892.

und die Stromwärme für 1 cm³

$$\frac{1}{\Delta}\int\limits_{-\Delta/2}^{+\Delta/2} G^2 \varrho\, dx = \frac{k\varrho}{\Delta}\left(\frac{\sqrt{2}\,B_0}{\mu\mu_0}\right)^2 \frac{\mathfrak{Sin}\, k\Delta - \sin k\Delta}{\mathfrak{Cos}\, k\Delta + \cos k\Delta}. \tag{15}$$

Vergleicht man diesen Ausdruck mit Gl. (6), so zeigt sich, daß die Leistung mit dem Faktor

$$k_w = \frac{6}{(k\Delta)^3}\,\frac{\mathfrak{Sin}\, k\Delta - \sin k\Delta}{\mathfrak{Cos}\, k\Delta + \cos k\Delta} \tag{16}$$

zu multiplizieren ist, wenn die Amplitude der Randinduktion in Gl. (15) $\sqrt{2}\,B_0$ ebenso groß ist wie die Amplitude der mittleren Induktion ohne Berücksichtigung der Wirbelströme. Daher bezieht sich dieser Verlust auf einen durch die Wirbelströme geschwächten Fluß. Bezieht man die Verluste auf den gleichen Fluß, so ist in Gl. (15) statt B_0 die mittlere Induktion nach Gl. (14) einzusetzen. Dann ist der Reduktionsfaktor

$$k'_w = \frac{3}{k\Delta}\,\frac{\mathfrak{Sin}\, k\Delta - \sin k\Delta}{\mathfrak{Cos}\, k\Delta - \cos k\Delta}. \tag{17}$$

In Abb. 172 sind k_w und k'_w als Funktion von $k\Delta$ aufgetragen. Ist $k\Delta < 1$, so ist k_w wenig kleiner als 1, ebenso k'_w wenn $k\Delta < 2$ ist. Dann rechnet man genau genug mit Gl. (5). Ist

$$k\Delta > 2, \quad \text{so ist} \quad k_w \cong \frac{6}{(k\Delta)^3},$$

$$k\Delta > 3, \quad \text{so ist} \quad k'_w \cong \frac{3}{k\Delta}.$$

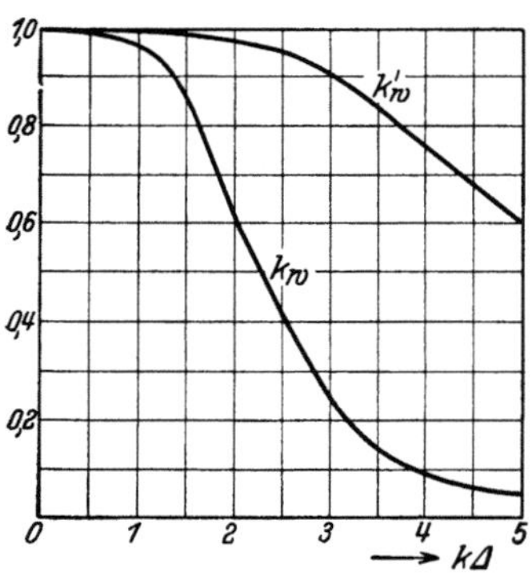

Abb. 172.

Dann ist der Verlust in der Volumeneinheit mit der Amplitude der Randinduktion B_{0m}

$$N_w = \frac{B_{0m}^2}{\Delta}\sqrt{\frac{\pi\varrho f}{(\mu\mu_0)^3}} \tag{18}$$

und mit der Amplitude der mittleren Induktion B_m

$$N'_w = B_m^2\,\frac{\Delta}{2}\sqrt{\frac{\pi^3 f^3}{\varrho\mu\mu_0}}. \tag{19}$$

Oft bezieht man den Verlust auf die Oberflächeneinheit des Bleches, wobei man die schmalen Seiten vernachlässigt, für 1 cm² ist

$$N_{w0} = \tfrac{1}{2} N_w\,\Delta.$$

Dabei zeigt sich nach Gl. (18), daß bei gegebener Randinduktion die Wärme für 1 cm² Oberfläche unabhängig von der Blechdicke ist.

Bei der Berechnung der Verluste ist es unsicher, welcher Wert für μ einzusetzen ist. Für die technische Frequenz $f = 50$ und $\Delta = 0{,}05$ cm ist mit $\varrho = 10^{-5}$ und $\mu = 2000$, $k\Delta \cong 1$. Daher rechnet man meist nach Gl. (5) hinreichend genau. Bei höheren Frequenzen und größeren Blechstärken wird jedoch $k\Delta > 1$.

c) In massivem Eisen in der Nähe starker Ströme treten ebenfalls Wirbelströme auf, die aber nur auf eine dünne Oberflächenschicht beschränkt sind. In dem Beispiel für $k\Delta = 1$ und $\Delta = 0{,}05$ ist $k = 20$. Nach § 70 S. 126 sind die Wellen nach annähernd $3/k$ cm praktisch erloschen. Für $k = 20$ ist die Eindringungstiefe nur 1,5 mm. Nun verläuft die Magnetisierungskurve für Gußeisen und auch für Schmiedeeisen bei größeren Feldstärken $\mathfrak{H} > 30$ Amp/cm sehr flach. Daher hat E. Rosenberg[1] eine sehr gute Übereinstimmung der Rechnung mit dem Versuch erzielt, indem er nicht die Permeabilität, sondern die Induktion über die Eindringungstiefe δ als Konstante einsetzt; darüber hinaus setzt er $\mathfrak{B} = 0$.

[1] ETZ 1923, S. 513.

Dies setzt voraus, daß die Stromdichte vom Rand bis zum Abstand δ linear vom größten Wert G_0 auf Null abnimmt. In der Schicht von der Dicke δ ist die mittlere Stromdichte $\frac{1}{2}G_0$ und

$$\tfrac{1}{2}G_0\delta = H_0,$$

worin H_0 die effektive Randfeldstärke ist. Der Fluß durch einen Streifen von der Dicke δ und der Höhe 1 cm ist δB_{0m}, worin B_{0m} die Amplitude der Randinduktion ist. Der Anteil von 1 cm der Oberfläche an der Umlaufspannung ist

$$\sqrt{2}\,\varrho G_0 = \omega\delta B_{0m}.$$

Aus den beiden Beziehungen zwischen G und δ folgt

$$G_0 = \sqrt{\frac{\omega\sqrt{2}H_0 B_{0m}}{\varrho}}, \qquad \delta = \sqrt{\frac{2\sqrt{2}H_0\varrho}{\omega B_{0m}}}.$$

Bei linearem Verlauf der Stromdichte nimmt G^2 nach einer Parabel ab, und der Verlust für 1 cm² Oberfläche ist

$$N_{w0} = \tfrac{1}{3}G_0^2\varrho\delta = \tfrac{1}{3}\sqrt{2(\sqrt{2}H_0)^3 B_{0m}\omega\varrho}$$

oder angenähert

$$N_{w0} = 2\sqrt{H_0^3 B_{0m} f\varrho}. \tag{20}$$

Ist z. B. $H_0 = 30$ Amp/cm, so entspricht der Amplitude $\sqrt{2}H_0 = 42$ eine Induktion $B_{0m} \simeq 15600 \cdot 10^{-8}$ Voltsek/cm². Für $f = 50$ und $\varrho = 1{,}5 \cdot 10^{-5}$ Ohm cm (Schmiedeeisen) ist

$$N_{w0} = 2 \cdot 10^{-4}\sqrt{30^3 \cdot 15600 \cdot 50 \cdot 1{,}5 \cdot 10^{-5}} = 0{,}112\,\text{Watt/cm}^2.$$

Die Eindringungstiefe ist $\delta = 0{,}16$ cm. Da δ proportional $\sqrt{\varrho}$ ist, ist sie bei Gußeisen, dessen spez. Widerstand etwa 5mal so groß ist als der von Schmiedeeisen, größer, zumal bei gleicher Feldstärke die Induktion bei Gußeisen kleiner ist. Dann gilt Gl. (20) nur für solche Eisenstärken, die wesentlich größer als δ sind.

Vergleicht man Gl. (20) mit dem nach Gl. (18) zu berechnenden Verlust für die Oberflächeneinheit, indem man dort $B_{0m} = \mu_0\mu\sqrt{2}H_0$ einsetzt, so wird nach Gl. (18)

$$N_{w0} = \tfrac{1}{2}N_w\Delta = \tfrac{1}{2}\sqrt{(\sqrt{2}H_0)^3 B_{0m}\pi f\varrho} \simeq \tfrac{3}{2}\sqrt{H_0^3 B_{0m} f\varrho}.$$

Der für konstante Permeabilität berechnete Verlust ist also ¾ von dem nach Gl. (20) für konstante Induktion.

3. Verlustziffer. Man kennzeichnet die Qualität des Eisens durch eine Verlustziffer, die den gesamten Verlust für 1 kg Eisen bei 50 Hertz und 30° C bei einer bestimmten Induktion angibt. Nach den Normen des VDE ist die Verlustziffer bei $B_m = 10000$, (V_{10}), und bei $B_m = 15000$ Gauß, (V_{15}), anzugeben. Das spez. Gewicht wird, wenn nicht besonders bestimmt, für gewöhnliche Bleche zu 7,7, für legierte zu 7,5 angenommen.

Mit den Konstanten $\sigma_h = 0{,}8$, $\sigma_w = 1{,}3$ wird für $\Delta = 0{,}5$ mm, $f = 50$ Hertz und $B_m = 10000$ nach Gl. (4) und (6)

$$V_{10} = 0{,}8 \cdot 0{,}5 \cdot 10^{1{,}6}\frac{1}{7{,}7} + 1{,}3(0{,}5 \cdot 0{,}5 \cdot 1{,}11 \cdot 10)^2\frac{1}{7{,}7} = 3{,}4\,\text{Watt/kg};$$

für ein legiertes Blech mit $\sigma_h = 0{,}6$, $\sigma_w = 0{,}27$

$$V_{10} = 1{,}8\,\text{Watt/kg}.$$

4. Untersuchung und Trennung der Eisenverluste. Von den verschiedenen Apparaten zur Untersuchung der Eisenverluste in Blechen, die von Epstein[1], Möllinger[2], Richter[3] angegeben sind, ist der erste z. Z. am meisten verwendet.

Hierbei werden vier Blechpakete aus Streifen von 50 cm Länge, 3 cm Breite und 3 cm Pakethöhe zu einem quadratischen Rahmen zusammengesetzt und an

[1] ETZ 1900, S. 303; s. auch Gumlich u. Rogowski: ETZ 1912.
[2] ETZ 1901, S. 379. [3] ETZ 1902, S. 491.

den Ecken mit kräftigen Klammern zusammengestoßen. Jedes Paket ist mit einer Spule versehen, die in Reihe an eine möglichst sinusförmige Spannung angeschlossen werden. Aus Spannung P und Periodenzahl f bestimmt man die Amplitude der Induktion

$$B_m = \frac{\sqrt{2}\,P}{2\pi f w Q}.$$

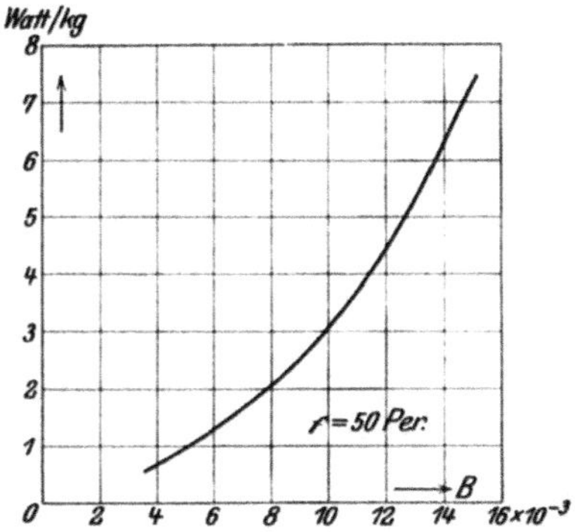

Abb. 173.

Bei der Leistungsmessung macht man sich von der Korrektur der Stromwärme in der Erregerwicklung unabhängig, wenn man die Spannungsspule des Leistungsmessers nicht parallel zur Erregerwicklung anschließt, sondern an eine zweite Wicklung von gleicher Windungszahl, die dicht auf die Erregerwicklung aufgewickelt ist.

Die so gemessene Leistung ist gleich den Eisenverlusten vermehrt um den kleinen Verlust in der Spannungsspule des Leistungsmessers, der sich leicht berechnen und abziehen läßt.

Trägt man die Eisenverluste für konstante Periodenzahl als Funktion der maximalen Induktion auf, so erhält man die nicht ganz quadratisch ansteigende Kurve Abb. 173.

Die Trennung der Verluste in Hysteresis- und Wirbelstromverluste beruht auf deren Abhängigkeit von der Periodenzahl.

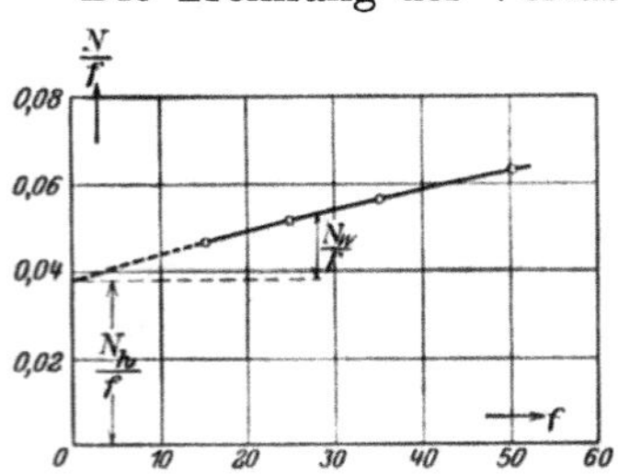

Abb. 174.

Ändert man Spannung und Periodenzahl in gleichem Maße, so bleibt die maximale Induktion konstant. Da die Hysteresisverluste der Periodenzahl f, die Wirbelstromverluste dem Quadrat von f proportional sind, ist der gesamte Verlust bei konstanter Induktion:

$$N = N_h + N_w = k_1 f + k_2 f^2.$$

Daher ist

$$\frac{N}{f} = \frac{N_h}{f} + \frac{N_w}{f} = k_1 + k_2 f.$$

N/f stellt als Funktion der Periodenzahl eine gerade Linie (Abb. 174) dar; ihr Schnitt mit der Ordinatenachse ($f = 0$) ergibt die Ordinate $k_1 = N_h/f$ den Hysteresisverlust pro Periode. Der Abstand der Geraden von einer Parallelen zur Abszissenachse durch den Schnittpunkt mit der Ordinatenachse ist N_w/f.

Die Gerade biegt bei höheren Periodenzahlen ab, was auf die Schirmwirkung der Wirbelströme zurückgeführt wird.

73. Die Vektordiagramme des Transformators.

Die technischen Transformatoren besitzen einen geschlossenen magnetischen Kreis aus Eisen, auf den die primäre und die sekundäre Spule aufgewickelt sind.

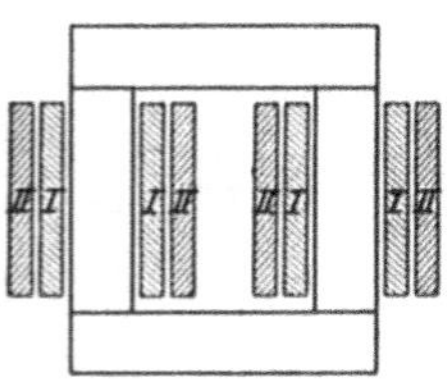
Abb. 175.

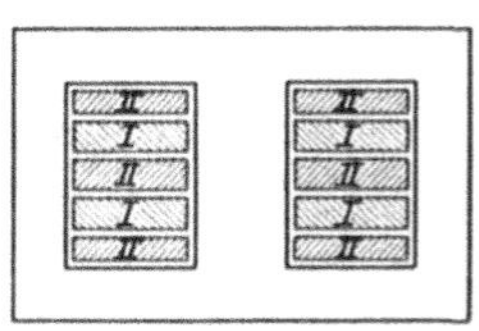
Abb. 176.

Abb. 175 und 176 zeigen die wichtigsten Typen des Einphasentransformators, die Kerntype und die Manteltype.

Der größte Teil des Flusses verläuft ganz im Eisen und ist mit allen primären und allen sekundären Windungen verkettet. Darum ist der Begriff des resultierenden Hauptflusses hier eindeutig, und es ist zweckmäßig, von diesem auszugehen.

Dem magnetischen Schwund des Hauptflusses entsprechen die primär und sekundär induzierten EMKe

$$e_1 = w_1 \frac{d\Phi}{dt}, \qquad e_2 = w_2 \frac{d\Phi}{dt}.$$

$$e_1 : e_2 = w_1 : w_2. \tag{21}$$

Bei unbelasteter Sekundärwicklung entnimmt die primäre dem Netz den Magnetisierungsstrom des Hauptflusses i_a. Da sein Spannungsabfall sehr klein ist, ist e_1 sehr nahe gleich der primären Klemmenspannung, und das Verhältnis der Spannungen ist gleich dem Windungsverhältnis $w_1 : w_2$.

Ist die Sekundärwicklung auf einen Belastungswiderstand geschlossen, so ist die Summe der primären und der sekundären Durchflutung gleich der Erregung des Hauptflusses

$$i_1 w_1 + i_2 w_2 = i_a w_1$$

oder

$$i_1 = i_a - i_2 \frac{w_2}{w_1} = i_a + i_2' . \tag{22}$$

Der primäre Strom i_1 setzt sich aus dem Magnetisierungsstrom i_a und dem primären Belastungsstrom i_2' zusammen, der entgegengesetzt gleich dem auf die primäre Windungszahl reduzierten Sekundärstrom ist. Aus Gl. (21) und (22) folgt

$$e_1 i_2' = -e_2 i_2 .$$

Der sekundär abgegebenen Leistung $-e_2 i_2$ entspricht die gleich große primär aufgenommene Leistung $e_1 i_2'$. Die Gleichungen gelten für die Momentanwerte, also unabhängig von der Kurvenform.

Die Streuflüsse verlaufen nur teilweise im Eisen und schließen sich um die Spulen durch die Luft. Sie sind teils nur mit primären oder mit sekundären Windungen verkettet, teils mit beiden (einfach und doppelt verkettete Streulinien). Setzt man nach S. 113 die Streulinienverkettungen gleich dem Produkt aus dem Strom und einer Streuinduktivität S_1 bzw. S_2, so gelten die Gleichungen des Transformators

$$p_1 = R_1 i_1 + S_1 \frac{di}{dt} + w_1 \frac{d\Phi}{dt}, \qquad 0 = R_2 i_2 + S_2 \frac{di_2}{dt} + w_2 \frac{d\Phi}{dt}. \tag{23}$$

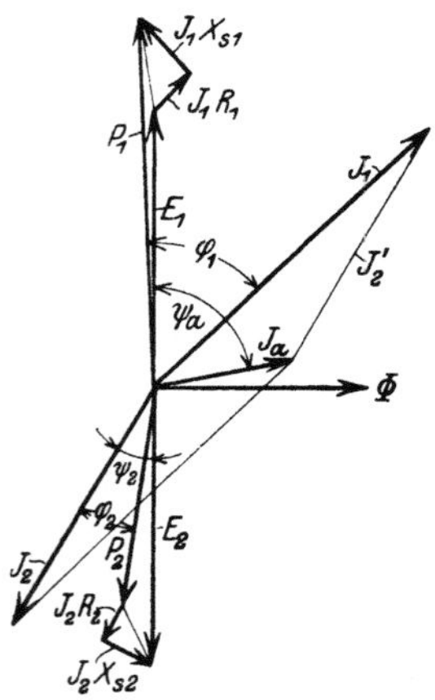

Abb. 177.

Für einwellige Größen können diese Gleichungen durch ein Vektordiagramm für die Effektivwerte dargestellt werden. Dabei ersetzt man den verzerrten Magnetisierungsstrom durch den äquivalenten Sinusstrom J_a. Dies bringt nur eine geringfügige Ungenauigkeit, weil der Magnetisierungsstrom beim Transformator mit Eisen nur etwa 5 bis 10% des Vollaststromes ist. Das Vektordiagramm Abb. 177 entspricht dann dem des Lufttransformators Abb. 147 S. 116 und unterscheidet sich von ihm nur dadurch, daß der Magnetisierungsstrom nicht um ¼ Periode gegen E_1 verspätet, also nicht mit dem Hauptfluß gleichphasig ist, sondern gegen E_1 um $\psi_a < 90^0$ verspätet ist. Seine Komponente $J_a \cos \psi_a$ entspricht einer primär aufgenommenen Leistung $E_a J_a \cos \psi_a$, die im Eisen in Wärme umgesetzt wird, während $E_a J_a \sin \psi_a$ die Blindleistung zur Erregung des Hauptflusses darstellt. Im übrigen ist die Energiebilanz des Transformators der auf S. 116 abgeleiteten des Lufttransformators genau entsprechend.

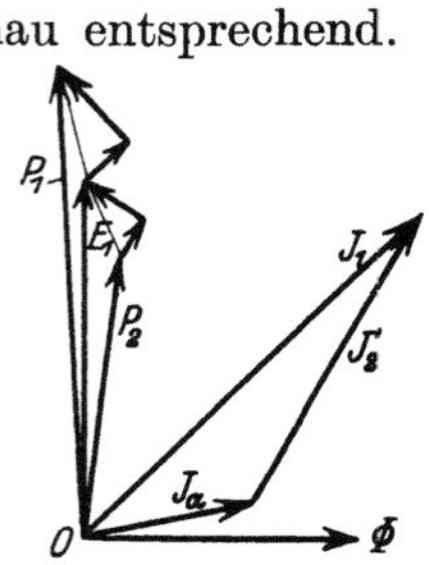

Abb. 178.

Dreht man das sekundäre Spannungsdreieck um 180⁰, so daß $-E_2$ und E_1 zusammenfallen, so erhält man Abb. 178, die ein anschauliches Bild von der Veränderung des Spannungsvektors von P_1 bis P_2 nach Größe und Phase durch die Streuung und den Ohmschen Spannungsabfall gibt.

Da der Spannungsabfall des Transformators von Leerlauf bis Vollast nur wenige Hundertstel betragen soll, ist die Änderung des Hauptflusses nur klein und man begeht keinen großen Fehler, wenn man den Magnetisierungsstrom proportional E_1 setzt. Dann gelten die Gleichungen des Vierpols (S. 117) auch für den Transformator mit Eisen, mit dem Unterschied, daß die EMK des Hauptflusses nicht durch

$$\left(\mathfrak{J}_1 + \mathfrak{J}_2 \frac{w_2}{w_1}\right) j \omega M \frac{w_1}{w_2},$$

sondern durch $\left(\mathfrak{J}_1 + \mathfrak{J}_2 \frac{w_2}{w_1}\right)\mathfrak{z}_a$

darzustellen ist. $\mathfrak{z}_a$ ist der komplexe Erregerscheinwiderstand, dessen reeller Teil die Verluste im Eisen berücksichtigt.

Es gelten daher alle für den Übertragungskreis abgeleiteten Beziehungen auch für den Transformator mit Eisen.

74. Das magnetische Feld einer Maschine mit verteiltem Eisen.

Die Maschine besteht, s. Abb. 179, aus einem zylindrischen, um eine Welle drehbaren, Läufer *L* und einem Ständer *S*, die aus Blechen zusammengesetzt sind. Ständer und Läufer sind durch einen Luftraum von konstanter Breite getrennt. Auf dem Ständer ist eine Wicklung in Nuten eingebettet. Wird sie von Gleichstrom durchflossen, dessen Richtung durch Punkte und Kreuze angedeutet ist, so entsteht ein Induktionsfluß in der durch Pfeile bezeichneten Richtung, er durchsetzt das Ständer- und Läufereisen und den Luftraum. Wo er aus dem Ständereisen austritt, bildet sich ein Nordpol, wo er eintritt, ein Südpol aus. Weil die Wicklung zwei Pole erzeugt, heißt sie eine zweipolige Wicklung, und zwar ist sie eine zweipolige Trommelwicklung.

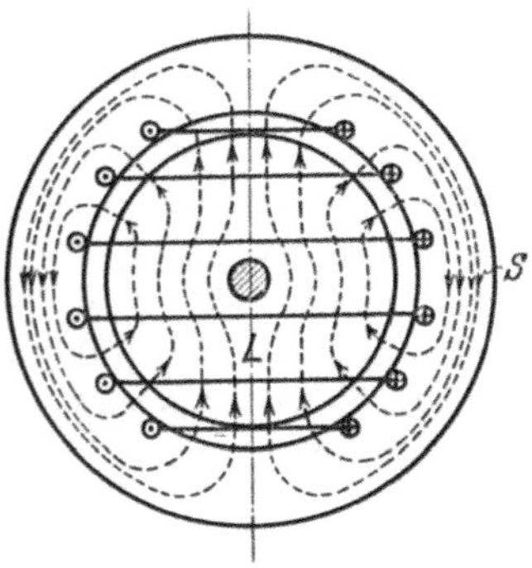

Abb. 179.

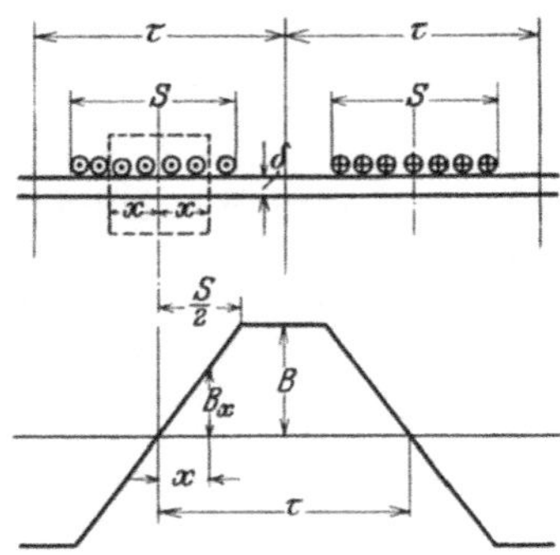

Abb. 180.

Man bezeichnet den Teil des Umfangs, der einen Pol umfaßt, als eine Polteilung, hier ist es der halbe Umfang.

Durch entsprechende Anordnung der Wicklung lassen sich 4, 6, 8 . . . allgemein $2p$ Pole erzeugen, worin p die Polpaarzahl ist. Die Wicklung heißt dann mehrpolig und die Polteilung ist der $2p^{\text{te}}$ Teil des Umfangs.

Die Verteilung des Induktionsflusses ergibt sich wie folgt. In Abb. 180 ist der Umfang abgewickelt. Die Drähte einer Spule liegen gleichmäßig verteilt symmetrisch zur Mittellinie der Polteilung τ auf einem Bogen S. Die Mittellinie ist die neutrale Zone des Feldes. In Punkten gleichen Abstandes x zu beiden Seiten von ihr ist die Feldstärke gleich groß, aber von entgegengesetzter Richtung. Die magnetische Umlaufspannung längs des gestrichelten Integrationsweges ist bei Vernachlässigung der magnetischen Spannung im Eisen $H_x 2\delta$, worin H_x die Feldstärke an der Stelle x, δ die Breite des Luftspaltes ist.

Ist Jw die Durchflutung auf dem Bogen S, so ist

$$H_x 2\delta = Jw\frac{2x}{S}, \quad B_x = \mu_0 H_x = \mu_0 \frac{Jw}{\delta}\frac{x}{S}.$$

Dies gilt von $x = 0$ bis $x = \frac{1}{2}S$.

Ist $2x > S$, so ist die Durchflutung Jw und

$$B_x = \mu_0 \frac{Jw}{2\delta}.$$

Trägt man B_x als Ordinate auf, so erhält man die Induktionsverteilung als ein Trapez mit der Höhe

$$B = \mu_0 \frac{Jw}{2\delta}. \tag{24}$$

Der Inhalt dieser Feldkurve ist der Induktionsfluß für 1 cm Länge des Eisens. Ist die Länge l cm, so ist

$$\Phi = \int_0^\tau B_x l\,dx\,.$$

Da die Grundlinien des Trapezes τ und $\tau - S$ sind, die Höhe B ist, wird

$$\Phi = Bl\tau\left(1 - \frac{S}{2\tau}\right) = Bl\tau\alpha\,. \tag{25}$$

$\alpha = 1 - S/2\tau$ heißt der Füllfaktor. Für konstante Induktionsverteilung, d. h. für ein Rechteck wäre $\alpha = 1$.

Das Trapez nähert sich einer Sinuskurve am meisten, wenn (s. Kap. VII, S. 75) $S/2 = \tau/3$, oder $S = \frac{2}{3}\tau$ ist. Die Grundwelle des Trapezes hat hierfür nach S. 75 Gl. (13) die Amplitude

$$B_1 = \frac{6\sqrt{3}}{\pi^2}B\,,$$

der Fluß der Grundwelle ist

$$\Phi_1 = \frac{2}{\pi}\tau l B_1 = \frac{12}{\pi^3}\sqrt{3}B\tau l\,,$$

der des Trapezes

$$\Phi = \tfrac{2}{3}B\tau l\,.$$

Daher ist $\Phi_1 : \Phi = \frac{18\cdot\sqrt{3}}{\pi^3} = 1{,}005$. Die Flüsse unterscheiden sich nur um ½%, man kann daher mit der sinusförmigen Grundwelle rechnen.

Wird das Feld von Wechselstrom erregt, so pulsiert die Induktion an jedem Punkt des Umfangs.

Ist B die räumliche Amplitude eines sinusförmig verteilten Feldes, B_m ihre zeitliche Amplitude, so ist die Amplitude im Abstand x von der Polmitte

$$B_{xm} = B_m \cos\frac{x}{\tau}\pi$$

und der Augenblickswert an diesem Punkt für eine zeitlich einwellige Schwingung mit der Kreisfrequenz ω

$$B_x = B_{xm}\cos\omega t = B_m\cos\frac{x}{\tau}\pi\cos\omega t\,. \tag{26}$$

75. Erzeugung eines Drehfeldes.

Sind am Umfang der Maschine zwei um eine halbe Polteilung gegeneinander versetzte Spulen angebracht, so werden von den Strömen zwei um $\frac{1}{2}$ Polteilung gegeneinander verschobene Felder erregt. Die Anordnung kann wieder für jede Spule ein Polpaar oder p Polpaare ergeben. Die Felder seien räumlich sinusförmig verteilt und an einem Punkt x sei

$$B_{Ix} = B_I\cos\frac{x}{\tau}\pi\,, \qquad B_{IIx} = B_{II}\sin\frac{x}{\tau}\pi\,.$$

Die positive räumliche Amplitude B_I liegt bei $x = 0$, B_{II} bei $x = \frac{1}{2}\tau$.

Sind die Felder von Zweiphasenstrom erregt und erreicht das zweite Feld seine Amplitude ¼ Periode *später* als das erste, so sind die Augenblickswerte

$$B_{1x} = B_{Im}\cos\frac{x}{\tau}\pi\cos\omega t\,, \qquad B_{2x} = B_{IIm}\sin\frac{x}{\tau}\pi\sin\omega t\,.$$

Sind die Amplituden gleich groß

$$B_{Im} = B_{IIm}\,,$$

so ist das resultierende Feld im Punkte x

$$B_{Ix} + B_{IIx} = B_m\left(\cos\frac{x}{\tau}\pi\cos\omega t + \sin\frac{x}{\tau}\pi\sin\omega t\right) = B_m\cos\left(\frac{x}{\tau}\pi - \omega t\right). \tag{27}$$

Dieser Ausdruck stellt eine fortschreitende Welle dar. Nach einer Zeit dt ist die Induktion im Punkte $(x + dx)$

$$B_m\cos\left[(x + dx)\frac{\pi}{\tau} - \omega(t + dt)\right].$$

Sie hat denselben Wert wie z. Z. t im Punkte x, wenn

$$dx\frac{\pi}{\tau} = \omega dt$$

ist. Die ganze Welle schreitet mit der konstanten Geschwindigkeit

$$\frac{dx}{dt} = \frac{\omega\tau}{\pi} = \frac{2\tau}{T}$$

im Sinne der positiven x vorwärts, sie legt in einer Periode T des erregenden Wechselstromes zwei Polteilungen zurück. Zwei zeitlich um ½ Periode und räumlich um ½ Polteilung verschobene Wechselfelder von sinusförmiger Verteilung setzen sich zu einem mit konstanter Geschwindigkeit fortschreitenden sinusförmig verteilten Feld von gleicher Größe zusammen. Ein solches Feld heißt ein Drehfeld.

Die Drehrichtung des Drehfeldes ist die der positiven x, in der wir von der positiven räumlichen Amplitude B_I zu der des zeitlich verspäteten Feldes B_{II} gelangen. Würde man B_{II} als das phasenverfrühte Feld bezeichnen, so ergäbe sich für die Geschwindigkeit das negative Vorzeichen, also im Sinne der negativen x.

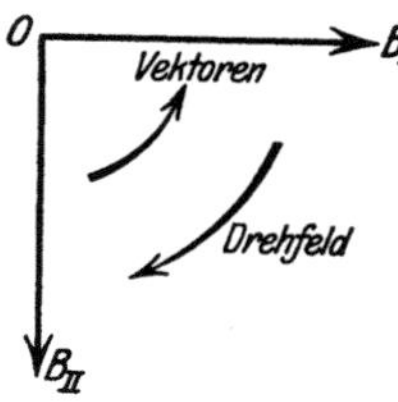

Abb. 181.

Das Drehfeld schreitet von dem zeitlich voreilenden zu dem zeitlich nacheilenden Wechselfeld. Durch Vertauschung der zeitlichen Reihenfolge der Wechselfelder ändert sich die Drehrichtung.

Stellt man die Felder als Vektoren in einem Zeitdiagramm dar, und soll die positive Richtung der Vektoren auch die positive Richtung der Felder darstellen, so ist die Richtung des Drehfeldes vom zeitlich voreilenden zum nacheilenden Wechselfeld entgegengesetzt der Drehrichtung der Vektoren und gleich der der Zeitlinie (s. Abb. 181).

Entsprechend setzen sich n um $2\pi/n$ zeitlich und räumlich verschobene Wechselfelder von gleicher Größe zu einem Drehfeld zusammen. Die Summe ist

$$\begin{aligned} B_x &= B_{Ix} + B_{IIx} + \cdots + B_{(n-1)x} + B_{nx} \\ &= B_m\Big[\cos\frac{x}{\tau}\pi\cos\omega t + \cos\left(\frac{x}{\tau}\pi - \frac{2\pi}{n}\right)\cos\left(\omega t - \frac{2\pi}{n}\right) \\ &\quad + \cos\left(\frac{x}{\tau}\pi - 2\cdot\frac{2\pi}{n}\right)\cos\left(\omega t - 2\cdot\frac{2\pi}{n}\right) \\ &\quad \cdots\cdots\cdots \\ &\quad + \cos\left(\frac{x}{\tau}\pi - (n-1)\frac{2\pi}{n}\right)\cos\left(\omega t - (n-1)\frac{2\pi}{n}\right)\Big]. \end{aligned}$$

Durch Ausmultiplizieren bringt man jedes Glied auf die Form

$$\frac{1}{2}\left[\cos\left(\frac{x}{\tau}\pi - \omega t\right) + \cos\left(\frac{x}{\tau}\pi + \omega t - 2(\nu - 1)\cdot\frac{2\pi}{n}\right)\right],$$

wobei in dem zweiten Gliede ν der Reihe nach alle ganzen Zahlen von 1 bis n durchläuft. Die Summe dieser n Glieder ist Null. Da die ersten Glieder alle gleich groß sind, wird

$$B_x = \frac{n}{2}B_m\cos\left(\frac{x}{\tau}\pi - \omega t\right). \tag{28}$$

Das durch Zusammensetzung von n Wechselfeldern entstehende Drehfeld ist $n/2$-mal so groß wie jedes Wechselfeld.

76. Energieübertragung durch das Drehfeld.

Um durch ein Drehfeld Energie zu übertragen, wird eine Maschine nach Abb. 179 am Ständer und am Läufer mit je einer Mehrphasenwicklung versehen. Eine solche Maschine ist eine Drehfeldmaschine.

Die Ständerwicklungen seien an ein Mehrphasennetz mit n_1 Phasen angeschlossen. Der Läufer stehe still und die Läuferwicklung sei zunächst noch offen.

Die Netzspannung bedingt in jedem Strang der Ständerwicklung einen Wechselfluß und die zeitlich und räumlich um je $2\pi/n_1$ gegeneinander verschobenen Felder setzen sich zu einem Drehfeld zusammen, das in einer Periode T zwei Polteilungen zurücklegt, d. h. um den p^{ten} Teil des Umfangs fortschreitet. Seine Drehzahl in der Sekunde ist daher

$$u_1 = \frac{1}{Tp} = \frac{f_1}{p}. \tag{29}$$

f_1 ist die Netzfrequenz. Das Drehfeld induziert in den n_1 Statorwicklungen je eine EMK der Bewegung, die entsprechend der räumlichen Verschiebung der Wicklungen am Umfang um $2\pi/n_1$ gegeneinander zeitlich phasenverschoben sind und bis auf den Spannungsabfall des Magnetisierungsstromes in jeder Wicklung der Phasenspannung des Netzes entgegengesetzt gleich sind.

In den Wicklungen des stillstehenden Läufers werden EMKe von gleicher Frequenz induziert. Hat die Läuferwicklung auch n_1 Stränge, so bilden die EMKe ein n_1-Phasensystem. Die EMKe im Ständer und Läufer verhalten sich wie die Windungszahlen, sie haben aber im allgemeinen verschiedene zeitliche Phasen, je nach der gegenseitigen räumlichen Lage entsprechender Wicklungen des Ständers und des Läufers.

Schließt man die Läuferwicklungen auf symmetrische Belastungswiderstände, so entsteht im Läufer ein symmetrischer n_1-Phasenstrom und die n_1 Ströme erzeugen ein Drehfeld. Damit das der Netzspannung am Ständer entsprechende Feld erhalten bleibt, nimmt der Ständer einen solchen Strom auf, daß die Summe der Durchflutungen aller Wicklungsphasen des Ständers und des Läufers die Erregung des Hauptflusses ergibt. Diese Bedingung ist die gleiche wie beim gewöhnlichen Transformator, von dem sich die Maschine nur durch die Anordnung unterscheidet, die die Ausbildung eines Drehfeldes ermöglicht. Durch diese Anordnung können primäre und sekundäre EMKe verschiedene zeitliche Phase haben, die Wirkungsweise an sich bleibt jedoch unverändert. Wir denken uns wieder den Ständerstrom (Primärstrom) zerlegt in den Magnetisierungsstrom J_a und den primären Belastungsstrom J_2'.

Die im Läufer erzeugten n_1 Wirkleistungen $n_1 E_2 J_2 \cos\psi_2$ und die Blindleistungen $n_1 E_2 J_2 \sin\psi_2$ werden durch Induktion vom Ständer auf den Läufer übertragen. Der Ständer entnimmt daher die Wirkleistung

$$n_1 E_1 J_2' \cos\psi_1 = n_1 E_2 J_2 \cos\psi_2$$

und die Blindleistung

$$n_1 E_1 J_2' \sin\psi_1 = n_1 E_2 J_2 \sin\psi_2$$

dem Netz, es muß also

$$n_1 E_2 J_2 = n_1 E_1 J_2' \quad \text{und} \quad \psi_2 = \psi_1$$

sein. Der primäre Belastungsstrom hat gegen seine EMK dieselbe Phasenverschiebung wie der sekundäre gegen die seine, gleichviel wie die gegenseitige Lage der Statorwicklungen zu den Rotorwicklungen ist.

Bei symmetrischer Belastung der Läuferwicklung (Sekundärwicklung) gilt für jede Phase der primären Wicklung das Vektordiagramm Abb. 177 des Einphasentransformators, in dem die sekundären Größen auf die primäre Windungszahl bezogen sind.

Das gleiche gilt, wenn der Läufer eine andere Phasenzahl n_2 hat als der Ständer. Dann bilden die Läuferströme ein n_2-Phasensystem und können ein Belastungssystem dieser Phasenzahl mit Strom versorgen. Dann ist

$$n_2 E_2 J_2 = n_1 E_1 J_2' \quad \text{und} \quad \psi_2 = \psi_1 .$$

Die EMKe verhalten sich wie die Windungszahlen

$$E_1 : E_2 = w_1 : w_2$$

daher ist

$$n_2 J_2 w_2 = n_1 J_2' w_1 .$$

Die Drehfeldmaschine kann also als Phasenzahlumformer verwendet werden.

Wichtiger ist ihre Anwendung als Frequenzumformer. Dreht sich der Läufer mit der sekundlichen Drehzahl u, so ist die relative Drehzahl des Drehfeldes, dessen absolute Drehzahl u_1 war, gegenüber dem Läufer

$$u_1 - u\,,$$

wobei wir u positiv bei gleichsinniger Drehung mit u_1 rechnen.

Dann ist die Frequenz der im Läufer induzierten EMKe und Ströme

$$f_2 = p\,(u_1 - u)\,. \tag{30}$$

Das Drehfeld, das die Läuferströme erzeugen, hat gegenüber der Läuferwicklung die Drehzahl

$$\frac{f_2}{p} = u_1 - u\,,$$

und da der Läufer sich mit der Drehzahl u bewegt, ist die Drehzahl des Läuferdrehfeldes im Raum wieder

$$u_1 - u + u = u_1\,.$$

Die Läuferströme wirken also auf den Ständer wie die einer ruhenden Wicklung zurück. Die Durchflutungen der Ständer- und Läuferwicklungen ergeben zusammen die Erregung des Hauptflusses. Zerlegt man wieder J_1 in den Magnetisierungsstrom J_a und den primären Belastungsstrom J_2' so ist

$$n_1 J_2' w_1 = n_2 J_2 w_2\,.$$

Hingegen verhalten sich die EMKe im Ständer und Läufer wie die Produkte aus Windungszahl und Frequenz

$$\frac{E_2}{E_1} = \frac{w_2 f_2}{w_1 f_1}\,.$$

Daher wird hier

$$n_2 E_2 J_2 = n_1 E_1 J_2' \frac{f_2}{f_1}\,. \tag{31}$$

Hier ergibt sich eine Abweichung der Energiebilanz gegenüber dem ruhenden Transformator, die für die beiden Komponenten der Scheinleistung, die Wirkleistung und die Blindleistung gilt und für diese getrennt zu betrachten ist.

Die vom Ständer aufgenommene Wirkleistung

$$N_a = n_1 E_1 J_2' \cos\psi$$

wird durch das Drehfeld auf den Läufer übertragen, sie heißt kurz Drehfeldleistung.

Die im Läufer erzeugte elektrische Leistung

$$N_e = n_2 E_2 J_2 \cos\psi$$

verhält sich nach (31) zu N_a wie die sekundäre Frequenz zur primären, oder wie die relative Drehzahl $(u_1 - u)$ zur absoluten Drehzahl u_1 des Drehfeldes

$$N_e = N_a \frac{f_2}{f_1} = N_a \frac{u_1 - u}{u_1}\,. \tag{32}$$

Die Differenz $N_a - N_e$ erscheint in einer anderen Energieform, nämlich als mechanische Leistung N_m, weil das Drehfeld auf den Läufer ein Drehmoment ausübt, sie ist

$$N_m = N_a - N_e = N_a \frac{u}{u_1}\,. \tag{33}$$

Sie verhält sich zur Drehfeldleistung wie die Drehzahl des Läufers zur Drehzahl des Drehfeldes.

Da die mechanische Leistung gleich dem Produkt aus dem Drehmoment D und der Winkelgeschwindigkeit des Läufers ist, ist das Drehmoment

$$D = \frac{N_m}{2\pi u} = \frac{N_a}{2\pi u_1}\,. \tag{34}$$

Die Drehzahl des Drehfeldes u_1 ist bei gegebener Frequenz f_1 konstant, und das Drehmoment ist proportional der Drehfeldleistung N_a. Ist N_a in Watt angegeben, so ergibt Gl. (34) das Drehmoment in Wattsekunden; durch Division durch 9,81 erhält man das Drehmoment in mkg.

Aus Gl. (32 und 34) ergibt sich

$$N_e = D 2\pi (u_1 - u)\,. \tag{35}$$

Die elektrische Leistung ist gleich dem Produkt aus dem Drehmoment und der relativen Winkelgeschwindigkeit des Läufers gegenüber dem Drehfeld.

Das Verhältnis der relativen Drehzahl $u_1 - u$ zur Drehzahl u_1 des Drehfeldes heißt die Schlüpfung

$$s = \frac{u_1 - u}{u_1} = 1 - \frac{u}{u_1}\,. \tag{36}$$

Daher ist

$$f_2 = s f_1\,, \quad (36\text{a}) \qquad N_e = s N_a\,, \quad (32\text{a}) \qquad N_m = (1 - s) N_a\,. \quad (33\text{a})$$

Es ergeben sich folgende Fälle:

1. u hat den gleichen Drehsinn wie u_1, d. h. positives Vorzeichen. Ist $u < u_1$, so ist die Schlüpfung positiv und kleiner als 1. Die elektrische Leistung ist kleiner als die Drehfeldleistung und die mechanische Leistung ist positiv, d. h. im Sinne der Läuferdrehung. Der Läufer wirkt also teils als Transformator, teils als Motor und muß durch irgendeine Belastungsmaschine mechanisch belastet werden, damit er seine Drehzahl einhält. $s = 1$, d. h. $u = 0$, entspricht dem ruhenden Läufer, die mechanische Leistung ist Null, das Drehmoment sucht den Läufer im Sinne des Drehfeldes zu beschleunigen.

Dreht sich der Läufer ebenso schnell wie das Drehfeld und gleichsinnig mit ihm, so ist $u = u_1$ und $s = 0$. Der Läufer dreht sich synchron mit dem Drehfeld, dann wird überhaupt keine EMK in ihm induziert und keine Leistung übertragen.

Ist $u > u_1$, so dreht sich der Läufer schneller als das Drehfeld, die Relativbewegung und die Schlüpfung kehren ihr Vorzeichen um, das Drehmoment wirkt bremsend, der Läufer muß durch ein Triebmaschine in Bewegung gehalten werden. Die von ihr dem Läufer zugeführte mechanische Leistung ist größer als die Drehfeldleistung, die Richtung der Energieübertragung kehrt sich um, die Maschine ist ein Generator.

2. Hat u den entgegengesetzten Sinn wie u_1, so ist die Schlüpfung größer als 1 und die Läuferfrequenz größer als die Ständerfrequenz. Das Drehmoment ist der Bewegung entgegengerichtet und der Läufer muß durch eine Triebmaschine in Bewegung gehalten werden. Die im Rotor erzeugte elektrische Leistung ist größer als die Drehfeldleistung, sie ist die Summe aus dieser und der mechanisch zugeführten Leistung. Hier wirkt die Maschine teils als Transformator und teils als Generator.

Bezüglich der Transformation der Blindleistung gilt folgendes. Wird in den Läuferkreisen eine Blindleistung

$$N_{b2} = n_2 E_2 J_2 \sin\psi = 2\omega_2 \overline{W}_m$$

verbraucht, worin $\omega_2 = 2\pi f_2$ die sekundäre Kreisfrequenz ist und $\overline{W}_m$ die mittlere magnetische Energie, so entnimmt der Läufer die pulsierende Energie dem Drehfeld, dem sie der Ständer als Primärkreis zuführt. Entsprechend seiner Frequenz entnimmt er die Blindleistung

$$N_{b1} = n_1 E_1 J_2' \sin\psi = 2\omega_1 \overline{W}_m$$

dem Netz. Die Blindleistung wird im Verhältnis der Frequenzen transformiert. Eine Drehfeldmaschine kann somit zur Umformung der Spannung, der Phasenzahl, der Frequenz und zur Umsetzung von elektrischer in mechanische Leistung und umgekehrt verwendet werden. Steinmetz bezeichnet sie als allgemeinen Transformator.

Ihre wichtigste Anwendung ist der Induktionsmotor, bei dem die Läuferwicklung in sich kurzgeschlossen ist. Die in jedem Strang erzeugte elektrische Leistung ist die Stromwärme $J_2^2 R_2$, worin R_2 der Wicklungswiderstand ist. Die Drehfeldleistung ist daher

$$N_a = n_2 J_2^2 \frac{R_2}{s}$$

und die mechanische Leistung

$$N_m = n_2 J_2^2 R_2\left(\frac{1}{s} - 1\right).$$

Bezeichnet $\mathfrak{z}_a$ wie beim Transformator mit Eisen den komplexen Erregerscheinwiderstand für eine Phase, und $\mathfrak{z}_1 = R_1 + j\omega S_1$, $\mathfrak{z}_2 = R_2 + j\omega S_2$ die Impedanzen eines Wicklungsstranges der primären und sekundären Wicklungen, wobei die sekundären Größen auf die primäre Windungszahl bezogen sind, so gelten die Transformatorgleichungen für den Induktionsmotor

$$\left.\begin{aligned} \mathfrak{P}_1 &= \mathfrak{J}_1(R_1 + j\omega S_1) + (\mathfrak{J}_1 + \mathfrak{J}_2)\mathfrak{z}_a, \\ 0 &= \mathfrak{J}_2(R_2 + j\omega s S_2) + (\mathfrak{J}_1 + \mathfrak{J}_2) s \mathfrak{z}_a, \end{aligned}\right\} \quad (37)$$

wobei die sekundären EMKe mit der Schlupffrequenz erscheinen. Dividiert man die zweite Gleichung durch die Schlüpfung s, so ist

$$0 = \mathfrak{J}_2\left(\frac{R_2}{s} + j\omega S_2\right) + (\mathfrak{J}_1 + \mathfrak{J}_2)\mathfrak{z}_a. \quad (37\text{a})$$

Hieraus folgt wieder, daß der Induktionsmotor sich verhält wie ein ruhender Transformator, bei dem an Stelle der mechanischen Belastung des Motors ein Ohmscher Widerstand

$$\left(\frac{R_2}{s} - R_2\right) = R_2\left[\frac{1}{s} - 1\right]$$

die Belastung darstellt.

77. Das Arbeitsdiagramm des Mehrphasen-Induktionsmotors.

Da die Gleichungen des Induktionsmotors auf die linearen Beziehungen des Übertragungskreises mit induktionsfreier Belastung zurückführen, ist der Ort des Stromvektors bei konstanter Klemmenspannung nach Kap. VII, § 40 ein Kreis.

Bei Leerlauf ist der Belastungswiderstand unendlich groß, hier ist

$$R_2\left(\frac{1}{s} - 1\right) = \infty,$$

also die Schlüpfung $s = 0$, dabei läuft der Motor synchron mit dem Drehfeld, im Läufer wird kein Strom induziert und das Drehmoment ist Null. Die synchrone Drehzahl ist die, der ein unbelasteter Motor zustrebt. Wird er belastet, so schlüpft er so viel, daß der dabei induzierte Läuferstrom mit dem Drehfeld ein Drehmoment bildet, das genau entgegengesetzt gleich dem Belastungsmoment ist.

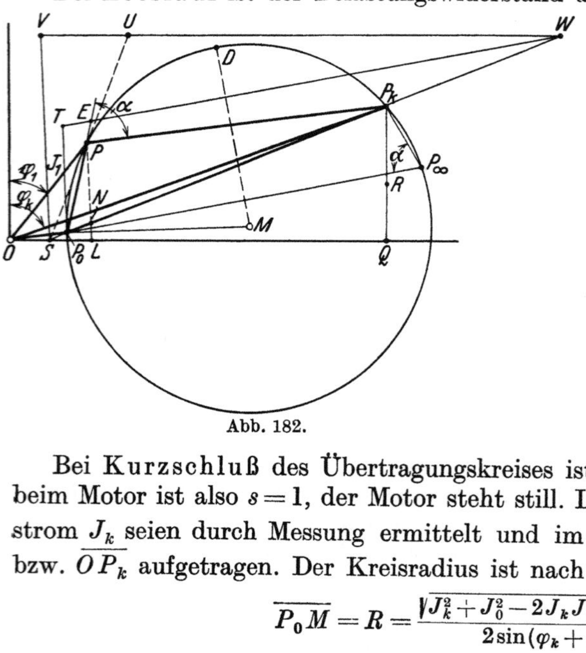

Abb. 182.

Bei Kurzschluß des Übertragungskreises ist der Belastungswiderstand Null, beim Motor ist also $s = 1$, der Motor steht still. Leerlaufstrom J_0 und Kurzschlußstrom J_k seien durch Messung ermittelt und im Diagramm Abb. 182 gleich $\overline{OP_0}$ bzw. $\overline{OP_k}$ aufgetragen. Der Kreisradius ist nach Kap. VII, Gl. (57) für $\varphi_2 = 0$

$$\overline{P_0 M} = R = \frac{\sqrt{J_k^2 + J_0^2 - 2 J_k J_0 \cos(\varphi_k - \varphi_0)}}{2\sin(\varphi_k + \gamma_k - \gamma_0)}, \quad (38)$$

oder, da $\varphi_k - \varphi_0$ meist ein kleiner Winkel und $\gamma_k - \gamma_0 \cong 0$ ist,

$$R \cong \frac{J_k - J_0\cos(\varphi_k - \varphi_0)}{2\sin\varphi_k}. \quad (38\text{a})$$

Er ist gegen die Abszissenachse nach S. 68 um $2\gamma_0$ nach vorwärts gedreht. Für $\gamma_k - \gamma_0 = 0$ ist auch $2\gamma_0 = \gamma_0 + \gamma_k = \sphericalangle P_0 P_k 0$. Die Ordinate des Kreismittelpunktes ist

$$y_0 = J_0 \cos\varphi_0 + R \sin 2\gamma_0 .$$

Hierin berechnet sich γ_0 aus dem Spannungsverhältnis bei Leerlauf. Beim Transformator ist die sekundäre Leerlaufspannung $J_0 \mathfrak{z}_a$ und die primäre Spannung $J_0(\mathfrak{z}_1 + \mathfrak{z}_a)$, der Winkel zwischen beiden ist sehr angenähert

$$\gamma_0 = \operatorname{arctg} \frac{J_0 R_1}{P_1}$$

und da dies ein sehr kleiner Winkel ist, kann man den sinus und den tangens gleich dem Bogen setzen. Dann ist

$$y_0 \cong J_0 \cos\varphi_0 + \frac{J_0 (J_k - J_0 \cos(\varphi_k - \varphi_0)) R_1}{P_1 \sin\varphi_k} . \tag{39}$$

Das Arbeitsgebiet als Motor von Stillstand bis zum synchronen Lauf umfaßt den oberen Kreisbogen $P_k P P_0$. Die Vektoren $\overline{OP}$ sind die Primärströme J_1, die Vektoren $\overline{P_0 P}$ sind den sekundären Strömen proportional, $\overline{P_0 P} = J_2 / C_0$.

Leistungen und Wirkungsgrad. Die Ordinaten der Kreispunkte P sind die primär aufgenommenen Leistungen N_1. Die Abszissenachse ist wie immer die Gerade der primären Leistung. Die sekundär abgegebene Leistung N_2 ist hier die mechanische Leistung des Motors. Nach Kap. VII, § 40 wird sie für $\varphi_2 = 0$ im gleichen Maßstab wie N_1 durch den Abstand $\overline{PN}$ des Kreispunktes von $\overline{P_0 P_k}$ gemessen, wobei $\overline{PN}$ senkrecht auf dem Radius $\overline{P_0 M_0}$ steht. $\overline{P_0 P_k}$ ist daher die Gerade der mechanisch abgegebenen Leistung. Sie schneidet den Kreis in den beiden Punkten, bei denen diese Leistung Null ist, bei Leerlauf (P_0) ist das Drehmoment Null und bei Kurzschluß (P_k) ist die Drehzahl Null. Die Verlustlinie geht nach Kap. III, S. 38 durch den Schnittpunkt S der beiden Leistungslinien. Ihre Richtung findet man aus dem dort bewiesenen Satz, daß zwei Leistungen in gleichem Maßstab erscheinen, wenn sie durch solche Abstände von den beiden Leistungslinien gemessen werden, die in die Richtung der dritten fallen. Nun sind die Richtungen, in denen hier N_1 und N_2 im gleichen Maßstab erscheinen, um den kleinen Winkel $2\gamma_0$ verschoben. Ist L der Schnittpunkt von $\overline{PN}$ mit der Abszissenachse, so ist $\overline{PL} = N_1 : \cos 2\gamma_0$ und praktisch gleich N_1. Daher kann man die Verlustlinie $\overline{SV}$ durch Punkt S parallel zur Kreistangente in P_0 legen und zur bequemen Darstellung des Wirkungsgrades die Parallel $\overline{VW}$ zur Abszissenachse zwischen der Verlustgeraden und der Geraden der Nutzleistung $\overline{P_0 P_k}$ ziehen. Ein Strahl von S nach dem Kreispunkt P schneidet $\overline{VW}$ in U, und es verhalten sich die Abstände $\overline{UV}$ und $\overline{UW}$ wie der Verlust zur Nutzleistung, oder $\overline{UW}$ zu $\overline{VW}$ wie $N_2 : N_1/\cos 2\gamma_0 = \eta/\cos 2\gamma_0$.

Drehmoment und Schlüpfung. Das Drehmoment des Motors ist proportional der Drehfeldleistung

$$N_a = J_2^2 \frac{R_2}{s} .$$

Da J_2 proportional den Abständen der Kreispunkte P von P_0 ist, wird auch diese Leistung durch die Abstände von einer Geraden der Drehmomentlinie gemessen. Sie schneidet den Kreis in den beiden Punkten, bei denen $N_a = 0$ ist. Sie geht also durch P_0, denn hier ist $J_2 = 0$, und zweitens durch einen Punkt P_∞, für den $s = \infty$ ist. Bei unendlich großer Läuferfrequenz ist J_2 genau um 90^0 gegen die EMK verspätet. Dieser Kreispunkt wird wie folgt gefunden. Es ist

$$\overline{P_0 P} = \frac{J_2}{C_0} \quad \text{und} \quad \overline{P P_k} = \frac{P_2}{z_k C_k} = \frac{J_2 R_2}{z_k C_k} \left(\frac{1}{s} - 1 \right).$$

für $C_0 = C_k$ wird

$$\frac{\overline{P P_k}}{\overline{P_0 P}} = \frac{R_2}{z_k} \left(\frac{1}{s} - 1 \right).$$

Dabei ist $\sphericalangle\alpha$ zwischen $\overline{P_0P}$ und $\overline{PP_k}$ für $\varphi_2=0$ und $\gamma_0\cong\gamma_k$ gleich φ_k. Für P_∞ muß daher sein

$$-\frac{\overline{P_\infty P_k}}{\overline{P_0P_\infty}}=\frac{\overline{P_kP_\infty}}{\overline{P_0P_\infty}}=\frac{R_2}{z_k}.$$

Die Ordinate des Kurzschlußpunktes ist

$$\overline{P_kQ}=\overline{OP_k}\cos\varphi_k=\overline{OP_k}\frac{R_k}{z_k}.$$

Diese Größen sind aus der Kurzschlußmessung bekannt, ebenso ist der Läuferwiderstand R_2 durch Messung oder Rechnung bekannt. Macht man daher $\overline{P_kR}:\overline{P_kQ}=R_2:R_k$ so ist

$$\overline{P_kR}:\overline{OP_k}=R_2:z_k.$$

Dieses Verhältnis soll zwischen $\overline{P_kP_\infty}$ und $\overline{P_0P_\infty}$ bestehen. Da nun $\sphericalangle P_kP_\infty P_0=\alpha=\varphi_k$ und auch $\sphericalangle OP_kR=\varphi_k$ ist, hat man $\Delta P_kP_0P_\infty\sim\Delta ROP_k$ zu machen, indem man $\sphericalangle P_kP_0P_\infty=\sphericalangle ROP_k$ an $\overline{P_kP_0}$ anträgt um P_∞ zu finden.

Da nun die Abstände der Kreispunkte P_k von der Drehmomentlinie die Drehfeldleistung $J_2^2R_2/s$ darstellen, ergibt sich die Schlüpfung wie folgt. Die Stromwärme im Läufer ist $N_v=J_2^2R_2$. Da J_2 durch $\overline{P_0P}$ gemessen wird, ist die Verlustlinie, die allgemein die Halbpolare ist (s. Kap. III, S. 37), hier, da P_0 auf dem Kreis liegt, die Tangente in P_0. Die Abstände der Kreispunkte von der Tangente in P_0 stellen also $J_2^2R_2$ dar. Nach Abzug dieser Leistung von der Drehfeldleistung bleibt die mechanische Leistung, die durch die Abstände der Kreispunkte von $\overline{P_0P_k}$ gemessen wird. Diese drei Leistungsgeraden schneiden sich im Punkte P_0. Zieht man daher zwischen Verlustlinie $\overline{P_0T}$ und Leistungslinie $\overline{P_0P_k}$ die Parallele $\overline{TW}$ zur Drehmomentlinie, so teilt ein Strahl $\overline{P_0P}$ die Strecke $\overline{TW}$ in E so, daß $\overline{TE}$ zu $\overline{EW}$ sich verhält wie der Verlust zur Nutzleistung, oder $\overline{TE}$ zu $\overline{TW}$ wie der Verlust zur Drehfeldleistung

$$\overline{TE}:\overline{TW}=J_2^2R_2:J_2^2\frac{R_2}{s}=s:1.$$

Das größte Drehmoment entspricht dem Punkt D auf dem Lot $\overline{MD}$ auf der Drehmomentlinie. Dieser Punkt teilt das Arbeitsgebiet des Motors in zwei Teile. Von P_0 bis D nimmt das Drehmoment bei wachsender Schlüpfung zu, hier ist der Betrieb stabil. Von D bis P_k nimmt das Drehmoment mit wachsender Schlüpfung ab, der Betrieb ist labil. Wird der Motor stärker belastet als Punkt D entspricht, so nimmt die Schlüpfung bis zum Stillstand zu, der Motor fällt außer Tritt.

Ebenso wie man die mechanische Belastung des Motors durch eine gedachte elektrische ersetzt, kann man sie auch durch eine wirkliche elektrische ersetzen, ohne daß sich an der Stromaufnahme und dem Drehmoment etwas ändert. Hierzu schaltet man in den Läufer einen Vorschaltwiderstand über Schleifringe und Bürsten. Ist er für eine Phase gleich $R_2\left(\frac{1}{s}-1\right)$, so hat der Motor bei Stillstand dasselbe Drehmoment und denselben Strom wie beim Lauf bei der Schlüpfung s ohne Vorschaltwiderstand. Durch Abstufung der Widerstände kann der Motor beim Anlauf alle Drehmomente entwickeln, die im Bereich von Stillstand bis Synchronismus bei kurzgeschlossenem Läufer möglich sind. Im Gebiet $\overline{P_kP_\infty}$ ist, d. h. von $s=1$ bis $s=\infty$ wird dem Motor elektrische Leistung zugeführt, die mechanische Leistung ist aber negativ, d. h. sie wird dem Läufer zugeführt. Hier arbeitet die Maschine als Bremse und setzt die elektrische und mechanisch zugeführte Leistung in Wärme im Läufer um. Der unterhalb der Abszissenachse liegende Teil des Kreises entspricht negativer, d. h. an das Netz abgegebener elektrischer Leistung. Die Schlüpfung ist dabei negativ, der Läufer dreht sich schneller als das Drehfeld. Hier arbeitet die Maschine als Generator. Dabei nimmt sie Blindleistung zur Erregung ihres Feldes aus dem Netz auf, ein solcher „asynchroner Generator“ kann also nicht selbständig arbeiten. Neuerdings verwendet man sog. Drehfeldergermaschinen, mittels derer man dem Läufer den Erregerstrom mit der Schlupffrequenz zuführt. Die dabei aufzuwendende Blindleistung verhält sich zu der bei kurzgeschlossenem Läufer primär aufgenommenen Blindleistung wie die Schlupffrequenz zur Netzfrequenz. Ein solcher fremderregter asynchroner Generator kann daher selbständig arbeiten, seine Frequenz hängt von der Drehzahl und der Frequenz des Erregerstromes ab.

In Abb. 183 sind für den Motor die aus dem Diagramm ermittelten Werte des Stromes J, des Leistungsfaktors $\cos\varphi$, des Wirkungsgrades η und der Schlüpfung als Funktion der Belastung N_2 bis zur maximalen Leistung aufgetragen. Der Strom ist in Prozenten des Kurzschlußstromes dargestellt.

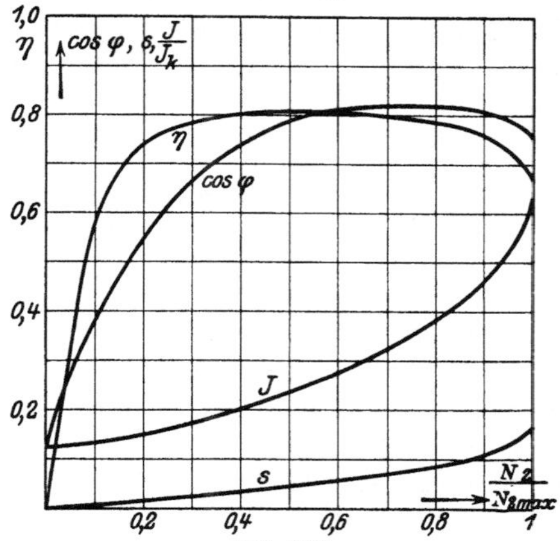

Abb. 183.

Analog könnte man die Kurven für das unstabile Gebiet und ferner für die Arbeitsweise als Generator auftragen.

Das Kreisdiagramm des Induktionsmotors wurde zuerst von Heyland[1] in vereinfachter Form, das hier abgeleitete exakte Diagramm von Ossanna[2] angegeben.

78. Reihenschaltung eines Kondensators und einer Drosselspule mit Eisen.

In einem Stromkreis, der einen Kondensator in Reihe mit einer Drosselspule mit Eisen enthält, ist die Umlaufspannung

$$R i + \frac{q}{C} - p_m \sin\omega t = -\frac{d\Psi}{dt} \quad \text{und} \quad i = \frac{dq}{dt}. \tag{40}$$

Hierin ist $\Psi = f(i)$ durch die Hysteresisschleife dargestellt. Eine genaue Lösung würde die analytische Darstellung der Hysteresisschleife oder eine punktweise Integration erforden. Angenähert kann das Verhalten und die wesentlichen Unterschiede gegenüber dem Schwingungskreis mit konstanter Induktivität (Kap. II, § 9) für die Effektivwerte ermittelt werden, wenn man zunächst die Verluste vernachlässigt und für den verzerrten Strom den äquivalenten Sinusstrom einführt.

Resonanzfrequenzen. In Abb. 184 stellt die gekrümmte Magnetisierungskurve der Spule $\Psi = f(J)$ den Zusammenhang zwischen Flußwindungen und Strom dar. Die Spannung der verlustfrei gedachten Spule ist $P_s = \Psi\omega$, während zu dem Strom J die Kondensatorspannung $P_c = \frac{J}{\omega C}$ gehört. Diese Spannungen sind gleich groß, wenn

$$\omega = \sqrt{\frac{J}{\Psi C}} \tag{41}$$

ist. Diese Gleichung tritt also an Stelle von

$$\omega = \frac{1}{\sqrt{LC}}$$

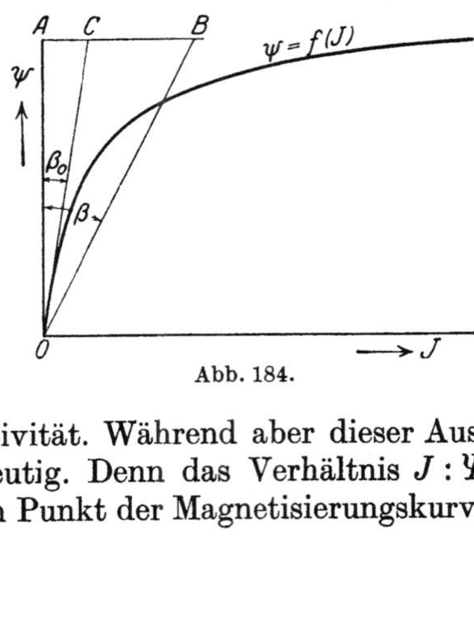

Abb. 184.

für den Schwingungskreis mit konstanter Induktivität. Während aber dieser Ausdruck eindeutig ist, ist Gl. (41) unendlich vieldeutig. Denn das Verhältnis $J : \Psi$ wird in Abb. 184 durch $\operatorname{tg}\beta$ dargestellt, und jedem Punkt der Magnetisierungskurve

[1] ETZ 1894. [2] Z. Elektrot. 1899.

entspricht ein anderer Wert von $\operatorname{tg}\beta$. Daher gibt es zu einer bestimmten Kapazität C zu jedem Punkt der Magnetisierungskurve eine andere Frequenz, bei der die Blindleistungen von Spule und Kondensator gleich groß sind, angefangen von einer kleinsten Frequenz ω_0, der die Anfangstangente an die Magnetisierungskurve mit dem Neigungswinkel β_0 entspricht. Zu jeder Frequenz gehört ein bestimmter Strom und eine bestimmte Spannung an Spule und Kondensator

$$P_s = P_c = \Psi\omega = \sqrt{\frac{J\Psi}{C}}.$$

Man kann daher den Zusammenhang zwischen den Spannungen, Strömen und Frequenzen leicht ermitteln, da einerseits für $C = \text{konst.}$

$$\omega : \omega_0 = \sqrt{\operatorname{tg}\beta} : \sqrt{\operatorname{tg}\beta_0} = \sqrt{AB} : \sqrt{AC}$$

ist, andrerseits die Spannung stets proportional $\sqrt{J\Psi}$, also der Seite eines mit dem aus J und Ψ gebildeten Rechteck flächengleichen Quadrates ist. In Abb. 185 ist dieser Zusammenhang zwischen ω, J und P dargestellt.

Das Verhalten bei konstanter Netzfrequenz. Bei konstanter Netzfrequenz wird die Spannung der Spule $P_s = f(J)$ durch die Magnetisierungskurve Abb. 186 dargestellt, und die Kondensatorspannung $P_c = f(J) = J/\omega C$ durch eine Gerade. Da die beiden Spannungen in Gegenphase schwingen, ist ihre Differenz die Netzspannung P. Diese Differenz ist als dritte Kurve $P = f(J)$ in Abb. 186 eingetragen; sie hat teils positive, teils negative Ordinaten. Den positiven Ordinaten entspricht $P_s > P_c$, d. h. ein vorwiegend induktiver Stromkreis, bei dem der Strom gegen die Netzspannung um ¼ Periode verzögert ist, bei den negativen Ordinaten ist $P_c > P_s$, der Stromkreis ist vorwiegend kapazitiv und die Klemmenspannung ist gegen den Strom um ¼ Periode verzögert. Man kann also Ordinaten und Abzissen der Kurve $P = f(J)$ als Zeitdiagramm auffassen. Zu einer bestimmten Klemmenspannung P gibt es im allgemeinen drei mögliche Betriebszustände, die durch die 3 Punkte P_1, P_2, P_3 auf der Kurve $P = f(J)$ bezeichnet sind und die alle dieselbe Ordinate P haben; bei P_1 und P_2 ist der Strom gegen die Spannung verspätet, bei P_3 voreilend. Von diesen möglichen Betriebszuständen ist der mittlere P_2 unstabil, da mit zunehmendem Strom die Klemmenspannung kleiner werden müßte. Dies bedeutet nämlich, daß wenn durch Zunahme oder Abnahme des Stromes eine kleine Abweichung von Punkt P_2 eintreten würde, die von dem System verbrauchte Blindleistung sich langsamer änderte als die vom Netz bei der gegebenen Spannung gelieferte Blindleistung; daher wird bei einer Abnahme des Stromes sich sofort der Zustand des Punktes P_1 einstellen, oder bei einer Zunahme des Stromes der Punkt P_3.

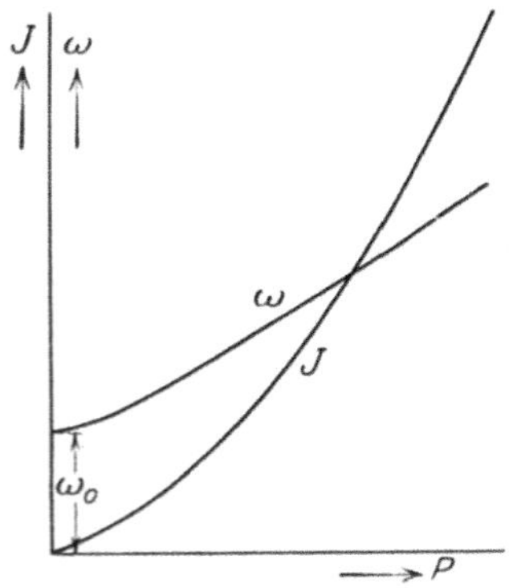

Abb. 185.

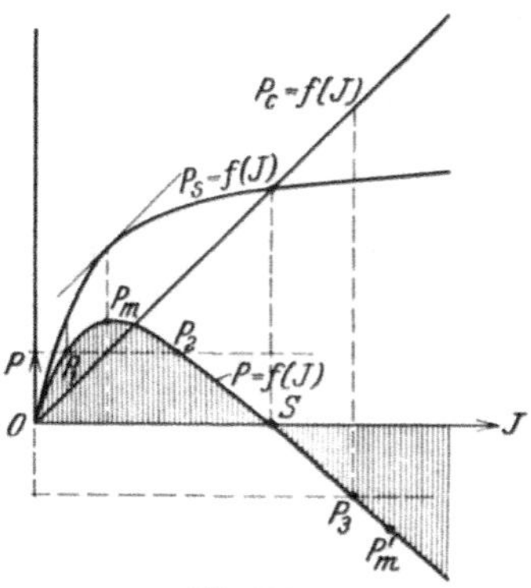

Abb. 186.

Nun gibt es eine Grenzspannung, die durch den Punkt P_m gekennzeichnet ist, bis zu der ein Betrieb mit verspätetem Strom überhaupt nur möglich ist. Bei größeren Spannungen ist nur noch ein Betrieb mit voreilendem Strom möglich; das Stück $P_m - S$ der Charakteristik ist stets labil. Die Grenzspannung tritt dort auf, wo die Tangente an die Magnetisierungskurve der Kondensatorgeraden parallel liegt.

$$\omega \frac{d\Psi}{dJ} = \frac{1}{C\omega}.$$

Je kleiner die Kapazität ist, um so steiler liegt die Kapazitätsgerade, um so kleiner die Grenzspannung. Läßt man die Netzspannung von Null anfangend bei konstanter Frequenz wachsen, so nimmt der Strom zu, und es wird der Bogen OP_1P_m durchlaufen, bei weiterer Spannungssteigerung über die Grenzspannung wächst der Strom plötzlich auf den der negativen Ordinate P'_m entsprechenden Wert, wobei die Spannungen an Spule und Kondensator unter sprunghafter Änderung ihrer Größe ihre Phasenlage gegenüber der Netzspannung vertauschen. Dies ist in Abb. 187 dargestellt. Bei weiterer Steigerung ändert sich die Drosselspulenspannung nur wenig, während die Kondensatorspannung nun sehr stark ansteigt. Geht man mit der Netzspannung wieder zurück, so bleibt der Zustand auch noch zwischen P'_m und S so lange stabil, wie die Verluste vom Netz gedeckt werden können.

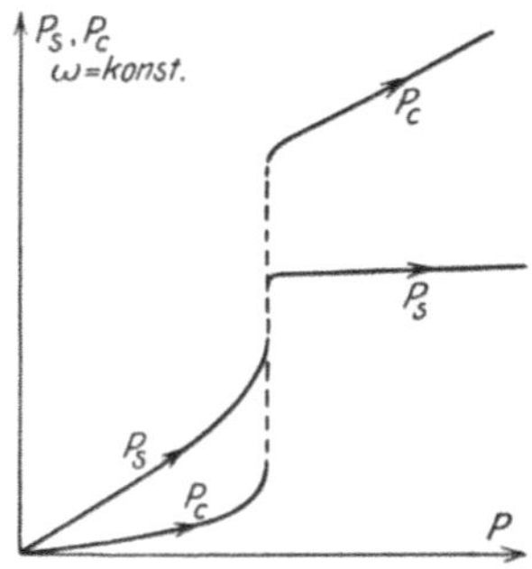

Abb. 187.

Überspannungen bei einpoliger Unterbrechung. In Leitungsnetzen sind Kondensatoren nicht mit Induktivitäten in Reihe geschaltet; eine solche Schaltung kann aber bei einpoliger Unterbrechung entstehen. Abb. 188 stellt einen Fall dar, bei dem recht hohe Überspannungen entstehen können. T ist ein Transformator am Ende einer Leitung. Bei a ist die Leitung gebrochen und einpolig geerdet. Der Magnetisierungsstrom des Transformators schließt sich über die Erdkapazität des ungeerdeten Teils der gebrochenen Leitung, die durch einen Kondensator C dargestellt ist. Ist die Netzspannung größer als die Grenzspannung, so stellt sich die Gleichgewichtslage mit voreilendem Strom ein, die Transformatorspannung ändert ihre Phasenlage gegen die Netzspannung um nahezu 180°. Man bezeichnet dies als Kippen der Spannung. An der Leitung tritt eine hohe Überspannung gegen Erde ein, die u. U. nur durch die Eisensättigung im Transformator begrenzt ist. Ist die Induktion im Transformatorkern im normalen Betrieb etwa 13000 Gauß, so kann sie auf fast den doppelten Betrag steigen. Am Transformator besteht dann etwa die doppelte Netzspannung, während die Leitung gegen Erde fast die dreifache Netzspannung annimmt. Bei einem Dreiphasentransformator kann das Kippen einer Phasenspannung zur Folge haben, daß die 3 Phasenspannungen sich nicht mehr um 120° folgen, sondern um etwa 60°, die zeitliche Reihenfolge der 3 Spannungen ist dann vertauscht und Motoren kleiner Leistung, die an den Transformator angeschlossen sind, können ihre Drehrichtung umkehren[1].

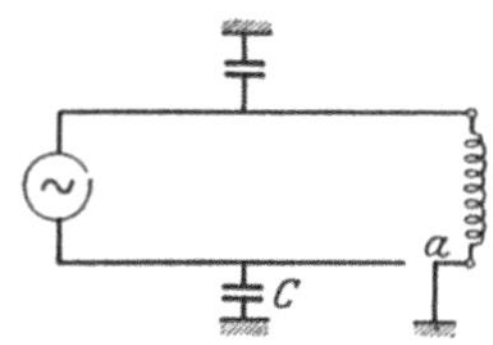

Abb. 188.

Einfluß der Verluste. Sind die Verluste nicht zu vernachlässigen, sondern sind größere Widerstände in den Stromkreis geschaltet, so kann deren Einfluß nach Abb. 189 beurteilt werden. Da der Ohmsche Spannungsabfall dem Strom proportional ist, wird die resultierende Netzspannung P nicht mehr durch die Ordinatendifferenz der Charakteristiken $P_s = f(J)$ und $P_c = f(J)$ gemessen, sondern es tritt die Wirkspannung als Abszissendifferenz der Kondensatorcharakteristik und der Widerstandsgeraden $\overline{OR}$ hinzu. In Abb. 189 sind zu 3 Strömen J_1, J_2, J_3 die zugehörigen Netzspannungen P_1, P_2, P_3 eingezeichnet. Es zeigt sich daß die Verluste besonders im Gebiet des voreilenden Stromes einen wesentlichen Einfluß gewinnen. Daher werden die Kippüberspannungen durch die Widerstände und durch die Wirklast des Transformators, die ähnlich wirkt, gemildert.

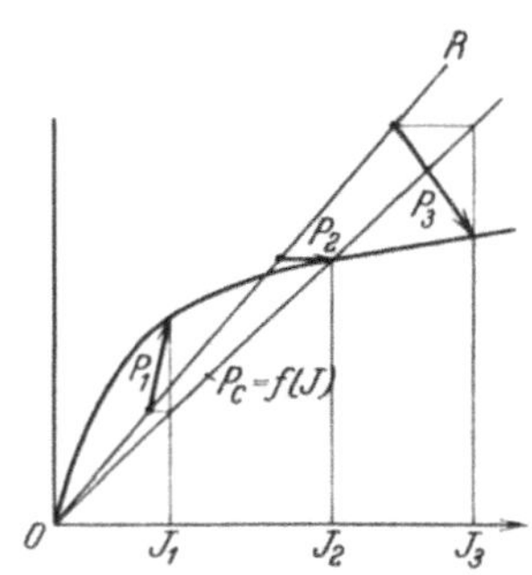

Abb. 189.

[1] Petersen: ETZ 1915.

Verhalten bei konstanter Klemmenspannung und veränderlicher Frequenz. Das Diagramm Abb. 186 gilt zunächst für konstante Frequenz ω. Bei einer anderen Frequenz ω', werde der Maßstab der Spannungen so geändert, daß die Charakteristik der Drosselspule unverändert bleibt; dann sind die Ordinaten, welche die Netzspannung darstellen, mit dem Verhältnis $\omega : \omega'$ zu multiplizieren, die Ordinaten der Kondensatorcharakteristik mit $\omega^2 : \omega'^2$. Bei kleinen Frequenzen liegt die Gerade $P_c = f(J)$ steil, bei hohen flach. Daher ist bei kleinen Frequenzen nur der Betriebszustand mit voreilendem Strom möglich und die Kondensatorspannung ist fast gleich der Netzspannung, die Spulenspannung ist sehr klein. Mit steigender Frequenz wachsen P_c und P_s, bis bei einer bestimmten Frequenz die Netzspannung gleich der Grenzspannung wird, dann tritt das Kippen auf den Betriebszustand mit verspätetem Strom ein. J, P_c und P_s fallen plötzlich ab. Die Frequenz, bei der das Kippen eintritt, hängt von der Klemmenspannung ab. Je größer sie ist, um so höher liegt die kritische Frequenz. Abb. 190 zeigt zwei charakterische Kurven $P_s = f(\omega)$, und zwar gilt P_{s1} für niedere Klemmenspannung, P_{s2} für große bei derselben Kapazität; die erste zeigt das Abfallen der Spannung, die zweite nicht. Bei Betrieb mit voreilendem Strom ändert sich P_s bei gegebener Klemmenspannung nahezu linear mit der Frequenz. Andrerseits war bei konstanter Frequenz und veränderlicher Klemmenspannung nach Abb. 187 P_s nahezu konstant. Diese Eigenschaften hat Martienssen[1], der diese Zusammenhänge zuerst gezeigt hat, zur Konstruktion eines Frequenzmessers verwendet.

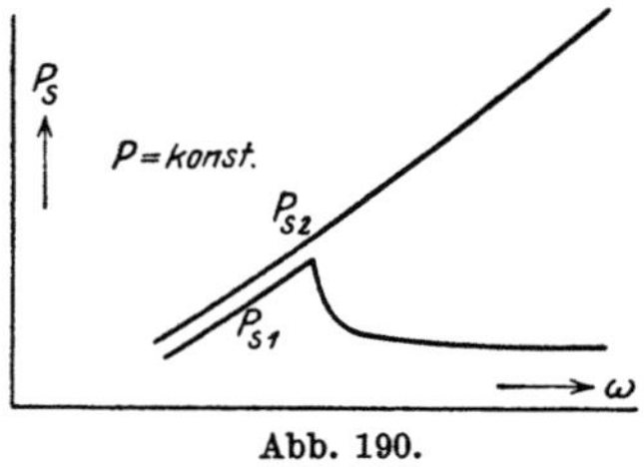

Abb. 190.

XII. Leitungen mit verteilter Selbstinduktion und Kapazität.

79. Die Leitungskonstanten.

Bisher wurden die Elemente der Arbeitsübertragung, wie Leitungen, Spulen von Transformatoren und Maschinen als Träger eines magnetischen Feldes betrachtet und deren elektrisches Feld im Dielektrikum vernachlässigt. Dies ist zulässig, wenn Spannung und Frequenz so niedrig sind, daß die Verschiebungsströme gegen die Leitungsströme verschwindend klein sind. Bei hohen Spannungen in der Starkstromtechnik und bei den hohen Frequenzen der Schwachstromtechnik trifft dies nicht mehr zu. Die vom elektrischen Wechselfeld bedingten Verschiebungsströme verlaufen zwischen den Leiteroberflächen und zwischen diesen und Erde. Je größer die Längsausdehnung der Leiteranordnungen, wie Kabel, Fernleitungen, Wicklungen usw. ist, um so größer wird die Summe der Verschiebungsströme. Im Leiter setzen sich die Verschiebungsströme als Leiterströme fort. Diese sind daher im allgemeinen nicht stationär, ihre Größe ist in jedem Leiterquerschnitt eine andere. Das magnetische Wechselfeld, das die von den Leitern gebildeten Schleifen durchsetzt, bedingt, daß die Umlaufspannung über einen beliebigen Teil des Stromkreises von Null verschieden ist. Die Spannung von Leiter zu Leiter und von Leiter nach Erde ist also auch an jedem Teil einer solchen Leiteranordnung eine andere.

Das elektrische Wechselfeld, das der Spannung proportional ist, bedingt somit eine Änderung des Leiterstromes, und das magnetische Wechselfeld, das dem Leiterstrom proportional ist (da wir von der magnetischen Wirkung der Verschiebungsströme absehen), bedingt die Änderung der Spannung. Infolge der Wechselwirkung ändern sich beide stetig.

[1] ETZ 1910, S. 204.

Mit der Ausbildung der Wechselfelder sind gewisse Verluste verbunden. Der Strom ruft Verluste durch Stromwärme im Leiter, das magnetische Feld Wirbelstromwärme teils im Leiter — Skineffekt — teils in benachbarten Leitern hervor, z. B. im Bleimantel von Einleiterkabeln. Das elektrische Feld bedingt Verluste im Dielektrikum, die von der Höhe der Spannung abhängen und als dielektrische Hysteresis bezeichnet werden; von der Spannung hängt ferner der Verlust durch unvollkommene Isolation ab. Bei Freileitungen für hohe Spannungen entstehen Entladungen durch die Luft, die sich z. T. sichtbar als Glimmerscheinung, die sog. Korona äußern. Diese Verluste bezeichnet man zusammenfassend als Ableitungsverluste.

Es sind nun die folgenden vier Grundgrößen zu berücksichtigen:

Die Energie des elektrischen Feldes ist $\frac{1}{2}p^2 C$, worin C die Kapazität ist.

Den Energieverlust in der Zeiteinheit durch Ableitung setzt man $p^2 A$ und bezeichnet A als Ableitung.

Die Energie des magnetischen Feldes ist $\frac{1}{2}i^2 L$, worin L die Induktivität ist.

Der vom Strom abhängige Energieverlust in der Zeiteinheit ist $i^2 R$, worin R den Wirkwiderstand bezeichnet.

Infolge der Veränderlichkeit von Strom und Spannung ist jedem Element der Leitung ein Anteil an den vier Konstanten C, A, L, R zuzuordnen. Dabei bezieht man die Konstanten selbst auf 1 km als Längeneinheit.

80. Strom- und Spannungsgleichung.

Als einfachstes Beispiel eines Stromkreises mit verteilter Selbstinduktion und Kapazität betrachten wir die Doppelleitung Abb. 191 von der Länge l. Für ein Element der Schleife von der Länge dx sei p die Spannung zwischen den Leitern im Abstand x vom Leitungsanfang, im Abstand $x + dx$ ist sie $p + \frac{\partial x}{\partial p} dx$. Das Schleifenelement habe die Induktivität $L dx$ und den Widerstand $R dx$, der Strom sei i. Dann ist die Umlaufspannung

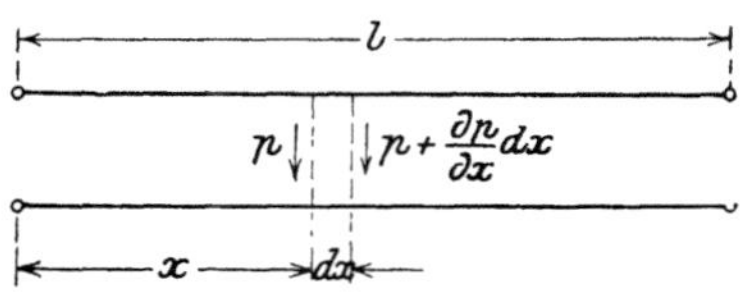

Abb. 191.

$$R dx\, i + \left(p + \frac{\partial p}{\partial x} dx\right) - p = -L dx \frac{\partial i}{\partial t}$$

oder

$$-\frac{\partial p}{\partial x} = R i + L \frac{\partial i}{\partial t}. \qquad (1)$$

Der in das Element eintretende Leitungsstrom am Punkte x ist i, der am Punkte $x + dx$ austretende Leitungsstrom $i + \frac{\partial i}{\partial x} dx$; in das Dielektrikum tritt auf dem Längenelement dx der Verschiebungsstrom $C dx \frac{\partial p}{\partial t}$ und der Ableitungsstrom $A dx p$. Die Summe der vier Ströme ist Null.

$$i - \left(i + \frac{\partial i}{\partial x} dx\right) - A dx p - C dx \frac{\partial p}{\partial t} = 0$$

oder

$$-\frac{\partial i}{\partial x} = A p + C \frac{\partial p}{\partial t}. \qquad (2)$$

Gl. (1) und (2) sind die Differentialgleichungen für die räumliche und zeitliche Änderung von Strom und Spannung.

Für stationäre einwellige Schwingungen können die Gleichungen für die Effektivwerte mit $j\omega$ anstatt $\partial/\partial t$ geschrieben werden

$$-\frac{d\mathfrak{P}}{dx} = (R + j\omega L)\mathfrak{J}, \qquad (3)$$

$$-\frac{d\mathfrak{J}}{dx} = (A + j\omega C)\mathfrak{P}. \qquad (4)$$

Durch Differentiation nach x wird

$$-\frac{d^2\mathfrak{P}}{dx^2} = (R + j\omega L)\frac{d\mathfrak{J}}{dx}, \quad (5) \qquad -\frac{d^2\mathfrak{J}}{dx^2} = (A + j\omega C)\frac{d\mathfrak{P}}{dx} \quad (6)$$

und wenn Gl. (3) und (4) eingesetzt werden

$$\frac{d^2\mathfrak{P}}{dx^2} = (R + j\omega L)(A + j\omega C)\mathfrak{P}, \quad (7) \qquad \frac{d^2\mathfrak{J}}{dx^2} = (R + j\omega L)(A + j\omega C)\mathfrak{J}. \quad (8)$$

Diese Gleichungen sind von gleicher Form. Die Strom- und die Spannungsverteilung längs der Leitung sind von gleicher Art und unterscheiden sich nur durch Konstante. Eine Lösung von (7) ist

$$\mathfrak{P} = \mathfrak{A} e^{\nu x}, \quad (9)$$

worin $e = 2{,}71828\ldots$ die Basis der natürlichen Logarithmen ist. Durch zweimalige Differentiation wird

$$\frac{d^2\mathfrak{P}}{dx^2} = \nu^2 \mathfrak{A} e^{\nu x} = \nu^2 \mathfrak{P}, \quad (10)$$

somit nach (7)

$$\nu = \pm\sqrt{(R + j\omega L)(A + j\omega C)} \quad (11)$$

und die vollständige Lösung von (7) besteht aus zwei Teilen

$$\mathfrak{P} = \mathfrak{A}_1 e^{\nu x} + \mathfrak{A}_2 e^{-\nu x}. \quad (12)$$

Nach (3) und (12) ist

$$\mathfrak{J} = -\frac{1}{R + j\omega L}\frac{d\mathfrak{P}}{dx} = \sqrt{\frac{A + j\omega C}{R + j\omega L}}(\mathfrak{A}_2 e^{-\nu x} - \mathfrak{A}_1 e^{\nu x}). \quad (13)$$

Die Integrationskonstanten $\mathfrak{A}_1$ und $\mathfrak{A}_2$ sind Spannungsvektoren, ihr besonderer Wert ergibt sich aus den jeweiligen Grenzbedingungen. ν ist eine komplexe Zahl

$$\nu = a + jb$$

Nach Gl. (11) ist

$$\nu^2 = (a + jb)^2 = (R + j\omega L)(A + j\omega C)$$
$$= a^2 - b^2 + 2jab = (RA - \omega^2 LC) + j\omega(AL + RC).$$

Durch Gleichsetzen der reellen und der imaginären Teile wird

$$a^2 - b^2 = RA - \omega^2 LC, \qquad 2ab = \omega(AL + RC). \quad (14)$$

Quadriert und addiert man, so ist

$$(a^2 + b^2)^2 = (R^2 + \omega^2 L^2)(A^2 + \omega^2 C^2), \qquad a^2 + b^2 = \sqrt{(R^2 + \omega^2 L^2)(A^2 + \omega^2 C^2)}$$

und durch Vereinigung mit Gl. (14) wird

$$\left.\begin{aligned} a &= \sqrt{\tfrac{1}{2}\left[RA - \omega^2 LC + \sqrt{(R^2 + \omega^2 L^2)(A^2 + \omega^2 C^2)}\right]}, \\ b &= \sqrt{\tfrac{1}{2}\left[\omega^2 LC - AR + \sqrt{(R^2 + \omega^2 L^2)(A^2 + \omega^2 C^2)}\right]}. \end{aligned}\right\} \quad (15)$$

Jedes der Glieder in Gl. (12) und (13) stellt eine fortschreitende Welle dar. Setzt man für $\mathfrak{A}$ $\sqrt{2}A e^{j\omega t}$, worin A der Betrag von $\mathfrak{A}$ ist und $\pm\nu = \pm(a + jb)$, so ist

$$\sqrt{2}A e^{j\omega t} e^{\pm(a+jb)x} = \sqrt{2}A e^{j(\omega t \pm bx)} e^{\pm ax}$$

und der reelle Teil

$$\Re e \sqrt{2}A e^{j(\omega t \pm bx)} = \sqrt{2}A \cos(\omega t \pm bx).$$

Dies ist, wie schon in Kap. X § 70 gezeigt, die Gleichung einer fortschreitenden Welle mit der räumlichen Wellenlänge

$$\lambda = \frac{2\pi}{b}. \quad (16)$$

b ist das Winkelmaß.

Die Fortpflanzungsgeschwindigkeit ist

$$v = \mp\frac{dx}{dt} = \mp\frac{\omega}{b} = f\lambda = \frac{\lambda}{T}. \quad (17)$$

Die Wellen legen in einer Periode T des Wechselstromes eine Wellenlänge zurück. Entsprechend den Faktoren $e^{\pm ax}$ werden die Wellen beim Fortschreiten in der $+x$- oder $-x$-Richtung nach Maßgabe des Dämpfungsfaktors a gedämpft.

Spannung und Strom längs der Leitung werden also nach Gl. (12) und (13) durch je zwei räumlich sinusförmig verteilte Wellen mit gedämpften Amplituden dargestellt, die mit gleichbleibender Geschwindigkeit, die eine nach dem Leitungsende, die andere nach dem Leitungsanfang wandern. Die erste heißt die Hauptwelle, die zweite die reflektierte Welle.

In Gl. (13) für den Strom sind die Spannungsvektoren $\mathfrak{A}_1$ und $\mathfrak{A}_2$ durch einen Faktor

$$\sqrt{\frac{R+j\omega L}{A+j\omega C}} = \mathfrak{Z} \tag{18}$$

dividiert, er hat die Dimension eines Widerstandes und ist nur von den Leitungskonstanten bei der gegebenen Frequenz abhängig; man bezeichnet ihn als „Charakteristik" der Leitung oder als Wellenwiderstand.

Bestimmung der Integrationskonstanten. a) Ist der Betriebszustand am Leitungsanfang durch die Vektoren $\mathfrak{P}_1$, $\mathfrak{J}_1$ gegeben, so wird aus Gl. (12) und (13) für $x=0$

$$\mathfrak{P}_1 = \mathfrak{A}_1 + \mathfrak{A}_2, \qquad \mathfrak{J}_1\mathfrak{Z} = \mathfrak{A}_2 - \mathfrak{A}_1;$$

$$\mathfrak{A}_2 = \tfrac{1}{2}(\mathfrak{P}_1 + \mathfrak{J}_1\mathfrak{Z}), \qquad \mathfrak{A}_1 = \tfrac{1}{2}(\mathfrak{P}_1 - \mathfrak{J}_1\mathfrak{Z}).$$

daher

$$\mathfrak{P} = \tfrac{1}{2}\mathfrak{P}_1(e^{\nu x} + e^{-\nu x}) - \tfrac{1}{2}\mathfrak{J}_1\mathfrak{Z}(e^{\nu x} - e^{-\nu x}) = \mathfrak{P}_1 \mathfrak{Cos}\,\nu x - \mathfrak{J}_1\mathfrak{Z}\,\mathfrak{Sin}\,\nu x, \tag{19}$$

$$\mathfrak{J} = \tfrac{1}{2}\mathfrak{J}_1(e^{\nu x} + e^{-\nu x}) - \frac{1}{2}\frac{\mathfrak{P}_1}{\mathfrak{Z}}(e^{\nu x} - e^{-\nu x}) = \mathfrak{J}_1 \mathfrak{Cos}\,\nu x - \frac{\mathfrak{P}_1}{\mathfrak{Z}}\mathfrak{Sin}\,\nu x. \tag{20}$$

b) Ist der Betriebszustand am Leitungsende durch die Vektoren $\mathfrak{P}_2$, $\mathfrak{J}_2$ gegeben, so rechnet man zweckmäßig die Längen x vom Leitungsende und hat hierfür in Gl. (12) und (13) $+x$ und $-x$ zu vertauschen. Es wird also

$$\mathfrak{P} = \mathfrak{A}_1 e^{-\nu x} + \mathfrak{A}_2 e^{\nu x}, \qquad \mathfrak{J}\mathfrak{Z} = \mathfrak{A}_2 e^{\nu x} - \mathfrak{A}_1 e^{-\nu x} \tag{21}$$

und für $x=0$

$$\mathfrak{P}_2 = \mathfrak{A}_1 + \mathfrak{A}_2; \quad \mathfrak{J}_2\mathfrak{Z} = \mathfrak{A}_2 - \mathfrak{A}_1, \quad \mathfrak{A}_2 = \tfrac{1}{2}(\mathfrak{P}_2 + \mathfrak{J}_2\mathfrak{Z}), \quad \mathfrak{A}_1 = \tfrac{1}{2}(\mathfrak{P}_2 - \mathfrak{J}_2\mathfrak{Z}) \tag{21a}$$

und damit in (21)

$$\mathfrak{P} = \mathfrak{P}_2 \mathfrak{Cos}\,\nu x + \mathfrak{J}_2\mathfrak{Z}\,\mathfrak{Sin}\,\nu x, \tag{22}$$

$$\mathfrak{J} = \mathfrak{J}_2 \mathfrak{Cos}\,\nu x + \frac{\mathfrak{P}_2}{\mathfrak{Z}}\mathfrak{Sin}\,\nu x. \tag{23}$$

81. Verlustfreie Leitung.

Wenn man zunächst die Verluste vernachlässigt, gewinnen die Gleichungen eine einfache Form. Wir setzen

$$R = 0, \qquad A = 0.$$

Nach Gl. (15) wird

$$a = 0, \qquad b = \omega\sqrt{LC}.$$

Da $a=0$ ist, sind die Wellen ungedämpft. Die Wellenlänge wird nach Gl. (16)

$$\lambda = \frac{2\pi}{b} = \frac{2\pi}{\omega\sqrt{LC}} = \frac{T}{\sqrt{LC}},$$

die Fortpflanzungsgeschwindigkeit nach Gl. (17)

$$v = \frac{\lambda}{T} = \frac{1}{\sqrt{LC}}. \tag{24}$$

Diese Geschwindigkeit ist sehr angenähert, wenn man das magnetische Feld im Innern der Leiter vernachlässigt

$$v \simeq \frac{c}{\sqrt{\varepsilon\mu}},$$

worin $c = 3\cdot 10^{10}$ cm/sek $= 3\cdot 10^5$ km/sek die Lichtgeschwindigkeit ist. Für Freileitungen ist $\varepsilon = 1$, $\mu = 1$. Die Geschwindigkeit der Wellen ist die Lichtgeschwindigkeit. Die Wellenlänge ist bei $f = 50$ Hertz

$$\lambda = vT \simeq 6000 \text{ km}.$$

Die Entfernungen der Starkstromübertragungen sind also nur Bruchteile der Wellenlänge. Bei Telephonströmen können die Leitungslängen hingegen mehrere Wellenlängen betragen. Für $f = 3000$ Hertz ist $\lambda = 100$ km.

Der Wellenwiderstand ist für die verlustfreie Leitung nach Gl. (18)

$$Z = \sqrt{\frac{L}{C}} \tag{25}$$

und er beträgt für eine Doppelleitung etwa 600 bis 800 Ohm, bei einer symmetrischen Dreiphasenleitung je Phase die Hälfte hiervon.

Bei Kabeln ist die Fortpflanzungsgeschwindigkeit kleiner und beträgt etwa 120000 km/sek; der Wellenwiderstand bei Dreiphasenkabeln je Phase etwa 35 bis 70 Ohm je nach Querschnitt und Spannung. In Gl. (22) und (23) ist für $a = 0$

$$\mathfrak{Cof}\, v x = \mathfrak{Cof}\, j b x = \cos b x\,, \qquad \mathfrak{Sin}\, v x = \mathfrak{Sin}\, j b x = j \sin b x\,.$$

$$\mathfrak{P} = \mathfrak{P}_2 \cos b x + j \mathfrak{J}_2 Z \sin b x\,, \qquad \mathfrak{J} = \mathfrak{J}_2 \cos b x + j \frac{\mathfrak{P}_2}{Z} \sin b x\,. \tag{26}$$

Diese Gleichungen können in einem Polardiagramm dargestellt werden, das ein anschauliches Bild von der Änderung der Größe und Phase der Effektivwerte bzw. der Amplituden von Strom und Spannung ergibt. Diese Darstellung ist zuerst von Breisig[1] angegeben worden, das hier gegebene Diagramm ist ein Sonderfall des später abzuleitenden allgemeinen Falles.

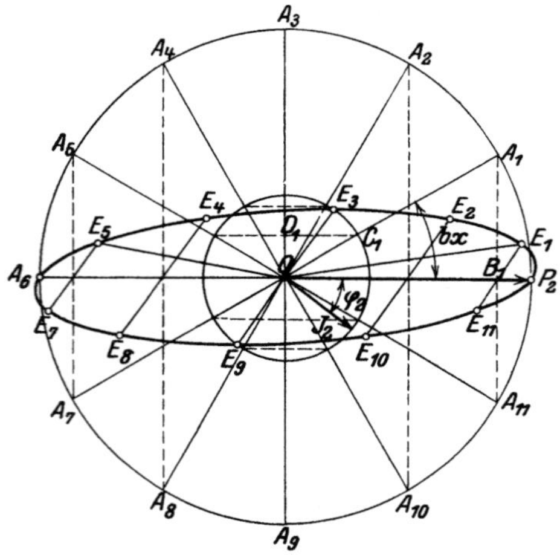

Abb. 192.

Ist in Abb. 192 $\overline{OP_2}$ der Vektor der Klemmenspannung am Ende der Leitung, so ist die Projektion des um den Winkel $b x = P_2 O A_1$ gedrehten Vektors auf die Richtung von $\overline{OP_2}$

$$\overline{OB_1} = P_2 \cos b x\,.$$

Ist ferner $\overline{OJ_2} = J_2 Z = \overline{OC_1}$, so ist die Projektion von $\overline{OC_1}$ auf die zu $\overline{OP_2}$ senkrechte Richtung

$$\overline{OD_1} = J_2 Z \sin b x\,.$$

Ist J_2 gegen P_2 und φ_2 verzögert, so eilt $\overline{j \mathfrak{J}_2 Z \sin b x}$ gegen J_2 um 90°, gegen P_2 um $(90^0 - \varphi_2)$ vor; man trägt also $\overline{B_1 E_1} = \overline{OD_1}$ senkrecht zu $\overline{OJ_2}$ an $\overline{OB_1}$ an. OE_1 ist dann der Vektor der Spannung P im Abstand x vom Leitungsende. Führt man die Konstruktion durch (in Abb. 192 sind 12 Punkte im Abstand von $b x = 30^0$ gewählt), so erhält man als Ort für den Spannungsvektor der verlustfreien Leitung eine Ellipse. Die Momentanwerte erhält man in bekannter Weise durch Projektion der Vektoren auf die Zeitlinie.

Das Diagramm zeigt, daß die Amplitude der Spannung vom Leitungsende an zuerst wenig zu- und dann stark abnimmt, bis $b x = \pi/2$, also $x = \pi/2b = \lambda/4$ ist. Bei etwas mehr als einem Viertel der Wellenlänge ist sie um 90° in der Phase gegen P_2 verschoben, sie nimmt dann wieder zu, erreicht in der Nähe von $x = \lambda/2$ wieder ein Maximum und hat dort 180° Phasenverschiebung gegen die Spannung am Leitungsende.

Aus der Konstruktion folgt, daß für induktionsfreie Belastung, $\varphi_2 = 0$, die beiden Hauptachsen der Ellipse P_2 und $J_2 Z$ sind.

Für den Strom kann das gleiche Diagramm verwendet werden.

---

[1] ETZ 1900, S. 87.

In der Spannungsgleichung (26) ist für den gegen x um eine Viertelwelle zurückliegenden Punkt $(x-\pi/2b)$ $\cos b(x-\pi/2b)=\sin bx$ und $\sin b(x-\pi/2b)=-\cos bx$,

$$\mathfrak{P}_{\left(x-\frac{\pi}{2b}\right)}=\mathfrak{P}_2\sin bx-j\mathfrak{J}_2 Z\cos bx \quad \text{und} \quad \mathfrak{J}_{(x)}Z=\mathfrak{J}_2 Z\cos bx+j\mathfrak{P}_2\sin bx,$$

daher

$$\mathfrak{J}_{(x)}Z=j\,\mathfrak{P}_{\left(x-\frac{\pi}{2b}\right)}.$$

Der Vektor JZ an einem Punkt x der Leitung ist ebenso groß wie der Spannungsvektor P an einem um ¼ Wellenlänge zurückliegenden Punkt, aber um 90° in der Phase nach vorwärts verschoben.

Daraus folgt, daß die Maxima und Minima von Strom und Spannung um ¼ Wellenlänge auf der Leitung voneinander entfernt liegen.

Die Phasenverschiebung zwischen Strom und Spannung ändert sich längs der Leitung. Am Leitungsende ist sie φ_2, an einem beliebigen Punkt x sei sie φ. Da nun, wie gezeigt, der Stromvektor an diesem Punkt genau ¼ Periode gegen den Spannungsvektor am Punkt $(x-\frac{1}{4}\lambda)$ voreilt, ist der Winkel zwischen den Spannungsvektoren an den Punkten x und $(x-\frac{1}{4}\lambda)$ gleich $90^0+\varphi$. Ist der Winkel zwischen zwei solchen Spannungsvektoren spitz, so ist am Punkt x P gegen J verspätet, ist er stumpf, so ist J gegen P verspätet. So bildet $\overline{OP_2}$ am Leistungsende mit $\overline{OE_9}$ den stumpfen Winkel $90^0+\varphi_2$, entsprechend der Verschiebung φ_2. $^1/_{12}$ Wellenlänge entfernt davon ist $\overline{OE_1}$ der Spannungsvektor, er bildet mit $\overline{OE_{10}}$ einen spitzen Winkel, im Punkte $x=\frac{1}{12}\lambda$ ist also der Strom gegen die Spannung verfrüht. Die Leistung ist aber an allen Punkten der Leitung konstant, weil die Verluste vernachlässigt wurden.

In Abb. 193 sind für 6 Augenblicke im Abstand von $^1/_{12}$ Periode die Strom- und die Spannungsverteilung für folgende Verhältnisse dargestellt. Über eine Einphasenleitung mit 2 Seilen von 1,5 cm Durchmesser im Abstand $D=150$ cm werden 1000 kVA bei einem $\cos\varphi_2=0{,}8$ mit 50000 Volt übertragen. Der Strom am Leitungsende ist

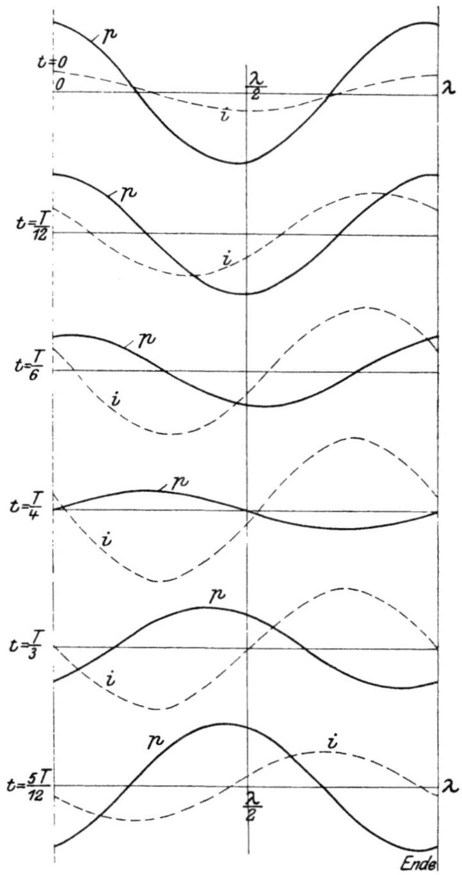

Abb. 193.

$$J_2=\frac{1\,000\,000}{0{,}8\cdot 50\,000}=25\,\text{Amp.}$$

Die Konstanten sind

$$L=\left(4\ln\frac{D}{a}+1\right)10^{-4}\ \text{H/km}=0{,}00222\ \text{H/km},$$

$$C=\frac{1}{4\ln\frac{D}{a}}\,\frac{10^{-6}}{9}\ \text{F/km}=0{,}00525\cdot 10^{-6}\ \text{F/km},$$

$$Z=\sqrt{\frac{L}{C}}=\sqrt{\frac{0{,}00222\cdot 10^6}{0{,}00525}}\cong 650\ \text{Ohm}$$

$$J_2Z=16\,250\,\text{Volt}\cong\tfrac{1}{3}P_2.$$

Das Bild stellt die Wellen für die ganze Wellenlänge dar. Bei $f=50$ Hertz ist aber eine Freileitung von 100 km nur $^1/_{60}$ Wellenlänge; in Starkstromleitungen bildet sich also nur ein kleiner Teil der Wellen aus.

Aus Gl. (26) folgt für die unbelastete Leitung ($J_2=0$)

$$\mathfrak{P}=\mathfrak{P}_2\cos bx\,.$$

An irgend einer Stelle, die weniger als ¼ Wellenlänge vom Leitungsende entfernt ist, ist die Spannung kleiner als am Ende. Es tritt eine Spannungserhöhung durch den Ladestrom auf. Diese Erscheinung ist zuerst an Kabeln beobachtet worden, bei denen der Ladestrom größer und die Wellenlänge bei gleicher Frequenz kleiner als bei Freileitungen ist. Besonders ausgeprägt kann man an unbelasteten Kabeln die Oberschwingungen in der Spannungskurve von Generatoren beobachten, besonders jene von hohen Frequenzen, die von der Nutung des Ankers herrühren.

An dem Diagramm sind folgende Fälle leicht zu übersehen.

1. Reflexionsfreie Belastung. Ist $J_2 Z=P_2$ und $\varphi_2=0$, so geht die Ellipse in einen Kreis über: Spannung und Strom sind bei der Leitung ohne Verluste längs der ganzen Leitung konstant. In Gl. (26) wird, da der Betrag von $(\cos bx+j\sin bx)$ gleich 1 ist, $P=P_2$ und $J=J_2$. Der Vektor der reflektierten Welle in Gl. (21a) $\mathfrak{A}_2=\frac{1}{2}(\mathfrak{P}_2-\mathfrak{J}_2\mathfrak{Z})$ wird Null. Es besteht somit nur die am Leitungsende einfallende Hauptwelle, die hier $\mathfrak{A}_1=\frac{1}{2}(\mathfrak{P}_2+\mathfrak{J}_2\mathfrak{Z})=\mathfrak{P}_2$ ist. Die Belastung bezeichnet man in diesem Fall als reflexionsfrei. Dabei ist der Widerstand der Belastung gleich dem Wellenwiderstand. Setzt man für Z den Wert ein, so ist

$$J_2^2 L=P_2^2 C\,.$$

Die Energien des magnetischen und des elektrischen Feldes sind gleich groß, daher ist die Änderung der Spannung und die des Stromes bei der verlustfreien Leitung Null. Den Strom P/Z bezeichnet man als Wellenstrom. Ist der Belastungsstrom gleich dem Wellenstrom, so ist die Leitung reflexionsfrei belastet.

2. Stehende Wellen. Der zweite Grenzfall ist, daß die reflektierte Welle ebenso groß ist wie die einfallende, dann bildet sich eine stehende Welle aus. Da die Dämpfung der Wellen bei der verlustfreien Leitung Null ist, bedeutet dies, daß die am Leitungsende ankommende Energie ebenso groß wie die zurückgeworfene ist, d. h. daß am Leitungsende keine Energie verbraucht wird.

Im Diagramm kennzeichnet sich die stehende Welle dadurch, daß die Ellipse in eine Gerade zusammenschrumpft, Strom und Spannung ändern sich längs der Leitung nur der Größe, nicht der Phase nach, sie gehen an bestimmten Leitungspunkten, den Knotenpunkten der Welle, durch Null und sind im übrigen an jedem Leitungspunkt um 90° gegeneinander phasenverschoben. Solche Fälle sind:

a) Bei offener Leitung ist $J_2=0$, und in Gl. (21a) ist

$$\mathfrak{A}_1=\mathfrak{A}_2=\tfrac{1}{2}\mathfrak{P}_2,$$

und in Gl. (26) $\qquad \mathfrak{P}=\mathfrak{P}_2\cos bx, \qquad \mathfrak{J}Z=j\,\mathfrak{P}_2\sin bx.$

Die Wellenbäuche der Spannungswelle liegen bei $x=0,\ \lambda/2,\ \lambda$, die Knotenpunkte bei $x=\frac{1}{4}\lambda,\ \frac{3}{4}\lambda,\ldots$ Der Strom ist überall gegen die Spannung um ¼ Periode verfrüht und hat seinen Nulldurchgang an den Punkten der räumlichen Spannungsamplitude und umgekehrt. Für die Stromquelle stellt die Leitung einen kapazitiven Widerstand für $(x=l)$ dar

$$\frac{\mathfrak{P}}{\mathfrak{J}_{(x=l)}}=-jZ\operatorname{cotg} bl,$$

der bei $l=\frac{1}{4}\lambda$ gleich Null, bei $l=\frac{1}{2}\lambda$ unendlich groß ist.

b) Bei kurzgeschlossenem Leitungsende ist $P_2=0$. In Gl. (21a) wird der Vektor der reflektierten Spannung

$$\mathfrak{A}_1=-\mathfrak{A}_2=-\tfrac{1}{2}\mathfrak{J}_2\mathfrak{Z}$$

und in Gl. (26) $\qquad \mathfrak{P}=j\,\mathfrak{J}_2 Z\sin bx, \qquad \mathfrak{J}=\mathfrak{J}_2\cos bx.$

Die Knotenpunkte und Wellenbäuche sind gegen den vorhergehenden Fall um ¼ Wellenlänge auf der Leitung verschoben, die Spannung ist überall gegen den Strom um ¼ Periode verfrüht und die Leitung stellt am Leitungsanfang $x=l$ einen induktiven Blindwiderstand

$$\frac{\mathfrak{P}}{\mathfrak{J}_{(x=l)}} = jZ \operatorname{tg} bl$$

dar, der bei $l=\frac{1}{4}\lambda$ unendlich groß und bei $l=\frac{1}{2}\lambda$ Null ist.

c) Bei reiner Blindlast ist J_2 gegen P_2 um $\pm 90^0$ phasenverschoben, die beiden Vektoren $\mathfrak{A}_1$ und $\mathfrak{A}_2$ in Gl. (21a) sind ihrem Betrage nach gleich groß und konjugiert komplex.

Ein besonderer Fall ist die rein kapazitive Belastung. Die Spannung wird am Leitungsanfang $(x=l)$ Null, wenn

$$P_2 \cos bl = J_2 Z \sin bl\,.$$

Ist C_0 die Belastungskapazität, so ist

$$J_2 = P_2 \omega C_0\,, \qquad \operatorname{tg} bl = \frac{1}{Z\omega C_0}\,.$$

Für kleine Winkel bl, kann man $\operatorname{tg} bl$ durch bl ersetzen. Setzt man $Z=\sqrt{L/C}$, $b=\omega\sqrt{LC}$, so wird

$$l\omega L = \frac{1}{\omega C_0}\,.$$

Hier steht also die Induktivität des Leitungsstückes von der Länge l in Resonanz mit der Belastungskapazität. Die Spannung am Leitungsanfang ist Null, der Strom ist

$$J_1 = J_2 \cos bl\left(1 + \frac{\operatorname{tg} bl}{Z\omega C_0}\right) = \frac{J_2}{\cos bl}\,.$$

82. Leitung mit Verlusten.

a) Die unendlich lange Leitung. Der Einfluß der Verluste auf die Ausbildung der Wellen soll zunächst an einigen Sonderfällen gezeigt werden.

Den Verhältnissen in langen Telephon- und Telegraphenleitungen kommt die unendlich lange Leitung nahe. Bei dieser verschwindet die am fernen Ende reflektierte Welle. Setzt man in Gl. (12) und (13) $\mathfrak{A}_1=0$, dann ist für den Leitungsanfang, $x=0$,

$$\mathfrak{P}_1 = \mathfrak{A}_2\,, \qquad \mathfrak{J}_1\mathfrak{Z} = \mathfrak{A}_2 = \mathfrak{P}_1$$

und damit in (19) und (20)

$$\mathfrak{P} = \mathfrak{P}_1 e^{-\nu x} = \mathfrak{P}_1 e^{-a x} e^{-jb x} = \mathfrak{P}_1 e^{-a x}(\cos bx - j\sin bx)\,, \tag{27}$$

$$\mathfrak{J} = \mathfrak{J}_1 e^{-\nu x} = \mathfrak{J}_1 e^{-a x} e^{-jb x} = \mathfrak{J}_1 e^{-a x}(\cos bx - j\sin bx)\,. \tag{28}$$

Wie bei der reflexionsfreien Belastung, s. S. 160, stehen Strom und Spannung an allen Punkten im gleichen Verhältnis wie am Leitungsanfang $\mathfrak{P}=\mathfrak{J}\mathfrak{Z}$. Der Strom ist der Wellenstrom. Strom und Spannung ändern ihre Phase gleichmäßig, ihre Amplituden nehmen nach Maßgabe des Dämpfungsfaktors ab. Der Wellenwiderstand ist bei der Leitung mit Verlusten eine komplexe Zahl

$$\mathfrak{Z} = Z e^{j\zeta}\,.$$

Darin ist nach Gl. (18)

$$Z = \sqrt[4]{\frac{R^2+(\omega L)^2}{A^2+(\omega C)^2}}\,, \qquad \zeta = \frac{1}{2}\operatorname{arctg}\frac{\dfrac{A}{\omega C}-\dfrac{R}{\omega L}}{1+\dfrac{A}{\omega C}\dfrac{R}{\omega L}}\,. \tag{29}$$

Daher ist der Wellenstrom um ζ gegen die Spannung phasenverschoben, und zwar verspätet, wenn der Zähler von ζ positiv, und verfrüht, wenn der Zähler negativ ist. Meistens ist $R:L > A:C$, daher ist der Wellenstrom meist gegen die Spannung verfrüht.

Das Polardiagramm für die Strom- und Spannungsvektoren für die allein vorhandene Hauptwelle erhält man durch Rückwärtsdrehung des Anfangsvektors um bx und gleichzeitige Multiplikation mit e^{-ax} als logarithmische Spirale. In

Abb. 194 sind 12 Vektoren für eine ganze Wellenlänge in Abständen $bx = 30^0$ aufgetragen. Der Einfluß der Dämpfung zeigt sich anschaulich durch Vergleichung mit der reflexionsfreien Leitung ohne Verluste, bei der die Vektoren konstant sind und den Kreis beschreiben: die Abstände der Spirale vom umschriebenen Kreis zeigen direkt die Dämpfung.

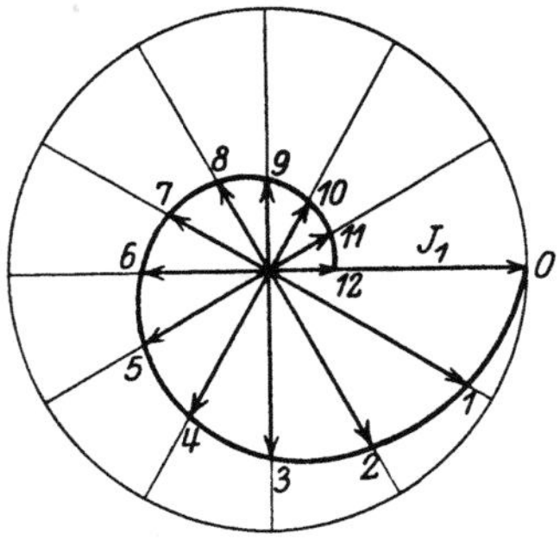

Abb. 194.

Die Spirale ist vollständig charakterisiert durch das Verhältnis von Dämpfungsfaktor a und Winkelmaß b. Nach einer Wellenlänge haben die Wellen wieder die gleiche Phase wie am Anfang, ihre Beträge sind bei $x = \lambda = 2\pi/b$ gesunken auf $e^{-2\pi\frac{a}{b}}$.

Das gleiche Diagramm gilt für endliche Leitungslänge bei reflexionsfreier Belastung, wobei der Belastungsscheinwiderstand am Leitungsende dem Wellenwiderstand gleich ist; sie ist aber hier keine induktionsfreie Belastung, sondern entsprechend dem Phasenwinkel ζ meist eine schwach kapazitive Belastung. Bei allen anderen Belastungen tritt eine reflektierte Welle auf und das Diagramm setzt sich aus zwei Spiralen zusammen.

b) Leitung mit Widerstand und Kapazität. Bei Telephon- und Telegraphenkabeln sind die Induktivität L und die Ableitung A sehr klein und können in erster Annäherung vernachlässigt werden. Die ersten Rechnungen der Fortpflanzung von Telegraphenströmen in Kabeln nach W. Thomson beruhen hierauf.

Für $A = 0$ und $L = 0$ wird nach Gl. (15) und (18)

$$a = b = \sqrt{\tfrac{1}{2} R \omega C}, \qquad (30) \qquad \mathfrak{Z} = \sqrt{\frac{R}{j\omega C}} = \sqrt{\frac{R}{\omega C}}\, e^{-j\frac{\pi}{4}}. \qquad (31)$$

Die Charakteristik ist umgekehrt proportional der Wurzel aus der Frequenz, je höher die Frequenz um so kleiner die Spannung für einen bestimmten Strom, um so größer aber die Dämpfungskonstante. Der Phasenwinkel von Z ist -45^0, der Wellenstrom ist gegen die Spannung um 45^0 verfrüht. Die Amplituden sind nach einer Wellenlänge auf $e^{-2\pi} = \frac{1}{540}$ des Anfangswertes gedämpft.

Beispiel. Für eine Doppelleitung eines vieladrigen Telephonkabels mit Adern von 0,8 mm wurde für $\omega = 5000$ bestimmt: $R = 64$ Ohm/km. $C = 0{,}0365$ 10^{-6} F/km, $A = 0{,}9 \cdot 10^{-6}$ Siemens/km. $L = 0{,}6 \cdot 10^{-3}$ Henry/km. Hiermit ist für $\omega = 5000$ $\mathfrak{Z} = 586\, e^{-j\,43^0 31'}$, während die Näherungsgleichung (31) $593\, e^{-j\,45^0}$ ergibt. Ferner sind $a = 0{,}0749$, $b = 0{,}0781$ nahezu gleich groß. Die Wellenlänge ist $\lambda = 2\pi/b \cong 80$ km, die Fortpflanzungsgeschwindigkeit $v = \omega/b = 64000$ km/sek.

Die starke Dämpfung begrenzt die Entfernung der Nachrichtenübermittlung durch Kabel, besonders bei Übermittlung der Sprache, weil die Obertöne stärker gedämpft werden und die Sprache undeutlich wird.

c) Pupinkabel. Die Dämpfungskonstante nähert sich für hohe Frequenzen einem Grenzwert. Setzt man nach Gl. (15)

$$a = \sqrt{\frac{1}{2}\left[RA - \omega^2 LC + \omega^2 LC \sqrt{\left(1 + \frac{R^2}{\omega^2 L^2}\right)\left(1 + \frac{A^2}{\omega^2 C^2}\right)}\right]}$$

und entwickelt die zweite Wurzel in eine Reihe, so wird unter Vernachlässigung von Gliedern höherer Ordnung

$$\sqrt{\left(1 + \frac{R^2}{\omega^2 L^2}\right)\left(1 + \frac{A^2}{\omega^2 C^2}\right)} = 1 + \frac{1}{2}\left(\frac{R^2}{\omega^2 L^2} + \frac{A^2}{\omega^2 C^2}\right) + \cdots$$

$$a = \sqrt{\frac{1}{4} R^2 \frac{C}{L} + \frac{1}{2} A R + \frac{1}{4} A^2 \frac{L}{C}},$$

$$a = \frac{1}{2}\left[R \sqrt{\frac{C}{L}} + A \sqrt{\frac{L}{C}}\right]. \qquad (32)$$

Diese Gleichung zeigt, daß es für höhere Frequenzen bei gegebenen Werten von R und A eine kleinste Dämpfung gibt, die von dem Verhältnis $L:C$ abhängt und dort liegt, wo die beiden Teile gleich groß sind. Dies ist der Fall für

$$L:C = R:A\,. \tag{33}$$

Hierbei ist

$$a = \sqrt{A R}\,.$$

Da nun bei Kabeln $L:C$ sehr klein und $R:A$ sehr groß ist, kann eine Verkleinerung der Dämpfung durch Vergrößerung der Induktivität erzielt werden. Diesem Zweck dienen Drosselspulen, die nach Pupin[1] in Abständen von etwa 2 km in Telephonkabel eingeschaltet werden. In anderer Weise wird dies Erhöhung der Induktivität nach Krarup durch Umspinnung der Kabel mit Eisendraht erreicht, der, um eine große Anfangspermeabilität zu erzielen, einen hohen Nickelgehalt besitzt (Permalloy)[2].

In beiden Fällen wird aber auch der Widerstand erhöht. Sind R_0, L_0 Widerstand und Induktivität der Pupinspulen, bezogen auf 1 km der Leitung, so muß die Zeitkonstante $\tau = L_0/R_0$ der Drosselspule sehr groß sein. Dies erfordert teure Drosselspulen. Setzt man in Gl. (32) L_0 und $R_0 = L_0/\tau$ ein, so wird

$$a = \frac{1}{2}\left[\left(R + \frac{L_0}{\tau}\right)\sqrt{\frac{C}{L + L_0}} + A\sqrt{\frac{L + L_0}{C}}\right].$$

Bei konstantem Wert τ hat a ein Minimum für

$$L_0 = \frac{\tau R - L}{C + \tau A}\,C - L$$

es ist

$$a_{\min} = \sqrt{\left(R - \frac{L}{\tau}\right)\left(A + \frac{C}{\tau}\right)}\,^{3}$$

und für Kabel ($L \cong 0$) angenähert

$$a_{\min} = \sqrt{R\left(A + \frac{C}{\tau}\right)}.$$

Nach Breisig[4] soll für eine deutliche Verständigung bei l km Leitungslänge $a l < 3$ bis 4 sein. Seine Messungen an Doppelleitungen eines Fernsprechkabels von 3 mm Durchmesser zeigten bei $\omega = 5000$ im Mittel einen Wert $a = 0{,}00314$, wenn Pupinspulen von 0,15 H und 3,9 Ohm wirksamen Widerstand in Abständen von 1,7 km eingeschaltet waren, ohne diese war $a = 0{,}018$. Durch die Spulen wurde die Reichweite versechsfacht.

Beim Anschluß einer Freileitung an ein Kabel ist infolge der großen Verschiedenheit der Wellenwiderstände die Bedingung der Reflexionsfreiheit nicht erfüllt. Das Kabel hat einen viel größeren Ladestrom als die Freileitung, die resultierende Dämpfung wird vergrößert, man bezeichnet dies als Reflexionsverlust. Die Erhöhung des Wellenwiderstandes des Kabels mit Pupinspulen ermöglicht daher eine bessere Anpassung an angeschlossene Freileitungen.

d) Verzerrungsfreie Leitungen. Die in Gl. (32) abgeleitete Beziehung für das Minimum der Dämpfung bei hohen Frequenzen

$$R : L = A : C$$

führt zu einem weiteren Sonderfall. Eine Leitung, bei der diese Beziehung erfüllt ist, hat nach Gl. (18) den Wellenwiderstand

$$Z = \sqrt{L/C}$$

---

[1] Trans. Am. Inst. El. Eng. 1900, S. 245.
[2] Meyer, U.: ETZ 1925, S. 1033. Wagner, K. W.: ETZ 1925, S. 1581.
[3] Breisig: ETZ 1901, S. 1029. Lüschen: ETZ 1908, S. 1105; 1913, S. 31.
[4] ETZ 1914, S. 646.

wie die verlustfreie Leitung. Die Fortpflanzungskonstante Gl. (15) wird

$$\nu = (a + jb) = (R + j\omega L)\sqrt{\frac{C}{L}} = (A + j\omega)\sqrt{\frac{L}{C}},$$

somit
$$a = \frac{R}{Z} = AZ, \qquad b = \omega\sqrt{LC}.$$

Der Dämpfungsfaktor ist unabhängig von der Frequenz, Schwingungen aller Frequenzen werden gleich stark gedämpft. Daher wird die Leitung nach Heaviside als verzerrungsfrei bezeichnet.

Starkstromfreileitungen kommen diesem Fall oft nahe. Für das Beispiel S. 159 war $C = 0{,}00525 \cdot 10^{-6}$ F/km, $L = 0{,}00222$ H/km, $R = 0{,}45$ Ohm/km. Die Leitung ist verzerrungsfrei, wenn $A = R\frac{C}{L} = 0{,}45 \cdot \frac{0{,}00525}{0{,}00222} \cdot 10^{-6} = 1{,}06 \cdot 10^{-6}$ S/km ist. Dies entspricht einem Isolationswiderstand von rund 1 Megohm für den km.

Im folgenden werde das Spiralendiagramm für eine verzerrungsfreie Leitung für den Fall $\mathfrak{J}_2\mathfrak{Z} + \mathfrak{P}_2$ abgeleitet, also die Zusammensetzung aus zwei Spiralen. Für die verzerrende Leitung ergibt sich dann nur der Unterschied, daß die Vektoren $\mathfrak{J}\mathfrak{Z}$ nicht mit $\mathfrak{J}$ phasengleich, sondern um den Phasenwinkel ζ des Wellenwiderstandes verschoben sind. Für die verzerrungsfreie Leitung ist $\zeta = 0$. In Gl. (22) und (23) wird

$$\mathfrak{P} = \tfrac{1}{2}(\mathfrak{P}_2 + \mathfrak{J}_2 Z)e^{ax}e^{jbx} + \tfrac{1}{2}(\mathfrak{P}_2 - \mathfrak{J}_2 Z)e^{-ax}e^{-jbx}, \qquad (34)$$

$$\mathfrak{J}Z = \tfrac{1}{2}(\mathfrak{P}_2 + \mathfrak{J}_2 Z)e^{ax}e^{jbx} - \tfrac{1}{2}(\mathfrak{P}_2 - \mathfrak{J}_2 Z)e^{-ax}e^{-jbx}. \qquad (35)$$

In Abb. 195 stellt $\overline{OA_0}$ den Vektor $\mathfrak{P}_2$ dar, $\overline{OA_1}$ den um bx voreilenden Vektor $\mathfrak{P}_2 e^{jbx}$, $\overline{OA_{11}}$ den um bx nacheilenden Vektor $\mathfrak{P}e^{-jbx}$. In der Abbildung ist wieder der Kreis, der einer Wellenlänge entspricht, in zwölf Teile geteilt, entsprechend einem Fortschreiten um $bx = 30^0$. Die voreilenden Vektoren sind mit $\frac{1}{2}e^{ax}$, die nacheilenden mit e^{-ax} zu multiplizieren. Die ersten ergeben die Vektoren $\overline{OC_1}$ bis $\overline{OC_6}$, die zweiten die Vektoren $\overline{OD_1}$ bis $\overline{OD_6}$. Die Konstruktion ist nur für 6 Punkte entsprechend ½ Wellenlänge durchgeführt und für das frühere Beispiel ist die Frequenz $f = 100$ gesetzt. Die Dämpfung für die ½ Welle ist $e^{\alpha\lambda/2} = 2{,}76$.

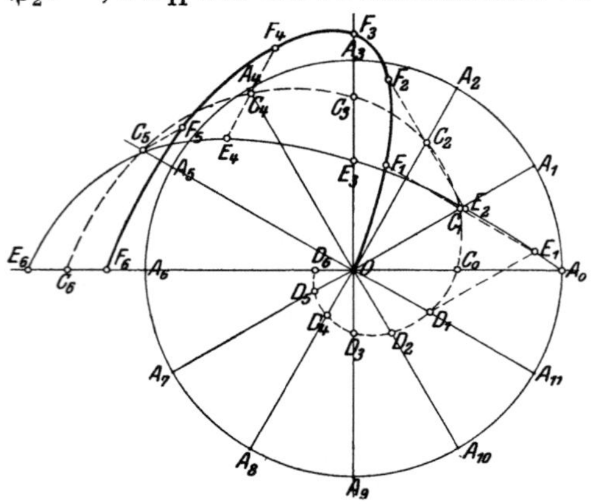

Abb. 195.

Die Zusammensetzung zusammengehöriger Vektoren $\overline{OC_1}$ und $\overline{OD_1}$ usf. ergibt die Vektoren $\overline{OE_1}$ bis $\overline{OE_6}$, die zunächst die Spannungsverteilung bei offener Leitung ($J_2 = 0$) darstellen, also

$$\mathfrak{P}_{(\mathfrak{J}_2=0)} = \tfrac{1}{2}\mathfrak{P}_2[e^{ax}e^{jbx} + e^{-ax}e^{-jbx}] = \mathfrak{P}_2\mathfrak{Cof}(a + jb)x = \mathfrak{P}_2\mathfrak{Cof}\,\nu x. \qquad (34\text{a})$$

Dieses Diagramm war bei der verlustfreien Leitung die gerade Linie.

Subtrahiert man zusammengehörige Vektoren $\overline{OC_1}$ und $\overline{OD_1}$ usf., so erhält man die Vektoren $\overline{OF_1}$ bis $\overline{OF_6}$. Diese stellen nach Gl. (35) die Stromverteilung bei offener Leitung ($J_2 = 0$) dar

$$\mathfrak{J}Z_{(J_2=0)} = \tfrac{1}{2}\mathfrak{P}_2(e^{ax}e^{jbx} - e^{-ax}e^{-jbx}) = \mathfrak{P}_2\mathfrak{Sin}(a + jb)x = \mathfrak{P}_2\mathfrak{Sin}\,\nu x. \qquad (35\text{a})$$

Wählt man als Ausgangsvektor $\overline{OA_0}$ nicht $\mathfrak{P}_2$, sondern $\mathfrak{J}_2\mathfrak{Z}$, so stellen die durch Summation erhaltenen Vektoren $\overline{OE_1}$ bis $\overline{OE_6}$ in anderem Maßstab nach Gl. (35)

$$\mathfrak{J}Z_{(\mathfrak{P}_2=0)} = \tfrac{1}{2}\mathfrak{J}_2 Z(e^{ax}e^{jbx} + e^{-ax}e^{-jbx}) = \mathfrak{J}_2 Z\mathfrak{Cof}(a + jb)x = \mathfrak{J}_2 Z\mathfrak{Cof}\,\nu x \qquad (35\text{b})$$

die Stromverteilung bei kurzgeschlossener Leitung, $P_2 = 0$, dar und die durch Subtraktion erhaltenen Vektoren $\overline{OF_1}$ bis $\overline{OF_6}$ nach Gl. (35)

$$\mathfrak{P}_{(\mathfrak{P}_2=0)} = \tfrac{1}{2}\mathfrak{J}_2 Z(e^{ax}e^{jbx} - e^{-ax}e^{-jbx}) = \mathfrak{J}_2 Z\,\mathfrak{Sin}(a+jb)x = \mathfrak{J}_2 Z\,\mathfrak{Sin}\,\nu x \quad (34\text{b})$$

die Spannungsverteilung bei kurzgeschlossener Leitung dar.

Nun zeigen die Gl. (34) und (35), daß sich die Spannungs- und Stromvektoren bei Belastung durch Addition der entsprechenden Vektoren der offenen zu denen der kurzgeschlossenen Leitung nach Gl. (34a, b) und Gl. (35a, b) ergeben. In Abb. 196 sind die Kurven $E_1 - E_6$ und $F_1 - F_6$ nochmals aufgetragen. Der Vektor $\overline{OA_0}$ ist mit $\overline{OP_2}$ bezeichnet, er stellt die Spannung am Leitungsende dar. Die Vektoren $\mathfrak{J}_2 Z$ sind im Verhältnis der Beträge $J_2 Z : P_2$ zu verkleinern und um den Winkel φ_2 nach rückwärts zu drehen, um den J_2 gegen P_2 verspätet ist. Es ist also $\overline{E_1G_1} = \overline{OF_1} \cdot J_2 Z/P_2$ und um φ_2 gegen $\overline{OF_1}$ zurückgedreht, dann ist $\overline{OG_1}$ als Summe von $\overline{OE_1}$ und $\overline{E_1G_1}$ die Spannung im Abstand von $^1/_{12}$ Wellenlänge vom Leitungsende. Entsprechend stellen die Vektoren $\overline{OG_2}$ bis $\overline{OG_6}$ die Spannungsverteilung dar. Trägt man ferner an die Vektoren $\overline{OF_1}$ bis $\overline{OF_6}$ die im Verhältnis $J_2 Z/P_2$ verkleinerten und um φ_2 zurückgedrehten Vektoren $\overline{OE_1}$ bis $\overline{OE_6}$ gleich $\overline{F_1H_1}$ bis $\overline{F_6H_6}$ an, so erhält man die Vektoren $\overline{OH_1}$ bis $\overline{OH_6}$, welche die Stromverteilung darstellen; der erste Vektor ist $\overline{OJ_2}$ und stellt den Strom am Leitungsende dar.

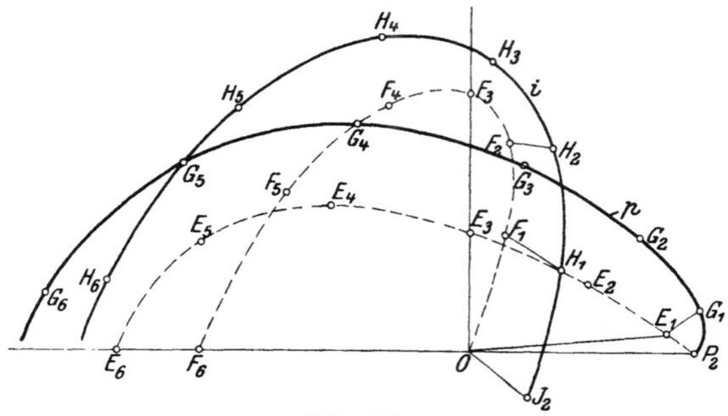

Abb. 196.

Diese Diagramme für $\mathfrak{P}$ und $\mathfrak{J}$ treten an die Stelle der Ellipsen bei der verlustfreien Leitung.

Auch hier hat die Spannnung ihre kleinste Amplitude im Abstand von etwa ¼ Wellenlänge vom Leitungsende.

83. Abbildung der Leitung in der Sinuskarte und der Tangenskarte.

Während die Diagramme Abb. 195 und 196 ein anschauliches Bild der Verteilung von Strom und Spannung längs der Leitung geben, sind sie für die Auswertung für praktische Zwecke wenig geeignet. Einen sehr brauchbaren Rechenbehelf bieten die Karten der trigonometrischen Funktionen komplexen Argumentes, deren Gebrauch hier erläutert werden soll[1].

Die Grundgleichungen. Bisher wurde die Verteilung durch je zwei Wellen für die Spannung und für den Strom dargestellt. In der Form der Gl. (12) und (13) erscheinen sie als zwei gegenläufig wandernde Wellen, in der Form der Gl. (22) und (23) als zwei ruhende Wellen, von denen die eine bei Leerlauf, die andere bei Kurzschluß allein vorhanden ist. In Wirklichkeit besteht nur je eine wellenförmige Verteilung für die Spannung und für den Strom. Zu deren Ausdruck gelangt man, wenn man für die Grundgleichung (7)

$$\frac{d^2\mathfrak{P}}{dx^2} = \nu^2\mathfrak{P}$$

die Lösung in der Form

$$\mathfrak{P} = \mathfrak{A}\,\mathfrak{Cof}\,\nu(x+c) = \mathfrak{A}\cos j\nu(x+c) \quad (36)$$

schreibt. Darin sind $\mathfrak{A}$ und c Integrationskonstante. Dann ist nach (3) mit Rücksicht auf (11) und (18), wenn die x vom Leitungsende gerechnet werden,

$$\mathfrak{J} = \frac{1}{\nu\mathfrak{Z}}\frac{d\mathfrak{P}}{dx} = \frac{\mathfrak{A}}{\mathfrak{Z}}\,\mathfrak{Sin}\,\nu(x+c) = -\frac{j\mathfrak{A}}{\mathfrak{Z}}\sin j\nu(x+c)\,. \quad (37)$$

[1] Siehe F. Emde: Sinusrelief und Tangensrelief in der Elektrotechnik. Braunschweig 1924.

Da hierin die Fortpflanzungskonstante ν mit j multipliziert vorkommt, setzen wir zur Abkürzung

$$j\nu = j(a + jb) = (ja - b) = \mu \tag{38}$$

$$\mathfrak{P} = \mathfrak{A}\cos\mu(x + c)\,, \qquad \mathfrak{J} = -\frac{j\mathfrak{A}}{\mathfrak{Z}}\sin\mu(x + c)\,. \tag{39}$$

Am Leitungsende, $x = 0$, ist $\mathfrak{P} = \mathfrak{P}_2$, $\mathfrak{J} = \mathfrak{J}_2$, daher

$$\mathfrak{A} = \frac{\mathfrak{P}_2}{\cos\mu c}\,, \qquad \mathfrak{J}_2\mathfrak{Z} = -j\,\mathfrak{P}_2 \operatorname{tg}\mu c \tag{40}$$

und

$$\mathfrak{P} = \mathfrak{P}_2\frac{\cos\mu(x + c)}{\cos\mu c}\,, \qquad \mathfrak{J} = \mathfrak{J}_2\frac{\sin\mu(x + c)}{\sin\mu c}\,. \tag{41}$$

Die Integrationskonstante c, welche die Dimension einer Länge hat, ist nach (40) definiert durch

$$\operatorname{tg}\mu c = j\frac{\mathfrak{J}_2\mathfrak{Z}}{\mathfrak{P}} = \frac{J_2 Z}{P_2} e^{j(\pi/2 \pm \varphi_2 + \zeta)}\,. \tag{42}$$

Aus der Belastung und dem Wellenwiderstand ist zunächst die komplexe Zahl $\operatorname{tg}\mu c$ bekannt. Die Berechnung von μc bzw. c selbst und der in Gl. (41) vorkommenden Sinusfunktionen wird nun durch Ablesungen in den Karten des Sinus und des Tangens ersetzt.

Die Sinuskarte. Der Sinus einer komplexen Zahl ist eine komplexe Zahl

$$\begin{aligned} \sin(\xi + j\eta) &= \sin\xi\cos j\eta + \cos\xi\sin j\eta \\ &= \sin\xi\,\mathfrak{Cof}\,\eta + j\cos\xi\,\mathfrak{Sin}\,\eta \\ &= s\cos\sigma + js\sin\sigma = s e^{j\sigma}. \end{aligned}$$

Darin ist der Betrag

$$s = \sqrt{\sin^2\xi\cdot\mathfrak{Cof}^2\eta + \cos^2\xi\,\mathfrak{Sin}^2\eta} = \sqrt{\tfrac{1}{2}(\mathfrak{Cof}\,2\eta - \cos 2\xi)} \tag{43}$$

und

$$\operatorname{tg}\sigma = \frac{\mathfrak{Tg}\,\eta}{\operatorname{tg}\xi}\,. \tag{44}$$

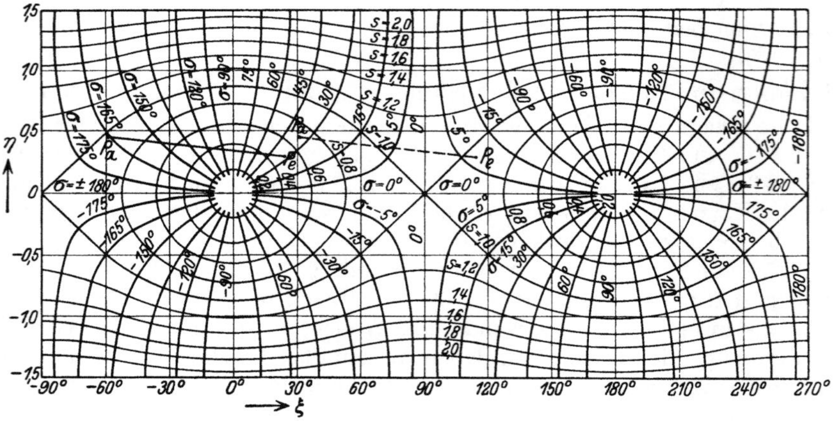

Abb. 197. Sinuskarte.

Verbindet man in der komplexen Ebene alle Punkte (ξ, η), für die der Betrag s einen konstanten Wert hat, so erhält man eine Kurve; die Gesamtheit dieser Kurven, $s = \text{konst}$, und der Kurven, für die das Argument $\sigma = \text{konst}$ ist, ergibt die Sinuskarte (Abb. 197), in der die beiden Kurvenscharen sich senkrecht schneiden. Jedem Punkt der Ebene (ξ, η) entspricht der Schnittpunkt einer Kurve konstanten Betrages s und einer solchen konstanten Argumentes σ, durch den der zu der komplexen Zahl $\xi + j\eta$ gehörige $\sin(\xi + j\eta)$ in der Form $s e^{j\sigma}$ gefunden wird. Die Abszissen ξ sind im Winkelmaß aufgetragen, die Ordinaten η in Zahlen. Daher ist die Ordinate $\eta = 1$ ebenso lang wie die Abszisse $\xi = 180^0 : \pi = 57{,}295^0$.

Während nach Gl. (43), (44) zu gegebenen Werten ξ, η, s und σ berechnet werden, erhält man umgekehrt zu gegebenen Werten s, σ die Koordinaten ξ, η wie folgt.

Setzt man

$$\sin(\xi + j\eta) = s e^{j\sigma}, \qquad \cos(\xi + j\eta) = c e^{j\gamma},$$
$$\sin(\xi - j\eta) = s e^{-j\sigma}, \qquad \cos(\xi - j\eta) = c e^{-j\gamma}$$

und multipliziert die übereinanderstehenden Ausdrücke, so ist (s. Gl. (43))

$$\tfrac{1}{2}(\mathfrak{Cof}\, 2\eta - \cos 2\xi) = s^2, \qquad \tfrac{1}{2}(\mathfrak{Cof}\, 2\eta + \cos 2\xi) = c^2,$$
$$\mathfrak{Cof}\, 2\eta = s^2 + c^2, \qquad \cos 2\xi = c^2 - s^2. \tag{45}$$

Ferner ist $\quad s^2 e^{j2\sigma} + c^2 e^{j2\gamma} = 1$ und $c^2 = \sqrt{1 - 2s^2 \cos 2\sigma + s^4}$.

Hiermit wird in Gl. (45)

$$\mathfrak{Cof}\, 2\eta = s^2 + \sqrt{1 - 2s^2 \cos 2\sigma + s^4}, \quad \cos 2\xi = -s^2 + \sqrt{1 - 2s^2 \cos 2\sigma + s^4}. \tag{46}$$

Die Tangenskarte. Es ist

$$\operatorname{tg}(\xi + j\eta) = \frac{\sin(\xi + j\eta)}{\cos(\xi + j\eta)} \cdot \frac{\cos(\xi - j\eta)}{\cos(\xi - j\eta)} = \frac{\sin 2\xi + j\,\mathfrak{Sin}\, 2\eta}{\cos 2\xi + \mathfrak{Cof}\, 2\eta} = t\cos\tau + jt\sin\tau = t e^{j\tau},$$

$$t = \sqrt{\frac{\mathfrak{Cof}\, 2\eta - \cos 2\xi}{\mathfrak{Cof}\, 2\eta + \cos 2\xi}} \quad (47) \qquad \operatorname{tg}\tau = \frac{\mathfrak{Sin}\, 2\eta}{\sin 2\xi}. \quad (48)$$

In der Tangentenkarte (Abb. 198) sind zu den rechtwinkligen Koordinaten ξ, η die Kurvenscharen konstanten Betrages $t = \text{konst}$ und konstanten Argumentes $\tau = \text{konst}$ eingetragen, die sich wieder rechtwinklig schneiden. Zu ihrer Berechnung dienen die Gleichungen

$$\operatorname{tg} 2\xi = \frac{2\cos\tau}{1/t - t}, \qquad \mathfrak{Tg}\, 2\eta = \frac{2\sin\tau}{1/t + t}. \tag{49}$$

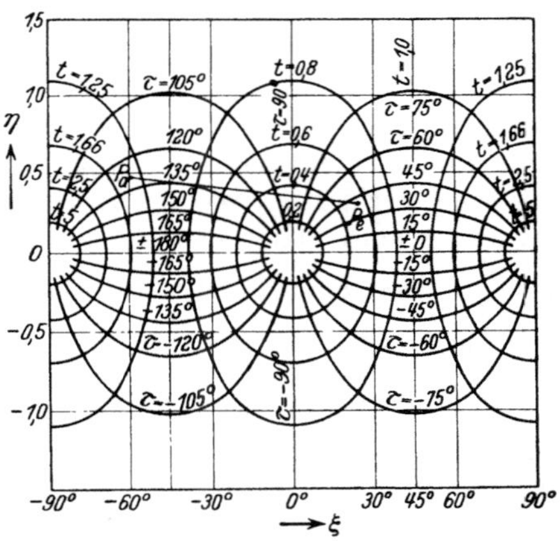

Abb. 198. Tangenskarte.

Die Leitungsstrecke. Am Leitungsende war nach Gl. (42)

$$j\frac{\mathfrak{J}_2 \mathfrak{Z}}{\mathfrak{P}_2} = \operatorname{tg}\mu c.$$

Aus der Belastung und dem Wellenwiderstand ist

$$\operatorname{tg}\mu c = t_e e^{j\tau_e}$$

bekannt. Diesem Wert entspricht in der Tangenskarte ein Punkt P_e (Abb. 198) mit den Koordinaten $\xi_e \eta_e$, wobei $\mu c = \xi_e + j\eta_e$ ist. Für einen Punkt der Leitung im Abstand x vom Leitungsende folgt aus Gl. (41) und (42)

$$j\frac{\mathfrak{J}\mathfrak{Z}}{\mathfrak{P}} = \operatorname{tg}\mu(x + c).$$

Das Argument $\mu(x + c)$ stellt, da x eine reelle Veränderliche ist, in der komplexen Ebene eine g e r a d e L i n i e durch den Punkt μc dar. Da

$$\mu = j\nu = -b + ja$$

eine komplexe Zahl ist, ist diese Gerade gegen die reelle Achse um den Winkel $\operatorname{arctg} a/b$ zurückgedreht. Der Leitungsanfang, $x = l$, liegt auf der Geraden an einen Punkt P_a mit den Koordinaten

$$\xi_a + j\eta_a = \mu(l + c) = (-bl + \xi_e) + j(al + \eta_e).$$

Die zu diesem Punkt gehörigen Werte t_a und τ_a im Tangensrelief geben $j\mathfrak{J}_1\mathfrak{Z}/\mathfrak{P}_1$ am Leitungsanfang an, also abgesehen von $j\mathfrak{Z}$ den Leitwert nach Größe und Phase. Teilt man diese Strecke, die Leitungsstrecke, in eine Anzahl gleicher Teile, so erhält man den Verlauf des Verhältnisses von Strom und Spannung nach Größe und Phase über die ganze Leitung.

Die Stromstrecke und die Spannungsstrecke. Überträgt man die Leitungsstrecke in die Sinuskarte (Abb. 197), wobei Anfang- und Endpunkt P_a und P_e der voll ausgezogenen Geraden in Abb. 197 die gleichen Koordinaten ($\xi\eta$) haben wie in der Tangentenkarte, so stellen die Werte s, σ an den einzelnen Punkten der Geraden nach Gl. (41)

$$\sin\mu(x+c) = \frac{\mathfrak{J}}{\mathfrak{J}_2}\sin\mu c\,,$$

also den Strom im Verhältnis zum Belastungsstrom am Leitungsende, multipliziert mit der Konstanten $\sin\mu c$ dar. In dieser Lage bezeichnet man die Strecke als die Stromstrecke. Da in Gl. (41) für die Spannung $\cos\mu(x+c) = \sin[\mu(x+c)+90^0]$ vorkommt, braucht man die Stromstrecke nur parallel zu sich selbst um $\xi = \pi/2$ in Richtung der reellen Achse in die gestrichelte Lage $P_a - P_e$ zu verschieben, um die Spannungsstrecke zu erhalten, an der die Veränderung der Spannung nach Größe und Phase längs der Leitung abgelesen werden kann.

Die Sinuskarte zeigt also Größe und Phase von Strom und Spannung längs der Leitung, die Tangenskarte dient zunächst zur Bestimmung der Koordinaten des Endpunktes der Leitungsstrecke.

Diese ändern sich mit der Belastung. Bei Leerlauf ist $J_2 = 0$ und

$$\mathrm{tg}\,\mu c = 0\,, \quad \text{d.h.} \quad \mu c = 0\,.$$

Der Endpunkt der Leitungsstrecke liegt auf der Abszissenachse am Punkt $\xi_e = 0$. Die Werte $t_a\,\tau_a$ stellen den Scheinleitwert am Leitungsanfang (multipliziert mit $j\mathfrak{Z}$) dar.

Bei Kurzschluß, $P_2 = 0$, ist

$$\mathrm{tg}\,\mu c = \infty\,, \quad \text{d.h.} \quad \mu c = \pi/2\,.$$

Der Endpunkt der Leitungsstrecke liegt auf der Abszissenachse am Punkt $\xi_e = \pi/2$. Die Werte am Leitungsanfang ergeben den Scheinleitwert bei Kurzschluß. Ist die Leitung verlustfrei, $a = 0$, so ist $\mu = -b$, die Leitungsstrecke liegt parallel zur Abszissenachse. Hierbei ist $\mathfrak{Z}$ reell, $\zeta = 0$. Bei reiner Wirklast $\varphi_2 = 0$ ist daher $\mathrm{tg}\,\mu c = \frac{J_2 Z}{P_2}\,e^{j\pi/2}$, $\tau = \pi/2$, der Endpunkt der Leitungsstrecke liegt auf der Ordinate im Punkte $\xi = 0$.

Bei rein induktiver oder kapazitiver Blindbelastung ist $\varphi_2 = \mp\pi/2$ und $\tau = 0$ bzw. π. Der Endpunkt liegt in der Abszissenachse.

In einem Fall liegt die Leitungsstrecke im ∞ fernen Punkt der Ebene, nämlich für die reflexionsfreie Belastung (s. S. 160). Denn hier haben wir es mit einer reinen fortschreitenden Welle zu tun, und für die ganze Leitung ist

$$j\frac{\mathfrak{J}\mathfrak{Z}}{\mathfrak{P}} = \mathrm{tg}\,\mu(x+c) = j = e^{j\pi/2} = t\,e^{j\tau}\,,$$

$$t = 1\,, \qquad \tau = \pi/2\,.$$

$t = 1$ ist die Ordinatenachse für die Abszisse $\xi = 45^0$, und $\tau = 90^0$ die Ordinatenachse zu $\xi = 0$. Sie schneiden sich im Unendlichen. Deshalb gehen die Gl. (42) wieder über in

$$\mathfrak{P} = \mathfrak{P}_2 e^{\nu x}\,, \qquad \mathfrak{J} = \mathfrak{J}_2 e^{\nu x}\,.$$

Beispiel. Die in Abb. 197/8 eingetragenen Strecken beziehen sich auf eine Drehstromdoppelleitung für 220 kV von 1500 km Länge. Die Konstanten sind je Phase der Doppelleitung

$$R = 0{,}0376\ \text{Ohm/km}\,, \qquad \omega L = 0{,}202\ \text{Ohm/km}\,,$$

$$\omega C = 5{,}91\cdot 10^{-6}\ \text{S/km}\,, \qquad A = 0{,}124\cdot 10^{-6}\ \text{S/km}\,.$$

Der Wellenwiderstand für die Doppelleitung ist

$$\mathfrak{Z} = \sqrt{\frac{0{,}0376 + j\,0{,}202}{(0{,}124 + j\,5{,}91)\,10^{-6}}} = 10^3\sqrt{\frac{0{,}205\,e^{j\,79{,}95^0}}{5{,}91\,e^{j\,88{,}8^0}}} = 186\,e^{-j\,4{,}42^0}$$

und die Fortpflanzungskonstante

$$\nu = \sqrt{0{,}205\,e^{j\,79{,}95^0}\cdot 5{,}91\,e^{j\,88{,}8^0}\cdot 10^{-6}} = 0{,}00110\,e^{j\,84{,}37^0}$$

und

$$\mu = j\nu = 0{,}00110\,e^{j\,174{,}37^0}.$$

Die Belastung am Leitungsende setzt sich zusammen aus 100000 kW Wirkleistung und ebensoviel induktiver Blindleistung. Der Strom ist

$$J_2 = \frac{\sqrt{2} \cdot 100 \cdot 10^6}{\sqrt{3} \cdot 220 \cdot 10^3} = 371 \text{ Amp}$$

und $\varphi_2 = 45^0$. Der Wellenstrom hingegen ist

$$\frac{P_2}{Z} = \frac{220000}{\sqrt{3} \cdot 186} = 684 \text{ Amp}.$$

Es wird nun

$$\operatorname{tg} \mu c = j \frac{\mathfrak{J}_2 \mathfrak{Z}}{\mathfrak{P}_2} = \frac{e^{j\,90^0} \cdot 371 e^{-j\,45^0} \cdot 186 e^{-j\,4,42^0}}{127000} = 0{,}543 \cdot e^{j\,40,58^0},$$

$$\mu c = \xi_e + j\eta_e = 24{,}73^0 + j\,0{,}306$$

sind die Koordinaten des Endpunktes P_e.

Ferner ist

$$\mu l = 1500 \cdot \mu = 1500 \cdot 0{,}00110 e^{j\,174,37^0} = 1{,}65 e^{j\,174,37^0}$$
$$= -1{,}640 + j\,0{,}162 = -94{,}0^0 + j\,0{,}162.$$

Daher ist am Leitungsanfang

$$\mu(l + c) = \xi_a + j\eta_a = -59{,}25^0 + j\,0{,}468.$$

Dies sind die Koordinaten des Punktes P_a, womit die Leitungsstrecke bzw. die Stromstrecke festgelegt ist, während die Spannungsstrecke um 90^0 nach rechts verschoben ist.

Für die Ströme war

$$\mathfrak{J} = \mathfrak{J}_2 \frac{\sin \mu (x + c)}{\sin \mu c},$$

Aus der Sinuskarte ist[1]

$$\sin \mu c = s_e e^{j\sigma_e} = 0{,}521 e^{j\,32,83^0},$$

daher ist $$\mathfrak{J} = \frac{371 e^{-j\,45^0}}{0{,}521 e^{j\,32,83^0}} \sin \mu (x + c)$$
$$= 712 e^{-j\,77,83^0} \sin \mu (x + c).$$

Für den Leitungsanfang ist

$$\sin \mu (l + c) = s_a e^{j\sigma_a} = 0{,}991 e^{j\,165.48^0}$$

und $$\mathfrak{J}_1 = 706 e^{j\,87,65^0}.$$

Die Spannungsstrecke beginnt bei $\mu c + 90^0 = 114{,}75^0 + j\,0{,}306$ und es ist

$$\sin(\mu c + \pi/2) = 0{,}96 e^{-j\,7.8^0}$$

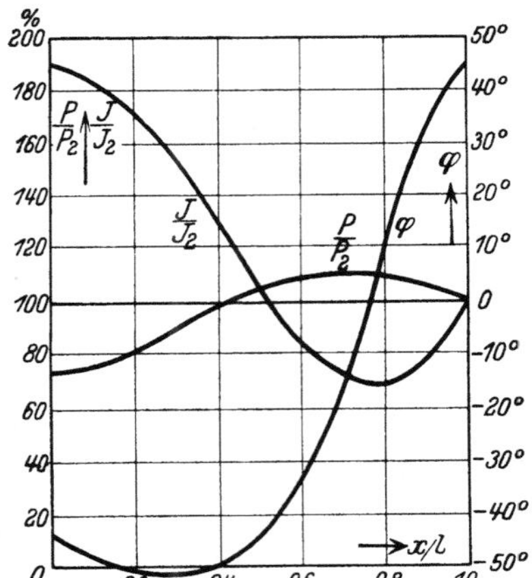

Abb. 199.

und $$\mathfrak{P} = \frac{\mathfrak{P}_2 \sin[\mu(x + c) + 90^0]}{\sin(\mu c + \pi/2)} = 132\,300 e^{j\,7,8} \sin[\mu(x + c) + 90^0].$$

Am Leitungsanfang $x = l$ ist

$$\sin[\mu(l + c) + 90^0] = 0{,}705 e^{j\,36,3^0},$$

$$\mathfrak{P}_1 = 132300 \cdot 0{,}705 e^{j\,7,8} e^{j\,36,3} = 93300 e^{j\,44,1^0}.$$

In der Zentrale ist der Strom gegen die Spannung um $\varphi_1 = 87{,}65^0 - 44{,}1^0 = 43{,}55^0$ verfrüht, der Leistungsfaktor ist $\cos \varphi_1 = 0{,}725$ und die Leistung der Zentrale

$$3 \cdot 93{,}3 \cdot 706 \cdot 0{,}725 = 143000 \text{ kW}.$$

Der Wirkungsgrad der Leitung beträgt $\frac{100}{143} \cdot 100 \simeq 70\%$. In Abb. 199 sind Strom und Spannung längs der Leitung in Prozenten der Größen am Leitungsende sowie die Phasenverschiebungswinkel aufgetragen. Durch die starke Blindbelastung am Leitungsende ist erreicht, daß die Spannung nicht auf mehr als etwa 10% über die Spannung am Leitungsende steigt, in der Zentrale beträgt sie nur 73% davon. Wesentlich stärkere Veränderungen zeigt die Stromstärke, sie hat ein Minimum bei etwa 350 km vom Leitungsende, wo $\varphi = 0$ ist, und steigt dann bis zur Zentrale, wo sie 190% beträgt. Eine solche Leitung von ¼ Wellenlänge wird man daher nicht in einem Stück betreiben, sondern man wird in Zwischenstationen den Ladestrom durch Blindleistungsmaschinen (s. Kap. VI S. 58) kompensieren, wodurch die Strom- und die Spannungsverteilung gleichmäßiger werden und der jeweiligen Belastung angepaßt werden können.

Die gleichmäßigste Verteilung erhält man bei Belastung mit dem Wellenstrom. Strom und Spannung steigen gleichmäßig für die ¼ Wellenlänge auf $e^{\frac{a}{b}\frac{\pi}{2}}$. Da in diesem Beispiel $a:b \cong 0{,}1$ ist, wird $e^{0{,}1\frac{\pi}{2}} = 1{,}17$. Strom und Spannung steigen je nur um 17%, und da die Phasenverschiebung konstant bleibt, wäre der Wirkungsgrad $100:1{,}17^2 = 73\%$. Die Leistungsabgabe ist $\sqrt{3}\cdot 220 \cdot 684 = 260000$ kW, und da die Leitung nur sehr wenig verzerrend ist ($\zeta = 4{,}42^0$), ist dies fast eine reine Wirkbelastung. Bei geringerer Belastung müßten aber, damit die Leitung reflexionsfrei belastet bleibt, die Spannung und der Strom gleichmäßig gesenkt werden, damit der Belastungswiderstand gleich dem Wellenwiderstand bleibt. Eine derartige Regelung ist aber mit den heutigen technischen Mitteln nicht durchführbar.

84. Die Leitung als Vierpol.

Bei den meisten Leitungsberechnungen interessieren vor allem Strom, Spannung und Leistung am Leitungsende und am Leitungsanfang. In Gl. (22) und (23) ist für $x = l$

$$\mathfrak{P}_1 = \mathfrak{P}_2 \operatorname{\mathfrak{Cof}} \nu l + \mathfrak{J}_2 \mathfrak{Z} \operatorname{\mathfrak{Sin}} \nu l \qquad (50) \qquad \mathfrak{J}_1 = \mathfrak{P}_2/\mathfrak{Z} \operatorname{\mathfrak{Sin}} \nu l + \mathfrak{J}_2 \operatorname{\mathfrak{Cof}} \nu l. \qquad (51)$$

Dann erscheint die Leitung als richtungssymmetrischer Vierpol, bei dem das Spannungsverhältnis bei Leerlauf und das Stromverhältnis bei Kurzschluß gleich groß sind

$$\mathfrak{C}_0 = \mathfrak{P}_{10} : \mathfrak{P}_2 = \mathfrak{C}_k = \mathfrak{J}_{1k} : \mathfrak{J}_2 = \operatorname{\mathfrak{Cof}} \nu l. \qquad (52)$$

Ferner ist der Leitwert bei Leerlauf

$$\mathfrak{y}_0 = \mathfrak{J}_{10} : \mathfrak{P}_1 = \frac{1}{\mathfrak{Z}} \operatorname{\mathfrak{Tang}} \nu l \qquad (53)$$

und der Scheinwiderstand bei Kurzschluß

$$\mathfrak{z}_k = \mathfrak{P}_{1k} : \mathfrak{J}_1 = \mathfrak{Z} \operatorname{\mathfrak{Tang}} \nu l. \qquad (54)$$

Daher gelten alle Arbeitsdiagramme, die in Kap. VII für den allgemeinen Übertragungskreis abgeleitet wurden, für die Fernleitung. Bei dem im vorigen Abschnitt behandelten Beispiel der Viertelwellenleitung ist mit den angegebenen Konstanten $\mathfrak{C}_0 = \operatorname{\mathfrak{Cof}} \nu l = 0{,}177\, e^{j113{,}5^0}$. Eine solche Leitung darf nie entlastet werden, weil die Spannung am Leitungsende auf den $1:0{,}177 \cong 5{,}65$fachen Betrag der Zentralenspannung steigen würde. Ferner ist $\operatorname{\mathfrak{Tg}} \nu l = 5{,}7\, e^{-j23^0}$, und daher wird nach (54) mit $\mathfrak{Z} = 186\, e^{-j4{,}4^0}$ $\mathfrak{z}_k = 1060\, e^{-j27{,}4^0}$. Der Kurzschlußstrom bei 220 kV würde nur 119 Amp betragen, während der Leerlaufstrom $5{,}7^2 \cong 32{,}5$mal so groß würde.

Mittels der Gl. (53) und (54) können aus den Messungen bei Leerlauf und bei Kurzschluß rückwärts die Leitungskonstanten wie folgt ermittelt werden. Es ist

$$\mathfrak{Z} = \sqrt{\frac{\mathfrak{z}_k}{\mathfrak{y}_0}} = \sqrt{\frac{z_k}{y_0}}\, e^{j\frac{\varphi_k - \varphi_0}{2}}, \qquad (55)$$

$$\operatorname{\mathfrak{Tg}} \nu l = \sqrt{\mathfrak{y}_0 \mathfrak{z}_k} = \sqrt{y_0 z_k}\, e^{j\frac{\varphi_k + \varphi_0}{2}}. \qquad (56)$$

Diese Gleichung hat die Form

$$\operatorname{\mathfrak{Tg}} \nu l = \operatorname{\mathfrak{Tg}} (a + jb) l = t e^{j\tau}.$$

Dann wird

$$\operatorname{\mathfrak{Tg}} 2al = \frac{2\cos\tau}{1/t + t}, \qquad \operatorname{tg} 2bl = \frac{2\sin\tau}{1/t - t}. \qquad (56\text{a})$$

Endlich ist

$$(R + j\omega L) = \nu \mathfrak{Z}, \qquad (A + j\omega C) = \nu/\mathfrak{Z}. \qquad (57)$$

Beispiel. Für ein 100 km langes Dreiphasenkabel für 10 kV ist
bei Leerlauf $P = 10000$ Volt, $J_0 = 32$ Amp, $N_0 = 54$ kW,
bei Kurzschluß $P = 3000$ Volt, $J_k = 32{,}4$ Amp, $N_k = 167$ kW.

Hieraus erhält man für eine Phase

$$z_k = \frac{3000}{\sqrt{3}\cdot 32{,}4} = 53{,}5 \text{ Ohm}, \qquad \cos\varphi_k = \frac{167}{3\sqrt{3}\cdot 32{,}4} = 0{,}991, \qquad \varphi_k \cong 7{,}5^0,$$

$$y_0 = \frac{\sqrt{3}\cdot 32}{10000} = 0{,}00554 \text{ S}, \qquad \cos\varphi_0 = \frac{54}{10\cdot\sqrt{3}\cdot 32} = 0{,}0976, \qquad \varphi_0 = 84{,}4^0.$$

Damit wird

$$\mathfrak{Z} = 98{,}4\, e^{-j\,38{,}45^0}, \qquad \mathfrak{Tg}\, \nu l = 0{,}544\, e^{j\,45{,}9^0},$$

$$\mathfrak{Tg}\, 2al = \frac{2\cos 45{,}9^0}{1{,}84 + 0{,}544} = 0{,}584, \qquad 2al = 0{,}668, \qquad a = 0{,}00334,$$

$$\operatorname{tg} 2bl = \frac{2\cdot\sin 45{,}9^0}{1{,}84 - 0{,}544} = 1{,}11, \qquad 2bl = \frac{48^0\pi}{180^0} = 0{,}838, \qquad b = 0{,}00434,$$

$$\nu = (a + jb) = (0{,}334 + j0{,}434)\cdot 10^{-2} = 0{,}535\cdot 10^{-2} e^{j\,51{,}5}.$$

$$R + j\omega L = \nu\mathfrak{Z} = 0{,}526\, e^{j\,13{,}05^0} = 0{,}512 + j0{,}118,$$

$$A + j\omega C = \nu/\mathfrak{Z} = 0{,}544\cdot 10^{-4} e^{j\,89{,}95^0} \cong 0 + j0{,}544\cdot 10^{-4}.$$

Das Spannungsverhältnis bei Leerlauf ist

$$C_0 = \sqrt{\tfrac{1}{2}(\mathfrak{Cof}\, 2al + \cos 2bl)} = 0{,}974, \qquad \gamma_0 = \operatorname{arctg}(\mathfrak{Tg}\, al \cdot \operatorname{tg} bl) = 0{,}17^0.$$

Die Spannungserhöhung beträgt hier nur etwa 2,5%.

85. Die Leitungskonstanten bei Mehrfachleitungen.

Bei der Ableitung der Erscheinungen auf Leitungen wurde das einfache Beispiel der Doppelleitung zugrunde gelegt, bei dem die Betriebskonstanten L, C, R als gegeben betrachtet werden konnten.

Meist hat man es mit einem System von Mehrfachleitungen zu tun, z. B. bei Mehrphasenleitungen, Telephonkabeln usf., die aus einer größeren Anzahl Leiter und einer leitenden Hülle oder auch der Erde als Rückleitung bestehen. Hier sind je nach der Betriebsart bestimmte Betriebskonstanten einzuführen, wie schon in Kap. X für den induktiven Spannungsabfall einer Dreiphasenleitung gezeigt wurde.

Im folgenden sei für einige praktisch wichtige Fälle gezeigt, wie die Konstanten C und L zu ermitteln sind[1].

I. Kapazität. A. Potentialkoeffizienten. In einem System von n isolierten Leitern mit den Ladungen $q_1\, q_2 \ldots q_n$ ist die Spannung von jedem Leiter nach Erde eine lineare Funktion der n Ladungen. Die Spannung vom μ^{ten} Leiter nach Erde ist

$$p_\mu = q_1\gamma_{\mu 1} + q_2\gamma_{\mu 2} + q_3\gamma_{\mu 3} + \cdots + q_n\gamma_{\mu n}. \tag{58}$$

Die γ sind die von Maxwell eingeführten Potentialkoeffizienten, die durch die Verteilung der Leiter und die Dielektrika bestimmt sind.

B. Kapazitätskoeffizienten. Aus den n Gleichungen (58) erhält man durch Auflösung n weitere, in denen die Ladung jedes Leiters als lineare Funktion der Spannungen von den n Leitern nach Erde erscheint; die Ladung des μ^{ten} Leiters ist

$$q_\mu = p_1 c_{\mu 1} + p_2 c_{\mu 2} + p_3 c_{\mu 3} + \cdots + p_n c_{\mu n}. \tag{59}$$

Die $c_{\mu\nu}$ heißen Kapazitätskoeffizienten. Sie werden aus den γ mittels der Determinanten der n Gleichungen (58) erhalten und es ist

$$\gamma_{\mu\nu} = \gamma_{\nu\mu} \quad \text{und} \quad c_{\mu\nu} = c_{\nu\mu}. \tag{60}$$

C. Teilkapazitäten. Es ist oft zweckmäßig, die Ladung jedes Leiters den Spannungen von ihm nach den anderen Leitern zuzuordnen und Gl. (59) in der

[1] Näheres Emde u. Diesselhorst: ETZ 1909, S. 1155 u. 1168.

Form zu schreiben

$$q_\mu = p_\mu k_{\mu\mu} + (p_\mu - p_1) k_{\mu 1} + (p_\mu - p_2) k_{\mu 2} + \cdots + (p_\mu - p_n) k_{\mu n}. \tag{61}$$

Die $k_{\mu\nu}$ heißen Teilkapazitäten und können durch Kondensatoren zwischen den einzelnen Leitern und der Erde dargestellt werden (s. Abb. 200). Durch Vergleich mit (59) wird

$$\left.\begin{aligned} k_{\mu\mu} &= c_{\mu 1} + c_{\mu 2} + \cdots + c_{\mu\mu} + \cdots + c_{\mu n}, \\ k_{\mu\nu} &= -c_{\mu\nu}, \\ c_{\mu\mu} &= k_{\mu 1} + k_{\mu 2} + \cdots + k_{\mu\mu} + \cdots + k_{\mu n}. \end{aligned}\right\} \tag{62}$$

$k_{\mu\mu}$ ist der Verschiebungsfluß, der vom Leiter μ ausgeht, wenn alle Leiter die Spannung 1 gegen Erde haben. $k_{\mu\nu}$ ist der Verschiebungsfluß, der auf dem Leiter μ endet, wenn alle Leiter geerdet sind und nur Leiter ν die Spannung 1 gegen Erde hat.

D. Messung der Koeffizienten. Die Messung der Koeffizienten c in Gl. (59) geschieht in der Weise, daß die Ladung des Leiters μ ermittelt wird, wenn nur er eine Spannung p_μ gegen Erde hat, während alle anderen geerdet sind. Dann ist seine Ladung nach (59)

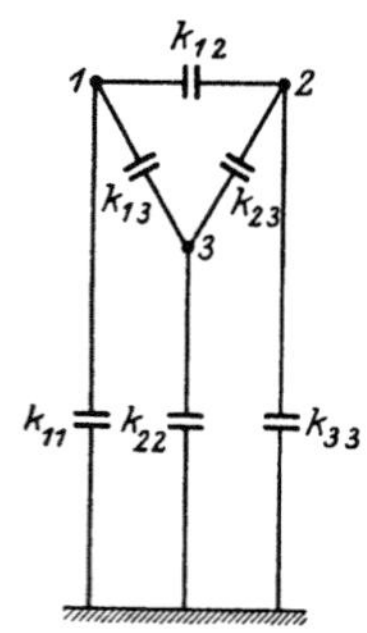

Abb. 200.

$$q_\mu = p_\mu c_{\mu\mu}.$$

Durch n solcher Messungen werden also die n Koeffizienten $c_{\mu\mu}$ ermittelt. Werden zwei Leiter μ und ν miteinander verbunden und an eine Spannung p gelegt, während alle anderen geerdet sind, so ist die Summe ihrer Ladungen

$$q_\mu + q_\nu = p(c_{\mu\mu} + c_{\nu\nu} + 2c_{\mu\nu}) = p \cdot C_{\mu\nu}.$$

$C_{\mu\nu}$ ist die Kapazität der vereinigten Leiter, und wenn $c_{\mu\mu}$ und $c_{\nu\nu}$ ermittelt sind, ist

$$c_{\mu\nu} = \tfrac{1}{2}(C_{\mu\nu} - c_{\mu\mu} - c_{\nu\nu}).$$

Durch $\frac{1}{2}n(n-1)$ Messungen werden alle $c_{\mu\nu}$ ermittelt und nach Gl. (62) erhält man die Teilkapazitäten.

E. Berechnung der Koeffizienten. Bei der Berechnung hat man von der als bekannt angenommenen Feldverteilung auszugehen, wie in Kap. II für einige einfache Anordnungen gezeigt wurde. Für parallele Drähte, deren Abstand groß gegen ihren Durchmesser ist, kann man die Ladung in der Leiterachse linienhaft verteilt annehmen und den Einfluß der Erde oder des geerdeten Mantels bei Kabeln durch gespiegelte Ladungen berücksichtigen. So werden für Freileitungen die Potentialkoeffizienten γ mit den Bezeichnungen (Abb. 201)

$$\gamma_{\mu\mu} = 2 \cdot 9 \cdot \ln 2\frac{h_\mu}{a}\,\mathrm{km}/\mu\mathrm{F}, \qquad \gamma_{\mu\nu} = 2 \cdot 9 \cdot \ln \frac{D'_{\mu\nu}}{D_{\mu\nu}}\,\mathrm{km}/\mu\mathrm{F}. \tag{63}$$

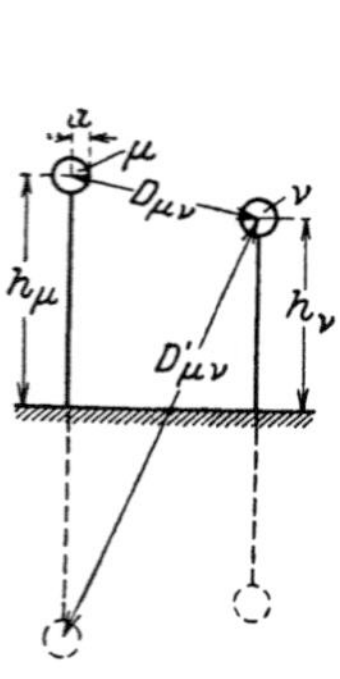

Abb. 201.

Bei Zwei- und Dreileiterkabeln (Abb. 205, 206 S. 176) kann man in erster Annäherung, wenn der Leiterradius a klein gegen ϱ und den Radius des Mantels R ist, jedem Leiter ein Spiegelbild in bezug auf den Mantel im Abstand R^2/ϱ von der Mitte des Kabels zuordnen. Dann ist

$$\gamma_{\mu\mu} = \frac{18}{\varepsilon} \ln \frac{R^2 - \varrho^2}{\varrho a}\,\mathrm{km}/\mu\mathrm{F} \tag{64}$$

und für das Zweileiterkabel (Abb. 205)

$$\gamma_{\mu\nu} = \frac{18}{\varepsilon} \ln \frac{R^2 + \varrho^2}{2\varrho^2}\,\mathrm{km}/\mu\mathrm{F} \tag{65}$$

bzw. für das Dreiphasenkabel (Abb. 206)

$$\gamma_{\mu\nu} = \frac{9}{\varepsilon} \ln \frac{R^4 + \varrho^4 + R^2\varrho^2}{3\varrho^4}\,\mathrm{km}/\mu\mathrm{F}. \tag{66}$$

F. Spannungs- und Ladungsverteilung. Betriebskapazität.

1. Zweileiteranordnung. Bei zwei Leitern ist nach (59)

$$\left.\begin{aligned} q_1 &= c_{11} p_1 + c_{12} p_2 = k_{11} p_1 + k_{12}(p_1 - p_2), \\ q_2 &= c_{22} p_2 + c_{12} p_1 = k_{22} p_2 + k_{12}(p_2 - p_1). \end{aligned}\right\} \tag{67}$$

a) Bei symmetrischer Spannungsverteilung gegen Erde, z. B. bei geerdetem Mittelpunkt der Transformatorwicklung, ist $p_1 = -p_2 = \frac{1}{2}p$, worin $p = p_1 - p_2$ die Betriebsspannung ist, und

$$\left.\begin{aligned} q_1 &= (c_{11} - c_{12})\tfrac{1}{2}p = \tfrac{1}{2}pC_1 = \tfrac{1}{2}p(k_{11} + 2k_{12}),\\ q_2 &= -(c_{22} - c_{12})\tfrac{1}{2}p = -\tfrac{1}{2}pC_2 = -\tfrac{1}{2}p(k_{22} + 2k_{12}).\end{aligned}\right\} \tag{68}$$

C_1 C_2 sind die Betriebskapazitäten, bezogen auf die Spannung jeden Leiters gegen Erde. Bei symmetrischer Anordnung ist

$$c_{11} = c_{22}, \qquad C_1 = C_2 = c_{11} - c_{12}, \qquad q_2 = -q_1.$$

b) Beim isolierten System ist

$$q_1 + q_2 = (c_{11} + c_{12})p_1 + (c_{22} + c_{12})p_2 = 0,$$

$$\frac{p_2}{p_1} = -\frac{c_{11} + c_{12}}{c_{22} + c_{12}} = -\frac{k_{11}}{k_{22}}. \tag{69}$$

Die Spannungen verhalten sich umgekehrt wie die Teilkapazitäten gegen Erde. Die Ladungen sind, mit $p = p_1 - p_2$,

$$q_1 = -q_2 = p\frac{c_{11}c_{22} + c_{12}^2}{c_{11} + c_{22} + 2c_{12}} = p\left[k_{12} + \frac{k_{11}k_{22}}{k_{11} + k_{22}}\right] = pC. \tag{70}$$

Die Betriebskapazität bezieht sich hier auf die Linienspannung und geht nur im Fall der symmetrischen Anordnung ($c_{11} = c_{22}$) in $\frac{1}{2}C_1$ bzw. $\frac{1}{2}C_2$ der Gl. (68) über. Die Mitte des Transformators hat gegen Erde die Spannung

$$p_0 = \frac{1}{2}(p_1 + p_2) = \frac{1}{2}p\frac{c_{22}c_{11}}{c_{11} + c_{22} + 2c_{12}} = \frac{1}{2}p\frac{k_{11} + k_{12}}{k_{22} + k_{12}}. \tag{71}$$

c) Berechnung der Koeffizienten. Aus Gl. (58), (59) und (61) erhält man für die Zweileiteranordnung

$$\left.\begin{aligned} k_{11} &= \frac{\gamma_{22} - \gamma_{12}}{\gamma_{11}\gamma_{22} - \gamma_{12}^2}, & k_{22} &= \frac{\gamma_{11} - \gamma_{12}}{\gamma_{11}\gamma_{22} - \gamma_{12}^2}, & k_{12} &= \frac{\gamma_{12}}{\gamma_{11}\gamma_{22} - \gamma_{12}^2},\\ c_{11} &= k_{11} + k_{12}, & c_{22} &= k_{22} + k_{12}, & c_{12} &= -k_{12}.\end{aligned}\right\} \tag{72}$$

Bei symmetrischer Anordnung ist $\gamma_{11} = \gamma_{22}$ und

$$k_{11} = k_{22} = \frac{1}{\gamma_{11} + \gamma_{12}}, \qquad k_{12} = \frac{\gamma_{12}}{\gamma_{11}^2 - \gamma_{12}^2} \tag{73}$$

und die Betriebskapazität bezogen auf die Linienspannung nach (70)

$$C = \frac{1}{2}\frac{1}{\gamma_{11} - \gamma_{12}}. \tag{74}$$

Für zwei Drähte in gleicher Höhe über Erde (Abb. 203 S. 176) ist, wenn in Gl. (63) $D_{12}' \cong 2h$ gesetzt wird,

$$C = \frac{1}{36\ln\frac{D}{a}}\,\mu\mathrm{F/km}$$

und für das Zweileiterkabel nach Gl. (64) und (65)

$$C = \frac{\varepsilon}{36\ln\frac{2\varrho}{a}\frac{R^2 - \varrho^2}{R^2 + \varrho^2}}\,\mu\mathrm{F/km}.$$

2. Dreiphasensystem. Bei symmetrischer Anordnung liegen die drei Leiter in einem Dreieck. Ist bei einer Freileitung der Abstand gegen Erde sehr groß, so ist, wie auch für ein Kabel,

$$c_{11} = c_{22} = c_{33} \quad \text{und} \quad c_{12} = c_{23} = c_{31}.$$

Sind ferner die Spannungen symmetrisch und $p_1 + p_2 + p_3 = 0$, so ist

$$q_1 = c_{11}p_1 + c_{12}(p_2 + p_3) = p_1(c_{11} - c_{12}) = p_1 C \tag{75}$$

und analog für die anderen Phasen. Die Betriebskapazität bezogen auf die Phasenspannung ist

$$C = c_{11} - c_{12} = k_{11} + 3k_{12} = \frac{1}{\gamma_{11} - \gamma_{12}}. \tag{76}$$

Bei unsymmetrischer Anordnung werden die drei Spannungen gegen Erde ungleich. Es ergibt sich eine Nullpunktsspannung gegen Erde, die für einwellige Spannungen mittels der Teilkapazitäten gegen Erde wie in Kap. X die Nullpunktsspannung einer Sternschaltung berechnet wird. Sind die Linienspannungen $\mathfrak{P}_{12}$, $\mathfrak{P}_{23}$, $\mathfrak{P}_{31}$, so sind die Sternspannungen des symmetrisch belasteten Systems

$$\mathfrak{P}_1 = {}^1/_3(\mathfrak{P}_{12} - \mathfrak{P}_{31}), \qquad \mathfrak{P}_2 = {}^1/_3(\mathfrak{P}_{23} - \mathfrak{P}_{31}), \qquad \mathfrak{P}_3 = {}^1/_3(\mathfrak{P}_{31} - \mathfrak{P}_{23})$$

und nach (61), wenn $\mathfrak{P}_0$ die Nullpunktsspannung ist,

$$\left.\begin{aligned} q_1 &= k_{11}(\mathfrak{P}_1 - \mathfrak{P}_0) + k_{12}\mathfrak{P}_{12} - k_{13}\mathfrak{P}_{31} \\ q_2 &= k_{22}(\mathfrak{P}_2 - \mathfrak{P}_0) + k_{23}\mathfrak{P}_{23} - k_{12}\mathfrak{P}_{12} \\ q_3 &= k_{33}(\mathfrak{P}_3 - \mathfrak{P}_0) + k_{31}\mathfrak{P}_{31} - k_{23}\mathfrak{P}_{23}\,. \end{aligned}\right\} \tag{77}$$

Beim isolierten System ist $\sum q = 0$, daher

$$\mathfrak{P}_0 = \frac{\mathfrak{P}_1 k_{11} + \mathfrak{P}_2 k_{22} + \mathfrak{P}_3 k_{33}}{k_{11} + k_{22} + k_{33}}\,. \tag{78}$$

Die Spannungen gegen Erde sind daher

$$\mathfrak{P}_1 - \mathfrak{P}_0 = \frac{\mathfrak{P}_{12}k_{22} - \mathfrak{P}_{31}k_{33}}{\Sigma k_{\nu\nu}}, \quad \mathfrak{P}_2 - \mathfrak{P}_0 = \frac{\mathfrak{P}_{23}k_{33} - \mathfrak{P}_{12}k_{11}}{\Sigma k_{\nu\nu}}, \quad \mathfrak{P}_3 - \mathfrak{P}_0 = \frac{\mathfrak{P}_{31}k_{11} - \mathfrak{P}_{23}k_{22}}{\Sigma k_{\nu\nu}}\,.$$

Hiermit wird in (77)

$$q_1 = \frac{\mathfrak{P}_{12}(k_{11}k_{22} + k_{12}\Sigma k_{\nu\nu}) - \mathfrak{P}_{31}(k_{11}k_{33} + k_{13}\Sigma k_{\nu\nu})}{\Sigma k_{\nu\nu}}$$

und analog für die anderen Phasen. Die Ladung ist nicht mehr der Phasenspannung proportional. Man kann, wenn die Spannungen gegeben sind, für jede Phase eine Betriebskapazität berechnen, die aber ungleich und komplex sind. Sind die Spannungen symmetrisch,

$$\mathfrak{P}_1 = P, \qquad \mathfrak{P}_2 = a^2 P = P\left(-\frac{1}{2} - j\frac{\sqrt{3}}{2}\right), \qquad \mathfrak{P}_3 = aP = P\left(-\frac{1}{2} + j\frac{\sqrt{3}}{2}\right),$$

so ist

$$\mathfrak{P}_{12} = P(1 - a^2) = \left(\frac{3}{2} + j\frac{\sqrt{3}}{2}\right)P, \qquad -\mathfrak{P}_{31} = P(1 - a) = P\left(\frac{3}{2} - j\frac{\sqrt{3}}{2}\right)$$

und

$$C_1 = \frac{q_1}{P} = \frac{\frac{3}{2}[k_{11}(k_{22} + k_{33}) + (k_{12} + k_{13})\Sigma k_{\nu\nu}] + j\frac{\sqrt{3}}{2}[k_{11}(k_{22} - k_{33}) + (k_{12} - k_{13})\Sigma k_{\nu\nu}]}{\Sigma k_{\nu\nu}}$$

und analog für die anderen Phasen mit zyklischer Vertauschung.

Hat das System einen geerdeten Nullpunkt, so sind die drei Spannungen gegen Erde die Phasenspannungen und man erhält bei unsymmetrischer Anordnung wieder ungleiche und komplexe Betriebskapazitäten.

Bei Dreiphasen-Freileitungen hat man meist solche Unsymmetrien; um sie zu vermeiden, werden die Leitungen verdrillt. Dann kann man mit den mittleren Teilkapazitäten genügend genau rechnen.

II. Induktivität. Die Betriebsinduktivität eines Mehrfachleitersystems berechnet sich aus Schleifeninduktivitäten, die man erhält, indem man einen Leiter des Systems oder auch eine leitende Hülle als Rückleiter aller übrigen auffaßt. Wird der Rückleiter mit dem Index 0 bezeichnet, so ist der Induktionsfluß $\Psi_{\mu\nu}$ einer Schleife aus den Leitern μ, ν

$$\Psi_{\mu\nu} = \Psi_{\mu 0} - \Psi_{\nu 0}\,. \tag{79}$$

$\Psi_{\mu 0}$ bzw. $\Psi_{\nu 0}$ sind die Flüsse der Schleifen aus dem Leiter μ bzw. ν und dem Bezugsleiter, jeder dieser Flüsse ist eine lineare Funktion aller n Ströme. Analog (51) ist

$$\Psi_{\mu 0} = l_{\mu 1}i_1 + l_{\mu 2}i_2 + \cdots + l_{\mu\mu}i_\mu + \cdots + l_{\mu n}i_n, \tag{80}$$
$$l_{\mu\nu} = l_{\nu\mu}\,.$$

Die $\frac{1}{2}n(n+1)$ Koeffizienten l werden durch folgende Messungen auf Schleifeninduktivitäten zurückgeführt.

1. Man bildet eine Schleife aus dem Leiter μ und dem Bezugsleiter, der Strom ist $i_\mu = -i_0 = i$. Alle andern Leiter sind stromlos, dann ist

$$\Psi_{\mu 0} = l_{\mu\mu} i_\mu = L_{\mu 0} i .$$

$$l_{\mu\mu} = L_{\mu 0} \tag{81}$$

ist die Induktivität der Schleife $\mu - 0$.

2. Wird die Schleife $\mu - \nu$ vom Strom $i_\mu = -i_\nu = i$ durchflossen, während alle anderen Leiter stromlos sind, so ist

$$\Psi_{\mu\nu} = \Psi_{\mu 0} - \Psi_{\nu 0} = (l_{\mu\mu} - 2 l_{\mu\nu} + l_{\nu\nu}) i = L_{\mu\nu} i ,$$

$$l_{\mu\nu} = \tfrac{1}{2}(L_{\mu 0} + L_{\nu 0} - L_{\mu\nu}) . \tag{82}$$

Betriebsinduktivitäten. Wie schon in Kap. IX gezeigt, ist zu unterscheiden zwischen Systemen mit und ohne Nulleiter bzw. geerdetem Nullpunkt.

Beim Einphasensystem ohne Nulleiter ist $i_1 = -i_2 = i$. Haben die Leiter gleichen oder nahezu gleichen Abstand von Erde, so ist $l_{11} = l_{22}$ und die Betriebsinduktivität, bezogen auf die Linienspannung, ist die Induktivität der Leiterschleife

$$L = L_{12} . \tag{83}$$

Beim Einphasensystem mit Nulleiter oder geerdetem Nullpunkt ist $i_1 + i_2 = i_0$ der dem Nulleiter zufließende Strom. Zerlegt man die Außenleiterströme in die entgegengesetzt gleichen Systemströme i und in die beiden gleich großen Anteile am Nullpunktstrom

$$i_1 = i + \tfrac{1}{2} i_0 , \qquad i_2 = -i + \tfrac{1}{2} i_0$$

und setzt diese in Gl. (80) ein, so wird mit (81) und (82) für $L_{10} = L_{20}$

$$\Psi_{10} = L_{10}(i_1 + \tfrac{1}{2} i_0) + \tfrac{1}{2}(L_{10} + L_{20} - L_{12})(-i + \tfrac{1}{2} i_0) = i \frac{L_{12}}{2} + \frac{i_0}{2}[2 L_{10} - \tfrac{1}{2} L_{12}] .$$

Hier beziehen sich die Betriebsinduktivitäten auf die Spannung der Außenleiter gegen den Nulleiter als „Phasenspannung". Für den Betriebsstrom ist sie die Hälfte der Schleifeninduktivität der Außenleiter

$$L = \tfrac{1}{2} L_{12} , \tag{84}$$

für den Anteil am Nulleiterstrom ist sie

$$L = 2 L_{10} - \tfrac{1}{2} L_{12} . \tag{85}$$

Diese Induktivität gilt auch für den Entladestrom einer atmosphärischen Ladung (s. Kap. XIV), der in den Außenleitern gleich groß ist.

Beim symmetrischen Dreiphasensystem ohne Nulleiter und mit gleichem oder nahezu gleichem Abstand gegen Erde ist $l_{11} = l_{22} = l_{33}$ und $l_{12} = l_{23} = l_{31}$, ferner $i_1 + i_2 + i_3 = 0$. Nach (80) und (81) und (82) wird

$$\Psi_{10} = i_1 L_{10} + (i_2 + i_3)(L_{10} - \tfrac{1}{2} L_{12}) = \tfrac{1}{2} L_{12} .$$

Die Betriebsinduktivität einer Phase ist die Hälfte der Schleifeninduktivität von zwei Leitern

$$L = \tfrac{1}{2} L_{12} . \tag{86}$$

Bei unsymmetrischer Anordnung aber verdrillten Leitern ist für die Schleifeninduktivität der mittlere Abstand einzusetzen

$$D = \sqrt[3]{D_{12}, D_{23}, D_{31}} . \tag{87}$$

Beim Dreiphasensystem mit Nulleiter oder geerdetem Nullpunkt gilt (86) für die Systemströme, deren Summe Null ist. Für den in den drei Außenleitern gleich großen Anteil i_0 am Nulleiterstrom ist nach (80), (81), (82)

$$\Psi_{10} = i_0(l_{10} + l_{12} + l_{23}) = i_0(3 L_{10} - L_{12}) ,$$

$$L = 3 L_{10} - L_{12} . \tag{88}$$

Diese Induktivität gilt auch wieder für den Entladestrom einer atmosphärischen Ladung bei der Dreiphasenleitung. Abgesehen von den Schleifeninduktivitäten paralleler Drähte kommt in den Gleichungen noch die Induktivität einer Schleife aus einem Draht und der Erde als Rückleitung vor. Betrachtet man die Erde als unendlich gut leitende Ebene, so kann man wie bei der Berechnung der Kapazität Draht gegen Ebene den Leiter an der Ebene spiegeln. Für Freileitungen gilt, wenn man vom magnetischen Feld im Innern des Leiters absieht,

$$l_{\mu\nu} : \gamma_{\mu\nu} = \varepsilon\mu : c^2,$$

worin c die Lichtgeschwindigkeit ist. Bei Freileitungen ist $\varepsilon = \mu = 1$, und wenn $\gamma_{\mu\nu}$ in km/μF und $l_{\mu\nu}$ in Henry/km gesetzt wird

$$l_{\mu\nu} : \gamma_{\mu\nu} = 1 : 9 \cdot 10^4.$$

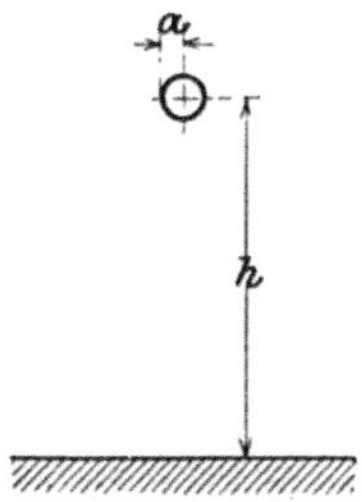

Abb. 202.

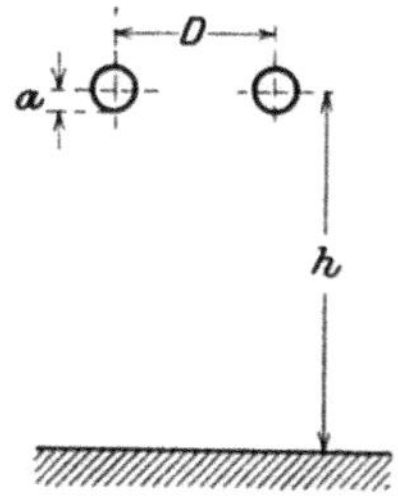

Abb. 203.

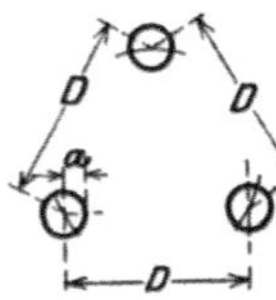

Abb. 204.

Aus der Kapazität eines Drahtes vom Radius a im Abstand h von einer leitenden Ebene ergibt sich die Induktivität der Schleife Leiter—Erde, wenn man das Feld im Innern des Leiters berücksichtigt:

$$L_{10} = \left(2 \ln \frac{2h}{a} + 0{,}5\right) 10^{-4}\ \text{Henry/km}. \tag{89}$$

Es ist dies der Fluß, den 1 Amp im Leiter durch eine Schleife erregt, die sich durch Spiegelung des Leiters an der Erde als unendlich gutem Leiter ergibt. Hierbei ist der Fluß des Stromes in der Erde nicht berücksichtigt. Die Stromfäden im Erdboden folgen im wesentlichen dem Leitungszug und drängen sich nach der Oberfläche zu. Der Fluß, den sie durch die Schleife senden, vergrößert die Induktivität nach (89) um 30 bis 50%[1].

In der nebenstehenden Tabelle sind die Betriebskapazitäten und Induktivitäten der gebräuchlichsten Leiteranordnungen zusammengestellt[2].

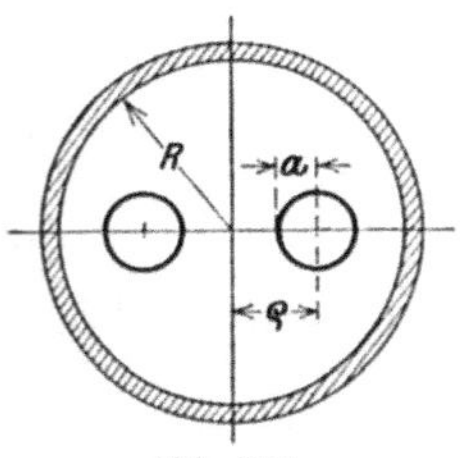

Abb. 205.

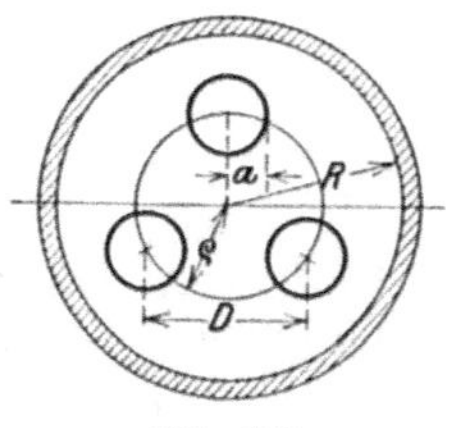

Abb. 206.

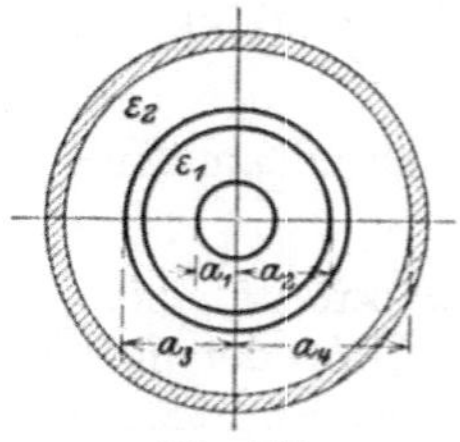

Abb. 207.

86. Ersatzschaltungen für Starkstromleitungen.

Bei Starkstromleitungen für 50 Hz ist eine beträchtliche Leitungslänge nur ein Bruchteil der Wellenlänge. Man kann daher häufig mit einem Ersatzschema nach Abb. 208 oder Abb. 209 rechnen, d. h. mit einem in der Mitte oder zwei an den Leitungsenden konzentrierten Ladeströmen. Wir untersuchen, welche Bedeutung den Konstanten $\mathfrak{y}$ und $\mathfrak{z}$ zukommt.

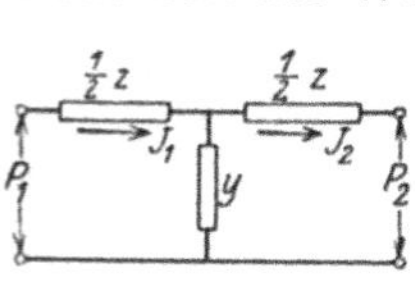

Abb. 208.

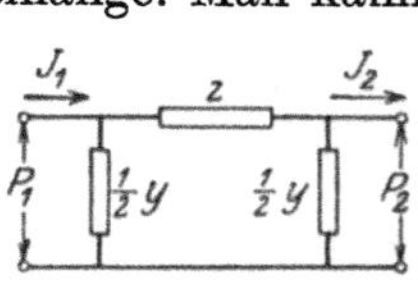

Abb. 209.

Damit der Ersatzstromkreis die Leitung getreu wiedergibt, müssen die vier Grundkonstanten, das Spannungsverhältnis und der Leitwert bei Leerlauf, sowie das Stromverhältnis und der Scheinwiderstand bei Kurzschluß dieselben sein wie bei der Leitung.

---

[1] Siehe Breisig: Theoretische Telegraphie 1924. Rüdenberg: ETZ 1925, S. 1342. O. Mayr: ETZ 1925, S. 1352, 1436.

[2] Siehe Breisig: ETZ 1898. Lichtenstein: ETZ 1904. Orlich: ETZ 1908, S. 310. Orlich: Kapazität und Induktivität.

	C Mfd/km	L Henry/km
1 Draht, Erde als Rückleitung (Abb. 202)	$\frac{1}{2\ln\frac{2h}{a}}\cdot\frac{1}{9}$	$\left(2\ln\frac{2h}{a}+0{,}5\right)10^{-4}$
Einphasenfreileitung (Abb. 203)	$\frac{1}{4\ln\frac{D}{a}}\cdot\frac{1}{9}$	$\left(4\ln\frac{D}{a}+1\right)10^{-4}$
Dgl. unter Berücksichtigung der Erde	$\frac{1}{2\ln\left[\frac{\left(\frac{2h}{a}\right)^2}{1+\left(\frac{2h}{D}\right)^2}\right]}\cdot\frac{1}{9}$	
Symmetrische Dreiphasenfreileitung pro Phase (Abb. 204)	$\frac{1}{2\ln\frac{D}{a}}\cdot\frac{1}{9}$	$\left(2\ln\frac{D}{a}+0{,}5\right)10^{-4}$
Einphasenkabel, Mantel geerdet (Abb. 205)	$\frac{\varepsilon}{4\ln\frac{2\varrho}{a}\frac{(R^2-\varrho^2)}{(R^2+\varrho^2)}}\cdot\frac{1}{9}$	$\left(4\ln\frac{2\varrho}{a}+1\right)10^{-4}$
Symmetrisches Dreiphasenkabel, Mantel geerdet (Abb. 206)	$\frac{\varepsilon}{\ln\left[\frac{3\varrho^2}{a^2}\frac{(R^2-\varrho^2)^3}{R^6-\varrho^6}\right]}\cdot\frac{1}{9}$	$\left(2\ln\frac{D}{a}+0{,}5\right)10^{-4}$
Konzentrisches Kabel (Abb. 207) a) Betriebskapazität, wenn Außenleiter geerdet. Bei geerdetem Mantel ist a) Kap. des inneren Leiters, b) Kap. des äußeren Leiters	a) $\frac{\varepsilon_1}{\ln\frac{a_2}{a_1}}\cdot\frac{1}{9}$ b) $\frac{1}{9}\left[\frac{\varepsilon_1}{\ln\frac{a_2}{a_1}}+\frac{\varepsilon_2}{\ln\frac{a_4}{a_3}}\right]$	$\left[2\ln\frac{a_2}{a_1}+2\frac{a_3^4}{(a_3^2-a_2^2)^2}\ln\frac{a_3}{a_2}-\frac{a_3^2}{a_3^2-a_2^2}\right]10^{-4}$

Erste Ersatzschaltung (Abb. 208). Hier ist

$$\mathfrak{P}_1-\mathfrak{P}_2=\tfrac{1}{2}\mathfrak{z}(\mathfrak{J}_2+\mathfrak{J}_1),\qquad \mathfrak{J}_1-\mathfrak{J}_2=\mathfrak{y}(\mathfrak{P}_1-\tfrac{1}{2}\mathfrak{z}\mathfrak{J}_1).\tag{90}$$

Bei Leerlauf ist daher

$$\frac{\mathfrak{P}_{10}}{\mathfrak{P}_2}=(1+\tfrac{1}{2}\mathfrak{y}\mathfrak{z}),\qquad \frac{\mathfrak{J}_{10}}{\mathfrak{P}_{10}}=\frac{\mathfrak{y}}{1+\frac{1}{2}\mathfrak{y}\mathfrak{z}}.\tag{91}$$

Bei der Leitung ist $\mathfrak{C}=\mathfrak{Cof}(\nu l)$ und $\mathfrak{y}_0=1/\mathfrak{Z}\,\mathfrak{Tg}(\nu l)$, s. Gl. (52), (53). Bei Kurzschluß ist beim Ersatzstromkreis nach Gl. (90)

$$\frac{\mathfrak{J}_{1k}}{\mathfrak{J}_2}=(1+\tfrac{1}{2}\mathfrak{y}\mathfrak{z}),\qquad \frac{\mathfrak{P}_{1k}}{\mathfrak{J}_{1k}}=\tfrac{1}{2}\mathfrak{z}\left(1+\frac{1}{1+\frac{1}{2}\mathfrak{y}\mathfrak{z}}\right)\tag{92}$$

und bei der Leitung $\mathfrak{C}=\mathfrak{Cof}(\nu l)$ und $\mathfrak{z}_k=\mathfrak{Z}\,\mathfrak{Tg}(\nu l)$, s. Gl. (52), (54). Daher bedeutet im Ersatzstromkreis

$$\tfrac{1}{2}\mathfrak{z}=\mathfrak{z}_k\frac{\mathfrak{C}}{1+\mathfrak{C}}=\mathfrak{Z}\frac{\mathfrak{Sin}(\nu l)}{1+\mathfrak{Cof}(\nu l)},\qquad \mathfrak{y}=\mathfrak{y}_0\mathfrak{C}=\frac{1}{\mathfrak{Z}}\mathfrak{Sin}(\nu l).\tag{93}$$

Durch Reihenentwicklung der $\mathfrak{Sin}$ und $\mathfrak{Cof}$ wird

$$\tfrac{1}{2}\mathfrak{z}=\mathfrak{Z}(\nu l)\frac{1+\frac{(\nu l)^2}{3!}+\frac{(\nu l)^4}{5!}+\cdots}{2+\frac{(\nu l)^2}{2!}+\frac{(\nu l)^4}{4!}+\cdots};\qquad \mathfrak{y}=\frac{1}{\mathfrak{Z}}(\nu l)\left[1+\frac{(\nu l)^2}{3!}+\frac{(\nu l)^4}{5!}+\cdots\right].$$

Hierin ist nach Gl. (57)

$$\mathfrak{Z}(\nu l) = (R + j\omega L)l, \qquad \frac{\nu l}{\mathfrak{Z}} = (A + j\omega C)l.$$

Bricht man die Reihen nach den quadratischen Gliedern ab, so ist

$$\left.\begin{aligned} \tfrac{1}{2}\mathfrak{z} &= \tfrac{1}{2}l(R + j\omega L)[1 - \tfrac{1}{12}l^2\{RA - \omega^2 LC + j(\omega LA + \omega CR)\}]\,. \\ \mathfrak{y} &= l(A + j\omega C)[1 + \tfrac{1}{6}l^2\{RA - \omega^2 LC + j(\omega LA + \omega CR)\}]\,. \end{aligned}\right\} \qquad (94)$$

Die Glieder vor den eckigen Klammern sind für $\frac{1}{2}\mathfrak{z}$ Wirk- und Blindwiderstand der halben Leitung, für $\mathfrak{y}$ Wirk- und Blindleitwert der ganzen Leitung. Die Faktoren in den Klammern können offenbar vernachlässigt werden, wenn der größere von ihnen nicht mehr als 1% von der Einheit abweicht. Die Leitungslängen seien für zwei praktische Fälle ermittelt.

a) Dreiphasenfreileitung für 110 kV, 120 mm² $f = 50$ Hz. Die Konstanten sind: $R = 0{,}15$ Ohm/km, $L = 0{,}0013$ H/km, $C = 0{,}009 \cdot 10^{-6}$ F/km, $A = 0{,}5$ 10^{-6} Siemens/km. Das größere Korrekturglied steht im Ausdruck für $\mathfrak{y}$ und weicht von 1 ab um $l^2(-0{,}18 + j0{,}105) \cdot 10^{-6}$. Der Betrag ist $l^2\, 0{,}208 \cdot 10^{-6}$ und wird 0,01 für $l \simeq 220$ km, d. h. etwa 3,5% der Wellenlänge.

b) Dreiphasenkabel für 10 kV, 50 mm², $f = 50$ Hz. Mit $R = 0{,}36$ Ohm/km, $L = 0{,}00035$ H/km, $C = 0{,}185 \cdot 10^{-6}$ F/km, $A = 0{,}5 \cdot 10^{-6}$ Siemens/km je Phase, weicht der größere Korrekturfaktor von der Einheit um $l^2(-1{,}03 + j3{,}5) \cdot 10^{-6}$ ab. Der Betrag wird 0,01, wenn $l \simeq 52$ km ist; dies sind etwa 2,2% der Wellenlänge.

Bis zu diesen Längen kann ohne merklichen Fehler die ganze Leitungskapazität und Ableitung in der Leitungsmitte konzentriert gedacht werden. Der Bruchteil der Wellenlänge ist bei der Freileitung größer als beim Kabel, weil sie wenig verzerrend ist.

Zweite Ersatzschaltung (Abb. 209). Hier ist

$$\mathfrak{J}_1 - \mathfrak{J}_2 = \tfrac{1}{2}\mathfrak{y}(\mathfrak{P}_2 + \mathfrak{P}_1)\,, \qquad \mathfrak{P}_1 - \mathfrak{P}_2 = \mathfrak{z}(\mathfrak{J}_1 - \tfrac{1}{2}\mathfrak{y}\,\mathfrak{P}_1)\,. \qquad (95)$$

Diese Gleichungen entstehen aus Gl. (90) durch Vertauschung von $\mathfrak{y}$ und $\mathfrak{z}$ und $\mathfrak{P}$ und $\mathfrak{J}$. Man erhält analog

$$\mathfrak{z} = \mathfrak{z}_k \mathfrak{C} = \mathfrak{Z}\,\mathfrak{Sin}(\nu l)\,, \qquad \tfrac{1}{2}\mathfrak{y} = \mathfrak{y}_0 \frac{\mathfrak{C}}{1 + \mathfrak{C}} = \frac{1}{\mathfrak{Z}}\,\frac{\mathfrak{Sin}(\nu l)}{1 + \mathfrak{Cof}(\nu l)}\,. \qquad (96)$$

Dies ergibt die gleichen Ausdrücke wie bei der ersten Schaltung, nur sind die Korrekturglieder in bezug auf $\mathfrak{y}$ und $\mathfrak{z}$ vertauscht. Die Genauigkeit ist bei beiden Ersatzkreisen dieselbe.

87. Kettenleiter.

Ist die Leitungslänge ein größerer Teil oder ein Mehrfaches der Wellenlänge, wie bei langen Telegraphenleitungen, so kann die Leitung durch Aneinanderreihen einer größeren Anzahl gleicher Glieder nach Abb. 208 oder 209 abgebildet werden. Man erhält Leitungsgebilde nach Abb. 210 und 211, die man als Kettenleiter bezeichnet oder als künstliche Leitung, da sie zur experimentellen Untersuchung der Vorgänge in Telegraphenkabeln dienen[1]. Die einzelnen Glieder heißen Kettenglieder, die wir zur Abkürzung als T- und Π-Kettenglied unterscheiden und analog die Kettenleiter. Der T-Kettenleiter beginnt und endet mit einem Reihenwiderstand, der Π-Kettenleiter mit einem Nebenschlußleitwert. Die $\mathfrak{y}$ und $\mathfrak{z}$ können beliebige Kombinationen von Widerständen, Induktivitäten und Kapazitäten sein.

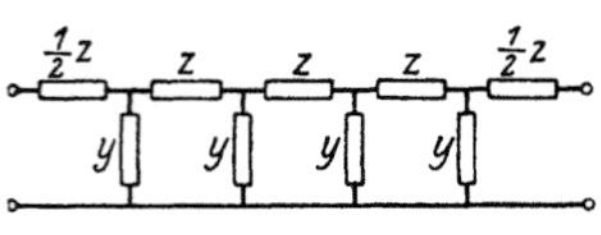

Abb. 210.

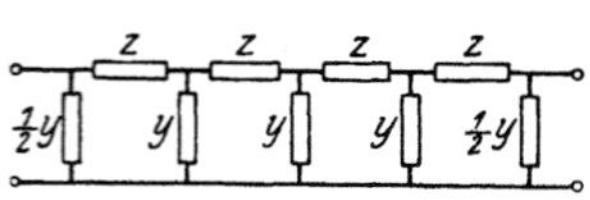

Abb. 211.

[1] Vachy: Traité d'Electricité Bd. 2. 1890. Breisig: Verh. d. Dt. Phys. Ges. 1910. Wagner, K. W.: Arch. Elektrot. Bd. 3, S. 315. 1915; Bd. 8, S. 61. 1919. Z. techn. Phys. Bd. 2, S. 301. 1921.

Für das n^{te} Glied einer Kette aus n Gliedern gelten die Gl. (90) und (95) für die beiden Schemata, wenn $\mathfrak{P}_2\mathfrak{J}_2$ durch $\mathfrak{P}_n\mathfrak{J}_n$ und $\mathfrak{P}_1, \mathfrak{J}_1$ durch $\mathfrak{P}_{n-1}\mathfrak{J}_{n-1}$ ersetzt werden. Für Abb. 211 ist entsprechend Gl. (95)

$$\mathfrak{J}_{n-1} - \mathfrak{J}_n = \tfrac{1}{2}\mathfrak{y}(\mathfrak{P}_n + \mathfrak{P}_{n-1}), \qquad \mathfrak{P}_{n-1} - \mathfrak{P}_n = \mathfrak{z}(\mathfrak{J}_{n-1} - \tfrac{1}{2}\mathfrak{y}\,\mathfrak{P}_{n-1}). \tag{97}$$

Diese Differenzengleichungen treten an die Stelle der Differentialgleichungen der Leitung, die als Kettenleiter mit unendlich kleinen Gliedern aufzufassen ist. Die Lösung ist analog. Wir setzen

$$\mathfrak{P}_n = \mathfrak{A}e^{\nu n}, \qquad \mathfrak{J}_n = \mathfrak{B}e^{\nu n}, \tag{98}$$

worin $\mathfrak{A}$, $\mathfrak{B}$ und ν Konstante sind. Damit wird (97)

$$\mathfrak{B}(1 - e^{\nu}) = \tfrac{1}{2}\mathfrak{y}\mathfrak{A}(1 + e^{\nu}), \qquad \mathfrak{B}\mathfrak{z} = \mathfrak{A}(1 - e^{\nu} + \tfrac{1}{2}\mathfrak{y}\mathfrak{z}). \tag{99}$$

Durch Division der beiden Gleichungen werden $\mathfrak{A}$ und $\mathfrak{B}$ eliminiert.

$$\tfrac{1}{2}\mathfrak{y}\mathfrak{z}(1 + e^{\nu}) = (1 - e^{\nu})(1 - e^{\nu} + \tfrac{1}{2}\mathfrak{y}\mathfrak{z}), \qquad (1 - e^{\nu})^2 = \mathfrak{y}\mathfrak{z}e^{\nu}, \qquad 1 - e^{\nu} = \pm e^{\nu/2}\sqrt{\mathfrak{y}\mathfrak{z}}.$$

Multipliziert man mit $\frac{1}{2}e^{-\nu/2}$, so erhält man die Bestimmungsgleichung für ν

$$\tfrac{1}{2}(e^{\nu/2} - e^{-\nu/2}) = \mathfrak{Sin}\frac{\nu}{2} = \pm\tfrac{1}{2}\sqrt{\mathfrak{y}\mathfrak{z}}. \tag{100}$$

Aus der ersten Gl. (99) wird das Verhältnis $\mathfrak{P}_n$ zu $\mathfrak{J}_n$ in (98)

$$-\frac{\mathfrak{A}}{\mathfrak{B}} = \frac{2}{\mathfrak{y}}\,\frac{e^{\nu} - 1}{e^{\nu} + 1} = \frac{2}{\mathfrak{y}}\mathfrak{Tg}\frac{\nu}{2} = \mathfrak{Z}. \tag{101}$$

Entsprechend den beiden Werten $\pm\nu$ in Gl. (100), mit denen auch $\mathfrak{Z}$ in (101) mit dem $\mathfrak{Tg}$ das Vorzeichen wechselt, erhält die Lösung (97) zwei Glieder:

$$\mathfrak{P}_n = \mathfrak{A}_1e^{\nu n} + \mathfrak{A}_2e^{-\nu n}, \qquad \mathfrak{J}_n = \frac{1}{\mathfrak{Z}}(-\mathfrak{A}_1e^{\nu n} + \mathfrak{A}_2e^{-\nu n}]. \tag{102}$$

Am Anfang der Kette, $n = 0$, sind Strom und Spannung $\mathfrak{P}_a$, $\mathfrak{J}_a$, daher ist in (102)

$$\mathfrak{P}_a = \mathfrak{A}_1 + \mathfrak{A}_2, \qquad \mathfrak{J}_a\mathfrak{Z} = -\mathfrak{A}_1 + \mathfrak{A}_2, \qquad \mathfrak{A}_1 = \tfrac{1}{2}(\mathfrak{P}_a - \mathfrak{J}_a\mathfrak{Z}), \qquad \mathfrak{A}_2 = \tfrac{1}{2}(\mathfrak{P}_a + \mathfrak{J}_a\mathfrak{Z})$$

Damit werden Gl. (102)

$$\mathfrak{P}_n = \mathfrak{P}_a\mathfrak{Cof}\,\nu n - \mathfrak{J}_a\mathfrak{Z}\,\mathfrak{Sin}\,\nu n, \qquad \mathfrak{J}_n = \mathfrak{J}_a\mathfrak{Cof}\,\nu n - \frac{\mathfrak{P}_a}{\mathfrak{Z}}\mathfrak{Sin}\,\nu n. \tag{103}$$

Diese Gleichungen entsprechen Gl. (19) und (20) S. 157 der homogenen Leitung, wenn für n die Leitungslänge x gesetzt wird. ν ist die Fortpflanzungskonstante, $\mathfrak{Z}$ der Wellenwiderstand. Bei der Leitung wurden sie aus den Konstanten für die Längeneinheit $\mathfrak{z} = (R + j\omega L)$ und $\mathfrak{y} = (A + j\omega C)$ berechnet. Für unendlich kleine Glieder ist $\mathfrak{Sin}\,\alpha = \mathfrak{Tg}\,\alpha = \alpha$. Dann wird aus (100) und (101) $\nu = \sqrt{\mathfrak{y}\mathfrak{z}}$, $\mathfrak{Z} = \frac{\nu}{\mathfrak{y}} = \sqrt{\frac{\mathfrak{z}}{\mathfrak{y}}}$ entsprechend Gl. (11) und (18).

Sind $\mathfrak{P}_e$, $\mathfrak{J}_e$ Strom und Spannung am Ende der Kette von m Gliedern und setzt man wie bei der Leitung

$$\mathfrak{Cof}(\nu m) = \mathfrak{C}, \qquad \mathfrak{Z}\mathfrak{Tg}(\nu m) = \mathfrak{z}_k, \qquad \frac{1}{\mathfrak{Z}}\mathfrak{Tg}(\nu m) = \mathfrak{y}_0,$$

so wird nach Gl. (103)

$$\mathfrak{P}_e = \mathfrak{P}_a\mathfrak{C} - \mathfrak{J}_a\mathfrak{z}_k\mathfrak{C}, \qquad \mathfrak{J}_e = \mathfrak{J}_a\mathfrak{C} - \mathfrak{P}_a\mathfrak{y}_0\mathfrak{C},$$

und mit $\mathfrak{y}_0\mathfrak{z}_k = 1 - 1/\mathfrak{C}^2$ folgt

$$\mathfrak{P}_a = \mathfrak{P}_e\mathfrak{C} + \mathfrak{J}_e\mathfrak{C}\mathfrak{z}_k, \qquad \mathfrak{P}_a = \mathfrak{J}_e\mathfrak{C} + \mathfrak{P}_e\mathfrak{C}\mathfrak{y}_0. \tag{104}$$

Der Kettenleiter als Ganzes läßt sich daher auch als Vierpol auffassen, dessen Konstanten $\mathfrak{y}_0$, $\mathfrak{z}_k$, $\mathfrak{C}$ durch den Leerlauf- und den Kurzschlußversuch zu bestimmen sind.

Beim T-Kettenleiter (Abb. 210) sind nach S. 177 in den Ausgangsgleichungen $\mathfrak{y}$ und $\mathfrak{z}$ mit Bezug auf $\mathfrak{P}$ und $\mathfrak{J}$ zu vertauschen. Die Beziehungen sind wieder dieselben, nur der Wellenwiderstand ist

$$\mathfrak{Z}' = \frac{\mathfrak{z}}{2\mathfrak{Tg}\frac{\nu}{2}}.$$

Beispiele.

1. Die Spannungsverteilung an Hängeisolatoren[1]. In Abb. 212 bedeute C die Kapazität zwischen zwei Isolatorgliedern, c die Kapazität eines Gliedes gegen Erde. Setzen wir hier $\mathfrak{z} = \frac{1}{j\omega C}$, $\mathfrak{y} = j\omega c$, so wird in Gl. (100)

$$\mathfrak{Sin}\frac{\nu}{2} = \frac{1}{2}\sqrt{\mathfrak{y}\mathfrak{z}} = \frac{1}{2}\sqrt{\frac{c}{C}}.$$

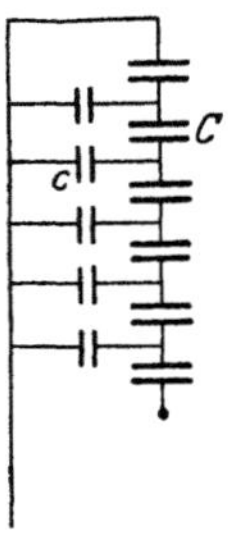

Abb. 212.

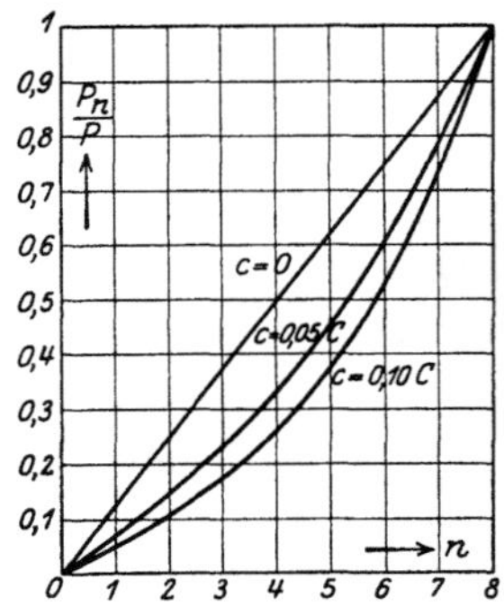

Abb. 213.

Der Anfang der Kette, $n = 0$, ist an den Leitungsmast aufgehängt, die Spannung gegen Erde ist Null. Daher wird $\mathfrak{P}_a = 0$ und in Gl. (102) $\mathfrak{A}_2 = -\mathfrak{A}_1$. Damit wird

$$\mathfrak{P}_n = \mathfrak{A}_1(e^{\nu n} - e^{-\nu n}) = 2\mathfrak{A}_1 \mathfrak{Sin}\,\nu n.$$

Das letzte Glied (m) hat die Spannung $\mathfrak{P}$ der Leitung gegen Erde. Daraus folgt

$$\mathfrak{P} = 2\mathfrak{A}_1 \mathfrak{Sin}\,\nu m$$

und

$$\mathfrak{P}_n = \mathfrak{P}\frac{\mathfrak{Sin}\,\nu n}{\mathfrak{Sin}\,\nu m}. \tag{105}$$

Durch das Verhältnis $c:C$ sind ν und die Spannungsverteilung vollständig bestimmt; dieses Verhältnis hängt von der Art der Aufhängung ab, im allgemeinen ist c viel kleiner als C. In Abb. 213 ist die Spannungsverteilung für $m = 8$ Glieder und $c:C$ gleich 0, 0,05 und 0,1 aufgetragen. Je größer dieses Verhältnis, um so mehr weicht die Spannungsverteilung von der Geraden ab, um so größer ist die Spannung der letzten Glieder. Die Spannung vom n^{ten} zum verhergehenden Glied ist

$$\Delta\mathfrak{P}_n = \mathfrak{P}_n - \mathfrak{P}_{(n-1)} = \frac{\mathfrak{P}}{\mathfrak{Sin}\,\nu m}[\mathfrak{Sin}\,\nu n - \mathfrak{Sin}\,\nu(n-1)]$$

und für das letzte Glied

$$\Delta\mathfrak{P}_m = \mathfrak{P}\left[1 - \frac{\mathfrak{Sin}\,\nu(m-1)}{\mathfrak{Sin}\,\nu m}\right].$$

Sind alle Glieder gleich, so ist jedes für die größte Gliedspannung $\Delta\mathfrak{P}_m$ zu bemessen. Für sehr lange Ketten kann man $\mathfrak{Sin}\,\nu m = e^{\nu m}$ setzen, dann wird der Klammerausdruck $1 - e^{-\nu}$ und die größtmögliche Spannung $\mathfrak{P}$ für eine Gliedspannung $\Delta\mathfrak{P}_m$ wird

$$\mathfrak{P}_{(m=\infty)} = \frac{\Delta\mathfrak{P}_m}{1 - e^{-\nu}}.$$

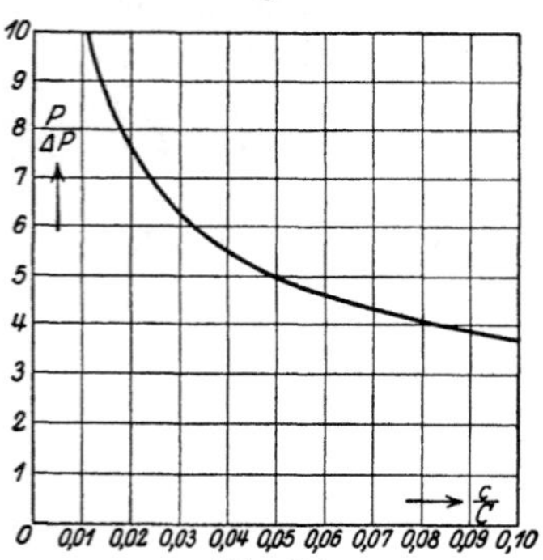

Abb. 214.

Dieser Wert ist in Abb. 214 für c/C von 0 bis 0,1 aufgetragen. Es zeigt sich, daß große Werte c/C unbrauchbar sind, weil die Gesamtspannung auch bei vielen Gliedern nur ein kleines Vielfaches der Gliedspannung ist.

Das einfache Schema (Abb. 212) gibt die Beanspruchung des letzten Gliedes mit hinreichender Genauigkeit. Hingegen zeigen Messungen besonders an langen Ketten, daß die Gliedspannung am Anfang der Kette nicht stetig ansteigt, wie in Abb. 213, vielmehr haben die ersten Glieder eine größere Spannung als die nächstfolgenden. Dies rührt daher, daß die Verschiebungslinien vernachlässigt sind, die von der Leitung direkt nach den einzelnen Gliedern verlaufen. Ein erweitertes Schema, das je eine weitere Teilkapazität zwischen jedem Glied und der Leitung enthält[2], kommt hierin der Wirklichkeit näher.

[1] Siehe Rüdenberg: ETZ 1914, S. 412. [2] Salessky: Arch. Elektrot. Bd. 13. 1924.

2. Ein Kettenleiter nach Abb. 215 wird oft der Untersuchung der **Spannungsverteilung bei Spulen** für hohe Frequenzen zugrunde gelegt[1]. R, L, C sind Widerstand, Induktivität und Erdkapazität einer Windung, K ist die Kapazität zwischen benachbarten Windungen. Hier ist

$$\mathfrak{z} = \frac{R + j\omega[L(1-\omega^2 LK) - R^2 K]}{(R\omega K)^2 + (1-\omega^2 LK)^2}$$

oder, wenn für hohe Frequenzen R gegen ωL vernachlässigt wird,

$$\mathfrak{z} = j\frac{\omega L}{1-\omega^2 LK} \quad \text{und} \quad \mathfrak{y} = j\omega C .$$

Bezieht man, wie bei der Leitung, die Konstanten auf die Längeneinheit, so werden Fortpflanzungskonstante und Wellenwiderstand der Spule

$$\nu = \sqrt{\mathfrak{z}\mathfrak{y}} = j\omega\sqrt{\frac{LC}{1-\omega^2 LK}}, \qquad \mathfrak{Z} = \sqrt{\frac{\mathfrak{z}}{\mathfrak{y}}} = \sqrt{\frac{L}{C}}\,\frac{1}{\sqrt{1-\omega^2 LK}}. \tag{106}$$

Hieraus folgt, daß das Verhalten verschieden ist, je nachdem ω kleiner oder größer ist als

$$\omega_0 = \frac{1}{\sqrt{LK}}.$$

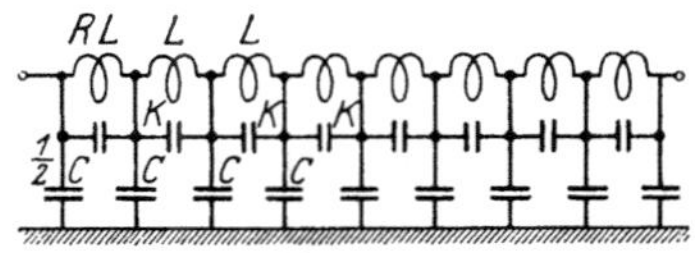

Abb. 215.

ω_0 ist die Resonanzfrequenz der Windungsinduktivität und -kapazität. Ist $\omega < \omega_0$, so ist ν imaginär, also ein Winkelmaß und $\mathfrak{Z}$ ist reell. Die Strom- und Spannungsamplituden sind räumlich nach Sinuswellen verteilt, wie bei einer verlustfreien Leitung. Ist $\omega > \omega_0$, so ist ν reell, d. h. ein Dämpfungsfaktor, $\mathfrak{Z}$ ist imaginär und bedeutet einen Blindwiderstand, die räumliche Verteilung von Strom und Spannung befolgt ein Exponentialgesetz.

Die beiden Frequenzbereiche unterscheiden sich durch den Stromverlauf, der im unteren Bereich hauptsächlich durch die Windungen, im oberen quer dazu durch die Parallelkapazitäten K geht.

Wie bei der verlustfreien Leitung erhält man auch hier **stehende Wellen**, wenn keine Energie durch die Spule übertragen wird. Dem Leerlauf und dem Kurzschluß der Leitung entsprechen hier die Fälle, daß die Spule am Ende isoliert oder widerstandslos geerdet ist, während der Anfang an einen Pol der Stromquelle angeschlossen ist, deren anderer Pol geerdet ist. Die an beide (isolierte) Pole der Stromquelle angeschlossene Spule erhält man dann aus zwei am isolierten Ende hintereinandergeschalteten halben Spulen, von denen die eine am Anfang an die Spannung $\frac{1}{2}\mathfrak{P}_a$, die andere an $-\frac{1}{2}\mathfrak{P}_a$ angeschlossen ist.

Für den unteren Frequenzbereich ist $\nu = jb$, worin das Winkelmaß

$$b = \frac{\omega\sqrt{LC}}{\sqrt{1-\omega^2 LK}}$$

ist, und $\mathfrak{Z} = Z$, ferner

$$\mathfrak{Cos}\,\nu x = \mathfrak{Cos}\,jbx = \cos bx, \qquad \mathfrak{Sin}\,\nu x = \sin jbx = j\sin bx.$$

Daher wird

$$\mathfrak{P}_x = \mathfrak{P}_a \cos bx - j\mathfrak{J}_a Z \sin bx, \quad \mathfrak{J}_x = \mathfrak{J}_a \cos bx - j\frac{\mathfrak{P}_a}{Z}\sin bx. \tag{107}$$

Bei isoliertem Ende ($x = l$) ist $\mathfrak{J}_l = 0$, und aus der zweiten Gleichung

$$\mathfrak{J}_a Z = j\mathfrak{P}_a \operatorname{tg} bl \tag{108}$$

und

$$\mathfrak{P}_x = \mathfrak{P}_a(\cos bx + \sin bx \operatorname{tg} bl) = \mathfrak{P}_a \frac{\cos b(l-x)}{\cos bl}, \quad \mathfrak{J}_x = j\frac{\mathfrak{P}_a}{Z}\frac{\sin b(l-x)}{\cos bl}. \tag{109}$$

---

[1] Steinmetz: Transient Current Phaenomena 1909. Arnold la Cour: Wechselstromtechnik Bd. 1. 1912. Wagner: El. u. Maschinenb. 1915; Arch. Elektrot. Bd. 6, S. 301. Boehm: Arch. Elektrot. Bd. 5, S. 383.

Diese Gleichungen gelten, wie gezeigt, auch für die an beiden Enden angeschlossene Spule, wenn $x = l$ die Spulenmitte ist. Aus (108) folgt

$$\mathfrak{J}_a = 0 \quad \text{für} \quad bl = \pi, \quad 2\pi, \ldots, \qquad \mathfrak{J}_a = \infty \quad \text{für} \quad bl = \tfrac{1}{2}\pi, \quad \tfrac{3}{2}\pi, \ldots .$$

Je nach der Frequenz ist im ersten Fall (Klemmenstrom $= 0$) die verlustfreie Spule in Stromresonanz, im zweiten Fall in Spannungsresonanz. Am isolierten Ende liegt stets ein Stromknoten und ein Spannungsbauch, ferner in den Abständen

$$b(l - x) = \pi, \ 2\pi \ \text{usf.}$$

Spannungsknoten und Strombäuche bestehen in den Abständen vom Ende

$$b(l - x) = \tfrac{1}{2}\pi, \ \tfrac{3}{2}\pi \ \text{usf.}$$

Im oberen Frequenzbereich $\omega^2 LK > 1$ ist

$$\nu = a = \frac{\omega \sqrt{LC}}{\sqrt{\omega^2 LK - 1}} \quad \text{ein Dämpfungsfaktor und}$$

$$\mathfrak{Z} = -jZ = -j\sqrt{\frac{L}{C}} \frac{1}{\sqrt{\omega^2 LK - 1}} \quad \text{ein kapazitiver Blindwiderstand.}$$

Man erhält daher für isoliertes Ende analog (109)

$$\mathfrak{P}_x = \mathfrak{P}_a \frac{\mathfrak{Cof}\, a(l - x)}{\mathfrak{Cof}\, al}, \qquad \mathfrak{J}_x = j \frac{\mathfrak{P}_a}{Z} \frac{\mathfrak{Sin}\, a(l - x)}{\mathfrak{Cof}\, al}, \tag{110}$$

die eine räumlich gedämpfte Verteilung von Spannung und Strom darstellen.

Das Ersatzschema (Abb. 215) berücksichtigt die gegenseitige Induktion benachbarter Windungen nicht. Die Berücksichtigung, die von K. W. Wagner[1] und von Rüdenberg[2] durchgeführt ist, führt zu einem prinzipiell ähnlichen Ergebnis, daß ein Gebiet mit wesentlich sinusförmiger Spannungsverteilung und ein solches mit wesentlich hyperbolischer Verteilung besteht, wie es auch aus den Messungen von Böhm[3] über das Eindringen einer periodischen Hochfrequenzwelle in eine Transformatorwicklung folgt. Wellen, deren Länge kürzer ist als eine Windung, kann das Schema indessen nicht berücksichtigen. Daher ist auch die Anhäufung von Frequenzen für Strom- und Spannungsresonanz, die sich im Schema in der Nähe der kritischen Freqeunz ω_0 ergibt, bei Versuchen von Gothe[4] nicht beobachtet worden. Rogowski[5] hat der Untersuchung der Spannungsverteilung der Spule ein Mehrfachleitersystem zugrunde gelegt, hierbei sowie bei der Untersuchung von Steidinger[6] ergibt sich jedoch die Grenzfrequenz nicht.

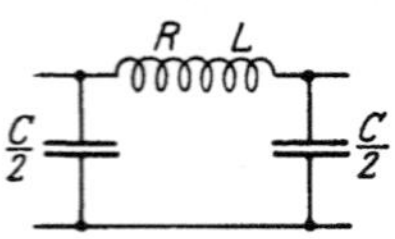

Abb. 216.

3. Die Spulenleitung[7] mit Gliedern nach Abb. 216 kann in gewissen Frequenzbereichen als Ersatzschaltung einer Pupinleitung dienen. Es soll das Verhalten bei veränderlicher Frequenz untersucht werden. Die Ausdrücke (100) und (101) für ν und $\mathfrak{Z}$ formen wir zunächst um. Mit

$$\mathfrak{Tg}\, x = \frac{\mathfrak{Sin}\, x}{\mathfrak{Cof}\, x} = \frac{\mathfrak{Sin}\, x}{\sqrt{1 + \mathfrak{Sin}^2 x}}$$

wird

$$\mathfrak{Z} = \frac{2}{\mathfrak{y}} \mathfrak{Tg} \frac{\nu}{2} = \sqrt{\frac{\mathfrak{z}}{\mathfrak{y}}} \sqrt{\frac{1}{1 + \frac{1}{4}\mathfrak{y}\mathfrak{z}}}. \tag{111}$$

Ferner ist

$$2\,\mathfrak{Sin}^2 \tfrac{1}{2}\nu = \mathfrak{Cof}\, \nu - 1,$$

$$\mathfrak{Cof}\, \nu = 1 + \tfrac{1}{2}\mathfrak{y}\mathfrak{z}. \tag{112}$$

---

[1] Arch. Elektrot. Bd. 6, S. 301.
[2] Elektrische Schaltvorgänge 1923.
[3] Arch. Elektrot. Bd. 5, S. 383.
[4] Arch. Elektrot. Bd. 9, H. 1.
[5] Arch. Elektrot. Bd. 7, S. 17, 240.
[6] Arch. Elektrot. Bd. 13, S. 237.
[7] Siehe W. Wagner,: Arch. Elektrot. Bd. 8, S. 61.

Da ν komplex ist, ist wie bei der Leitung $\nu = a + jb$ und

$$\mathfrak{Cof}\,\nu = \mathfrak{Cof}\,a \cos b - j\,\mathfrak{Sin}\,a \sin b = 1 + \tfrac{1}{2}\mathfrak{y}\mathfrak{z} = A + jB. \tag{112a}$$

Zur Bestimmung des Dämpfungsfaktors a und des Winkelmaßes b hat man die Gleichungen

$$A = \mathfrak{Cof}\,a \cos b, \qquad B = \mathfrak{Sin}\,a \sin b \tag{112b}$$

zu quadrieren und erhält durch Addition bzw. Subtraktion

$$\left.\begin{aligned} \mathfrak{Sin}^2 a &= -\tfrac{1}{2}(1 - A^2 - B^2) + \sqrt{B^2 + \tfrac{1}{4}(1 - A^2 - B^2)^2}\,, \\ \sin^2 b &= +\tfrac{1}{2}(1 - A^2 - B^2) + \sqrt{B^2 + \tfrac{1}{4}(1 - A^2 - B^2)^2}\,, \end{aligned}\right\} \tag{113}$$

oder, da sin b über den Quadranten nicht Aufschluß gibt, nach (112a)

$$\cos b = \frac{A}{\mathfrak{Cof}\,a} = \frac{A}{\sqrt{1 + \mathfrak{Sin}^2 a}}. \tag{113a}$$

Für die Spulenleitung (Abb. 216) wird nun mit $\mathfrak{z} = R + j\omega L$, $\mathfrak{y} = j\omega C$ nach (111)

$$\mathfrak{Z} = \sqrt{\frac{R + j\omega L}{j\omega C}}\,\frac{1}{\sqrt{1 + \frac{1}{4}(R + j\omega L)j\omega C}} = \sqrt{\frac{L}{C}}\sqrt{\frac{1 - jR/\omega L}{1 - \frac{1}{4}\omega^2 LC + j\frac{1}{4}R\omega C}}. \tag{114}$$

Bei vernachlässigbar kleinem Widerstand wird $\mathfrak{Z} = \infty$ für

$$\omega = \omega_0 = \frac{2}{\sqrt{LC}}. \tag{115}$$

Dies ist die Haupt- oder Eigenfrequenz der Spulenleitung. Nach (112a) wird

$$\mathfrak{Cof}\,\nu = 1 + \tfrac{1}{2}\mathfrak{y}\mathfrak{z} = A + jB = 1 - \tfrac{1}{2}\omega^2 LC + j\tfrac{1}{2}R\omega C.$$

Daher ist

$$A = 1 - \tfrac{1}{2}\omega^2 LC = 1 - 2(\omega/\omega_0)^2, \quad B = \tfrac{1}{2}R\omega C = R\sqrt{\frac{C}{L}}\,\frac{\omega}{\omega_0}. \tag{116}$$

Wie bei der Reihen- und der Parallelschaltung von Spule und Kondensator (S. 20 und 49) ist das Verhalten nur vom Frequenzverhältnis $\omega : \omega_0$ und dem Widerstandsverhältnis $\varrho = R : \sqrt{L/C}$ abhängig. Nun zeigt sich aus (113), daß, solange B sehr klein ist, $\mathfrak{Sin}^2 a$ und daher $a \sim 0$ ist. Dies ist für die Spulenleitung nach (116) der Fall, wenn $\omega < \omega_0$ ist, da $\varrho = R\sqrt{C/L}$ eine kleine Größe sein soll. Dann ist $\mathfrak{Cof}\,a \simeq 1$, und da $\cos b$ sich nur zwischen den Grenzen ± 1 bewegt, bewegt sich A für kleine Werte der Dämpfung nach (113a) zwischen ± 1. Der **Durchlässigkeitsbereich** des Kettenleiters ist also durch $-1 < A < +1$ gegeben. Nach (116) liegt er für die Spulenleitung zwischen $\omega = 0$ und $\omega = \omega_0$. In Abb. 217 sind der Dämpfungsfaktor a und das Winkelmaß b für die Spulenleitung mit einem Widerstandsverhältnis $\varrho = 0{,}01$ aufgetragen. a ist bis zur Eigenfrequenz sehr klein; hierbei ist $A = -1$, $B = \varrho = 0{,}01$ und $a \simeq \mathfrak{Sin}\,a = 0{,}1$. Steigt ω um 5%, so ist a schon 6mal so groß. b wächst im Durchlässigkeitsbereich zwischen 0 und ω_0 von Null bis auf etwa 180°. Für

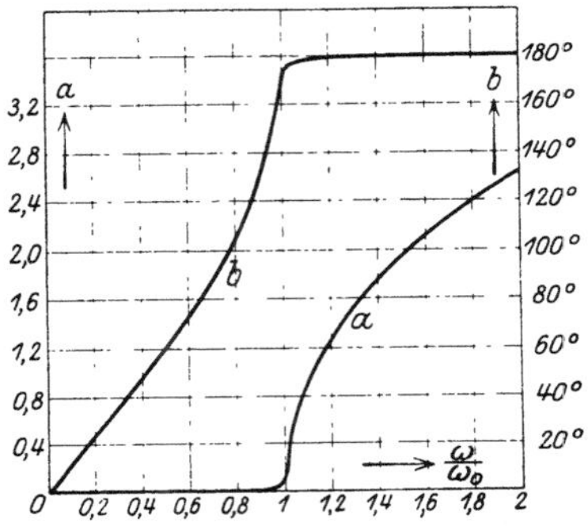

Abb. 217.

$$\omega : \omega_0 = 1 : \sqrt{2}$$

ist $A = 0$, $\sin b = 1$, $b = 90^0$, $\mathfrak{Sin}\,a = B = \frac{1}{\sqrt{2}}\varrho$.

Bei Vernachlässigung des Widerstandes ist

$$\mathfrak{Z} = \sqrt{\frac{L}{C}}\,\frac{1}{\sqrt{1 - (\omega/\omega_0)^2}} \tag{114a}$$

und bei sehr hohen Frequenzen ($\omega \gg \omega_0$)

$$\mathfrak{Z} \simeq -j\frac{\omega_0}{\omega}\sqrt{\frac{L}{C}} = -j\frac{2}{\omega C}. \tag{114b}$$

Hierbei wirkt nur der Nebenschlußkondensator. Die Eigenschaft der Spulenleitung, nur die Schwingungen bis zur Eigenfrequenz durchzulassen, wird in der drahtlosen Telegraphie verwendet, um die Oberschwingungen des Senders zu unterdrücken. Hierzu wird die Spulenleitung zwischen Sender und Antenne geschaltet.

4. Die Kondensatorkette mit Gliedern nach Abb. 218 verhält sich umgekehrt wie die Spulenkette, da der Reihenkondensator für niedere Frequenzen undurchlässig ist. Aus Gl. (111) wird der Wellenwiderstand mit $\mathfrak{z} = \frac{1}{j\omega C}$, $\mathfrak{y} = \frac{1}{R + j\omega L}$

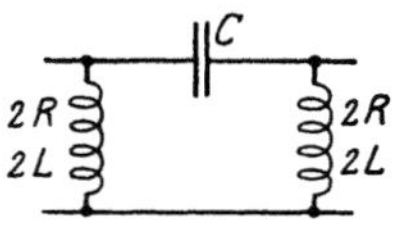

Abb. 218.

$$\mathfrak{Z} = \sqrt{\frac{\mathfrak{z}}{\mathfrak{y}}}\frac{1}{\sqrt{1+\frac{1}{4}\mathfrak{z}\mathfrak{y}}} = \frac{2(R+j\omega L)}{\sqrt{1-4\omega^2 LC + j4R\omega C}} \tag{117}$$

oder für sehr kleinen Widerstand

$$\mathfrak{Z} \simeq \frac{2j\omega L}{\sqrt{1-4\omega^2 LC}}. \tag{117a}$$

Er ist $2R$ bei $\omega = 0$ und wird unendlich groß bei der Eigenfrequenz

$$\omega_0 = \frac{1}{2\sqrt{LC}}. \tag{118}$$

Sie ist für gleiche Werte von L und C ein Viertel der Eigenfrequenz der Spulenleitung. Für $\omega > \omega_0$ ist daher

$$Z = \frac{2\omega L}{\sqrt{(\omega/\omega_0)^2 - 1}} \tag{117b}$$

und nähert sich bei sehr hohen Frequenzen dem Grenzwert

$$Z = 2\omega_0 L = \sqrt{L/C}. \tag{117c}$$

Nach Gl. (112) gilt für die Fortpflanzungskonstante

$$\mathfrak{Cof}\,\nu = 1 + \tfrac{1}{2}\mathfrak{y}\mathfrak{z} = 1 + \frac{1}{2}\frac{1}{j\omega C}\frac{1}{R+j\omega L}.$$

Macht man den Nenner reell und führt das Frequenzverhältnis $\omega : \omega_0$ und das Widerstandsverhältnis $\varrho = R\sqrt{C/L}$ ein, so ist

$$\mathfrak{Cof}\,\nu = A + jB = 1 - \frac{1}{2}\frac{1}{\varrho^2 + (\omega/2\omega_0)^2} - j\frac{\omega_0}{\omega}\frac{\varrho}{\varrho^2+(\omega/2\omega_0)^2}. \tag{119}$$

Die untere Grenze des Durchlässigkeitsbereichs ist hier $A = -1$ oder $\omega = \omega_0\sqrt{1-4\varrho^2} \simeq \omega_0$, die obere $A = +1$ oder $\omega = \infty$. In Abb. 219 sind für die Kondensatorleitung mit $\varrho = 0{,}01$ die Werte von a und b aufgetragen, die nach Gl. (113) mittels A und B aus (119) berechnet sind. Diese Leitung drosselt nur Ströme von kleinerer als der Eigenfrequenz.

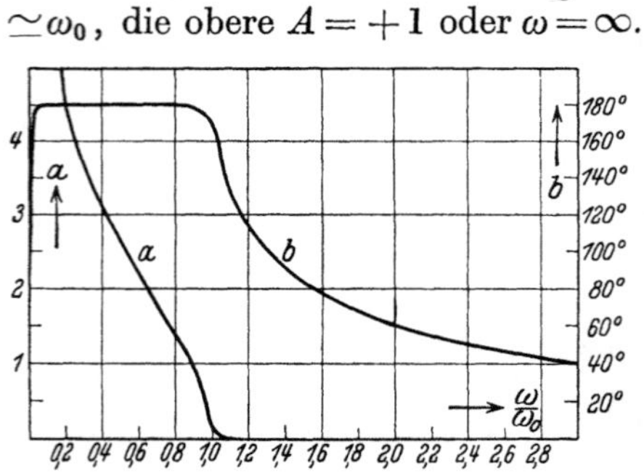

Abb. 219.

5. Siebketten. Kettenleiter, in deren Gliedern der Reihenwiderstand $\mathfrak{z}$ einen Schwingungskreis mit L und C in Reihe enthält, und solche, deren Nebenschlußleitwert $\mathfrak{y}$ die Parallelschaltung aus Spule und Kondensator enthält, haben, wie K. W. Wagner[1] gezeigt hat, die Eigenschaft, daß sie in einem scharf begrenzten Bereich zwischen zwei Frequenzen ω_1 und ω_2 durchlässig sind, dessen Breite durch geeignete Bemessung eingestellt wird. Solche Ketten werden in der Vielfachtelephonie und Telegraphie auf Leitungen verwendet, um die Trägerfrequenzen zu trennen. Es ergeben sich somit die fünf Grundformen a bis e im Schema Abb. 220. Bei a und b ist $\mathfrak{z}$ ein Schwingungskreis, während $\mathfrak{y}$ bei a ein Kondensator K, bei b eine Drosselspule M ist. Bei c und d ist $\mathfrak{y}$ die Parallelschaltung von Spule und Kondensator, während $\mathfrak{z}$ bei c eine Drosselspule, bei d ein

[1] loc. cit.

Kondensator ist. Schaltung *e* endlich ist die Vereinigung des Reihenschwingungskreises (L, C) mit dem Parallelschwingungskreis (MK), die auf gleiche Frequenz abgestimmt sind, diese Kette wird als Doppelsieb bezeichnet.

Bei der Schaltung *a* wird mit $\mathfrak{z} = R + j\omega L - j/\omega C$, $\mathfrak{y} = j\omega K$

$$\mathfrak{Cof}\,\nu = 1 + \tfrac{1}{2}\mathfrak{z}\mathfrak{y} = 1 + \tfrac{1}{2}(-\omega^2 LK + K/C) + j\omega KR = A + jB.$$

Es ist $\quad A = 1$ für $\omega^2 LK = K/C$, oder $\omega_1 = 1/\sqrt{LC}$

und $\quad A = -1$ für $-\omega^2 LK + K/C = -4$, oder $\omega_2 = \frac{1}{\sqrt{LC}}\sqrt{1 + 4C/K}$.

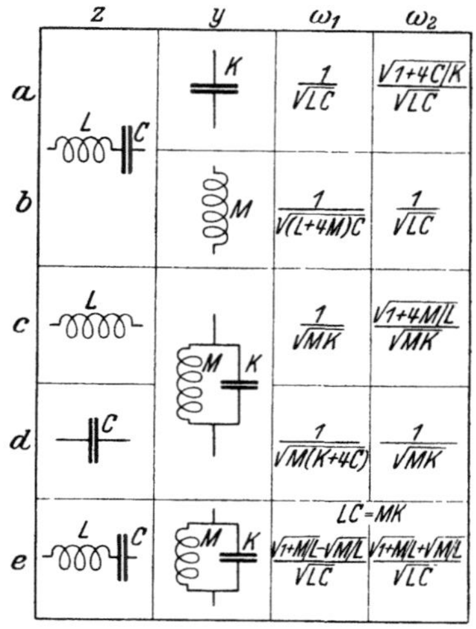

Abb. 220.

Die untere Grenze des Durchlässigkeitsbereichs ist hier die Resonanzfrequenz des Reihenschwingungskreises $\omega_1 = 1/\sqrt{LC}$, der bei verschwindenden Verlusten hierbei einen Kurzschluß darstellt. Daher ist hierbei der Wellenwiderstand des (verlustfreien) Kettenleiters Null. Die obere Grenze des Durchlässigkeitsbereichs ist die $\sqrt{1 + 4C/K}$-mal größere Frequenz, bei der der Wellenwiderstand unendlich groß wird. Bezieht man hier das Frequenzverhältnis auf ω_1 und setzt $\varrho = R\sqrt{C/L}$, so ist

$$\mathfrak{Cof}\,\nu = A + jB = 1 + \frac{1}{2}\frac{K}{C}\left[1 - \left(\frac{\omega}{\omega_1}\right)^2\right] + j\frac{\omega}{\omega_1}\frac{K}{C}\varrho.$$

In Abb. 221 sind der Dämpfungsfaktor *a* und das Winkelmaß *b* für $K = 4C$ und $\varrho = 0{,}01$ aufgetragen. Der Durchlässigkeitsbereich liegt also zwischen $\omega = \omega_1$ und $\omega = \omega_2 = \omega_1\sqrt{2}$.

Bei der Schaltung Abb. 220b, in der $\mathfrak{y}$ eine Drosselspule M ist, liegt die eine Grenze des Durchlässigkeitsbereichs wieder bei $1/\sqrt{LC}$, die zweite bei $1/\sqrt{(L+4M)C}$, also bei einer um $1/\sqrt{1+4M/L}$-mal kleineren Frequenz, sie bildet die untere Grenze.

In den Schaltungen Abb. 220c und d bildet die Parallelschaltung von Spule M und Kondensator K bei verschwindenden Verlusten bei der Resonanzfrequenz $1/\sqrt{MK}$ eine Unterbrechung (Sperrkreis), bei dieser Frequenz ist der Wellenwiderstand des Kettenleiters unendlich groß. Sie ist die eine Grenze des Durchlässigkeitsbereichs, die andere ist bei Schaltung c erhöht auf die $\sqrt{1 + 4M/L}$-mal so große Frequenz, bei Schaltung d erniedrigt auf die $\sqrt{1 + 4C/K}$-mal kleinere.

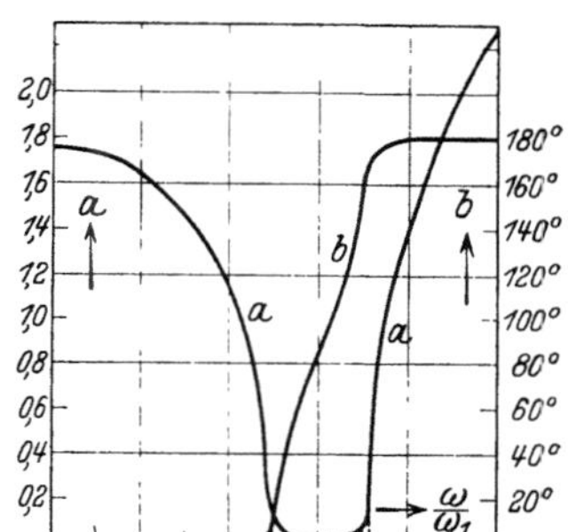

Abb. 221.

Beim Doppelsieb Abb. 220e, bei dem der Reihenschwingungskreis und der Nebenschlußkreis auf die gleiche Resonanzfrequenz $1/\sqrt{LC} = 1/\sqrt{MK}$ abgestimmt sind, liegt die Durchlässigkeitszone unter und über dieser Frequenz in den Grenzen

$$\omega_1 = \frac{\sqrt{1 + M/L} - \sqrt{M/L}}{\sqrt{LC}}, \qquad \omega_2 = \frac{\sqrt{1 + M/L} + \sqrt{M/L}}{\sqrt{LC}}.$$

Werden die beiden Schwingungskreise in Abb. 220e miteinander vertauscht, indem die Parallelschaltung von Spule und Kondensator in den Hauptkreis ($\mathfrak{z}$) des Kettenleiters, die Reihenschaltung in den Nebenkreis ($\mathfrak{y}$) gelegt wird, so erhält man einen Kettenleiter, der nur Ströme von der Resonanzfrequenz der beiden Schwingungskreise vollkommen drosselt, im übrigen aber durchlässig ist. Dieser Kettenleiter wird als besonders wirksamer „Wellenschlucker“ für Ströme einer bestimmten Frequenz verwendet.

XIII. Ausgleichsvorgänge in quasistationären Stromkreisen.

88. Ausgleichströme.

Bisher wurden die Erscheinungen des stationären Wechselstromes untersucht, der sich im Beharrungszustand in einem Stromkreis unter Einwirkung der Spannung der Stromquelle einstellt.

Wir wenden uns nun den Erscheinungen zu, die beim Übergang von einem Beharrungszustand in einen anderen bei Belastungsänderungen, Schaltvorgängen u. dgl. auftreten. Jedem Beharrungszustand entspricht ein bestimmter Energiegehalt des elektrischen und des magnetischen Feldes des Stromkreises. Der Übergang in einen neuen Beharrungszustand ist daher stets mit einer Ladung bzw. Entladung der Felder verbunden und erfordert eine gewisse Übergangszeit. Bei dem den Übergang vermittelnden Ausgleichsvorgang haben Ströme, Spannungen, Flüsse usw. einen anderen zeitlichen Verlauf als im stationären Zustand.

Wir untersuchen zunächst Stromkreise, bei denen die magnetischen und elektrischen Felder in bestimmten Teilen des Stromkreises konzentriert sind. In solchen Stromkreisen spielen sich die Ausgleichsvorgänge relativ langsam ab und der Strom verteilt sich auf die Teile des Kreises wie im stationären Zustand. Daher bezeichnet man sie als quasistationäre Stromkreise.

Im besonderen Falle, daß die Induktivitäten und Kapazitäten als Konstanten zu betrachten sind, ist es möglich, den Ausgleichsvorgang durch Überlagerung des erzwungenen stationären Stromes und eines Ausgleichsstromes zu beschreiben, der den stetigen Übergang vom ersten in den zweiten Betriebszustand vermittelt. Dies beruht darauf, daß für jeden Stromkreisteil die Umlaufspannung eine lineare Spannungsgleichung von der Form ergibt

$$p = \varphi\left(i,\ \frac{di}{dt},\ \int i\,dt\right). \tag{1}$$

Darin ist p die momentane Klemmenspannung und φ eine lineare Funktion, deren Glieder den Strom i, dessen Differentialquotienten nach der Zeit und sein Zeitintegral in Verbindung mit konstanten Koeffizienten enthalten. Da die Gleichung linear ist, kann der Strom als Summe des stationären erzwungenen Stromes i_e und des Ausgleichstromes i_f betrachtet werden

$$i = i_e + i_f. \tag{2}$$

Hiermit zerfällt Gl. (1) in

$$p = \varphi\left(i_e,\ \frac{di_e}{dt},\ \int i_e\,dt\right) + \varphi\left(i_f,\ \frac{di_f}{dt},\ \int i_f\,dt\right). \tag{1a}$$

Der stationäre Strom erfüllt für sich die Bedingung

$$p = \varphi\left(i_e,\ \frac{di_e}{dt},\ \int i_e\,dt\right),$$

daher gilt für den Ausgleichstrom

$$\varphi\left(i_f,\ \frac{di_f}{dt},\ \int i_f\,dt\right) = 0. \tag{3}$$

Man erhält den Ausgleichstrom getrennt, wenn in der Spannungsgleichung des Stromkreises die Klemmenspannung gleich Null gesetzt wird. Sein Verlauf ist von der Art der aufgedrückten Spannung unabhängig. Daher nennt man ihn auch den „freien“ Strom.

Er vermittelt den Übergang vom Anfangszustand zum stationären Endzustand. Zu Beginn der Zustandsänderung, der hier als Anfang der Zeitzählung, $t=0$, gezählt wird, sei der Strom des Anfangszustandes $i_{a(0)}$, der erzwungene stationäre Strom des Endzustandes ist $i_{e(0)}$ und $i_{f(0)}$ der freie Strom. Dann ist nach Gl. (2)

$$i_{a(0)} = i_{e(0)} + i_{f(0)}. \tag{4}$$

89. Stromkreis mit Widerstand und Selbstinduktion.

In einem solchen Stromkreis ist nach Kap. II Gl. (15)

$$p = Ri + L\frac{di}{dt}.$$

Setzt man nach Gl. (2) $i = i_e + i_f$ und berücksichtigt, daß der stationäre Strom i_e die Gleichung für sich erfüllt, so gilt für den freien Strom

$$Ri_f + L\frac{di_f}{dt} = 0. \tag{5}$$

Durch Trennung der Variablen wird

$$\frac{di_f}{i_f} = -\frac{R}{L}t,$$

und integriert von $t=0$, $i_f = i_{f(0)}$ bis t und i_f,

$$\ln\frac{i_f}{i_{f(0)}} = -\frac{R}{L}t$$

$$i_f = i_{f(0)}e^{-Rt/L} = i_{f(0)}e^{-t/\tau}. \tag{6}$$

Der freie Strom klingt von seinem Anfangswert $i_{f(0)}$ mit der Zeit nach einer Exponentialfunktion aus. Die für die Geschwindigkeit des Ausklingens maßgebende Größe

$$L/R = \tau$$

hat die Dimension einer Zeit und heißt die Zeitkonstante des Stromkreises. Sie ist die Subtangente der Exponentialkurve, denn nach Gl. (5) ist

$$\frac{i_f}{-di_f/dt} = \frac{L}{R} = \tau.$$

Für einen Zeitpunkt $t = \tau$ nach Beginn des Ausgleichsvorganges ist

$$i_f = i_{f(0)}e^{-1} = \frac{1}{2{,}718}i_{f(0)} = 0{,}368\,i_{f(0)}.$$

Der Strom sinkt nach je einem Zeitintervall τ auf 36,8% des Anfangswertes, nach $t = 3\tau$ auf $(0{,}368)^3 = 0{,}05$, und er beträgt nur noch 1% des Anfangswertes, wenn $e^{-t/\tau} = 0{,}01$ oder $t = \tau \ln 100 = 4{,}6\,\tau$ ist.

Ist z. B. $L = 0{,}1$ H, $R = 1$ Ohm, $\tau = 0{,}1$ sek, so ist der freie Strom in 0,46 sek auf $^1/_{100}$ des Anfangswertes gesunken. Den reziproken Wert $R/L = 1/\tau = \alpha$ bezeichnet man als Dämpfungsfaktor.

Der Anfangswert $i_{f(0)}$ ist entsprechend Gl. (4) aus den Grenzbedingungen z. Z. $t = 0$ zu ermitteln, wie an einigen Beispielen gezeigt werden soll.

a) Der freie Strom beim Kurzschließen. Magnetwicklungen von Maschinen werden häufig beim Abschalten in sich oder über einen Widerstand kurzgeschlossen. In dem kurzgeschlossenen Stromkreis besteht im Augenblick des Kurzschlusses ein Strom i_a. Da keine Spannung mehr wirksam ist, ist der stationäre Endstrom $i_e = 0$. Der Ausgleichstrom beginnt daher z. Z. $t = 0$ nach Gl. (4) mit dem Anfangswert $i_{f(0)} = i_a$ und der gesamte Strom verläuft nach der Gleichung

$$i = i_a e^{-Rt/L}. \tag{7}$$

Im magnetischen Feld war die Energie $\frac{1}{2}i_a^2 L$ aufgespeichert. Die Abnahme der Energie ist $-Li\,di = i^2 R\,dt$, sie geht in der Zeit dt in Stromwärme über. Nach Ablauf des Vorgangs ist die gesamte Feldenergie in Stromwärme umgewandelt.

Beispiel. In einem 6poligen Motor ist der Fluß eines Poles $\Phi = 0{,}07$ Voltsek, jeder Pol hat 1700 Windungen, der Erregerstrom ist 4 Amp; der Widerstand der Magnetwicklung ist $R = 100$ Ohm. Die Induktivität ist

$$L = \frac{\Phi w}{i} = \frac{0{,}07 \cdot 6 \cdot 1700}{4} = 178{,}5\,\mathrm{H}.$$

Der Strom klingt nach der Gleichung aus

$$i = 4\,e^{-0{,}561\,t}.$$

Die Zeitkonstante ist 1,785 sek. Nach dieser Zeit ist der Strom auf $4:e=1{,}47$ Amp gesunken und auf $^1/_{100}$ des Anfangswertes nach $4{,}605 \cdot 1{,}785 \simeq 8{,}2$ sek. Der Vorgang ist in Abb. 222 dargestellt.

b) Einschalten eines Gleichstromes. Wird der Strom zur Zeit $t=0$ an eine Gleichspannung P angeschlossen, so ist der stationäre Strom $i_e = P/R = J$. Während der Übergangszeit ist

$$i = i_e + i_f = J + i_{f(0)} e^{-Rt/L}.$$

Da z. Z. $t=0$ $i=0$ ist, wird $i_{f(0)} = -J$ und

$$i = J(1 - e^{-Rt/L}). \tag{8}$$

Abb. 223 zeigt das Entstehen des Gleichstromes für das vorhergehende Beispiel. Der Stromanstieg ist im Augenblick des Einschaltens am größten und

$$\frac{di}{dt}_{(t=0)} = \frac{JR}{L} = \frac{J}{\tau}.$$

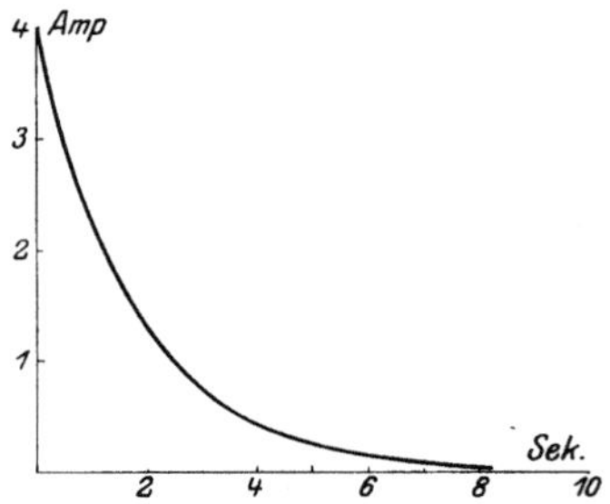

Abb. 222.

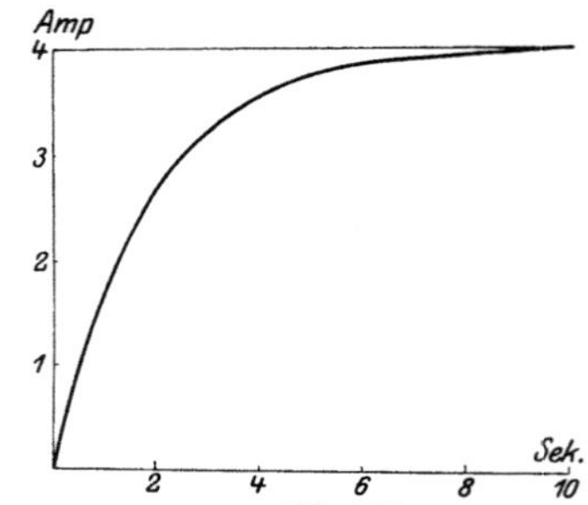

Abb. 223.

c) Belastungsänderung in einem Gleichstromkreis. Wird in einem Stromkreis der Widerstand vom Wert R_a auf den Wert R_e geändert, während die Spannung unverändert bleibt, so ist der Anfangswert des Stromes $i_{a(0)} = P/R_a = J_a$, der stationäre Endwert $i_{e(0)} = P/R_e = J_e$, und der Anfangswert des Ausgleichstromes ist nach Gl. (4)

$$i_{f(0)} = i_{a(0)} - i_{e(0)} = J_a - J_e.$$

Während des Ausgleichsvorganges ist der Strom

$$i = i_e + i_{f(0)} e^{-Rt/L} = J_e + [J_a - J_e] e^{-Rt/L}. \tag{9}$$

Abb. 224 zeigt für das frühere Beispiel den Stromverlauf, a) wenn der Widerstand von $R_a = 200$ Ohm auf 100 Ohm verkleinert wird, b) wenn er von $R_a = 100$ Ohm auf 200 Ohm vergrößert wird. Im zweiten Fall ist die Zeitkonstante halb so groß wie im ersten, der Vorgang läuft schneller ab. Das Beispiel zeigt, daß bei einem Stromkreis mit hoher Selbstinduktion, wie ihn die Magnetwicklung einer Dynamomaschine darstellt, der Ausgleichsvorgang eine Anzahl Sekunden dauern kann. Streng genommen ist bei einer solchen Magnetwicklung wegen der gekrümmten Magnetisierungskurve des Eisens L keine Konstante. Die Berücksichtigung der Magnetisierungskurve wird auf S. 190 gezeigt.

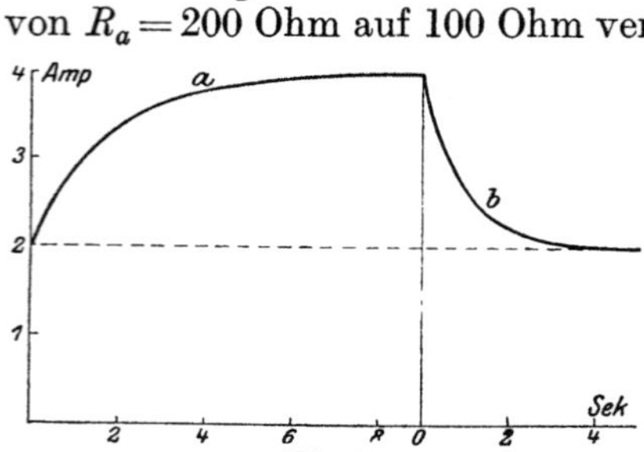

Abb. 224.

d) Das Einschalten eines Wechselstromes. Wird der Stromkreis zur Zeit $t=0$ an eine Wechselspannung

$$p = p_m \sin(\omega t + \psi)$$

angeschlossen, so ist nach Kap. II S. 14 der stationäre Strom

$$i_e = i_m \sin(\omega t + \psi - \varphi),$$

worin

$$i_m = \frac{p_m}{\sqrt{R^2 + \omega^2 L^2}}, \qquad \operatorname{tg}\varphi = \frac{\omega L}{R}$$

ist. Der freie Strom ist wieder $i_f = i_{f(0)} e^{-Rt/L}$.

Da der Anfangsstrom $i_a = 0$ ist, wird nach Gl. (4)

$$i_{f(0)} = -i_{e(0)} = -i_m \sin(\psi - \varphi)$$

und der gesamte Strom während des Einschaltvorganges:

$$i = i_e + i_f = i_m \sin(\omega t + \psi - \varphi) - i_m \sin(\psi - \varphi) e^{-Rt/L}. \qquad (10)$$

Die Größe des freien Stromes, der bei $t = 0$ den stationären Strom zu Null ergänzt, hängt vom Augenblick des Einschaltens ab. Wird in dem Augenblick eingeschaltet, indem der stationäre Strom durch Null gehen würde, so ist auch $i_{f(0)} = 0$, und der Strom schwingt sich sofort auf den stationären einwelligen Strom ein. In jedem anderen Falle ist ein freier Strom vorhanden.

In Abb. 225 stellt die Sinuskurve i_e den stationären Stromverlauf dar, der beim Einschalten in dem auf der Zeitachse mit *0* bezeichneten Augenblick sofort entsteht, während bei den mit *1, 2, 3* bezeichneten Augenblicken, die nach der Exponentialkurve abklingenden Ausgleichsströme $i_{f_1}, i_{f_2}, i_{f_3}$ entstehen. Den resultierenden Strom stellt die Ordinatendifferenz zwischen der Sinuskurve und den Exponentialkurven dar. Er hat seinen größten Wert etwa ¼ Periode nach dem auf den Einschaltmoment

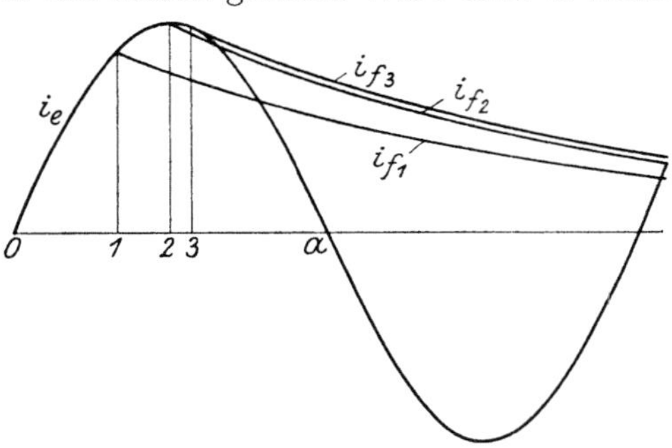

Abb. 225.

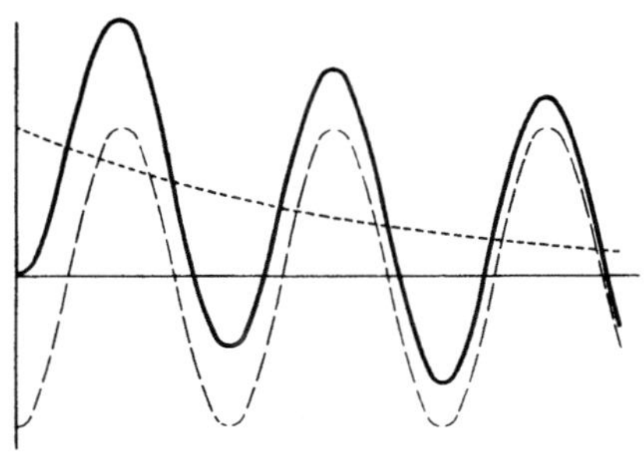

Abb. 226.

folgenden ersten Nulldurchgang (a) des stationären Stromes, und zwar ergibt sich aus der Abbildung die größte Ordinatendifferenz für den Ausgleichstrom i_{f_3}, der die Sinuskurve tangiert. Die Bedingung für den Einschaltmoment, bei dem der größte Einschaltstromstoß auftritt, ist daher, daß für $t = 0$

$$\frac{di_e}{dt_{(t=0)}} = \frac{di_f}{dt_{(t=0)}}.$$

In Gl. (10) ergibt dies

$$\omega \cos(\psi - \varphi) = -\frac{R}{L} \sin(\psi - \varphi), \qquad \mathrm{tg}(\psi - \varphi) = -\frac{\omega L}{R} = -\mathrm{tg}\,\varphi, \qquad \psi = 0 \text{ oder } \pi.$$

Dies ist der Augenblick des Nulldurchgangs der Spannung. Für $\psi = 0$ ist der resultierende Strom

$$i_m \left[\sin(\omega t - \varphi) + \sin\varphi\, e^{-\frac{R}{L}t}\right]. \qquad (11)$$

Abb. 226 zeigt den Verlauf des durch den Ausgleichstrom ganz einseitig verlagerten Einschaltstroms eines stark induktiven Stromkreises mit $\cos\varphi = 0{,}1$. Die höchste Spitze, die etwa ¼ Periode nach dem Nulldurchgang des stationären Stromes ($\omega t = \varphi$), also bei $\omega t = \varphi + \pi/2$ auftritt, ist

$$i_m \left[1 + \sin\varphi\, e^{-\frac{R}{\omega L}(\varphi + \pi/2)}\right]. \qquad (12)$$

Er nähert sich dem Wert $2 i_m$, wenn R sehr klein gegen ωL ist.

Bei einer Belastungsänderung bei konstanter Spannung seien die stationären Anfangs- und Endwerte des Stromes $i_a = i_{am} \sin(\omega t + \psi - \varphi_a)$, $i_e = i_{em} \sin(\omega t + \psi - \varphi_e)$. Der Anfangswert des freien Stromes für $t = 0$ ist nach Gl. (4)

$$i_{f(0)} = i_{am} \sin(\psi - \varphi_a) - i_{em} \sin(\psi - \varphi_a).$$

Er kann graphisch nach Abb. 227 als Projektion der Verbindungslinie der Endpunkte der Strahlen i_{am} und i_{em} auf die Zeitlinie gefunden werden. Sein größter Wert ist die Verbindungslinie selbst und er kann größer sein als jede der beiden Amplituden, wenn φ_a ein Voreilungswinßel, φ_e ein Verspätungswinkel ist.

Tritt an einer Wechselstromleitung ein Kurzschluß ein, so geht der Belastungsstrom in den Kurzschlußstrom derLeitung über, der nur durch den Scheinwiderstand $z = \sqrt{R^2 + (\omega L)^2}$ des Leitungsstückes begrenzt ist. Sein Effektivwert ist $J_k = P/z$ und er verhält sich bei gegebener Spannung P am Leitungsanfang zum Vollaststrom J wie

$$J_k : J = P : Jz,$$

d. h. wie die Netzspannung zum Spannungsabfall Jz, und wird bei kleinem Spannungsabfall sehr groß. Z. B. ist für 5% Spannungsabfall $J_k = 20\,J$. Hierbei ist der Anfangswert des Belastungsstromes nicht von großem Einfluß, doch ist zu berücksichtigen, daß, wenn die Belastung kapazitiv war, der Anfangswert des freien Stromes etwas größer als die Amplitude des stationären Kurzschlußstromes sein kann. Daher rechnet man stets mit einem größten Stromstoß $2\sqrt{2}J_k$ für die mechanische Beanspruchung der Leitungsträger, Kabelmuffen, Schalter usf. Die Voraussetzung, daß die Klemmenspannung am Leitungsanfang konstant bleibt, trifft nur zu, wenn die Zentrale viele Leitungen versorgt und der Kurzschlußstrom einer Leitung die Spannung der Generatoren nicht beeinflußt. Liegt die Kurzschlußstelle der Leitung dicht an den Sammelschienen der Zentrale, so nähert sich der Kurzschlußstrom der Leitung dem Kurzschlußstrom der ganzen Zentrale. Ohne auf die Berechnung des Kurzschlußstromes der Generatoren einzugehen[1], sei bemerkt, daß er im stationären Zustand zwei- bis dreimal so groß wie der Vollaststrom ist und in der ersten Halbperiode sogar auf den 10- bis 15fachen Wert steigen kann. Eine Leitung, die regulär nur einen Bruchteil der Zentralenleistung führt, ist daher am meisten gefährdet, und man sichert solche Leitungen dadurch, daß man sie über eine Drosselspule an die Sammelschienen anschließt. Man nimmt hierbei den etwas größeren induktiven Spannungsabfall in Kauf, der nur etwa 5% beim regulären Strom zu betragen braucht, um den größten Kurzschlußstrom auf den zwanzigfachen Wert zu begrenzen. Diesen Strom verträgt die Leitung während einiger Sekunden bis zur Abschaltung ohne zu schmelzen. Solche Kurzschlußdrosselspulen werden ohne Eisenkern ausgeführt.

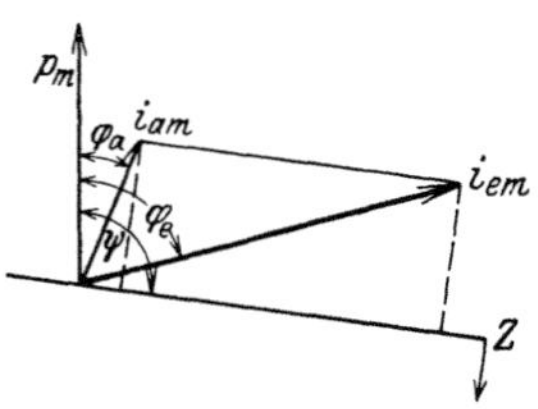

Abb. 227.

90. Induktive Stromkreise mit Eisen.

Verläuft der magnetische Fluß in Eisen, so ist er keine lineare Funktion des Stromes. Die Voraussetzung für die Trennung des freien vom erzwungenen Strom oder Fluß ist nicht mehr gegeben, sondern es können nur die resultierenden Größen betrachtet werden.

Ihr zeitlicher Verlauf kann mittels der Magnetisierungskurve wie folgt angenähert graphisch ermittelt werden.

a) Das Abklingen bei kurzgeschlossenem Stromkreis. Wie auf S. 187 sei angenommen, daß eine Magnetwicklung beim Abschalten von der Stromquelle in sich kurzgeschlossen bleibt. Strom und Fluß haben die Anfangswerte J und Φ_a; sie nehmen nach der Gleichung

$$Ri = -w\frac{d\Phi}{dt} \tag{13}$$

ab, die Endwerte sind $i_e = 0$ und $\Phi_e = \Phi_r$, der remanente Fluß. Die Magnetisierungskurve Abb. 228a stellt $\Phi = f(i)$ dar. Dem früher behandelten Fall konstanter Induk-

[1] Siehe darüber Biermanns: Überströme in Hochspannungsanlagen. Berlin: Julius Springer 1926. Rüdenberg: Kurzschlußströme beim Betrieb von Großkraftwerken. Berlin: Julius Springer 1925.

tivität entspricht die geradlinige Magnetisierungskurve durch den Punkt des Anfangszustandes $\Phi = \Phi_a$, $i = J$, und für diese gilt die Induktivität $L_a = w\,\Phi_a/J$ und die Zeitkonstante $\tau_a = w\,\Phi_a/J\,R$. Führen wir diese Vergleichsgrößen ein und lösen Gl. (13) nach der Zeit auf, so wird

$$dt = -\frac{w\,d\Phi}{iR} = -\frac{w\,\Phi_a}{JR}\,\frac{d\Phi}{\Phi_a\,i/J} = -\tau_a\frac{d\Phi}{\Phi_g}. \tag{14}$$

Hierin ist $\Phi_g = \Phi_a\,i/J$ die Ordinate der geradlinigen Magnetierungskurve beim Strom i (s. Abb. 228a). Da τ_a für einen bestimmten Anfangszustand eine Konstante ist, ist die Zeit, die während der Abnahme des Flusses von Φ_a bis Φ verstreicht,

$$t = -\tau_a\int_{\Phi_a}^{\Phi}\frac{d\Phi}{\Phi_g} = \tau_a\int_{\Phi}^{\Phi_a}\frac{d\Phi}{\Phi_g}. \tag{15}$$

Dieses Integral kann graphisch ausgewertet werden[1]. Hierzu sind in Abb. 228b zu den Ordinaten Φ die Werte $1/\Phi_g$ als Abszissen aufgetragen. Das Integral ist die schraffierte Fläche. Damit sind in Abb. 228c die Abszissen t/τ_a zu jedem Fluß erhalten und aus 228a die zugehörigen Ströme i übertragen. Der zeitliche Verlauf zeigt, daß der Fluß langsamer abklingt als der Strom. Bei konstanter Induktivität wären beide nach $t = 3\,\tau_a$ nach S. 187 schon bis auf 5% ihres Anfangswertes verschwunden, während sie hier noch erheblich größer sind.

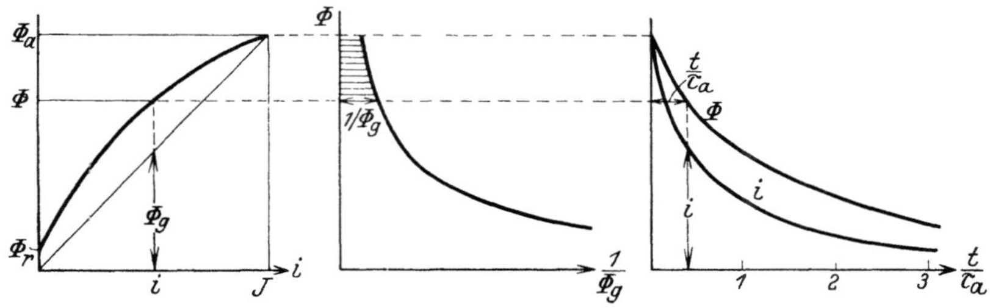

Abb. 228a. Abb. 228b. Abb. 228c.

Die gekrümmte Magnetisierungskurve bewirkt, daß der Fluß schleichend erlischt. Dies ist ein Nachteil bei der Entregung von Dynamomaschinen oder bei Motoren, deren Drehrichtung schnell reversiert werden soll. Um das Erlöschen des Flusses zu beschleunigen, muß L_a klein und R groß sein. Dazu wird die Erregerwicklung mit wenig Windungen für großen Strom ausgeführt und gegebenenfalls ein Vorschaltwiderstand vorgesehen.

b) Das Einschalten bei Gleichstrom. Hier gilt während der Übergangszeit

$$P = R\,i + w\frac{d\Phi}{dt}. \tag{16}$$

Der Strom steigt von Null auf den stationären Strom $J = P/R$, der Fluß von Null auf den Wert Φ_e, Strom und Fluß hängen nach der Magnetisierungskurve Abb. 229a zusammen. Führt man hier die dem Endzustand entsprechenden, für die geradlinige Magnetisierungskurve gültigen Größen $L_e = w\Phi_e/J$ und $\tau_e = w\,\Phi_e/JR$ ein, so wird nach (16)

$$dt = \frac{w\,d\Phi}{P - Ri} = \frac{w\,\Phi_e}{RJ}\,\frac{d\Phi}{\Phi_e(1 - i/J)} = \tau_e\frac{d\Phi}{\Phi_e(1 - i/J)}. \tag{17}$$

Diese Gleichung entspricht Gl. (14) für $P = 0$. Hier ist $\Phi_e(1 - i/J) = \Phi_e - \Phi_g$ die Differenz des stationären Flusses Φ_e und der Ordinaten Φ_g der geradlinigen Charakteristik. Daher ist

$$t = \tau_e\int_0^{\Phi}\frac{d\Phi}{\Phi_e - \Phi_g}. \tag{18}$$

---

[1] Nach Rüdenberg: Elektr. Schaltvorgänge. Berlin 1926.

Trägt man in Abb. 229b zu jedem Fluß Φ den Wert $1/(\Phi_e - \Phi_g)$ als Abszisse auf, so stellt die schraffierte Fläche das Integral und das Verhältnis t/τ_e dar. In Abb. 229c ist hiermit der zeitliche Anstieg des Flusses und des Stromes aufgetragen. Der Fluß steigt hier schneller an als der Strom und hat in dem Beispiel den Endwert bis auf 1% schon nach $t = 2\tau_e$ erreicht.

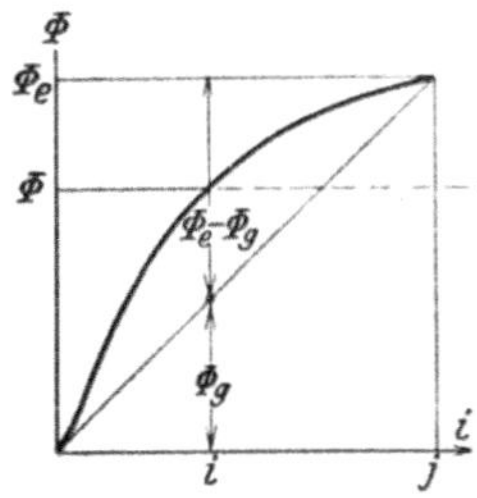

Abb. 229a.

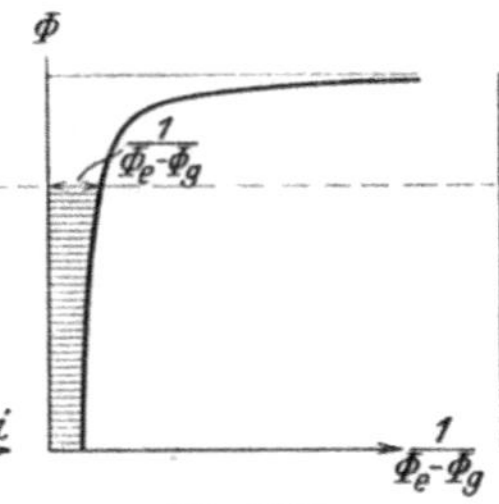

Abb. 229b.

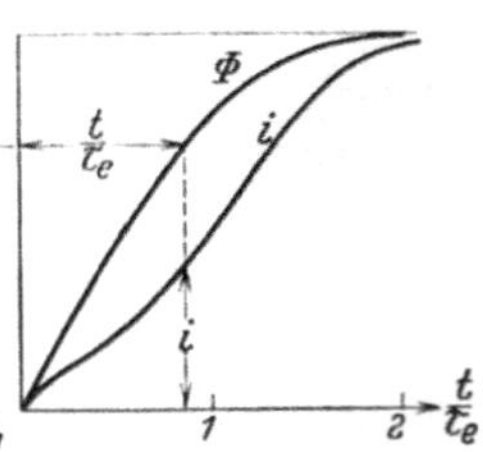

Abb. 229c.

c) Das Einschalten bei Wechselstrom. Wird ein unbelasteter Transformator eingeschaltet, so ist

$$R\,i + w\frac{d\Phi}{dt} = p_m \sin(\omega t + \psi)\,. \tag{19}$$

Im Einschaltmoment ist $i = 0$ und $\Phi = 0$ oder gleich einem remanenten Fluß Φ_r. Durch Integration von 0 bis t wird

$$\Phi = \Phi_r - \frac{p_m}{\omega w}\cos(\omega t + \psi) + \frac{p_m}{\omega w}\cos\psi - \int_0^t \frac{R\,i\,dt}{w}\,. \tag{20}$$

Das erste Glied rechts ist der remanente Fluß, das zweite ein Wechselfluß, dessen Amplitude $\Phi'_m = p_m/\omega w$ sich im stationären Zustand einstellen würde, wenn der

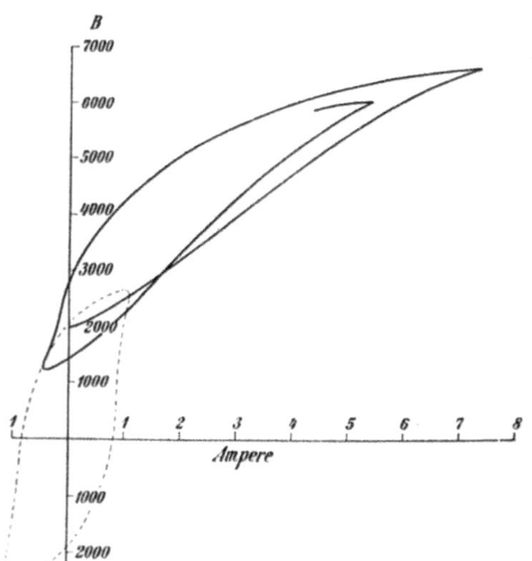

Abb. 230.

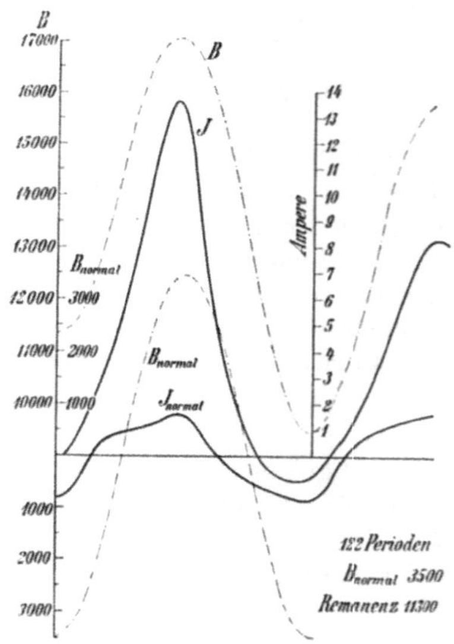

Abb. 231.

Widerstand der Wicklung Null wäre. Da der Ohmsche Spannungsabfall des stationären Magnetisierungsstromes sehr klein — etwa 0,1% der Klemmenspannung — ist, ist Φ'_m sehr nahe gleich dem stationären Fluß. Das dritte Glied ist ein konstanter Fluß, $\Phi'_m \cos\psi$, der den stationären Fluß im Schaltaugenblick zu Null ergänzt, das vierte Glied endlich ist die Abnahme des Flusses durch den Ohmschen Spannungsabfall. Sieht man von diesem zunächst ab, so schwingt Φ nicht um den Mittelwert

Null, sondern um einen konstanten Wert $\Phi_r + \Phi'_m \cos\psi$ und würde im ungünstigsten Schaltaugenblick, $\psi = 90^0$, nach der ersten Halbperiode

$$\Phi_r + 2\Phi'_m$$

betragen, d. h. die doppelte Amplitude des stationären Flusses um die Remanenz übersteigen. Da bei modernen Transformatoren die Amplitude der Induktion etwa $B_m = 14000$ Gauß beträgt, würde sie auf etwa 30000 Gauß kommen. Dabei erreicht der Strom eine außerordentlich hohe Spitze, die auch den Vollaststrom beträchtlich übersteigt. Der Ohmsche Spannungsabfall begrenzt den Anstieg. Die genaue Berechnung versagt, weil die Ummagnetisierung eine einseitig verlagerte Hysteresisschleife befolgt, wie sie Abb. 230 nach Aufnahmen von A. Hay zeigt[1]. Abb. 231 stellt die von diesem Verfasser[2] mittels Joubertscher Scheibe aufgenommenen Anfangsschwingungen des Stromes und der Induktion

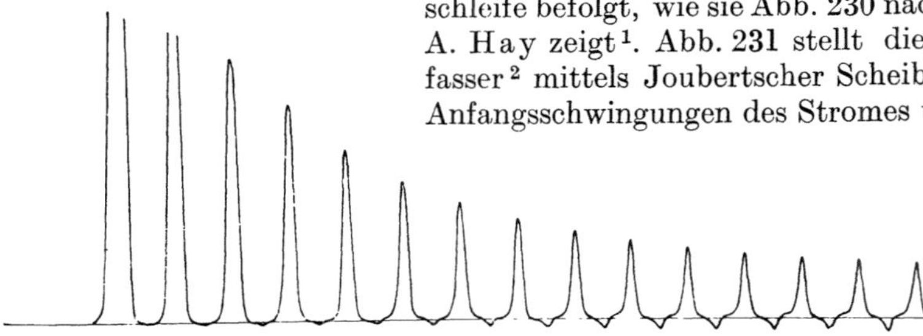

Abb. 232.

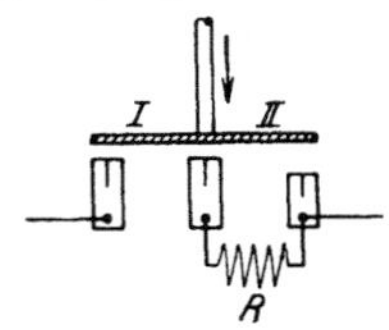

Abb. 233.

dar, und Abb. 232 das Oszillogramm des Einschaltstromes eines modernen Transformators.

Der große Stromstoß, der die Wicklung mechanisch stark beansprucht, kann durch Erhöhung der Widerstandsdämpfung gemildert werden. Dazu verwendet man einen Schalter mit Widerstandsstufe nach Abb. 233. Stufe I schaltet den Stromkreis mit dem Vorschaltwiderstand ein, Stufe II schließt den Widerstand kurz.

Zur Abschätzung des Widerstandes werde der größte zulässige Stromstoß i_s im Verhältnis zum stationären Magnetisierungsstrom angenommen und damit aus der Magnetisierungskurve das Verhältnis des größten Flusses zur stationären Amplitude $\alpha = \Phi_s : \Phi_m$ ermittelt. Nimmt man an, daß der überlagerte Fluß gleich der stationären Amplitude ist und nach einer Zeitkonstanten abklingt, deren Induktivität L_s dem höchsten Fluß entspricht, so ist, da der größte Fluß ½ Periode nach dem Einschalten auftritt,

$$\alpha = \frac{\Phi_s}{\Phi_m} = 1 + e^{-\frac{\pi R}{\omega L_s}} \qquad \text{oder} \qquad \frac{\pi R}{\omega L_s} = \ln\frac{1}{\alpha - 1}.$$

Ist L_0 die Induktivität beim stationären Magnetisierungsstrom i_0, so ist

$$\frac{L_s}{L_0} = \frac{\Phi_s}{i_s}\frac{i_0}{\Phi_0} = \alpha\frac{i_0}{i_s}$$

und

$$\frac{R}{\omega L_0} = \frac{\alpha}{\pi}\frac{i_0}{i_s}\ln\frac{1}{\alpha - 1} = \frac{i_0 R}{i_0 \omega L_0} \sim \frac{i_0 R}{p_m}. \tag{21}$$

Beispiel: Im stationären Zustand sei $B_m = 14000$ und eine Zunahme auf $B_s = 18000$ zugelassen. Hieraus wird $\alpha = 18000/14000 = 1{,}29$ und $i_s = i_0 \cong 8$. Die Stromspitze wird auf den 8fachen Magnetisierungsstrom, also etwa den halben Vollaststrom beschränkt. Hierfür wird nach Gl. (21)

$$\frac{i_0 R}{p_m} = \frac{1{,}29}{\pi}\frac{1}{8} \cdot \ln\frac{1}{0{,}29} = 0{,}065.$$

Der Widerstand soll beim stationären Magnetisierungsstrom 6,5% der Spannung drosseln. Der Vorschaltwiderstand wird also klein, man findet durchschnittlich 5 bis 10%. Er bringt den Vorgang schnell zum Erlöschen und braucht nur wenige Perioden eingeschaltet zu sein.

[1] Electr. 1894. [2] El. Review 1898.

Genauere Berechnungen unter Zugrundelegung analytischer Ausdrücke für die Magnetisierungskurve sind von Rogowski[1] und von Ollendorff[2] durchgeführt. Ähnliche Sättigungsstöße treten stets beim Einschalten von eisenhaltigen Induktivitäten auf.

Beim Induktionsmotor (s. Kap. XI S. 144) bilden die Wechselfelder ein fortschreitendes Drehfeld von konstanter Stärke. Im Schaltaugenblick ist es noch Null, und es kann dem stationären Drehfeld ein Ausgleichsfluß überlagert gedacht werden, der es zu Null ergänzt und gleiche Größe, aber die entgegengesetzte Richtung hat, die das Drehfeld im Schaltaugenblick haben sollte. Er behält beim Abklingen seine Richtung bei, während das Drehfeld fortschreitet, nach ½ Periode sind beide Flüsse gleichgerichtet und ergeben, abgesehen von der Dämpfung, den doppelten Fluß. Der größte Stromstoß tritt in jenem Strang auf, dessen Phasenspannung im Schaltaugenblick Null ist. Beim Motor ist die natürliche Widerstandsdämpfung größer als beim Transformator und der Stromstoß weniger heftig; in schwierigen Fällen wird auch hier der Stufenschalter verwendet.

91. Stromkreise mit Widerstand und Kapazität.

Bei der Reihenschaltung von Widerstand und Kondensator ist

$$p = Ri + q/C \quad \text{und} \quad i = dq/dt.$$

Da R und C Konstante sind, können Strom, Ladung und Kondensatorspannung in die stationären und die freien Glieder zerlegt werden. Für die freien Größen ist

$$Ri_f + q_f/C = 0 \quad \text{und} \quad i_f = dq_f/dt$$

oder, wenn i_f aus der zweiten Gleichung in die erste gesetzt wird,

$$\frac{R\,dq_f}{dt} + \frac{q_f}{C} = 0, \qquad \frac{dq_f}{q_f} = -\frac{dt}{RC},$$

$$q_f = q_{f(0)} e^{-t/RC}. \tag{22}$$

Die freie Ladung klingt vom Anfangswert $q_{f(0)}$ exponentiell mit der Zeitkonstanten $\tau = RC$ aus. Die freie Kondensatorspannung ist

$$p_{cf} = \frac{q_f}{C} = p_{cf(0)} e^{-t/RC} \quad \text{und} \quad p_{cf(0)} = \frac{q_{f(0)}}{C} \tag{23}$$

und der freie Ladestrom

$$i_f = \frac{dq_f}{dt} = i_{f(0)} e^{-t/RC} \quad \text{und} \quad i_{f(0)} = -\frac{q_{f(0)}}{RC} = -\frac{p_{cf(0)}}{R}. \tag{24}$$

Die Ermittlung der Anfangswerte sei wieder an einigen Beispielen gezeigt.

a) Entladung eines Kondensators über einen Widerstand. Wird ein geladener Kondensator mit der Spannung P_c und der Ladung $q_{a(0)} = P_c C$ z. Z. $t = 0$ über einen Widerstand geschlossen, so entladet er sich. Der Endzustand ist $q_e = 0$, daher nach Gl. (4)

$$q_{f(0)} = q_{a(0)} - q_{e(0)} = q_a = P_c C.$$

$$q = q_e + q_f = q_f = q_a e^{-t/RC} = P_c C e^{-t/RC}. \tag{25}$$

Der Entladestrom wird

$$i = \frac{dq}{dt} = -\frac{1}{RC} q_a e^{-t/RC} = -\frac{P_c}{R} e^{-t/RC}. \tag{26}$$

Der Anfangswert des Stromes ist P_c/R. Die im Kondensator aufgespeicherte Energie $\frac{1}{2} P^2 C$ geht während der Entladung in Stromwärme über, es ist

$$\int_{t=0}^{t=\infty} i^2 R\,dt = \int_{t=0}^{t=\infty} \frac{P_c^2}{R} e^{-2t/RC} dt = \tfrac{1}{2} P_c^2 C.$$

---

[1] Arch. Elektrot. Bd. 1, S. 344. [2] Arch. Elektrot. Bd. 22, S. 349.

b) Ladung eines Kondensators mit Gleichstrom. Hier ist der Endzustand $q_e = P_c C$. War der Kondensator ungeladen, so ist $q_a = 0$, daher

$$q_{f(0)} = q_{a(0)} - q_{e(0)} = -P_c C,$$

$$q = q_f + q_e = P_c C(1 - e^{-t/RC}), \qquad (27) \qquad i = \frac{dq}{dt} = \frac{P_c}{R} e^{-t/RC}. \qquad (28)$$

Der Ladestrom ist, abgesehen vom Vorzeichen, ebenso groß wie der Entladestrom (26). Die bei der Ladung erzeugte Stromwärme ist daher auch $\frac{1}{2} P_c^2 C$ wie bei der Entladung; da die gleiche Energie im Kondensator aufgespeichert wird, wird insgesamt die doppelte Ladeenergie zugeführt, die Hälfte davon geht im Widerstand verloren, unabhängig von dessen Größe.

Der Anfangswert des Stromes ist nach (26) und (28) P_c/R. Er kann sehr groß werden, wenn R klein ist, z. B. beim Einschalten eines unbelasteten Kabels. Der Strom wird, wie später gezeigt wird, durch die Induktivität des Leiters gedämpft, sie ist aber, z. B. bei konzentrischen Kabeln, sehr klein. Denkt man sich für ein kurzes Kabelstück die Kapazität in der Mitte konzentriert, so ist ihr der halbe Widerstand vorgeschaltet. Ein konzentrisches Kabel von 60 mm², das normal 100 Amp führt, habe eine Kapazität von $0{,}5 \cdot 10^{-6}$ F/km, der Widerstand beider Leiter ist 0,585 Ohm/km. Ein Kabelstück von 2 km hat also eine Kapazität von 1 μF, die in der Mitte hinter einem Widerstand von 0,585 konzentriert sei. Beim Anschließen an eine Spannung von 600 Volt entsteht ein Stromstoß von 600 : 0,585 = 1025 Amp, der mehr als 10 mal so groß ist wie der Betriebsstrom. Die Zeitkonstante ist $\tau = RC = 0{,}585 \cdot 10^{-6}$ sek; der Strom ist auf ein 1% des Anfangswertes nach $4{,}6\,\tau = 2{,}7 \cdot 10^{-6}$ sek gesunken. Der Ladevorgang spielt sich somit in sehr kurzer Zeit ab. Doch zeigt sich, daß es zwecksmäßig ist, Kabel besonders bei hoher Spannung nicht direkt, sondern über einen Vorschaltwiderstand einzuschalten.

c) Ladung eines Kondensators mit Gleichstrom. Wird der Stromkreis z. Z. $t = 0$ an eine Wechselspannung

$$p = p_m \cos(\omega t + \psi) \qquad (29)$$

angeschlossen, so ist der stationäre Strom

$$i_e = i_m \cos(\omega t + \psi + \varphi) \qquad (30)$$

und

$$i_m = \frac{p_m}{\sqrt{R^2 + (1/\omega C)^2}}, \qquad \operatorname{tg}\varphi = \frac{1}{\omega C R}. \qquad (31)$$

Die stationäre Ladung ist

$$q_e = q_m \sin(\omega t + \psi + \varphi) \qquad (32)$$

und

$$q_m = i_m/\omega.$$

War der Kondensator ungeladen, $q_a = 0$, so ist die freie Ladung

$$q_{f(0)} = -q_{e(0)} = -q_m \sin(\psi + \varphi)$$

und während des Einschaltvorgangs

$$q = q_e + q_f = q_m \sin(\omega t + \psi + \varphi) - q_m \sin(\psi + \varphi) e^{-t/RC}. \qquad (33)$$

Der Ausgleichstrom ist

$$i_f = \frac{dq_f}{dt} = \frac{q_m}{RC} \sin(\psi + \varphi) e^{-t/RC} = \frac{i_m}{\omega RC} \sin(\psi + \varphi) e^{-t/RC} \qquad (34)$$

und der gesamte Ladestrom

$$i = i_e + i_f = i_m \cos(\omega t + \psi + \varphi) + \frac{i_m}{\omega RC} \sin(\psi + \varphi) e^{-t/RC}. \qquad (35)$$

Im Einschaltaugenblick, $t = 0$, ist der Strom

$$i_{(0)} = i_m \left[\cos(\psi + \varphi) + \frac{\sin(\psi + \varphi)}{\omega RC}\right] = i_m \frac{\cos\psi}{\cos\varphi} = \frac{p_m \cos\psi}{R}. \qquad (36)$$

Er ist durch die Spannung im Schaltaugenblick und den Ohmschen Widerstand begrenzt und wird daher am größten, wenn beim Spannungsmaximum [$\psi = 0$, s.

Gl. (29)] geschaltet wird. Sein größter Wert ist

$$i_{(0)\max} = \frac{i_m}{\cos\varphi} = \frac{p_m}{R}, \tag{36a}$$

er verhält sich zur Amplitude des stationären Ladestroms wie

$$\frac{1}{\cos\varphi} = \sqrt{1+\mathrm{tg}^2\varphi} = \sqrt{1+\left(\frac{1}{R\omega C}\right)^2} = \sqrt{1+\left(\frac{T}{2\pi\tau}\right)^2}.$$

Für das frühere Beispiel eines Kabels mit $C = 1\,\mu$F, $R = 0{,}585$ Ohm ist bei $f = 50$ Hz

$$\frac{1}{R\omega C} = \frac{10^6}{2\pi 50\cdot 0{,}585\cdot 1} = 5440.$$

Da aber die Zeitkonstante $\tau = RC = 0{,}585\cdot 10^{-6}$ sek nur ein sehr kleiner Teil der Periode $T = {}^1/_{50}$ sek ist, sind der Ausgleichstrom und die Ausgleichsladung nach einer halben Periode längst erloschen. Die Kondensatorspannung, die im Schaltaugenblick mit Null beginnt, kann also nicht über ihre Amplitude hinausschwingen.

92. Ausgleichsvorgänge in Schwingungskreisen.

Bei der Reihenschaltung von Spule und Kondensator ist

$$p = Ri + L\frac{di}{dt} + \frac{q}{C} \quad \text{und} \quad i = \frac{dq}{dt}. \tag{37}$$

Sind L und C Konstante, so ist es wieder möglich, die freien Größen für sich zu betrachten. Für diese ist

$$Ri_f + L\frac{di_f}{dt} + \frac{q_f}{C} = 0 \quad \text{und} \quad i_f = \frac{dq_f}{dt}. \tag{38}$$

Setzt man den Wert von i_f ein, so gilt für die freie Ladung

$$\frac{d^2q_f}{dt^2} + \frac{R}{L}\frac{dq_f}{dt} + \frac{q_f}{LC} = 0. \tag{38a}$$

Diese Gleichung wird befriedigt durch den Ansatz

$$q_f = ke^{\gamma t} \quad \text{und} \quad i_f = \frac{dq_f}{dt} = \gamma k e^{\gamma t}. \tag{39}$$

Mit diesem Wert erhält man aus (38a) zur Bestimmung von γ

$$\gamma^2 + \frac{R}{L}\gamma + \frac{1}{LC} = 0.$$

γ hat die beiden Werte

$$\gamma_{1,2} = -\frac{R}{2L} \pm \sqrt{\left(\frac{R}{2L}\right)^2 - \frac{1}{LC}}. \tag{40}$$

Die vollständige Lösung von (38a) besteht aus zwei Gliedern der Form (39) mit zwei Konstanten $k_1\,k_2$, die aus den Anfangsbedingungen für die Ladung und für den Strom zu ermitteln sind. Die Form (40) der Exponenten γ zeigt, daß der Verlauf des Ausgleichsvorgangs verschieden ist, je nachdem die Wurzel reell, Null oder imaginär ist, d. h. je nachdem der Ohmsche Widerstand R größer, gleich oder kleiner als der doppelte Schwingungswiderstand $2\sqrt{L/C}$ ist

1. Ist $R > 2\sqrt{L/C}$, so sind γ_1 und γ_2 reell, der Ausgleichsvorgang verläuft aperiodisch. Nach (39) ist.

$$q_f = k_1 e^{\gamma_1 t} + k_2 e^{\gamma_2 t}, \tag{41}$$ $$i_f = \gamma_1 k_1 e^{\gamma_1 t} + \gamma_2 k_2 e^{\gamma_2 t}. \tag{42}$$

Es überlagern sich zwei exponentiell abklingende Glieder, bei dem ersten ist die Zeitkonstante größer als $2L/R$, bei dem zweiten ist sie kleiner.

2. Ist $R = 2\sqrt{L/C}$, so ist $\gamma_1 = \gamma_2 = -R/2L = -1/\sqrt{LC}$.

Für gleiche Wurzeln ist die Lösung von (38a)

$$q_f = (k_1 + tk_2)\,e^{-\frac{t}{\sqrt{LC}}}, \tag{43}$$

$$i_f = \frac{dq_f}{dt} = \left[k_2 - \frac{1}{\sqrt{LC}}(k_1 + tk_2)\right]e^{-\frac{t}{\sqrt{LC}}}. \tag{44}$$

Auch hier verläuft der Vorgang aperiodisch, man bezeichnet ihn als den Grenzfall.

3. Ist endlich $R < 2\sqrt{L/C}$, dann sind γ_1 und γ_2 komplex. Wir setzen zur Abkürzung in Gl. (40)

$$\sqrt{\frac{1}{LC} - \left(\frac{R}{2L}\right)^2} = \beta \quad \text{und} \quad \frac{R}{2L} = \alpha, \tag{45}$$

$$\gamma_1 = -\alpha + j\beta, \qquad \gamma_2 = -\alpha - j\beta. \tag{40a}$$

Dann ist nach Gl. (39)

$$q_f = e^{-\alpha t}[k_1 e^{j\beta t} + k_2 e^{-\beta t}] = e^{-\alpha t}[a\cos\beta t + b\sin\beta t]. \tag{46}$$

worin $a = (k_1 + k_2)$ und $b = j(k_1 - k_2)$ reelle Größen sind, da es sich um einen reellen Vorgang handelt. Setzt man noch in (46) $A = \sqrt{a^2 + b^2}$ und $\delta = \operatorname{arctg} a/b$, so ist

$$q_f = A e^{-\alpha t} \sin(\beta t + \delta). \tag{47}$$

Hier verläuft also der Ausgleichsvorgang nach einer Sinusschwingung mit abklingenden Amplituden. Die Kreisfrequenz β dieser Schwingungen ist nach (45) bei kleinem Widerstand nahezu gleich der Resonanzkreisfrequenz $\omega_0 = 1/\sqrt{LC}$ der stationären Schwingungen (s. Kap. II S. 21) und ist die Eigenfrequenz des Stromkreises. Die Amplituden klingen exponentiell nach Maßgabe des Dämpfungsfaktors α bzw. der Zeitkonstanten $1/\alpha = 2L/R$ ab. Durch Differentiation von (47) wird der Ausgleichstrom

$$i_f = \frac{dq_f}{dt} = A e^{-\alpha t}[-\alpha\sin(\beta t + \delta) + \beta\cos(\beta t + \delta)].$$

Faßt man die beiden Glieder zusammen und setzt nach (45)

$$\sqrt{\alpha^2 + \beta^2} = 1/\sqrt{LC}, \tag{45a}$$

ferner

$$\alpha\sqrt{LC} = \frac{R}{2}\sqrt{\frac{C}{L}} = \cos\varepsilon, \quad \beta\sqrt{LC} = \sin\varepsilon, \quad \beta/\alpha = \operatorname{tg}\varepsilon = \frac{2\beta L}{R}, \tag{48}$$

so ist

$$i_f = -\frac{A}{\sqrt{LC}} e^{-\alpha t}\sin(\beta t + \delta - \varepsilon). \tag{49}$$

Die freie Kondensatorspannung ist nach (47)

$$p_{cf} = \frac{q_f}{C} = \frac{A}{C} e^{-\alpha t}\sin(\beta t + \delta). \tag{50}$$

Das Verhältnis ihrer Amplituden zu denen des Stromes (49) ist der Schwingungswiderstand $\sqrt{L/C}$, in der Phase ist die Kondensatorspannung gegen den Strom um $(\pi - \varepsilon)$ verspätet.

Die induktive Spannung berechnet sich nach (49)

$$L\frac{di_f}{dt} = \frac{A}{C} e^{-\alpha t} \sin(\beta t + \delta - 2\varepsilon). \tag{51}$$

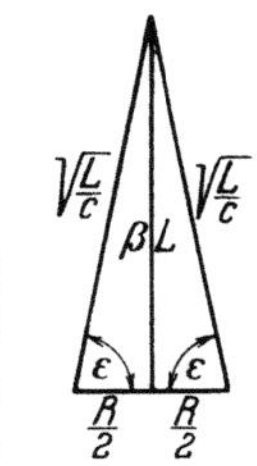

Abb. 234.

Ihre Amplituden sind gleich denen der Kondensatorspannung, aber sie ist gegen den Strom um $(\pi - \varepsilon)$ phasenverfrüht. Während der Winkel δ ebenso wie A von den Anfangsbedingungen abhängt, ist der durch Gl. (48) definierte Winkel ε eine dem Stromkreis eigentümliche Konstante, den man nach Gl. (48) graphisch darstellen kann, wenn man in Abb. 234 über dem Ohmschen Widerstand R als Grundlinie den induktiven Widerstand für die Eigenschwingungen βL als Höhe eines gleichseitigen Dreiecks aufträgt. Die beiden gleich großen Seiten des Dreiecks stellen dann nach (45)

$$\sqrt{\left(\frac{R}{2}\right)^2 + \beta^2 L^2} = \sqrt{\frac{L}{C}}$$

den Schwingungswiderstand dar. Faßt man das Dreieck als Vektordiagramm auf, so stellt die Grundlinie, abgesehen von der Dämpfung, die Amplitude des Ohmschen Spannungsabfalls $i_f R$, die beiden gleichen Seiten die Amplituden der Kondensatorspannung und der induktiven Spannung dar, die $\sqrt{L/C}$-mal so groß sind wie die Stromamplituden und gegen diese um $(\pi - \varepsilon)$ verspätet bzw. verfrüht sind. Beim Übergang auf die Momentanwerte bleiben die Vektoren nicht wie bei den stationären Schwingungen konstant, sondern beschreiben entsprechend dem Dämpfungsglied $e^{-\alpha t}$ eine logarithmische Spirale. In einer Periode $T = 2\pi/\beta$ der Eigenschwingung sind sie auf $e^{-\alpha 2\pi/\beta} = e^{-\pi R/\beta L}$ des Anfangswertes gesunken.

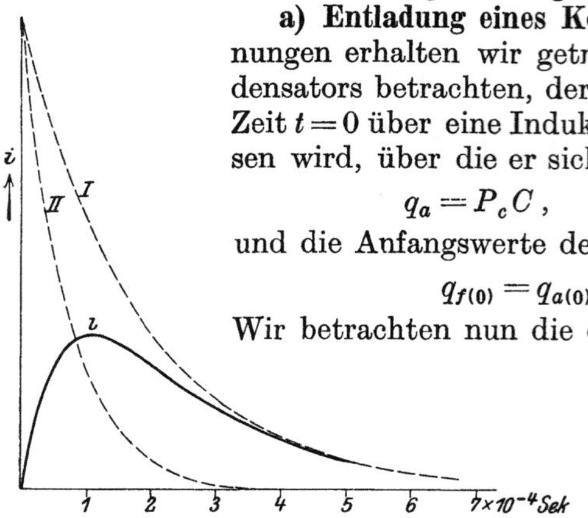

Abb. 235 a.

a) Entladung eines Kondensators. Die freien Ströme und Spannungen erhalten wir getrennt, wenn wir die Entladung eines Kondensators betrachten, der auf eine Spannung P_c geladen ist und zur Zeit $t = 0$ über eine Induktivität L mit dem Widerstand R geschlossen wird, über die er sich entladet. Die Grenzbedingungen sind

$$q_a = P_c C\,, \qquad q_e = 0\,, \qquad i_a = 0\,, \qquad i_e = 0$$

und die Anfangswerte des Ausgleichsvorgangs

$$q_{f(0)} = q_{a(0)} - q_{e(0)} = P_c C\,, \qquad i_{f(0)} = 0\,. \tag{52}$$

Wir betrachten nun die drei Entladungsformen.

1. Für die aperiodische Entladung ist nach (41) und (42) für $t = 0$

$$q_{f(0)} = k_1 + k_2 = P_c C\,,$$

$$i_{f(0)} = \gamma_1 k_1 + \gamma_2 k_2 = 0\,.$$

Daher ist

$$\gamma_1 k_1 = -\gamma_2 k_2 = P_c C \frac{\gamma_1 \gamma_2}{\gamma_1 - \gamma_2} = -\frac{P_c}{\sqrt{R^2 - 4L/C}}\,.$$

Hiermit wird in Gl. (41) und (42)

$$q = q_f = \frac{1}{2} P_c C \left[\left(\frac{R}{\sqrt{R^2 - 4L/C}} + 1\right) e^{\gamma_1 t} - \left(\frac{R}{\sqrt{R^2 - 4L/C}} - 1\right) e^{\gamma_2 t}\right], \tag{53}$$

$$i = i_f = -\frac{P_c}{\sqrt{R^2 - 4L/C}} \left(e^{\gamma_1 t} - e^{\gamma_2 t}\right). \tag{54}$$

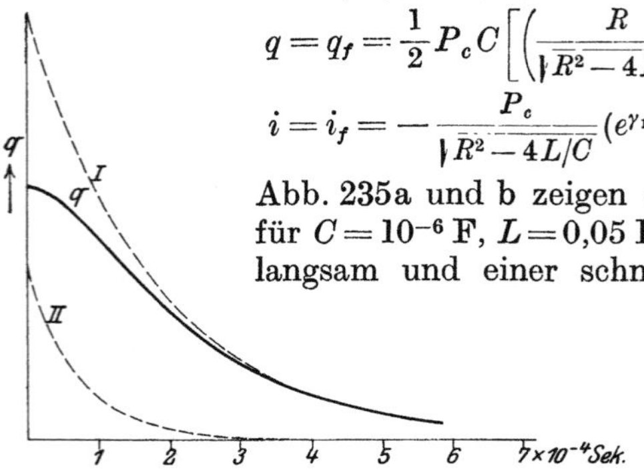

Abb. 235 b.

Abb. 235a und b zeigen den Verlauf des Stromes und der Ladung für $C = 10^{-6}$ F, $L = 0{,}05$ H, $R = 500$ Ohm, die sich als Differenz einer langsam und einer schnell abklingenden Exponentialfunktion ergeben. Beim Strom haben sie gleiche Anfangswerte, er steigt von Null schnell an, um dann langsamer abzufallen. Bei der Ladung ist die Differenz der Anfangswerte die gegebene Ladung.

Das Maximum des Stromes ergibt sich nach Gl. (54) für

$$\gamma_1 e^{\gamma_1 t} = \gamma_2 e^{\gamma_2 t} \quad \text{oder} \quad e^{(\gamma_1 - \gamma_2) t} = \gamma_2/\gamma_1\,, \qquad t = \frac{1}{\gamma_1 - \gamma_2} \ln \frac{\gamma_2}{\gamma_1}\,.$$

Damit wird

$$e^{\gamma_1 t} - e^{\gamma_2 t} = e^{\gamma_1 t}\left(1 - \frac{\gamma_1}{\gamma_2}\right) = e^{\frac{\gamma_1}{\gamma_1 - \gamma_2} \ln \frac{\gamma_2}{\gamma_1}} \left(1 - \frac{\gamma_1}{\gamma_2}\right) = \frac{\gamma_2}{\gamma_1}^{\left(\frac{\gamma_1}{\gamma_1 - \gamma_2}\right)} \left(1 - \frac{\gamma_1}{\gamma_2}\right)$$

und mit den Werten $\gamma_1\, \gamma_2$ nach (40) in Gl. (54)

$$i_{\max} = -\frac{P_c}{R + \sqrt{R^2 - 4L/C}} \left(\frac{R + \sqrt{R^2 - 4L/C}}{R - \sqrt{R^2 - 4L/C}}\right)^{-\frac{1}{2}\left(\frac{R}{\sqrt{R^2 - 4L/C}} - 1\right)}. \tag{54a}$$

Mit den Zahlenwerten des Beispiels Abb. 235 wird $i_{\max} = P_c/660$, während ohne die Induktivität der Anfangswert des Stromes $i_{\max} = P/R = P/500$, also 1,32 mal so groß wäre. Die Induktivität verkleinert und verzögert den größten Entladestrom.

2. Beim Grenzfall wird nach (43) und (44) für $q_{f(0)} = P_c C$, $i_{f(0)} = 0$

$$k_1 = P_c C\,, \qquad k_2 = \frac{k_1}{\sqrt{LC}} = P_c \sqrt{\frac{C}{L}}\,,$$

und

$$q = q_f = P_c C\left[1 + \frac{t}{\sqrt{LC}}\right] e^{-\frac{t}{\sqrt{LC}}}\,, \tag{55}$$

$$i = i_f = -\frac{P_c}{L} t e^{-\frac{t}{\sqrt{LC}}} = -\frac{P_c}{R}\,\frac{2t}{\sqrt{LC}}\, e^{-\frac{t}{\sqrt{LC}}}. \tag{56}$$

Der Strom wird am größten, wenn $t = \sqrt{LC}$ ist und ist

$$i_{\max} = -\frac{2P_c}{R} e^{-1} = 0{,}736 \frac{P_c}{R}\,. \tag{56a}$$

Der Verlauf des Entladevorgangs ist sehr ähnlich dem der Abb. 235.

3. Bei oszillierender Entladung, $R < 2\sqrt{L/C}$, ist in Gl. (47) und (49) für $t = 0$.

$$q_{f(0)} = P_c C = A \sin\delta\,, \qquad i_{f(0)} = 0 = -\frac{A}{\sqrt{LC}} \sin(\delta - \varepsilon)\,.$$

Aus der zweiten Gleichung folgt $\delta = \varepsilon$, damit wird in der ersten, weil nach (48) $\sin\varepsilon = \beta\sqrt{LC}$ ist,

$$A = \frac{P_c C}{\sin\delta} = \frac{P_c}{\beta}\sqrt{\frac{C}{L}}$$

und

$$q = q_f = \frac{P_c}{\beta}\sqrt{\frac{C}{L}}\, e^{-\alpha t} \sin(\beta t + \varepsilon)\,, \tag{57}$$

$$i = i_f = -\frac{P_c}{\beta L} e^{-\alpha t} \sin\beta t\,. \tag{58}$$

Den Verlauf der Entladung des Kondensators, der auch die Kondensatorspannung darstellt, sowie den Entladestrom zeigt Abb. 236 für das frühere Beispiel $C = 10^{-6}$ F, $L = 0{,}05$ H, jedoch ist $R = 50$ Ohm. Dabei ist die Eigenfrequenz $\beta/2\pi = 708$ Hertz. Der Nulldurchgang der Kondensatorspannung fällt hier nicht mit der Stromamplitude zusammen, weil sie gegen den Strom nach S. 197 um $\pi - \varepsilon$ verspätet ist. Hier ist

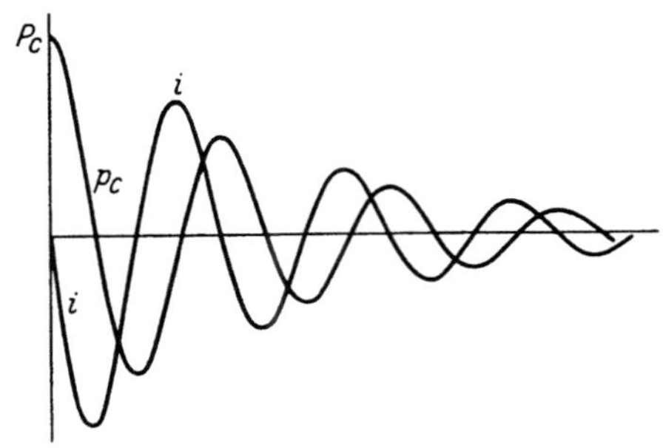

Abb. 236.

$$\cos\varepsilon = \frac{R}{2}\sqrt{\frac{C}{L}} = 25 \cdot \sqrt{\frac{10^{-6}}{0{,}05}} = 0{,}112\,,$$

$$\varepsilon = 83{,}6^0, \qquad \pi - \varepsilon = 96{,}4^0.$$

Das Strommaximum tritt nach (58) auf, wenn $\operatorname{tg}\beta t = \beta/\alpha = \operatorname{tg}\varepsilon$ ist, oder $\beta t = \varepsilon$, also nahezu nach der ersten Viertelperiode. Hierbei ist $\sin\beta t = \sin\varepsilon = \beta\sqrt{LC}$ und $e^{-\alpha t} = e^{-\alpha\varepsilon/\beta} = e^{-R\varepsilon/2\beta L}$

$$i_{\max} = -P_c\sqrt{\frac{C}{L}}\, e^{-\frac{R}{2\beta L}\varepsilon}. \tag{58a}$$

b) Ladung mit konstanter Spannung. Bei der Ladung mit konstanter Spannung sind die Grenzbedingungen, wenn der Kondensator ungeladen war,

$$q_a = 0\,, \quad q_e = PC\,, \quad q_{f(0)} = -q_{e(0)} = -PC\,,$$
$$i_a = 0\,, \quad i_e = 0\,, \quad i_{f(0)} = 0\,,$$
$$q = q_e + q_f\,, \qquad i = i_f\,.$$

Diese Bedingungen unterscheiden sich von denen bei der Entladung nur durch das Vorzeichen der freien Ladung zur Zeit $t = 0$. Sie ergänzt hier die erzwungene Ladung zu Null und hat ebenso wie der Strom den gleichen zeitlichen Verlauf wie zuvor, bei entgegengesetztem Vorzeichen. Bei dem oszillierenden Ladevorgang, Abb. 237, schwingt die Ladung und die Kondensatorspannung p_c etwa nach ¼ Periode der Eigenschwingung über den erzwungenen Zustand hinaus und erreicht etwa

½ Periode nach dem Einschalten ihren Höchstwert, um sich in abklingenden Schwingungen dem Endwert P zu nähern. Allgemein ist die Kondensatorspannung

$$p_c = P + \frac{q_f}{C} = P\left[1 - \frac{1}{\beta\sqrt{LC}}\, e^{-\alpha t}\sin(\beta t + \varepsilon)\right].$$

Das zweite Glied hat ein Maximum für $\operatorname{tg}(\beta t + \varepsilon) = \operatorname{tg}\varepsilon$, $\beta t = 0$ oder π. Für $\beta t = \pi$ ist $\sin(\beta t + \varepsilon) = -\sin\varepsilon = -\beta\sqrt{LC}$ und $e^{-\alpha t} = e^{-\pi\frac{\alpha}{\beta}} = e^{-\frac{\pi}{2}\frac{R}{\beta L}}$

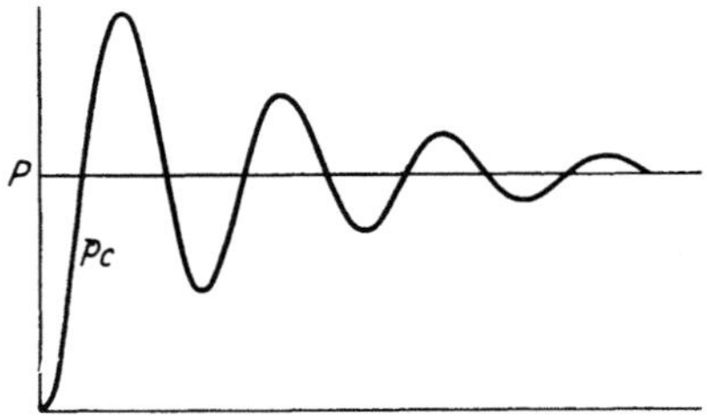

Abb. 237.

$$P_{c\,\max} = P\left[1 + e^{-\frac{\pi}{2}\frac{R}{\beta L}}\right]. \tag{59}$$

Bei kleinem Widerstand ist dies etwa die doppelte stationäre Spannung. Da der Ladestrom denselben Verlauf hat wie der Entladestrom, folgt wieder, wie auf S. 195, daß die gesamte Stromwärme während der Ladung ebenso groß ist wie die im Endzustand im Kondensator aufgespeicherte Energie $\frac{1}{2}P^2C$. Dies gilt also auch bei Ladung über eine Induktivität und unabhängig davon, ob die Ladung aperiodisch oder oszillierend verläuft.

c) Ausgleichsvorgänge bei einwelligem Strom. Eine einwellige Spannung

$$p = p_m \sin(\omega t + \psi)$$

erzeugt im Schwingungskreis den stationären Strom (s. Kap. II S. 20)

$$i_e = i_m \sin(\omega t + \psi + \varphi),$$

dabei ist

$$i_m = \frac{p_m}{\sqrt{R^2 + (1/\omega C - \omega L)^2}}, \qquad \operatorname{tg}\varphi = \frac{1/\omega C - \omega L}{R}.$$

φ ist ein Voreilungs- oder ein Verspätungswinkel, je nachdem $\omega^2 LC$ kleiner oder größer als 1 ist.

Die Ladung des Kondensators ist

$$q_e = -\frac{i_m}{\omega}\cos(\omega t + \psi + \varphi) = -q_m \cos(\omega t + \psi + \varphi).$$

Wird der Stromkreis z. Z. $t = 0$ eingeschaltet, so ist

$$i_a = 0, \qquad q_a = 0.$$

Im wichtigsten Fall des oszillierenden Ausgleichsvorgangs ist nach Gl. (47) und (49) für $t = 0$

$$q_{f(0)} = -q_{e(0)} = q_m\cos(\psi + \varphi) = A\sin\delta,$$

$$i_{f(0)} = -i_{e(0)} = -i_m\sin(\psi + \varphi) = -\frac{A}{\sqrt{LC}}\sin(\delta - \varepsilon) = -\alpha A\sin\delta + \beta A\cos\delta.$$

Daher ist

$$A\cos\delta = -\frac{i_m}{\beta}\sin(\psi + \varphi) + \frac{\alpha}{\beta}q_m\cos(\psi + \varphi).$$

Mit diesen Werten wird nach (49) und (47)

$$i_f = e^{-\alpha t}\left[\frac{i_m}{\beta\sqrt{LC}}\sin(\psi + \varphi)\sin(\beta t - \varepsilon) - \frac{q_m}{\beta LC}\cos(\psi + \varphi)\sin\beta t\right], \tag{60}$$

$$q_f = e^{-\alpha t}\left[-\frac{i_m}{\beta}\sin(\psi + \varphi)\sin\beta t + \frac{q_m}{\beta\sqrt{LC}}\cos(\psi + \varphi)\sin(\beta t + \varepsilon)\right]. \tag{61}$$

Die freien Schwingungen im Ladestrom und der Ladung setzen sich aus je zwei Teilschwingungen zusammen, von denen die erste vom Strom, die zweite von der Ladung im Schaltaugenblick abhängt und die gegeneinander daher um $(\pi - \varepsilon)$ phasenverschoben sind.

Für die Amplituden ist abgesehen vom Schaltaugenblick das Verhältnis der Eigenfrequenz zur Netzfrequenz maßgebend. Bei kleinem Widerstand ist $\beta\sqrt{LC} = \sin\varepsilon \cong 1$. Daher können das erste Glied im Strom und das zweite Glied in der

Ladung nicht größer als die stationären Amplituden i_m bzw. q_m werden. Hingegen ist das zweite Glied in der Stromgleichung, da $q_m = i_m/\omega$ ist, mit der gleichen Annäherung im ungünstigsten Fall, $\cos(\psi+\varphi)=1$, gleich $i_m\beta/\omega$. Die Amplitude, die nach ¼ Periode der Eigenfrequenz auftritt, ist soviel mal größer als die stationäre Stromamplitude, wie die Eigenfrequenz größer ist als die Netzfrequenz, und tritt auf, wenn $\cos(\psi+\varphi)=1$ ist, d. h. wenn im Schaltaugenblick die Ladung und die Kondensatorspannung ihren größten Wert haben sollten. Endlich ist in der Gleichung der freien Ladung die Amplitude des ersten Gliedes, wenn $i_m = \omega q_m$ gesetzt wird, höchstens gleich $q_m\omega/\beta$. Sie kann also größer als die stationäre Amplitude werden, wenn die Netzfrequenz größer als die Eigenfrequenz ist, und tritt auf, wenn $\sin(\psi+\varphi)=1$ ist, d.h. wenn bei der Stromamplitude eingeschaltet wird. Die größten Überströme treten also bei $\beta>\omega$ auf und im ungünstigsten Fall beim Schalten bei der Amplitude der Kondensatorspannung; die größten Überspannungen wenn $\beta<\omega$ ist, und im ungünstigsten Fall beim Schalten bei der Stromamplitude.

Faßt man die beiden Glieder in Gl. (60) zusammen und setzt für ε den Wert nach Gl. (48) ein, so ist

$$i_f = \frac{i_m}{\beta\sqrt{LC}}e^{-\alpha t}\sqrt{1+\cos^2(\psi+\varphi)\left(\frac{1}{\omega^2 CL}-1\right)-\frac{R}{2\omega L}\sin 2(\psi+\varphi)}\,\sin(\beta t-\zeta), \tag{62}$$

$$\operatorname{tg}\zeta = \frac{\operatorname{tg}(\psi+\varphi)\beta\omega LC}{\alpha\omega LC\operatorname{tg}(\psi+\varphi)-1}. \tag{62a}$$

In Starkstromanlagen ist der Fall, daß $\beta>\omega$ ist, am häufigsten. Beim Einschalten von Kabeln bildet deren Kapazität mit den Streuinduktivitäten des Transformators

Abb. 238.

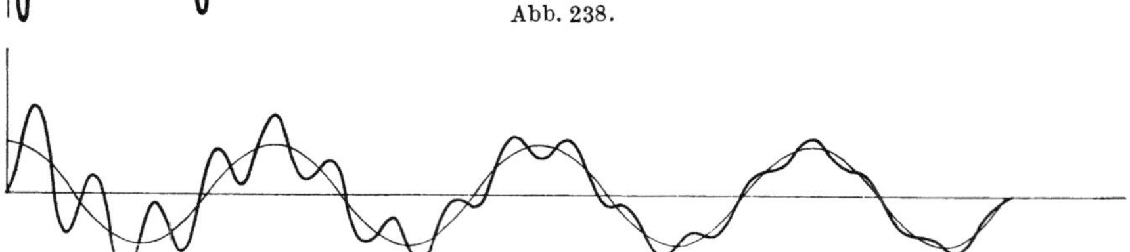

Abb. 239.

und des Generators einen Schwingungskreis. Ist z. B. der Ladestrom des Kabels $^1/_5$ des Vollaststromes J, und der induktive Spannungsabfall des Vollaststromes in Transformator und Generator 25% der Phasenspannung, so ist

$$P\omega C = 0{,}2J, \qquad J\omega L = 0{,}25P,$$

daher $\omega^2 LC = 0{,}05$ und $1/\sqrt{LC} = \omega\sqrt{20} \simeq 4{,}5\,\omega$.

Die Eigenfrequenz ist 4,5mal so groß wie die Netzfrequenz. Ist der Ohmsche Spannungsabfall 5% der Netzspannung, so ist $\omega L : R = 0{,}25 : 0{,}05 = 5$ und $\operatorname{tg}\varepsilon = 2\beta L/R \simeq 2\cdot 4{,}5\cdot 5 = 45$. Abb. 238 zeigt hierfür das Einschwingen des Stromes beim Einschalten bei der Amplitude der Kondensatorspannung, $\cos(\psi+\varphi)=1$. Dann ist nach (62), da $\zeta = \pi$ wird,

$$i_f = -\frac{i_m}{\omega\beta C L} e^{-\alpha t} \sin \beta t \simeq -i_m \frac{\beta}{\omega} e^{-\alpha t} \sin \beta t .$$

Die Amplitude des freien Stromes ist abgesehen von der Dämpfung 4,5 mal so groß wie der stationäre Ladestrom. Abb. 239 zeigt den Einschaltstrom, wenn bei der Stromamplitude also beim Nulldurchgang der Kondensatorspannung eingeschaltet wird; hierbei ist $\sin(\psi + \varphi) = 1$ und $\operatorname{tg} \zeta = \beta/\alpha = \operatorname{tg} \varepsilon$, $\zeta = \varepsilon$ und

$$i_f = \frac{i_m}{\beta \sqrt{LC}} e^{-\alpha t} \sin(\beta t - \varepsilon) .$$

Der resultierende Strom steigt nur etwa auf die doppelte Amplitude. In anderem Maßstab ist Abb. 239 auch die Kondensatorspannung beim Einschaltmoment der Abb. 238, jedoch mit vertauschten positiven und negativen Halbwellen.

Bemerkenswert ist endlich der Fall, daß der Stromkreis in Resonanz bei der Netzfrequenz ist. Dabei ist $\omega^2 LC = 1$ und $\varphi = 0$. In Gl. (62) ist das zweite Glied unter der Wurzel Null, das dritte kann nicht größer als $R/2\omega L$ werden und ist im allgemeinen sehr klein. Da ferner $\beta\sqrt{LC} = 1$ und $\beta \simeq \omega$ ist, wird $\zeta \simeq \pi - \psi$ und

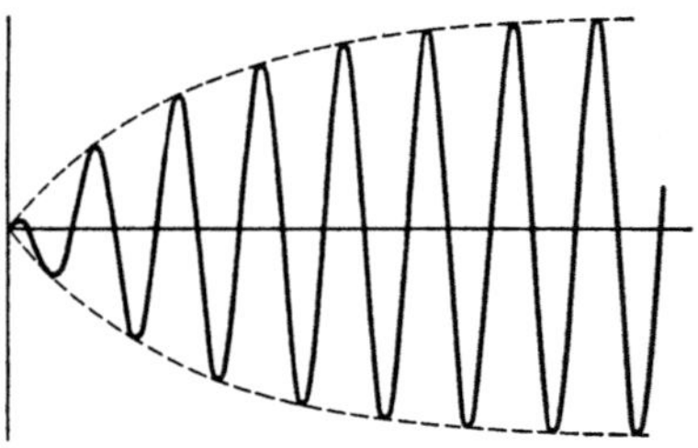

Abb. 240.

$$i_f \simeq i_m e^{-\alpha t} \sin(\omega t + \psi)$$

und der resultierende Strom

$$i = i_e + i_f = i_m \sin(\omega t + \psi)\,[1 - e^{-\alpha t}] \tag{62b}$$

und ebenso die resultierende Ladung

$$q = q_e + q_f = -q_m \cos(\omega t + \psi)\,[1 - e^{-\alpha t}] . \tag{62c}$$

Beim Einschalten mit der Resonanzfrequenz schwingen sich der Strom und die Ladung stetig in den stationären Resonanzzustand ein. Abb. 240 zeigt den Stromverlauf für $\psi = \pi/2$, d. h. wenn bei der Strom- und Spannungsamplitude eingeschaltet wird.

93. Symbolische Darstellung von Ausgleichströmen.

Bei konstanten Werten R, L, C führt die Beziehung zwischen Strömen und Spannungen zu linearen Differentialgleichungen mit konstanten Koeffizienten. Der Ausgleichstrom ist das partikuläre Integral der homogenen Differentialgleichung ($p = 0$) in der Form

$$i_f = k e^{\gamma t} .$$

Hierin ist γ eine reelle oder komplexe Zahl und kennzeichnet im ersten Fall einen aperiodischen Ausgleichsvorgang, im zweiten eine gedämpfte Schwingung. Als Sonderfälle erscheinen die stationären Ströme, für $\gamma = 0$ der Gleichstrom, für γ rein imaginär ($\pm j\omega$) der stationäre Wechselstrom.

Um die Exponenten γ des freien Stromes zu bestimmen, kann man nun abgekürzt symbolisch verfahren. Man ersetzt analog wie bei der komplexen Rechnung bei stationären Sinusströmen die Operation d/dt durch die Multiplikation mit γ und die Operation $\int dt$ durch die Division mit γ. An Stelle der linearen Differentialgleichung ergibt sich eine lineare algebraische Gleichung. Beim stationären Wechselstrom hat die Beziehung zwischen Strom und Spannung die Form

$$i z = p ,$$

worin der Scheinwiderstand z eine Funktion von $j\omega$ ist.

Ersetzt man $j\omega$ durch γ, so erhält man den Widerstandsoperator für den freien Strom, der mit $Z_{(\gamma)}$ bezeichnet werde. Da in der Gleichung für den freien Strom die Spannung Null ist, muß $i_f Z_{(\gamma)} = 0$ sein, unabhängig von dem besonderen Wert von i_f. Daher ist die Bestimmungsgleichung für γ

$$Z_{(\gamma)} = 0 . \tag{63}$$

Die Vereinfachung liegt hier darin, daß zur Ermittlung von γ die Differentialgleichung nicht aufgestellt zu werden braucht.

Beispiel: Für den Schwingungskreis mit R, L, C ist

$$Z_{(\gamma)} = R + \gamma L + \frac{1}{\gamma C} = 0, \qquad \gamma^2 + \frac{R}{L}\gamma + \frac{1}{LC} = 0,$$

$$\gamma_{1,2} = -\frac{R}{2L} \pm j\sqrt{\frac{1}{LC} - \left(\frac{R}{2L}\right)^2} = -\alpha \pm j\beta,$$

wie schon früher S. 197 für $R < 2\sqrt{L/C}$ gezeigt wurde. Die Zahl n der Glieder des freien Stromes und die Zahl der Konstanten k ist bestimmt durch die Ordnung der Differentialgleichung, bzw. hier durch die Ordnung der Bestimmungsgleichung $Z_{(\gamma)} = 0$. Der freie Strom erscheint dann als Summe von n Gliedern

$$i_f = \sum_{\nu=1}^{\nu=n} k_\nu e^{\gamma_\nu t}. \tag{64}$$

Die Koeffizienten k können wie in den früheren Beispielen aus den Anfangsbedingungen des Problems berechnet werden.

In der von Heaviside ausgebildeten Operatorenrechnung[1] wird gezeigt, wie die Summe der erzwungenen und freien Glieder direkt ermittelt werden kann. Der Satz gilt nicht nur für elektromagnetische Zustandsänderungen, sondern allgemein für solche, die auf lineare Differentialgleichungen mit konstanten Koeffizienten führen, z. B. mechanische Vorgänge. Wir beschränken uns darauf, das Ergebnis mitzuteilen und verweisen wegen der Ableitung auf die Originalarbeiten[1].

Danach berechnet sich für ein System, in dem von der Zeit $t = 0$ an eine in der Folgezeit konstante Kraft P wirkt, der zeitliche Verlauf jeder Systemgröße S durch die Gleichung

$$S = \frac{P}{Z_{(0)}} + P \sum_1^n \frac{e^{\gamma_\nu t}}{\gamma_\nu \left(\frac{dZ_{(\gamma)}}{d\gamma}\right)_{(\gamma=\gamma_\nu)}}. \tag{65}$$

$Z_{(\gamma)}$ ist der Widerstandsoperator für die gesuchte Größe, den man dadurch erhält, daß man in die Systemgleichungen für die veränderlichen Größen Ausdrücke der Form $k e^{\gamma t}$ einführt und alle Größen bis auf die gesuchte eliminiert. Die γ_ν sind die n Wurzeln der Gleichung $Z_{(\gamma)} = 0$. $Z_{(0)}$ erhält man für $\gamma = 0$. Eine konstante eingeprägte Kraft ergibt sich beim Einschalten eines Gleichstromes.

Ist P eine Funktion der Zeit, wie beim Einschalten von Wechselstrom etwa $p_m \sin(\omega t + \psi)$, die als imaginärer Teil von $p_m e^{j(\omega t + \psi)}$ eingeführt wird, so ist die Systemgröße der imaginäre Teil des Ausdrucks

$$S = \frac{p_m e^{(\omega t + \psi)}}{Z(j\omega)} + \sum_1^n \frac{p_m e^{(\gamma_\nu t + j\psi)}}{(\gamma_\nu - j\omega)\left(\frac{dZ_{(\gamma)}}{d\gamma}\right)_{(\gamma=\gamma_\nu)}}. \tag{65a}$$

Beispiele: Für den Strom des Schwingungskreises war $Z_{(\gamma)}$ oben angegeben. Beim Einschalten einer Gleichspannung P wird das erste Glied in (65) Null, weil $Z_{(0)} = \infty$ ist. Ferner wird für die beiden Wurzeln $\gamma_1 \gamma_2$

$$\gamma \frac{dZ}{d\gamma} = \gamma L - \frac{1}{\gamma C} = \pm 2j\beta L, \qquad i = \frac{P e^{-\alpha t}}{2j\beta L}\left(e^{j\beta t} - e^{-j\beta t}\right) = \frac{P e^{-\alpha t}}{\beta L} \sin\beta t \quad \text{(s. Gl. 58).}$$

Ist die Kondensatorspannung p_c gesucht, so eliminiert man alle anderen Größen und erhält den Widerstandsoperator in bezug auf p_c

$$Z_{(\gamma)} = 1 + \gamma RC + \gamma^2 LC,$$

[1] Heaviside: Phil. Mag. Bd. 22, S. 419ff. 1886; Bd. 24, S. 479ff. 1887; Electromagnetic Theory Bd. 2. London 1899. El. Papers Bd. 2, S. 202; ferner Wagner, K. W.: Arch. Elektrot. Bd. 4, S. 159. Deutsch, W.: Arch. Elektrot. Bd. 6, S. 220. Casper, L.: Arch. Elektrot. Bd. 15, S. 95 und Carsons: Die Operatorenrechnung. Deutsch von F. Ollendorff u. Pohlhausen. Berlin: Julius Springer 1928.

mit den gleichen Wurzeln $\gamma_{1,2} = -\alpha \pm j\beta$. Hingegen ist $Z_{(0)} = 1$.

$$\gamma \frac{dZ}{d\gamma} = \gamma R C + 2\gamma^2 L C = -2\beta L C(\beta \pm j\alpha)$$

und in analoger Ableitung

$$p_c = P - \frac{P e^{-\alpha t}}{\beta \sqrt{LC}} \sin(\beta t + \operatorname{arctg} \beta/\alpha) .$$

Beim Einschalten einer Spule an eine Wechselspannung ist $Z_{(\gamma)} = R + \gamma L$. $Z_{(\gamma)} = 0$ ergibt nur einen Wert $\gamma_1 = -R/L$. Ferner ist

$$(\gamma_1 - j\omega)\left(\frac{dZ}{d\gamma}\right)_{\gamma_1} = -\left(\frac{R}{L} + j\omega\right) L = -(R + j\omega L)$$

und damit in Gl. (65a)

$$i = \frac{p_m e^{j(\omega t + \psi)}}{R + j\omega L} - \frac{p_m e^{\left(-\frac{R}{L} t + j\psi\right)}}{R + j\omega L} .$$

Der imaginäre Teil dieses Ausdruckes ist mit $\omega L/R = \operatorname{tg} \varphi$

$$i = \frac{p_m}{\sqrt{R^2 + \omega^2 L^2}} \left[\sin(\omega t + \psi - \varphi) - e^{-\frac{R}{L} t} \sin(\psi - \varphi)\right].$$

94. Parallele Stromkreise.

Sind zwei Stromkreise parallel an eine Stromquelle geschaltet, deren Spannung unabhängig vom Strom ist, so spielt jeder Ausgleichsvorgang in einem der Stromkreise sich so ab, als ob der andere nicht vorhanden ist. Die Stromkreise sind voneinander unabhängig. Ist die Spannung eines Stromkreises jedoch von den Vorgängen im anderen abhängig, wie es bei den Zweigen zusammengesetzter Stromkreise der Fall ist, so löst ein Ausgleichsvorgang in einem Zweig auch einen solchen im anderen Zweig aus.

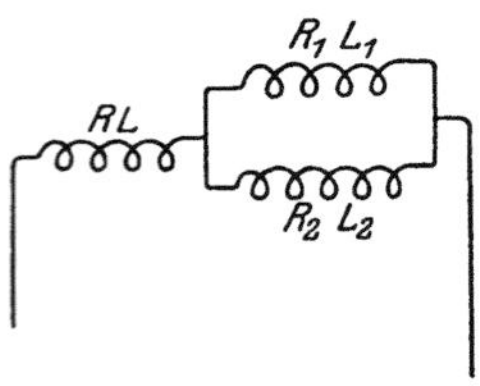

Abb. 241.

Als Beispiel betrachten wir die Schaltung Abb. 241, bei der zwei parallele induktive Stromkreise mit einem dritten in Reihe geschaltet sind[1].

Um die Exponenten γ der freien Ströme zu ermitteln, schreiben wir den Widerstandsoperator $Z_{(\gamma)}$ in der dem Scheinwiderstand des stationären Stromes entsprechenden Form

$$Z_{(\gamma)} = R + \gamma L + \frac{(R_1 + \gamma L_1)(R_2 + \gamma L_2)}{(R_1 + R_2) + \gamma(L_1 + L_2)} . \tag{66}$$

Er wird mit den Abkürzungen

$$\left.\begin{aligned} R R_1 + R R_2 + R_1 R_2 = \varrho, \quad L L_1 + L L_2 + L_1 L_2 = \lambda \\ R(L_1 + L_2) + R_1(L_2 + L) + R_2(L + L_1) = \nu \end{aligned}\right\} \tag{67}$$

$$Z_{(\gamma)} = \frac{\gamma^2 \lambda + \gamma \nu + \varrho}{(R_1 + R_2) + \gamma(L_1 + L_2)} . \tag{66a}$$

Dieser Ausdruck verschwindet mit dem Zähler. Da $\nu^2 > 4\varrho\lambda$ ist, werden beide Wurzeln γ reell, sie sind Dämpfungsfaktoren, die wir mit α_1 und α_2 bezeichnen.

$$\gamma_{1,2} = \alpha_{1,2} = -\frac{\nu \mp \sqrt{\nu^2 - 4\varrho\lambda}}{2\lambda} . \tag{68}$$

Die freien Ströme verlaufen aperiodisch und sind entsprechend den beiden Dämpfungsfaktoren $\alpha_1 \alpha_2$ aus zwei Teilen zusammengesetzt

$$i_{1f} = k_1' e^{\alpha_1 t} + k_1'' e^{\alpha_2 t}, \qquad i_{2f} = k_2' e^{\alpha_1 t} + k_2'' e^{\alpha_2 t} \tag{69}$$

und der unverzweigte Ausgleichstrom ist

$$i_f = i_{1f} + i_{2f} = (k_1' + k_2') e^{\alpha_1 t} + (k_1'' + k_2'') e^{\alpha_2 t} . \tag{70}$$

[1] Siehe Kuhlmann: Arch. Elektrot. Bd. 1, S. 725.

Die Konstanten k_1 und k_2 sind voneinander abhängig; die Beziehung zwischen ihnen erhält man, indem man einen Zweigstrom durch den anderen ausdrückt. Setzt man z. B. die Umlaufspannung erst über R, L, R_1, L_1, dann über R, L, R_2, L_2 gleich Null, so ist symbolisch

$$0 = i_{1f}[(R+R_1)+\alpha(L+L_1)] + i_{2f}(R+\alpha L),$$
$$0 = i_{2f}[(R+R_2)+\alpha(L+L_2)] + i_{1f}(R+\alpha L).$$

Multipliziert man die erste Gleichung mit L, die zweite mit $(L+L_1)$ und subtrahiert, so ist

$$i_{1f} = -i_{2f}\frac{RL_1+R_2(L+L_1)+\alpha\lambda}{RL_1-R_1L},$$

worin λ den Wert nach Gl. (67) hat. Mit dem Wert von i_{2f} nach Gl. (69) ist

$$i_{1f} = -\frac{k_2' e^{\alpha_1 t}[RL_1+R_2(L+L_1)+\alpha_1\lambda] + k_2'' e^{\alpha_2 t}[RL_1+R_2(L+L_1)+\alpha_2\lambda]}{RL_1-R_1L}.$$

Der Vergleich mit der ersten Gl. (69) gibt die Beziehungen

$$\left.\begin{aligned} k_1' &= -k_2'\frac{RL_1+R_2(L+L_1)+\alpha_1\lambda}{RL_1-R_1L} = -k_2' A_1,\\ k_1'' &= -k_2''\frac{RL_1+R_2(L+L_1)+\alpha_2\lambda}{RL_1-R_1L} = -k_2'' A_2.\end{aligned}\right\} \tag{71}$$

Setzt man für α_1, α_2, die Werte nach (68) ein, so ist

$$A_{1,2} = \frac{R(L_1-L_2)-R_1(L+L_2)+R_2(L+L_1)\pm\sqrt{v^2-4\varrho\lambda}}{2(RL_1-R_1L)}. \tag{72}$$

Diese Beziehungen werden am übersichtlichsten, wenn wir den besonderen Fall betrachten, daß die parallelen Zweige gleiche Konstanten haben. Für $R_1=R_2$ und $L_1=L_2$ ist nach (72)

$$A_{1,2} = \pm\frac{\sqrt{v^2-4\varrho\lambda}}{2(R_1L-RL_1)} = \pm 1, \tag{72a}$$

daher nach (71)
$$k_1' = -k_2', \qquad k_1'' = k_2'', \tag{71a}$$

und die Dämpfungsfaktoren nach (68) mit (67)

$$\alpha_1 = -\frac{R_1}{L_1}, \qquad \alpha_2 = -\frac{R+\frac{1}{2}R_1}{L+\frac{1}{2}L_1} \tag{68a}$$

und hiermit werden die Ausgleichströme nach (69) und (70)

$$i_{1f} = k_1' e^{-\frac{R_1}{L_1}t} + k_1'' e^{-\frac{R+{}^1/_2R_1}{L+{}^1/_2L_1}t}, \qquad i_{2f} = -k_1' e^{-\frac{R_1}{L_1}t} + k_1'' e^{-\frac{R+{}^1/_2R_1}{L+{}^1/_2L_1}t}, \tag{69a}$$

$$i_f = i_{1f} + i_{2f} = 2k_1'' e^{-\frac{R+{}^1/_2R_1}{L+{}^1/_2L_1}t}. \tag{70a}$$

Das erste Glied, das in den beiden Zweigen entgegengesetztes Vorzeichen hat und dessen Zeitkonstante nur vom Widerstand und der Induktivität der parallelen Zweige abhängt, tritt im unverzweigten Strom nicht auf und ist ein innerer Ausgleichstrom der parallelen Zweige. Das zweite Glied, das in den parallelen Zweigen mit gleichem Vorzeichen und im unverzweigten Strom in doppelter Größe auftritt und dessen Zeitkonstante der resultierenden Induktivität und dem resultierenden Widerstand des ganzen Stromkreises entspricht, ist der äußere Ausgleichstrom des Stromkreises.

Es hängt nun von den Schaltbedingungen ab, in welchem Maße die beiden Teile auftreten. Sind die Anfangswerte der freien Ströme

$$i_{1f(0)} = k_1' + k_2'' = -A_1k_2' - A_2k_2'', \qquad i_{2f(0)} = k_2' + k_2'',$$

so ist
$$k_2' = \frac{i_{1f(0)} + A_2 i_{2f(0)}}{A_2 - A_1}, \qquad k_2'' = \frac{i_{1f(0)} + A_1 i_{2f(0)}}{A_1 - A_2} \tag{73}$$

und für gleiche Zweige mit Rücksicht auf (72a) und (70)

$$\left.\begin{aligned} k_2' &= -\tfrac{1}{2}(i_{1f(0)} - i_{2f(0)}), & k_2'' &= \tfrac{1}{2}(i_{1f(0)} + i_{2f(0)}),\\ k_1' &= +\tfrac{1}{2}(i_{1f(0)} - i_{2f(0)}), & k_1'' &= \tfrac{1}{2}(i_{1f(0)} + i_{2f(0)}),\end{aligned}\right\} \tag{73a}$$

Wird der ganze Stromkreis eingeschaltet, so ist für gleiche Zweige

$$i_{1f(0)} = i_{2f(0)} \quad \text{und} \quad k_1' = k_2' = 0, \qquad k_1'' = k_2'' = i_{1f(0)}.$$

Hier besteht also kein innerer Ausgleichstrom.

War hingegen ein Zweig (1) schon eingeschaltet, wenn der zweite dazugeschaltet wird, so ist für diesen

$$i_{2a(0)} = 0, \qquad i_{2f(0)} = -i_{2e(0)}$$

und da sich auch im ersten Zweig ein neuer Zustand einstellt

$$i_{1f(0)} = i_{1a(0)} - i_{1e(0)}.$$

Bei gleichen Zweigen ist der Endzustand beider derselbe, $i_{1e(0)} = i_{2e(0)}$ und

$$\left.\begin{aligned} k_2' &= -\tfrac{1}{2}[i_{1a(0)} - i_{1e(0)} + i_{2e(0)}] = -\tfrac{1}{2} i_{1a(0)}, \\ k_2'' &= \ \tfrac{1}{2}[i_{1a(0)} - i_{1e(0)} - i_{2e(0)}] = \ \tfrac{1}{2} i_{1a(0)} - i_{1e(0)}. \end{aligned}\right\} \tag{74}$$

Der innere Ausgleichstrom (k_2') beginnt mit dem halben bestehenden Strom und entspricht einer teilweisen Ladung des Feldes des zugeschalteten Zweiges aus der Feldenergie des schon eingeschalteten, während die restliche Ladung vom äußeren Ausgleichstrom übernommen wird.

Die Dauer der beiden Ausgleichströme kann sehr ungleich sein, da nach (68a) $\alpha_2 = \alpha_1 \frac{1 + 2R/R_1}{1 + 2L/L_1}$ ist. Sind z. B. *1* und *2* zwei Transformatoren, die über eine lange Leitung mit großem Spannungsabfall gespeist werden, so ist der Widerstand R der Leitung viel größer als der einer Transformatorwicklung, während die Induktivität der Leitung L nur ein kleiner Bruchteil der Induktivität der Transformatoren ist, besonders, wenn sie unbelastet sind. Dann ist α_2 viel größer als α_1, der äußere Ausgleichstrom klingt viel schneller ab, als der innere. Beim Einschalten des unbelasteten Transformators entstehen durch die Eisensättigung erheblich größere Stromstöße, als die Rechnung mit konstanten Induktivitäten ergibt, und diese treten hier nicht nur im hinzugeschalteten Zweig auf, sondern auch in dem schon in Betrieb befindlichen. Da der innere Ausgleichstrom sehr schwach gedämpft ist, kann dies, wie Kuhlmann[1] beobachtet hat, beim Einschalten des zweiten Transformators zur Auslösung des Überstromschalters nicht nur bei diesem, sondern auch beim ersten führen, der an dieselbe Leitung angeschlossen ist.

Um diese Störungen zu vermeiden, muß ein Schalter mit Widerstandsstufe verwendet werden, der den Stromstoß begrenzt, wie S. 193 gezeigt wurde.

95. Stromkreise mit gegenseitiger Induktion.

Für die freien Ströme zweier induktiv gekoppelter Stromkreise gelten die Gleichungen in symbolischer Form

$$i_{1f}(R_1 + \gamma L_1) + i_{2f}\gamma M = 0, \qquad i_{2f}(R_2 + \gamma L_2) + i_{1f}\gamma M = 0. \tag{75}$$

Setzt man aus der zweiten Gleichung

$$i_{2f} = -i_{1f}\frac{\gamma M}{R_2 + \gamma L_2} \tag{75a}$$

in die erste Gleichung ein, so ist

$$i_{1f} Z_{(\gamma)} = i_{1f}\frac{(R_1 + \gamma L_1)(R_2 + \gamma L_2) - \gamma^2 M}{R_2 + \gamma L_2} = 0. \tag{76}$$

Für endliche Werte des Nenners ergibt die Bedingung $Z_{(\gamma)} = 0$

$$\gamma^2 (L_1 L_2 - M^2) + \gamma (R_1 L_2 + R_2 L_1) + R_1 R_2 = 0$$

mit den beiden reellen Wurzeln

$$\gamma_{1,2} = -\frac{1}{2(1 - M^2/L_1 L_2)}\left\{\frac{R_1}{L_1} + \frac{R_2}{L_2} \mp \sqrt{\left(\frac{R_1}{L_1} - \frac{R_2}{L_2}\right)^2 + \frac{4R_1}{L_1}\frac{R_2}{L_2}\frac{M^2}{L_1 L_2}}\right\}. \tag{77}$$

[1] loc. cit.

Die freien Ströme sind aperiodisch und bestehen aus einem schwach gedämpften und einem stark gedämpften Glied. Die Bedeutung der beiden Teile übersieht man am besten für den Fall, daß die Widerstände und die Induktivitäten beider Stromkreise, auf gleiche Windungszahl bezogen, gleich groß sind. Für $R_1 = R_2 = R$, $L_1 = L_2 = L$ ist

$$\left.\begin{aligned} \gamma_1 &= -\frac{R(L-M)}{L^2-M^2} = -\frac{R}{L+M} = -\frac{1}{\tau_H}, \\ \gamma_2 &= -\frac{R(L+M)}{L^2-M^2} = -\frac{R}{L-M} = -\frac{R}{S} = -\frac{1}{\tau_\sigma}, \end{aligned}\right\} \tag{77a}$$

worin $L - M = S$ die Streuinduktivität jedes Stromkreises ist. Der erste schwach gedämpfte Ausgleichsvorgang ist der des Hauptfeldes, das mit beiden Stromkreisen verkettet ist, die Zeitkonstante τ_H berechnet sich aus der Summe der Selbst- und Gegeninduktivität und dem Widerstand eines Stromkreises und ist bei kleiner Streuung fast doppelt so groß wie die Zeitkonstante eines Stromkreises. Die zweite Zeitkonstante τ_σ, die sich aus der Streuinduktivität und dem Widerstand eines Zweiges berechnet, ist viel kleiner.

Die freien Ströme sind danach allgemein

$$i_{1f} = k_1 e^{\gamma_1 t} + k_2 e^{\gamma_2 t}, \qquad i_{2f} = k_1' e^{\gamma_1 t} + k_2' e^{\gamma_2 t} \tag{78}$$

und nach Gl. (75a) besteht zwischen den Konstanten die Beziehung

$$k_1' = -k_1 \frac{\gamma_1 M}{R_2 + \gamma_1 L_2}, \qquad k_2' = -k_2 \frac{\gamma_2 M}{R_2 + \gamma_2 L_2}. \tag{79}$$

Für gleiche Widerstände und Induktivitäten und den Werten $\gamma_1 \gamma_2$ nach (77a) ist

$$k_1' = k_1, \qquad k_2' = -k_2. \tag{79a}$$

$$i_{1f} = k_1 e^{-\frac{R}{L+M}t} + k_2 e^{-\frac{R}{L-M}t}, \qquad i_{2f} = k_1 e^{-\frac{R}{L+M}t} - k_2 e^{-\frac{R}{L-M}t}. \tag{78a}$$

Das Hauptfeld wird von beiden Strömen erregt, der Magnetisierungsausgleichstrom ist daher

$$i_{\mu f} = i_{1f} + i_{2f} = 2 k_1 e^{-\frac{R}{L+M}t}. \tag{80}$$

Jeder Stromkreis liefert den halben Anteil am Magnetisierungsstrom. Die schnell abklingenden Teile der Ströme, die entgegengesetzt gleich sind, tragen zum Hauptfeld nichts bei. Daher ist der Verlauf der Ströme im allgemeinen ein ganz anderer, als der des Hauptfeldes.

Beispiele.

a) Wirkung einer Dämpferwicklung. Bei Gleichstrommagneten wird oft eine in sich kurzgeschlossene Dämpferwicklung angebracht, um schnelle Flußänderungen und das Auftreten hoher Spannungen zu verhindern. Damit die Dämpfung wirksam ist, wird der gesamte Kupferquerschnitt der Dämpferwicklung etwa dem der Erregerwicklung gleich gemacht. Dabei kann mit gleichen Widerständen und Induktivitäten, bezogen auf gleiche Windungszahl, gerechnet werden. Wir untersuchen das Einschalten eines Gleichstromes. Der Anfangsstrom beider Wicklungen ist Null. Nach dem Ausgleich ist der Strom der Erregerwicklung $J = P/R$, in der Dämpferwicklung ist er Null. Die Anfangswerte der freien Ströme sind

$$i_{1f(0)} = k_1 + k_2 = -J, \qquad i_{2f(0)} = k_1 - k_2 = 0.$$

Hieraus folgt $k_1 = k_2 = \frac{1}{2} J$

und der Stromverlauf ist

$$i_1 = J + i_{1f} = J\left[1 - \tfrac{1}{2}\left(e^{-t/\tau_H} + e^{-t/\tau_\sigma}\right)\right], \qquad i_2 = i_{2f} = -\tfrac{1}{2} J \left(e^{-t/\tau_H} - e^{-t/\tau_\sigma}\right). \tag{81}$$

Die Summe ist der resultierende Magnetisierungsstrom

$$i_\mu = i_1 + i_2 = J\left(1 - e^{-t/\tau_H}\right). \tag{82}$$

Abb. 242 zeigt den Verlauf der Ströme. Der resultierende Fluß, der proportional (i_1+i_2) ist, steigt viel langsamer an als der Strom der Erregerwicklung. Dem Beispiel liegt ein Verhältnis $\tau_H : \tau_\sigma = 10 : 1$ zugrunde. Nach (77a) ist

$$\frac{\tau_H}{\tau_\sigma} = \frac{L+M}{L-M} = \frac{1+\sqrt{1-\sigma}}{1-\sqrt{1-\sigma}},$$

worin $\sqrt{1-\sigma}$ der Kopplungsfaktor und σ der Streukoeffizient ist. Das Beispiel gilt also für den Kopplungsfaktor

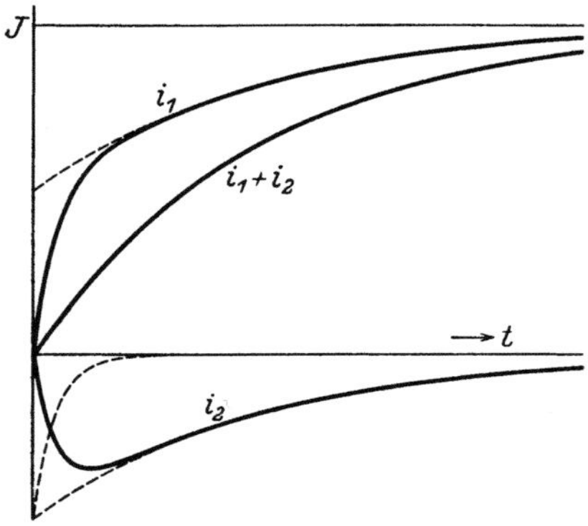

Abb. 242.

$$\sqrt{1-\sigma} = \frac{\tau_H - \tau_\sigma}{\tau_H + \tau_\sigma} = \frac{9}{11} = 0{,}82$$

und $\sigma = 0{,}33$. Je kleiner die Streuung ist, um so stärker ist der Knick im Stromverlauf i_1 ausgeprägt.

Ähnlich wie die Dämpferwicklung verzögern die Wirbelströme im massiven Eisen den Anstieg des Flusses. Bei der Schnellerregung von Dynamomaschinen werden daher nicht massive Magnetpole verwendet, sondern aus dünnen Blechen zusammengesetzte.

b) Ein Transformator. Beim technischen Transformator sind die primäre und die sekundäre Wicklung gleichartig und die auf gleiche Windungszahlen bezogenen Widerstände und Induktivitäten der Wicklungen gleich groß. Bei Belastung sind die sekundären Konstanten von den primären ganz verschieden. Als Beispiel sei die induktionsfreie Belastung betrachtet. R_b sei der Belastungswiderstand, und $R_2 = R_b + R$, $R_1 = R$, $L_1 = L_2 = L$, wobei R_b viel größer als R ist. Setzt man in Gl. (77) $(1 - M^2/L_1L_2) = \sigma$, so ist

$$\gamma_{1,2} = -\frac{R}{L\sigma}\left[1 + \frac{R_b}{2R} \mp \sqrt{\left(\frac{R_b}{2R}\right)^2 + (1-\sigma)\left(1+\frac{R_b}{R}\right)}\right]. \tag{77b}$$

Da σ sehr klein ($<0{,}01$) und R_b/R sehr groß ist, ist die Wurzel sehr angenähert $(1-\sigma) + R_b/2R$ und

$$\gamma_1 \cong -\frac{R}{L}, \qquad \gamma_2 \cong -\frac{2R+R_b}{\sigma L}. \tag{77c}$$

Hiermit ist nach (79)

$$k_1' = k_1 \frac{R}{R_b}\sqrt{1-\sigma}, \qquad k_2' = -k_2 \frac{M}{L}\frac{1}{1-\sigma} = -\frac{k_2}{\sqrt{1-\sigma}}. \tag{79b}$$

Der Anteil des Sekundärkreises am Ausgleichstrom des Hauptflusses (k_1') ist hier sehr klein, entsprechend dem Verhältnis R/R_b. Hingegen sind beide Wicklungen am Belastungsausgleichstrom (k_2) nahezu gleichstark beteiligt. Er ist stark gedämpft, weil sich im Dämpfungsfaktor γ_2 zu den Wicklungswiderständen der Belastungswiderstand addiert. Belastungswiderstände wirken also dämpfend auf die Ausgleichsvorgänge. Sind sie jedoch sehr klein oder Null, so können sehr starke Ausgleichströme entstehen.

Kurzschluß des Transformators. Tritt an den sekundären Klemmen ein Kurzschluß ein, so bildet sich der stationäre Kurzschlußstrom aus, der nur durch die Streuinduktivität und die Wicklungswiderstände begrenzt ist. Sie bestimmen bei Belastung den resultierenden Spannungsabfall. Ist er z. B. bei Vollast 5% der Klemmenspannung, so ist der stationäre Kurzschlußstrom bei voller Primärspannung 20mal so groß wie der Vollaststrom. Bei dem Ausgleichsvorgang spielt daher die Belastung keine große Rolle, und es sei angenommen, daß der Transformator unbelastet war. Bei Eintritt des Kurzschlusses, $t=0$, ist der Primärstrom der Magnetisierungsstrom $i_{0(0)}$, der sekundäre Strom Null, die Endwerte sind die momentanen

Kurzschlußströme $i_{1k(0)}$ und $i_{2k(0)}$, deren Summe der Magnetisierungsstrom bei Kurzschluß

$$i_{1k(0)} + i_{2k(0)} = i_{0k(0)}$$

sehr klein ist, da der Hauptfluß bei Kurzschluß nur etwa halb so groß ist wie bei Leerlauf. Die Anfangswerte der freien Ströme sind

$$i_{1f(0)} = -i_{1k(0)} + i_{0(0)} = k_1 + k_2, \qquad i_{2f(0)} = -i_{2k(0)} = k_1 - k_2,$$

$$k_1 = -\tfrac{1}{2}[i_{1k(0)} + i_{2k(0)}] + \tfrac{1}{2} i_{0(0)} = \tfrac{1}{2}[i_{0(0)} - i_{0k(0)}],$$

$$k_2 = -\tfrac{1}{2}[i_{1k(0)} - i_{2k(0)}] + \tfrac{1}{2} i_{0(0)} = -\{i_{1k(0)} - \tfrac{1}{2}[i_{0(0)} + i_{0k(0)}]\}$$

$$= i_{2k(0)} + \tfrac{1}{2}[i_{0(0)} - i_{0k(0)}].$$

Das erste Glied, das mit der Zeitkonstanten $(L+M)/R$ ausklingt, entspricht dem Abfall des Hauptflusses auf etwa den halben Betrag bei Kurzschluß. Beide Wicklungen sind daran zur Hälfte beteiligt. Der Fluß klingt einseitig verlagert ab, Sättigungserscheinungen treten dabei nicht auf. Dieses Glied bedingt keine Überströme. Das zweite Glied leitet in den stationären Kurzschlußstrom über und wird am größten, wenn er im Schaltaugenblick seine Amplitude hat. Die Zeitkonstante ist $\tau_\sigma = S/R$, und die Überlagerung über den stationären Kurzschlußstrom ergibt nach ½ Periode, $t = \pi/\omega$, die Stromspitze

$$i_{km}\left(1 + e^{-\frac{\pi R}{\omega S}}\right).$$

Ist das Verhältnis von Ohmschem zu induktivem Spannungsabfall sehr klein, so erreicht die Spitze nahezu die doppelte Amplitude des stationären Kurzschlußstromes, die eine außerordentliche mechanische Beanspruchung der Wicklung zur Folge hat. Transformatoren für sehr große Leistungen haben mit Rücksicht auf den Wirkungsgrad und die Möglichkeit, die Verlustwärme abzuführen, einen sehr kleinen Ohmschen Spannungsabfall, ihr Kurzschlußstrom muß daher durch große Streuinduktivitäten begrenzt werden. Sie werden daher mit einem induktiven Spannungsabfall von etwa 10% gebaut.

96. Ausschaltvorgänge.

Beim Ausschalten eines Stromes wird der Widerstand des Stromkreises an der Schaltstelle unendlich groß gemacht. Dies geht meist in einer sehr kurzen aber endlichen Zeit vor sich. Die physikalischen Erscheinungen an der Unterbrechungsstelle sind noch nicht soweit geklärt, um eine exakte rechnerische Verfolgung zu gestatten.

Um einen Einblick in den Verlauf der Ströme und Spannungen zu gewinnen, ist es nötig, vereinfachende Annahmen über die Widerstandsänderung zu treffen.

1. Widerstandsschalter. Bei Gleitkontakten kann man annehmen, daß die Berührungsfläche und ihre elektrische Leitfähigkeit bei der Bewegung linear mit der Zeit bis auf Null abnehmen. Sei T_s die Schaltzeit, in der die Bewegung der Kontakte bis zur Öffnung vor sich geht, t die laufende Zeit, so kann der Schalterwiderstand dargestellt werden durch

$$\frac{R_s}{1 - t/T_s}. \tag{83}$$

R_s ist der Schalterwiderstand bei geschlossenem Schalter, $t = 0$, für $t = T_s$ wird er unendlich groß.

In einem induktiven Stromkreis ist während der Schaltzeit

$$L\frac{di}{dt} + i\left(R + \frac{R_s}{1 - t/T_s}\right) = p. \tag{84}$$

Die Lösung ist

$$i = e^{-\frac{R}{L}t}(1 - t/T_s)^{-\frac{R_s}{L}t}\left[\int \frac{p}{L} e^{-\frac{R}{L}t}(1 - t/T_s) e^{-\frac{R_s}{L}T_s} dt + k\right]. \tag{85}$$

Da die Auswertung des Integrals nur durch Reihenentwicklung möglich ist, sei das Wesentliche am Beispiel des Ausschaltens eines Gleichstromes an Hand der

Abb. 243 gezeigt, für die $R_s = 0{,}1\ R$ gesetzt ist. Da die Induktivität sich der Stromabnahme widersetzt und der Schalterwiderstand nach (83) sich zu Beginn nur wenig ändert, nimmt der Strom zunächst sehr wenig ab. Erst für $t = 0{,}9\,T_s$ ist $R_s = R$, daher verschwindet der Strom beschleunigt ganz am Ende der Schaltzeit. Dabei entsteht eine hohe EMK der Selbstinduktion, und da die Berührungsfläche bei großem Strom schon sehr klein ist, eine hohe Stromdichte. Beides bewirkt eine große Spannung am Schalter p_s die für $t = T_s$ am größten und größer als die Klemmenspannung wird. Nach Gl. (84) ist die Schalterspannung

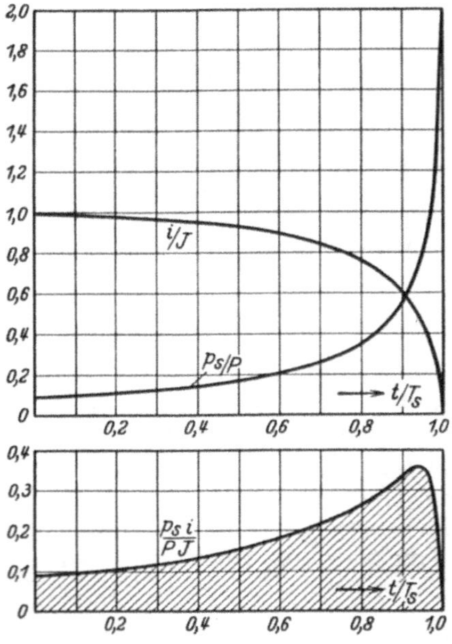

Abb. 243a und b.

$$p_s = i\frac{R_s}{1 - t/T_s}.$$

Am Ende der Schaltzeit, wo i Null wird, kann man setzen

$$L\frac{di}{dt} = -\frac{L\,i}{T_s - t} = -p_s\frac{L}{R_s T_s}.$$

Neben diesen beiden Gliedern kann $i\,R$ vernachlässigt werden. Daher lautet Gl. (84) für $t = T_s$

$$p_s\left[-\frac{L}{R_s T_s} + 1\right] = P.$$

$$p_{s(t=T_s)} = \frac{P}{1 - L/R_s T_s}. \qquad (86)$$

Die Ausschaltspannung ist die Summe der Netzspannung und der Selbstinduktionsspannung beim Verschwinden des Stromes. Im Beispiel Abb. 243 ist $L/R_s = 0{,}5\ T_s$ angenommen, daher ist $p_s = 2\,P$. Für $L/R_s = T_s$ würde die Schalterspannung unendlich groß und bei noch größeren Zeitkonstanten negativ. Hierbei kann die vereinfachte Grenzbetrachtung jedoch nicht mehr verwendet werden.

Die Bedingung für endliche Schaltspannung ist

$$T_s > L_s/R_s. \qquad (87)$$

Um diese einzuhalten, müssen Kontakte mit hohem Kontaktwiderstand (Kohle) verwendet werden.

An den Schalterkontakten wird eine momentane Leistung $p_s i$ in Wärme umgesetzt. Ihr Verlauf (Abb. 243b) zeigt gegen Ende der Schaltzeit die höchsten Beträge bei sehr kleiner Berührungsfläche. Daher entsteht eine starke Erhitzung der Kontakte. Der Flächeninhalt der Leistungskurve stellt die ganze am Schalter in Wärme umgesetzte Energie dar. Sie heißt die Schalterarbeit und ist hier

$$A_s = \int_0^{T_s} p_s i\,dt = \int_0^{T_s} (P - Ri)\,i\,dt - \int_{i=J}^{i=0} L\,i\,di.$$

Das zweite Glied rechts ist die magnetische Energie $\frac{1}{2}J^2 L$, die beim Strom J aufgespeichert war, das erste Glied hängt vom Stromverlauf ab. Die Schalterarbeit beim Abschalten eines Gleichstromes ist stets größer als die magnetische Energie des Stromkreises.

Am leichtesten sind induktionsfreie Stromkreise, z.B. Glühlampen, auszuschalten. Auch Stromkreise, in denen elektromotorische Kräfte wirksam sind, die nach dem Schalten weiter bestehen, bieten keine Schwierigkeit, weil hier in Gl. (84) rechts die Differenz der Netzspannung und der EMK eingeht. Dies ist z. B. der Fall bei der Unterbrechung des Ladestromes von Akkumulatoren, oder des Ankerstromes eines fremd erregten laufenden Motors.

Sonst kann im allgemeinen die Bedingung (87) nur bei kleinen Strömen und Spannungen erfüllt werden. Die Ausschaltspannung und die Erhitzung der Kontakte führen dazu, daß nach Aufhebung der Berührung die Luftstrecke ionisiert wird und der Strom in einem Lichtbogen fortbesteht. Dies ist der häufigste und daher wichtigste Vorgang. Wir betrachten zunächst die für das Ausschalten maßgebenden Eigenschaften eines Lichtbogens.

2. Das Ausschalten eines Gleichstromes durch einen Lichtbogen. a) Lichtbogencharakteristik. Bei einem Lichtbogen von gegebener Länge besteht zwischen dem Strom i und der Elektrodenspannung p_l der in Abb. 244 dargestellte Zusammenhang. Die Spannung fällt mit zunehmendem Strom zunächst stark, um dann nahezu gleich zu bleiben. Zum Zünden des Bogens ist eine Spannung p_z, die Zündspannung, erforderlich. Der Strom erhitzt nach der Zündung die Elektroden und bewirkt einen verstärkten Austritt von Elektronen aus der Kathode, dadurch nimmt die Leitfähigkeit der Luftstrecke mit wachsendem Strom zu.

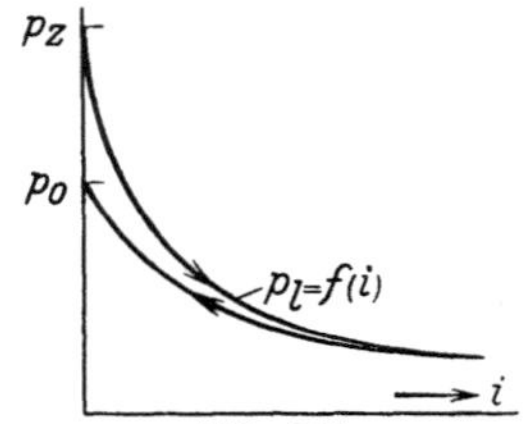

Abb. 244.

Nimmt der Strom ab, so nimmt die Spannung zunächst langsam zu, weil die Elektroden erhitzt sind. Beim Erlöschen des Bogens, $i=0$, tritt eine Spannung p_0, die Löschspannung auf, die bei erhitzten Elektroden kleiner als die Zündspannung ist.

Die Charakteristik ist von dem Material der Elektroden, der Lichtbogenlänge und besonders von der Temperatur abhängig, die auch den Unterschied der beiden Äste bedingt.

b) Stabilität des Lichtbogens. In einem Gleichstromkreis bestehe ein Lichtbogen von gegebener Länge und Charakteristik $p_l = f(i)$. Dann ist

$$P = Ri + p_l + L\frac{di}{dt}. \tag{88}$$

Zu jedem Strom i wird in Abb. 245 $P - Ri - p_l$ durch die Differenz der Ordinaten $(P - Ri)$ der Widerstandsgeraden und der Lichtbogencharakteristik dargestellt. In den beiden Schnittpunkten *1* und *2*, bei den Strömen i_1 und i_2 ist $P - Ri = p_l$, und in Gl. (88) $di/dt = 0$, sie sind also mögliche Betriebszustände, doch nur i_2 ist ein stabiler Strom.

Links von Punkt *2* ist $P - Ri > p_l$ und di/dt positiv, rechts von i_2 negativ. Ist der Strom kleiner als i_2, so wächst er bis i_2, ist er größer, so sinkt er auf diesen Wert. Dagegen ist links von Punkt *1* $P - Ri < p_l$ und di/dt negativ, für $i > i_1$ positiv. Ist der Strom kleiner als i_1, so sinkt er auf Null, ist er größer als i_1, so steigt er auf i_2.

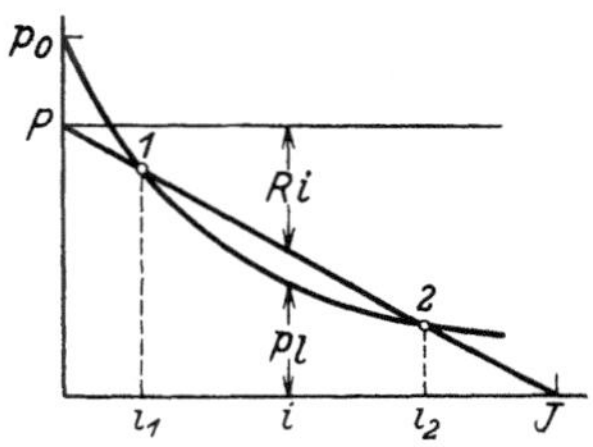

Abb. 245.

Ohne Lichtbogen ist der Strom $J = P/R$ der Schnitt der Widerstandsgeraden mit der Abszissenachse; bei eingeschaltetem Lichtbogen sinkt er auf i_2.

c) Löschbedingung des Lichtbogens. Damit der Lichtbogen von selbst erlischt, muß für alle Ströme di/dt negativ oder in Gl. (88)

$$p_l > P - Ri$$

sein, die Lichtbogencharakteristik muß oberhalb der Widerstandsgeraden liegen. Dazu ist ein kleinster Abstand der Schalterkontakte erforderlich.

d) Ausschaltvorgang. Beim Öffnen des Schalters wächst der Kontaktabstand von Null bis zum Endwert. Die Lichtbogenspannung beginnt mit ganz kleinen Werten, bei denen der Strom sich nicht wesentlich ändert. Nimmt man an, daß er bei der Bewegung bis zur Endstellung sich noch nicht geändert hat, so kann man den Stromverlauf beim Ausschalten mit konstanter Lichtbogenlänge wie folgt graphisch ermitteln. Der Überschuß der Lichtbogenspannung p_l über $P - Ri$ sei

$$\Delta p = P - Ri - p_l.$$

Dann ist nach Gl. (88)

$$\Delta p \cdot dt = L\,di. \tag{89}$$

Die Zeit, während der Strom von J bis i sinkt, wird durch Integration

$$t = L\int_J^i \frac{di}{\Delta p}, \tag{90}$$

oder wenn Zähler und Nenner mit P bzw. RJ multipliziert werden, um nur mit Verhältniszahlen zu rechnen,

$$t = \frac{L}{R}\int_{i=J}^{i} \frac{P}{\Delta p}\cdot d\left(\frac{i}{J}\right). \tag{90a}$$

Das Integral kann graphisch ausgewertet werden[1]. In Abb. 246a sind $p_l = f(i)$ und die Widerstandsgerade als Abszissen, die Ströme i als Ordinaten aufgetragen, in Abb. 246b sind die Abszissen die reziproken Werte $1/\Delta p$. Die schraffierte Fläche ist nach Gl. (90) proportional der Zeit und in Abb. 246c als Abszisse aufgetragen. Damit ergibt sich der Strom als Funktion der Zeit und zu jedem Strom ist aus Abb. 246a die Lichtbogenspannung in Abb. 246c übertragen. Die Spannungsspitze beim Verschwinden des Stromes ist die Löschspannung p_0. Die Selbstinduktionsspannung ist in diesem Augenblick am größten und nach Gl. (88) für $i = 0$

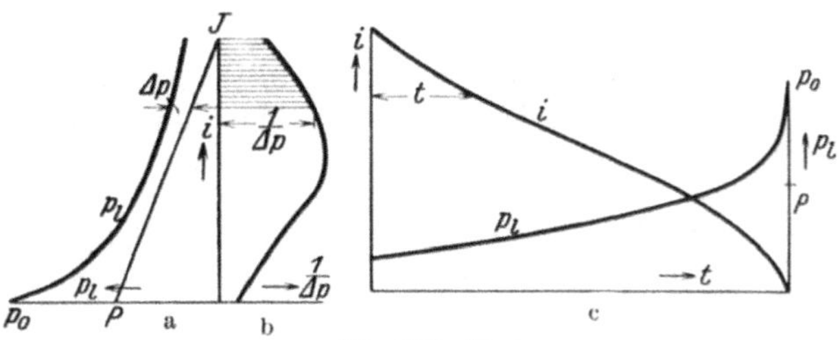

Abb. 246a bis c.

$$-L\frac{di}{dt}_{(t=T_s)} = p_0 - P. \tag{91}$$

Sie ist unabhängig von den Eigenschaften des Stromkreises, sondern nur von dem Überschuß der Löschspannung über die Netzspannung. Von der Zeitkonstanten des Stromkreises hängt hingegen die Schaltzeit ab. Nach Gl. (90a) ist

$$T_s = \frac{L}{R}\int_{i=J}^{i=0} \frac{P}{\Delta p}\,\frac{di}{J}. \tag{92}$$

Das Integral ist proportional dem Flächeninhalt der Abb. 246b und von den Eigenschaften des Schalters abhängig. Ist z. B. im Mittel P doppelt so groß wie Δp, so ist $T_s = 2\tau$.

Die Schalterarbeit ist mit dt nach Gl. (89)

$$A_s = \int_0^{T_s} p_l\,i\,dt = \int_{i=J}^{i=0} \frac{p_l}{\Delta p}\,L\,i\,di.$$

Liegt die Lichtbogencharakteristik sehr hoch, so ist Δp nahezu gleich p_l. Dann ist die Schaltarbeit am kleinsten und gleich $\frac{1}{2}LJ^2$. Bei kleinerer Bogenlänge ist $p_l > \Delta p$ und A_s viel größer als die magnetische Energie.

Bei schnellem Auseinanderreißen des Lichtbogens wird somit eine kurze Schaltzeit und kleine Schaltarbeit erzielt, aber die Ausschaltüberspannung ist groß. Auch das Abkühlen der Elektroden in Öl ergibt sehr hohe Lösch- und Selbstinduktionsspannungen und ist bei Gleichstrom nicht zu verwenden. Andrerseits wird bei langsamem Schalten die Schaltarbeit und der Abbrand der Kontakte groß. Um bei hohen Spannungen und großen Strömen das Stehenbleiben des Lichtbogens zu

[1] Nach Rüdenberg: Elektr. Schaltvorgänge. Berlin: Julius Springer 1926.

verhindern, läßt man den Lichtbogen mittels Hörnerschaltern sich selbsttätig verlängern. Er zündet an der engsten Stelle und wandert durch den Wärmeauftrieb der Lichtbogengase in die Höhe. Die Wirkung wird meist verstärkt durch die magnetische Blasung; eine vom Strom durchflossene Spule erzeugt ein magnetisches Feld quer zum Lichtbogen, das ihn elektrodynamisch verlängert.

Sehr schnelles Ausschalten ist beim Kurzschluß einer Gleichstrommaschine oder eines Umformers nötig, weil der hohe Kurzschlußstrom zu einer starken Erhitzung der Bürsten am Kommutator und zum Überschlag zwischen Bürsten ungleicher Polarität, dem sog. Rundfeuer, führt.

Die hierzu verwendeten Schnellschalter haben eine empfindliche Auslösevorrichtung und öffnen die Schalterkontakte beim Überschreiten der zugelassenen Stromstärke innerhalb weniger 1000stel Sekunden, also lange bevor der mit der Zeitkonstante der Maschine ansteigende Kurzschlußstrom seinen stationären Wert erreicht hat. Durch starke Blasspulen wird der Lichtbogen schnell auseinandergerissen, so daß der Strom alsbald wieder abnimmt und in etwa $^1/_{100}$ Sek. verschwindet.

Das Auftreten hoher Ausschaltspannungen wird dabei durch einen Parallelwiderstand zum Lichtbogen verhindert (s. Abb. 247). Der Gesamtstrom i verzweigt sich in den Lichtbogenstrom i_l und den Strom i_ϱ im Widerstand. An beiden ist die Spannung p_l. Ihr Zusammenhang mit dem Gesamtstrom i, $p_l = f(i_l + i_\varrho)$ ergibt sich aus der Lichtbogencharakteristik $p_l = f(i)$ dadurch, daß die Abszissen um $i_\varrho = p_l/\varrho$ vergrößert werden, wie Abb. 247 zeigt. Durch den Parallelwiderstand wird die Differenzspannung Δp vergrößert und der Strom fällt schnell auf den Wert i_1, bei dem die Charakteristik abbiegt und eine vertikale Tangente hat. Die Lichtbogenspannung kann nun nicht mehr steigen, da der Gesamtstrom sonst wieder zunehmen müßte, und der Lichtbogen erlischt. Der ganze Strom geht auf den Widerstand über, wobei seine Spannung auf p_0' steigt, die wesentlich kleiner ist als die Löschspannung p_0 ohne Widerstand. Hiernach nimmt Δp linear mit dem Strom ab, er klingt exponentiell bis auf den Endwert i_2 im Schnittpunkt der beiden Geraden $(P - Ri) = f(i)$ und $p = f(i_\varrho)$. Dieser Reststrom kann nun mit einem gewöhnlichen Schalter unterbrochen werden. Bei konstanter Klemmenspannung ist

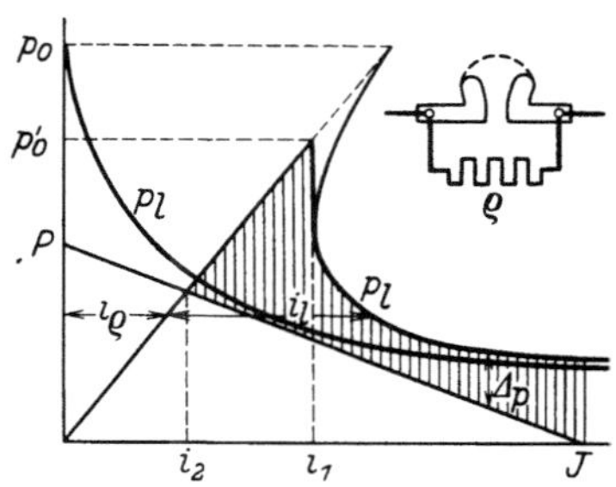

Abb. 247.

$$i_2 = J \frac{R}{R + \varrho}.$$

3. Ausschalten von Wechselstrom. a) Allgemeines. Der Ausschaltvorgang ist bei Wechselstrom von dem bei Gleichstrom grundsätzlich verschieden. Der Wechselstrom geht nach jeder Halbperiode durch Null; gelänge es, den Schalter genau in diesem Augenblick zu öffnen, so bliebe der Stromkreis danach stromlos. Praktisch erfolgt jedoch das Öffnen bei irgend einem Momentanwert des Stromes, es entsteht ein Lichtbogen, der beim folgenden Nulldurchgang des Stromes erlischt. Ist der Schalter hierbei erst wenig geöffnet, so kann die Netzspannung den Lichtbogen wieder zünden, und er dauert die folgende Halbperiode wieder an, dies kann sich mehrmals wiederholen. Der Ausschaltlichtbogen kann also eine Anzahl Halbperioden fortbestehen. Dauer und Verlauf des Ausschaltvorgangs hängen nicht wie bei Gleichstrom von den Löschbedingungen für den Lichtbogen ab, sondern von den Bedingungen für die Neuzündung nach dem Nulldurchgang des Stromes.

Hierfür sind der Abstand der Schalterkontakte, die momentane Spannung und die Temperatur der Elektroden maßgebend. Beim Nulldurchgang des Stromes kühlen sich die Elektroden ab und die Zündspannung nimmt zu. Bei induktionsfreier Belastung geht die Spannung mit dem Strom durch Null und die Elektroden können sich abkühlen ehe die Spannung wieder auf einen Wert gestiegen ist, der zur Neuzündung ausreicht. Das Ausschalten induktionsfreier Belastung braucht daher nicht notwendig mit Neuzündungen verbunden zu sein. Schwieriger liegen die Verhältnisse bei induktiven oder kapazitiven Belastungen, weil hier die Spannung beim Nulldurchgang des Stromes groß ist.

b) Die Charakteristik des Lichtbogens hat bei periodischen Wechselstromvorgängen für die positiven und negativen Halbperioden den gleichen Verlauf mit entgegengesetztem Vorzeichen und je 2 Äste, die dem Zünd- und dem Löschvorgang entsprechen. Bei starker Abkühlung der Elektroden und langsamem Verlauf sind die Zünd- und Löschspitzen nach Abb. 248a stark ausgeprägt und die beiden Äste fallen nicht zusammen; bei geringer Kühlung und schnellem Verlauf liegen die beiden Äste fast zusammen und die Spitzen fallen fort, wie Abb. 248b zeigt.

4. Ausschalten induktiver Stromkreise. a) Stromverlauf in induktiven Stromkreisen mit Lichtbogen. Wir untersuchen zunächst den Stromverlauf wenn ein Lichtbogen von gegebener Länge im Stromkreis besteht, und legen verein-

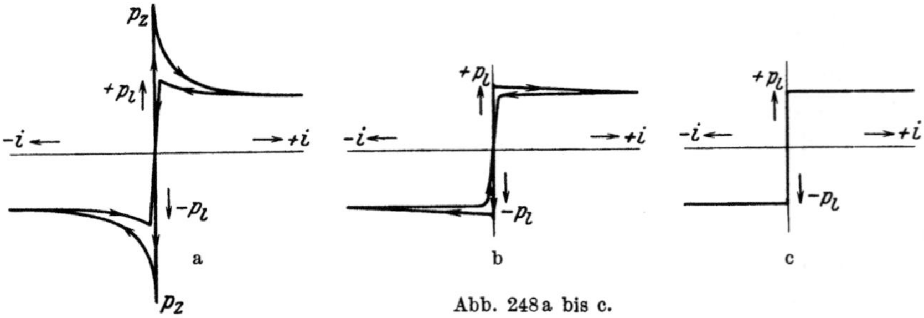

Abb. 248a bis c.

fachend eine Charakteristik nach Abb. 248c zugrunde. Die Lichtbogenspannung ist unabhängig vom Strom $\pm p_l$, wobei das Vorzeichen je nach der Stromhalbwelle zu wählen ist. Es ist

$$p_m \sin(\omega t + \psi) = L\frac{di}{dt} + Ri \pm p_l. \tag{93}$$

Die Lösung für die positive Stromhalbwelle $t=0$ bis $t=\frac{1}{2}\,T=\pi/\omega$ ist

$$i = \frac{p_m}{\sqrt{R^2+\omega^2 L^2}}\sin(\omega t + \psi - \varphi) - \frac{p_l}{R} + k e^{-\frac{R}{L}t}. \tag{94}$$

Zur Bestimmung von k und der Spannungsphase ψ dienen die Grenzbedingungen, daß der Strom für $t=0$ und für $t=\pi/\omega$ Null ist. Daher ist

$$\frac{p_m}{z}\sin(\psi-\varphi) - \frac{p_l}{R} + k = 0, \quad (94\text{a}) \qquad -\frac{p_m}{z}\sin(\psi-\varphi) - \frac{p_l}{R} + k e^{-\frac{\pi R}{\omega L}} = 0, \quad (94\text{b})$$

$$\sin(\psi-\varphi) = -\frac{p_l}{p_m}\frac{z}{R}\,\frac{1-e^{-\frac{\pi R}{\omega L}}}{1+e^{-\frac{\pi R}{\omega L}}}. \tag{95}$$

Dieser Wert ergibt in Gl. (94a) eingesetzt

$$k = \frac{p_l}{R}\,\frac{2}{1+e^{-\frac{\pi R}{\omega L}}}$$

und in Gl. (94)

$$i = \frac{p_m}{z}\sin(\omega t + \psi - \varphi) + \frac{p_l}{R}\left[\frac{2e^{-\frac{R}{L}t}}{1+e^{-\frac{\pi R}{\omega L}}} - 1\right] = i' + i''. \tag{96}$$

Der Strom besteht aus zwei Komponenten, die erste i' ist der stationäre Strom im Stromkreis ohne Lichtbogen, die zweite i'' verläuft nach einer Exponentialfunktion mit der Zeitkonstanten L/R des Stromkreises und hängt von der Lichtbogenspannung ab. Abb. 249 zeigt die Teilströme und den resultierenden Strom für einen Stromkreis, bei dem $\cos\varphi = 0{,}5$ ist und $p_l = 0{,}35\, p_m$.

Der charakteristische Knick im Stromverlauf rührt von der Änderung der Lichtbogenspannung um $\pm 2 p_l$ beim Nulldurchgang her, der als Sprung an der induktiven Spannung erscheint. Durch den Lichtbogen wird ferner der Nulldurchgang des Stromes dem der Spannung um $(\psi - \varphi)$ näher gerückt. Diese Verschiebung hängt nach (95) nur vom Verhältnis p_l/p_m und von φ ab. Da $R/z = \cos\varphi$ und $\omega L/R = \operatorname{tg}\varphi$ ist, wird auch

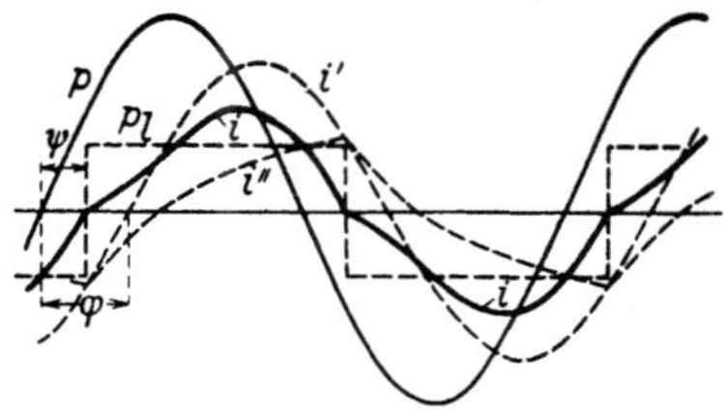

Abb. 249.

$$-\frac{p_m}{p_l}\sin(\psi - \varphi) = \frac{1}{\cos\varphi}\,\frac{1 - e^{-\pi/\operatorname{tg}\varphi}}{1 + e^{-\pi/\operatorname{tg}\varphi}}. \qquad (95\text{a})$$

Der Ausdruck auf der rechten Seite hat für $\cos\varphi = 1$ den Wert 1 und bei $\cos\varphi = 0$ den unbestimmten Wert $\frac{0}{0}$, er ergibt sich zu $\pi/2$. Denn in diesem Fall ($R = 0$) ist das Integral von Gl. (93) von 0 bis t

$$i = \frac{p_m}{\omega L}\sin(\omega t + \psi - \pi/2) - \frac{p_m}{\omega L}\sin(\psi - \pi/2) - \frac{p_l}{\omega L}\omega t,$$

und da für $\omega t = \pi$, $i = 0$ ist, wird

$$\frac{p_m}{p_l}\sin(\psi - \pi/2) = -\pi/2,$$

$$i = \frac{p_m}{\omega L}\sin(\omega t + \psi - \pi/2) + \frac{p_l}{\omega L}(\pi/2 - \omega t). \qquad (96\text{a})$$

Für $R = 0$ verläuft also die Komponente i'' nach einer Geraden. Den hier berechneten Stromverlauf erhält man bei einer Charakteristik nach Abb. 248b bei Elektroden mit geringer Wärmeableitung, z. B. aus Kohle, jedoch nur so lange als $p_l < p_m \sin\psi$ ist; andernfalls müßte der Strom aussetzen bis die Netzspannung größer als die Lichtbogenspannung geworden ist. Dabei kühlen sich die Elektroden ab und die Zündspitze tritt auf, und es ist, wie auch bei Elektroden mit guter Wärmeableitung, die Charakteristik nach Abb. 248a maßgebend. Die Zündspitze verändert den Stromverlauf gegenüber Abb. 249 nicht wesentlich, weil sie nur bei kleinen Strömen wirksam ist, sie verspätet aber den Strom gegenüber der Netzspannung.

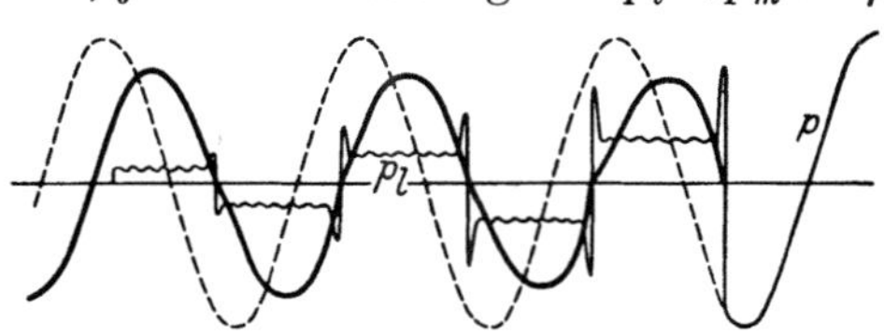

Abb. 250.

b) Der Ausschaltvorgang eines induktiven Stromkreises besteht nun aus einer Anzahl Halbwellen mit wachsender Zündspannung entsprechend dem zunehmenden Elektrodenabstand und verläuft nach Abb. 250. Der Ausschaltvorgang ist beendet, sobald der Elektrodenabstand so groß ist, daß die Zündspannung größer als die Netzspannungsamplitude ist. Bei hohen Spannungen würde dies bei Luftschaltern sehr große Abmessungen erfordern. Daher verwendet man bei Wechselstrom Ölschalter. Der Lichtbogen in Öl hat eine ähnliche Charakteristik wie der in Luft, jedoch sind bei gleichen Kontaktabständen die Spannungen, besonders die Zündspannung, viel höher. Um den Lichtbogen im Öl bildet sich eine Gasblase aus, die beim jeweiligen Erlöschen expandiert und dabei den Kontakten Wärme entzieht.

c) Schalterarbeit. Die in jeder Halbperiode im Lichtbogen in Wärme umgesetzte Arbeit ist im Gegensatz zu dem Vorgang bei Gleichstrom unabhängig von der magnetischen Energie des Stromkreises, weil sie zu Beginn und am Ende der Halbperiode mit dem Strom Null ist. Im Produkt $p_l i$ ist ferner hauptsächlich der erste stationäre Stromanteil i' in Gl. (96) zu berücksichtigen, weil der zweite Teil i''

positive und negative Werte hat und im Mittel nahezu Null ist, genau bei geradlinigem Verlauf nach Gl. (96a). Daher ist

$$a \cong \int_0^{\tau/2} p_l i' dt = \int_0^{\pi/\omega} p_l i_m \sin(\omega t + \psi - \varphi)\, dt = \frac{2}{\omega} p_l i_m \cos(\psi - \varphi).$$

$i_m = p_m/z$ ist die Stromamplitude vor dem Schalten. Da die Zündspitze beim Schaltvorgang den Beginn der Stromhalbwelle in die Nähe der Spannungsamplitude bringt, kann $\cos(\psi - \varphi) = 1$ gesetzt werden und

$$a \cong \frac{T}{\pi} p_l i_m. \tag{97}$$

Die Arbeit des ganzen Schaltvorganges ergibt sich durch Summierung über die Anzahl n Halbwellen, in denen Neuzündung eintritt. Dabei steigt die Lichtbogenspannung mit zunehmendem Kontaktabstand. Die Zündspannung wächst von Null bis zur Spannungsamplitude p_m und ist im Mittel, wenn man lineare Zunahme annimmt, $\frac{1}{2} p_m$; nimmt man an, daß auch die Lichtbogenspannung proportional der Zündspannung ansteigt, so kann man sie im Mittel zu

$$\frac{1}{2} p_m \frac{p_l}{p_z}$$

und die Schaltarbeit zu

$$A = n \frac{T}{2\pi} i_m p_m \frac{p_l}{p_z} \tag{98}$$

berechnen. Sie ist proportional dem Strom vor dem Schalten und der Spannung am Ende des Schaltens, ferner dem Verhältnis p_l/p_z, das im allgemeinen klein ist, und der Zahl n der Halbperioden.

Bei Hochspannung und großen Strömen, z. B. bei Kurzschlüssen, ist die Arbeit in einer Halbwelle sehr groß und ergibt bei Ölschaltern starke Gas- und Druckentwicklung. Deshalb wird angestrebt, den Schaltvorgang möglichst in einer halben Periode ($n = 1$) zu beenden; die Schwierigkeit besteht darin, in dieser kurzen Zeit die Kontakte so weit zu öffnen und abzukühlen, daß die Zündspannung größer als die Spannungsamplitude ist.

Wegen der Brandgefahr beim Stehenbleiben des Lichtbogens vermeiden neuere Konstruktionen die Verwendung von Öl und suchen den Schaltkontakten die Möglichkeit, Elektronen nach dem ersten Erlöschen des Lichtbogens auszusenden, auf anderem Wege zu nehmen. Bei dem Schalter nach Ruppel[1] wird Preßluft oder Stickstoff zwischen die Kontakte gepreßt, während bei dem Schalter von Kesselring[2] die kühlende Wirkung bei der Expansion eines Dampfes verwendet wird.

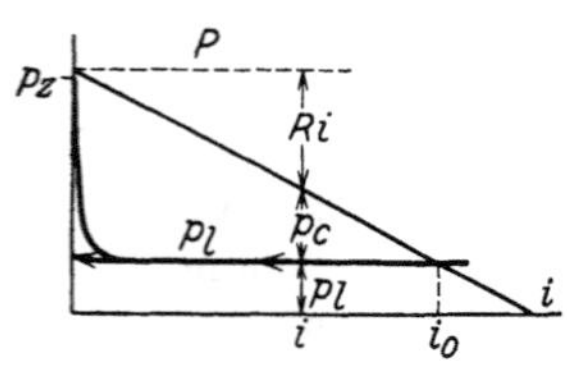

Abb. 251.

5. Kapazitive Stromkreise. Ein Kondensator wird bei jeder Lichtbogenzündung geladen, und der Ladevorgang über den Lichtbogen, der auch beim Ausschalten auftritt, soll zunächst an einigen einfachen Beispielen gezeigt werden.

a) Der Stromkreis enthält nur Widerstand und Kapazität. Sobald die Schalterkontakte soweit genähert sind, daß die Netzspannung größer als die Zündspannung ist, setzt ein Funke ein. Während der Ladezeit ist

$$p = Ri + p_c + p_l \quad \text{und} \quad i = C\frac{dp_c}{dt}. \tag{99}$$

α) Ladung eines Kondensators mit Gleichstrom, $p = P =$ konst. Der Kondensator sei zu Beginn, $t = 0$, ungeladen, d. h. $p_{ca} = 0$. Der stationäre Strom ist Null und für $t = 0$

$$i_0 = \frac{P - p_l}{R}. \tag{100}$$

[1] Siehe J. Biermanns: ETZ 1929, S. 1005. [2] ETZ 1930, S. 499.

Der Strom springt auf einen Anfangswert, der in Abb. 251 durch den Schnittpunkt der Widerstandsgeraden $(P - Ri)$ und der Lichtbogencharakteristik dargestellt ist. Nimmt man wieder an, daß nach dem Zünden $p_l \simeq$ konst ist, so ist $(P - p_l) =$ konst

und
$$d p_c = -R\,di = \frac{i\,dt}{C}, \qquad \int\limits_{i_0}^{i} \frac{di}{i} = -\int\limits_{0}^{t} \frac{dt}{RC} = -\frac{t}{RC},$$

$$i = i_0 e^{-t/RC}. \tag{101}$$

Der Strom fällt, wie im Stromkreis ohne Lichtbogen (S. 195) exponentiell mit der Zeitkonstanten $\tau = RC$ auf Null. Der Lichtbogen beeinflußt nur den Anfangswert und die Ladung. Sie ist beendet, wenn der Kondensator auf $(P - p_l)$ geladen ist. Die Kondensatorspannung ist, wenn (101) und (100) in (99) eingesetzt wird,

$$p_c = (P - p_l) - R\,i = (P - p_l)(1 - e^{-t/RC}). \tag{102}$$

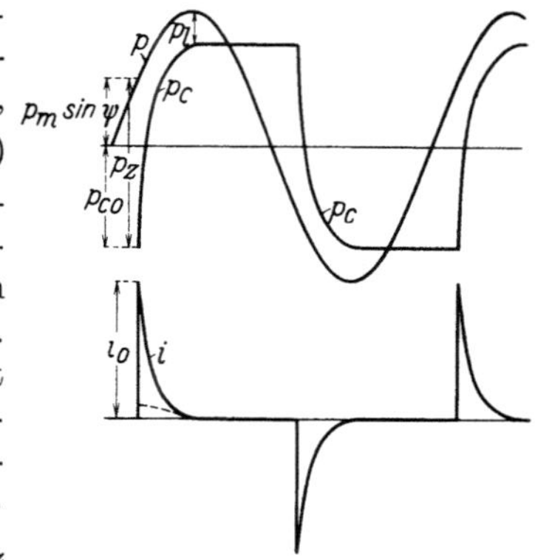

Abb. 252.

β) Umladung mit Wechselstrom. Hier erlischt der Lichtbogen jeweils, sobald die Kondensatorspannung gleich der Differenz der momentanen Netzspannung p und der Lichtbogenspannung p_l ist. Der nun vom Netz getrennte Kondensator behält diese Anfangsspannung p_{c0} bei, während die Netzspannung ihre Schwingung $p = p_m \sin(\omega t + \psi)$ fortsetzt. An den Elektroden wächst daher die Spannung, und sobald sie gleich der Zündspannung p_z ist, setzt ein Ladestrom über einen Lichtbogen ein. In Abb. 252 sei $-p_{c0}$ die von der vorhergehenden Ladung verbliebene Kondensatorspannung, $p_m \sin\psi$ die momentane Netzspannung z. Z. $t = 0$ und

$$p_m \sin\psi - p_{c0} = p_z$$

ist die Zündspannung. Der Strom springt auf den Anfangswert

$$i_0 = \frac{p_m \sin\psi - p_{c0} - p_l}{R} = \frac{p_z - p_l}{R} \tag{103}$$

und für $t > 0$ ist

$$p_m \sin(\omega t + \psi) = R\,i + p_c + p_l, \qquad i = C\frac{dp_c}{dt}. \tag{104}$$

Wir nehmen wieder an, daß nach dem Zünden $p_l =$ konst ist. Dann wird Gl. (104)

$$\frac{dp_c}{dt} + \frac{p_c}{RC} = \frac{1}{RC}[p_m \sin(\omega t + \psi) - p_l]. \tag{104a}$$

Die Lösung dieser Gleichung ist

$$p_c = \frac{p_m}{\sqrt{1 + (RC\omega)^2}} \sin(\omega t + \psi - \delta) - p_l + k e^{-t/RC}. \tag{105}$$

Das erste Glied ist die stationäre Kondensatorspannung, die sich ohne Lichtbogen einstellen würde, mit der Amplitude

$$p_{cm} = \frac{p_m}{\sqrt{1 + (RC\omega)^2}} \tag{106}$$

und der Phasenverspätung δ gegen die Netzspannung, ihr überlagern sich die Lichtbogenspannungen p_l und die Ausgleichsspannung mit dem Anfangswert k. Der Ladestrom ist

$$i = C\frac{dp_c}{dt} = \omega C p_{cm} \cos(\omega t + \psi - \delta) - \frac{k}{R} e^{-t/RC}. \tag{107}$$

Da nun für $t = 0$, $i = i_0 = (p_z - p_l)/R$ ist, wird

$$k = -\left[\frac{p_z - p_l}{R} - \omega R C p_{cm} \cos(\psi - \delta)\right]. \tag{108}$$

Der Ladevorgang ist in Abb. 252 für einen Stromkreis dargestellt, bei dem der Spannungsabfall im Widerstand im stationären Betrieb 10% der Kondensatorspannung beträgt, d. h. es ist

$$iR = 0{,}1\, i/\omega C \quad \text{oder} \quad \tau = RC = 0{,}1/\omega = \frac{0{,}1}{2\pi} T.$$

Die Zeitkonstante ist nur ein kleiner Bruchteil der Periode und der Ausgleichstrom erlischt außerordentlich schnell. Danach folgt die Kondensatorspannung und der Strom der stationären Sinusschwingung, aber auch nur für sehr kurze Zeit. Da $\operatorname{tg}\delta = R\omega C = 0{,}1$ ist, beträgt δ kaum 6^0 und die Kondensatorspannung hat in der Nähe der Netzspannungsamplitude ihren Höchstwert $p_{cm} - p_l$ erreicht, der angenähert $p_m - p_l$ ist. Dabei ist der Strom Null und der Lichtbogen erlischt. Die Elektroden kühlen sich sofort ab und der Kondensator behält die Spannung $(p_m - p_l)$ bei. Der Schaltvorgang wiederholt sich periodisch, nach jeder Halbperiode erfolgt die Umladung in entgegengesetzter Richtung mit gleicher Zündspannung und Restspannung. Dabei besteht der Strom aus kurzen hohen Spitzen, während die Kondensatorspannung einen fast rechteckigen Verlauf nach Abb. 252 hat. Die größtmögliche Zündspannung bei diesem Vorgang ist annähernd $(2p_m - p_l)$.

b) Schwingungskreise. Bei den schnellen Schaltströmen in kapazitiven Stromkreisen ist die Induktivität im allgemeinen nicht zu vernachlässigen, sie verhindert das plötzliche Ansteigen des Stromes. Der Einfluß des Lichtbogens auf den Vorgang im Schwingungskreis sei zunächst am Beispiel der

α) Entladung eines Schwingungskreises gezeigt. Die Anfangsspannung des Kondensators sei p_{c0}. Sind die Elektroden so weit genähert, daß die Zündspannung kleiner als p_{c0} oder gleich ist, so beginnt die Entladung über den Lichtbogen und es ist

$$p_c + Ri + L\frac{di}{dt} \pm p_l = 0 \quad \text{und} \quad i = C\frac{dp_c}{dt}. \tag{109}$$

Setzt man wieder voraus, daß p_l nach dem Zünden unabhängig vom Strom ist, so ist, nochmals differentiiert,

$$\frac{d^2 i}{dt^2} + \frac{R}{L}\frac{di}{dt} + \frac{i}{LC} = 0. \tag{110}$$

Die Lösung ist für kleinen Widerstand, wie S. 197, die gedämpfte Eigenschwingung mit der Kreisfrequenz $\beta = \sqrt{\frac{1}{LC} - \left(\frac{R}{2L}\right)^2}$ und dem Dämpfungsfaktor $\alpha = \frac{R}{2L}$. Da der Strom zu Beginn, $t = 0$, Null ist, setzen wir

$$i = i_{m1} e^{-\frac{R}{2L}t} \sin\beta t, \tag{111}$$

worin i_{m1} die noch zu bestimmende Anfangsamplitude der ersten Entladungshalbwelle ist.

In Gl. (109) wird für $t = 0$, wenn die Anfangsspannung des Kondensators $-p_{c0}$ gesetzt wird, weil der Entladestrom in (111) positiv gezählt wird,

$$-p_{c0} + i_{m1}\beta L + p_l = 0,$$

$$i_{m1} = \frac{p_{c0} - p_l}{\beta L} \tag{112}$$

oder angenähert $i_{m1} = (p_{c0} - p_l)\sqrt{C/L}$, weil $\beta \cong 1/\sqrt{LC}$ ist. Ferner ist nach (111)

$$L\frac{di}{dt} = \left(-\frac{R}{2}\, i_{m1} \sin\beta t + \beta L i_{m1} \cos\beta t\right) e^{-\frac{R}{2L}t} \tag{113}$$

und hiermit nach (109)

$$p_c = \left(-\frac{R}{2}\, i_{m1} \sin\beta t - \beta L i_{m1} \cos\beta t\right) e^{-\frac{R}{2L}t} - p_l. \tag{114}$$

Am Ende der ersten halben Periode, $t = \pi/\beta$, ist daher

$$p_{c(t=\pi/\beta)} = \beta L i_{m1} e^{-\frac{\pi R}{2\beta L}} = (p_{c0} - p_l) e^{-\frac{\pi R}{2\beta L}} - p_l, \tag{115}$$

wobei für i_{m1} der Wert aus Gl. (112) eingesetzt ist.

Setzt man zur Abkürzung die Dämpfung in ½ Periode

$$e^{-\frac{\pi R}{2\beta L}} = (1-d)\,, \tag{116}$$

worin für kleinen Widerstand nach der Reihenentwicklung

$$d \sim \frac{\pi R}{2\beta L} \tag{116a}$$

gesetzt werden kann, so ist nach (115)

$$p_{c\,(t=\pi/\beta)} = (p_{c0} - p_l)(1-d) - p_l = p_{c0}(1-d) - p_l(2-d)\,. \tag{115a}$$

Abgesehen von der Widerstandsdämpfung ist die Kondensatorspannung um nahezu $2p_l$ gesunken. Die zweite halbe Periode beginnt mit dieser stark verkleinerten Spannung und die zweite Stromamplitude wird analog (112)

$$i_{m2} = \frac{p_{c0}(1-d) - p_l(3-d)}{\beta L}\,. \tag{117}$$

Nach der zweiten halben Periode wird die Kondensatorspannung

$$p_{c\,(t=2\pi/\beta)} = [p_{c0}(1-d) - p_l(3-d)](1-d) - p_l\,. \tag{118}$$

Durch den Lichtbogen sinkt sie in jeder halben Periode fast um $2p_l$. Daher dauert die Entladung nur wenige Halbperioden an, ihre Zahl ist

$$n \leqq \frac{1}{2}\left(\frac{p_{c0}}{p_l} - 1\right),$$

dann ist nach der n^{ten} Halbperiode p_c kleiner als p_l. Der Lichtbogen kann aber schon früher aussetzen, wenn durch Abkühlung der Elektroden infolge des rasch abnehmenden Entladestromes die Zündspannung steigt. Die Entladung ist dann unvollkommen.

β) Ladeschwingungen. Bei der Ladung eines Schwingungskreises über einen Lichtbogen ist nach dem Zünden

$$p = Ri + L\frac{di}{dt} + p_c \pm p_l \quad \text{und} \quad i = C\frac{dp_c}{dt}\,. \tag{119}$$

Für eine Gleichspannung $p = \text{konst} = P$ gilt wieder Gl. (111)

$$i = i_{m1} e^{-\frac{R}{2L}t} \sin\beta t\,,$$

doch wird, wenn der Kondensator ungeladen war, für $t=0$ nach (119)

$$\beta L i_{m1} = (P - p_l)\,, \qquad i_{m1} = \frac{P - p_l}{\beta L}\,. \tag{120}$$

Die Kondensatorspannung ist

$$p_c = P - p_l - \frac{R}{2}\, i_{m1} e^{-\frac{R}{2L}t} \sin\beta t - \beta L i_{m1} e^{-\frac{R}{2L}t}\cos\beta t\,. \tag{121}$$

Für $t = \pi/\beta$, ist daher mit dem Wert i_{m1} nach (120)

$$p_{c\,(t=\pi/\beta)} = (P - p_l)\left(1 + e^{-\frac{\pi}{2}\frac{R}{\beta L}}\right) = (P - p_l)(2-d) \tag{121a}$$

und an den Elektroden besteht die Spannung

$$(p_c - P) = P(1-d) - p_l(2-d) \sim P - 2p_l\,.$$

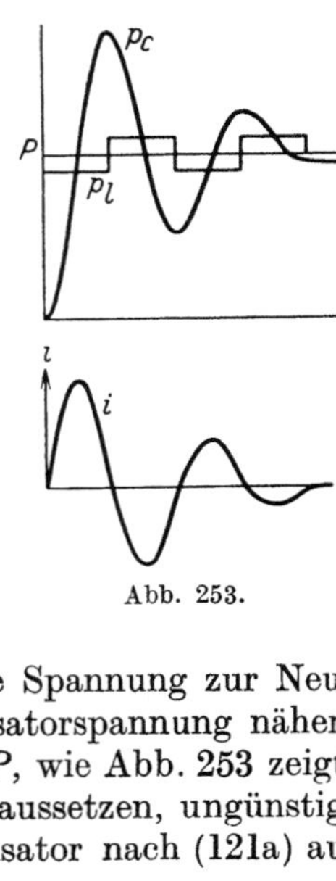

Abb. 253.

Bei geringer Wärmeableitung an den Elektroden reicht diese Spannung zur Neuzündung aus, es folgen weitere Halbperioden und die Kondensatorspannung nähert sich in rasch abklingenden Schwingungen der Ladespannung P, wie Abb. 253 zeigt. Bei guter Wärmeableitung kann die Schwingung schon eher aussetzen, ungünstigstenfalls nach der ersten Halbperiode, dann bleibt der Kondensator nach (121a) auf annähernd $2(P - p_l)$ geladen.

Bei Wechselstrom sei die Ladespannung $p = p_m \sin(\omega t + \psi)$ und angenommen, daß bei der Zündung $t = 0$ der Kondensator eine Spannung $-p_{c0}$ habe. Die Zündspannung $p_z = p_m \sin\psi + p_{c0}$ leitet den Stromübergang ein, und es ist für $t > 0$

$$p_m \sin(\omega t + \psi) = Ri + L\frac{di}{dt} + p_c \pm p_l \quad \text{und} \quad i = C\frac{dp_c}{dt}, \tag{122}$$

oder, wenn der Strom eliminiert wird,

$$\frac{d^2 p_c}{dt^2} + \frac{R}{L}\frac{dp_c}{dt} + \frac{p_c}{LC} = \frac{1}{LC}[p_m \sin(\omega t + \psi) - p_l]. \tag{123}$$

Die Lösung ist

$$p_c = \frac{p_m}{\sqrt{(1-\omega^2 LC)^2 + (R\omega C)^2}} \sin(\omega t + \psi - \delta) - p_l + k e^{-\frac{R}{2L}t} \sin(\beta t + \varphi). \tag{124}$$

Das erste Glied ist die stationäre Kondensatorspannung im Stromkreis ohne Lichtbogen, deren Verspätung gegen die Netzspannung

$$\delta = \operatorname{arctg} \frac{R\omega C}{1 - \omega^2 LC}$$

ist. Ihr überlagert sich die Lichtbogenspannung und die Eigenschwingung mit der Kreisfrequenz β, die meist viel größer als ω ist. Der Strom ist

$$i = C\frac{dp_c}{dt} = \frac{\omega C p_m \cos(\omega t + \psi - \delta)}{\sqrt{(1-\omega^2 LC)^2 + (R\omega C)^2}} - k\sqrt{\frac{C}{L}}\, e^{-\frac{R}{2L}t} \sin(\beta t + \varphi - \varepsilon). \tag{125}$$

Darin ist [s. S. 197 Gl. (48)] $\operatorname{tg}\varepsilon = \frac{2\beta L}{R}$.

Beschränken wir uns auf schwach gedämpfte Stromkreise, bei denen ferner β viel größer als ω ist, so kann $\varepsilon \cong 90^0$ und die stationäre Kondensatorspannung annähernd gleich der Netzspannung gesetzt werden. Dann ist nach (125) für $t = 0$ und $i = 0$

$$k \cos\varphi \sqrt{\frac{C}{L}} \cong p_m \omega C \cos\psi, \quad k \cos\varphi = p_m \omega \sqrt{LC} \cos\psi$$

und in (124) mit den gleichen Vernachlässigungen

$$-p_{c0} \cong p_m \sin\psi + p_l + k \sin\varphi, \qquad k \sin\varphi \cong -(p_m \sin\psi + p_{c0} - p_l).$$

Da die Zündung in der Nähe der Netzspannungsamplitude eintritt, ist $\cos\psi$ klein, und da auch $\omega\sqrt{LC}$ sehr klein ist, kann $k\cos\varphi$ gegen $k\sin\varphi$ vernachlässigt und $\varphi \cong 90^0$ gesetzt werden. Dann ist

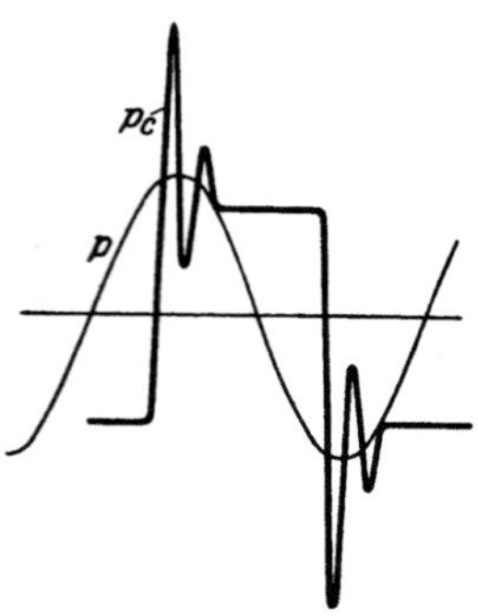

Abb. 254.

$$k \cong -(p_m \sin\psi + p_{c0} - p_l) = (p_z - p_l). \tag{126}$$

Die Vernachlässigung bedeutet, daß wir von dem stationären Ladestrom absehen, weil er an sich klein gegen den freien Strom ist und in der Nähe der Netzspannungsamplitude durch Null geht. Die Zündschwingung führt nach ihrer ersten Halbperiode, $t = \pi/\beta$, zur Kondensatorspannung

$$p_{c1} \cong (p_m \sin\psi - p_l) + (p_m \sin\psi + p_{c0} - p_l)(1 - d), \tag{127}$$

wobei im ersten Glied von der Änderung der Netzspannung abgesehen ist. Die weiteren Schwingungen, die nun durch die Lichtbogenspannung stark gedämpft sind, nähern die Kondensatorspannung schnell der Netzspannung, wie Abb. 254 zeigt.

Bei guter Abkühlung der Elektroden kann der Lichtbogen schon beim ersten Nulldurchgang der freien Schwingung abreißen. Dann bleibt nach (127)

$$p_{c1} = (p_m \sin\psi - p_l)(2 - d) + p_{c0}(1 - d) \tag{128}$$

als Restspannung für die Neuzündung in der nächsten halben Periode und, da sie größer also p_{c0} ist, kann die Zündung auch bei erhöhter Zündspannung wieder einsetzen.

c) Ausschaltüberspannungen. Beim Ausschalten unbelasteter Leitungen werden oft hohe Überspannungen beobachtet. Die Kapazität der Leitungen bildet mit der Streuinduktivität der Transformatoren und Generatoren stets einen Schwingungskreis von hoher Eigenfrequenz. Beim Ausschalten wird der Abstand der Elektroden schnell vergrößert, da aber beim Erlöschen nach ½ Zündschwingung jeweils eine größere Restspannung an der Kapazität verbleibt, kann die Zündung der vergrößerten Zündspannung folgen und die Spannung sich zu sehr hohen Werten steigern. Im ungünstigsten Fall erfolgt dabei die Rückzündung bei der Netzspannungsamplitude nach Abb. 255. Setzen wir hierfür in Gl. (128) $\sin\psi = 1$, so ist

$$p_{c1} = (p_m - p_l)(2 - d) + p_{c0}(1 - d)$$

und nach n Zündungen

$$p_{cn} = (p_m - p_l)(2 - d) + p_{c(n-1)}(1 - d)\,.$$

Der Endzustand ist nach vielen Zündungen erreicht, dann muß $p_{cn} = p_{c(n-1)}$ sein. Daher ist

$$p_{cn} = (p_m - p_l)\frac{2-d}{d}\,. \tag{129}$$

Hierin nimmt die Lichtbogenspannung bei wachsendem Abstand der Schalterkontakte ebenso wie die Zündspannung zu. Nimmt man Proportionalität zwischen p_l und p_z an und setzt

$$p_{z(n)} = p_m + p_{c(n)}; \qquad p_{l(n)} = \frac{p_l}{p_z}(p_m + p_{cn})\,,$$

so wird nach (129)

$$p_{c(n)} = p_m \frac{1 - p_l/p_z}{\frac{d}{2-d} + p_l/p_z}\,. \tag{130}$$

Ist etwa $p_l = 0{,}1\,p_z$ und $d = 0{,}1$, so wird $p_{c(n)} \simeq 6\,p_m$. Durch die Rückzündungen kann die Spannung sich also auf außerordentlich hohe Werte hinaufarbeiten. Man

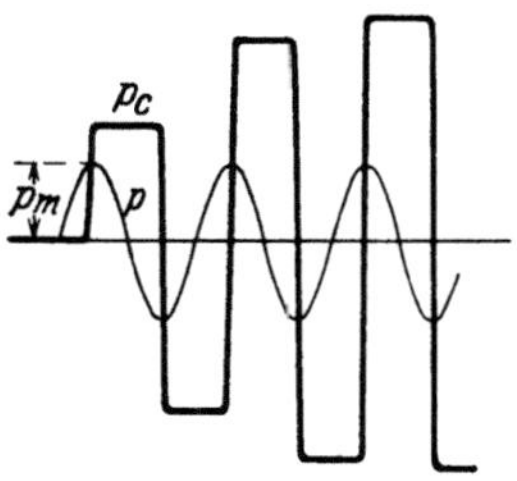

Abb. 255.

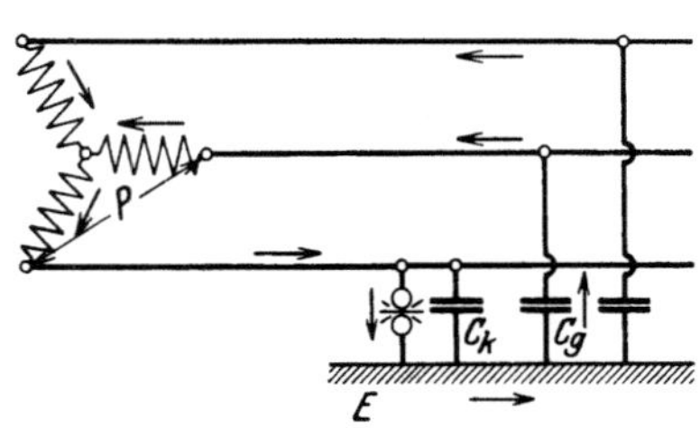

Abb. 256a.

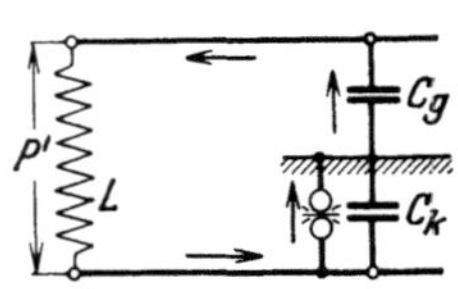

Abb. 256b.

verwendet daher beim Ausschalten unbelasteter Leitungen einen Stufenschalter (S. 193 Abb. 233), bei dem auf der ersten Ausschaltstufe (*II*) der Lichtbogen parallel zum Widerstand liegt und, wie S. 213 gezeigt, schnell erlischt.

d) Schwingungen des Erdschlußlichtbogens[1]. Bildet sich bei einem Isolatorüberschlag an einer Hochspannungsleitung ein Lichtbogen nach den geerdeten Trägern aus, so fließt der Erdschlußstrom über den Lichtbogen. Dabei können wie im vorigen Beispiel periodische Rückzündungen auftreten.

Der Erdschlußstrom verläuft nach Abb. 256a vom Generator oder Transformator über den Lichtbogen nach Erde, über die Kapazität der beiden „gesunden" Leitungen und durch diese Leitungen zurück. Die Betriebsspannung der gesunden Leitungen und deren Betriebsstrom beeinflussen den Verlauf des Erdschlußstromes nicht, weil bei konstanten Induktivitäten und Kapazitäten die Ströme superponiert werden dürfen. Die gesunden Leitungen sind für den Erdschlußstrom parallelgeschaltet.

Der dreiphasige Stromkreis kann daher für den Erdschlußstrom wie ein einphasiger Stromkreis (Abb. 256b) behandelt werden, in dem die mittlere Spannung

[1] Petersen: ETZ 1917, S. 553, 564.

der gesunden Leitungen gegen die „kranke“ $P' = \frac{1}{2}\sqrt{3}\,P$ wirksam ist, worin P die verkettete Spannung des Dreiphasensystems ist.

C_g ist die Kapazität der beiden gesunden Leitungen gegen Erde, C_k die Kapazität der kranken Leitung gegen Erde.

Bei vollständiger Symmetrie ist

beim Dreiphasensystem $C_g = 2C_k$, beim Einphasensystem $C_g = C_k$.

Vom einfachen Schwingungskreis unterscheidet sich der Stromkreis dadurch, daß dem Lichtbogen die Kapazität C_k der kranken Leitung parallelgeschaltet ist.

Beim Zünden des Lichtbogens sinkt die Spannung der kranken Leitung gegen Erde nahezu auf Null und die gesunden Leitungen werden auf die momentane Netzspannung geladen. Der erste Vorgang, bei dem C_k sich in den Lichtbogen entladet, geht im wesentlichen in Form von Wanderwellen vor sich, deren Zeitdauer vernachlässigt werden kann, er überlagert sich dem zweiten, der eigentlichen Zündschwingung im Schwingungskreis L, C_g mit der Kreisfrequenz $\beta_z \cong 1/\sqrt{LC_g}$, die i. A. viel höher als die Netzfrequenz ist. Zündet der Lichtbogen bei der Spannungsamplitude, so kann er nach der ersten halben Periode erlöschen, weil der resultierende Ladestrom Null ist, und die Spannung an C_g übertrifft die erzwungene Amplitude p'_m um einen Betrag $p_ü$, der von den Anfangsbedingungen abhängt. Nach dem Löschen ist das System gegen Erde wieder isoliert, und die Reihenschaltung der Kapazitäten C_g und C_k mit dem Generator hergestellt. Die auf den gesunden Leitungen abgetrennte Ladung gegen Erde $q = p_ü C_g$ geht z. T. auch auf die kranke Leitung über, so daß das ganze System eine Spannung $p_ü C_g/(C_g + C_k)$ gegen Erde annimmt. Den Übergang vermittelt eine freie Schwingung des Schwingungskreises L, C_g, C_k mit der Kreisfrequenz $\beta_l = \dfrac{1}{\sqrt{LC_g C_k/(C_g + C_k)}}$, sie heißt die Löschschwingung. Sie überlagert sich dem Wechsel der Netzspannung, die sich im umgekehrten Verhältnis der Kapazitäten auf C_g und C_k verteilt. In der auf das Löschen folgenden Halbperiode, in der die Netzspannung von p'_m auf $-p'_m$ sich ändert, ist C_g daran mit $-2p'_m C_k/(C_g + C_k)$ beteiligt, wie Abb. 257 zeigt. Die Anfangsspannung für die folgende Rückzündung ist daher

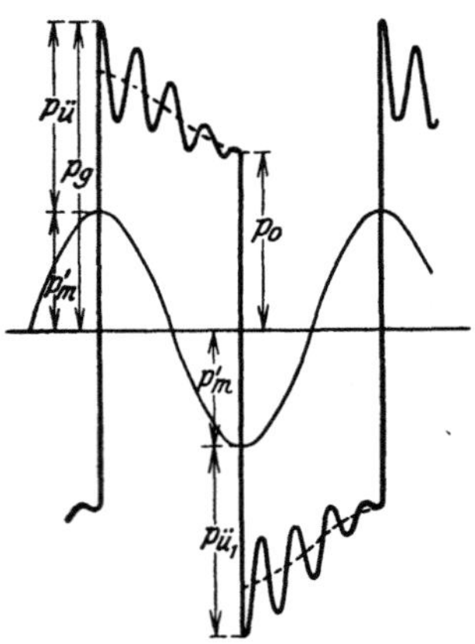

Abb. 257.

$$p_0 = p'_m + p_ü \frac{C_g}{C_g + C_k} - 2p'_m \frac{C_k}{C_g + C_k} = p'_m \frac{C_g - C_k}{C_g + C_k} + p_ü \frac{C_g}{C_g + C_k}. \qquad (131)$$

Die Zündschwingung überschießt die erzwungene Spannung $-p'_m$ um

$$-p_{ü1} = -(p'_m + p_0)(1 - d) = -\left[p'_m \frac{2C_g}{C_g + C_k} + p_ü \frac{C_g}{C_g + C_k}\right](1 - d).$$

Im Beharrungszustand muß $-p_{ü1} = p_ü$ sein, und

$$p_ü = p'_m \frac{2(1 - d)}{C_k/C_g + d}. \qquad (132)$$

Die höchste Spannung an den gesunden Leitungen im Augenblick des Löschens ist

$$p_{g\max} = p'_m + p_ü = p'_m \frac{2 + C_k/C_g - d}{C_k/C_g + d}. \qquad (133)$$

Bei der Einphasenleitung mit $p'_m = p_m$ und $C_k = C_g$ ist

$$p_{g\max} = p_m \frac{3 - d}{1 + d} \qquad (134)$$

und bei der Dreiphasenleitung mit $p'_m = \frac{1}{2}\sqrt{3}\,p_m$, $C_g = 2C_k$,

$$p_{g\max} = \frac{\sqrt{3}}{2} p_m \frac{(5 - 2d)}{1 + 2d}. \qquad (135)$$

An der kranken Leitung tritt die größte Spannung beim Zünden auf. Da an den in Reihe geschalteten Kapazitäten die Netzspannung liegt, ist in diesem Augenblick $p_{k\max} = -p'_m - p_0$. Mit dem Werten nach (131) und (132) wird für die kranke Leitung

$$\text{bei der Einphasenleitung } p_{k\max} = p_m \frac{2}{1+d} \tag{136}$$

$$\text{und bei der Dreiphasenleitung } p_{k\max} = \frac{\sqrt{3}}{2} p_m \frac{4}{1+2d}. \tag{137}$$

Durch die Lichtbogenspannung, die in der angenäherten Rechnung nicht berücksichtigt ist, wird die Dämpfung verstärkt.

Der aussetzende Erdschluß bringt der Anlage mehrfache Gefahren: periodische Wanderwellen bei jeder Neuzündung gefährden die Transformatoren, die gesunden Leitungen stehen unter hoher Spannung gegen Erde und können an irgendeiner Stelle ebenfalls überschlagen. Dann entsteht ein Kurzschluß durch sog. Doppelerdschluß. Endlich kann der Lichtbogen, der große Längen annimmt, direkt auf die gesunden Leitungen überschlagen.

Das Hinaufarbeiten der Spannung wird verhindert durch Erdungswiderstände im Nullpunkt oder an den Leitungen, welche die beim Löschen abgetrennten Ladungen nach Erde ableiten. Sie sind so zu bemessen, daß die Ableitung in ½ Periode vor sich geht. Sind sie zwischen die Leitungen und Erde geschaltet, so werden sie, um dauernde Stromverluste zu vermeiden, erst bei Überschreiten der Spannung durch eine Funkenstrecke eingeschaltet.

Am wirksamsten ist die Erdschlußspule nach Petersen, die zwischen Transformatornullpunkt und Erde geschaltet und so bemessen ist, daß sie unter Phasenspannung einen induktiven Strom aufnimmt, der gleich dem kapazitiven Erdschlußstrom ist. Die Erdschlußstelle führt dann nur noch einen Wirkstrom entsprechend den Verlusten in der Drosselspule und die Oberströme von dreifacher Frequenz. Dieser Reststrom ist im allgemeinen nicht gefährlich. Da das System auf Resonanz mit der Netzfrequenz abgeglichen ist, wird es, wenn der Erdschluß nur vorübergehend war, sich wie in Abb. 240 S. 202 allmählich in den regulären Zustand einschwingen; plötzliche Spannungserhöhungen, die zu Neuzündungen führen können, treten nicht auf.

XIV. Ausgleichsvorgänge in nichtstationären Stromkreisen.

97. Die Gleichungen der freien Schwingungen auf Leitungen.

Die im letzten Kapitel untersuchten Ausgleichsvorgänge in elektrischen Stromkreisen beschränken sich auf die Fälle, bei denen wir die elektrischen und magnetischen Felder je für sich in bestimmten Teilen des Stromkreises bestehend, d. h. Induktivität und Kapazität in diesen Teilen konzentriert, annehmen können.

Diese Annahme setzt voraus, daß in jedem Augenblick in jedem Punkt des betrachteten Teiles des Stromkreises der gleiche Zustand und die gleiche Zustandsänderung herrschen, oder daß die Zeit für die Fortpflanzung einer elektromagnetischen Störung über den ganzen betrachteten Teil des Stromkreises verschwindend klein ist gegen die Dauer der Zustandsänderung selbst.

Im folgenden untersuchen wir die wesentlich schneller verlaufende Fortpflanzung einer Zustandsänderung von einem Punkt des Stromkreises zum nächsten, d. h. Stromkreise, bei denen der Zustand von Punkt zu Punkt sich ändert, und bezeichnen sie als nichtstationäre.

Die Fortpflanzung einer elektromagnetischen Störung geht nach der Maxwellschen Theorie der Elektrizität durch elektromagnetische Wellen vor sich, die sich nach allen Richtungen im Raum ausbreiten. Ihr nutzbares Anwendungsgebiet ist die Funkentelegraphie. Sie bieten aber auch für die Starkstromtechnik Interesse, weil hier als ihre Folge gewisse Überspannungserscheinungen auftreten, die Schutzmaßregeln erfordern.

Wir betrachten hier den Sonderfall der Fortpflanzung von ebenen elektromagnetischen Wellen, d. h. solche elektromagnetische Felder, bei denen die elektrischen und magnetischen Kraftlinien in einer Ebene verlaufen. Dieser Fall liegt bei Freileitungen und Kabeln vor. Die magnetischen Kraftlinien umschlingen die Leiter in derselben Ebene senkrecht zur Leiterachse, in der die elektrischen Kraftlinien von einem Leiter zum anderen und zur Erde verlaufen.

Nach dem Poyntingschen Satz ist der Vektor des Energieflusses proportional dem Produkt aus elektrischer und magnetischer Feldstärke und dem Sinus des Winkels zwischen ihnen, und er ist senkrecht zu ihnen gerichtet. Die Richtung des Energieflusses ist die Fortpflanzungsrichtung der elektromagnetischen Welle, ebene Wellen von Freileitungen und Kabeln pflanzen sich nur in einer Richtung, der Richtung der Leiterachse fort.

Eine geringe Abweichung von der ebenen Beschaffenheit weist das Feld einer Leitung in der Nähe der Leiter auf. Weil die Leiter nicht unendlich große Leitfähigkeit besitzen und das Dielektrikum kein vollkommener Isolator ist, strömt ein Teil der Energie in den Leiter, ein Teil bleibt im Dielektrikum.

Für die Berechnung legt man, wie für die Darstellung der stationären Verteilung der Ströme und Spannungen auf Leitungen (s. Kap. XII) gleichmäßig verteilte Induktivität, Kapazität, Widerstand und Ableitung zugrunde.

Die Übertragung dieser vom stationären Zustand abgeleiteten Größen auf den nichtstationären Zustand gibt, wie nähere Untersuchungen zeigen[1], für ebene Wellen formell richtige Resultate.

Wir gehen daher von der Doppelleitung aus und suchen für ihre Differentialgleichungen [Kap. XII Gl. (1) u. (2)] das allgemeine Integral. Es ist

$$-\frac{\partial p}{\partial x} = Ri + L\frac{\partial i}{\partial t}, \qquad (1) \qquad\qquad -\frac{\partial i}{\partial x} = Ap + C\frac{\partial p}{dt}. \qquad (2)$$

Differentiiert man jede Gleichung nochmals nach x und setzt die andere ein, so wird

$$\frac{\partial^2 p}{d x^2} = RAp + (CR + LA)\frac{\partial p}{\partial t} + LC\frac{\partial^2 p}{\partial t^2}, \qquad (3)$$

$$\frac{\partial^2 i}{\partial y^2} = RAi + (CR + LA)\frac{\partial i}{\partial t} + LC\frac{\partial^2 i}{d t^2}. \qquad (4)$$

Beide Gleichungen haben dieselbe Form, wir brauchen daher nur eine zu betrachten, etwa die für die Spannung p.

Sie läßt sich so umformen, daß der erste Differentialquotient nach der Zeit verschwindet. Hierzu setzt man

$$p = Ue^{-\alpha t}, \qquad (5)$$

worin U eine Funktion des Ortes und der Zeit ist. Hiermit wird

$$\frac{\partial^2 p}{\partial x^2} = \frac{\partial^2 U}{\partial x^2}e^{-\alpha t}, \qquad \frac{\partial p}{\partial t} = \left(\frac{\partial U}{\partial t} - \alpha U\right)e^{-\alpha t}, \qquad \frac{\partial^2 p}{\partial t^2} = \left(\frac{\partial^2 U}{\partial t^2} - 2\alpha\frac{\partial U}{\partial t} + \alpha^2 U\right)e^{-\alpha t}$$

und in Gl. (3) eingesetzt.

$$\frac{\partial^2 U}{\partial x^2} = U[RA - \alpha(CR + LA) + \alpha^2 LC] + \frac{\partial U}{\partial t}[CR + LA - 2\alpha LC] + \frac{\partial^2 U}{\partial t^2}LC. \qquad (3a)$$

Hierin wird der Faktor von $\partial U/\partial t$ Null, wenn

$$\alpha = \frac{1}{2}\left[\frac{R}{L} + \frac{A}{C}\right] \qquad (6)$$

[1] Siehe Mie: Ann. Physik 1900, S. 201. Cohn: Elektromagn. Feld 1900, S. 449. Abraham: Phys. Z. 1901, S. 329; 1905, S. 174.

ist, der Faktor von U ist dann

$$RA - \alpha(CR + LA) + \varkappa^2 LC = -LC\frac{1}{4}\left[\frac{R}{L} - \frac{A}{C}\right]^2 = -LC\delta^2,$$

worin

$$\delta = \frac{1}{2}\left[\frac{R}{L} - \frac{A}{C}\right] \tag{7}$$

ist. Gl. (3a) lautet dann

$$\frac{\partial^2 U}{\partial x^2} = \frac{\partial^2 U}{\partial t^2} LC - U\delta^2 LC. \tag{3b}$$

Da die Rechnung bezüglich der Verluste nur eine Annäherung ist, beschränken wir uns auf den Fall, daß $\delta = 0$ ist, d. h. nach Kap. XII S. 163 auf die verzerrungsfreie Leitung. Dann ist mit der Abkürzung

$$LC = \frac{1}{v^2}, \tag{8}$$

$$\frac{\partial^2 U}{\partial t^2} = v^2 \frac{\partial^2 U}{\partial x^2}. \tag{9}$$

Die Lösung dieser Differentialgleichung ist von d'Alembert für die schwingende Seite angegeben. Sie lautet allgemein

$$U = f_1(x - vt) + f_2(x + vt)^*, \tag{10}$$

worin f_1 und f_2 vorläufig noch willkürliche Funktionen des Ortes und der Zeit sind, die noch näher zu bestimmen sind.

Hiermit wird nach Gl. (5)

$$\boldsymbol{p = e^{-\alpha t}[f_1(x - vt) + f_2(x + vt)]}. \tag{11}$$

Mit diesem Wert wird in Gl. (2)

$$-\frac{\partial i}{\partial x} = A e^{-\alpha t}[f_1 + f_2] - \alpha C e^{-\alpha t}(f_1 + f_2) + C e^{-\alpha t}\left[-v\frac{\partial f_1}{\partial x} + v\frac{\partial f_2}{\partial x}\right].$$

Für die Annahme $\delta = 0$ sind die beiden ersten Glieder rechts entgegengesetzt gleich. Setzt man im dritten Glied v nach (8) ein, so wird mit

$$v = \frac{1}{\sqrt{LC}}$$

$$\boldsymbol{i = \sqrt{\frac{C}{L}} e^{-\alpha t}[f_1(x - vt) - f_2(x + vt)]}. \tag{12}$$

Die beiden Funktionen f_1 und f_2 stellen zwei mit der konstanten Geschwindigkeit v fortschreitende Spannungswellen von unveränderter Gestalt dar. f_1 wandert in Richtung der positiven x, denn die Funktion hat nach einer Zeit dt an einer um $dx = vdt$ entfernteren Stelle wieder den gleichen Wert wie z. Z. t an der Stelle x. Die Welle f_2 wandert im Sinne der negativen x.

Die Stromwellen sind den Spannungswellen proportional und werden aus ihnen durch Division durch den Wellenwiderstand

$$Z = \sqrt{L/C}$$

erhalten, weil für jedes Element der Welle die elektrische Energie und die magnetische Energie gleich groß sind.

Die in Richtung der positiven x wandernde Stromwelle hat das gleiche, die in Richtung der negativen x wandernde Welle das entgegengesetzte Vorzeichen wie die entsprechende Spannungswelle. Die Wellen werden beim Fortschreiten nach Maßgabe des Dämpfungsfaktors α Gl. (6) verkleinert. Da die Wellengeschwindigkeit

$$v = \frac{1}{LC} = \frac{c}{\sqrt{\varepsilon\mu}}$$

---

* Durch Differentiation von f_1 ist nämlich

$$\frac{\partial^2 f_1}{\partial x^2} = \frac{\partial^2 f_1(x - vt)}{\partial(x - vt)^2} = f_1''(x - vt), \qquad \frac{\partial^2 f_1}{\partial t^2} = \frac{\partial^2 f_1(x - vt)}{\partial(x - vt)^2}\left(\frac{d(x - vt)}{dt}\right)^2 = v^2 f_1''(x - vt)$$

und ebenso für f_2.

konstant ist und bei Freileitungen etwa 300000 km/sek, bei Kabeln etwa 150000 km/sek beträgt, ist die Dämpfung eine Funktion des zurückgelegten Weges. Die Größe der Dämpfung ist schwer zu schätzen, weil die Widerstandserhöhung durch Stromverdrängung nur bei periodischen Vorgängen der Rechnung zugänglich und die Ableitung unbekannt ist. Setzt man für eine Doppelleitung von 120 mm² etwa $L \simeq 0{,}002$ H/km und den 10fachen Ohmschen Widerstand $R \simeq 3$ Ohm/km ein, so ist bei Vernachlässigung der Ableitung $2L/R = 0{,}00133$ sek, und da nach der dreifachen Zeit die Wellen bis auf 5% erloschen sind, ist die Dauer des Wellenvorgangs nur etwa $^4/_{1000}$ sek. Sie haben dabei auf der Freileitung 1200 km zurückgelegt. Die Ausgleichsvorgänge erlöschen also in sehr kurzer Zeit, für kürzere Leitungsstrecken von einigen km ist die Dämpfung aber häufig vernachlässigbar.

Die Form der Wanderwellen ergibt sich aus den Grenzbedingungen des Problems. Dabei setzen wir den Zustand auf einer Leitung wieder aus den erzwungenen stationären Werten von Strom und Spannung (p_e, i_e) und den freien Schwingungen (p_f, i_f) zusammen, die den Übergang vom Anfangswert zum Endwert vermitteln,

$$p = p_e + p_f, \qquad i = i_e + i_f. \tag{13}$$

Sind im Augenblick der Zustandsänderung, $t = 0$, die stationären Anfangswerte $p_{a(0)}, i_{a(0)}$, die Endwerte $p_{e(0)}, i_{e(0)}$, so erfordert der stetige Übergang für die freien Schwingungen $p_{f(0)}, i_{f(0)}$

$$p_{a(0)} = p_{e(0)} + p_{f(0)}, \qquad i_{a(0)} = i_{e(0)} + i_{f(0)}. \tag{14}$$

Infolge des schnellen Ablaufs der Wanderwellenvorgänge war es bis vor kurzem nicht möglich, sie oszillographisch zu verfolgen. Durch die Ausbildung des Kathodenoszillographen durch Rogowski[1], Gabor[2], Dufour u. a. sind die Wanderwellenvorgänge in den letzten Jahren der experimentellen Untersuchung zugänglich gemacht worden. Die rechnerischen Ergebnisse sind dabei in allen Punkten bestätigt worden.

98. Freie Schwingungen bei offener oder bei kurzgeschlossener Leitung.

1. Das Laden einer offenen Leitung durch Gleichstrom. Eine Leitung von der Länge l werde zur Zeit $t = 0$ am Anfang, $x = 0$, an eine Stromquelle von konstanter Spannung P gelegt. Das Leitungsende, $x = l$, sei offen. Von der Rückwirkung des Einschaltvorgangs auf die Stromquelle sehen wir vorerst ab (s. S. 248). Der Anfangs und der Endzustand für die ganze Leitung sind

$$p_{a(0)} = 0, \quad i_{a(0)} = 0; \qquad p_{e(0)} = P, \quad i_{e(0)} = 0$$

und die Anfangsbedingungen für den Ausgleichsvorgang

$$p_{f(0)} = p_{a(0)} - p_{e(0)} = -P, \qquad i_{f(0)} = i_{a(0)} - i_{e(0)} = 0. \tag{15}$$

Diese Werte setzen wir in Gl. (11) und (12)

$$p_f = e^{-\alpha t}[f_1(x - vt) + f_2(x + vt)], \qquad i_f Z = e^{-\alpha t}[f_1(x - vt) - f_2(x + vt)]$$

für $t = 0$ ein, damit ist

$$f_1(x) + f_2(x) = -P, \qquad f_1(x) - f_2(x) = 0,$$

daher

$$f_1(x) = f_2(x) = -\tfrac{1}{2}P. \tag{16}$$

Die Wellen $f_1(x)$ und $f_2(x)$ sind gleich groß, jede hat z. Z. $t = 0$ über die ganze Leitung den konstanten Wert $-\frac{1}{2}P$ (s. Abb. 258a).

Die Gestalt der Wellen in den folgenden Zeiten während ihres Fortschreitens ergibt sich aus den Reflexionsbedingungen an den Leitungsenden.

a) Am Leitungsanfang $x = 0$ ist $P =$ konst und $p = 0$, daher ist nach Gl. (11) für $x = 0$

$$f_1(0 - vt) = -f_2(0 + vt).$$

[1] Arch. Elektrot. Bd. 14, S. 529. 1925; Bd. 15, S. 297; Bd. 18, S. 479, 519.

[2] Arch. Elektrot. Bd. 16, S. 296.

Dies bedeutet: die vom Leitungsanfang fortziehende Welle f_1 ist dort stets entgegengesetzt gleich der einfallenden f_2. Die Fortsetzung der vom Anfang fortziehenden Welle f_1 ist die Reflexion der einfallenden Welle f_2. Die einfallende Welle wird also am Leitungsanfang unter Umkehrung des Vorzeichens reflektiert.

b) Das Leitungsende ist offen, dort ist $i_f = 0$ und nach Gl. (12) für $x = l$

$$f_1(l - vt) = f_2(l - vt).$$

Die am offenen Ende einfallende Welle f_1 wird mit gleichem Vorzeichen reflektiert. Abb. 258b zeigt die beiden Wellen, nachdem sie um eine Strecke x in der Zeit $t = x/v$ gewandert sind, wobei von der Dämpfung noch abgesehen ist. Die Welle f_1 zeigt an der Stelle x einen Sprung um die volle Spannung P, entsprechend der Reflexion der Welle f_2 am Anfang.

Dieses Bild schreitet fort bis zur Zeit $t_1 = l/v$, dann hat der Spannungssprung der Welle f_1 das Leitungsende erreicht. Da f_1 hier mit gleichem Vorzeichen reflektiert wird, hat von hier an auch f_2 einen analogen Spannungssprung, der nach dem Leitungsanfang wandert und ihn zur Zeit $t_2 = 2l/v$ erreicht. Man erkennt, daß jede Welle nach zweimaligem Durchlaufen der Leitungslänge ihr Vorzeichen wechselt. Die Periode des Vorgangs, die zwei entgegengesetzte Richtungswechsel in jeder Welle umfaßt, ist doppelt so groß, nämlich

$$t = 4l/v. \tag{17}$$

Eine einseitig offene Leitung schwingt in Viertelwellenlängen. Die resultierende Strom- und Spannungsverteilung ergibt sich nun durch Addition der stationären und der freien Werte:

$$p = P + p_f, \qquad i = i_f.$$

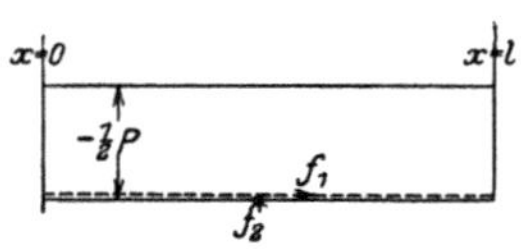

Abb. 258a.

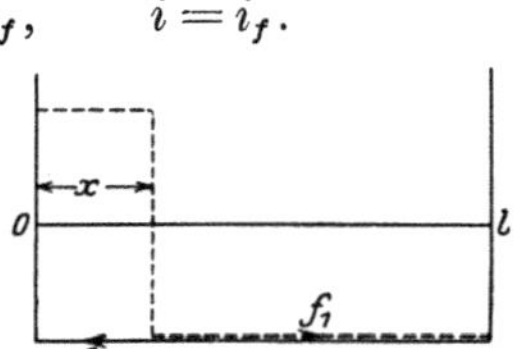

Abb. 258b.

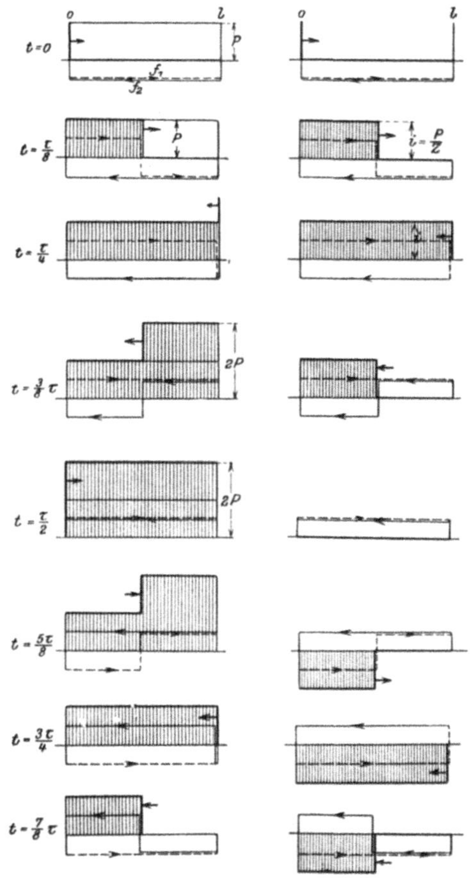

Abb. 259.

In Abb. 259 ist der Vorgang für 8 Augenblicke im Abstand von $^1/_8$ Periode unter Vernachlässigung der Dämpfung aufgetragen. In der ersten Viertelperiode wandert eine Spannungswelle von der Höhe P und ein Ladestrom $i = P/Z$ bis zum Leitungsende. Die Welle hat die Leistung $Pi = P^2/Z = i^2Z$, und wenn die ganze Leitung geladen ist, sind in ihr gleich große elektrische und magnetische Energien $W_e = W_m = \frac{1}{2}P^2Cl = \frac{1}{2}i^2Ll$ aufgespeichert. Da der Strom am offenen Ende nicht bestehen kann, wandert die Stromwelle zurück, das magnetische Feld entladet sich in das elektrische Feld, während die Stromquelle die Leistung P^2/Z weiter liefert. Dabei steigt die Spannung der Leitung zunächst am Ende und dann rückwärts bis zum Anfang auf den doppelten Betrag: am Ende der zweiten Viertelperiode hat die ganze Leitung die elektrische Energie $\frac{1}{2}(2P)^2lC$, also den vierfachen Betrag, die magnetische Energie ist Null. Da am Leitungsanfang $P =$ konst ist, entladet sich in der dritten Viertelperiode die Leitung in die Stromquelle zurück, eine Entladestromwelle wandert in die Leitung und bildet ein magnetisches Feld aus, dessen Energie aus dem elektrischen Feld entnommen wird, dabei fällt die Spannung auf P. In der vierten Viertelperiode entladen sich die magnetischen und elektrischen Felder in die Stromquelle, und am Ende der Periode ist die Leitung strom- und spannungslos.

Das Spiel wiederholt sich von neuem. Die Wellen werden aber durch die Energieabgabe gedämpft und klingen aus, bis die ganze Leitung die konstante Spannung P hat.

Abb. 260 zeigt das Einschwingen der Spannung am Leitungsende, unter Berücksichtigung der Dämpfung; entsprechend ist der Verlauf an anderen Leitungspunkten.

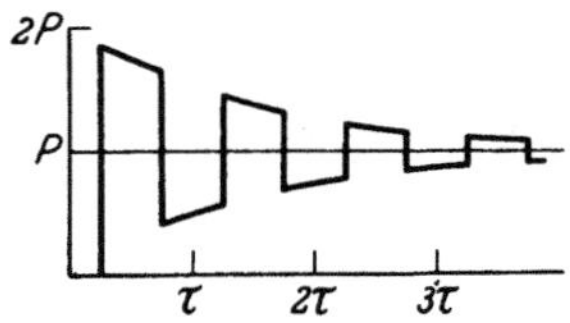

Abb. 260.

Bemerkenswert ist neben dem Auftreten der doppelten Spannung der Spannungssprung, der sich aus der Voraussetzung ergibt, daß die Leitung plötzlich unter Spannung gesetzt wird. Im allgemeinen wird das Einschalten durch einen Funken eingeleitet, der nicht momentan den vollen Ladestrom führt. Dadurch ergibt sich besonders bei sehr hohen Spannungen ein etwas weniger steiler Kopf. Für die Rechnung legt man die rechteckige Form der Welle zugrunde.

2. Das Laden einer offenen Leitung durch Wechselstrom. Nach Kap. XII stellt sich im stationären Zustand eine Schwingung ein, die wir darstellen können durch

$$p_{(e)} = p_{m\,(x)} \sin(\omega t + \psi_{(x)}); \qquad i_e = i_{m\,(x)} \sin(\omega t + \varphi_{(x)}). \tag{18}$$

Die Amplituden $p_{m(x)}, i_{m(x)}$ und die Phasenwinkel $\psi_{(x)}$ und $\varphi_{(x)}$ sind von Punkt zu Punkt verschieden. Abb. 193 S. 159 stellte die Strom- und Spannungsverteilung für eine verlustfreie Leitung dar.

Wird die Leitung z. Z. $t = 0$ an eine Spannung $p_m \sin(\omega t + \psi)$ angeschlossen, so sind der Anfangs- und der Endzustand

$$p_{a\,(0)} = 0, \quad i_{a\,(0)} = 0, \quad p_{e\,(0)} = p_{m\,(x)} \sin \psi_{(x)}, \quad i_{e\,(0)} = i_{m\,(x)} \sin \varphi_{(x)}$$

und die Anfangsbedingungen für die freien Schwingungen

$$p_{f\,(0)} = -p_{e\,(0)} = -p_{m\,(x)} \sin \psi_{(x)} = f_1(x) + f_2(x),$$
$$i_{f\,(0)} = -i_{e\,(0)} = -i_{m\,(x)} \sin \varphi_{(x)} = 1/Z[f_1(x) - f_2(x)].$$

Daher sind die beiden Wellen z. Z. $t = 0$

$$f_1(x) = -\tfrac{1}{2}[p_{m\,(x)} \sin \psi_{(x)} + Z i_{m\,(x)} \sin \varphi_{(x)}],$$
$$f_{2\,(x)} = -\tfrac{1}{2}[p_{m\,(x)} \sin \psi_{(x)} - Z i_{m\,(x)} \sin \varphi_{(x)}].$$

Die Wellen ergeben sich durch Addition bzw. Subtraktion der stationären Spannungs- und Stromverteilung z. Z. $t = 0$. Praktisch erfolgt das Einschalten meist durch einen Funken bei der Spannungsamplitude.

Für die Reflexion ergibt sich wieder bei der offenen Leitung

$$\text{für } x = 0, \quad p_f = 0, \qquad \text{für } x = l, \quad i_f = 0.$$

Die erste Bedingung ergibt die Reflexion der am Leitungsanfang eintreffenden Welle f_2 mit umgekehrtem Vorzeichen, die zweite die Reflexion der am Leitungsende eintreffenden Welle f_1 mit gleichem Vorzeichen.

Das Bild des Einschaltvorgangs ist sehr verschieden, je nach dem Verhältnis der Leitungslänge zur Länge der erzwungenen Welle. Diese ist nach Kap. XII umgekehrt proportional der Frequenz f der Stromquelle

$$\lambda = v/f.$$

Die Eigenfrequenz der offenen Leitung ist nach Gl. (17)

$$f_0 = 1/\tau = v/4l. \tag{17a}$$

Daher verhält sich

$$l : \lambda = f : 4 f_0.$$

Abb. 261 zeigt den Beginn des Einschaltvorgangs für eine Leitung, deren Länge eine halbe Wellenlänge der erzwungenen Frequenz beträgt, $l = \frac{1}{2}\lambda$, daher ist $f_0 = \frac{1}{2} f$, die Eigenfrequenz ist halb so groß wie die erzwungene. Bei Leerlauf sind die stationären Spannungen bei der Halbwellenleitung am Anfang und am Ende um 180^0 phasenverschoben. Die Figur zeigt 7 Augenblicke der ersten Netzperiode, also einen Hin- und einen Rücklauf der resultierenden Schaltwellen. Die dünn ausgezogenen Linien sind die nach Kap. XII ermittelten stationären Werte, die gestrichelten Linien die Welle f_1, die punktierten die Welle f_2. Hier kann die Dämpfung nicht vernachlässigt werden. Rechnet man mit einem Dämpfungsfaktor $\alpha \simeq 250$ und legt $f = 500$ Hz zugrunde, d. h. $l = 300$ km, so sind die Wellen nach dem ersten Hin- und Rücklauf schon auf $e^{-\alpha 2l/v} = e^{-0,5} = 0,606$ gedämpft.

Bei den meisten Starkstromanlagen nähern sich die Vorgänge mehr denen der Gleichstromleitung. Bei $f = 50$ Hz ist z. B. eine Freileitung von 30 km nur $1/200$ der Wellenlänge, dabei ist die Spannung bei Leerlauf an allen Punkten der Leitung nahezu gleich groß. Eine Periode der freien Schwingungen ist $1/50$ der Netzperiode ($f = 0,02 f_0$), d. h. wenn das Einschalten bei der Spannungsamplitude erfolgte, ist die stationäre Spannung nach 1 Periode $p_m \cos 2\pi/50 = 0,992\, p_m$, also praktisch unverändert. Die freien Wellen klingen in der ersten Halbperiode der Netzfrequenz aus. Daher kann man häufig bei Starkstromleitungen die Verhältnisse zugrunde legen, wie sie bei Gleichstrom verlaufen.

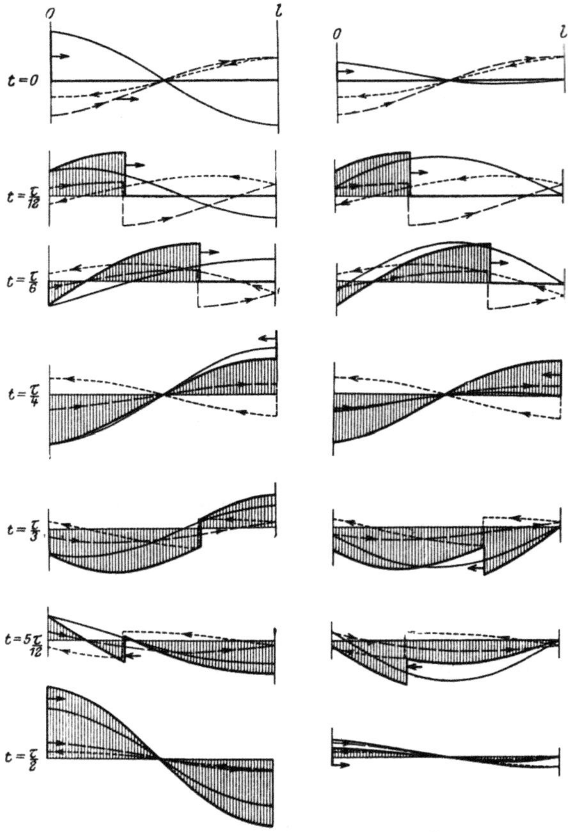

Spannung. Strom.
Abb. 261.

3. Der Ausgleich einer freien Ladung auf einer offenen Leitung. Bei einer atmosphärischen Entladung wird eine vorher in der Leitung gebundene Ladung plötzlich frei. Sie hat in diesem Augenblick $t = 0$ eine bestimmte räumliche Verteilung, der die Spannungsverteilung $p_{a(0)} = p(x)$ entspricht. Der Strom ist Null, weil die Ladung statisch ist. In der Folgezeit kann die Ladung in dem begrenzten Gebiet nicht bestehen bleiben, sondern sie breitet sich auf der Leitung aus. Da die Enden offen sind, kann sie jedoch nicht abfließen, vielmehr wandert sie auf der Leitung, bis ihre Energie durch die Verluste verbraucht ist, durch die Ableitung nimmt die Ladung dauernd ab. Dann ist der Endzustand $p_e = 0$, $i_e = 0$, und die Anfangsbedingungen für die freien Schwingungen sind

$$p_{f(0)} = p_{a(0)} - p_{e(0)} = p(x); \qquad i_{f(0)} = 0,$$

für die entstehenden Wellen gilt daher z. Z. $t = 0$

$$p_{f(0)} = f_1(x) + f_2(x) = p(x); \qquad i_{f(0)} = \frac{1}{Z}[f_1(x) - f_2(x)] = 0$$

und hieraus folgt
$$f_1(x) = f_2(x) = \tfrac{1}{2} p(x) . \tag{19}$$
Die ursprünglich vorhandene Spannungsverteilung teilt sich in zwei Wellen von gleicher Form und je halber Größe die nach den Enden laufen. An den offenen Enden werden sie reflektiert weil die Ladeströme f_1/Z und f_2/Z dort nicht bestehen können. Abb. 262 zeigt, wie die im Abstand $x = a$ vom Anfang vorhandene Verteilung zwei gleiche Wellen auslöst, die nach den Enden wandern, nach der Reflexion zurücklaufen und sich nach einmaligem Durchlaufen der ganzen Länge l im Abstand $(l-a)$ vom Leitungsende überlagern. Nach einem nochmaligen Durchlaufen der ganzen Leitungslänge würden sie sich wieder am gleichen Ort $x = a$ überlagern. Das Bild wiederholt sich also, abgesehen von der Dämpfung, periodisch, nachdem jede Welle die Leitung zweimal durchlaufen hat. Die Periode ist also hier $t = 2l/v$. Die an beiden Enden offene Leitung schwingt in Halbwellenlängen.

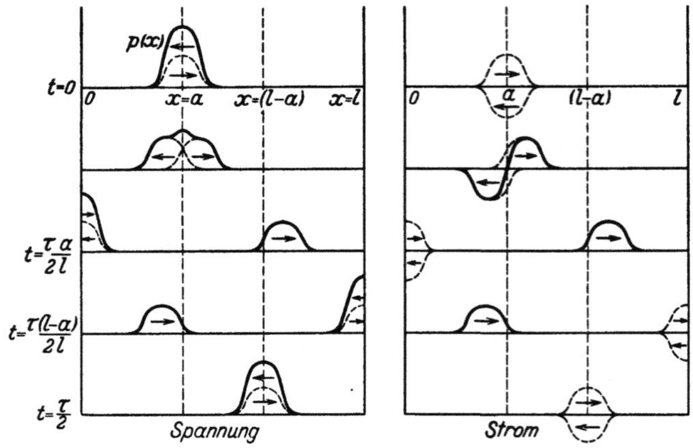

Abb. 262.

Wäre die Leitung vollkommen isoliert, d. h. würde keine Ladung abgeleitet, so würden die Wellen zwar auch durch die Widerstandsdämpfung verkleinert, es muß sich aber als Endzustand eine gleichmäßige Spannungsverteilung einstellen, die sich, da die Ladung nicht abgenommen hat, zu
$$P = \frac{1}{l} \int_0^x p(x)\, dx$$
berechnet. Dann ist $p_e = P$ und $p_{f(0)} = p_{a(0)} - p_{e(0)} = p(x) - P$ und der resultierende Vorgang wird beschrieben durch
$$\left.\begin{aligned} p &= p_e + p_f = P[1 - e^{-\alpha t}] + \tfrac{1}{2}[p(x - vt) + p(x + vt)]e^{-\alpha t}, \\ i &= i_e + i_f = \frac{1}{2Z}[p(x - vt) - p(x + vt)]e^{-\alpha t}. \end{aligned}\right\} \tag{19 a}$$

4. Die Ausbildung des Kurzschlußstromes einer Leitung. Die Leitung sei beim Eintritte des Kurzschlusses am Leitungsende $x = l$ unbelastet. Nehmen wir eine kurze Leitung an, so hat die Spannung bei Leerlauf an allen Punkten z. Z. $t = 0$ denselben Wert. Da der Wanderwellenvorgang schnell ausklingt, kann von der Veränderung der Netzspannung abgesehen werden und eine zeitlich konstante Spannung angenommen werden. Dann ist
$$p_{a(0)} = P, \qquad i_{a(0)} = 0 .$$
Im Endzustand ist der Strom an allen Punkten gleich J_k, dem Kurzschlußstrom, und die Spannung nimmt linear bis zum Kurzschlußpunkt auf Null ab. Sieht man von der Rückwirkung auf die Stromquelle wieder ab, so ist die Spannung am Leitungsanfang P und der Endzustand
$$p_{e(0)} = P(1 - x/l), \qquad i_{e(0)} = J_k .$$
$$\left.\begin{aligned} p_{f(0)} &= p_{a(0)} - p_{e(0)} = Px/l = f_1(x) + f_2(x), \\ i_{f(0)} &= i_{a(0)} - i_{e(0)} = -J_k = 1/Z[f_1(x) - f_2(x)]. \end{aligned}\right\} \tag{20}$$
$$f_1(x) = \tfrac{1}{2}(Px/l - J_k Z); \qquad f_2(x) = \tfrac{1}{2}(Px/l + J_k Z) . \tag{20a}$$

Der Ausgleichsvorgang wird damit

$$\left.\begin{aligned} i &= i_e + i_f = J_k(1-e^{-\alpha t}) + e^{-\alpha t}\frac{1}{2}\left[\frac{P}{Z}\left(\frac{x-vt}{l}\right) - \frac{P}{Z}\left(\frac{x+vt}{l}\right)\right], \\ p &= p_e + p_f = P(1-x/l) + e^{-\alpha t}\frac{1}{2}\left[P\left(\frac{x-vt}{l}\right) + P\left(\frac{x+vt}{l}\right)\right]. \end{aligned}\right\} \quad (21)$$

Der für die ganze Leitung konstante Teil der freien Spannungswellen $\frac{1}{2}J_k Z$ hebt sich in der resultierenden Spannung heraus, in der Stromgleichung (21) kann er mit dem stationären Strom zusammengefaßt werden. Der veränderliche Teil $\frac{1}{2}Px/l$ stellt z. Z. $t=0$ zwei linear ansteigende Wellen dar (s. Abb. 263). Am Leitungsanfang ist die Spannung konstant, daher $p_f = 0$ und $f_1(0-vt) = -f_2(0+vt)$, am kurzgeschlossenen Leitungsende ist die Spannung Null und daher $f_2(l+vt) = -f_1(l-vt)$, die Wellen werden am Leitungsanfang und am Leitungsende mit umgekehrtem Vorzeichen reflektiert. Die Periode entspricht zwei Richtungswechseln und ist somit wieder die Laufzeit über zwei Leitungslängen $\tau = 2l/v$. Abb. 263 zeigt, wie die Spannung der Leitung am kurzgeschlossenen Ende beginnend und nach dem Leitungsanfang fortschreitend auf Null fällt; der Strom ist $J = P/Z$. Da am Leitungsanfang $P=$ konst ist, ladet die Stromquelle in der zweiten halben Periode die Leitung wieder auf und der Ladestrom überlagert sich dem auf der Leitung gebliebenen; hat die Ladung am Ende der ersten Periode das Leitungsende erreicht, so entladet sich die Leitung wieder vom Ende nach dem Anfang und der Entladestrom überlagert sich wieder dem vorhandenen. Der Wellenstrom P/Z schließt sich teils über die Kurzschlußstelle, teils über die widerstandsfrei gedachte Stromquelle. Er bleibt also, auch wenn man von der Dämpfung absieht, am Leitungsende während ½ Periode nicht konstant, er überlagert sich dem Anstieg des stationären Kurzschlußstromes $J_k(1-e^{-\alpha t})$, so daß der Strom in Staffeln, die sich im Abstand von 1 Periode folgen, in den Kurzschlußstrom J_k übergeht, wie Abb. 264 für das Leitungsende zeigt. Im allgemeinen ist der Kurzschlußstrom J_k viel größer als der Wellenstrom P/Z, weil der Wellenwiderstand für eine Freileitung etwa 600 Ohm beträgt. Für Abb. 263 und 264 ist $J_k = 8\,P/Z$ angenommen.

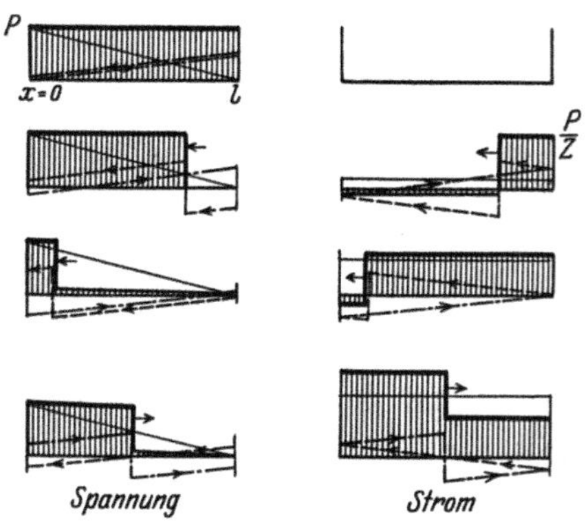

Abb. 263.

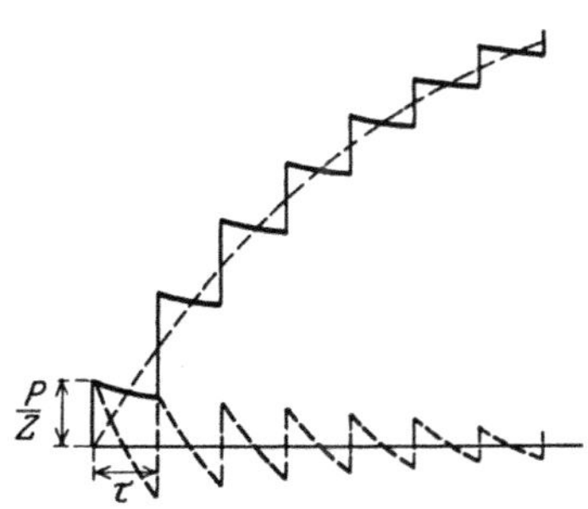

Abb. 264.

99. Reflexion der Wellen an Widerstand, Induktivität und Kapazität.

Wir erweitern nun die Betrachtung auf andere Grenzbedingungen und untersuchen zunächst die Reflexion der Wellen an Widerständen, Induktivitäten und Kapazitäten.

Die Trennung dieser Größen bei nicht stationären Vorgängen ist nicht streng, sie setzt Anordnungen voraus, bei denen die eine Größe die anderen derart überwiegt, daß diese für eine angenäherte Betrachtung vernachlässigt werden können.

Als reiner Widerstand kann ein Wasser- oder Kohlewiderstand gelten, der in Verbindung mit Überspannungsableitern, z. B. Hörnerfunkenstrecken, verwendet wird. Er hat bei sehr geringer Länge einen Widerstand von mehreren hundert

Ohm, seine Induktivität und Kapazität sind dagegen verschwindend. Vorwiegend Induktivität haben kurze Spulen, Stromwandler, Auslösemagnete, während vorwiegend Kapazität in Sammelschienen, Schutzkondensatoren usf. vorhanden ist. Maschinenwicklungen, auch größere Drosselspulen, haben verteilte Kapazität und Selbstinduktion; in der Rückwirkung einer solchen Wicklung auf die Wellenvorgänge in der Leitung betrachtet man sie oft in erster Annäherung auch als Induktivität.

Seien R_0, L_0, C_0 Widerstand, Induktivität und Kapazität, die am Leitungsende etwa in Reihe geschaltet sind, so gilt für das Leitungsende $(x = l)$

$$p = R_0 i + L_0 \frac{di}{dt} + \int \frac{i\,dt}{C_0}. \tag{22}$$

Hierin ist p die Summe aus der stationären Spannung p_e und der freien Spannung p_f, i die Summe aus dem stationären Strom i_e und der freien Schwingung i_f. Da die Gleichung linear ist, wird sie von den stationären und von den freien Strömen und Spannungen je für sich erfüllt und kann in zwei Gleichungen geteilt werden, von denen die eine nur für die stationären, die andere nur für die freien Werte gilt, wie wir dies schon wiederholt getan haben.

Die freien Schwingungen können für die ganze Leitung durch zwei Wellen dargestellt werden

$$p_f = e^{-\alpha t}[f_1(x - vt) + f_2(x + vt)], \qquad i_f = \frac{e^{-\alpha t}}{Z}[f_1(x - vt) - f_2(x + vt)].$$

Da es hier auf die Werte am Ende der Leitung $(x = l)$ ankommt, setzen wir zur Abkürzung

$$f_1(l - vt) = \varphi \quad \text{und} \quad f_2(l + vt) = \varrho,$$

worin φ und ϱ nur von der Zeit abhängen, daher ist für $x = l$

$$p_{f(x=l)} = e^{-\alpha t}(\varphi + \varrho); \qquad i_{f(x=l)} = e^{-\alpha t}\frac{(\varphi - \varrho)}{Z}. \tag{23}$$

Setzt man diese Werte in die Gl. (22) ein, so wird

$$e^{-\alpha t}(\varphi + \varrho) = \left[R_0 + L_0 \frac{d}{dt} + \int \frac{dt}{C_0}\right]\left[\frac{e^{-\alpha t}}{Z}(\varphi - \varrho)\right]. \tag{24}$$

Hierin ist die am Leitungsende einfallende Welle φ als bekannt vorauszusetzen, während die Werte ϱ der reflektierten Welle durch Lösung der Gleichung zu ermitteln sind, wie nun an einigen Beispielen gezeigt werden soll.

a) Reflexion an einem Ohmschen Widerstand. Ist an die Leitung nur ein Ohmscher Widerstand R_0 angeschlossen, so erhält man aus Gl. (24)

$$e^{-\alpha t}(\varphi + \varrho) = \frac{R_0}{Z} e^{-\alpha t}(\varphi - \varrho),$$

$$\varrho = \varphi \frac{R_0 - Z}{R_0 + Z} = \varphi q. \tag{25}$$

Die einfallende Welle φ wird am Ohmschen Widerstand unvollkommen reflektiert, sie erscheint nach Maßgabe des Reflexionsfaktors q verkleinert. Dieser ist

$$q = \frac{R_0 - Z}{R_0 + Z}.$$

Die resultierenden Werte von Spannung und Strom am Leitungsende sind

$$p = p_e + e^{-\alpha t}(\varphi + \varrho) = p_e + e^{-\alpha t}\varphi(1 + q),$$

$$i = i_e + \frac{e^{-\alpha t}}{Z}(\varphi - \varrho) = i_e + \frac{e^{-\alpha t}\varphi}{Z}(1 - q).$$

Die einfallende Welle führt die Leistung φ^2/Z mit sich, die reflektierte die Leistung $\varrho^2/Z = (q\varphi)/^2 Z$, die Differenz ist die im Widerstande verbrauchte Leistung

$$\frac{\varphi^2}{Z}(1 - q^2).$$

Ist $R_0 = Z$, so wird die reflektierte Welle Null, die ganze Leistung der ankommenden Welle wird vom Widerstand absorbiert. Ist $R_0 \gtrless Z$, so wird nur ein Teil der ankommenden Leistung im Widerstand verzehrt. Für $R_0 > Z$ hat die reflektierte Welle das gleiche, für $R_0 < Z$ das entgegengesetzte Vorzeichen der ankommenden.

Die Grenzen sind: 1. $R_0 = \infty$, die Leitung ist offen, es wird $q = 1$, die reflektierte Welle ist gleich der einfallenden. 2. $R_0 = 0$, die Leitung ist kurzgeschlossen, $q = -1$, die Welle wird mit umgekehrtem Vorzeichen in voller Stärke reflektiert, wie früher gezeigt.

Beispiel: Eine am Anfang offene Leitung erhält durch atmosphärische Vorgänge eine Ladung, wie im Beispiel S. 229, jedoch sei hier am Leitungsende ein Erdungswiderstand R_0 über eine Funkenstrecke angeschlossen (Abb. 265a). Die irgendwie verteilte Spannung $p(x)$ Abb. 265b teilt sich wieder in zwei Wellen von halber Höhe, die nach beiden Seiten wandern. Am Leitungsende wird beim Eintreffen von $f_1(x)$ die Funkenstrecke ansprechen und, wenn $R_0 = Z$ ist, wird die Welle abgeleitet. Die rücklaufende Welle $f_2(x)$ wird am offenen Leitungsanfang reflektiert, sie wandert nach dem Leitungsende, wo sie ebenfalls absorbiert wird.

Bei unvollkommener Absorption dauert der Vorgang länger, die Wellen laufen geschwächt auf der Leitung hin und her. Um zu verhindern, daß sie beim Lauf Isolatoren überschlagen, müssen zahlreiche Ableiter angebracht werden, weil derartige von atmosphärischen Entladungen herrührende Wellen eine beträchtliche Höhe haben können. Nun ist es bei hohen Betriebsspannungen nicht möglich, den Erdungswiderstand gleich dem Wellenwiderstand, also etwa 600 Ohm, zu machen. Beim Ansprechen aller 3 Ableiter einer Dreiphasenleitung entsteht ein starker Strom von der Netzfrequenz über den Lichtbogen, der z. B. bei 50 kV etwa 48 Amp beträgt und in den drei Widerständen über 4000 kW vernichtet. Dieser Strom erlischt nicht von selbst. Man hat daher Ableiter konstruiert, die mit einem Ölschalter vereinigt sind und sofort nach dem Ansprechen den nachfolgenden Betriebsstrom wieder abschalten. Andere Konstruktionen beruhen auf der Ventilwirkung dünner Oxydschichten, die nur bei Überschreiten einer bestimmten Spannung leiten, darunter keinen Strom durchlassen.

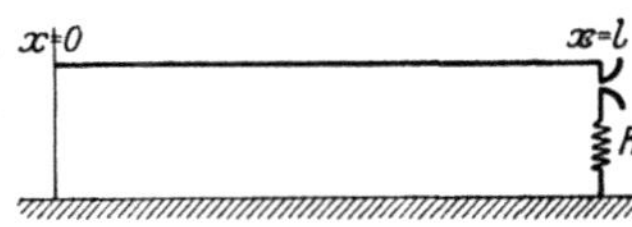

Abb. 265 a.

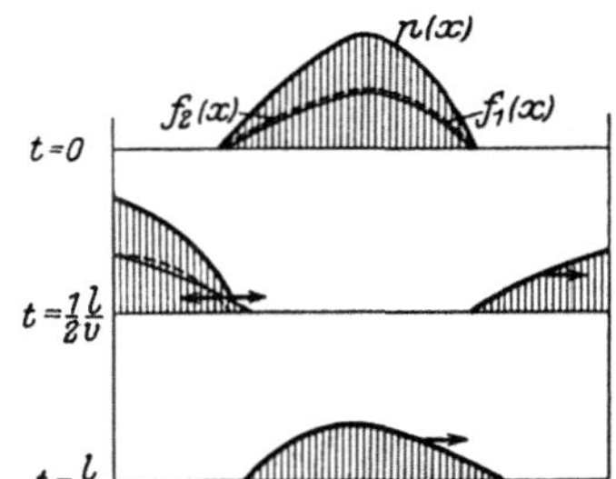

Abb. 265 b.

b) Reflexion an einer Induktivität. Ist am Ende der Leitung eine Induktivität L_0 angeschlossen, so ist nach Gl. (24) für die freien Schwingungen

$$e^{-\alpha t}(\varphi + \varrho) = \frac{L_0}{Z}\frac{d}{dt} e^{-\alpha t}(\varphi - \varrho) = \frac{L_0}{Z} e^{-\alpha t}\left[-\alpha(\varphi - \varrho) + \frac{d\varphi}{dt} - \frac{d\varrho}{dt}\right],$$

$$\frac{d\varrho}{dt} + \varrho\left(\frac{Z}{L_0} - \alpha\right) = -\varphi\left(\frac{Z}{L_0} + \alpha\right) + \frac{d\varphi}{dt}. \tag{26}$$

Die Lösung ist, wenn $Z \lessgtr \alpha L_0$.

$$\varrho = e^{-(Z/L_0 - \alpha)t}\left\{k + \int e^{(Z/L_0 - \alpha)t}\left[-\varphi\left(\frac{Z}{L_0} + \alpha\right) + \frac{d\varphi}{dt}\right]dt\right\} \tag{27a}$$

und wenn $Z/L_0 = \alpha$ ist $\qquad \varrho = \varphi - \int \varphi(Z/L_0 + \alpha)\,dt + k.$ (27b)

Die Integrationskonstante k ist aus den Grenzbedingungen zu ermitteln.

Beispiel: Wir untersuchen, wie die auf einer Freileitung frei werdende Ladung durch eine Erdungsdrosselspule abgeleitet wird. Am Ende der Leitung ($x = l$) sei eine Spule L_0 zwischen Leitung und Erde geschaltet, es kann dies auch eine Phase eines Dreiphasentransformators mit geerdetem Nullpunkt sein. Der Leitungsanfang sei offen. Der Einfachheit halber sei angenommen, daß die Ladung gleichmäßig über die Leitung verteilt sei. Der Anfangszustand ist daher

$$p_a = P, \qquad i_a = 0.$$

Im Endzustand ist die ganze Ladung abgeleitet

$$p_e = 0, \qquad i_e = 0,$$

daher ist $\quad p_{f(0)} = p_{a(0)} = P = f_1(x) + f_2(x), \qquad i_{f(0)} = 0 = 1/Z(f_1(x) - f_2(x))$

und $\quad f_1(x) = f_2(x) = \frac{1}{2}P.$

Die beiden Wellen haben zu Anfang konstante Höhe. Die Werte φ der am Leitungsende einfallenden Welle sind von $t=0$ an durch $f_1(x) = \frac{1}{2}P$ gegeben, und zwar für die Laufzeit der Welle über die Leitung $t_1 = l/v$. In dieser Zeit ist die nach dem Leitungsanfang wandernde Welle $f_2(x) = \frac{1}{2}P$ dort mit gleichem Vorzeichen reflektiert worden und gelangt in der Zeit $t = t_1$ bis $t = t_2$ an das Leitungsende. Von $t = 0$ bis $t = t_2$ ist also $\varphi = \frac{1}{2}P$.

In den folgenden Zeiten ist jeder Wert φ am Leitungsende gleich dem Wert ϱ, der um $2t_1$ früher dort reflektierten Welle.

Zur Vereinfachung sei von der Dämpfung abgesehen, d. h. $\alpha = 0$ und $Z/L_0 = \alpha_0$ gesetzt, dann ist nach Gl. (27a)

$$\varrho = e^{-\alpha_0 t}\left[k + \int e^{\alpha_0 t}\left(-\varphi\alpha_0 + \frac{d\varphi}{dt}\right)dt\right]. \tag{28}$$

Nun war

$$\varphi_{(0 \div 2t_1)} = \tfrac{1}{2}P, \tag{29}$$

daher

$$\varrho_{(0 \div 2t_1)} = k e^{-\alpha_0 t} - \tfrac{1}{2}P. \tag{30}$$

Der Strom der Drosselspule ist z. Z. $t=0$ Null und kann sich nicht plötzlich ändern, daher ist

$$\varphi_{(0)} - \varrho_{(0)} = 0 = \tfrac{1}{2}P - k + \tfrac{1}{2}P, \qquad k = P,$$

$$\varrho_{(0 \div 2t_1)} = P\left(e^{-\alpha_0 t} - \tfrac{1}{2}\right). \tag{30a}$$

Wie gezeigt, sind die Werte φ von $2t_1$ bis $4t_1$ ebenso groß wie ϱ von 0 bis $2t_1$; man hat also in (30a) $(t - 2t_1)$ für t zu setzen, dann ist

$$\varphi_{(2t_1 \div 4t_1)} = P\left(e^{-\alpha_0(t-2t_1)} - \tfrac{1}{2}\right). \tag{31}$$

Hiermit ist nach (28)

$$\varrho_{(2t_1 \div 4t_1)} = k' e^{-\alpha_0 t} - 2P\alpha_0 t e^{-\alpha_0(t-2t_1)} + \tfrac{1}{2}P.$$

Die Integrationskonstante bestimmt man wieder aus der Kontinuität des Stromes für $t = 2t_1$

$$k' = P\left[1 - e^{-2\alpha_0 t_1}(1 - 4\alpha_0 t_1)\right]$$

und

$$\varrho_{(2t_1 \div 4t_1)} = P\left[\tfrac{1}{2} + e^{-\alpha_0 t} - e^{-\alpha_0(t-2t_1)}\{1 + 2\alpha_0(t - 2t_1)\}\right]. \tag{32}$$

Ganz analog erhält man nun

$$\varrho_{(4t_1 \div 6t_1)} = \varrho_{(2t_1 \div 4t_1)} + P\left[-1 + e^{-\alpha_0(t-4t_1)}\{1 + 2\alpha_0^2(t - 4t_1)^2\}\right], \tag{33}$$

$$\varrho_{(6t_1 \div 8t_1)} = \varrho_{(4t_1 \div 6t_1)} + P\Big[1 - e^{-\alpha_0(t-6t_1)}$$
$$\{1 + 2\alpha_0(t - 6t_1) - 2\alpha_0^2(t - 6t_1)^2 + \tfrac{4}{3}\alpha_0^3(t - 6t_1)^3\}\Big], \tag{34}$$

$$\varrho_{(8t_1 \div 10t_1)} = \varrho_{(6t_1 \div 8t_1)} + P\Big[-1 + e^{-\alpha_0(t-8t_1)}$$
$$\Big\{1 + 4\alpha_0^2(t - 8t_1) - \tfrac{8}{3}\alpha_0^3(t - 8t_1)^3 + \frac{\alpha_0^4}{3}(t - 8t_1)^4\Big\}\Big] \tag{35}$$

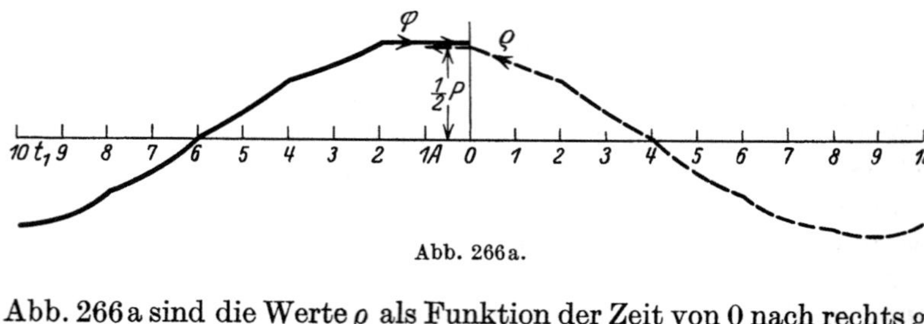

Abb. 266a.

usf. In Abb. 266a sind die Werte ϱ als Funktion der Zeit von 0 nach rechts gestrichelt, die Werte φ von 0 nach links ausgezogen aufgetragen. Verschiebt man diese Wellenzüge gegeneinander, den für ϱ nach links, den für φ nach rechts, so erhält man als Ordinaten in 0 die Momentanwerte von φ und ϱ zu einer Zeit t, um deren Betrag man die Wellen verschoben hat. Die Zeit t_1, die wir als Maßstab verwenden, war die Laufzeit l/v über die Leitung.

Da die Geschwindigkeit konstant ist, kann man die Abzissen als Längen betrachten, dann entspricht Punkt A dem Leitungsanfang, 0 dem Leitungsende.

Man erhält somit auch das zeitliche Bild an jedem Punkt der Leitung und für einen gegebenen Augenblick das Bild der räumlichen Verteilung der Wellen längs der Leitung. Daraus werden in bekannter Weise die resultierende Verteilung von Strom und Spannung ermittelt, indem man die Wellen mit $e^{-\alpha t}$ multipliziert und zu den freien Schwingungen die stationären Werte addiert, die in unserm Beispiel Null sind.

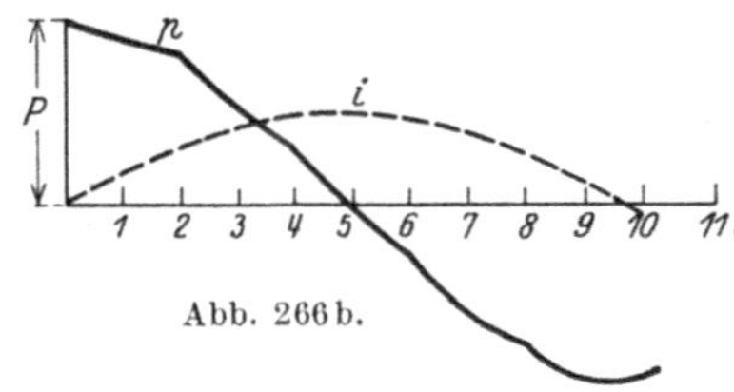

Abb. 266b.

Abb. 266b zeigt ohne Berücksichtigung der Dämpfung den zeitlichen Verlauf von Strom und Spannung am Leitungsende und Abb. 267 die Verteilung längs der Leitung für einige Zeitpunkte für ein Beispiel, in dem die Zeitkonstante für den Stromanstieg der Drosselspule $\tau_0 = 1/\alpha_0 = L_0/Z$ so gewählt ist, daß für den Lauf über die Leitungslänge $e^{-\alpha_0 t_1} = e^{-\alpha_0 l/v} = 0{,}9$ ist. Es ist also $\alpha_0 l/v = 0{,}106$. Setzt man den Wert für α_0 ein und $Z = \sqrt{L/C}$, $v = 1/\sqrt{LC}$, so ist also auch $Ll/L_0 = 0{,}106$, die Induktivität der ganzen Leitung Ll ist etwa 10% der Induktivität der Drosselspule.

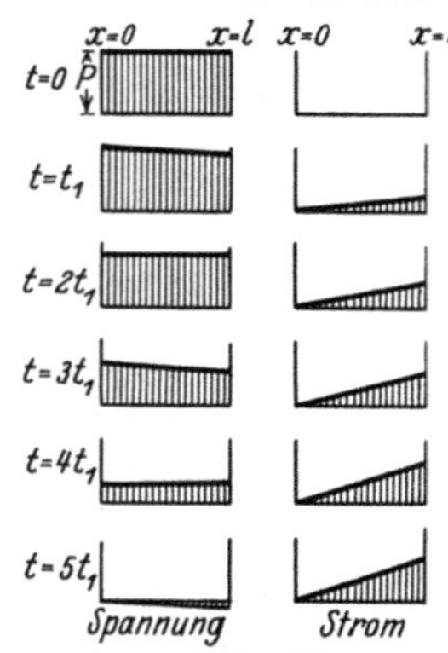

Abb. 267.

Die Entladung der Leitung in die Drosselspule geht in einer Schwingung vor sich, die nach Abb. 266b aus exponentiell verlaufenden Kurvenstücken zusammengesetzt ist. Nach der ersten Viertelperiode ist die Spannung der ganzen Leitung nahezu Null, der Strom in der Drosselspule ein Maximum. Die ursprüngliche elektrische Energie der Leitung $\frac{1}{2}P^2Cl$ erscheint als magnetische Energie teils in der Leitung, teils in der Drosselspule. Ersetzen wir den schwach gekrümmten Anstieg des Stromverlaufs längs der Leitung durch einen linearen, so ist die magnetische Energie annähernd

$$\tfrac{1}{2}J_{\max}^2(L_0 + \tfrac{1}{4}Ll) = \tfrac{1}{2}P^2Cl$$

oder

$$J_{\max} \simeq P\sqrt{\frac{Cl}{\frac{1}{4}Ll + L_0}} = \frac{2P}{Z}\cdot\frac{1}{\sqrt{1+4L_0/Ll}}. \tag{36}$$

Im vorstehenden Beispiel gibt dies $0{,}32\,P/Z$.

Wenn die Induktivität der Leitung klein ist gegen die der Drosselspule, ist die Grundfrequenz der Schwingung sehr angenähert die eines Schwingungskreises, der aus der Drosselspule L_0 und der Kapazität der ganzen Leitung Cl gebildet ist. Die Periodendauer ist also

$$T_0 \simeq 2\pi\sqrt{L_0 Cl}. \tag{37}$$

Wir können sie in Vielfachen der Laufzeit der Wellen über die Leitung $t_1 = l/v$ ausdrücken, wenn wir

$$C = \sqrt{\frac{C}{L}}\sqrt{LC} = \frac{1}{Zv}$$

einsetzen. Dann ist

$$T_0 \simeq 2\pi\sqrt{\frac{L_0}{Z}\frac{l}{v}} = 2\pi\sqrt{\frac{L_0}{Z}t_1} = 2\pi t_1\sqrt{\frac{L_0}{Zt_1}} = 2\pi t_1\sqrt{\frac{L_0}{Ll}}.$$

In dem Beispiel mit $Ll = 0{,}106\,L_0$ wird somit $T_0 = 19{,}3\,t_1$.

c) Reflexion an einem Kondensator. Hier gilt für die freien Schwingungen nach Gl. (24).

$$\frac{d e^{-\alpha t}(\varphi+\varrho)}{dt}=\frac{e^{-\alpha t}}{C_0 Z}(\varphi-\varrho),$$

$$-\alpha(\varphi+\varrho)+\frac{d\varphi}{dt}+\frac{d\varrho}{dt}=\frac{1}{C_0 Z}(\varphi-\varrho),$$

$$\frac{d\varrho}{dt}+\varrho\left(\frac{1}{C_0 Z}-\alpha\right)=\varphi\left(\frac{1}{C_0 Z}+\alpha\right)-\frac{d\varphi}{dt}. \tag{38}$$

Die Lösung ist

$$\varrho=e^{-(1/C_0 Z-\alpha)t}\left\{k+\int e^{(1/C_0 Z-\alpha)t}\left[\varphi\left(\frac{1}{C_0 Z}+\alpha\right)-\frac{d\varphi}{dt}\right]dt\right\}. \tag{39}$$

Beispiel. Es soll der Ausgleichsvorgang des vorigen Beispiels untersucht werden, wenn an Stelle der Drosselspule ein Kondensator zwischen Leitung und Erde geschaltet ist. Die Voraussetzungen sind wieder die gleichen; z. Z. $t=0$ wird auf der Freileitung eine Ladung frei, sie sei gleichmäßig über die Leitung verteilt. Anfangs- und Endzustand sind

$$p_{a(0)}=P, \qquad i_{a(0)}=0, \qquad p_{e(0)}=0, \qquad i_{e(0)}=0,$$

$$p_{f(0)}=p_{a(0)}=P=f_1(x)+f_2(x), \qquad i_{f(0)}=0=\tfrac{1}{2}[f_1(x)-f_2(x)].$$

$$f_1(x)=f_2(x)=\tfrac{1}{2}P.$$

Daher wird wieder die am Ende einfallende Welle von 0 bis $2t_1$

$$\varphi_{(0\div 2t_1)}=\tfrac{1}{2}P. \tag{40}$$

Wenn wir wieder die Leitungsdämpfung vernachlässigen ($\alpha=0$) und für die Zeitkonstante $C_0 Z=\tau_0=1/\alpha_0$ setzen, wird nach Gl. (39)

$$\varrho=e^{-\alpha_0 t}\left\{k+\int e^{\alpha_0 t}\left[\varphi\alpha_0-\frac{d\varphi}{dt}\right]dt\right\}. \tag{41}$$

Diese Gleichung unterscheidet sich von Gl. (28) für die Drosselspule nur durch das Vorzeichen unter dem Integral. Mit φ nach Gl. (40) wird

$$\varrho_{(0\div 2t_1)}=k e^{-\alpha_0 t}+\tfrac{1}{2}P. \tag{42}$$

Da der Kondensator im Augenblick $t=0$ nooh ungeladen ist, muß $\varphi_{(0)}+\varrho_{(0)}=0$ sein, d. h.

$$k=-P, \qquad \varrho_{(0\div 2t_1)}=P(\tfrac{1}{2}-e^{-\alpha_0 t}). \tag{42a}$$

Während bei der Drosselspule die einfallende Welle im ersten Augenblick wie an einem offenen Ende mit gleichem Vorzeichen reflektiert wurde, wird sie am Kondensator im ersten Augenblick wie an einem kurzgeschlossenen Ende mit entgegengesetztem Vorzeichen reflektiert. Der Ladestrom ist von $0\div 2t$.

$$i_{(0\div 2t_1)}=\frac{\varphi-\varrho}{Z}=\frac{P}{Z}e^{-\alpha_0 t}=\frac{P}{Z}e^{-t/C_0 Z}. \tag{43}$$

Er springt beim Eintreffen der Welle auf P/Z und klingt nach Maßgabe der Zeitkonstanten $\tau_0=C_0 Z$ aus. Bei der Drosselspule war nach Gl. (29) u. (30a)

$$i_{(0\div 2t_1)}=\frac{\varphi-\varrho}{Z}=\frac{P}{Z}(1-e^{-\alpha_0 t})=\frac{P}{Z}(1-e^{-Z/L_0 t}).$$

Formell ist also der Verlauf der Ströme derselbe, wie wenn eine Gleichspannung an eine Drosselspule bzw. einen Kondensator angeschlossen wird, wobei der Wellenwiderstand der Leitung die Rolle des Ohmschen Widerstandes beim Schalten eines Gleichstromes hat.

Am offenen Leitungsanfang wird die ankommende Welle mit gleichem Vorzeichen reflektiert. Man erhält also die Werte φ von $2t_1$ bis $4t_1$, wenn man in die Gl. (42a) $t-2t_1$ statt t einsetzt

$$\varphi_{(2t_1\div 4t_1)}=P[\tfrac{1}{2}-e^{-\alpha_0(t-2t_1)}]. \tag{44}$$

Nach Gl. (41) wird

$$\varrho_{(2t_1\div 4t_1)}=k e^{-\alpha_0 t}+P[\tfrac{1}{2}-2\alpha_0 t e^{-\alpha_0(t-2t_1)}].$$

Die Integrationskonstante bestimmen wir wieder daraus, daß die Kondensatorspannung $(\varphi+\varrho)$ sich nicht plötzlich ändern kann. Nach Gl. (40) u. (42a) ist für $t=2t_1$

$$(\varphi+\varrho)_{(t=2t_1)}=P(1-e^{-2\alpha_0 t_1}) \quad \text{und} \quad k=P[-1+e^{2\alpha_0 t_1}(1+4\alpha_0 t_1)],$$

$$\varrho_{(2,t\div 4t_1)}=P[\tfrac{1}{2}-e^{-\alpha_0 t}+e^{-\alpha_0(t-2t_1)}\{1-2\alpha_0(t-2t_1)\}]. \tag{45}$$

Ganz analog wird

$$\varrho_{(4t_1-6t_1)}=\varrho_{(2t_1-4t_1)}-e^{-\alpha_0(t-4t_1)}\{1-4\alpha_0(t-4t_1)+2\alpha_0^2(t-4t_1)^2\}, \tag{46}$$

$$\varrho_{(6t_1\div 8t_1)}=\varrho_{(4t_1-\varrho t_1)}+e^{-\alpha_0(t-6t_1)}\{1-8\alpha_0(t-6t_1)+6\alpha_0^2(t-6t_1)^2-\tfrac{4}{3}\alpha_0^3(t-6t_1)^3\} \tag{47}$$

usf.

In Abb. 268 sind, ähnlich wie bei Abb. 266, die Werte ϱ von 0 nach rechts, die Werte φ nach links aufgetragen. Durch die Reflexion der einfallenden Welle $\varphi=\frac{1}{2}P$ z. Z. $t=0$ springt ϱ um P auf $-\frac{1}{2}P$. Dieser Sprung gelangt z. Z. t_1 nach dem offenen Leitungsanfang und wird dort gleichsinnig reflektiert; zur Zeit $2t_1$ ist er wieder

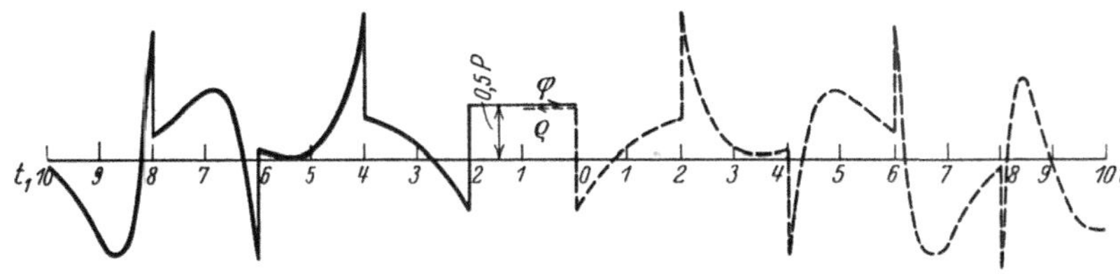

Abb. 268.

am Leitungsende, wo er mit entgegengesetztem Vorzeichen reflektiert wird. Die Werte ϱ zeigen daher nach je zwei Laufzeiten einen Sprung um $\pm P$. Da der Sprung am Leitungsanfang mit gleichem Vorzeichen reflektiert wird, kann es dort zu ziemlich starken Spannungserhöhungen kommen. Die Werte φ und ϱ gelten für das Leitungsende. Da die Werte, bei Vernachlässigung der Dämpfung, um t_1 später am Leitungsanfang ankommen, stellt der Kurvenzug ϱ mit verdoppelten Ordinaten auch den Verlauf der Spannung am Leitungsanfang dar, wenn die Zeiten um t_1 vergrößert werden. So ist z. B. die Spannungsspitze ϱ für $t=2t_1$ nach Gl. (45)

$$P(1{,}5-e^{-2\alpha_0 t_1})$$

und z. Z. $3t_1$ ist die Spannung am Leitungsanfang doppelt so groß. In dem Beispiel (Abb. 268) ist $C_0=Cl$ angenommen, die Kapazität des Kondensators gleich der der ganzen Leitung. Nun ist

$$\alpha_0 t_1=\frac{1}{C_0 Z}\frac{l}{v}=\frac{1}{C_0}\sqrt{\frac{C}{L}}\,l\sqrt{LC}=\frac{Cl}{C_0},$$

also wird $\alpha_0 t_1=1$ und

$$e^{-2\alpha_0 t_1}=e^{-2}=0{,}135,$$

die Spannung am Leitungsanfang wird also in diesem Augenblick fast $3P$. Um die Spannung klein zu halten, müßte demnach ein weit größerer Kondensator verwendet werden. Am Leitungsende kann hingegen die Kondensatorspannung nie größer werden als P. Abb. 269 zeigt den Verlauf der Spannung und des Stromes am Leitungsende und Abb. 270 für einige Zeitpunkte Spannungs- und Stromverteilung längs der Leitung. Sie ist charakterisiert durch das Zurückwerfen der Spannungswelle am Leitungsende und der Stromwelle am Leitungsanfang.

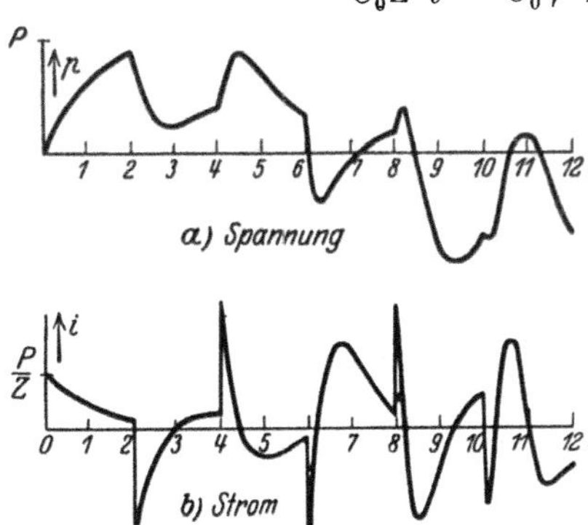

Abb. 269a und b.

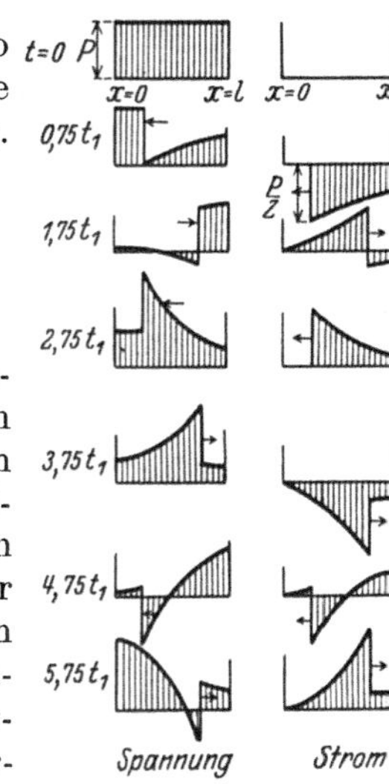

Abb. 270.

d) Ein Schwingungskreis am Ende einer Leitung. Stromwandler oder Relaisspulen bilden mit der Kapazität der Sammelschienen einen Schwingungskreis. Für einen solchen Schwingungskreis ist nach Gl. (24)

$$(\varphi + \varrho)e^{-\alpha t} = \frac{L_0}{Z}\frac{d e^{-\alpha t}(\varphi - \varrho)}{dt} + \frac{1}{C_0 Z}\int e^{-\alpha t}(\varphi - \varrho)\,dt. \tag{48}$$

Sieht man von der Dämpfung ab, $\alpha = 0$, so wird durch Differentiation

$$\frac{d^2\varrho}{dt^2} + \frac{Z}{L_0}\frac{d\varrho}{dt} + \frac{\varrho}{L_0 C} = \frac{\varphi}{L_0 C_0} - \frac{Z}{L_0}\frac{d\varphi}{dt} + \frac{d^2\varphi}{dt^2}. \tag{49}$$

Als Beispiel betrachten wir das Eintreffen einer Wanderwelle von konstanter Höhe P, etwa beim Einschalten einer Gleichspannung. Dann ist

$$p_a = 0, \quad i_a = 0, \qquad p_e = P, \quad i_e = 0,$$

$$p_{f(0)} = -P, \quad i_{f(0)} = 0, \qquad f_1(x) = f_2(x) = -\tfrac{1}{2}P.$$

Am Leitungsende ist von $t = 0$ bis $t = t_1$ $\varphi = -\frac{1}{2}P$ und nach (49)

$$\frac{d^2\varrho}{dt^2} + \frac{Z}{L_0}\frac{d\varrho}{dt} + \frac{\varrho}{L_0 C_0} = -\frac{1}{2}\frac{P}{L_0 C_0}. \tag{50}$$

Die Lösung ergibt eine aperiodische oder eine oszillierende Ladung, je nachdem $Z \gtrless 2\sqrt{L_0/C_0}$ ist (s. Kap. XIII S. 196). Da die Kapazität von Sammelschienen klein ist, ist der zweite Fall der praktisch wichtigere. Hierfür ist die Lösung

$$\varrho = -\tfrac{1}{2}P + A\sin(\beta t + \delta)e^{-\alpha_0 t},$$

worin A und δ Integrationskonstante sind. β ist die Kreisfrequenz, α_0 der Dämpfungsfaktor

$$\beta = \sqrt{\frac{1}{L_0 C_0} - \left(\frac{Z}{2L_0}\right)^2}, \qquad \alpha_0 = \frac{Z}{2L_0}. \tag{51}$$

Der Wellenwiderstand Z spielt auch hier die Rolle des Ohmschen Widerstandes, bedeutet aber nicht einen Energieverbrauch, sondern die Umwandlung von elektrischer Energie in magnetische und umgekehrt.

Da der Strom z. Z. $t = 0$ Null ist, wird

$$i_{(t=0)} = i_e + \frac{(\varphi - \varrho)}{Z} = 0 - A\sin\delta = 0, \quad \text{daher} \quad \delta = 0.$$

Die Kondensatorspannung ist zu Beginn auch Null, daher ist

$$p_{c(t=0)} = p - L_0\frac{di}{dt} = p_e + \varphi + \varrho - \frac{L_0}{Z}\frac{d(\varphi - \varrho)}{dt} = \beta\frac{L_0}{Z}A\cos\delta = 0$$

und $A = 0$ und

$$\varrho_{(0 \div t_1)} = -\tfrac{1}{2}P.$$

Am Leitungsanfang ist die Spannung konstant und die freie Spannung Null. f_2 wird am Anfang mit umgekehrtem Vorzeichen reflektiert, ans Leitungsende kommt

$$\varphi_{(t_1 \div 2t_1)} = +\tfrac{1}{2}P$$

zurück, hieran schließt sich $\varphi_{(2t_1 \div 3t_1)} = -\varrho_{(0+t_1)} = +\frac{1}{2}P$ an, so daß von t_1 bis $3t_1$ $\varphi_{(t_1 \div 3t_1)} = \frac{1}{2}P$ ist.

Die Lösung von (50) ist hiermit

$$\varrho_{(t_1 \div 3t_1)} = \tfrac{1}{2}P + A\sin[\beta(t - t_1) + \delta]e^{-\alpha_0(t - t_1)}.$$

Da i_1 und p_c z. Z. $t = t_1$ noch Null sind, ist

$$\varphi_{(t_1)} \div \varrho_{(t_1)} = 0, \qquad p_e + \varphi_{(t_1)} + \varrho_{(t_1)} - \frac{L_0}{Z}\frac{d(\varphi_{(t_1)} - \varrho_{(t_1)})}{dt} = 0.$$

Aus der ersten Bedingung folgt $A\sin\delta = 0$, $\delta = 0$, aus der zweiten

$$2P = -\frac{L_0}{Z}\beta A, \qquad A = -2P\frac{Z}{\beta L_0},$$

$$\varrho_{(t_1 \div 3t_1)} = P\left[\frac{1}{2} - 2\frac{Z}{\beta L_0}e^{-\alpha_0(t - t_1)}\sin\beta(t - t_1)\right].$$

Am Ende dieses Intervalls ist

$$\varrho_{(3t_1)} = \frac{P}{2} - 2P\frac{Z}{\beta L_0}e^{-2\alpha_0 t_1}\sin 2\beta t_1\,,$$

der Ladestrom

$$i_{(3t_1)} = \frac{(\varphi - \varrho)}{Z} = \frac{2P}{\beta L_0}e^{-2\alpha_0 t_1}\sin 2\beta t_1\,.$$

Er hat gerade eine halbe Schwingung ausgeführt, wenn $2\beta t_1 = \pi$ ist, oder

$$\frac{\beta}{2\pi} = \frac{1}{4t_1} = \frac{v}{4l}\,.$$

$\beta/2\pi$ ist die Eigenfrequenz des Schwingungskreises, $v/4l$ die Eigenfrequenz der Leitung. Bei Gleichheit beider besteht Resonanz. Die Kondensatorspannung hat z. Z. $3t_1$ den Wert

$$p_{c(3t_1)} = 2P\left\{1 - \left[\frac{Z}{L_0\beta}\sin 2\beta t_1 - \frac{1}{\beta}(\alpha_0 \sin 2\beta t_1 - \beta\cos 2\beta t_1)\right]e^{-2\alpha_0 t_1}\right\}.$$

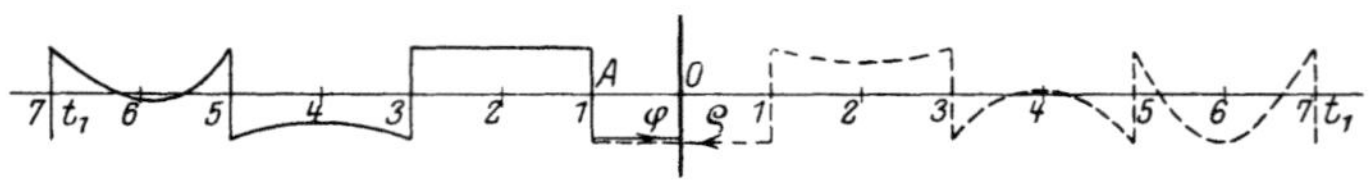

Abb. 271.

Für $2\beta t_1 = \pi$ wird, wenn $e^{-2\alpha_0 t_1} \approx 1$ gesetzt wird,

$$p_{c(3t_1)} \simeq 4P\,.$$

Für die Zeit $3t_1$ bis $5t_1$ wird nun

$$\varphi_{(3t_1 \div 5t_1)} = -\varrho_{(t_1 \div 3t_1)} = -\frac{P}{2} + 2P\frac{Z}{\beta L_0}e^{-\alpha_0(t-3t_1)}\sin\beta(t - 3t_1)$$

und in analoger Weise wie früher, wenn wir uns auf den Fall der Resonanz be schränken:

$$\varrho_{(3t_1 \div 5t_1)} = -\frac{P}{2} + 2P\frac{Z}{\beta L_0}\left(e^{-\alpha_0(t-t_1)} + 2e^{-\alpha_0(t-3t_1)}\right)\sin\beta(t - 3t_1)\,,$$

ferner

$$\varrho_{(5t \div 7t_1)} = +\frac{P}{2} - 2P\frac{Z}{\beta L_0}\left[e^{-\alpha_0(t-t_1)} + 2e^{-\alpha_0(t-3t_1)} + 3e^{-\alpha_0(t-5t_1)}\right]\sin\beta(t - 5t_1)$$

usf.

In Abb. 271 sind für ein Beispiel $L_0 = 10^{-3}$ Henry, $C_0 = 10^{-9}$ F, für ein Kabel mit $Z = 100$ die Werte von ϱ und φ als Funktion der Zeit aufgetragen.

Hier ist $\beta \simeq 10^6$. Daher besteht Resonanz, wenn wir für das Kabel $v = 2\cdot 10^5$ km·sek^{-1} annehmen, bei einer Leitungslänge

$$l = \frac{\pi}{2}\frac{v}{\beta} = \frac{\pi}{2}\frac{2\cdot 10^5}{10^6} = 0{,}314 \text{ km}\,.$$

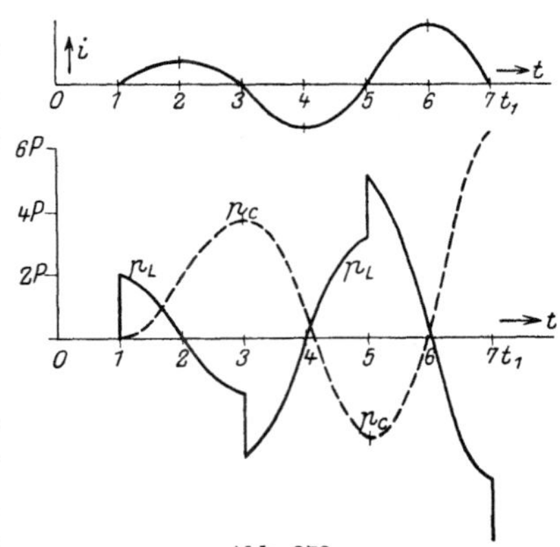

Abb. 272.

Abb. 272 zeigt den zeitlichen Verlauf des Stromes und der Spannungen am Kondensator und an der Drosselspule. Von 0 bis t_1 wandern die Spannung P und der Strom P/Z zum Ende der Leitung; der Strom kann hier nicht plötzlich auf diesen Wert springen, die Spannungswelle wird auf den doppelten Wert reflektiert, und der Spannungssprung P wandert über die auf der Leitung schon vorhandene Spannung P zurück. Währenddessen beginnt der Kondensator sich zu laden, die Spannung an der Drosselspule nimmt von $2P$ ab. Der Spannungssprung P wird am Leitungsanfang zurückgeworfen, da dort die Spannung konstant ist, und gelangt z. Z. $3t_1$ wieder an das Leitungsende. Ist die Zeit des Hin- und Herwanderns gerade die halbe Schwingungszeit des Schwingungskreises, d. h. bei Resonanz, so ist im Grenzfall (wenn $e^{-\alpha_0 t} = 1$ wäre) die Spannung an der Drosselspule $-2P$, am Kondensator

$4P$. Der einfallende Sprung wird auf den doppelten Wert reflektiert, die Spannung an der Drosselspule ändert sich sprungweise auf $-4P$, während der folgenden Halbperiode wird der Kondensator von $4P$ auf $-4P$ entladen, dann steigt die Drosselspulenspannung wieder sprungweise um $2P$ usf., so daß sie nach $5t_1$ ohne Dämpfung schon $6P$ wäre und sich weiter steigern würde, wenn die Dämpfung und Überschläge es nicht verhinderten.

Dieser Fall tritt bei den hohen Frequenzen solcher Schwingungskreise nur bei kurzen Leitungslängen auf, er kann z. B. bei einem Erdschluß entstehen. An der Erdschlußstelle fällt die Spannung plötzlich auf Null, es wandert eine Entladewelle hin und her. Ihre Höhe kann beim Neuzünden eines intermittierenden Erdschlußlichtbogens die betriebsmäßige Spannung wesentlich übersteigen. Bei kurzem Abstand ist eine Resonanz möglich.

Zu deren Verhütung werden Stromwandler u. a. Spulen durch Widerstände überbrückt. Die oszillierende Ladung wird verhindert, wenn der Überbrückungswiderstand $R_0 < \frac{1}{2}\sqrt{L_0/C_0}$ ist. Andrerseits soll er so groß sein, daß er den Strom der Grundfrequenz nicht wesentlich beeinflußt. Silitwiderstände zeigen bei hohen Spannungen einen kleineren Widerstand als bei kleinen, dieses Verhalten macht sie hier besonders geeignet.

100. Reflexion bei Leitungen mit ungleichem Wellenwiderstand.

Wir untersuchen den Übergang der Wellen von einer Leitung zu einer anderen mit ungleichem Wellenwiderstand. Die erste Leitung erstreckt sich von $x=0$ bis $x=l_I$, die zweite von $x=l_I$ bis $x=l_{II}$. Die Wellenwiderstände seien Z_I und Z_{II}.

Die Ausgleichsvorgänge auf jeder Leitung lassen sich durch je zwei gegenläufig wandernde Wellen $f_{I_1}, f_{I_2}, f_{II_1}, f_{II_2}$ darstellen. Es ist

$$\begin{aligned} p_{fI} &= e^{-\alpha_I t}[f_{I_1}(x-v_I t) + f_{I_2}(x+v_I t)], \\ i_{fI} Z_I &= e^{-\alpha_I t}[f_{I_1}(x-v_I t) - f_{I_2}(x+v_I t)], \\ p_{fII} &= e^{-\alpha_{II} t}[f_{II_1}(x-v_{II} t) + f_{II_2}(x+v_{II} t)], \\ i_{fII} Z_{II} &= e^{-\alpha_{II} t}[f_{II_1}(x-v_{II} t) - f_{II_2}(x+v_{II} t)]. \end{aligned}$$

Zur Abkürzung sollen an der Übergangsstelle $x=l_I$ die Momentanwerte der im Sinn der positiven x wandernden Wellen wieder mit φ, die im Sinn der negativen x wandernden mit ϱ bezeichnet werden

$$\begin{aligned} e^{-\alpha_I t} f_{I_1}(l_I - v_I t) &= \varphi_I, & e^{-\alpha_I t} f_{I_2}(l_I + v_I t) &= \varrho_I, \\ e^{-\alpha_{II} t} f_{II_1}(l_I - v_{II} t) &= \varphi_{II}, & e^{-\alpha_{II} t} f_{II_2}(l_I + v_{II} t) &= \varrho_{II}. \end{aligned}$$

Die Stetigkeit des Stromes und der Spannung bedingt, daß für $x=l_I$, $p_{fI}=p_{fII}$ und $i_{fI}=i_{fII}$ ist, daher

$$\varphi_I + \varrho_I = \varphi_{II} + \varrho_{II}, \qquad 1/Z_I(\varphi_I - \varrho_I) = 1/Z_{II}(\varphi_{II} - \varrho_{II}) \tag{52}$$

Betrachtet man die in $x=l_I$ eintreffenden Wellen φ_I und ϱ_{II} als gegeben, so folgen die anderen aus Gl. (52) durch die Beziehungen

$$\varrho_I = \varphi_I \frac{Z_{II}-Z_I}{Z_{II}+Z_I} + \varrho_{II}\frac{2Z_I}{Z_I+Z_{II}}, \qquad \varphi_{II} = \varrho_{II}\frac{Z_I-Z_{II}}{Z_I+Z_{II}} + \varphi_I \frac{2Z_{II}}{Z_I+Z_{II}}. \tag{53}$$

Das hierin enthaltene Reflexionsgesetz sagt folgendes aus. Von jeder der beiden einfallenden Wellen φ_I und ϱ_{II} wird ein Teil auf die gleiche Leitung reflektiert, ein anderer Teil tritt in die folgende Leitung über.

Von φ_I wird auf Leitung I reflektiert

$$\varphi_I \frac{Z_{II}-Z_I}{Z_{II}+Z_I} = \varphi_I q. \tag{53a}$$

q ist der Reflexionsfaktor. Von ϱ_{II} wird auf Leitung II reflektiert

$$\varrho_{II}\frac{Z_I-Z_{II}}{Z_I+Z_{II}} = -\varrho_{II} q. \tag{53b}$$

Der Reflexionsfaktor hat bei der entgegengesetzten Richtung der Bewegung das negative Vorzeichen, aber gleiche Größe wie oben.

Von φ_I tritt auf Leitung II über

$$\varphi_I \frac{2Z_{II}}{Z_I + Z_{II}} = \varphi_I[1 - (-q)]. \tag{53c}$$

Von ϱ_{II} tritt auf Leitung I über

$$\varrho_{II} \frac{2Z_I}{Z_I + Z_{II}} = \varrho_{II}(1 - q). \tag{53d}$$

Somit kann Gl. (53) geschrieben werden

$$\varrho_I = \varphi_I q + \varrho_{II}(1 - q), \qquad \varphi_{II} = -\varrho_{II} q + \varphi_I(1 + q) \tag{54}$$

mit

$$q = \frac{Z_{II} - Z_I}{Z_I + Z_{II}}.$$

Der Reflexionsfaktor q ist positiv oder negativ, je nachdem $Z_{II} \gtrless Z_I$ ist, der Durchgangsfaktor $(1+q)$ ist dabei größer oder kleiner als 1. Folgt auf eine Freileitung (Z_I) ein Kabel (Z_{II}), so ist q negativ, die von der Freileitung ins Kabel tretende Welle ist verkleinert, die vom Kabel in die Freileitung eintretende Welle wird vergrößert.

Die Wellen haben auf Leitungen mit verschiedenem Wellenwiderstand ungleiche Geschwindigkeiten. Die Zeit der Fortpflanzung über die Länge l ist

$$t = l/v = l\sqrt{\varepsilon\mu}/c.$$

Es ist zweckmäßig, den Vorgang für alle Leitungen auf die Lichtgeschwindigkeit c zu beziehen und die „reduzierte" Länge

$$l' = l\sqrt{\varepsilon\mu}$$

einzuführen.

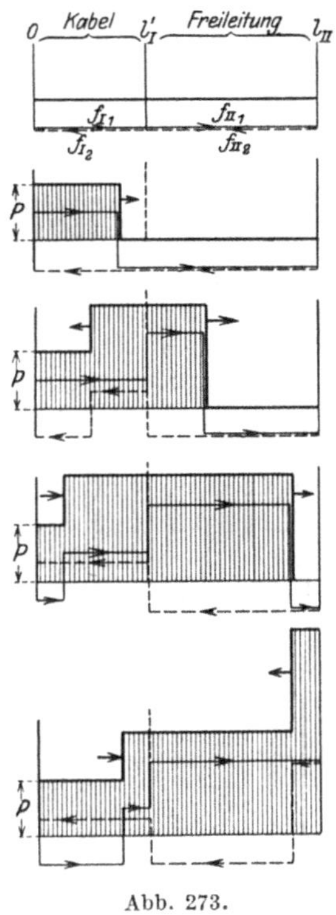

Abb. 273.

Beispiele.

1. Das Laden einer Freileitung über ein Kabel. Das Kabel wird am Anfang $x = 0$, z. Z. $t = 0$ an eine Stromquelle von konstanter Spannung und großer Kapazität angeschlossen, die Freileitung ist am Ende offen. Beide Leitungen sind zunächst strom- und spannungslos. Der Endzustand ist $p_e = P$, $i_e = 0$. Wie für eine einzelne Leitung sind die Wellen auf beiden Leitungen zu Anfang

$$f_{I_1}(x) = f_{I_2}(x) = f_{II_1}(x) = f_{II_2}(x) = -\tfrac{1}{2}P.$$

Für die Reflexion gilt:

a) bei $x = 0$ ist $p = \text{konst} = P$; $p_f = 0$ daher Reflexion mit umgekehrtem Vorzeichen,

b) bei $x = l_{II}$ ist $i = 0$, daher Reflexion mit gleichem Vorzeichen,

c) bei $x = l_I$ gilt Gl. (54). Der Wellenwiderstand des Kabels ist etwa $^1/_{10}$ von dem der Freileitung, daher ist

$$q = \tfrac{9}{11} = 0{,}82, \qquad \varrho_I = 0{,}82\varphi_I + 0{,}18\varrho_{II}, \qquad \varphi_{II} = -0{,}82\varrho_{II} + 1{,}82\varphi_I.$$

Die vom Kabel kommende Welle φ_I wird an der Freileitung zu 82% reflektiert, die Freileitung verhält sich dem Kabel gegenüber fast wie ein offenes Ende. Die von der Freileitung kommende Welle ϱ_{II} wird am Kabel zu 82% mit negativem Vorzeichen reflektiert, das Kabel verhält sich gegenüber der Freileitung fast wie ein kurzgeschlossenes Ende. Abb. 273 zeigt den Anfang des Ladevorgangs bei Vernachlässigung der Dämpfung. Die resultierende Spannungswelle P wandert über das Kabel und erreicht den Übergang zur Freileitung z. Z. $t_I = l'_I/v$. Hiernach ist

$\varphi_I = \frac{1}{2}P$, $\varrho_{II} = -\frac{1}{2}P$. Infolge der Reflexion steigt die Spannung auf

$$P + \varphi_I + \varrho_I = P\{1 + \tfrac{1}{2} + \tfrac{1}{2}[q - (1-q)]\} = P(1+q) = 2P\frac{Z_{II}}{Z_I + Z_{II}}. \tag{55}$$

Sie ist in dem Beispiel $1{,}82\,P$.

Die Spannungswelle zieht mit fast doppelter Höhe in die Freileitung und wird am offenen Ende z. Z. $t_{II} = (l'_I + l_{II})/v$ mit gleichem Vorzeichen reflektiert. Die resultierende Spannung erreicht fast den vierfachen Betrag der Schaltspannung. Folgt auf eine Leitung eine andere mit viel größerem Wellenwiderstand, so wird eine Welle an der Übergangsstelle nahezu verdoppelt. Der Grenzfall ist wieder das offene Leitungsende für $Z_{II} = \infty$ und $q = 1$.

Betrachtet man Wicklungen von Maschinen und Transformatoren in erster Näherung als Leitungen mit sehr großem Wellenwiderstand, so folgt, daß jede auf die Wicklung treffende Welle mit nahezu verdoppelter Höhe einzieht.

Da an jeder Übergangsstelle die Spannung reflektiert wird, ist die Reihenfolge Kabel—Freileitung—Transformatorwicklung besonders ungünstig und sollte vermieden werden. Hingegen ist die Reihenfolge Freileitung—Kabel—Transformator günstig, weil das Kabel die von der Freileitung kommende Welle verkleinert durchläßt und man pflegt Transformatoren und Maschinen gegen Wanderwellen auf Freileitungen zu schützen, indem man ein Kabel zwischen Freileitung und Wicklung schaltet.

Gegenüber Wellen, die auf allen Polen gegen Erde auftreten, z. B. bei atmosphärischen Entladungen, bildet der Transformator-Nullpunkt ein offenes Ende, an dem die eintreffenden Wellen verdoppelt werden.

Ebenso wird bei einpoligem Schalten, z. B. mittels Trennmesser, am anderen Pol die Spannung verdoppelt, solches Schalten ist grundsätzlich zu vermeiden.

Für die Wicklungen ist teils die Höhe der Wellen gefährlich, die bei atmosphärischen Entladungen oder beim aussetzenden Erdschluß (Kap. XIII S. 221) die Isolation gegen Erde stark beansprucht, vor allem aber auch das Eindringen der steilen Wellenstirn, des Spannungssprungs. Er entsteht beim Schaltvorgang durch einen Schaltfunken und bedeutet für die Wicklung, daß die volle Spannung der Welle zwischen benachbarten Windungen auftritt. Er beansprucht die Isolation zwischen den Windungen kurzzeitig mit einem hohen Vielfachen der stationären Windungsspannung.

2. Das Schalten an der Verbindungsstelle zweier Leitungen. Steht die Leitung I unter Spannung, wenn der Schalter geschlossen wird, während Leitung II noch spannungslos ist, so ist der Anfangszustand

$$p_{aI} = P, \qquad i_{aI} = 0, \qquad p_{aII} = 0, \qquad i_{aII} = 0.$$

Der Endzustand ist für beide Leitungen $p_e = P$, $i_e = 0$. Daher sind die Wellen z. Z. $t = 0$

$$f_{I_1}(x) = f_{I_2}(x) = 0, \qquad f_{II_1}(x) = f_{II_2}(x) = -\tfrac{1}{2}P$$

oder mit der früheren Bezeichnung für die Übergangsstelle $x = l$

$$\varphi_I = \varrho_I = 0, \qquad \varphi_{II} = \varrho_{II} = -\tfrac{1}{2}P.$$

Nach dem Reflexionsgesetz Gl. (54) ist unmittelbar nach dem Schalten

$$\varrho_I = -\tfrac{1}{2}P(1-q); \qquad \varphi_{II} = \tfrac{1}{2}Pq.$$

In die Leitung II wandert die resultierende Welle

$$p_{II} = p_e + \varphi_{II} + \varrho_{II} = P[1 + \tfrac{1}{2}q - \tfrac{1}{2}] = \tfrac{1}{2}P(1+q) = P\frac{Z_{II}}{Z_I + Z_{II}}. \tag{56}$$

In Leitung I läuft eine rückläufige Schallwelle

$$\varrho_I = -\tfrac{1}{2}P(1-q) = -P\frac{Z_I}{Z_I + Z_{II}}. \tag{57}$$

Der Strom ist

$$\frac{\varphi_{II} - \varrho_{II}}{Z_{II}} = \frac{1}{2}\frac{P}{Z_{II}}(1+q) = \frac{P}{Z_I + Z_{II}}. \tag{58}$$

Abb. 274 zeigt die Wellen für die beiden Fälle $Z_I < Z_{II}$, Kabel—Freileitung, und $Z_I > Z_{II}$, Freileitung—Kabel. Im ersten Fall ist die in die Freileitung einziehende Welle p_{II} nur wenig kleiner als P, die rückläufige Schaltwelle im Kabel ist klein. Im zweiten Fall zieht in das Kabel nur eine kleine Spannung p_{II}, die rückläufige Schaltwelle in der Freileitung ist groß.

Liegt an Stelle der Leitung I die Wicklung eines Generators, so ist $Z_I > Z_{II}$. Im Generator steigt die Spannung im stationären Zustand vom Nullpunkt längs der Wicklung an. Der Anfangszustand kann etwa durch die schräge Gerade in Abb. 275 dargestellt werden.

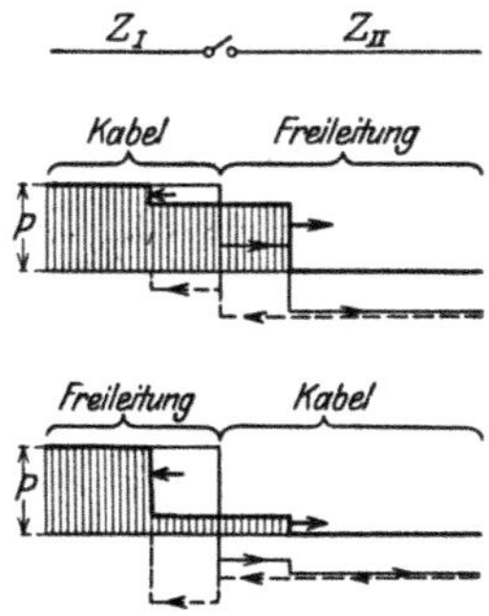

Abb. 274.

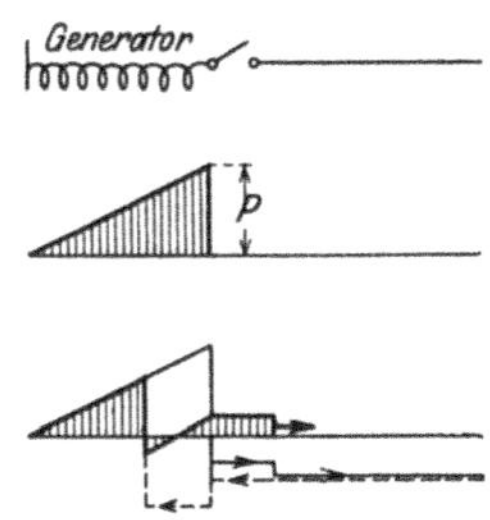

Abb. 275.

Beim Einschalten der Leitung dringt eine rückläufige Schaltwelle in die Wicklung und senkt die Spannung an den Klemmen. Die Windungsisolation wird durch den Spannungssprung beansprucht.

Die Rückwirkung des Einschaltvorgangs auf den Generator ist also im Schaltaugenblick nicht zu vernachlässigen.

Besonders ungünstig wird die Beanspruchung des Generators, wenn zwischen dem Generator und dem Schalter ein Stück Freileitung liegt. Wird durch den Schalter ein Kabel angeschlossen, so wandert die rückläufige Schaltwelle zunächst vom Schalter in die Freileitung und wird beim Übertritt in den Generator durch Reflexion nahezu verdoppelt.

Man hat beim Einschalten von Kabeln hinter einem Stück Freileitung Windungsdurchschläge am Generator beobachtet[1] und verwendet in solchen Fällen zu deren Verhütung einen Schalter mit Widerstandsstufe. Im umgekehrten Fall, daß eine Freileitung eingeschaltet wird und ein Kabelstück zwischen dem Schalter und dem Generator liegt, ist die Beanspruchung der Wicklung gering.

Bei der vollständigen Verfolgung des Vorgangs sind die wiederholten Reflexionen an allen Übergangsstellen und Leitungsenden zu berücksichtigen.

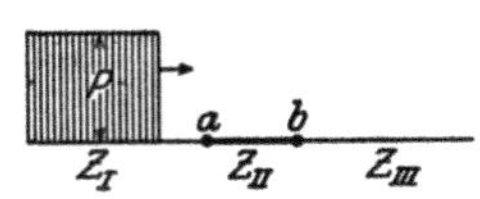

Abb. 276.

Von Interesse sind meist die Fälle, bei denen die Dämpfung während der Laufzeit über ein Leitungsstück gering ist, also wenn eine Leitung kurz gegen die anderen ist.

3. Mehrfachreflexionen. Zwischen zwei langen Leitungen liegt ein kurzes Leitungsstück (Abb. 276). Die Wellenwiderstände sind Z_I, Z_{II}, Z_{III}.

Eine Welle von der Höhe P gelangt, aus Leitung I kommend, z. Z. $t = 0$ an den Übergang a zur Leitung II. Der Reflexionsfaktor beim Übergang von I nach II sei q_a. Z. Z. $t = 0$ tritt also in II eine Teilwelle

$$p_{II} = P(1 + q_a)$$

über, während in Leitung I

$$p_{\varrho I} = P q_a$$

zurückläuft. Die Welle p_{II} kommt nach der Zeit $t_1 = l_{II}/v_{II}$ an den Übergang b zur Leitung III. Der Reflexionsfaktor sei q_b. Dann tritt in Leitung III

$$p_{III} = p_{II}(1 + q_b) = P(1 + q_a)(1 + q_b)$$

über, während auf Leitung II

$$p_{\varrho II} = P(1 + q_a) q_b$$

zurückläuft und z. Z. $2t_1$ in a ankommt. Für diese in umgekehrter Richtung laufende Welle ist der Reflexionsfaktor $-q_a$, der Durchgangsfaktor $(1 - q_a)$. Es folgen nun

[1] Rüdenberg: El. u. Maschinenb. 1912, H. 8. Linke: Arch. Elektrot. Bd. 1, H. 4. 1912.

zu Zeiten, die ein ungerades Vielfaches von t_1 sind, Reflexionen am Punkt b, bei geraden Vielfachen am Punkt a. Ist die Zwischenleitung II kurz gegen die beiden anderen, so folgen sich zahlreiche Reflexionen, ehe die nach I und III übertretenden Wellen an deren Enden zurückgeworfen werden. Die Reflexionen ergeben folgendes Schema[1], bei dem der gemeinsame Faktor P fortgelassen ist.

z. Z.	Von Punkt a wandert		Von Punkt b wandert	
	nach Leitung I	nach Leitung II	nach Leitung II	nach Leitung III
0	q_a	$1+q_a$		
t_1			$(1+q_a)q_b$	$(1+q_a)(1+q_b)$
$2t_1$	$(1+q_a)(1-q_a)q_b$	$(1+q_a)q_b(-q_a)$		
$3t_1$			$(1+q_a)q_b^2(-q_a)$	$(1+q_a)(1+q_b)q_b(-q_a)$
$4t_1$	$(1+q_a)(1-q_a)q_b^2(-q_a)$	$(1+q_a)q_b^2(-q_a)^2$		
$5t_1$			$(1+q_a)q_b^3(-q_a)^2$	$(1+q_a)(1+q_b)q_b^2(-q_a)^2$
$6t_1$	$(1+q_a)(1-q_a)q_b^3(-q_a)^2$	$(1+q_a)q_b^3(-q_a)^3$		
$7t_1$			$(1+q_a)q_b^4(-q_a)^3$	$(1+q_a)(1+q_b)q_b^3(-q_a)^3$

Die Welle dringt also in Leitung III in Staffeln im Zeitabstand $2t_1$ ein und wird in ebensolchen Staffeln in Leitung I reflektiert. Die n^{te} in III eintretende Staffel ist mit der Abkürzung $q_b(-q_a) = Q$

$$p_{III(n)} = P(1+q_a)(1+q_b)Q^{n-1}. \tag{59}$$

Die gesamte Spannung als Summe der Einzelstaffeln wird

$$P_{III(n)} = P(1+q_a)(1+q_b)[1+Q+Q^2+\cdots+Q^{n-1}] = P(1+q_a)(1+q_b)\frac{1-Q^n}{1-Q}. \tag{60}$$

Nach vielen Staffeln wird der Zähler gleich 1, der Endwert ist

$$P\frac{(1+q_a)(1+q_b)}{1+q_a q_b} = P\frac{2Z_{III}}{Z_I+Z_{III}}. \tag{61}$$

Dies ist der Wert, der nach Gl. (53c) direkt von Leitung I nach III übertreten würde.

Haben q_a und $-q_b$ gleiches Vorzeichen, so sind alle Staffeln positiv und addieren sich zum Endwert; haben sie entgegengesetztes Vorzeichen, so sind die Staffeln abwechselnd positiv und negativ und ergeben Schwingungen um den Endwert. Der erste Fall tritt ein, wenn der Wellenwiderstand des Zwischenstücks kleiner oder größer ist als die Wellenwiderstände der beiden Hauptleitungen, der zweite Fall, wenn er kleiner als der Wellenwiderstand der einen und größer als der der anderen ist. Abb. 277 zeigt den Verlauf der Staffeln für den ersten Fall und ein Verhältnis der Wellenwiderstände $Z_I : Z_{II} : Z_{III} = 10:1:100$, also etwa für die Reihenfolge Freileitung, Kabel, Maschinenwicklung und läßt die schützende Wirkung des Kabelstücks erkennen. Ein ähnliches Bild ergibt sich auch, wenn Z_{II} größer als Z_I und Z_{III} ist, also wenn statt des Kabelstücks eine Drosselspule liegt, die als Leitung mit sehr großem Wellenwiderstand aufgefaßt werden kann. Im Gegensatz dazu zeigt Abb. 278 den Verlauf für den zweiten Fall bei einem Verhältnis der Wellenwiderstände $Z_I : Z_{II} : Z_{III} = 1:10:100$, also etwa für die Reihenfolge Kabel, Freileitung, Maschinenwicklung.

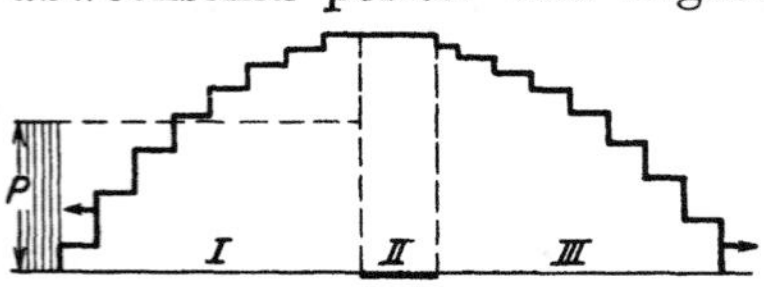

$Z_I : Z_{II} : Z_{III} = 10:1:100$
Abb. 277.

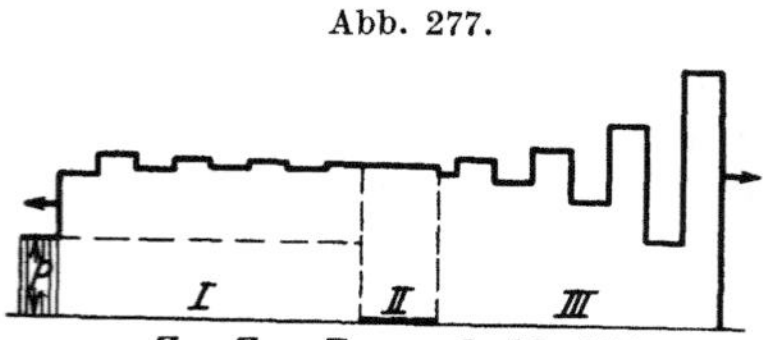

$Z_I : Z_{II} : Z_{III} = 1:10:100$
Abb. 278.

Für die in Leitung I reflektierte Welle ist die Höhe der n^{ten} Staffel, wenn wieder $q_b(-q_a) = Q$ gesetzt wird,

$$P[q_a + (1+q_a)(1-q_a)q_b Q^{n-2}] \tag{62}$$

---

[1] Siehe Petersen: Arch. Elektrot. Bd. 1, S. 233. Rogowski: Arch. Elektrot. Bd. 4, S. 204. Wagner, K. W.: ETZ 1916, H. 32.

und die Summe der n Staffeln ist

$$\begin{aligned} P[q_a + (1+q_a)(1-q_a)q_b\{1+Q+Q^2+\cdots+Q^{n-2}\} \\ = P\left[q_a + (1+q_a)(1-q_a)q_b\frac{1-Q^{n-1}}{1-Q}\right]. \end{aligned} \tag{63}$$

Diese Welle überlagert sich über die einfallende Welle P. Bei negativem q_a (Abb. 277) entsteht eine Senkung, bei positivem q_a (Abb. 278) eine Erhöhung der einfallenden Welle. Für große Werte n verschwindet Q^{n-1} gegen 1, der Grenzwert der reflektierten Welle ist

$$P\left[q_a + \frac{(1+q_a)(1-q_a)q_b}{1+q_a q_b}\right] = P\frac{Z_{III}-Z_I}{Z_I+Z_{III}}, \tag{64}$$

das ist der Wert der von III nach I direkt reflektierten Welle.

Es zeigt sich also, daß, wenn die ankommende Welle genügend lang ist, sowohl die über das Zwischenstück übertretende wie die von ihm reflektierte Welle in ihrer Höhe nicht geändert werden. Die schützende Wirkung des Zwischenstückes von sehr kleinem oder sehr hohem Wellenwiderstand nach Abb. 277 erfordert, daß die reduzierte Länge des Zwischenstücks groß ist gegen die Windungslänge der zu schützenden Spule.

4. Resonanzschwingungen können durch mehrfache Reflexionen an Leitungen mit verschiedenen Wellenwiderständen bei passender Abstimmung angefacht werden[1]. In Abb. 279 sind zwei Leitungen mit den Wellenwiderständen Z_I und Z_{II} hintereinandergeschaltet; die erste wird an die Spannung P angeschlossen, die zweite ist offen. Z. Z. $t=0$ gelangt die Ladewelle P an den Übergang a, nach Leitung II tritt die Welle $p_{II(0)} = P(1+q)$ über, nach I wird $p_{\varrho I(0)} = Pq$ reflektiert. Sind die Längen so abgestimmt, daß $p_{II(0)}$ in derselben Zeit $t_1 = l_{II}/v_{II}$ am offenen Ende reflektiert wird wie $p_{\varrho I(0)}$ am Anfang der Leitung I, d. h. ist $l_{II}/v_{II} = l_I/v_I$, so trifft die am Anfang reflektierte Welle $p_{I(0)} = -p_{\varrho I(0)} = -Pq$ mit der am Ende von II reflektierten Welle $p_{\varrho II(0)} = p_{II(0)} = P(1+q)$ gleichzeitig in a ein. Die nun übertretenden bzw. reflektierten Wellen berechnen sich nach Gl. (54) S. 241 und das Spiel wiederholt sich jeweils nach der Zeit $2t_1$. Die aufeinanderfolgenden Werte der von dem Übergangspunkt ausgehenden Wellen $p_{II(n)}$ und $p_{\varrho I(n)}$ werden wie folgt berechnet. Nach n Hin- und Herläufen wird nach Gl. (54)

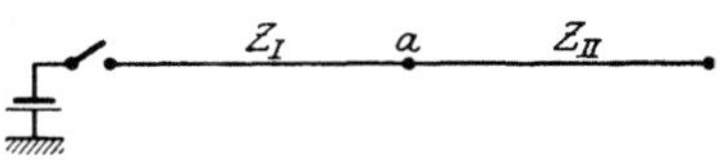

Abb. 279.

$$p_{\varrho I(n)} = q p_{I(n-1)} + (1-q) p_{\varrho II(n-1)}, \qquad p_{II(n)} = -q p_{\varrho II(n-1)} + (1+q) p_{I(n-1)}. \tag{65}$$

Wegen der Reflexion an den Leitungsenden ist

$$p_{I(n-1)} = -p_{\varrho I(n-1)} \text{ und } p_{\varrho II(n-1)} = p_{II(n-1)},$$

daher

$$p_{\varrho I(n)} = -q p_{\varrho I(n-1)} + (1-q) p_{II(n-1)}, \quad p_{II(n)} = -q p_{II(n-1)} - (1+q) p_{\varrho I(n-1)}. \tag{65a}$$

Die Lösung dieser linearen Differenzengleichungen ist

$$p_{\varrho I(n)} = A e^{j\alpha n}, \qquad p_{II(n)} = B e^{j\alpha n}, \tag{66}$$

worin A, B und α zu bestimmende Konstanten sind. Setzt man (66) in (65a) ein und dividiert durch $e^{j\alpha(n-1)}$, so wird

$$A[\cos\alpha + j\sin\alpha + q] = (1-q)B, \qquad B[\cos\alpha + j\sin\alpha + q] = -(1+q)A. \tag{67}$$

Durch Division der beiden Gleichungen wird zunächst

$$B = jA\sqrt{\frac{1+q}{1-q}} \tag{68}$$

und damit in (67)

$$\cos\alpha = -q. \tag{69}$$

[1] Siehe Petersen: Arch. Elektrot. Bd. 1, S. 283.

Dieser Bedingung genügen zwei Werte $\pm\alpha$, daher hat die Lösung (66) zwei Glieder. Mit Rücksicht auf (69) wird

$$\left.\begin{aligned} p_{\varrho I(n)} &= A_1 e^{j\alpha n} + A_2 e^{-j\alpha n} \\ &= (A_1 + A_2)\cos n\alpha + j(A_1 - A_2)\sin n\alpha, \\ p_{II(n)} &= B_1 e^{j\alpha n} + B_2 e^{-j\alpha n} \\ &= \sqrt{\frac{1+q}{1-q}}[-(A_1 + A_2)\sin n\alpha + j(A_1 - A_2)\cos n\alpha]. \end{aligned}\right\} \tag{70}$$

Für $n = 0$ ist

$$p_{\varrho I(0)} = Pq = A_1 + A_2, \qquad p_{II(0)} = P(1+q) = j(A_1 - A_2)\sqrt{\frac{1+q}{1-q}}$$

und hiermit endlich

$$\left.\begin{aligned} p_{\varrho I(n)} &= P[q\cos n\alpha + \sqrt{(1+q)(1-q)}\sin n\alpha], \\ p_{II(n)} &= P\left[(1+q)\cos n\alpha - q\sqrt{\frac{1+q}{1-q}}\sin n\alpha\right]. \end{aligned}\right\} \tag{71}$$

worin α durch Gl. (69) bestimmt ist.

Am Leitungsende II war z. Z. t_1 $p_{II(0)}$ eingetroffen und mit gleichem Vorzeichen reflektiert worden, es herrscht dort bis z. Z. $3t_1$ die Spannung $2p_{II(0)}$, dann trifft $p_{II(1)}$ ein, von $3t_1$ bis $5t_1$ herrscht dort $2[p_{II(0)} + p_{II(1)}]$ usf.

Abb. 280a und b zeigen den zeitlichen Verlauf der Spannungen am Ende der zweiten Leitung ohne Berücksichtigung der Dämpfung für zwei Fälle. Bei 280a ist Leitung I ein Kabel, II eine Freileitung, bei 280b ist es umgekehrt. Dabei ist

für Abb. 280a	$Z_I:Z_{II} = 1:10$,	$\cos\alpha = -q = -0{,}818$	$\alpha \cong 145^0$
„ „ 280b	$Z_I:Z_{II} = 10:1$,	$\cos\alpha = -q = +0{,}818$	$\alpha \cong 35^0$.

Die Spannungssprünge folgen sich in Abständen der doppelten Laufzeit $(2t_1)$ über eine Leitungslänge, sie ergeben Schwingungen entsprechend der periodischen Wiederkehr der Funktionen in Gl. (71). Durch die Dämpfung werden sie allmählich verkleinert und nähern sich dem Endwert P.

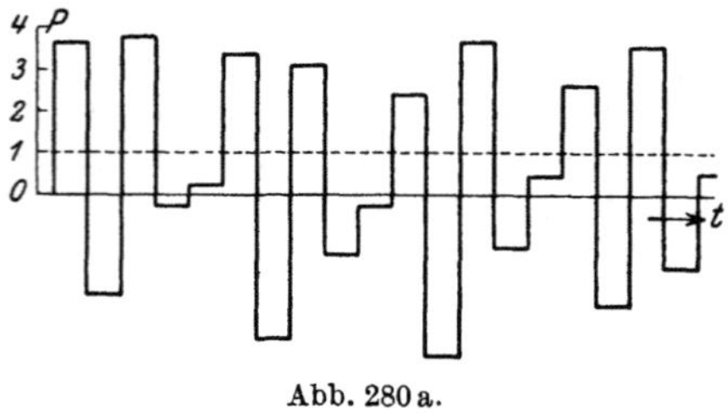

Abb. 280a.

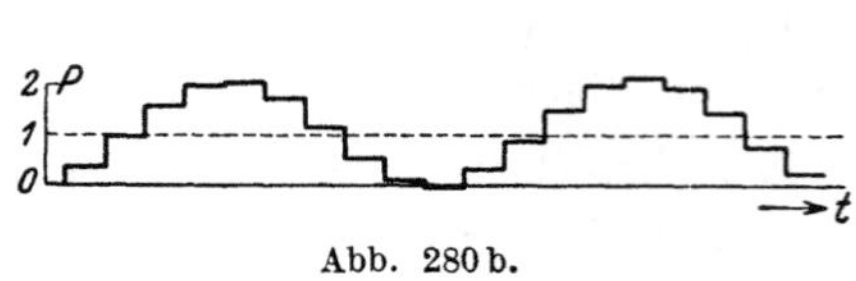

Abb. 280b.

Am größten werden die Resonanzschwingungen am Ende der kurzen Freileitung, die an ein Kabel anschließt (280a), aber auch bei dem Kabel steigen sie auf den doppelten Wert der Einschaltspannung, obwohl der erste Ladestoß nur klein ist.

5. Leitungsverzweigungen. Eine Welle, die auf einer Leitung nach dem Knotenpunkt einer Verzweigung wandert, teilt sich dort in mehrere Teile. Die durchtretenden Wellen sind parallel geschaltet. Für die Reflexion ist für Z_{II} die Parallelschaltung der Wellenwiderstände der n Leitungen zu setzen, in die die Welle übertritt. Haben alle den gleichen Wellenwiderstand Z, so ist der resultierende Z/n und

$$\text{der Reflexionsfaktor } q = -\frac{n-1}{n+1},$$

$$\text{der Durchgangsfaktor } 1 + q = \frac{2}{n+1}.$$

In einem verzweigten Netz wird die Welle an jedem Knotenpunkt verkleinert.

101. Widerstand, Induktivität und Kapazität am Übergang von zwei Leitungen.

1. Widerstand R_0 in Reihe mit zwei Leitungen. Bezeichnen wieder φ_I, ϱ_I, φ_{II}, ϱ_{II} die Momentanwerte der Wellen auf den Leitungen I und II an der Übergangsstelle, so ist für die freien Schwingungen

$$p_{fI} = p_{fII} + i_f R_0 \quad \text{und} \quad i_{fI} = i_{fII}\,.$$

Daraus folgt

$$\frac{\varphi_I - \varrho_I}{Z_I} = \frac{\varphi_{II} - \varrho_{II}}{Z_{II}}, \qquad \varphi_I + \varrho_I = \varphi_{II} + \varrho_{II} + (\varphi_{II} - \varrho_{II}) R_0/Z_{II}\,. \tag{72}$$

Betrachtet man wieder φ_I und ϱ_{II} als gegeben, so wird

$$\left.\begin{aligned} \varrho_I &= \varphi_I \frac{Z_{II} - Z_I + R_0}{Z_I + Z_{II} + R_0} + \varrho_{II} \frac{2 Z_I}{Z_I + Z_{II} + R_0} = \varphi_I q_I + \varrho_{II}(1 - q_I), \\ \varphi_{II} &= \varrho_{II} \frac{Z_I - Z_{II} + R_0}{Z_I + Z_{II} + R_0} + \varphi_I \frac{2 Z_{II}}{Z_I + Z_{II} + R_0} = -\varrho_{II} q_{II} + \varphi_I (1 + q_{II})\,. \end{aligned}\right\} \tag{73}$$

Die Reflexionsfaktoren sind

$$q_I = \frac{Z_{II} - Z_I + R_0}{Z_I + Z_{II} + R_0}, \qquad -q_{II} = \frac{Z_I - Z_{II} + R_0}{Z_I + Z_{II} + R_0}\,. \tag{74}$$

Der Widerstand R_0 wirkt so, als ob der Wellenwiderstand der folgenden Leitung um R_0 vergrößert wäre.

Beispiele.

Eine Welle von der Höhe p_I trifft, auf Leitung I wandernd, auf den Widerstand. Hier ist in Gl. (73) $\varrho_{II} = 0$ zu setzen. Die reflektierte und die in Leitung II übertretende Welle sind

$$p_{\varrho I} = p_I q_I = p_I \frac{Z_{II} - Z_I + R_0}{Z_I + Z_{II} + R_0}, \qquad p_{II} = p_I (1 + q_I) = p_I \frac{2 Z_{II}}{Z_I + Z_{II} + R_0}\,. \tag{75}$$

Ferner ist

$$i = \frac{p_{II}}{Z_{II}} = \frac{2 p_I}{Z_I + Z_{II} + R_0}\,. \tag{76}$$

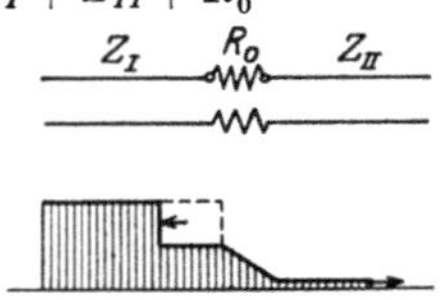

Abb. 281.

Abb. 281 zeigt den resultierenden Wellenübergang. Die reflektierte und die übertretende Welle sind gleich groß, wenn $R_0 = Z_1 + Z_{II}$ ist. Für diesen Wert wird die im Widerstand verzehrte Leistung ein Maximum, nämlich $p_I^2/(Z_I + Z_{II})$.

Schalter mit Widerstandsstufe. Leitung II wird über den Widerstand an Leitung I angeschlossen. Wie S. 242 ist

$$\varphi_I = 0\,, \qquad \varrho_{II} = -\tfrac{1}{2} P\,.$$

Die in Leitung II übertretende und die reflektierte Welle sind

$$\left.\begin{aligned} p_{II} &= P + \varphi_{II} + \varrho_{II} = P + \varrho_{II}(1 - q_{II}) = P \frac{Z_{II}}{Z_I + Z_{II} + R_0}, \\ \varrho_I &= \varrho_{II}(1 - q_I) = -P \frac{Z_I}{Z_I + Z_{II} + R_0}\,. \end{aligned}\right\} \tag{77}$$

Der Strom ist

$$\frac{\varphi_I - \varrho_I}{Z_I} = \frac{\varphi_{II} - \varrho_{II}}{Z_{II}} = \frac{P}{Z_I + Z_{II} + R_0}\,. \tag{78}$$

Der Vergleich mit Gl. (56) und (57) zeigt, daß die Wellen um so kleiner werden, je größer der Widerstand ist. Er ist aber dadurch begrenzt, daß beim Kurzschließen des Widerstandes keine größeren Schaltwellen entstehen sollen.

Ist z. B. Leitung II offen und ihr Ladestrom J_0, der sich bei eingeschaltetem Widerstand einstellt, so ist die Schaltspannung auf der zweiten Schaltstufe $J_0 R_0$. Es entsteht nach Gl. (57) eine rückläufige Schaltwelle $-J_0 R_0 Z_I/(Z_I + Z_{II})$. Soll sie nicht größer als die der ersten Stufe [Gl. (77)] sein, so wird

$$P \frac{Z_{II}}{Z_I + Z_{II} + R_0} = J_0 \frac{R_0 Z_I}{Z_I + Z_{II}}\,,$$

woraus R_0 berechnet werden kann[1].

[1] Siehe Rüdenberg: El. u. Maschinenb. 1912, H. 8.

2. Eine Induktivität in Reihe mit zwei Leitungen. Da die magnetische Energie einer Drosselspule sich nicht plötzlich ändert, verhindert sie den sprunghaften Übertritt einer Welle von einer Leitung zur anderen[1]. Sie ist der Grenzfall eines Zwischenstückes (S. 245) von der Länge 0 und $Z=\infty$. Wir untersuchen den Übergang einer auf Leitung I ankommenden Welle p_I. Es ist

$$i=\frac{p_I-p_{\varrho I}}{Z_I}=\frac{p_{II}}{Z_{II}}, \qquad p_I+p_{\varrho I}=p_{II}+\frac{L_0}{Z_{II}}\frac{dp_{II}}{dt}.$$

Eliminiert man $p_{\varrho I}$, so wird

$$\frac{dp_{II}}{dt}+p_{II}\frac{Z_I+Z_{II}}{L_0}=2p_I\frac{Z_{II}}{L_0}. \tag{79}$$

Ist p_I konstant (Rechteckwelle), so ist die Lösung

$$p_{II}=p_I\frac{2Z_{II}}{Z_I+Z_{II}}+ke^{-\frac{Z_I+Z_{II}}{L_0}t}. \tag{79a}$$

Da für $t=0$, $i=0$ und $p_{II}=0$ ist, wird mit $(Z_I+Z_{II})/L_0=\alpha_0$,

$$p_{II}=p_I\frac{2Z_{II}}{Z_I+Z_{II}}(1-e^{-\alpha_0 t}). \tag{80}$$

Der Strom i und die reflektierte Spannung $p_{\varrho I}$ sind

$$i=\frac{p_{II}}{Z_{II}}=\frac{2p_I}{Z_I+Z_{II}}(1-e^{-\alpha_0 t}), \tag{81}$$

$$p_{\varrho I}=p_I-iZ_I=\frac{p_I}{Z_I+Z_{II}}(Z_{II}-Z_I+2Z_Ie^{-\alpha_0 t}). \tag{82}$$

Nach einer Zeit t, in der $p_{\varrho I}$ um $-x_I=v_It$ in Leitung I, p_{II} um $x_{II}=v_{II}t$ in Leitung II gewandert ist, ergibt sich das räumliche Bild Abb. 282b. Der Übertritt nach Leitung II erfolgt allmählich nach einer Exponentialkurve. Sie ist der Grenzfall des nach einer geometrischen Reihe abgestuften Wellenkopfes in Abb. 277. Die nach I zurückgeworfene Welle zeigt jedoch den vollen Spannungssprung.

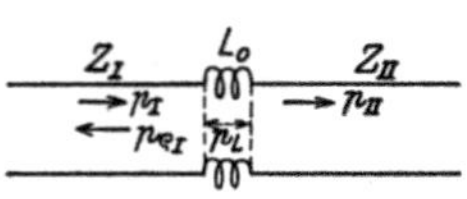

Abb. 282a.

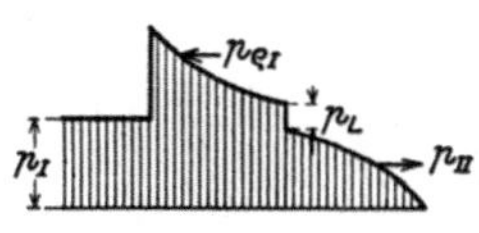

Abb. 282b.

Das größte Spannungsgefälle in Leitung II liegt bei $t=0$.

$$\frac{\partial p_{II}}{\partial x}=\frac{\partial p_{II}}{\partial t}\frac{dt}{dx}=\frac{1}{v_{II}}\frac{\partial p_{II}}{\partial t}=\frac{2p_I}{v_{II}}\frac{Z_{II}}{L_0}e^{-\alpha_0 t}.$$

$Z_{II}/v_{II}=L_{II}$ ist die Leitungsinduktivität pro km. Für $t=0$ ist daher

$$\frac{\partial p_{II}}{\partial x}_{(\max)}=2p_I\frac{L_{II}}{L_0}. \tag{83}$$

Die Drosselspule flacht die steile Wellenstirn der ankommenden Welle ab, indem ein Teil der Energie zur Aufladung des Feldes der Drosselspule verbraucht wird; dadurch schützt sie die dahinterliegende Leitung. Sie vermag aber die Höhe der übertretenden Welle nicht herabzusetzen, sofern die ankommende Welle lang ist. Nach einiger Zeit verschwindet in Gl. (80) $e^{-\alpha_0 t}$ gegen 1 und p_{II} wird ebenso groß wie nach Gl. (53c) bei direktem Übergang von Leitung I auf II. Nach dem Ablauf der Welle entladet sich die Drosselspule in die beiden Leitungen.

Um die Wellen zu verkleinern ist es nötig, ihnen Energie zu entziehen, wie es bei dem Reihenwiderstand S. 247 der Fall ist. Aber ein Widerstand der dort angegebenen Größe würde einen beträchtlichen dauernden Energieverlust für den Betriebsstrom ergeben. Man hat daher versucht, die Wirkungen zu vereinen durch einen Parallelwiderstand zur Drosselspule, der so bemessen ist, daß der niederfrequente Betriebsstrom im wesentlichen durch die Drosselspule geht und nur die freien Schwingungen von ihm beeinflußt werden. Sind i_R und i_L die Teil-

[1] Siehe Pfiffner: El. u. Maschinenb. 1912, H. 47.

ströme, so ist bei der Parallelschaltung

$$i_R R_0 = L_0 \frac{d i_L}{dt}.$$

Eine Welle p_I auf Leitung I treffe z. Z. $t=0$ ein. Hier ist

$$p_I + p_{\varrho I} = p_{II} + L_0 \frac{d i_L}{dt}, \qquad i = \frac{p_I - p_{\varrho I}}{Z_I} = \frac{p_{II}}{Z_{II}} = i_L + i_R = i_L + \frac{L_0}{R_0}\frac{d i_L}{dt}. \tag{84}$$

Durch Elimination von p_{II} und $p_{\varrho I}$ wird

$$\frac{d i_L}{dt} + i_L \frac{R_0}{L_0} \cdot \frac{Z_I + Z_{II}}{R_0 + Z_I + Z_{II}} = \frac{2 p_I}{L_0} \cdot \frac{R_0}{R_0 + Z_I + Z_{II}}, \tag{85}$$

$$i_L = \frac{2 p_I}{Z_I + Z_{II}} + k e^{-\alpha_0 t}, \tag{86}$$

worin

$$\alpha_0 = \frac{R_0}{L_0} \frac{Z_I + Z_{II}}{R_0 + Z_I + Z_{II}}. \tag{87}$$

Da für $t=0$ $i_L = 0$ ist, wird

$$i_L = \frac{2 p_I}{Z_I + Z_{II}} (1 - e^{-\alpha_0 t}), \tag{88}$$

$$i_R = \frac{L_0}{R_0}\frac{d i_L}{dt} = \frac{2 p_I}{R_0 + Z_I + Z_{II}} e^{-\alpha_0 t}, \tag{89}$$

$$p_{II} = (i_L + i_R) Z_{II} = 2 p_I \frac{Z_{II}}{Z_I + Z_{II}} (1 - e^{-\alpha_0 t}) + 2 p_I \frac{Z_{II}}{R_0 + Z_I + Z_{II}} e^{-\alpha_0 t}, \tag{90}$$

$$p_{\varrho I} = p_I - p_{II} \frac{Z_I}{Z_{II}} = p_I - \frac{2 p_I Z_I}{Z_I + Z_{II}} (1 - e^{-\alpha_0 t}) - \frac{2 p_I Z_I}{R_0 + Z_I + Z_{II}} e^{-\alpha_0 t}. \tag{91}$$

Für $t=0$ wird

$$p_{II} = 2 p_I \frac{Z_{II}}{R_0 + Z_I + Z_{II}}, \qquad p_{\varrho I} = p_I \frac{R_0 + Z_{II} - Z_I}{R_0 + Z_I + Z_{II}}. \tag{92}$$

Im ersten Augenblick wirkt nur der Widerstand, die Werte sind dieselben wie nach Gl. (75). Die im Widerstand verzehrte Leistung ist

$$i_R^2 R_0 = \frac{4 p_I^2 R_0}{(R_0 + Z_I + Z_{II})^2} e^{-2\alpha_0 t}.$$

Sie ist im ersten Augenblick am größten und hat ein Maximum für $R_0 = Z_I + Z_{II}$. Mit diesem Wert würden aber für $t=0$ die übertretende und die reflektierte Spannung noch halb so groß wie bei direktem Übergang von I auf II. Die Energieabsorption werde für ein Beispiel berechnet. Die eintreffende Welle habe eine Länge l km, ihre Geschwindigkeit ist v_I km/sek; die Dauer $t_1 = l/v_I$ sek. Der gesamte Energieinhalt ist

$$A = \frac{p_I^2}{Z_I}\frac{l}{v_I} \text{ Wattsekunden.}$$

Die im Widerstand in der Zeit t in Wärme umgesetzte Arbeit ist

$$A'_R = \int_0^t i_R^2 R_0 dt = \frac{2 p_I^2 L_0}{(R_0 + Z_I + Z_{II})(Z_I + Z_{II})} (1 - e^{-2\alpha_0 t_1}).$$

Nach dem Ablauf der Welle entladet sich die Drosselspule von ihrem Anfangsstrom [entspr. Gl. (88) für $t = t_1$] in den Widerstand und die Leitungen. Dabei wird im Widerstand die Arbeit verbraucht

$$A''_R = A'_R (1 - e^{-2\alpha_0 t_1}).$$

Vernachlässigt man $e^{-2\alpha_0 t_1}$ gegen 1, so ist angenähert

$$\frac{A_R}{A} = \frac{A'_R + A''}{A} \simeq \frac{4 L_0 Z_I}{(R_0 + Z_I + Z_{II})(Z_I + Z_{II})} \frac{v_I}{l}. \tag{93}$$

Ist z. B. $Z_1 = Z_2$, $R_0 = Z_I + Z_{II}$, so wird der Ausdruck $\frac{L_0}{2 Z_I}\frac{v_I}{l}$. Für eine Freileitung ist $v_I = 3 \cdot 10^5$ km/sek, $Z_I \cong 600$ Ohm. Für $L_0 = 10^{-3}$ H, $l = 1$ km wird das Absorptionsverhältnis 25%. Die Wirksamkeit ist also nicht sehr groß und sie nimmt ab, wenn R_0 größer angenommen wird, um die übertretende Spannung zu verkleinern.

3. Ein Kondensator C_0 parallel zu den Leitungen. Ein Kondensator gestattet keine sprungweise Änderung seiner Spannung und verhindert ebenfalls den Übertritt eines Spannungssprunges. Er ist der Grenzfall eines Zwischenstückes mit $l = 0$ und $Z = 0$.

Ist wieder p_I die auf Leitung I ankommende Spannung, $p_{\varrho I}$ die reflektierte, p_{II} die übertretende, so ist (s. Abb. 283a)

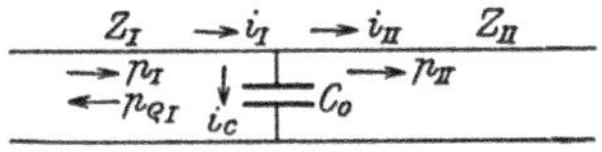

Abb. 283a.

Abb. 283b.

$$p_I + p_{\varrho I} = p_{II},$$

für die Ströme gilt

$$i_I = i_{II} + i_c, \qquad \frac{p_I - p_{\varrho I}}{Z_I} = \frac{p_{II}}{Z_{II}} + C_0 \frac{d p_{II}}{dt}.$$

Eliminiert man $p_{\varrho I}$, so wird

$$\frac{d p_{II}}{dt} + p_{II} \frac{Z_I + Z_{II}}{C_0 Z_I Z_{II}} = \frac{2 p_I}{C_0 Z_I}.$$

$$p_{II} = 2 p_I \frac{Z_{II}}{Z_I + Z_{II}} (1 - e^{-\alpha_0 t}), \quad (94) \qquad \alpha_0 = \frac{Z_I + Z_{II}}{C_0 Z_I Z_{II}}, \quad (95)$$

$$p_{\varrho I} = p_{II} - p_I = -p_I + p_I \frac{2 Z_{II}}{Z_I + Z_{II}} (1 - e^{-\alpha_0 t}). \quad (96)$$

Abb. 283b zeigt die entstehenden Spannungen. In Leitung II tritt der, wie bei einer Drosselspule, abgeflachte Wellenkopf p_{II} über, in Leitung I wandert der volle Spannungssprung, jedoch mit umgekehrtem Vorzeichen, zurück.

Das größte Spannungsgefälle in Leitung II ist am Wellenkopf

$$\frac{\partial p_{II}}{\partial x}_{(\max)} = \frac{1}{v_{II}} \frac{\partial p_{II}}{\partial t}_{(t=0)} = \frac{2 p_I}{C_0 Z_I v_{II}} = \frac{2 p_I Z_{II}}{C_0 Z_I Z_{II} v_{II}}.$$

$1/Z_{II} v_{II} = C_{II}$ ist die Kapazität pro km der Leitung II, daher

$$\frac{\partial p_{II}}{\partial x}_{(\max)} = 2 p_I \frac{Z_{II}}{Z_I} \frac{C_{II}}{C_0}. \quad (97)$$

Der Vergleich mit dem Spannungsgefälle hinter einer Drosselspule Gl. (83) zeigt, daß Kondensator und Drosselspule gleichwertig sind, wenn die Beziehung besteht

$$L_0 : C_0 = Z_I \cdot Z_{II}.$$

Für $Z_I = Z_{II} = 600$ wären ein Kondensator von 0,01 μF $= 10^{-8}$ F und eine Drosselspule von 3,6 mH gleichwertig.

Auch der Kondensator absorbiert keine Energie, er wird von der einfallenden Welle geladen und gibt die Ladung nach dem Ablauf der Welle an die Leitungen zurück. Durch Reihenschaltung eines Widerstandes zum Kondensator würde zwar der Welle ein Teil der Energie entzogen, es würde aber beim Auftreffen der Welle ein Teil der Spannung auf den Widerstand und die zweite Leitung fallen. Der allmähliche Übertritt der Spannung geht verloren. Dagegen wird die in die erste Leitung reflektierte Welle verkleinert.

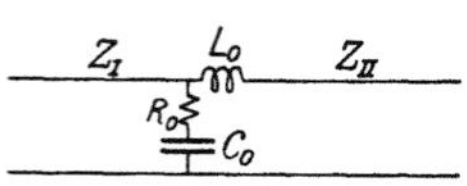

Abb. 284a.

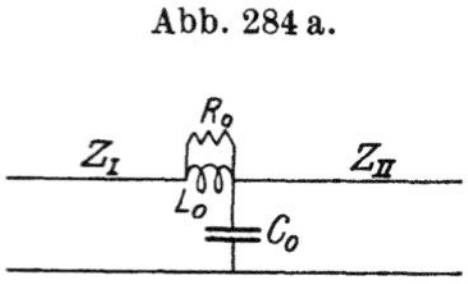

Abb. 284b.

4. Schaltungen mit Induktivität, Kapazität und Widerstand. Die Aufgabe, sowohl einen allmählichen Übertritt der Spannung in die zweite Leitung als auch eine sprungfreie Reflexion in die erste Leitung zu erreichen, kann[1] durch Vereinigung einer Drosselspule mit einem Kondensator und einem passend gewählten Widerstand gelöst werden (s. Abb. 284a und b).

[1] Nach Rüdenberg: ETZ 1913, S. 571.

Die auf Leitung I ankommende Welle habe die Spannung p_I. Für Abb. 284a mit R_0 und C_0 in Reihe ist

$$i_c = C_0 \frac{dp_c}{dt}, \qquad i_c R_0 = R_0 C_0 \frac{dp_c}{dt}, \qquad i_L = \frac{p_{II}}{Z_{II}},$$

$$p_I + p_{\varrho I} = p_c + R_0 C_0 \frac{dp_c}{dt} = \frac{L_0}{Z_{II}} \frac{dp_{II}}{dt} + p_{II}, \qquad \frac{p_I - p_{\varrho I}}{Z_I} = C_0 \frac{dp_c}{dt} + \frac{p_{II}}{Z_{II}}. \tag{98}$$

Für $t=0$ ist $p_c=0$ und $p_{II}=0$, weil die Drosselspule den Eintritt in die zweite Leitung verhindert. Daher ist für $t=0$

$$p_I + p_{\varrho I} = R_0 C_0 \frac{dp_c}{dt}, \qquad \frac{p_I - p_{\varrho I}}{Z_I} = C_0 \frac{dp_c}{dt} \tag{98a}$$

und es wird $p_{\varrho I}=0$ für

$$R_0 = Z_I. \tag{99}$$

Ebenso ist bei der zweiten Schaltung (Abb. 284b)

$$p_I + p_{\varrho I} = L_0 \frac{di_L}{dt} + p_{II}, \qquad \frac{p_I - p_{\varrho I}}{Z_I} = i_L + i_R = i_L + \frac{L_0}{R_0} \frac{di_L}{dt}. \tag{100}$$

Für $t=0$ ist $p_c = p_{II} = 0$, und $i_L = 0$, daher

$$p_I + p_{\varrho I} = L_0 \frac{di_L}{dt}, \qquad \frac{p_I - p_{\varrho I}}{Z_I} = \frac{L_0}{R_0} \frac{di_L}{dt},$$

daher $p_{\varrho I}=0$, wenn $R_0 = Z_I$ ist.

Der Vorgang läßt sich nun wie folgt untersuchen, z. B. für Schaltung 284a. Aus Gl. (98) ergibt sich nach p_c geordnet

$$\frac{d^2 p_c}{dt^2} + \frac{dp_c}{dt}\left[\frac{Z_{II}}{L_0} + \frac{1}{C_0(R_0+Z_I)} + \frac{R_0 Z_I}{L_0(R_0+Z_I)}\right] + p_c \frac{Z_I + Z_{II}}{C_0 L_0 (R_0 + Z_I)}$$
$$= \frac{2 p_I Z_{II}}{C_0 L_0 (R_0 + Z_I)} + \frac{2 dp_I}{dt} \frac{1}{C_0(R_0+Z_I)}. \tag{101}$$

Setzen wir gleich den Wert $R_0 = Z_I$ ein und betrachten eine Welle konstanter Spannung p_I, für die $dp_I/dt = 0$ ist, so wird

$$\frac{d^2 p_c}{dt^2} + \frac{dp_c}{dt}\left[\frac{Z_{II}}{L_0} + \frac{Z_I}{2L_0} + \frac{1}{2C_0 Z_I}\right] + p_c \frac{Z_I + Z_{II}}{2 C_0 L_0 Z_I} = p_I \frac{Z_{II}}{L_0 C_0 Z_I}, \tag{101a}$$

deren Lösung ist

$$p_c = 2 p_I \frac{Z_{II}}{Z_I + Z_{II}} + k_1 e^{\gamma_1 t} + k_2 e^{\gamma_2 t}, \tag{102}$$

worin

$$\gamma_{1,2} = -\frac{1}{2}\left[\frac{Z_{II}}{L_0} + \frac{Z_I}{2L_0} + \frac{1}{2C_0 Z_I}\right] \pm \sqrt{\frac{1}{4}\left[\frac{Z_{II}}{L_0} + \frac{Z_I}{2L_0} + \frac{1}{2C_0 Z_I}\right]^2 - \frac{Z_I + Z_{II}}{2 L_0 C_0 Z_I}}. \tag{102a}$$

Sind die Wurzeln reell, so ist die Ladung aperiodisch, sind sie imaginär, so ist sie oszillierend. Zur Bestimmung von k_1 und k_2 ist für $t=0$ $p_c=0$ und wegen $R_0 = Z_I$ auch $p_{\varrho I}=0$ zu setzen. Für aperiodischen Übergang ist daher nach (102)

$$k_1 + k_2 = -2 p_I \frac{Z_{II}}{Z_I + Z_{II}}$$

und nach der ersten Gl. (98)

$$p_{\varrho I} = -p_I + p_c + R_0 C_0 \frac{dp_c}{dt}, \qquad 0 = -p_I + C_0 Z_I (k_1 \gamma_1 + k_2 \gamma_2).$$

Mithin

$$k_2 = -\frac{p_I}{\gamma_1 - \gamma_2}\left[\frac{1}{C_0 Z_I} + \frac{2\gamma_1 Z_{II}}{Z_I + Z_{II}}\right], \qquad k_1 = \frac{p_I}{\gamma_1 - \gamma_2}\left[\frac{1}{C_0 Z_I} + \frac{2\gamma_2 Z_{II}}{Z_I + Z_{II}}\right].$$

Bei oszillierendem Übergang kann man setzen

$$\frac{1}{2}\left[\frac{Z_{II}}{L_0} + \frac{Z_I}{2L_0} + \frac{1}{2C_0 Z_I}\right] = \alpha, \qquad \sqrt{\frac{Z_I + Z_{II}}{2 L_0 C_0 Z_I} - \frac{1}{4}\left[\frac{Z_{II}}{L_0} + \frac{Z_I}{2L_0} + \frac{1}{2C_0 Z_I}\right]^2} = \beta.$$

$$p_c = 2 p_I \frac{Z_{II}}{Z_I + Z_{II}} + A \sin(\beta t + \delta) e^{-\alpha t}.$$

Hierin wird, da für $t=0$ $p_c=0$ ist

$$A\sin\delta=-2p_I\frac{Z_{II}}{Z_I+Z_{II}},\qquad R_0C_0\frac{dp_c}{dt}=p_I,$$

$$-\alpha A\sin\delta+\beta A\cos\delta=\frac{p_I}{C_0Z_I},$$

$$A\cos\delta=\frac{p_I}{\beta C_0Z_I}+\frac{\alpha}{\beta}A\sin\delta=\frac{p_I}{\beta C_0Z_I}-\frac{\alpha}{\beta}2p_I\frac{Z_{II}}{Z_I+Z_{II}},$$

daher ist

$$A=\sqrt{(A\cos\delta)^2+(A\sin\delta)^2}\quad\text{und}\quad\delta=\operatorname{arctg}\frac{A\sin\delta}{A\cos\delta}$$

bestimmt.

In Abb. 285 ist der Verlauf der Spannungen für $Z_I=Z_{II}=R_0=500$ Ohm, $C_0=0{,}01\,\mu\text{F}=10^{-8}$ F, $L=10^{-3}$ H aufgetragen. Der Vorgang ist dabei aperiodisch.

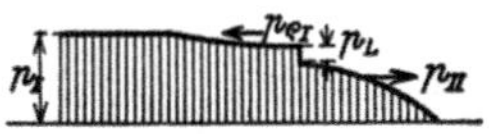

Abb. 285.

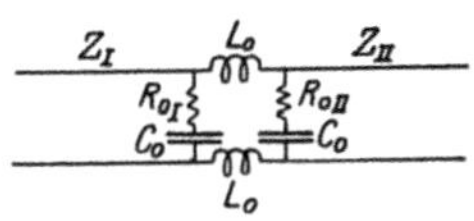

Abb. 286.

Damit eine derartige Vorrichtung auch gegenüber Wellen wirkt, die von der zweiten Leitung kommen, ist sie sinngemäß symmetrisch anzuordnen, wie z. B. Abb. 286 zeigt. Jeder Widerstand soll gleich der Charakteristik der ihm benachbarten Leitung sein.

102. Verzerrte Wellen.

Die bisher verwendete Darstellung der freien Schwingungen durch unverzerrt fortschreitende Wellen reicht zur Erklärung der meisten bei Starkstromleitungen interessierenden Erscheinungen aus. Denn hier bieten die freien Schwingungen nur so lange Interesse, als sie durch die Dämpfung nur wenig abgeschwächt sind, d. h. bei verhältnismäßig kurzen Leitungen, wo dann auch die Verzerrung keine wesentliche Rolle spielt.

Wo die Verzerrung von Bedeutung ist, wie bei langen Fernmeldeleitungen, lassen sich die Vorgänge durch eine Reihe von Sinuswellen darstellen.

Ohne auf die vollständige Behandlung einzugehen, soll dies an einigen ganz einfachen Beispielen erläutert werden.

1. Leitung mit Widerstand und Kapazität. Nach W. Thomson kann man bei einem Telegraphenkabel in erster Annäherung Selbstinduktion und Ableitung vernachlässigen. Dies stellt einen Grenzfall der Verzerrung dar, denn von den beiden Verhältnissen, deren Gleichheit die Verzerrungsfreiheit bedingt, wird das eine $(R:L)$ unendlich, das andere $(A:C)$ Null. Die Grundgleichungen lauten hier

$$-\frac{\partial p}{\partial x}=Ri,\qquad -\frac{\partial i}{\partial x}=C\frac{\partial p}{\partial t},\tag{103}$$

und nochmals nach x differentiiert

$$\frac{\partial^2 p}{\partial x^2}=RC\frac{\partial p}{\partial t},\qquad \frac{\partial^2 i}{\partial x^2}=RC\frac{\partial i}{\partial t}.\tag{103a}$$

Macht man für p den Ansatz

$$p=f(x)e^{-\alpha t},\tag{104}$$

so wird nach (103a)

$$\frac{\partial^2 f(x)}{\partial x^2}=-\alpha RCf(x)=-b^2f(x),\tag{105}$$

wobei abgekürzt gesetzt ist

$$b^2=\alpha RC.\tag{105a}$$

Eine Lösung von (105) ist, wie man durch Differentiation erkennt,

$$f(x)=A\sin bx+B\cos bx,\tag{106}$$

worin A und B Konstante sind. b ist das Winkelmaß der räumlichen Welle, das mit dem zeitlichen Dämpfungsfaktor α durch Gl. (105a) verknüpft ist. Da Gl. (106) für irgendeinen Wert von b erfüllt wird, so wird sich das Integral durch eine Reihe von Gliedern der Form (106) darstellen lassen, bei denen jedem Wert $b_\varkappa$ andere

Amplituden $A_\varkappa$ und $B_\varkappa$ entsprechen. Nach (104) ist daher ein allgemeiner Ansatz

$$p = \sum e^{-b_\varkappa^2 t/RC}[A_\varkappa \sin b_\varkappa x + B_\varkappa \cos b_\varkappa x] \tag{107}$$

und nach Gl. (103) für den Strom

$$i = -\frac{1}{R}\frac{\partial p}{\partial x} = \sum e^{-b_\varkappa^2 t/RC}\frac{b_\varkappa}{R}[-A_\varkappa \cos b_\varkappa x + B_\varkappa \sin b_\varkappa x]. \tag{107a}$$

Diese Gleichungen gelten für die freien und die erzwungenen Schwingungen. Wir können wieder die freien Schwingungen für sich behandeln und legen für sie die Gleichungen zugrunde.

a) Beim Einschalten eines Kabels am Leitungsanfang ist dort die Spannung erzwungen, die freie Spannung dauernd Null. Damit für $x=0$, der Ausdruck (107) für alle Zeiten verschwindet, müssen alle $B_\varkappa$ Null sein. Für die freien Schwingungen beim Einschalten gilt daher

$$p_f = \sum e^{-b_\varkappa^2 t/RC} A_\varkappa \sin b_\varkappa x, \qquad i_f = -\sum e^{-b_\varkappa^2 t/RC}\frac{b_\varkappa}{R} A_\varkappa \cos b_\varkappa x. \tag{108}$$

b) Das Einschalten mit Gleichstrom bei offenem Leitungsende. Hier ist der Strom für $x=l$ dauernd Null, daher nach (108) $\cos b_\varkappa l$ gleich Null, was erfüllt ist, wenn

$$b_\varkappa l = (2\varkappa - 1)\frac{\pi}{2} \tag{109}$$

ist, wo $\varkappa = 1, 2, 3\ldots$ alle Zahlenwerte durchläuft.

Die Wellenlänge λ ist, da $b_\varkappa \lambda = 2\pi$,

$$\lambda = \frac{2\pi}{b_\varkappa} = \frac{4l}{2\varkappa - 1} \tag{110}$$

für die Grundwelle ($\varkappa = 1$) ist sie die vierfache Leitungslänge. Zur Bestimmung der Amplituden $A_\varkappa$ dienen die Grenzbedingungen für $t=0$. Der Anfangswert der Spannung ist Null, der Endwert $p_{e(0)} = P$, daher die freie Spannung für $t=0$

$$p_{f(0)} = -P = \sum_1^\infty A_\varkappa \sin(2\varkappa - 1)\frac{\pi}{2}\frac{x}{l}.$$

Die Amplituden der Fourierschen Reihe des Rechtecks mit der Höhe $-P$ sind nach Kap. VIII Gl. (10)

$$A_\varkappa = -\frac{4}{\pi}\frac{P}{2\varkappa - 1}.$$

Setzt man diesen Wert in Gl. (108) und addiert die stationäre Spannung P, so ist die resultierende Spannung beim Einschalten

$$p = P + p_f = P\left[1 - \frac{4}{\pi}\sum_1^\infty e^{-\frac{(2\varkappa-1)^2}{R_1 C_1}\frac{\pi^2}{4}t}\frac{1}{2\varkappa - 1}\sin(2\varkappa - 1)\frac{\pi}{2}\frac{x}{l}\right]. \tag{111}$$

Da der stationäre Strom Null ist, wird

$$i = i_f = \frac{2P}{R_1}\sum_1^\infty e^{-\frac{(2\varkappa-1)^2}{R_1 C_1}\frac{\pi^2}{4}t}\cos(2\varkappa - 1)\frac{\pi}{2}\frac{x}{l}. \tag{111a}$$

Hierin ist $Rl = R_1$, $Cl = C_1$ gesetzt. R_1 und C_1 sind Widerstand und Kapazität des ganzen Kabels.

$R_1 C_1 = \tau$ ist die Zeitkonstante des Kabels.

Für ein Telegraphenkabel sei $R_1 = 7$ Ohm/km, $C = 0{,}2\,\mu$F/km. Einer Länge von 500 km entspricht die Zeitkonstante $\tau = 0{,}35$ sek. Abb. 287 zeigt die räumliche Spannungsverteilung längs des Kabels zu verschiedenen Zeiten nach dem Einschalten, Abb. 288 den zeitlichen Verlauf des Ladestromes an einigen Punkten des Kabels. Die Zeiten sind in Teilen der Zeitkonstante angegeben. Am Leitungsanfang ergibt Gl. (111a) für $t=0$ $i=\infty$. Dies rührt daher, daß der Widerstand der Stromquelle vernachlässigt wurde, dabei wirkt im ersten Augenblick die Kapazität des Kabels wie ein Kurzschluß.

c) Das Einschalten bei kurzgeschlossenem Ende entspricht etwa dem Fall, daß der Widerstand des Stromempfängers vernachlässigt wird. Am Leitungsende, $x=l$, ist die Spannung dauernd Null, nach Gl. (108) wird daher $\sin b_\varkappa l = 0$, und

$$b_\varkappa l = \varkappa \pi, \tag{112}$$

wo $\varkappa = 1, 2, 3 \ldots$ wieder alle Zahlenwerte annimmt. Ferner ist

$$\lambda = \frac{2\pi}{b_\varkappa} = \frac{2l}{\varkappa}. \tag{113}$$

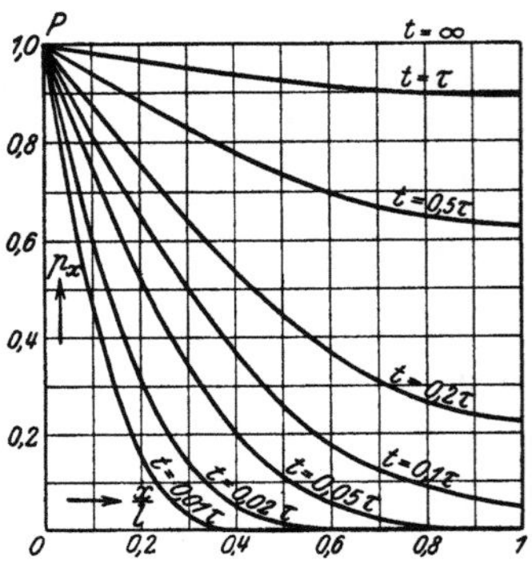

Abb. 287.

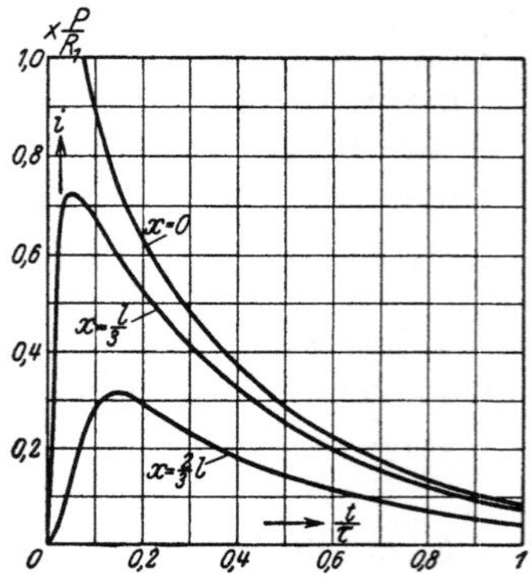

Abb. 288.

Die Wellenlänge der Grundwelle ($\varkappa = 1$) ist die doppelte Leitungslänge. Die stationären Werte sind hier

$$p_{e(0)} = P\left(1 - \frac{x}{l}\right), \qquad i_{e(0)} = \frac{P}{R_1},$$

für die freie Spannung ist daher für $t=0$

$$p_{f(0)} = -P\left(1 - \frac{x}{l}\right) = \sum_1^\infty A_\varkappa \sin \varkappa\pi \frac{x}{l}.$$

Die Amplituden der Fourierschen Reihe erhält man nach Kap. VIII

$$A_\varkappa = \frac{2}{l}\int_0^l - P\left(1 - \frac{x}{l}\right)\sin\left(\varkappa\pi\frac{x}{l}\right)dx = -\frac{2}{\pi}\frac{P}{\varkappa}$$

und hiermit Strom und Spannung beim Einschalten

$$\left.\begin{aligned} p &= P\left(1 - \frac{x}{l}\right) + p_f = P\left[1 - \frac{x}{l} - \frac{2}{\pi}\sum_1^\infty e^{-\frac{\varkappa^2\pi^2}{R_1 C_1}t}\,\frac{1}{\varkappa}\sin\left(\varkappa\pi\frac{x}{l}\right)\right],\\ i &= \frac{P}{R_1} + i_f = \frac{P}{R_1}\left[1 + 2\sum_1^\infty e^{-\frac{\varkappa^2\pi^2}{R_1 C_1}t}\cos\left(\varkappa\pi\frac{x}{l}\right)\right]. \end{aligned}\right\} \tag{114}$$

Abb. 289 zeigt wieder die Spannungsverteilung längs des Kabels zu verschiedenen Zeiten und Abb. 290 den zeitlichen Verlauf des Stromes an verschiedenen Punkten.

Zur Berechnung der Vorgänge eignet sich für die hier vorliegenden Aufgaben besonders auch die symbolische Darstellung der freien Schwingungen und die Bestimmung der Amplituden nach dem Satz von Heaviside (s. Kap. XIII S. 203), wofür im folgenden ein Beispiel gezeigt werden soll.

2. Die Ersatzschaltung einer Spule mit Windungskapazität[1]. Das Verhalten dieses Stromkreises (Abb. 215 S. 181) im stationären Zustand wurde in Kap. XII S. 181

[1] Siehe K. W. Wagner: El. u. Maschinenb. 1915, H. 8/9.

besprochen. Hier untersuchen wir die freien Schwingungen beim Laden mit konstanter Spannung P, was etwa dem Auftreffen einer Rechteckwelle auf die Spule entspricht.

Die Fortpflanzungskonstante ν ist nach Gl. (106) S. 181 für einen Vorgang nach dem Zeitgesetz $e^{\gamma t}$, wenn γ statt $j\omega$ gesetzt wird,

$$\nu = \sqrt{\frac{LC\gamma^2}{1+KL\gamma^2}}. \tag{115}$$

C ist die Kapazität gegen Erde für die Längeneinheit, K ebenso die Windungskapazität.

a) Ist das Ende der Spule isoliert, so ist die Spannungsverteilung nach Gl. (109) S. 181 für konstante Spannung P

$$p_x = P\frac{\mathfrak{Cof}\,\nu(l-x)}{\mathfrak{Cof}\,\nu l} = \frac{P}{Z(\gamma)}. \tag{116}$$

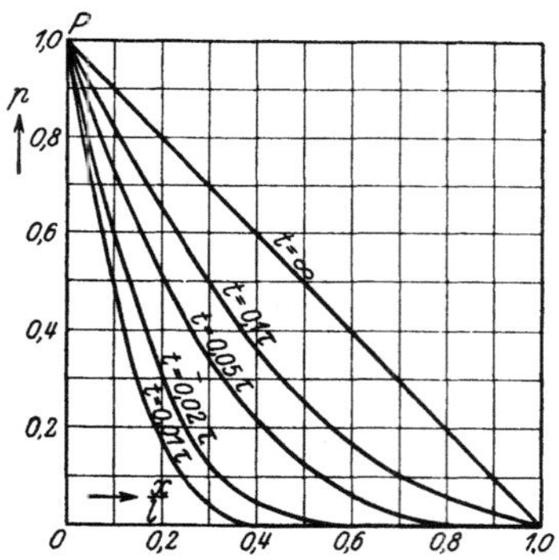

Abb. 289.

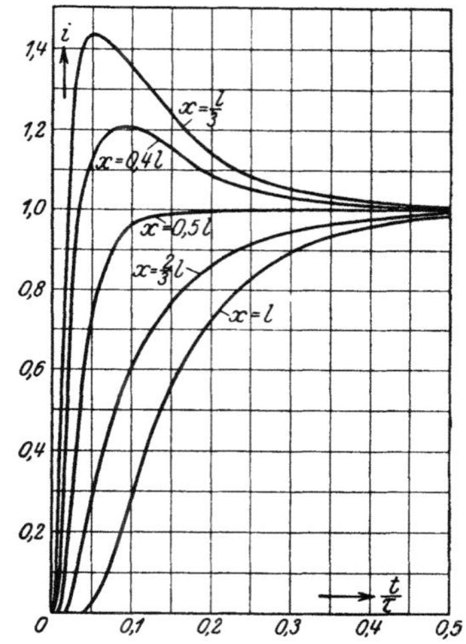

Abb. 290.

$Z_{(\gamma)}$ ist der Operator für die freien Schwingungen und die Werte γ sind (s. S. 202) die Wurzeln der Gleichung $Z_{(\gamma)}=0$. Nach (116) wird $Z_{(\gamma)}=0$, wenn $\mathfrak{Cof}\,\nu\, l=0$ ist. Allgemein ist $\nu=a+jb$ (s. S. 156), worin a der räumliche Dämpfungsfaktor, b das Winkelmaß ist. Hier ist $a=0$, da wir die Verluste vernachlässigt haben, daher wird

$$\mathfrak{Cof}\,\nu l = \mathfrak{Cof}\,jbl = \cos bl = 0$$

wenn
$$\nu_\varkappa l = jb_\varkappa l = j\frac{\pi}{2}(2\varkappa-1) \tag{117}$$

ist, worin $\varkappa = 1, 2, 3\ldots$ alle ganzen Zahlen durchläuft

Zur Bestimmung der Werte γ erhalten wir aus (115) und (117)

$$\gamma^2 = \frac{\nu^2}{LC(1-\nu^2 K/C)},$$

$$\gamma_\varkappa = \pm j\frac{\pi(2k-1)/2l}{\sqrt{LC}\sqrt{1+\pi^2(2k-1)^2K/4l^2C}} = \pm j\beta_\varkappa. \tag{118}$$

Die γ sind imaginär und stellen Kreisfrequenzen (β) dar.

In Gl. (118) ist Cl die gesamte Kapazität des Stromkreises gegen Erde, da die Elementarkapazitäten C für die Längeneinheit parallel geschaltet sind, K/l ist die gesamte Windungskapazität zwischen den Enden, deren Elemente K in Reihe geschaltet sind. Das Verhältnis der gesamten Windungskapazität zur gesamten Erdkapazität setzen wir zur Abkürzung

$$\frac{K}{l^2C} = \delta.$$

δ ist eine kleine Zahl, während K viel größer ist als C.

Zwischen der Kreisfrequenz $\beta_\varkappa$ nach (118) und dem Winkelmaß $b_\varkappa$ besteht die Beziehung, wenn wir noch in (118) $1/\sqrt{LC} = v$ setzen,

$$\beta_\varkappa = \frac{b_\varkappa v}{\sqrt{1+(b_\varkappa l)^2 \delta}}. \tag{119}$$

Der Grenzfall $\delta = 0$, d. h. $K = 0$, entspricht einer gestreckten Leitung, bei der wie hier die Verluste vernachlässigt sind.

Bei der Leitung wachsen die Eigenfrequenzen unbegrenzt mit $\varkappa$, hier haben sie einen Grenzwert für $\varkappa = \infty$

$$\beta_\infty = \frac{1}{\sqrt{LK}}.$$

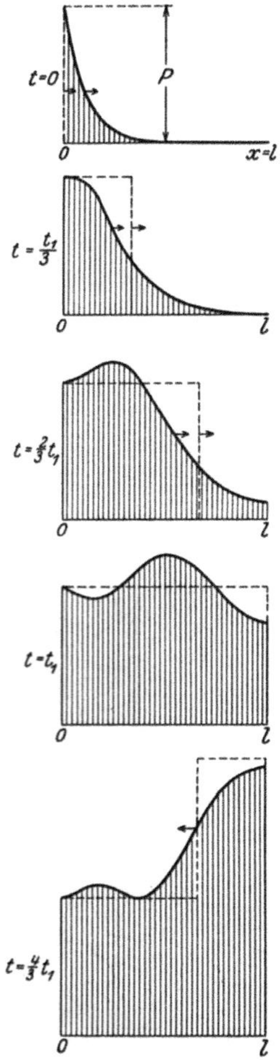

Abb. 291.

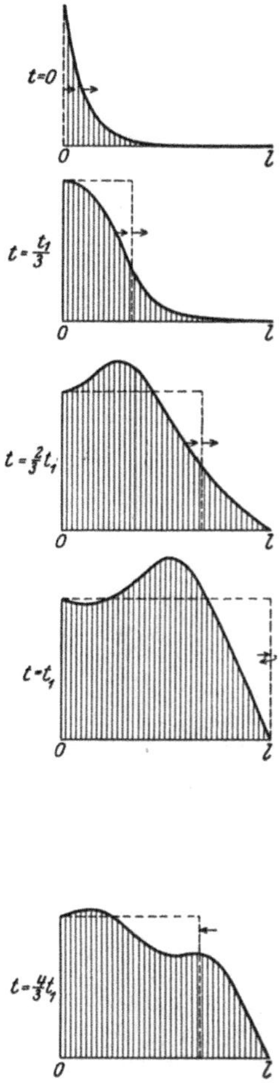

Abb. 292.

Zur Bestimmung der Amplituden dient die Formel von Heaviside Gl. (65) S. 203

$$p_x = \frac{P}{Z_{(0)}} + \frac{P \sum e^{\gamma_\varkappa t}}{\gamma_\varkappa \left(\frac{dZ}{d\gamma}\right)}.$$

Für $\gamma = 0$ wird $Z_{(0)} = 1$, ferner ist

$$\gamma \frac{dZ}{d\gamma} = \gamma \frac{dZ}{dv} \frac{dv}{d\gamma}.$$

Hierin wird nach (116) und (117)

$$\gamma_\varkappa \left(\frac{dv}{d\gamma}\right) = v_\varkappa \left(1 - v_\varkappa^2 \frac{K}{C}\right)$$

$$= j b_\varkappa \left(1 + b_\varkappa^2 \frac{K}{C}\right) = j b_\varkappa \left(1 + (b_\varkappa l)^2 \delta\right),$$

ferner, da $\mathfrak{Cof}\, v l = 0$ ist,

$$\frac{dZ}{dv} = -\frac{l}{\mathfrak{Sin}\, v_\varkappa x} = -\frac{l}{\mathfrak{Sin}\, j b_\varkappa x} = j \frac{l}{\sin b_\varkappa x},$$

$$\gamma_\varkappa \frac{dZ}{d\gamma} = -\frac{b_\varkappa l \{1 + (b_\varkappa l)^2 \delta\}}{\sin b_\varkappa x}.$$

Ferner wird $e^{\gamma_\varkappa t} = e^{+j\beta_\varkappa t} + e^{-j\beta_\varkappa t} = 2 \cos \beta_\varkappa t$

$$p_x = P \left[1 - 2 \sum_1^\infty \frac{\sin b_\varkappa x \cos \beta_\varkappa t}{b_\varkappa l \{1 + (b_\varkappa l)^2 \delta\}}\right], \tag{120}$$

worin $b_\varkappa$ und $\beta_\varkappa$ aus (117) und (119) einzusetzen sind.

Der Zustand für $t = 0$ ergibt sich aus (115) und (116) für $\gamma = \infty$

$$v_\infty = \sqrt{\frac{C}{K}} = \frac{1}{l\sqrt{\delta}}.$$

$$p_{x(0)} = P \frac{\mathfrak{Cof} \frac{1}{\sqrt{\delta}} \frac{l-x}{l}}{\mathfrak{Cof} \frac{1}{\sqrt{\delta}}}. \tag{121}$$

Die Spannungsverteilung stellt sich im ersten Augenblick nach Maßgabe der Kapazitäten C und K ein.

b) Ist das Ende der Spule geerdet, so ist

$$p_x = P \frac{\mathfrak{Sin}\, v (l-x)}{\mathfrak{Sin}\, v l} = \frac{P}{Z_{(\gamma)}}. \tag{122}$$

Hier wird $Z_{(\gamma)} = 0$, wenn

$$\frac{\mathfrak{Sin}\,\nu l}{\mathfrak{Sin}\,\nu(l-x)} = \frac{\sin \nu l}{\sin \nu(l-x)} = 0\,,$$

$$\nu_\varkappa l = j b_\varkappa l = j \varkappa \pi\,, \tag{123}$$

wo $\varkappa = 1, 2, 3, \ldots$ usf. Ferner ist $Z_{(0)} = l/(l-\varkappa)$

$$\gamma_\varkappa = \pm j \beta_\varkappa = \pm j \frac{\pi \varkappa}{l} \frac{1}{\sqrt{LC}\sqrt{1+\pi^2\varkappa^2\delta}} = \pm j \frac{b_\varkappa v}{\sqrt{1+(b_\varkappa l)^2\delta}}\,. \tag{124}$$

$$\gamma_\varkappa \frac{dZ}{d\gamma} = -\frac{b_\varkappa l\{1+(b_\varkappa l)^2\delta\}}{\sin b_\varkappa x}\,,$$

$$p_x = P\left[1 - \frac{x}{l} - 2\sum_1^\infty \frac{\sin b_k x \cos \beta_k t}{b_\varkappa l\{1+(b_\varkappa l)^2\delta\}}\right], \tag{125}$$

worin jetzt $b_\varkappa$ und $\beta_\varkappa$ nach (123) und (124) einzusetzen sind.

In Abb. 291 und 292 ist der Ladevorgang nach Gl. (120) und (125) für die Zeitpunkte $t_1 = 0$, $\frac{1}{3}t_1$, $\frac{2}{3}t_1$, t_1, $\frac{4}{3}t_1$ dargestellt. t_1 ist die Laufzeit der Grundwelle über die Leitungslänge. Sie ist bei Abb. 291 für isoliertes Leitungsende ¼ Periode der Grundfrequenz (β_1), bei Abb. 292 für geerdetes Ende ½ Periode. In diesem Beispiel ist $\delta = 0{,}01$ angenommen.

Zum Vergleich sind die unverzerrt (und ungedämpft) fortschreitenden Rechteckwellen punktiert eingezeichnet, die dem Grenzfall $\delta = 0$ entsprechen. Die Wirkung der gegenseitigen Kapazität zeigt sich im wesentlichen in einer Milderung der steilen Wellenstirn.

Namen- und Sachverzeichnis.

Druck von Oscar Brandstetter in Leipzig.

GPSR Compliance

The European Union's (EU) General Product Safety Regulation (GPSR) is a set of rules that requires consumer products to be safe and our obligations to ensure this.

If you have any concerns about our products, you can contact us on ProductSafety@springernature.com

In case Publisher is established outside the EU, the EU authorized representative is:

Springer Nature Customer Service Center GmbH
Europaplatz 3
69115 Heidelberg, Germany

Batch number: 10683525

Printed by Printforce, the Netherlands